普通高等教育"十一五"国家级规划教材

PUTONG GAODENG JIAOYU SHIYIWU GUOJIAJI GUIHUA JIAOCAI

RELI FADIANCHANG

热力发电厂

（第二版）

主　编　郑体宽

副主编　杨　晨

编　写　苟小龙

主　审　武学素

　　　　石奇光

中国电力出版社

CHINA ELECTRIC POWER PRESS

内 容 提 要

本书为普通高等教育"十一五"国家级规划教材。

本书从电力工业的资源节约、环境友好和可持续发展的角度出发,着重介绍常规国产大型火电机组及一些有发展前景的其他热力发电机组的基本原理、热力计算。主要内容包括:热力发电厂的评价及可持续发展、热力发电厂的蒸汽参数及其循环、燃气—蒸汽联合循环、核能、地热及太阳能发电、给水回热系统、给水除氧和发电厂的辅助汽水系统、热电厂的对外供热系统、发电厂的原则性和全面性热力系统及热力发电厂的运行等。每章均附有复习思考题和习题。

本书可作为高等学校热能动力工程专业本科热力发电厂主干课的教材,也可供有关专业师生和工程技术人员参考。

图书在版编目(CIP)数据

热力发电厂/郑体宽主编. —2 版. —北京:中国电力出版社,2008.12(2020.7重印)

普通高等教育"十一五"国家级规划教材

ISBN 978 - 7 - 5083 - 7881 - 7

Ⅰ. 热… Ⅱ. 郑… Ⅲ. 热电厂-高等学校-教材
Ⅳ. TM621

中国版本图书馆 CIP 数据核字(2008)第 149269 号

中国电力出版社出版、发行

(北京市东城区北京站西街 19 号   100005   http://www.cepp.sgcc.com.cn)
三河市百盛印装有限公司印刷
各地新华书店经售

*

2001 年 3 月第一版
2008 年 12 月第二版   2020 年 7 月北京第二十八次印刷
787 毫米×1092 毫米   16 开本   23.5 印张   575 千字   2 插页
定价 48.00 元

前　言

《普通高校"九五"国家级重点教材　热力发电厂》于 2001 年 3 月出版发行，至今已 14 次印刷。此次修订工作主要考虑以下的因素：

（1）宏观性方针政策发生了变化，提出了能源发展"十一五"规划、科学发展观、资源节约型、环境友好型经济、循环经济、绿色经济，把节约能源放在更加突出的战略地位，提倡减排降耗等；出台了夏季空调不得低于 26℃，冬天采暖不得高于 20℃ 的微调性规定等。

（2）火力发电工业向超临界、超超临界蒸汽参数，更大单机容量机组发展，并逐步关闭单机容量 50MW 及以下的机组，推广燃气—蒸汽联合循环发电，烟气脱硫和洁净煤发电技术，积极发展核电机组等。本书以 600MW 燃煤机组及其热力系统为主，回热系统热力计算及原则性热力系统计算举例均采用国产 600MW 机组数据。

（3）2007 年 6 月国务院公布了"节能降耗综合性方案"（"节降方案"）；2007 年 6 月 5 日（世界环境日），我国政府发布了"中国应对气候变化国家方案"（"气候方案"）；2007 年 6 月，还公布了"可再生能源中长期发展规划"（"规划"）；2007 年 10 月，全国人大通过了修订后的《节约能源法》。电力行业也制订了新的行业标准，如 DL 5000—2000《火力发电厂设计技术规程》（《设规》），DL/T 606.3—2006《火力发电厂能量平衡导则 第 3 部分：热平衡》（《导则》）。管道热效率不再只考虑主蒸汽管的散热损失，而应全面考虑各种主管道（主给水、冷再热蒸汽、热再热蒸汽等管道）的散热损失，即是一例。

（4）编四轮教材时采用的一些统计数据、信息等资料，多为 20 世纪八九十年代的。现已跨入 21 世纪，有关资料均应尽可能更新为近 3～5 年的。

（5）在继承前四轮热力发电厂教材特点的基础上，本书对内容和章节安排作了适当调整或充实修订，力臻完善。就火力发电工业而言，它的设计、制造部门对人才的要求是有限的，但每年要新投运机组容量均近 20GW，需要大量的从事运行各方面的工程技术人才。鉴于此，本书新增热力发电厂的运行一章。

本书由重庆大学郑体宽主编，编写绪论并对全书统稿；重庆大学杨晨副主编，编写第一～六章，并协助主编的工作；重庆大学苟小龙参编，编写第七～九章。本书配有多媒体课件（请登录 http://jc.cepp.com.cn）。全书由西安交通大学武学素、上海电力学院石奇光两位教授主审，并提出许多宝贵的建设性意见，在此深表谢意。全书的电脑录入、多媒体课件的制作，由硕士研究生孔德峰、李攀峰、周响球共同完成，在此表示感谢。

在编写修订版过程中，承各兄弟院校、锅炉制造部门、汽轮机制造部门、电力设计及大型火电厂等单位的大力支持，提供有关资料，编者仅向他们表示深切的谢意。

由于编者水平所限，本书不足之处在所难免，热诚欢迎读者批评指正，多提宝贵意见，以不断改进提高。

编　者

2008 年 12 月

第一版前言

本书已列入原中国电力企业联合会普通高校热能动力类专业第四轮后三年（1998～2000年）教材规划。1997年1月9日，经原国家教委批准，将本书列为"九五"国家级重点教材。

根据原国家教委对"九五"国家级重点教材的要求和原普通高校热能动力类专业教学委员会审订的专业教学计划中关于热力发电厂课程的基本要求，拟定了本书的编写大纲。本书是经两位主审、出版社责任编辑的审查，按照修订后的编写大纲编写的。

1999年4月完成本书送审稿，请有关单位专家、教授审查，并于1999年5月在东南大学召开了审稿会，根据审稿意见进行了修改。

我们总结了1980、1986、1995年前三轮热力发电厂教材的编写实践经验，保留了教材起点高、注重理论基础的特点，进一步调整了课程体系。世纪之交的教育更要面向现代化、面向世界、面向未来，作为专业课教材，书中考虑了我国大电网、高参数、大容量发电机组的实际，从电力工业可持续发展的角度出发，更新了专业知识，涉及本课程的诸如核电厂、燃气—蒸汽联合循环发电、洁净煤发电、热电冷及热电（煤）气三联产发电等均作了适当介绍，以扩大学生视野。

本书在内容上加强理论基础，强调优化和环保。在论述上循序渐进，分散难点，给学生留有恰如其分的思考余地。每章前有内容提要，增加了例题；每章后有复习思考题和习题。为减轻学生负担，习题中的汽水参数值一般都给出，让学生集中在解算能力、思考分析上得到锻炼。

全书取材以国产300、600MW机组及其热力系统为主，适当介绍引进机组和国外有代表性的不同发电机组。

作为国家级重点教材，要照顾到全国各类高校的不同情况，各校使用时可有所调整。

本书由重庆大学郑体宽编写，由东南大学汪孟乐、西安交通大学林万超主审。在编写过程中，承兄弟院校、锅炉制造部门、汽轮机制造部门、设计和生产单位的大力支持，编者仅向他们表示深切的谢意。

由于编者水平所限，书中难免存在错误和不妥处，请读者批评指正。

编　者
1999年12月

目　录

绪　　论

一、热力发电厂的生产与资源、环境

1. 我国的能源结构

能源是社会发展的重要物质基础。自然界存在的煤、石油、天然气、水能、海洋能、风能、太阳能、地热能等均是提供动力的能源，称为天然能源，因无需加工或转换即可利用，又称为一次能源，其中化石燃料（煤、石油、天然气）和水能，统称为常规能源。由一次能源经加工转换成电能、热能（蒸汽、热水）、焦炭、煤气，各种石油制品、酒精、沼气等统称为人工能源，又称为二次能源。太阳能、水能、风能、地热能、海洋能（潮夕能、波浪能、温差能）生物质能等统称为再生能源。核能、燃料电池等称为新能源。利用太阳能、地热能、风能、生物质能发电，又统称为绿色电力。

我国是一次能源丰富的国家，但一次能源分布严重不均。水能资源的 90% 在西南、西北部，煤资源的 80% 在西北部，而能源消费的 70% 却集中在东部及沿海发达地区，造成西电东送，北煤南运的格局。火电厂是全国三大耗煤户之一，其燃料费占火电成本的 60%～80%。全国铁路运输的 40% 和水运总量的 1/3 用于煤炭运输，是造成铁路、水路运输紧张的因素之一。

我国是世界上少有的几个以煤电为主的一次能源国家，2007 年底，煤电比例为 77.73%。动力煤中灰分高（28%～30%），含硫量大于 1% 的煤占 40%，6MW 及以上火电厂 SO_2 排放约 6.83Mt，约占全国工业排放量的 30%，严重污染环境。

2. 热力发电厂生产的实质

本课程主要研究热力发电厂及其热力系统的安全、经济运行、可持续发展并获得最佳的经济效益和社会效益。

热力发电厂生产的实质是能量转换，即将燃料中的化学能通过在锅炉中燃烧转变为蒸汽的热能，并通过汽轮机的旋转变为机械能，最后通过发电机转为所需的电能。图 0-1 为燃煤电厂生产过程的示意图。从图 0-1 中可以看到，燃料煤从储煤场经输煤皮带送入原煤仓，经给煤机送入钢球磨煤机；被磨成粗的煤粉，在热空气的输送下，由磨煤机出口引往粗粉分离器，不合格的煤粉返回磨煤机入口再磨，合格的粗煤粉则送入旋风分离器；被分离后的细煤粉落入煤粉仓，从煤粉仓下来的细煤粉经给粉机将热空气和细煤粉经燃烧器喷入炉内燃烧。燃烧生成的上千摄氏度的高温烟气，通过炉膛四周的水冷壁管将管内给水加热，水冷壁内的给水被加热成的饱和蒸汽升入汽包，从汽包出来的饱和蒸汽引至烟道内的蛇形管式过热器加热成过热蒸汽引至汽轮机，这一过程是在锅炉内将燃料中的化学能转变为具有一定压力和温度的蒸汽热能。燃料燃烧所需的空气，通过送风机，将锅炉顶部处的空气先送至位于锅炉尾部烟道内的空气预热器加热；被加热后的热空气送至磨煤机及其制粉系统。炉膛内产生的高温烟气，先在炉膛内向四周的水冷壁辐射放热后，沿水平烟道内过热器，对流传热将蒸汽加热为过热蒸汽，再沿尾部烟道的省煤器、空气预热器，先后对流放热加热省煤器内的给水、空气预热器内的空气，并被引风机引至除尘器；被除尘后的烟气经引风机再引至烟囱，最后排入大气。燃烧后的煤渣落入炉膛下的灰斗，连同与尾部烟道下细灰斗落下的细灰和除尘器落下的细灰一并引至除渣灰系统。从锅炉过热器引出的蒸汽沿主蒸汽管道将蒸汽引入汽轮机，在汽轮机内膨胀做功，使汽轮机以 3000r/min 的高速旋转，将蒸汽热能转变为机械能，并通过联轴器拖动发电机再将机械能转变为具有一定电压的电能，最后通过主变压器将电压升高后并入电网，通过电网传输至各用户，即将机械能转变为电能。在汽轮机膨胀做功后的蒸汽最后排入凝汽器放热给冷却水（冷源）后凝结成凝结水，而冷却水被加热后再引返至冷却水源。若采用循环供水系统（图 0-1 中未表示），从凝汽器出来的被加热后冷却水则引至冷却设备（如冷却池、喷水池和冷却塔），被冷却后再引回至凝汽器，循环使用。为提高热力发电厂的热经济性采用回热循环，即将已做了一部分功的蒸汽，（图 0-1 所示为二级回热）抽出分别引至低压加热器、除氧器和高压加热器，将给水加热，再由位于除氧器下侧的给水泵将除过氧的给水，先送进锅炉尾部烟道内的蛇形管式省煤器进一步加热之后，才引入汽包（图 0-1 中未显示）。现代热力发电厂均采用具有多级（7～8 级）回热的再热循环。

3. 热力发电厂与资源利用

热力发电厂要占土地，要耗煤、耗水。根据发电厂的生产、施工和生活需要，要占有相当大的土地面积。中国 1996 年全国耕地面积为 19.51 亿亩，2006 年仅拥有 18.27 亿亩，10 年就减少了 1.24 亿亩。中国 2003 年人均耕地面积 1.43 亩，2005 年下降为 1.4 亩，仅为世界平均值的 40%。国家有关部门要求到 2020 年必须保持全国耕地 18 亿亩的红线，不能再突破，形势非常严峻。以 2×600MW 的燃煤电厂为例，若每万千瓦占地以 0.30ha 计，即须占地 36ha（540 亩）。1200MW 电厂，每天需耗煤近万吨，年耗煤三百余万吨，而开采煤矿不仅要占地，而且破坏森林、草地面积。到 2000 年底，我国因之累计占用土地面积约 586 万 hm^2，破坏土地面积约为 157 万 hm^2；每采 1 万 t 煤，平均塌陷地 $0.2hm^2$。现代电厂还需要一定数量和质量的水，以保障生产、生活之需。1000MW 电厂采用直流供水系统时，约需 35～40m^3/s，循环供水系统时约需 0.6～1m^3/s，需水量是庞大的。中国是 13 个水资源贫乏国家之一。联合国可持续发展委员会认为：人均占有水量 2000m^3 以下者，属严重缺水。我国现在有 11 省市的水资源人均占有量不到 1000m^3。四川省水利厅预测，到 2010 年全四川缺水量为 200 亿 m^3，到 2020 年缺水量将突破 500 亿 m^3。

4. 热力发电厂与环境保护

综上所述，燃煤电厂要占用土地资源，要消耗化石燃料、水资源，并拌有大量的灰渣要排出，还有废水、废气。从烟囱排出的烟气中含有 SO_2、NO_x，严重影响大气的质量。我国 2005 年发电用煤达 11 亿 t，全国 SO_2 排放总量为 2500 万 t，位居世界第一，比 2000 年增加了 27%，酸雨面积已占国土面积的 30%。火电的重金属（密度在 3g/cm^3 以上的）来自煤的燃烧，就环境而言，汞（Hg）、镉（Cd）、铅（Pb）、铬（Cr）等为生物毒性显著的重金属，锌（Zn）、铜（Cu）、钴（Co）、镍（Ni）为具有一定毒性的重金属。另外，火电厂噪声等严重污染环境，影响人们健康，也日益引起人类的关注。建设热力发电厂时，应充分考虑节约用地，尽量利用非耕地（我国现有非耕地 49 亿亩）和劣地，尽量不破坏原有森林、植物，减少土石方开挖量，还应注意少拆房，减少人口迁移等问题。

1972 年联合国在斯德哥尔摩召开了第一次人类环境会议，发表了《人类环境宣言》。1973 年 8 月，我国召开了第一次全国环境会议，制定了我国的"全面规划，合理布局，综合利用，化害为利，依靠群众，大家动手，保护环境，造福人民"的环保方针，并成立了管

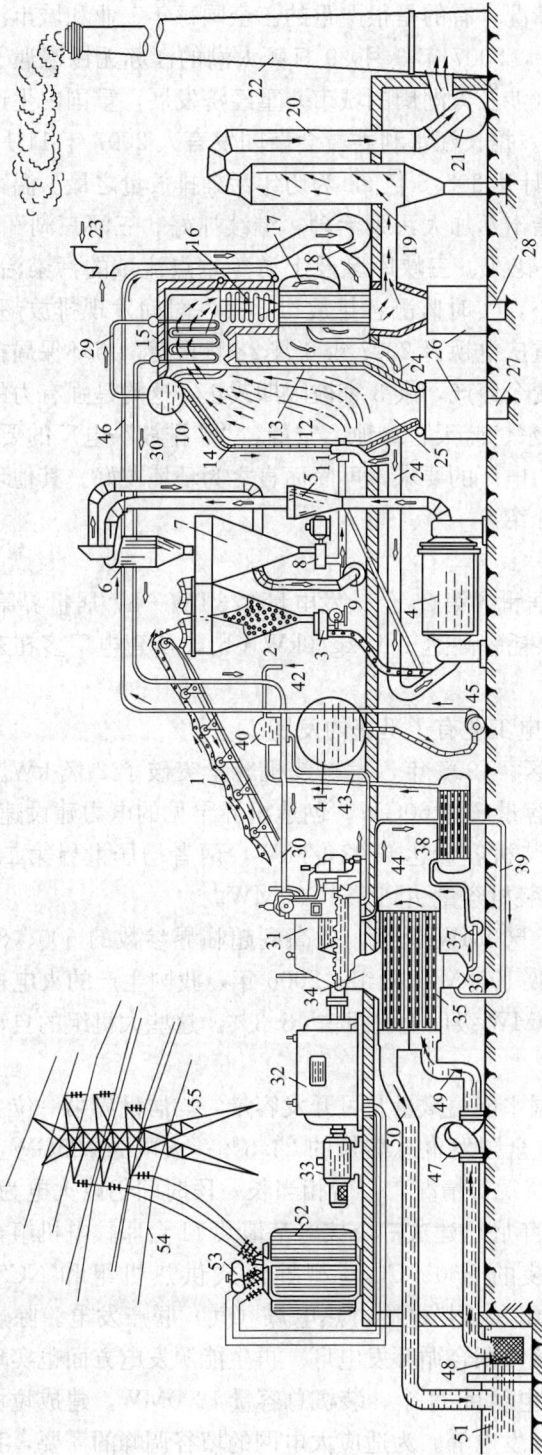

图 0-1　燃煤电厂生产过程示意图

1—运煤皮带；2—原煤仓；3—圆盘给煤机；4—钢球磨煤机；5—粗粉分离器；6—旋风分离器；7—煤粉仓；8—给粉机；9—排粉机；10—汽包；11—燃烧器；12—炉膛；13—水冷壁；14—下降管；15—过热器；16—省煤器；17—空气预热器；18—送风机；19—除尘器；20—烟道；21—引风机；22—烟囱；23—送风机的吸风网；24—送风道；25—冷灰斗；26—冲灰沟；27—冲渣沟；28—冲灰沟；29—饱和蒸汽管；30—主蒸汽管；31—汽轮机；32—发电机；33—励磁机；34—乏汽口；35—凝汽器；36—热井；37—凝结水泵；38—低压加热器；39—低压加热器疏水管；40—给水箱；41—给水泵；42—化学补充水入口；43—汽轮机第一级抽汽；44—汽轮机第二级抽汽；45—给水泵；46—给水管道；47—循环水泵；48—吸水滤网；49—冷却水进水管；50—冷却水出水管；51—江河或冷却设备；52—主变压器；53—油枕；54—高压输电线；55—铁塔

理部门，做了许多工作，制定并颁布了环境保护、水污染防治、固体废物污染防治、噪声污染防治、大气污染防止等法律法规，还制定了相应的国家标准，提出节约型经济、循环经济已初见成效。须严正指出，我国的水污染情况，有的是很严重的。全国每年工业和城市污水排放量已达600亿t。如松花江水污染事件，2007年3月29日频太潮的江苏无锡遭遇了非常严重的臭自来水的事件，是对无锡地区（涉及太湖周围城市）重经济发展，重国内生产总值GDP增长，而忽视环境保护敲响的警钟。据长江水利委员会新闻发言人2007年11月13日公布，长江流域2006年的污染排放量总计达305.5亿t，为历年污染排放量之最。温家宝在第十届全国人大五次会议上工作报告中指出：加大污染治理，继续抓好"三河三湖"（淮河、海河、辽河、太湖、巢湖、滇池）、松花江、三峡库区及上游等重点流域的污染治理。据央视报道，山西太原成立了排放监测中心，实时监测各排放口。第一时间发现排放超标，立即通知该排放单位，并配合拉闸停电。重庆电视台2007年6月28日报道，市环保局在媒体曝光了8家环保违规单位，其中5家被责令停产，余3家被限期改正，这均是强有力的治污实例。现已提出"绿色电厂"，规划要碧水、蓝天、绿地、宁静，"零排放"电厂的要求。建热力发电厂对环境的影响和建"零排放"电厂的要求，可简而言之为环境友好。其他环保技术措施，将在以后章节中结合所讲内容介绍。

二、我国发电工业概况

1949年，全国装机容量仅1.85GW，居世界第21位；发电量4.3TW·h，居世界第25位；年人均用电量仅8kW·h；供电标准煤耗率高达1.13kg/(kW·h)。所建电厂多在东北和沿海地区，发电设备全部依赖进口。

中华人民共和国成立58年来，我国发电工业有了迅速的发展。

首先，新建了大批火电厂，遍布各省区。1995年，发电装机容量突破了2亿kW。仅2005年全国新增火电、水电、核电的装机容量超过60GW，创造世界罕见的电力建设速度。2006年，新增装机容量1亿kW，电力总装机容量达6.22亿kW，两者均居世界第二位，供需基本平衡。截止2007年底，全国发电装机容量达到713 290MW。

其次，单机容量由亚临界参数的300、600MW机组，提高到超临界参数的600、800、1000MW机组，并已建有一批超超临界参数1000MW机组。2006年，我国生产的火电机组中，300MW级以上机组占70%，其中600MW级以上机组占48.3%。这些大机组的自动化水平高，均装有计算机监控系统。

第三，以煤电为基础，多元发展。我国水能蕴藏量及可开发容量，均居世界第一位。到2004年，全国水电装机容量为108GW，占全国发电总容量的24.5%；火电为325GW，占总容量的73.7%。根据我国的煤、水、油资源等情况，今后相当长一段时间仍以火电为主。我国核电起步于20世纪80年代，到2007年底已建成三个核电基地共11台座核电机组，总容量10GW。建了一批热电联产电厂，装的C50、CC50型抽汽式供热机组和NC200、NC300型凝汽采暖两用式机组及背压式机组，与热电冷、热电煤（气）联产发电。除燃煤机组外，还装有燃气轮发电机组，燃气—蒸汽联合循环发电厂。再生能源发电方面也实现了零的突破：到2006年底，全国在建秸秆发电项目34个，装机总容量1200MW，建成垃圾发电、地热发电、太阳能光伏电池发电、沼气发电等。为适应大电网的填谷调峰的需要，我国东北、北京、华东等地区已建有一批抽水蓄能电站，以华东地区为例，已建有总容量2060MW的抽水蓄能电站。

第四，重视环保初见成效。小火电机组能耗高，污染大，"十五"期间已关了 400 余万 kW，仅 2007 年要再关停 1000 万 kW 小火电机组，已提前两个月完成关停小火电 1043 万 kW，年节煤 1450 万 t。大型火电机组应采用烟气脱硫技术，至 2004 年底，全国已有 200 万 kW 机组的烟气脱硫设施投运，约 300 万 kW 在建脱硫技术。到 2007 年底，我国火电厂的烟气脱硫装置容量超过 2.7 亿 kW，火电占全国火电装机容量的 50%。如邹县发电厂 2×600MW 机组的烟气脱硫设施投运，脱硫效率 95%，每年可减少排放 3 万 t。配循环流化床的 150、300MW 发电机组已投运多套。为适应缺水地区的需要，已建成一批 200、300、600MW 直接空冷汽轮机发电机组，我国首座循环经济型 4×600MW 机组火电厂在浙江宁海投产。

第五，由于采取了节能降耗诸多措施，以及管理人员素质和管理水平的提高，煤耗率逐年下降，2006 年全国平均供电标准煤耗率降至 366g/（kW·h）。

第六，管理机制方面，实施政企分开，撤销了电力部，成立国家电网公司和南方电网公司，各省区也相继成立电力公司。完成了厂网分开，竞价上网，为发电工业完成市场化奠定了基础。

第七，引进技术消化为具有自主产权的技术。如超超临界 600、1000MW 火电机组，1000MW 核电机组，600MW 直接空冷发电机组等，以掌握先进科学技术。我国还出口了整套火电、核电机组，迈入国际市场。

但是，我国幅员广，人口多，是发展中国家，人均资源占有量仅为世界平均值的 1/2，美国的 1/10。人均煤资源探明储量为世界均值的 51.3%，石油为 11.3%，天然气仅有 3.78%。全国电力增长速度应始终高于经济增长的速度，即电力弹性系数应大于 1，我国"四五"以后都是小于 1，是造成长期供电紧张的主要原因。各国发电能源占一次能源的比重为，加拿大 60.8%，法国 53.6%，日本 51.2%，美国 40.8%，德国 36.9%，意大利 32.2%，我国只有 28.8% 左右。

1998 年，我国人均装机容量为 0.222kW，人均发电量只有 927kW·h，为世界平均值的 1/3，为发达国家的 1/10～1/6；目前我国有近 2000 万人没用上电；200MW 以下机组占火电机组装机容量的 58%，全国平均供电煤耗率比世界先进水平国家高 60～70g/（kW·h）。这些差距，正说明我国发电工业有巨大的发展前景和空间。

三、我国电力中长期预测及热力发电技术发展动向

1. 我国电力发展预测

用弹性系数预测 GDP 翻两番的电力需求，如表 0-1 所示。

表 0-1　　　　　　　用弹性系数法预测 GDP 翻两番的电力需求

方案类别	2010 年			2020 年		
	电力需求增长率（%）	电力需求量（亿 kW·h）	装机容量（亿 kW）	电力需求增长率（%）	电力需求量（亿 kW·h）	装机容量（亿 kW）
低方案	7.5	33 750	7.5	4.4	51 920	11.5
中方案	8.25	35 190	7.8	4.6	55 180	12.3
高方案	9.0	36 680	8.2	4.8	58 620	13.0

预计至 2010 年我国发电装机容量将达 7.5 亿 kW（即与表 0-1 中的低方案相吻合），其

中煤电约 5.2 亿 kW，占 70%；水电 1.6 亿 kW，占 22%。2020 年，煤电比重再降至 65%。

"开发和节约并重，近期把节能放在优先地位"、"把节约能源资源放在更突出的战略位置"是我国能源利用的基本国策。不仅人均国内生产总值到 2020 年要比 2000 年翻两番，而且单位国内生产总值的能耗比"十五"（2005 年）降低 20%，这两项目标的提出，将对我国的国民经济和社会发展产生深远影响。但 2007 年 GDP 能耗仅下降 3.27%，未完成 4% 的目标，要完成 2010 年的原定任务更艰巨了。

2. 热力发电技术的发展动向

（1）高效发电技术。

（2）洁净燃烧发电技术。

（3）烟气净化技术。

（4）加快核电的发展。

（5）大型火电机组的自动控制技术。（1）～（5）五个技术发展动向，将在本书有关章节中介绍。

（6）可再生能源和新能源发电技术。

全球可再生能源占一次能源的 18%，预计到 2050 年将达 22%。我国规划可再生能源 15 年后将占一次能源总量的 10%。

我国太阳能资源丰富，约 2/3 地区年平均日照时数大于 2000h。至 2004 年，我国太阳光伏发电总容量为 35MW，仅为世界的 3%；风能是太阳能的另一种形式，我国可开发的风能约 10 亿 kW，居世界第一位，大于我国水能资源 3.8 亿 kW，约为全球风能资源的 5%。到 2006 年底，全国已建成 80 座风电场，总装机容量 2300MW，"十一五"时将达到 5000MW。国内首台 2000kW 最大风力发电机已于 2007 年 11 月批量生产。这台风电机组由中国重工（重庆）海装风电设备公司与德国艾罗迪公司联合设计，它具有自主知识产权，国内单功率最大，价格比同类进口货便宜 30%。中国第一个海上风电场将于 2009 年在上海建成，该风电厂总装机容量为 100MW，预计发电量可达 2.6 亿 kW·h，可供上海 20 万户居民使用一年。全国风电装机容量 2020 年将达到 20GW，2030 年可达 1 亿 kW，2050 年可达 4 亿 kW，将成为我国第三大发电能源。中国将成为继荷兰、丹麦、英国等之后又一个拥有风电场的国家。森林和林业剩余物资源相当于 2 亿 t 标准煤，可为能源的秸秆折合约 3 亿 t 标准煤。足见我国再生能源的巨大潜力。我国在《可再生能源中长期发展规划》中指出：要把发展可再生能源作为一项重大的战略措施，要提高可再生能源在能源结构中的比重。重庆、浙江义乌均已建成垃圾发电厂。西藏羊八井等地热电站是我国第一批地热电站。

发电新技术有燃料电池。1969 年，美国阿波罗飞船登上月球的电源装置就是燃料电池。据资料介绍，由高压低温形成的甲烷水混合物（又称天然气水混合物，或可燃冰）沉积于海底，其全球蕴藏量超过现有煤、石油、天然气储量总和的两倍，2012 年即可开发。据我国科技日报报道，我国南海北部成功钻获天然气水混合物实物样品"可燃冰"，据初步预测，仅该区域远景资源量可达上百亿桶油当量，足见可燃冰是很有开发研究的一种新能源。

四、热力发电厂的类型及对热力发电厂的要求

热力发电厂的类型如表 0-2 所示。

分类方法	热力发电厂类型					
表 0-2　　　　　　　　　　　　　　**热力发电厂的分类**						
能源	化石燃料发电厂	核能发电厂	再生能源发电	垃圾发电厂	磁流体发电厂	新能源发电厂
电厂功能	供电的凝汽式发电厂	供电、供热的热电厂	供电、供热、供冷（制冷）的发电厂	供电、供热、供煤气的发电厂	多功能热电厂	—
原动机类型	汽轮机发电厂	内燃机发电厂	燃气轮机发电厂	燃气—蒸汽联合循环发电厂	—	—
单机容量	100MW 及以下为小型	200～300MW为中型	600MW 及以上为大型	—	—	—
电厂容量	小容量电厂200MW 以下	中等容量电厂200～800MW	大容量电厂1000MW 及以上	—	—	—
进入汽轮机蒸汽初参数	中低压发电厂3.43MPa 以下	高压发电厂8.83MPa	超高压发电厂12.75MPa	亚临界压力发电厂16.18MPa	超临界压力[1]发电厂24.2MPa 以上	超超临界压力[1]发电厂30MPa 以上
服务性质	孤立发电厂	列车电站	企业自备发电厂	区域性发电厂	—	—
电厂位置	负荷中心电厂	坑口、路口、港口发电厂	煤源与负荷中心之间发电厂	煤电联营发电厂	—	—

① 超临界、超超临界压力蒸汽初参数，均尚未列入我国的相应标准。

对热力发电厂的基本要求是：在满足安全可靠生产的前提下，经济适用，符合环保要求及有关环保的法令、条例、标准和规定，满足可持续发展要求，以合理的投资获得最佳的经济效益和社会效益；提高发电厂的可靠性、劳动生产率和文明生产水平；要节约能源、节约用地、节约用水、节约材料，并确保质量；瞄准国际先进水平的一流企业不懈努力和提高。

五、本课的任务和作用

在已学热能动力专业技术基础课、专业课的基础上学习热力发电厂课程。本课程是以热力发电厂整体为对象，着重研究不同热力发电厂的热功转换理论基础，并以大型汽轮机发电厂的热力设备及其热力系统为重点，在满足安全、经济、适用、灵活、环保的要求下，分析热力发电厂的经济效益，并侧重于热经济性的研究。热经济性的定性分析以熵方法为主，定量计算以常规方法为主。

热力发电厂是一门政策性强、综合性强、与火电厂生产实际紧密相连的专业课程之一。通过本课的学习，培养学生树立安全、效益（经济效益、社会效益、环保效益）相统一的观点，以提高学生分析、研究、解决热力发电厂课程业务范围内生产实际问题的独立工作能力。

复 习 思 考 题

0-1　我国发电能源结构对电力工业和国民经济的发展、一次能源需求和环境保护有何影响？

0-2　优化的发电能源结构应是怎样的结构？应从哪些方面来具体实施发电能源结构的优化？

0-3　什么是热力发电厂的经济效益？评价经济效益的原则是什么？

0-4　提高热力发电厂经济效益的主要途径有哪些?

0-5　什么是热力发电厂的环境效益? 评价环境效益的原则是什么?

0-6　与先进国家相比, 我国热力发电方面还有哪些差距?

0-7　21 世纪我国热力发电厂面临的形势如何?

0-8　如何归纳热力发电厂的技术发展动向? 其核心是什么?

0-9　新世纪热力发电发展形势下, 对未来热动工程师有何期望和具体要求?

第一章　热力发电厂的评价及可持续发展

本 章 提 要

对热力发电厂总的评价是要在安全可靠的前提下，提高其热量利用率，并符合环保的要求适应电力持续发展的需要。本章先讨论发电厂的安全、可靠管理和寿命管理，再讨论热力发电厂的环保评价，然后重点讨论热力发电厂热经济评价的两种基本分析方法，以及我国现行的用热量法分析凝汽式发电厂的热经济性及其指标的定量计算。

第一节　热力发电厂的安全生产与环境保护

热力发电厂必须在满足安全生产的前提下力求经济（热经济与技术经济），并能实现环境保护和可持续发展。

一、热力发电厂的安全可靠性

（一）安全管理

电力是国民经济建设的能源物质基础，关系到整个国家经济的发展和人民物质文化生活的提高。电力工业必须先行，与其他行业相比，其突出特点是电力的产、供、销是连续瞬时完成的，不可能储存。如果电力生产不安全，供电不可靠，势必严重影响工农业生产和人民生活，不仅会造成国民经济的巨大损失，而且可能酿成严重的社会灾害，乃至影响人民安危。电力企业的效益，首先体现在安全可靠供电的社会效益。

随着生产的发展和科学技术的进步，热力发电向高蒸汽初参数（超临界参数、超超临界参数）、大容量单机功率（600～1000MW 级）发展，电网也不断扩大至几千万千瓦，最终目标是实现全国联网。高参数、大机组、大电网有很多优点，但是既然联网构成整体，各厂众多设备、部件相互关联，任一环节、部件或某一运行操作不当，发生事故，如不能及时消除，会连锁反应酿成大面积或整个电网长时间停电，甚至全网瓦解。2003 年 8 月 14 日，美国东北部、中西部和加拿大南部发生大面积停电，导致 100 多台发电机关闭，波及许多城市，给当地交通、通信和居民生活造成了严重影响。2006 年 11 月 4 日，欧洲发生了大面积停电，西欧大片人口密集地区陷入黑暗之中，停电波及西欧多个国家，德国、法国和意大利三国受影响最大，大部分地区一个小时后恢复供电。1982 年，我国华中电网瓦解，湖北电网事故甩负荷 895MW，全省停电十几个小时。这些事故造成直接、间接经济损失巨大。

电力企业必须坚持"安全第一、预防为主"的方针。这是电力工业生产特征所决定的，是任何时候都不能动摇的电力工业企业生产和建设的基本方针。要特别强调指出，电力安全生产是涉及全过程管理的问题，不应仅仅是运行部门的事，应从煤的质量和设备原材料及其制造工艺与质量、规划设计、安装调试、运行能力以及生产经营、组织管理等各环节抓起、抓好，才能做到预防为主、安全第一。

　　热力发电设备日趋先进，机械化、自动化程度日益提高，目前已经实现在线、离线的计算机监控等，但再好的硬件设备，最终仍须人去操作、管理，因此，提高火电职工素质更为重要，对保障安全、提高效益有极大的作用。我国已进口并自行开发了 200、300、600MW 火电、核电仿真培训机，已建立了一些仿真培训中心，并取得了良好效果，这也是火电安全管理的突出实例。

　　（二）可靠性管理

　　1. 热力发电厂可靠性管理的任务与作用

　　可靠性的理论研究与开发应用，最早是应用于空间技术和军工方面。20 世纪 60 年代中期，一些工业发达国家相继发生特大停电事故，可靠性管理才开始引用到电力工业。美国和加拿大于 1968 年联合成立了北美电力可靠性协会（NERC）。1980 年，美国电气电子工程师学会（IEEE）制订了"统计、评价发电设备可靠性、可用率和生产能力用的术语定义"试用标准。日本、英国、法国和前苏联等国家也都开展了电力可靠性管理工作，均取得了显著效果。我国从 20 世纪 70 年代才起步，现已建有中国电力可靠性管理中心。

　　热力发电厂可靠性是指在预定时间内和规定的技术条件下，保持系统、设备、部件、元件发出额定电力的能力，并以量化的一系列可靠性指标来体现。

　　2. 热力发电厂的可靠性指标

　　热力发电厂主要设备的可靠性是热力发电厂可靠性指标的基础。设备的可靠性是以统计时间为基准的以机组所处状态的各种性能指标来表征。

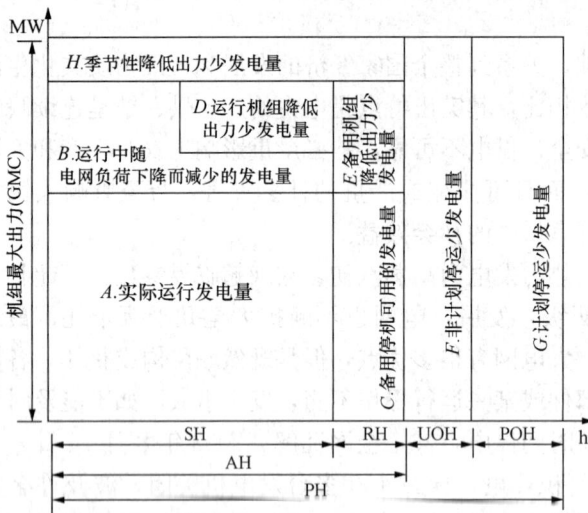

图 1-1　火电机组状态图

　　图 1-1 为机组状态图，纵坐标为机组最大出力 GMC，MW，一般为机组额定容量；横坐标 PH 为统计期间（按季或年计）小时数。图中面积为发电量 W，MW·h。由图可知，可用小时 AH 为运行小时 SH 与备用小时 RH 之和，POH 为计划停用小时数，UOH 为非计划停运小时数。UOH 分为五类情况，依次为：①UOH_1 需立即停运；②UOH_2 需 6h 内停运；③UOH_3 在 6h 以上，但在周末前停运；④UOH_4 可延至周末后，但需在下次计划停用前从可用状态退出运行的停用；⑤UOH_5 超过计划停用期限的延长时间的停运。前三项总称为强迫停用小时 FOH。

　　我国热力发电厂可靠性指标有 23 个，其中主要的是可用系数 AF、非计划停运系数 UOF、等效可用系数 EUF、强迫停用率 FOR 和非计划停用次数。后两项是目前考核发电厂可靠性的指标。

　　可用系数

$$AF = \frac{AH}{PH} \times 100 = \frac{SH+RH}{PH} \times 100 \tag{1-1}$$

非计划停用系数

$$UOF = \frac{UOH}{PH} \times 100 \qquad (1-2)$$

等效可用系数

$$EUF = \frac{AH - (EUNDH + ESDH)}{PH} \times 100 \qquad (1-3)$$

$$EUNDH = \frac{\sum D_i T_i}{GMC} \qquad (1-3a)$$

强迫停用率

$$FOR = \frac{FOH}{FOH + SH} \times 100 \qquad (1-4)$$

式中　EUNDH——等效降低出力小时，h；

D_i——统计期内机组各次降低出力数，GM；

T_i——各次降低出力的运行和备用时间，h。

机组等效季节性降低出力小时 ESDH 为季节性降低出力数乘以降低出力运行小时，再除以机组的 GMC。

国外用电力系统的可靠性指标，如缺电时间概率 LOLP 为一定时间内（通常为一年）系统发电容量不能满足负荷需要的时间概率期望值的总和。美国、加拿大的 LOLP 标准为每十年不得大于一天，即 0.1d/a。

我国原水利电力部对国产火电机组的强迫停用率和非计划停用次数的考核指标的规定如表 1-1 所示。

表 1-1　国产火电机组强迫停用率和非计划停运次数的考核指标

机组容量 （MW）	强迫停用率 （%）	非计划停运次数 ［次/（台·a）］
100～125	6	1.5～2
200～250	12	3
300～320	10	3.5

我国电力可靠性管理中心从 1985 年起，定期发布 100MW 以上火电机组和 40MW 以上水电机组的运行可靠性指标。图 1-2 为我国 1999～2003 年各年投产的 100MW 及以上容量火电机组（参与可靠性统计的）投产后第一年运行可靠性指标趋势图。

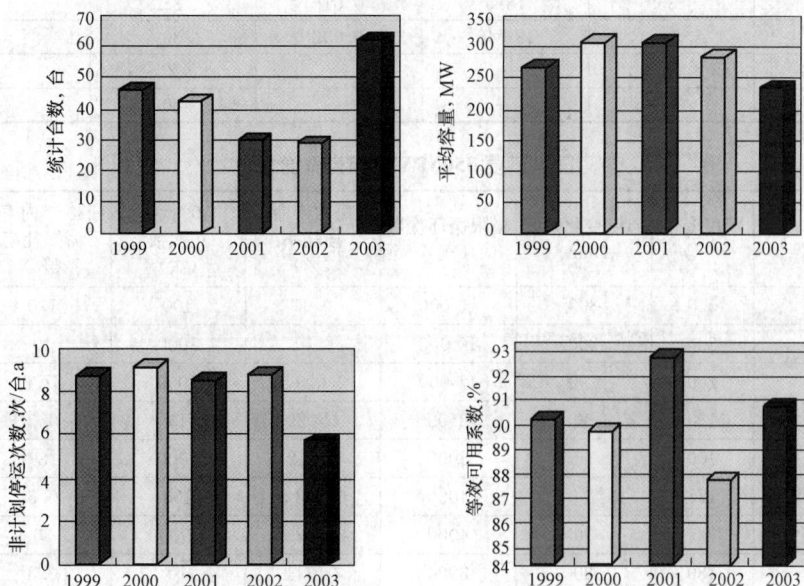

图 1-2　100MW 及以上容量火电第一年可靠性指标

　　我国大火电机组的可用率，较国外同容量的火电机组低 5%～12%，如果能将可用率提高 5%，相当于国家不投资却多建设 3000～3250MW，足见其经济效益之巨大。

（三）寿命管理

　　以设备运行状态及金属材料的长期连续地监督为基础，计算其寿命损耗，并适时进行各种探伤检查，全面掌握设备技术状况，及时维修或更换，使设备在使用年限内发挥最佳效益，或延长其寿命。

1. 寿命分配

　　火电设备及其管道，特别是锅炉汽包、汽轮机转子、叶片、汽缸和主蒸汽管道，承受高温和热应力的作用，长期运行后，金属材料将发生蠕变或松弛，尤其是在启停或工况急剧大幅度变化时，由于冷热交变应力，使得部件产生低周疲劳，最终导致寿命损耗殆尽。

　　随着电网的扩大和用电构成的变化，峰谷差也相应扩大，有的电网峰谷差高达 50%。目前电网仍多以火电为主，水电多为径流式，所以即使是大容量火电机组也必须承担调峰，使机组启停次数增多，加剧火电设备的金属温度变化幅度和寿命损耗。

　　为保证火电设备的安全可靠运行，须合理选择寿命损耗系数，合理进行寿命分配，即预计火电设备在设计寿命年限内启动、停机次数和启停方式以及工况变化、甩负荷次数等，分配其各种工况下允许寿命损耗，并根据允许寿命损耗率，合理控制其启停速度、运行温度、负荷变化率等，以保证使用寿命期间安全运行。表 1-2 为国产 200MW 机组带基本负荷疲劳寿命分配，表 1-3 为我国宝山电厂引进的日本三菱 350MW 机组的寿命分配。

表 1-2　　　　　　　　　国产 200MW 机组带基本负荷疲劳寿命分配

运行方式	温度变化（℃）	30年总次数（次）	每次寿命损耗率（%）	30年内寿命损耗率（%）	控制应力极限（MPa）
冷态启动	480	202	0.024	5	441
温态启动	320	900	0.016	15	417
热态启动	235	1875	0.014	28	402
变负荷运行	50	12 840	0.002	30	255
甩负荷	—	—	—	2	—
总　计	—	—	—	80	—

表 1-3　　　　　　　　　日本三菱 350MW 机组寿命分配

运行方式	温度变化（℃）	温度变化时间（min）	极限循环次数（次）	每次寿命损耗率（%）	30年使用次数（次）	30年内寿命损耗率（%）	控制应力极限（MPa）
冷态启动	500	300	10 000	0.01	100	1.0	460
温态启动	300	200	10 000	0.01	1000	10	460
热态启动	200	100	11 000	0.009 1	3000	27.3	440
极热态启动	180	30	3500	0.029	10	0.3	690
正常停机	100	60	5000	0.002	4000	8	290
强迫冷却停机	170	180	4000	0.002 5	100	0.3	310
正常负荷变化	80	30	4000	0.002 5	12 000	30	310
带厂用电运行	180	20	3000	0.033	10	0.3	720
总　计	—	—	—	—	—	77.2	—

我国已研制成 100、200MW 汽轮机转子寿命在线监视设备，HG-410/9.8 型锅炉汽包寿命损耗微机在线管理技术等多项。表明我国火电设备寿命管理工作正在起步，已有良好开端。

2. 设备延寿

锅炉、汽轮机等火电设备设计寿命一般为 30 年，超过设计寿命后能否采取技术措施，使其能超期安全经济运行，是很现实的问题。如我国 20 世纪五六十年代投运的火电厂，均已超过设计寿命 30 年。1990 年，美国超过 30 年的老机组已达总容量的 15%，其他工业发达国家均有类似情况。采用新技术改造经济上还有一定优势的老机组，使之降低热耗并延长寿命，可能比新建电厂经济。因此，火电设备延寿问题，已引起各国电力部门极大的关注。

高温构件、高温蒸汽管道的设计寿命一般为 10^5 h。高温蒸汽管道的延寿是火电设备延寿的一个不可分割的重要问题。主要延寿措施集中在弯管等应力集中的部件上，显然这些部件的寿命比直管短。

二、发电厂的环保评价

（一）环境保护的重要性及对火电厂环保评价的要求

1. 环境保护的重要性

自然资源的开发利用和工业生产的高速发展，出现了高度集中的工矿区和城市，自然环境和社会环境发生了一系列变化。自然环境日趋恶化，发生了一些震惊世界的公害事件，如 1948 年 10 月美国多诺拉事件，1952 年 12 月英国伦敦烟雾事件等。环境退化威胁着人类的生存和发展，环境保护成为人们共同关心的社会问题。

大型热力发电厂的建设，是工农业生产、国防建设、提高人民物质文化生活的重要物质基础，但要占用大面积土地，要耗费大量的一次能源和水资源，还要排放大量废气、废水和废渣（三废），给环境带来一定的影响。例如，2400MW 燃煤电厂，厂区占地 60～80 万 m^2，厂区外灰场占地 200 万 m^2，年耗煤约 750 万 t，助燃油 3 万 m^3，采用循环供水系统时，耗补给水 5000～7000m^3。若以煤的含硫量 1%，除尘器效率 99.5% 计，年排放 SO_2 14 万 t，NO_x 7 万 t，飘尘 0.68 万 t，灰渣 150 万 t，补给水中有相当部分成为废水排放，被循环水排放至大气的热量约为全厂热耗的 55%（相当年烧 400 万 t 煤的热量）。可见火电厂已成为严重的污染源大户。

我国对环境问题的认识较发达国家迟，在《人类环境宣言》发表一周年后，即 1973 年 8 月才召开了第一次全国环境保护会议，承认中国存在环境问题，制定了我国的的环境保护方针，并相应成立了我国第一个环境保护机构，各省市也相继成立环保部门。

近 20 年来，我国在电力环境保护方面做了大量工作，中国电力企业联合会提供的数据表明：1980～2003 年的 23 年间，尽管火电装机容量增加了 5.2 倍，但烟尘排放总量基本持平；供电标准煤耗率由 448g/（kW·h）下降到 380g/（kW·h），与 1980 年的指标相比，2003 年电力行业相当于年节约标准煤 1.2 亿 t；与 20 世纪 90 年代中期相比，每千瓦时发电量二氧化硫排放量下降了 20% 左右。

国家环保部副部长潘岳在《从源头上控制环境污染》一文中指出，要实现可持续发展，必须把战略环评纳入宏观经济决策程序。所谓战略环评，即是"从源头和过程控制"战略思想的集中体现。实际上，对于如火如荼大发展的电力行业，从战略高度进行整体规划和评价尤为迫切。中国电力工业规划环评主要包括 20 世纪 90 年代中期至 90 年代末的华东电网、华中电网等火电规划环评，21 世纪的"西电东送"南通道、北通道火电规划区域环评，以及江苏长江地区火电规划环评、浙江电力发展规划环评、南京电网规划环评等。

我国电力规划环评目前存在一些问题，其中包括缺乏行业规划环评导则、公众参与的时间选择不明确、评价指标缺乏可操作性、对规划环评的审查管理细则不规范，以及法律对执行规划环评的要求力度不够等。另外，我国规划环评导则没有分行业规定。因此分行业细化明确规划环评的内容和深度要求，及时制订配套的法规和规章以及技术规范，为规划环评的有效实施创造必要的条件是当务之急。电力工业也要分电源规划与电网规划。根据电力行业自身特点及实践经验，电源规划环评一般内容应该包括：电力规划分析，区域环境现状分析，区域污染物排放分析，环境影响识别与评价指标确定，火电大气环境影响预测分析，海洋以及生态等其余环境影响预测分析，火电厂污染治理措施分析、推荐方案、公众参与等。与单个项目不同，进行全行业战略规划和评价，就是以为人民群众的生活和经济社会的发展提供清洁优质的电力供应为目标，最大限度地打破部门界限与地区界限，解决条块分割和部门分割，避免盲目建设和重复建设，实现资源配置和利用的最优化，更加科学民主地促进行业全面协调可持续健康发展。

2. 对火电环境保护评价的要求

我国为加强政府在环境方面的监督作用，先后制定了 4 项专门法律、20 多项行政法规及 230 项环保标准。电力行业除了将环保纳入《电力法》外，还制定了 30 余项管理规章、标准。1998 年以来，仅国家就出台了 30 多个与控制火电厂二氧化硫排放相关的法规、政策和文件。上述法律、规章、标准中，与本节所讲内容深度的要求有关的有：我国的环境保护法、大气污染防治法、海洋环境保护法、火电厂大气污染物排放标准、环境空气质量标准、水法、水污染防治法、污水综合排放标准、污水排入城市下水道水质标准、环境噪声污染防治条例、建设项目环境保护管理办法、火力发电厂环境保护设计规定、火电厂大气污染物排放标准、火电建设项目环境报告书编制规范、粉煤灰综合利用管理办法等。这些法律法规的出台，使火电环境保护工作逐渐进入法制轨道，强化了管理，以管促治。

通常发电厂的设计程序分为四个阶段，相应的环境保护工程设计分别要求为：

(1) 初步可行性研究阶段应编写发电厂的环境容量及影响简要分析、环境容量及影响评价；

(2) 可行性研究阶段应编写环境保护工程设想，提出环境影响报告书；

(3) 初步设计阶段应编写环境防治方案设计；

(4) 施工图设计应编写环境保护防治设施设计。

应强调指出：上述四阶段和环保设计均含水土保持方案；严格按设计和程序进行，例如初步设计中环境保护方案设计应以可行性研究阶段批准的环境影响报告书为依据。环保工程与主体工程应实施同时设计、同时施工、同时投产的"三同时制度"。

(二) 火电厂的废气排放

1. 环境空气质量标准

对空气质量和大气污染物容许含量的规定，各国有所不同。根据 GB 3095—2001《环境空气质量标准》的规定，环境空气质量功能区分为三类：一类区为自然保护区、风景名胜区和其他需要特殊保护地区，二类区为城镇规划中确定的居住区、商业交通居民混合区、文化区、一般工业区和农村地区，三类区为特定工业区。环境空气质量标准对各项污染物不允许超过的浓度极限分为三级规定：一类区执行一级标准，二类区执行二级标准，三类区执行三级标准，具体的浓度限值见 GB 3095—2001。

2. 火电厂大气污染物排放标准

GB 13223—2003《火电厂大气污染物排放标准》（以下简称《排标》）兼顾电力发展和环境保护目标，分三个时段规定了火电厂大气污染物排放限值，提出了到 2005 年和 2010 年火电厂应执行的二氧化硫和烟尘排放限值，有利于火电厂根据自身的情况采取相应的控制措施。《排标》对不同时期的火电厂建设项目分别规定了对应的大气污染物排放控制要求，即 1996 年 12 月 31 日前建成投产或通过建设项目环境影响报告书审批的新建、扩建、改建火电厂建设项目，执行第 1 时段排放控制要求；1997 年 1 月 1 日起至 2004 年 1 月 1 日前通过建设项目环境影响报告书审批的新建、扩建、改建火电厂建设项目，执行第 2 时段排放控制要求；自 2004 年 1 月 1 日起，通过建设项目环境影响报告书审批的新建、扩建、改建火电厂建设项目，执行第 3 时段排放控制要求，其烟尘、二氧化硫、氮氧化物的排放标准值分别为标况下 50、400、1100mg/m³，详见 GB 13223—2003。

3. 大气污染防治

（1）高烟囱排放。烟气中硫分的排放控制应利用大气扩散稀释能力，采用高烟囱排放，其落地浓度要符合该地区级别的环境质量标准，为了防止露天锅炉锅炉房对烟气产生下沉，烟囱高度应高于厂内最高建筑物高度的 2 倍。由于电厂内水塔与烟囱相距较远，水塔一般不会影响烟气的抬升，所以水塔（属构筑物）不在此规定要求内。当水塔布置在炉后，且距烟囱较近，则应计算水塔的影响。

（2）高效除尘器。根据 DL 5000—2000《火力发电厂设计规程》（以下简称《设规》）规定，燃煤发电厂的锅炉应装设高效除尘器，其烟尘排放浓度及除尘效率必须符合《排标》的要求，启动锅炉烟尘排放必须符合 GB 13271—2001《锅炉大气污染物排放标准》。除尘设备应使烟气中排放的粉尘量及其浓度符合现行的环境保护标准的要求，并应考虑煤灰特性、工艺及灰渣综合利用的要求。静电除尘器的台数对 670t/h 及以上锅炉定为不少于两组，对 420t/h 及以下锅炉，根据工程条件允许只设一组。

根据《排标》的规定，新投产机组的除尘器效率应在 99％ 以上；根据《关于 32 个重点城市防治烟尘污染的决定》，对五类城市总悬浮颗粒物控制量的不同要求；促使采用高效电除尘器，虽然它的投资高，但有利于灰的综合利用。《设规》规定，单机容量 200MW 及以上的机组，32 个重点城市单机容量 100MW 及以上的机组，采用电气除尘器。20 世纪 80 年代以来，电气除尘器以每年 4％～5％ 的幅度增加，这是全国火电厂的烟尘排放量大幅下降至 34kg/（kW·h）的主要原因。

（3）SO_2 控制技术的开发应用。我国火电厂用煤的含硫量差别较大，表 1-4 为 1994 年统计的网内 6MW 及以上火电厂用煤含硫量分布情况。

表 1-4 **1994 年网内 6MW 及以上火电厂用煤含硫量分布情况**

煤中含硫量（%）	≤0.5	0.5～1.0	1.01～1.5	1.51～2.0	2.01～3.0	>3
含硫量份额（%）	22	28	21	10	3	6

根据原国家环保总局公报，2005 年全国二氧化硫排放量高达 2511 万 t，比 2000 年增长

了 27%。总排放量较政府 2000 年确定的目标高出 42%，当时的目标是每年排放量控制在 1800 万 t。燃煤电厂二氧化硫排放量约占全国二氧化硫总排放量的 52%，已成为污染大户，也成为制约火力发电厂发展的主要因素，火电厂控制二氧化硫排放势在必行。

火电厂的 SO_2 排放，要同时满足排放标准和总量控制要求，酸雨控制区和 SO_2 污染控制区内的电厂还需要满足排放浓度标准。

目前火电厂减排二氧化硫的主要途径有：煤炭洗选、洁净煤燃烧技术、燃用低硫煤和烟气脱硫。煤炭洗选目前仅能除去煤炭中的部分无机硫，对于煤炭中的有机硫尚无经济可行的去除技术。我国高硫煤产区中，煤中有机硫成分都较高，很难用煤炭洗选的方法达到有效控制二氧化硫排放的目的。

国外已开发的烟气脱硫方法有 100 种以上，进入商业运行的只十余种。按反应物质的状态分为干法、湿法两大类，按反应产物的处理方式分为抛弃法、回收（烟气中的 SO_2）法两大类。

我国的烟气脱硫装置投入运行有数百万千瓦级，成绩是巨大的，但从火电装机容量的比例看，装有烟气脱硫装置的机组占火电总装机容量不足 4%，离环境保护的要求还有较大差距。从目前已安装烟气脱硫装置的情况看，世界上有的工艺技术，我国几乎都有。常规石灰石—石膏湿法（重庆珞璜电厂一、二期，北京、重庆、半山等 3 个老电厂的中德合作烟气脱硫项目），炉内喷钙加烟气增湿活化法（南京下关电厂），电子束法（成都热电厂），旋转喷雾半干法（黄岛电厂），海水脱硫法（深圳西部电厂），烟气循环流化床法（云南小龙潭、广东恒运），简易石灰石—石膏法（太原第一热电厂）等工艺技术均已应用，而且上述工艺技术大多数有在建的工程。此外还有一些除尘脱硫一体化的工艺技术及气动法、磷胺肥法、活性炭法等在小机组上的应用等。

（4）电厂锅炉 NO_x 控制技术的开发应用。氮氧化物（NO_x）对环境和人体健康的影响日益引起各国的关注。对于煤粉炉而言，最主要的污染物是粉尘、SO_2、NO_x，其中前两者已有一些比较成熟的解决方法，而对于 NO_x 污染则主要从三个方面着手：①采用低 NO_x 燃烧技术，降低炉内 NO_x 生成量；②炉膛喷射脱硝技术，在一定的温度条件下还原已生成的 NO_x，以降低其排放量；③在烟道尾部加装脱硝装置，把烟气中的 NO_x 转变成为无害的 N_2 或有用的肥料。实现工业化应用的炉膛喷射脱硝工艺主要有两类：选择性催化还原（SCR）脱硝和非选择性催化还原（SNCR）脱硝。这是目前国内外应用的主要脱硝手段。

随着国家新的大气排放标准的颁布实施，对电站锅炉的 NO_x 排放已提出要求，低 NO_x 燃烧技术将会得到推广应用，并进一步得到完善。为满足环保要求，采用切实可行的措施及改造方案，降低锅炉的 NO_x 排放，如锅炉的燃烧优化调整、空气分级燃烧、燃料分级燃烧、烟气再循环及选用低 NO_x 燃烧器等。

由于我国锅炉种类繁多，燃用煤种千差万别且多变，这就使得难以用上述一种或几种 NO_x 控制技术来解决所有的问题。对不同的锅炉、不同的燃烧方式及煤种特性，可选用不同的低 NO_x 燃烧技术，最大程度地降低排放对环境和人类的影响，必将对人类的生产和生活产生深远的影响。我国 300MW 及以上机组，锅炉应采用低氮氧化物燃烧技术。

（三）节约水资源及废水资源化

我国是人均水资源占有量很少的国家之一，特别是北方缺水地区，保护水资源、节约用水、一水多用、治理废水和废水资源化是电力行业面临的紧迫任务。

1. 节约水资源

2005 年，热力发电单位发电量耗水量为 3.1kg/(kW·h)，平均装机耗水率为 0.68m³/(s·GW)（秒立方米每百万千瓦），比 20 世纪 80 年代大机组平均耗水指标 1.42～1.56m³/(s·GW)下降 1/2 左右，工业用水重复利用率达到 76%。表 1-5 为我国热力发电厂 2000～2005 年用水数据。

表 1-5　　　　　　　　我国热力发电厂 2000～2005 年用水数据

项目 年份	用水量 (亿 m³)	重复利用率 (%)	消耗水量 (亿 m³)	废水排放量 (亿 m³)	单位发电量耗水量 [kg/(kW·h)]
2000	455	67.5	45	15.3	4.2
2001	470	69.1	47	13.5	3.9
2002	509	69.4	49	14.4	3.5
2003	521	69.5	53	16.2	3.4
2004	597	75.0	58	18.1	3.2
2005	635	76.0	63	19.2	3.1

大型热力发电厂节水关键在于采用新工艺、新技术、新设备，以获得少耗水、多发电的效益。一座 200MW 的火电厂，由于采用不同的技术方案，全厂耗水量可从 0.05～0.37m³/s，足见其节水潜力之大。如采用干式冷却系统，即空冷系统（详见本书第二章第二节），意大利设计制造的不用水干除渣技术等。

（1）目前我国老电厂的节水改造措施有以下几个：

1）2001 年，原国家电力公司曾计划实施 132 项重大节水技改项目，年总节水量约 3106 亿 m³/a，计划总投资达 11193 亿元，其中循环水处理系统改造项目，每节约 1m³/h 水需投资 4127 万元；除灰渣系统改造项目，每节约 1m³/h 水需投资 3165 万元；回收工业水、生产废水、生活污水等回收处理项目，每节约 1m³/h 水需投资 3124 万元。

老电厂于 2005 年达到国标规定的取水定额，必须从以下四方面进行：提高循环冷却水的浓缩倍率，合理安排除灰渣用水、工业水与生活污水的回收利用以及加强水务管理。

2）将以地下水为水源的直流冷却供水系统改为循环冷却供水系统，节约地下水资源。

3）用直接空冷供暖燃煤大机组装备老厂，使缺水、少地的老电厂实施"以大代小"，增容不增水，如山西云冈热电公司以 2×200MW 替代了小机组。

4）以高参数大容量供暖大机组替代退役小机组，实现"以大代小"，如太原第一热电厂用 2×300MW 替代容量 186MW 的小机组。

5）利用天然气发电的燃气—蒸汽联合循环机组替代服役几十年的燃煤小机组。

6）应用增压流化床（PFBC）技术，改造老电厂 50～100MW 燃煤小机组。

7）用燃煤整体煤气化燃气蒸汽联合循环（IGCC）发电，改造老厂，如烟台电厂。

（2）新建电厂的节水措施有以下几个：

1）北方缺水煤矿坑口地区，建设 600MW 级空冷电站群；

2）推广分段浓缩串联使用的循环冷却水处理技术；

3）鼓励就近利用城市污水的再生水作为火电厂补充水水源，使废水资源化；

4）开发增压流化床联合循环发电技术；

5）对缺水又限制外排废水的燃煤电厂，可考虑实现全厂废水零排放方案。但必须慎重，因其经济性较差；

6）广泛采用气力除灰与干储灰场；

7）特殊情况，可考虑风冷型干排渣技术。

2. 废污水处理

根据《设规》要求，位于城市的火电厂，其生活污水宜引入城市的污水处理系统统一处理。无条件者，应因地制宜采取相应措施进行处理，如沉淀、曝气、消毒、生化处理等。

3. 控制热排水的污染

热力发电厂采用直流或混流供水时的冷却水，经使用后一般温度升高 8～10℃，直接排入水体，使水体含蓄了大量热量，影响水质或水生物。

1978 年夏季持续高温干旱，望亭发电厂的热排水直接排入望虞河使水温高达 40℃以上，造成渔业损失 73t，三水作物损失 1.86 万 t，蚌珠损失 4.4 万只。热污染多发生在高温的夏季，但也可能发生在冬季，辽宁发电厂热排水排入大伙房水库，因寒流突然袭击，水温突降，使已适应热水区域内生活的鱼受到"冷冲击"而大批死亡。

为此，在热力发电厂设计中应考虑 40℃以上热排水应采取相应技术措施后方可排放。

国外已有利用热排水养殖各种贝类、对虾及藻类。美国用以加热埋入土中的灌溉管系，使农作物早熟、增收。

我国有的电厂用热排水养殖鱼类，具有生长快、产量高的优点，并能降低鱼种越冬死亡率。有的电厂用以农业灌溉，也收效良好。

我国《设规》规定，对有条件的，设计中应预留利用热排水设施的位置和采取相应的措施。

（四）灰渣、热排水治理及综合利用

根据我国的水污染防治法，火电厂灰渣严禁排入江、河、湖、海等水域。

我国热力发电厂燃用煤的灰分高、灰渣量多。传统的处置是"以储为主，储用结合"，灰场占地（能存放按规划容量约 20 年左右的灰渣量）问题日益突出，有些电厂因原灰场已堆满却难以找到新灰场。2005 年我国火电装机容量已达 508GW，每年排出的灰渣量相当庞大，灰场占地面积非常大。

早在 20 世纪 20 年代，各国就相继开展灰渣综合利用。我国近 30 年来，在灰渣利用方面有较大发展，灰渣利用量居世界前列，技术水平与美国大致相当。

每利用 1 万 t 灰渣，节约占地 200m²，减少灰场投资和运行费 2～8 万元，节约运灰费用 2～5 万元，降低火电厂的生产成本，增加利润。

灰渣综合利用原则是"储用结合，因地制宜，多种途径，积极利用，讲究实际"。并为此制定了多种优惠政策，如"谁投资、谁受益"、减免税收，优惠贷款及奖励政策等。我国开发的灰渣利用技术已达 200 多项，进入工程应用的 50 多项。如粉煤灰生产建筑材料（水泥、砖、砌块、加气混凝土及耐热耐火材料等），粉煤灰用于建筑工程（大体积混凝土、水下混凝土、泵送混凝土等），分项情况如表 1-6 所示。

表 1-6　　　　　　　　1995 年网内 6MW 及以上容量电厂灰渣综合利用分项

项　目	总利用量	建工	建材	筑路	回填	农业	资源回收	其他
用量（Mt）	51.88	4.15	12.44	15.92	14.97	2.08	0.29	2.03
比例（％）	100	8.0	24.0	30.7	28.8	4.0	0.6	3.9

国家经贸委（1994）14 号文件通知中规定：火电厂可行性研究报告和初步设计，应包括粉煤灰综合利用方案，凡不具备者，有关部门和主管部门不予审批立项。

（五）噪声防止

1. 噪声标准

GB/T 15190—1994 社会生活环境噪声排放标准中规定的噪声标准值如表 1-7 所示。

2. 热力发电厂的噪声

噪声是人们公认的环境公害之一。热力发电厂是噪声源相对集中、噪声幅量大、噪声种类繁多的场所，汽机房和锅炉房是强噪声集中区，其中以汽轮机运转层、锅炉排汽和风机运转噪声最为强烈。强噪声的声源、频率及声强如表 1-8 所示。

表 1-7　城市区域环境噪声标准值

适用区域	等效声级 eq.dB（A）	
	白天	夜间
特殊住宅区	45	35
居民、文教区	50	40
一类混合区①	55	45
二类混合区②	60	50
工业集中区	65	55
交通干线道路两侧	70	55

① 一类混合区指一般商业居民混合区；
② 二类混合区指工业、商业、少量交通与居民混合区。

表 1-8　热力发电厂噪声举例

强噪声源	频率	声强 dB（A）
125MW 汽机房	低中频	90～95
300MW 汽机房	低中频	93～96
球磨机	低中频	97～117
送风机	低中频	113～121
碎煤机	中频	95～98
100kW 凝结水泵	中频	104
高压加热器	高频	100
锅炉排汽	高频	114～170

3. 热力发电厂的噪声防治

对超标噪声，通常可通过下列三种途径治理：

（1）噪声源控制。

由国家规定的产品噪声标准控制，没有的可参考以下数据：

引风机（进风口前 3m 处）　　　　　　　　　　　　　85dB（A）

送风机（进风口前 3m 处）　　　　　　　　　　　　　90dB（A）

钢球磨煤机　　　　　　　　　　　　　　　　　　　95～105dB（A）

其他中、高速磨煤机　　　　　　　　　　　　　　　86～95dB（A）

汽轮机（包括注油器、距声源 1m 处）　　　　　　　　90dB（A）

发电机及励磁机（距声源 1m 处）　　　　　　　　　　90dB（A）

排料机（距机壳 1.5m 处）　　　　　　　　　　　　　85dB（A）

汽动给水泵　　　　　　　　　　　　　　　　　　　101dB（A）

（2）噪声传播途径控制。

①对易于封闭的噪声源，如水泵、风机、汽轮发电机组，采用隔板、阻尼和隔声措施，

降噪量可达 10～30dB（A）；②对不易封闭的设备及系统，如锅炉，加热器和水、煤、汽（气）管道等，采用包覆隔振阻尼材料或设置隔声结构，降噪量可达 20～50dB（A）；③不能进行噪声源控制和传播途径控制的场所，采取个人防护如戴护耳器（耳塞、防声头盔等），或在噪声环境中设置隔声间等办法，降噪量可在 15～40dB（A）之间。

1982 年联合国在巴西召开了第二次世界环境发展大会，发表了《里约环境与发展宣言》和《21 世纪议程》提出了可持续发展的战略。会后，我国政府制定了《中国 21 世纪议程》——中国 21 世纪人口、环境与发展白皮书，指出保护环境是实现可持续发展战略的关键之一，之后，又通过了《国务院关于环境保护若干问题的决定》，对环境保护的目标、责任、重点及污染控制、执行监督管理等作出了具体规定和要求。电力工业是国家基础工业，应根据我政府的要求，推进电力环保工作，促进电力工业沿着持续发展的道理迈向 21 世纪。

第二节　热力发电厂的热经济评价

一、评价热力发电厂热经济性的两种基本分析方法

凝汽式发电厂将燃料中的化学能在锅炉中释放转换为蒸汽热能，引往汽轮机膨胀做功将热能转换为机械能，用以拖动汽轮发电机最终转换为对外供应的电能。在这些能量转换过程中恒有部位不同、大小不等、原因各异的能量损失，正是通过衡量能量转换过程中的能量利用程度（正热平衡方法）或能量损失大小（反热平衡方法）来评价火电厂的热经济性。

评价火电厂热经济的方法有很多，但从热力学观点来分析，只有两种基本分析方法，即基于热力学第一定律的热量法（效率法，热平衡法），基于热力学第二定律的㶲方法，（可用能法、做功能力法）或熵方法（㶲损、做功能力损失）。

热量法从能量转换的数量来评价其效果，其指标是热力学第一定律效率，即有效利用的热量与供给的热量之比。就动力装置的循环而言

$$\eta_t = \frac{w_a}{Q_1} = \frac{Q_1 - \sum_j Q_j}{Q_1} = 1 - \frac{\sum_j Q_j}{Q_1} = 1 - \sum_j \zeta_j \tag{1-5}$$

式中　　Q_1——外部热源供给的热量；

　　　　w_a——该动力装置的理想比内功（以热量计）；

　　　　$\sum_j Q_j$——循环中各项能量损失之和（以热量计）；

　　　　$\sum_j \zeta_j$——各项能量损失系数之和。

㶲方法从能量的质量（品位）来评价其效果，其指标为热力学第二定律效率，即有效利用的可用能与供给的可用能之比。仍就动力装置循环而言

$$\eta_t^e = \frac{w_a}{E_{sup}} = \frac{E_{sup} - \sum_j A_{ej}}{E_{sup}} = 1 - \frac{\sum_j A_{ej}}{E_{sup}} = 1 - \sum_j \xi_{ej} \tag{1-6}$$

式中　　E_{sup}——供入系统的可用能；

　　　　$\sum_j A_{ej}$——循环中各项不可逆因素导致的各项可用能损失之和；

$\displaystyle\sum_j \xi_{ej}$——循环中各项可用能损失系数之和。

若循环供入可用能是温度为 T_1 的热源提供的热量 Q_1，$E_{sup} = Q_1 \eta_t^c$，于是可得两种基本分析方法效率之间的关系式，即

$$\eta_t = \frac{w_a}{Q_1} = \frac{\eta_t^e E_{sup}}{Q_1} = \frac{\eta_t^e Q_1 \eta_t^c}{Q_1} = \eta_t^e \eta_t^c \tag{1-7}$$

$$\eta_t^c = 1 - \frac{T_{en}}{T_1}$$

式中　η_t^e——循环㶲效率；

η_t^c——卡诺循环效率；

T_1——热源温度，K；

T_{en}——冷源（环境）温度，K。

需强调的是，无论哪一种方法，分析对象可以是整个电厂或循环，也可以是其中的某一局部，可用绝对量也可用相对量来计算。

二、㶲方法

（一）㶲效率与㶲损

以相对量计，㶲损的通式为

$$\Delta e = (e_{in} + e_q) - (w_a + e_{out}) \tag{1-8}$$

$$= T_{en} \Delta s \quad kJ/kg \tag{1-9}$$

热流㶲
$$e_q = w_{max} = q_1 \eta_t^c = q_1 \left(1 - \frac{T_{en}}{T_1}\right) \quad kJ/kg \tag{1-10}$$

以上二式中　e_{in}、e_{out}——流进、流出设备的比㶲，kJ/kg；

Δs——不可逆过程的熵增，kJ/（kg·K）。

热力发电厂的典型热力设备的㶲损和㶲效率如表 1-9 所示。

表 1-9　　　　　　　　热力发电厂典型热力设备的㶲损及㶲效率

设　备	特　点	比㶲损 Δe（kJ/kg）	㶲效率 η_x^e（%）
锅炉、换热器	$w_a = 0$	$\Delta e_b = e_{in} + e_q - e_{out}$	$\eta_b^e = \dfrac{e_{out}}{e_{in} - e_q}$
汽轮机	$e_q = 0$	$\Delta e_t = e_{in} - w_a - e_{out}$	$\eta_t^e = \dfrac{w_a}{e_{in} - e_{out}}$
管道	$e_q = 0$ $w_a = 0$	$\Delta e_p = e_{in} - e_{out}$	$\eta_p^e = \dfrac{e_{out}}{e_{in}}$

（二）典型不可逆过程的熵增及其㶲损

热力发电厂的热功能量转换工作都是不可逆过程，引起熵增和㶲损。典型的不可逆过程熵增如图 1-3 所示。

由表 1-10 算得某一不可逆过程的熵增 Δs_j，乘以环境温度 T_{en}，得出该不可逆过程的㶲损，即 $\Delta e_j = \Delta s_j T_{en}$。

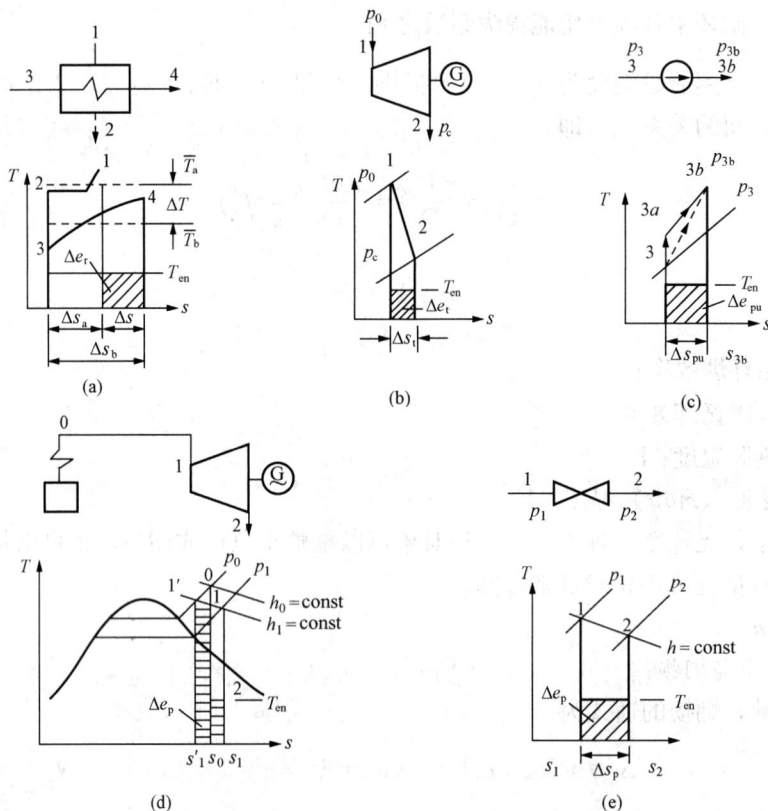

图 1-3 典型不可逆过程的熵增

（a）有温差的换热；（b）有摩阻的膨胀；（c）有摩阻的压缩；

（d）有摩阻的流动及散热；（e）绝热节流

表 1-10   热力发电厂典型不可逆过程的熵增

设　备	特　点	图　示	熵增算式 $[kJ/(K \cdot kg)]$
锅炉、回热加热器 凝汽器	有温差的换热	图 1-3（a）	$\Delta s = \left(\dfrac{\Delta T}{T_b + \Delta T}\right)\dfrac{dq}{T_b}$
汽轮机 给水泵	有摩阻的膨胀 有摩阻的压缩	图 1-3（b） 图 1-3（c）	$\Delta s_t = s_2 - s_1$ $\Delta s_{pu} = s_{3b} - s_3$
热力管道	有摩阻的流动及散热 绝热节流	图 1-3（d） 图 1-3（e）	$\Delta s_p = (h_0 - h_1) + T_{en}(s_1 - s_0)$ $\Delta s_p = s_2 - s_1$

（三）凝汽式发电厂的㶲损分布

图 1-4（a）为按朗肯循环工作的凝汽式发电厂热力系统，图 1-4（b）为其实际朗肯循环的 $T\text{-}s$ 图，图 1-4（c）为图 1-4（b）中带虚线所框范围的详图。表 1-11 为该厂的各项㶲损计算，并标明在图 1-4（b）中的相应图形面积。图 1-4、表 1-11 中均忽略了给水泵的泵功及其㶲损 Δe_{pu} 和管道的散热损失，即 $h_0 = h_1$。计算是以 B kg/h 煤的化学能 Bq_1 为基准。1kg 煤的产汽量为

$$g = \frac{q_1 \eta_b}{h_0 - h_{fw}} \approx \frac{q_1 \eta_b}{h_0 - h'_3} \quad \text{kg 汽/kg 煤}$$

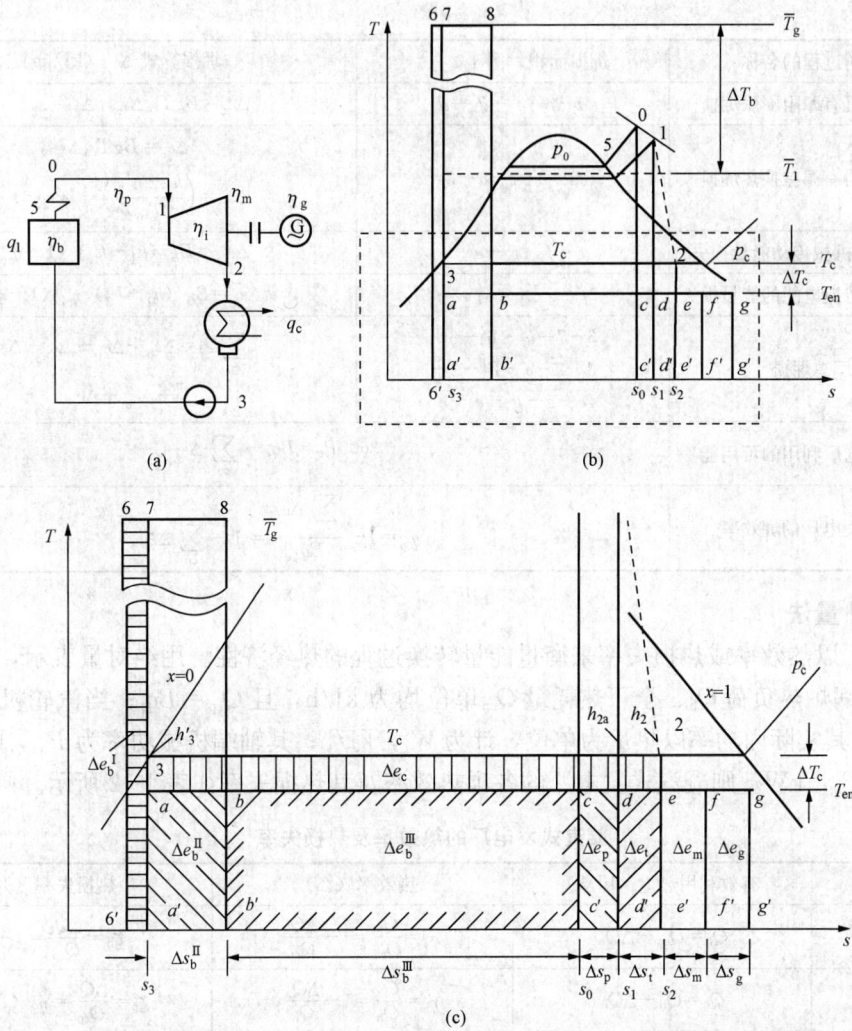

图 1-4 按朗肯循环工作的凝汽式发电厂热力系统及㶲损分布

(a) 热力系统；(b) T-s 图；(c) 㶲损分布详图

表 1-11　　　　按朗肯循环工作的凝汽式发电厂的㶲损计算及其分布详图

不可逆过程的名称	㶲损面积，图 1-4（c）	㶲损算式 Δe_j（kJ/kg）
1—A 锅炉的散热损失	$6-7-a'-6'-6$	$\Delta e_b^{\mathrm{I}} = Bq_1\,(1-\eta_b)$
1—B 化学能转换为热能㶲损	$a-b-b'-a'-a$	$\Delta e_b^{\mathrm{II}} = BgT_{en}\left(\dfrac{h_0-h_3'}{\overline{T}_g}\right)$ $= Bq_1\eta_b\,(1-\eta_c)$
1—C 锅炉有温差换热的㶲损	$b-c-c'-b'-b$	$\Delta e_b^{\mathrm{III}} = BgT_{en}\Delta s_b$ $= BgT_{en}\left[(s_0-s_3)-\dfrac{h_0-h_3'}{\overline{T}_g}\right]$
（1）锅炉的总㶲损	$6-7-a'-6'-6+$ $a-c-c'-a'-a$	$\Delta e_b = \Delta e_b^{\mathrm{I}} + \Delta e_b^{\mathrm{II}} + \Delta e_b^{\mathrm{III}}$
（2）主蒸汽管的节流㶲损	$c-d-d'-c'-c$	$\Delta e_p = BgT_{en}\Delta s_p$；$\Delta s_p = s_1-s_0$

不可逆过程的名称	㶲损面积，图 1-4（c）	㶲损算式 Δe_j （kJ/kg）
（3）汽轮机有摩阻膨胀㶲损	$d-e-e'-d'-d$	$\Delta e_t = Bg T_{en} \Delta s_t$，$\Delta s_t = s_2 - s_1$
（4）凝汽器有温差换热㶲损	$3-2-e-a-3$	$\Delta e_c = Bg T_{en} \Delta s_c$ $\Delta s_c = \left(\dfrac{h_2 - h'_3}{T_{en}} \right) - (s_2 - s_3)$
（5）汽轮机机械传动能量损失	$e-f-f'-e'-e$	$\Delta e_m = Bg (h_1 - h_2)(1 - \eta_m)$
（6）发电机转换电能的能量损失	$f-g-g'-f'-f$	$\Delta e_g = Bg (h_1 - h_2) \eta_m (1 - \eta_g)$
全厂总㶲损	$6-7-a'-6'-6 +$ $3-2-e'-a'-3 +$ $e-g-g'-e'-e$	$\sum_{cp} e_j = \Delta e_b + \Delta e_p + \Delta e_t + \Delta e_c$ $+ \Delta e_m + \Delta e_g$
凝汽式发电厂利用的可用能		$3600 P_e = B q_1 - \sum_{cp} \Delta e_j$
凝汽式发电厂的㶲效率		$\eta^e_{cp} = 1 - \dfrac{\sum\limits_{cp} \Delta e_j}{B q_1} = 1 - \sum\limits_{cp} \Delta \xi_{ej}$

三、热量法

热量法以热效率或热损失率来衡量能量转换过程的热经济性。用绝对量表示，即汽轮机热耗 Q_0、锅炉热负荷 Q_b、全厂热耗量 Q_{cp} 单位均为 kJ/h，且 $Q_{cp} = B q_1$；当汽轮机的汽耗量为 D_0 时，其实际内功率以热量为单位，计为 W_i，kJ/h；其轴端机械功率为 P_{ax}，kW；发电机功率为 P_e，kW。则凝汽式发电厂的各项热效率及其热损失率如表 1-12 所示。

表 1-12　　　　　　　　　　凝汽式发电厂的热效率及热损失率

设　备	有效利用热量（kJ/h）	热效率（%）	热损失率（%）
锅　炉	$Q_b = Q_{cp} - \Delta Q_b$	$\eta_b = \dfrac{Q_b}{Q_{cp}} = 1 - \dfrac{\Delta Q_b}{Q_{cp}}$	$\zeta_b = \dfrac{\Delta Q_b}{Q_{cp}} = 1 - \eta_b$
主蒸汽管	$Q_0 = Q_b - \Delta Q_p$	$\eta_p = \dfrac{Q_0}{Q_b} = 1 - \dfrac{\Delta Q_p}{Q_b}$	$\zeta_p = \dfrac{\Delta Q_p}{Q_{cp}} = \eta_b (1 - \eta_p)$
汽轮机	$W_i = Q_0 - \Delta Q_c$	$\eta_i = \dfrac{W_i}{Q_0} = 1 - \dfrac{\Delta Q_c}{Q_0}$	$\zeta_t = \dfrac{\Delta Q_c}{Q_{cp}} = \eta_b \eta_p (1 - \eta_i)$
机械传动	$3600 P_{ax} = W_i - \Delta Q_m$	$\eta_m = \dfrac{3600 P_{ax}}{W_i} = 1 - \dfrac{\Delta Q_m}{W_i}$	$\zeta_m = \dfrac{\Delta Q_m}{Q_{cp}} = \eta_b \eta_p \eta_i (1 - \eta_m)$
发电机	$3600 P_e = 3600 P_{ax} - \Delta Q_g$	$\eta_g = \dfrac{P_e}{P_{ax}} = 1 - \dfrac{\Delta Q_g}{3600 P_{ax}}$	$\zeta_g = \dfrac{\Delta Q_g}{Q_{cp}} = \eta_b \eta_p \eta_i \eta_m (1 - \eta_g)$
发电厂	$3600 P_e = Q_{cp} - \sum_{cp} \Delta Q_j$	$\eta_{cp} = \dfrac{3600 P_e}{Q_{cp}} = 1 - \dfrac{\sum\limits_{cp} \Delta Q_j}{Q_{cp}}$	$\sum_{cp} \zeta_j = \dfrac{\sum\limits_{cp} \Delta Q_j}{Q_{cp}}$

四、两种热经济性评价方法的比较及其应用

以按朗肯循环工作的同一凝汽式发电厂为实例，用两种热经济性评价方法的具体计算结果予以对比说明。

若 $p_b = 14$MPa，$t_b = 560℃$；汽轮机进口压力 $p_0 = 13.5$MPa，$t_0 = 550℃$；汽轮机出口乏汽压力 $p_c = 0.004$MPa；燃烧平均温度为 2000K。已知锅炉效率为 0.90，汽轮机相对内效率为 0.85。求忽略泵功时，循环热效率、装置效率；各部分能量损失大小及百分率。两种不同计算结果如表 1-13 所示。

表 1-13　　　　　　　　　　按朗肯循环工作的凝汽式发电厂热损失和㶲损

热量法的热损失			㶲方法的㶲损		
项　目	数值 (kJ/kg)	所占份额 (%)	项　目	数值 (kJ/kg)	所占份额 (%)
锅　炉	373.8	10	锅　炉	2121.1	56.7
蒸汽管道	21.3	0.6	蒸汽管道	18.5	0.5
汽轮机	—		汽轮机	207.5	5.6
凝汽器	2083.29	55.7	凝汽器	131.7	3.5
装置做出的功	1259.8	33.7	装置做出的功	1259.8	33.7
总 损 失	2478.39		总 损 失	2478.8	
动力装置效率	—	33.7	动力装置效率	—	33.7

表 1-13 中锅炉的总㶲损 Δe_b 及其相应可用能损失系数 $\Delta \xi_b$ 为

$$\Delta e_b = \Delta e_b^I + \Delta e_b^{II} + \Delta e_b^{III} = 321.2 + 529 + 1270.9 = 2121.1 \ (kJ/kg)$$

$$\Delta \xi_b = \Delta \xi_b^I + \Delta \xi_b^{II} + \Delta \xi_b^{III} = (8.6 + 14.1 + 34) \times 100\% = 56.7 \ (\%)$$

1kg 燃料在锅炉中放出热量 $q_f = 3738.2$ kJ/kg，也是燃料㶲 $e_{x,f}$。

两种方法能流图如图 1-5（a）、图 1-5（b）所示。

由表 1-13 的计算结果可知：

（1）本例中供入的热量 q_f 和可用能 $e_{x,f}$ 相等，都是 3738.2 kJ/kg。因此两种方法算得的总损失量和装置效率是相同的。

（2）对于损失的分布，两种分析方法得出了完全不同的结果。热量法中的能量损失以散失于环境为准，不区分能量品位的高低，故凝汽器的损失最大（其中以凝汽器放热于冷源为绝大部分）占 55.7%，即图 1-4（c）中面积 $2-e'-a'-3-2$ 所示。㶲方法的可用能损失，以过程的不可逆性为准，指的是在不可逆过程中可用能转换为㶲的部分，至于产生的㶲是在当时就排向环境，或暂时仍包含在工质内，通过后续设备再排向环境是无关紧要的。锅炉的能量

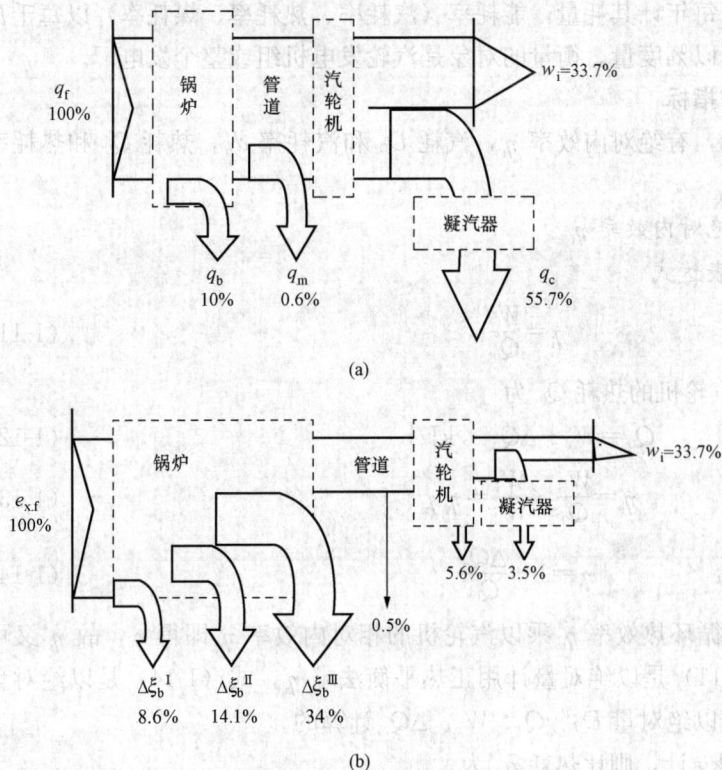

图 1-5　朗肯循环的能流图
（a）能流图；（b）㶲流图

损失虽不多（只占供入热量的 10%），但由于燃烧、传热的严重不可逆性，可用能损失却占供入可用能的 56.7%，其中尤以巨大的换热温差 $\Delta T_b = \overline{T}_g - \overline{T}_1$ 导致的可用能损失（$\Delta \xi_b^{\text{III}}$ 为主，占供入可用能的份额高达 34% [即图 1-4（c）中面积 $b-c-c'-b'-b$]。在凝汽器中的能量损失数量虽然很大，但其品位很低，主要是在锅炉、汽轮机等设备中已转变为烚的能量，凝汽器造成的可用能损失却很小，仅占供入可用能的 3.5% [图 1-4（c）中面积 $3-2-e-a-3$]。

（3）热量法只表明能量数量转换的结果，不能揭示能量损失的本质原因。烚方法不仅表明能量转换的结果，并能确切揭示能量损失的部位、数量及其损失的原因，考虑了不同能量有其质（品位）的区别。两者从不同角度分析，丰富了对同一事物不同侧面的认识，基于热力学第二定律的分析，是在热力学第一定律基础上进行的二者是相辅相成、互为补充，却不能相互取代。

（4）火电厂的热经济指标计算，中外各国仍广泛采用热量法。本书的定量计算采用热量法，定性分析采用熵方法；两者应相辅相成，定性分析指导定量计算，定量计算检验定性分析。

第三节 凝汽式发电厂的热经济指标

我国热力发电厂采用热量法定量评价其热经济性，常用的热经济指标主要有能耗（汽耗、热耗、煤耗）以每小时、每年计其耗量，能耗率（汽耗率、热耗率、煤耗率）以每千瓦时或兆瓦时计其能耗率，效率以 % 度量。衡量的对象是汽轮发电机组或整个发电厂。

一、汽轮发电机组热经济指标

汽轮发电机组热经济指标，有绝对内效率 η_i，汽耗 D_0 和汽耗率 d_0，热耗 Q_0 和热耗率 q_0。

（一）凝汽式汽轮机组的绝对内效率 η_i

1. 正、反热平衡法的 η_i 表达式

正热平衡：

$$\eta_i = \frac{W_i}{Q_0} \tag{1-11}$$

又由表 1-12 知，凝汽式汽轮机的热耗 Q_0 为

$$Q_0 = W_i + \Delta Q_c \quad \text{kJ/h} \tag{1-12}$$

$$\eta_i = \frac{W_a}{Q_0} \times \frac{W_i}{W_a} = \eta_t \eta_{ri} \tag{1-13}$$

式（1-12）通除以 Q_0，改写为

$$\eta_i = 1 - \frac{\Delta Q_c}{Q_0} \tag{1-14}$$

由式（1-13）可知，理想循环热效率 η_t 乘以汽轮机的相对内效率 η_{ri} 即得 η_i，故 η_i 又可称为实际循环热效率。式（1-11）是以绝对量计用正热平衡法求 η_i，式（1-14）是以绝对量计用反热平衡法求 η_i，两式均以绝对量 D_0、Q_0、W_i、ΔQ_c 计算的。

若以进入汽轮机蒸汽为 1kg 计，则比热耗 $\overline{q}_0$ 为

$$\overline{q}_0 = \frac{Q_0}{D_0} = w_i + \Delta q_c \quad \text{kJ/kg} \tag{1-15}$$

其中，比内功 $w_i = \dfrac{W_i}{D_0}$，kJ/kg，比冷源热损失 $\Delta q_c = \dfrac{\Delta Q_c}{D_0}$，kJ/kg。

用正热平衡法

$$\eta_i = \frac{w_i}{q} \tag{1-11a}$$

用反热平衡法

$$\eta_i = 1 - \frac{\Delta q_c}{q} \tag{1-14a}$$

式（1-11a）是以相对量计正热平衡法求 η_i，式（1-14a）是以相对量计反热平衡法求 η_i。

须强调指出，反热平衡法中的冷源热损失 ΔQ_c、Δq_c 是广义的，除了汽轮机排汽 D_c、α_c 进入凝汽器被冷却水带走的冷源热损失外，还包括其他方面（详后）散失于大气的热损失。正、反热平衡法计算所得的 η_i 值应完全一致的，故而可以相互检验，如用反热平衡计算的 η_i 值，检验正热平衡计算 η_i 值的正确性。

2. 汽轮机的实际内功 W_i 和比内功 w_i

图 1-6 表示具有再热、回热的汽轮机组，图 1-6（a）为其热力系统图，并标明有关汽水参数的符号，图 1-6（b）为蒸汽在该汽轮机中的实际膨胀过程线，简称汽态线。

进汽轮机的蒸汽为 1kg 计，它的比内功 w_i 有以下不同表达式：

（1）w_i＝输入能量－输出能量

$$w_i = (h_0 + \alpha_{rh} h''_{rh}) - (\alpha_1 h_1 + \alpha_2 h_2 + \cdots + \alpha_z h_z + \alpha_{rh} h_{rh}) \quad \text{kJ/kg} \tag{1-16}$$

（2）w_i 为凝汽流与各级回热抽汽流所做内功之和

将物质平衡式 $1 = (\alpha_1 + \alpha_2 + \alpha_z + \alpha_c)$ 代入式（1-16），经整理得

$$w_i = \alpha_1 (h_0 - h_1) + \alpha_2 (h_0 - h_2) + \cdots + \alpha_z (h_0 - h_z + q_{rh}) + \alpha_c (h_0 - h_c + q_{rh})$$

$$= \alpha_c \Delta h_i^c + \sum_1^z \alpha_j \Delta h_i^r \quad \text{kJ/kg} \tag{1-17}$$

式中　Δh_i^c——1kg 凝汽流的实际焓降，$\Delta h_i^c = h_0 - h_c + q_{rh}$，kJ/kg；

　　　Δh_i^r——再热前 1kg 回热抽汽的实际焓降，$\Delta h_i^r = h_0 - h_j$，kJ/kg；

　　　Δh_i^r——再热后 1kg 回热抽汽的实际焓降，$\Delta h_i^r = (h_0 - h_j + q_{rh})$，kJ/kg。

（3）w_i 为 1kg 凝汽流做内功与各段抽汽流做功不足之差

将 $\alpha_c = (1 - \alpha_1 - \alpha_2 - \alpha_z)$ 代入式（1-17），经整理得

$$w_i = \Delta h_i^c - \sum_1^2 \alpha_j (h_j - h_c + q_{rh}) - \sum_3^z (h_j - h_c) \quad \text{kJ/kg} \tag{1-18}$$

（4）w_i 等效于 $(1 - \sum_1^2 \alpha_j Y_j)$ kg 的凝汽流的实际焓降

$$w_i = \Delta h_i^{eq} = (h_0 - h_c + q_{rh})(1 - \sum \alpha_j Y_j) \quad \text{kJ/kg} \tag{1-19}$$

式中　Y_j——抽汽做功不足系数，详见式（1-26）。

（5）$w_i = q_0 - \Delta q_c$　kJ/kg $\tag{1-15a}$

在汽轮机课中已得知，w_i 也可为汽轮机通流部分各区段蒸汽的实际焓降之和。当然，上述五种内功表达式，也可用绝对量来计算，读者可自己列出。在实际计算时，由于热力系统不同，回热抽汽级数不同，选择用什么方法计算 w_i 有其灵活性，关键是掌握 w_i 的基本概

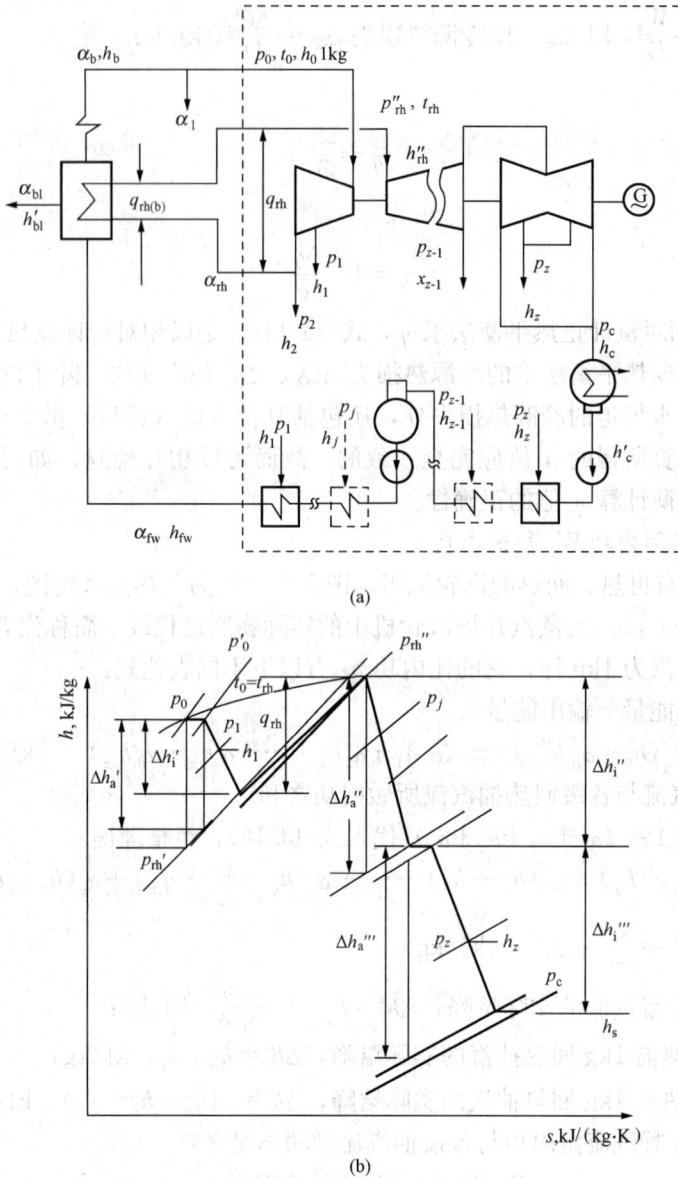

图 1-6　具有再热、回热的汽轮机组

(a) 热力系统；(b) 汽态线

念；它是 1kg 蒸汽在汽轮机中做的内功。

3. 给水泵焓升 $\Delta \tau_{fp}$ 的处理

以简单的朗肯循环为例来分析讨论，理想循环热效率 η_t 为

$$\eta_t = \frac{w_a}{q_0} = \frac{(h_0 - h_{ca}) - (h_{fw} - h'_c)}{h_0 - h_{fw}} \approx \frac{h_0 - h_{ca}}{h_0 - h'_c} \tag{1-20}$$

$$\Delta h_{fw} = (h_{fw} - h'_c) \tag{1-20a}$$

式中　Δh_{fw}——以热量计给水泵泵功，kJ/kg。

$$\Delta h_{fp} = (p''_{fp} v''_{fp} - p'_{fp} v'_{fp}) \approx v (p''_{fp} - p'_{fp}) \quad \text{kJ/kg} \tag{1-21}$$

式中　p'_{fp}、p''_{fp}——给水泵进出口的压力，MPa；

　　　v'_{fp}、v''_{fp}、v——给水泵进出口水的比体积及平均比体积，m^3/t。

　　蒸汽初参数不高时，一般不考虑给水泵泵功。高蒸汽初参数时，则应该考虑。如亚临界蒸汽参数，相应给水泵进出口压差 $p''_{fp}-p'_{fp}=20MPa$，$v=1.1m^3/t$，则 $\Delta h_{fp}=22kJ/kg$，取给水泵效率 $\eta_{fp}=0.9$，则给水泵泵功使给水焓升 $\Delta\tau_{fw}$ 为 $\Delta h_{fp}/\eta_{fp}=22/0.9=24.4$（kJ/kg）。

　　在计算热经济指标时，怎样考虑给水泵焓升？有两种不同意见：一种是作为内部热源处理，另一种是作为外部热源处理。不论采用哪种方式，应该正、反热平衡计算结果完全一致才是正确的。本书将给水泵功使给水焓升是作为内部热源处理，故比热耗 q_0 不变，但实际比内功应扣除给水泵耗功使给水焓升 $\Delta\tau_{fw}$，则 $\eta_{g,pu}$ 为从发电机至拖动给水泵电动机的一系列损失，即电网输电与变压器的损失、变速器和液力联轴器的损失，以及拖动给水泵的电动机损失。作为内部热源处理时正反热平衡计算的公式如表 1-14 所示。

表 1-14　　　　　　给水泵功使给水焓升 $\Delta\tau_{fw}$，正反热平衡计算 η_i 的公式[❶]

正 热 平 衡 计 算	反 热 平 衡 计 算
$\eta_i=\dfrac{w_i-\dfrac{\Delta\tau_{fw}}{\eta_{g,pu}}}{q_0}$	$\eta_i=\dfrac{q_0-\Delta q'_c}{q_0}=1-\dfrac{q_c+\Delta\tau_{fw}\left(\dfrac{1}{\eta_{g,pu}}-1\right)}{q_0}$

　　4. η_i 的另一种表达式

　　如图 1-6（a）所示系统及其汽水参数，当不考虑加热器的散热损失时，η_i 的另一种表达式为各种汽流所做内功之和（扣除给水泵功）与其比热耗量 $\overline{q_0}$ 之比，根据式（1-11a）有

$$\eta_i=\frac{w_i}{\overline{q}}=\frac{\left(\alpha_c\Delta h_i^c+\sum_1^z\alpha_j\Delta h_i^r\right)-\dfrac{\Delta\tau_{fw}}{\eta_{g,pu}}}{h_0-h_{fw}+\alpha_{rh}q_{rh}} \tag{1-11b}$$

式中分子的第一项即前述式（1-17）。

　　要强调指出，式（1-11b）若不计给水泵，式中分子式的第二项为零；若无再热蒸汽 $q_{rh}=0$，即为实际回热循环时，不计泵功的绝对内效率；若又无回热抽汽，即 $\sum_1^z\alpha_j=0$，式（1-11b）即演变为实际朗肯循环的绝对内效率，故该式是有其通用性的。

　　（二）汽耗 D_0 和汽耗率 d_0

　　汽耗量 D_0 是在一定功率 P_e 时汽轮机的进汽量。图 1-6（a）所示的系统中，其汽耗 D_0 可由电功率 P_e 的平衡式求得，即将式（1-17）的内功率再乘以机械效率 η_m、发电机效率 η_g，根据式（1-17）并改用绝对量计，写成

$$\left[D_c(h_0-h_c+q_{rh})+\sum_1^z D_j(h_0-h_j+q_{rh})\right]\eta_m\eta_g=3600P_e \tag{1-22}$$

式（1-22）为机组的能量平衡式，通常称为功率方程。将物质平衡式 $D_0=(D_c+\sum_1^z D_j)$ 代入功率方程式（1-22），经整理 D_0 为

$$D_0=\frac{3600P_e}{(h_0-h_c+q_{rh})\eta_m\eta_g}\times\frac{1}{(1-\sum_1^z\alpha_j Y_j)}=D_{c0}\beta \quad kg/h \tag{1-23}$$

---

❶ 详见王培红"给水泵效率对汽轮机热力系统热经济性的影响"，《汽轮机技术》1994 年（4）。

该机组纯凝汽（无回热抽汽）运行时的汽耗 $D_{c0} = \dfrac{3600P_e}{(h_0 - h_c + q_{rh})\eta_m \eta_g}$

由于回热抽汽做功不足而增大的汽耗系数 $\beta = \dfrac{1}{\left(1 - \sum\limits_1^z \alpha_j Y_j\right)}$

$\hspace{10cm}$ (1-24)

Y_j 为回热抽汽做功不足系数。

再热前（高压缸）的回热抽汽做功不足系数 $\qquad Y_j = \dfrac{h_j - h_c + q_{rh}}{h_0 - h_c + q_{rh}}$

再热后（中低压缸）的回热抽汽做功不足系数 $\qquad Y_j = \dfrac{h_j - h_c}{h_0 - h_c + q_{rh}}$

$\hspace{10cm}$ (1-25)

汽耗率 d_0 是在发 $1kW \cdot h$ 电量时，汽轮机的进汽量，由式（1-23）得

$$d_0 = \frac{D_0}{P_e} = \frac{3600}{(h_0 - h_c + q_{rh})\eta_m \eta_g}\beta = d_{c0}\beta \quad kg/(kW \cdot h) \tag{1-26}$$

由于 $\Sigma\alpha_j < 1$，$\Sigma Y_j < 1$，故 $\beta > 1$，即回热机组的 D_0、d_0，大于相同循环参数的朗肯循环的汽耗、汽耗率。同理，式（1-23）、式（1-26）也具有通用性，非再热时，$q_{rh} = 0$；无回热时，$\sum\limits_1^z \alpha_j = 0$。式中分母中的 $h_0 - h_c + q_{rh} = \Delta h_i^c = w_i^c$，即 $1kg$ 凝汽流以热量计的实际比内功。

由式（1-23）的分母得出

$$(h_0 - h_c + q_{rh}) \times \left(1 - \sum_1^z \alpha_j Y_j\right) = \Delta h_i^{eq} = w_i^{eq} \quad kJ/kg \tag{1-27}$$

即式（1-19），其物理概念为：具有再热、回热汽轮机组以热量计的实际比内功，等价于 $\left(1 - \sum\limits_1^z \alpha_j Y_j\right)kg$ 的凝汽流从蒸汽初参数膨胀至排汽压力 p_c 所做以热量计的实际比内功。

（三）热耗 Q_0 和热耗率 q_0

相应于新汽量 D_0 的工质循环吸收热量称为汽轮机的热耗 Q_0，即

$$Q_0 = D_0(h_0 - h_{fw}) + D_{rh}q_{rh} \quad kJ/h \tag{1-28}$$

汽轮发电机组每发 $1kW \cdot h$ 的电量所消耗循环吸收量称为热耗率 q_0，$kJ/(kW \cdot h)$

$$q_0 = \frac{Q_0}{P_e} = d_0(h_0 - h_{fw} + \alpha_{rh}q_{rh}) \quad kJ/(kW \cdot h) \tag{1-29}$$

图 1-6(a) 中的虚线所框范围即汽轮发电机组，其输入能量是汽轮机组热耗 Q_0，输出能量是电功率 P_e，其热效率 η_e 称为汽轮发电机组绝对电效率。

$$\eta_e = \frac{3600P_e}{Q_0} = \frac{W_i}{Q_0}\frac{W_{ax}}{W_i}\frac{3600P_e}{W_{ax}} = \eta_i \eta_m \eta_g = \eta_t \eta_{ri}\eta_m \eta_g \tag{1-30}$$

$$= \frac{3600}{Q_0/P_e} = \frac{3600}{q_0}$$

则 $\qquad\qquad q_0 = \dfrac{3600}{\eta_e} = 3600/\eta_i \eta_m \eta_g \quad kJ/(kW \cdot h) \tag{1-29a}$

由式(1-29a)可见，机组热耗率 q_0 及机组绝对电效率 η_e 两者紧密联系，知其一即可通过式(1-29a)求得另一个指标。

回热式汽轮机的热经济性当然高于无回热(按朗肯循环工作)系统，但其汽耗、汽耗率却高于朗肯循环，故严格讲，汽耗、汽耗率不能作为单独的热经济指标。只有当 q_0 一定时，d_0 才能作为热经济指标。q_0 却能单独用，是机组的重要热经济指标。如 $q_0 = 7500 \text{kJ}/(\text{kW} \cdot \text{h})$，则 $\eta_e = 0.48$。

100MW 及以上凝汽式汽轮发电机组的 η_e、d_0、q_0 如表 1-15 所示。

表 1-15　　　　　　　　　　100MW 及以上凝汽式汽轮发电机组的热经济指标

机组容量 (MW)	η_{ri} (%)	η_i (%)	η_m (%)	η_g (%)	η_e (%)	d_0 [kg/(kW·h)]	q_0 [kJ/(kW·h)]
100	85~87	37~40	<99	98~98.5	36~39	3.9~3.5	10 000~9231
125~200	86~89	43~45	<99	<99	41.8~43.7	3.1~2.9	8612~8238
300~600	88~89	45~48	<99	<99	43.8~47.5	3.2~2.8	8219~7579

表 1-15 列举的各项热经济指标值，均系在额定功率或经济功率时的数值。若在非额定功率下运行，相应的热经济指标的数值均要降低(效率降低，而热耗率、煤耗率增大)，其幅度视变工况的具体情况而定。

二、锅炉效率 η_b

由表 1-12 可知，锅炉效率

$$\eta_b = \frac{Q_b}{Q_{cp}} = \frac{Q_b}{Bq_1} \tag{1-31}$$

如图 1-6(a)所示系统以绝对量计，锅炉热负荷 Q_b

$$Q_b = D_b h_b + D_{rh} q_{rh(b)} + D_{bl} h'_{bl} - D_{fw} h_{fw} \quad \text{kJ/h} \tag{1-32}$$

将 $D_{fw} = D_b + D_{bl}$ 代入式(1-32)得 Q_b 的另一种表达式

$$Q_b = D_b(h_b - h_{fw}) + D_{rh} q_{rh(b)} + D_{bl}(h'_{bl} - h_{fw}) \quad \text{kJ/h} \tag{1-32a}$$

式中　　D_b、D_{bl}——锅炉产汽量、排污量，kg/h；

$\quad\quad\quad h_b$、h'_{bl}——锅炉过热器出口蒸汽比焓、汽包排污水比焓，kJ/kg；

$\quad\quad\quad q_{rh(b)}$——1kg 再热蒸汽在锅炉中的吸热量，kJ/kg。

一般电站锅炉的效率可达 90%～94%。

三、管道热效率 η_p

正热平衡计算时，管道热效率

$$\eta_p = Q_0/Q_b \tag{1-33}$$

上海电力学院石奇光教授提出并建立了火力发电厂管道反平衡热效率的计算表达式，[1] 其主要内容已经编入 DL/T606.3—2006《火力发电厂能量平衡导则第三部分：热平衡》。

反热平衡计算时，热力发电厂的管道热效率 η_p 共有六项，归为三类：①主要管道的散热损失，即新蒸汽管道散热损失 ΔQ_{p1}，以 η_{p1} 表征；冷、热再热蒸汽管道散热损失 ΔQ_{p2}，以 η_{p2} 表征；给水管道散热损失 ΔQ_{p3}，以 η_{p3} 表征；②带热量工质泄漏热损失 ΔQ_{p4}，以 η_{p4} 表征；③厂用辅助系统热损失 ΔQ_{p5}、锅炉连续排污热损失 ΔQ_{p6}，分别以 η_{p5}、η_{p6} 表征。

由表 1-12 可知，管道反平衡热效率的表达式为

---

❶　详见石奇光等，"关于发电厂管道效率的反平衡算法及其分析"，《华东工业大学学报》，1997 年(3)。

$$\eta_p = 1 - \Delta Q_p / Q_b \tag{1-34}$$

管道热损失 ΔQ_p

$$\Delta Q_p = \Delta Q_{p1} + \Delta Q_{p2} + \Delta Q_{p3} + \Delta Q_{p4} + \Delta Q_{p5} + \Delta Q_{p6} \tag{1-35}$$

图 1-7 为计算管道热效率的局部系统，为一次再热、回热式汽轮机组和汽包炉组成的发电厂。锅炉的连续排污水引入排污扩容器，降压扩容回收部分蒸汽 D_f，焓值 h''_f，引入热力系统，未扩容的排污水 D'_{bl}，焓值 h'_f，引至排污冷却器放热加热化学补充水 D_{ma}，其焓值为 $h_{w,ma}$，被加热成焓值 $h^c_{w,ma}$ 的补充水引至除氧器，放热后的 D'_{bl} 最后排入地沟（详见第五章第二节）。图 1-7 上还注明了反热平衡计算管道热效率的有关汽水流量、及其焓值的符号。

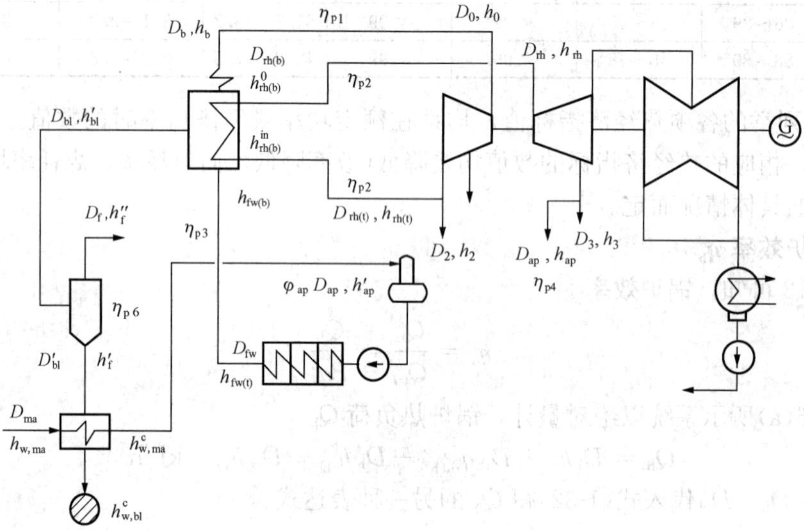

图 1-7　计算管道热效率的局部系统

新蒸汽管道散热损失

$$\left.\begin{array}{l} \Delta Q_{p1} = D_0 \ (h_b - h_0) \quad \text{kJ/h} \\ q_{p1} = \Delta Q_{p1} / Q_b \quad \% \end{array}\right\} \tag{1-36}$$

冷、热再热蒸汽管道散热损失

$$\left.\begin{array}{l} \Delta Q_{p2} = D_{rh(t)} (h_{rh(t)} - h^{in}_{rh(b)}) + D_{rh(b)} (h^0_{rh(b)} - h_{rh}) \quad \text{kJ/h} \\ q_{p2} = \Delta Q_{p2} / Q_b \quad \% \end{array}\right\} \tag{1-37}$$

式中　$D_{rh(b)}$ ——包括再热器减温水流量的热再热蒸汽流量，kg/h。

主给水管道散热损失

$$\left.\begin{array}{l} \Delta Q_{p3} = D_{fw}(h_{fw(t)} - h_{fw(b)}) \quad \text{kJ/h} \\ q_{p3} = \Delta Q_3 / Q_b \quad \% \end{array}\right\} \tag{1-38}$$

厂用辅助系统热损失

$$\left.\begin{array}{l} \Delta Q_{p4} = D_{ap}(h_{ap} - h_{w,ma}) - \phi_{ap} D_{ap}(h'_{ap} - h_{w,ma}) \quad \text{kJ/h} \\ q_{p4} = \Delta Q_{p4} / Q_b \quad \% \end{array}\right\} \tag{1-39}$$

式中　D_{ap} ——厂用蒸汽流量，kg/h；

　　　ϕ_{ap} ——厂用蒸汽返回水率，%；

h_{ap}——厂用蒸汽焓，kJ/kg；

h'_{ap}——厂用蒸汽返回水比焓，kJ/kg。

带热量工质泄漏热损失

$$\Delta Q_{p5} = D_1(h_1 - h_{w,ma}) \quad kJ/h \left.\right\}$$
$$q_{p5} = \Delta Q_{p5}/Q_b \quad \% \qquad (1-40)$$

式中　D_1——带热量工质泄漏流量，kg/h；

h_1——带热量工质比焓，kJ/kg。

带热量工质比焓 h_1 随带热量工质的泄漏位置而异：如主蒸汽管道、再热蒸汽管道的泄漏；水侧（凝结水、给水侧）工质泄漏，如高压加热器组危急疏水、低压加热器组的事故放水即其实例（详见第八章第五节）。图 1-7 的抽汽工质泄漏 D_{ap} 的焓值 h_{ap} 仅为一例，其他带热量工质泄漏在该图中均未表示。

锅炉连续排污热损失，当排污热量未利用时，$\Delta Q_{p6} = D_{bl}(h'_{bl} - h_{w,ma})$ 　　(1-41)

当具有单级锅炉连续排污利用系统（见图 1-7）时，锅炉连续排污热损失

$$\Delta Q_{p6} = D_{bl}h_{bl}(1 - \eta_f) + D'_{bl}(h'_f - h^c_{w,bl})(1 - \eta_r)$$
$$+ D'_{bl}(h^c_{w,bl} - h^c_{w,ma}) + D_{ma}(h^c_{w,ma} - h_{w,ma}) \qquad (1-41a)$$

式中　η_f、η_r——排污扩容器、排污冷却的效率，%。

$$q_{p6} = \frac{\Delta Q_{p6}}{Q_b} \% \qquad (1-41b)$$

以国产 N300-16.18/550/550 型机组配 DG 1000/16.77-1 型锅炉为例，其各项汽水管道热损失如表 1-16 所示，各项管道热损失中，以厂用蒸汽管道的损失最大，因此多耗标煤 11.5g/(kW·h)，工质泄漏次之，再热管道又次之。由此可知，过去传统的计算管道热效率，其实仅计算新蒸汽管道的散热损失，显然是不全面的，不尽合理。

表 1-16　　　　　　　　　**国产 300MW 机组各项汽水道的散热损失**

项　　　目	ΔQ_j(%)	相对份额	对全厂 b^s 影响[g 标煤/(kW·h)]
(1) 新汽管道	0.269	1	1
(2) 再热管道	0.454	1.7	1.55
(3) 给水管道	未计	—	0
(4) 厂用蒸汽	3.45	—	11.5
(5) 工质泄漏	0.882	3.27	3
(6) 锅炉连排	0.014 6	0.1	0.1

四、全厂热经济指标

（一）全厂发电热经济指标 q_{cp}、η_{cp}、b^s

全厂热耗　　　　$Q_{cp} = Bq_1 = \dfrac{Q_b}{\eta_b} = \dfrac{Q_0}{\eta_b\eta_p} = \dfrac{3600P_e}{\eta_b\eta_p\eta_e}$ 　kJ/h　　(1-42)

全厂热耗率　　$q_{cp} = \dfrac{Q_{cp}}{P_e} = \dfrac{q_b}{\eta_b} = \dfrac{q_0}{\eta_b\eta_p} = \dfrac{3600}{\eta_b\eta_p\eta_e}$ 　kJ/(kW·h)　　(1-43)

全厂煤耗率　$b_{cp} = \dfrac{B}{P_e} = \dfrac{q_{cp}}{q_1} = \dfrac{q_b}{q_1\eta_b} = \dfrac{q_0}{q_1\eta_b\eta_p} = \dfrac{3600}{q_1\eta_b\eta_p\eta_e}$ 　kg/(kW·h)　　(1-44)

标准煤的低位发热量 $q_1 = 29\ 270$kJ/kg，则全厂标准煤耗率 b^s_{cp} 为

$$b_{cp}^{s} = \frac{3600}{29\,270\eta_b\eta_p\eta_e} \approx \frac{0.123}{\eta_b\eta_p\eta_e} \quad kg/(kW \cdot h) \tag{1-45}$$

$$b_{cp}^{s} = \frac{123}{\eta_b\eta_p\eta_e} \quad g/(kW \cdot h) \tag{1-45a}$$

由表 1-12 已知，全厂热效率 η_{cp} 为

$$\eta_{cp} = \frac{3600P_e}{Bq_1} = \frac{Q_b}{Bq_1}\frac{Q_0}{Q_b}\frac{3600P_e}{Q_0} = \eta_b\eta_p\eta_e = \eta_b\eta_p\eta_t\eta_{ri}\eta_m\eta_g \tag{1-46}$$

$$\eta_{cp} = \frac{3600}{\dfrac{Bq_1}{P_e}} = \frac{3600}{q_{cp}} \tag{1-46a}$$

式（1-43）的 q_{cp}、式（1-45）的 b_{cp}^{s}、式（1-46）的 η_{cp} 即凝汽式发电厂的发电热经济指标，三者知其一，即可根据这三个关系式求得其余两项指标。全厂发电热效率 η_{cp} 又称为全厂毛效率。

（二）全厂供电热经济指标 q_{cp}^{n}、η_{cp}^{n}、b_{cp}^{n}

全厂供电热效率，即扣除厂用电的全厂效率，又称为全厂净效率。

$$\eta_{cp}^{n} = \frac{3600(P_e - P_{ap})}{Q_{cp}} = \frac{3600P_e}{Q_{cp}}(1 - \xi_{ap}) = \eta_{cp}(1 - \xi_{ap}) \tag{1-47}$$

$$\xi_{ap} = P_{ap}/P_e \tag{1-47a}$$

式中 ξ_{ap}——厂用电率，%。

全厂供电热耗率

$$q_{cp}^{n} = \frac{3600}{\eta_{cp}^{n}} = \frac{3600}{\eta_{cp}(1 - \xi_{ap})} \quad kJ/(kW \cdot h) \tag{1-48}$$

全厂供电标准煤耗率

$$b_{cp}^{n} = \frac{0.123}{\eta_{cp}^{n}} = \frac{0.123}{\eta_{cp}(1 - \xi_{ap})} \quad kg/(kW \cdot h) \tag{1-49}$$

$$b_{cp}^{n} = \frac{123}{\eta_{cp}(1 - \xi_{ap})} \quad g/(kW \cdot h) \tag{1-49a}$$

显然 $\eta_{cp}^{n} < \eta_{cp}$，$q_{cp}^{n} > q_{cp}$，$b_{cp}^{n} > b_{cp}^{s}$。

具有一次中间再热的汽轮发电机组的热流图如图 1-8 所示。

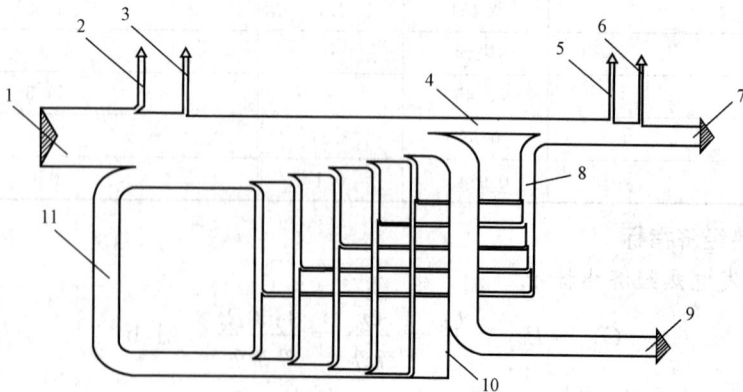

图 1-8 具有一次中间再热的汽轮发电机组热流图

1—输入热量，%；2—锅炉热损失，%；3—管道热损失，%；4—凝汽流发电量，%；5—机械
热损失，%；6—发电机热损失，%；7—输出能量，%；8—抽汽流发电量，%；9—汽轮发电
机组冷源损失，%；10—凝结水热量，%；11—给水热量，%

新中国成立前，我国凝汽式发电厂平均标准煤耗率约为 $1 \sim 2 kg/(kW \cdot h)$。新中国成立后，标准煤耗率不断下降，如表 1-17 所示，为国家节约了大量煤资源，但与工业发达国家相比，还有一定的差距。

表 1-17 **我国火发电厂历年煤耗率[kg/(kW·h)]**

年 份	1950	1960	1970	1980	1990	2000	2005
b_{cp}^{s}	709	553	463	413	392	363	352
b_{cp}^{n}	848	600	502	448	427	392	374

标准煤耗率表明一个电厂范围内的能量转换过程的技术完善程度，也反映其管理水平和运行水平，同时也是厂际、班组间的经济评比、考核的重要指标之一。随着电网规模的扩大和电网经济调度水平的提高，应从全网的综合经济效益考虑。例如，即使大容量机组也要承担调峰；夏季丰水期应优先让水电满发，不允许为保持网内火电低煤耗率而弃水等。

从 20 世纪 60 年代起，西欧、北美地区的一些国家开始研究运行偏差分析方法，20 世纪 70 年代应用此法控制发电厂的热耗率。它是把对能耗率 q_{cp}^{s}、b_{cp}^{s} 有影响的关键可控参数，连续进行监督分析，将这些监控参数的实际值与设计值进行比较，由两者差值算出对能耗率的量化影响，运行人员据以综合调整使之处于最佳运行，以降低 q_{cp}^{s}。加拿大 NS 动力公司应用此法，在三年内使热耗率降低了 20%。

我国高井发电厂于 20 世纪 80 年代开始研究运行偏差分析法，在 1983 年 10 月编制成该厂热经济指标偏差分析的计算机程序，并于 1984 年初正式应用于月度的指标分析。根据该厂实际，该分析未包括厂用电部分，以发电煤耗率、机组发电热耗率为基准，针对该厂 6 台 100MW 机组，每台机组选了 10 个关键监控参数（过热器出口处的烟气含氧量、排烟温度、p_0、t_0、p_c、t_{fw}、补水率、循环水入口水温、凝汽器的温升和端差），进行连续监控。运行时将这些参数输入计算机，即可打印出 10 个监控项目的偏差值、热耗率、煤耗率变化值、燃料成本变化值。采用此法，一年可节约标煤 15700t 左右。

五、热经济指标间的变化关系

一般用热经济指标的绝对量或相对量的变化，表明热经济变化（改善或下降）。表 1-18 为热经济性的变化，其中带 "'" 者为变化后的数值，它可为正，表明热经济改善，热效率提高，能耗率降低（如表 1-18 所示），反之为负。

表 1-18 **热经济指标的变化**

热经济指标	绝对量变化	相对量变化	
		以变化前的为基准	以变化后的为基准
热效率（以 η_i 为例）	$\Delta \eta_i = \eta_i' - \eta_i$	$\delta \eta_i = \Delta \eta_i / \eta_i$	$\delta \eta_i' = \Delta \eta_i / \eta_i'$
热耗率（以 q 为例）	$\Delta q = q - q'$	$\delta q = \Delta q / q$	$\delta q' = \Delta q / q'$
煤耗率（以 b^s 为例）	$\Delta b^s = b^s - b^{s'}$	$\delta b^s = \Delta b^s / b^s$	$\delta b^{s'} = \Delta b^s / b^{s'}$

热经济指标的相对变化量间有如下关系。

1. 汽轮机组热耗率的变化与机组绝对内效率变化的关系

$$\Delta q = q - q' = \frac{3600}{\eta_i \eta_m \eta_g} - \frac{3600}{\eta_i' \eta_m \eta_g} = \frac{3600}{\eta_i \eta_m \eta_g} \frac{\eta_i' - \eta_i}{\eta_i'} = q \delta \eta_i' \qquad (1-50)$$

由表 1-18 可知 $\qquad \Delta q = q\delta q$

故有 $\qquad\qquad\qquad \delta q = \delta\eta_i'$ $\qquad\qquad\qquad\qquad$ (1-51)

2. 全厂标准煤耗率的变化与机组绝对内效率变化的关系

$$\Delta b^s = b^s - b^{s'} = \frac{0.123}{\eta_b \eta_p \eta_i \eta_m \eta_g} - \frac{0.123}{\eta_b \eta_p \eta_i' \eta_m \eta_g} = \frac{0.123}{\eta_b \eta_p \eta_i \eta_m \eta_g} \frac{\eta_i' - \eta_i}{\eta_i'}$$

$$= b^s \delta\eta_i' \qquad\qquad\qquad\qquad (1-52)$$

由表 1-18 可知 $\qquad\qquad\qquad \Delta b^s = b^s \delta b^{'s}$ $\qquad\qquad\qquad$ (1-53)

故 $\qquad\qquad\qquad\qquad \delta b^s = \delta\eta_i'$

3. 机组绝对内效率、热耗率及全厂标准煤耗率相对变化之间的关系

由式 (1-51) 和式 (1-53) 得

$$|\delta q| = |\delta\eta_i'| = |\delta b^s| \qquad\qquad\qquad (1-54)$$

当经济性变化微小时 $\qquad\qquad \delta\eta_i' \approx \delta\eta_i$

则 $\qquad\qquad |\delta\eta_i| = |\delta q'| = |\delta b^{'s}| \approx |\delta\eta_i'| \qquad\qquad (1-55)$

可见，用机组热耗率、机组绝对内效率、标准煤耗率等指标的相对变化表示热经济性变化，它们的相对变化率的绝对值是相同的，即变化的百分比是相同的，但是，它们的绝对变化值却是不同的，即

$$\Delta q \neq \Delta\eta_i \neq \Delta b_s \qquad\qquad\qquad (1-56)$$

若已知任一热经济指标的对相变化，可据以直接求出其他与之有关的各热经济指标的相对或绝对变化值。如已知 $\delta\eta_i$，即可求得 $\Delta q = q\delta\eta_i$，$\Delta b_s = b^s \delta\eta_i$，$\Delta B^s = B^s \delta\eta_i$，…。

至于总效率 η_{cp} 与五个分效率 η_b、η_p、η_i、η_m、η_g 变化之间的关系，见参数文献 [9]。

六、汽轮机组热耗率的考核

火电建设工程通过招标选购主辅热力设备，锅炉、汽轮机制造厂要提出保证值供买方参考。一般锅炉厂提供的保证值为：η_b 值，不投油的最低稳燃负荷，正常运行允许的负荷变动率，一、二次蒸汽的温度偏差，再热器压损，空气预热器泄漏率等。汽轮机厂提供的保证值为：铭牌出力，汽轮机最大连续出力（T-MCR），在 T-MCR 时机组热耗率，汽轮发电机组的振动，氢泄漏率等；对供热机组，还应提交供热标准煤耗率和热电厂供热厂用电率。

火电设备安装后应通过有关热力试验来考核是否达到保证值能否验收。为此，各国都制定了适应其本国科技生产水平的热力试验国家标准。以汽轮机为例，我国的 GB 8117—1987《电站汽轮机热力性能验收试验规程》，美国的 ASME PTC6—1976、PTC 6.1—1984，国际电工委员会（IEC）的汽轮机试验标准等。PTC 6—1976 需高精度专用测试仪表。现多采用 PTC 6.1—1984 标准，能够减少测点近 4/5，试验费用大减，而测量误差增加却并不显著。

试验后要计算机组热耗率，即按式 (1-29) 计算，但国外各公司不尽统一，有的扣除厂用能率，即提交的是净热耗率值，有的却不是。国外机组多以机组热耗率的计算值为保证值，即不要求留计算误差。国产机组在这方面还有差距，对热耗率要修正，如对 100MW 非再热机组，其算式为

$$q_0 = \frac{D_0 (h_0 - h_{fw})}{P_e C_{p0} C_{t0} C_{pc}} \quad kJ/(kW \cdot h) \qquad\qquad (1-57)$$

式中 $\quad C_{p0}$、C_{t0}、C_{pc}——主汽压力、主汽温度、排汽压力修正系数，汽机制造厂要提供这些
$\qquad\qquad\qquad\qquad$ 参数的修正曲线。

至于测量误差，国外不同公司的要求也不尽相同，如 GE 公司为零，日立公司采用提高仪表精度的方法，将测量误差由 0.8％降至 0.5％等。

第四节　我国火力发电工业的资源节约、环境友好和可持续发展

我国"十一五"规划纲要中提出了节能减排的目标，要求在"十一五"期间实现节能20％，污染减排 10％的目标。具体来说，到 2010 年每万元 GDP 能耗比 2005 年降低 20％左右，也就是从 2005 年的 1.22t 标准煤下降到 0.98t 标准煤左右，"十一五"期间，年均节能率 4.4％，这就意味着在 GDP 年均增长 7.5％的情况下，需要累计节能 5.6 亿 t 标准煤，年均节能要达到 1.1 亿 t 标准煤左右。当 GDP 年均增长 10％的情况下，需要累计节能 6 亿 t 标准煤，年均节能要达到 1.2 亿 t 标准煤左右。减排的目标，主要污染物排放总量减少 10％，其中二氧化硫由 2549 万 t 减少到 2295 万 t，化学需氧量（COD）由 1140 亿万 t，减少到 1273 万 t。节能减排目标是具有法律效率的，既是必须完成的约束性指标，也是国家的节能减排目标，这是节能减排目标最重要的属性。这是针对我国资源、环境约束日益加重的情况而提出的，突出体现了建设资源节约型、环境友好型社会和实现可持续发展的要求。

一、我国发电工业的资源节约

电力工业作为国民经济的基础产业和主要能源行业，是资金密集的装置型产业，同时也是资源密集型产业。火电厂在建设和生产运营中都需要占用和消耗大量资源，包括土地、水资源、环境容量以及煤炭、石油、燃气等各种资源。目前，电煤消耗约占全国煤炭产量的50％，火电用煤占工业用煤的 40％，火电用水量占工业用水量的 40％，二氧化硫排放量占全国排放量的一半以上，烟尘排放量占全国排放量的 20％，产生的灰渣占全国的 70％。可见，电力行业在"节能减排"中占据了突出位置。

我国地大物博，物产丰富，是资源大国。然而我国资源的特点之一是总量丰富，在世界占有重要地位，已探明矿产丰富，40 多种主要矿产探明储量的经济价值居世界第三位。但是我国有 13 亿人，按人均占有矿产资源量算只有世界人均占有量的 40％，居世界第81 位。

我国资源的另一个特点是资源全面短缺，主要表现在：后备探明储量不足，大部分矿产将不能满足经济建设需求。资源滥用和浪费大，效率低和污染严重。由于经济高速增长，对资源的需求持续增加，供给和需求之间有很大差距。

电力工业是经济社会发展的重要支撑，需要大量的煤炭资源和水资源，也是节能减排的重点。从总量看，电力工业是能源消耗和污染物排放的"大户"。近年来，我国电力工业发展迅速。初步统计，2006 年，全国新增装机 1 亿 kW，总容量超过 6 亿 kW，其中火力发电占 77.8％；完成发电量增长 13.5％，其中火电增长 15.3％。随着电力工业规模不断扩大，其自身的能源消耗和污染排放问题日益突出。2006 年，发电用原煤超过 12 亿 t，是煤炭消费总量的一半，排放的二氧化硫占全国排放总量的 54％。从效率看，我国火电机组的总体能耗明显偏高，2006 年，我国火电机组供电标准煤耗率为 366g/(kW·h)，较国际先进水平高 60g/(kW·h) 左右。据最新统计，日本火电机组供电标准煤耗率为 299g/(kW·h)，

韩国为 300g/(kW·h)，意大利为 303g/(kW·h)。按世界先进水平及 2006 年发电量计算，一年多消耗 1.1 亿 t 标准煤。同时，火电厂平均耗水率比国际先进水平高 40%～50%，相当于一年多耗水 15 亿 m^3。

由此可见，火电发电工业节能在我国资源节约工作中占有极为重要的地位。

火力发电工业资源节约的内容主要是提高能源转换效率，降低转换损失。包括节煤、节油、节水、节地、降低输送损耗等。积极调整电源结构，积极发展水电和坑口大机组火电，压缩小火电，关停和替代老旧机组，适度发展核电，鼓励热电联产和综合利用发电，因地制宜发展风力、太阳能、生物质能等新能源和可再生能源发电。

从实施的过程看，贯穿于规划、设计、建设一直到生产运营全过程。由于电力的生产、输送与消费具有瞬间完成的特点，因此其需求侧的节能与节电也对电力工业的资源节约具有重要影响。

火力发电工业实现资源节约的根本在于提高能源生产转化效率。一是改进发电调度方式，抓紧制定并实施《节能发电调度办法》，2007 年上半年在河南、广东两省开展试点，下半年在全国推开，办法实施后年可节能约 6000 万 t 标准煤。二是加快淘汰小火电机组。2006 年，在广东成功地开展了火电"上大压小"试点工程，取得初步成效并在湖北、安徽等地推广；2006 年公布了第一批关停机组清单共关停机组合计装机容量 16 000MW。2007 年，等煤量替代等鼓励的措施，并分解落实"十一五"期间 40 000MW 的总体关停目标。全部实施后，年可节能约 3000 万 t 标准煤。三是加快发展热电联产。尽快实施《热电联产和煤矸石综合利用发电项目建设管理暂行规定》，合理规划和布局。"十一五"增建热电45 000MW，建成后每年可节约 1000 万 t 标准煤。

从当前发展需要看，无论是实现节能减排目标，还是推进结构调整、转变增长方式，都离不开技术进步和自主创新，这既是转变经济增长方式和调整经济结构的中心环节，也是节能减排的重要途径。为保障火力发电工业可持续发展，必须加快科技进步，优先发展有利于促进产业升级、促进结构调整和增长方式转变的重点关键技术。资源节约、环境友好型火电新技术主要包括以下几个方面：超临界压力机组（SC）；超超临界压力机组（USC）；燃气—蒸汽联合循环机组（GTCC）；整体煤气化燃气—蒸汽联合循环（IGCC）；热电冷多联产；以煤气化为基础的绿色煤电多联产技术。另外是可再生能源规模化利用技术：加快研发兆瓦级风力发电机组，发展高效清洁的生物质燃烧与气化技术、沼气和生物质燃气发电技术。开发和改进非粮生物燃料乙醇和生物柴油技术，发展非粮能源植物良种培育、种植和原料储存技术。加快示范工程建设，促进多晶硅材料等太阳能利用关键技术发展。

二、我国火力发电工业的环境保护

我国火电行业污染排放仍然较高，单机 100MW 及以下低参数、高排放的小型燃煤、燃油机组占火电装机总容量 30% 左右。现役火电机组安装脱硫装置、电除尘器分别占 27% 和 85% 左右。

火电厂排放的污染物主要为大气污染物烟尘、SO_2 和 NO_x，此外还会产生废水、灰渣、湿法脱硫还会产生石膏或硫酸铵等副产品，各种机械设备运转还会产生噪声，灰场、煤场、石灰石粉仓等还会产生粉尘污染，灰渣、石膏及煤炭运输等也可能产生环境影响。

生态环境是人类赖以生存的基本条件，必须按照建设环境友好型社会的要求，统筹火电生产与环境协调发展，进一步完善综合治理措施，促进火力发电工业走清洁发展的道路。

2006 年新增装配脱硫设施的机组约 80 000MW，今后新建火电站机组必须按煤质要求加装脱硫设施。到 2010 年，全国火电机组平均单位电量二氧化硫排放量将由目前的 6g 下降到 2.7g，排放总量控制在 1000 万 t 以内，比 2006 年降低 25％左右。另一方面，要加快实施电力节能环保调度、"上大压小"、热电联产等节能减排措施，逐步形成引导企业淘汰落后机组、发展清洁电源的政策激励机制。

火电厂环境保护的基本要求首先应满足达标排放，使其环境影响符合环境功能及质量标准要求，同时还要贯彻清洁生产、节约用水、总量控制原则。因此《排标》是火电建设项目污染治理的最基本要求，对于 SO_2 污染治理还应考虑国家环境保护总局等部委 [2002] 206 号文《燃煤二氧化硫排放污染防治技术政策》。火电厂建设项目的具体污染治理措施还应符合《设规》、《火力发电厂环境保护设计规定》、《火力发电厂废水治理设计技术规程》、《火力发电厂除灰设计技术规程》、《火力发电厂输煤系统煤尘治理设计技术暂行规定》等行业设计规程。

我国对火电项目大气、水和固体废物的控制标准目前是较为严格的，除火电厂 NO_x 排放标准与欧洲各国先进的控制标准相比稍松外，其他控制要求基本反应了当前世界先进的污染控制水平。

我国在开发环保型火电厂方面已迈出了坚实的步伐，2007 年初，我国首座循环经济型电厂在浙江宁海投产。国华宁海发电厂建设规模为一期工程 4 台 600MW 燃煤机组，总投资 100 亿元。电厂在建设中采用了封闭式煤罐存储、高效除尘、烟气脱硫、低氮燃烧、中水回用和生态边坡等一系列环保技术，环保投入达 20 亿元，占工程总投资的 20％。其中 600MW 机组的脱硝项目，每年可减少氮氧化物排放 6000t 以上，为国内首创。按照生态型循环经济的理念，国华宁海电厂与当地政府联手合作，将电厂投产后的衍生物再利用，形成一个循环产业链。在示范区内引进的总投资 3 亿元的海螺水泥粉磨站项目，每年可消化吸收 60 万 t 粉煤灰。这些粉煤灰以前征地填埋每年至少耗费 800 万元，现在卖给水泥厂做原料，能增加收入 1500 万元。利用电厂脱硫产生的 20 万 t 石膏，国华宁海发电厂引进纸面石膏板项目，构建煤—电—石膏—石膏板新的循环产业链，初步测算每年可新增工业产值 2.1 亿元。该厂建设厂房、堆场、码头等需使用石料 120 万 m^3，通过劈山造地，就地取材资源内循环，较妥善地解决了发展工业与农民争地的矛盾。电厂的工业冷却水全部取自工厂边的海水，节约了大量水资源。

与此同时，浙江省义乌市双峰环保热电有限公司 3、4 号发电锅炉通过了金华、义乌两级质量技术监督部门的验收，并正式投入运行。这两台核定蒸发量为 75t/h 的锅炉"巨无霸"，将以其超大的"肚量"，每天可"吃"掉 800t 垃圾，并将燃烧产生的热能转化为电能，真正实现变废为宝。双峰环保热电有限公司是金华市第 1 家、浙江省第 3 家利用垃圾发电的企业。其一期工程 2003 年 5 月建成后，每天可"吃"掉约 300t 垃圾。这些垃圾经分拣后，再掺和一定比例的煤，就成了锅炉的好燃料。垃圾焚烧后体积减小 95％，重量减轻 90％。省环保监测站对垃圾发电的废物、废气监测后的结论是：污染物排放稳定、各项排放指标均达到了国家生活垃圾焚烧污染控制指标。目前，义乌每天产生的生活垃圾为 600～900t 用于发电厂发电，如果 4 台发电锅炉全部运行，每天可"吃"掉垃圾 1000～1200t。如二期工程的 2 台发电锅炉正常运行，则平均每天"吃"掉垃圾 800t，该厂就可以吃掉义乌市每天生活垃圾的总量。

三、我国火力发电工业的可持续发展

传统的经济活动是由"资源—产品—废物"所构成的物质单向流动的生产过程，是一种线性经济发展模式，这种模式的特点是高开采、低利用、高排放，通过把资源最终变为废物来实现经济的数量型增长，是一种不可持续的发展模式。相对于传统经济的循环经济模式，根据生态学规律、由"资源—产品—再生资源"的物质循环流动构成的生产过程是一种循环发展模式，其特点是低开采、高利用、低排放，把经济活动对自然环境的影响降低到尽可能小的程度，因此这是一种可持续发展模式。

循环经济模式的运作原则是"3R"原则，即减量化（Reduce）、再利用（Reuse）和资源化（Recycle）。减量化，旨在减少进入生产和消费过程的物质量，从源头节约资源使用和减少污染物的排放；再利用，是提高产品和服务的利用效率，要求产品以初始形式多次使用，减少一次用品的污染；资源化，要求物品完成使用功能后使之成为再生资源，循环经济的本质就是不断追求用最小的环境成本和资源成本获得最大的发展效益，以实现可持续发展。

电力工业是能源生产和转换行业，是国民经济的基础产业和资源密集型产业。无论电源和电网，在建设和生产运营中都需要占用或消费包括土地、水资源、各种原材料等资源及煤炭、石油、燃气等各类能源资源，根据能源转换种类的不同，还会不同程度地产生污染物和废物的排放，占用环境容量。在发展循环经济的模式中，具有基础性、关键性、长期性的地位和作用。

根据国家法律、法规、政策，我国电力工业建立了较系统的行业规范、标准和管理体系，通过技术升级、技术改造及节能降耗、达标创一流、清洁生产等与效益、资源、环境目标相结合的管理，在循环经济基础工作方面取得了一定成绩，做出了贡献。环境、资源、效率是电力工业发展的永恒主题，从发展循环经济的本质要求看，仍是任重道远。

电力工业发展受资源和环境的双重约束，要实现电力工业满足国民经济发展的要求，就必须探索新的发展模式。党的"十六大"报告中指出："坚持以信息化带动工业化，以工业化促进信息化，走出一条科技含量高、经济效益好、资源消耗低、环境污染少、人力资源优势得到充分发挥的新型工业化路子。"走新型工业化道路的要求，为电力工业的发展指明了方向。电力工业的发展就是要走一条适合中国国情的节约资源、保护环境、经济效益好的发展道路。根据循环经济的特征，实施循环经济是电力工业可持续发展的必然选择和重要保证。

2007年5月26日，天津国投津能发电有限公司北疆发电厂奠基仪式在天津市汉沽区举行，标志着我国第一批循环经济试点项目正式启动。这个项目采用发电、海水淡化、浓海水制盐、废弃物资源化再利用循环经济模式，包括发电工程、海水淡化、浓盐水制盐和废弃物资源化再利用等4个子项目。在规划设计上完全遵循"资源→产品→废弃物→再生资源"的循环经济模式，以资源的高效和循环利用为核心，通过合理延伸产业链，以发电厂为龙头，把本来并不相关的海水淡化、制盐、盐化工、建材等行业有机组合在一起，使上一产业环节的废弃物或副产品成为下一环节的原材料，在能耗高、排放大的行业实现了高效率、零排放，不仅对优化经济发展布局、整合滨海新区资源、促进环渤海经济区的发展起到了积极作用，也为建设资源利用最大化、废弃物排放最小化、经济效益最优化的循环经济企业，探索出一条全新的道路。天津北疆电厂一期工程2010年投产后，预计每年可提供110亿 kW·h 电

能、6570 万 t 淡化水；海水淡化后的浓缩盐水引入汉沽盐场制盐，每年增加50 万 t产盐量，节约 22km² 的盐田用地；发电环节产生的粉煤灰等废弃物可以生产 150 万 m³ 的建材，集发电、淡化海水、制盐、节约用地、废弃物利用等功能于一体，经济和社会效益相当显著，必将有力地推进天津滨海新区经济和社会的发展。图 1-9 为该项目基本流程示意图。

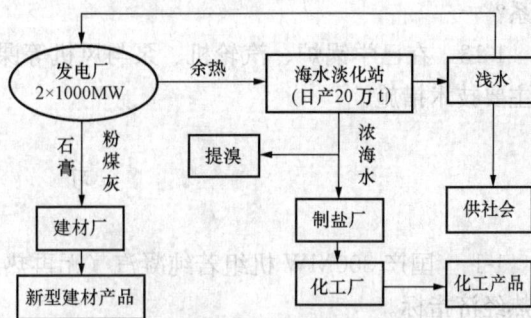

图 1-9　北疆电厂循环经济项目
一期工程基本流程示意图

由此可见，发展循环经济是我国经济发展模式的一场重要变革，其影响重大而深远。由于历史原因，我国经济发展水平不高，且由于发展速度持续增长，发展中的问题较多，包括电力发展中的种种环保与资源节约问题，如小火电问题、短期内大量建设引起的爆发式烟气脱硫问题、循环流化床电厂的脱硫问题、一大批火电厂的技术改造问题、电厂废水资源化问题、电力需求侧管理问题等，这些问题与电力工业的改革问题交织在一起，在发展循环型经济中都需要认真研究。在发展循环经济中，应尊重实际、尊重科学、因地制宜、循序渐进，避免"一刀切"、"一窝蜂"、一哄而起。

胡锦涛总书记在 2006 年 12 月提出，"把节约能源资源放在更突出的战略位置，切实做到节约发展，清洁发展，安全发展，可持续发展，坚定不移地走生产发展、生活富裕、生态良好的文明发展道路"，指明了火力发电工业的发展方向和目标。

复习思考题

1-1　发电厂的安全、可靠管理有何区别与联系？

1-2　为何电力生产要贯彻安全第一、预防为主的方针？

1-3　环保对火电厂的主要要求有哪些？当前可采用哪些技术措施达到环保的要求？

1-4　对于热力发电厂热经济分析，为何本书定量计算用热量法？定性分析用熵方法？

1-5　什么是火电厂的效益、经济效益、社会效益和环境效益？其关系是怎样的？

1-6　以火电厂的实际朗肯循环为例，说明 η_{ri} 和 η_i 的意义、区别和联系。

1-7　以汽水状态参数来表征朗肯循环的 $\eta_t = \dfrac{q_0 - \Delta q_{ca}}{q_0}$、$\eta_i = \dfrac{q_0 - \Delta q_c}{q_0}$，说明 η_t 和 η_i 的联系和区别（按考虑、不考虑给水泵功焓升计）。

1-8　评价火电厂热经济性的两种基本分析方法有何特点？说明两者的区别。

1-9　提高火电厂热经济性的主要途径有哪些？其实质是什么？

1-10　热量法分析实际火电厂的热损失，它们各用什么指标来反映，哪些为内部不可逆性，哪些为外部不可逆性？

1-11　凝汽式发电厂的 q_0、η_e、η_{cp}、η_{cp}^n、q_{cp}、q_{cp}^n、b_{cp}^s、b_{cp}^n 的物理概念是什么？它们之间的关系是怎样的？为何说供电标准煤耗率是一个较完整的热经济指标？

1-12　电力工业经济效益的指标体系中，有哪些与本课讲的热经济指标有直接或间接关系？

1-13 在已学锅炉、汽轮机、泵与风机等课程的基础上，试提出煤电工业的可持续发展的主要技术措施。

习　　题

1-1 国产 300MW 机组若纯凝汽（无再热、回热）运行，求机组热经济指标和全厂发电热经济指标。

原始条件：$p_b=16.76MPa$，$t_b=540℃$，$p_0=16.18MPa$，$t_0=535℃$，$p_c=0.005\,24MPa$，$\eta_b=0.916\,8$，$\eta_m=0.985$，$\eta_g=0.99$，不计工质损失，不考虑给水泵功焓升。

1-2 若给水泵功为 23kJ/kg，在习题 1-1 的条件下，求机组热经济指标和全厂发电热经济指标。

1-3 根据习题 1-1 条件，计算其各项热损失，$\eta_{ri}=0.884$，并据以绘出它的热流图。

第二章 热力发电厂的蒸汽参数及其循环

本 章 提 要

本章分析蒸汽参数和循环型式对电厂热经济性的影响及其应用。蒸汽动力循环的循环参数，指进入汽轮机的新蒸汽压力 p_0、温度 t_0，及再热后进入中压缸的再热蒸汽温度 t_{rh} 和进入凝汽器的排汽压力 p_c。

现代火电厂常用的蒸汽循环为回热循环、再热循环、热电联产循环和热电冷三联产循环。

蒸汽循环及其参数，不仅与热经济性有关，还与发电厂的可靠性、经济性、运行灵活性以及对环境的影响有关。

第一节 提高蒸汽初参数

提高 p_0、t_0 的实质是提高循环吸热过程的平均温度，以提高其热效率 η_t。为简化计，以理想朗肯循环为例，在依次讨论 p_0、t_0、p_c 三参数对 η_t 影响时，设其他两个参数为一定，仅分析另一个蒸汽参数的影响。

一、提高蒸汽初参数的经济性

（一）提高蒸汽初温 t_0

图 2-1 所示 $a'aboda'$ 为理想朗肯循环的 T-s图，其吸热过程平均温度为 $\overline{T}_0$，放热过程温度 T_c 由排汽压力 p_c 单值确定，则其循环热效率为

$$\eta_t = \frac{w_a}{q} = 1 - \left(\frac{T_c}{T_0}\right)$$

式中 w_a、q——以热量计的理想朗肯循环的功、吸热量，kJ/kg。

当 p_0、p_c 一定时，排汽在湿蒸汽区内，蒸汽初温提高至 T'_0，吸热过程平均温度提高为 $\overline{T}'_0$，其循环热效率提高为 $\eta'_t = 1 - (T_c/\overline{T}'_0)$。

蒸汽初温提高过程形成附加循环 $d00'd'd$，该附加循环的热效率为

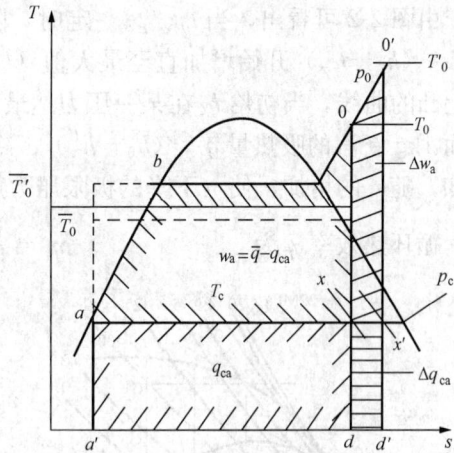

图 2-1 蒸汽初温不同的理想朗肯循环

$$\eta_\Delta = \frac{\Delta w_a}{\Delta \overline{q}}$$

式中 Δw_a、$\Delta \overline{q}$——附加循环的以热量计的理想比内功、循环吸热量，kJ/kg。

于是提高初温后的循环热效率 η'_t 可改写为

$$\eta'_t = \frac{w_a + \Delta w_a}{\bar{q} + \Delta \bar{q}} = \frac{w_a}{\bar{q}} \cdot \frac{1 + \dfrac{\Delta w_a}{w_a}}{1 + \dfrac{\Delta \bar{q}}{\bar{q}}} = \eta_t \frac{1 + A_\Delta}{1 + A_\Delta \dfrac{\eta_t}{\eta_\Delta}} = \eta_t F \tag{2-1}$$

式中 A_Δ——附加循环做功系数，$A_\Delta = \Delta w_a / w_a$。

由式 (2-1) 可知，因为附加循环的吸热平均温度总是高于基本循环平均温度，故 $\eta_\Delta > \eta_t$，$F > 1$，即 $\eta'_t > \eta_t$。表明提高蒸汽初温总是可提高热经济性。热效率相对提高 $\delta \eta_t$ 为

$$\delta \eta_t = \frac{\eta'_t - \eta_t}{\eta_t} = \frac{1 - \dfrac{\eta_t}{\eta_\Delta}}{\dfrac{1}{A_\Delta} + \dfrac{\eta_t}{\eta_\Delta}} \tag{2-2}$$

由式 (2-2) 可知，当 $\eta_\Delta > \eta_t$ 时，$\delta \eta_t > 0$，表明随 t_0 的提高循环热效率相对提高 $\delta \eta_t$ 随之增加。

由图 2-1 可知，提高蒸汽初温，使排汽干度由 x 提高到 x'，减少了低压缸排汽湿汽损失。还要指出，提高蒸汽温度使其比体积增大，当其他条件不变时，汽轮机高压端的叶片高度加大，相对减少了高压端漏汽损失，因而可提高汽轮机的相对内效率 η_{ri}，从而提高了汽轮机的绝对内效率 $\eta_i = \eta_t \eta_{ri}$。

（二）提高蒸汽初压 p_0

当 t_0、p_c 一定时，提高 p_0 并不总是能提高 η_t，这是由水蒸气性质所决定。由图 2-2 可以看出，随 p_0 的提高，水的吸热、汽化、过热三个吸热过程中，汽化热 r' 的比重相对不断降低，而把水加热到该压力下沸腾温度的吸热量 q' 比重却相对增加。过热段的平均温度恒高于汽化段，而沸腾段的平均温度是三个吸热过程中最低者。当提高到某一蒸汽初压使得整个吸热平均温度 $\overline{T'_0}$ 低于 $\overline{T_0}$ 时，热效率即下降使得 $\eta'_t < \eta_t$。

由图 2-2 可看出，当 t_0、p_c 一定时，随 p_0 的提高，蒸汽理想焓降（即理想比内功 w_a）$\Delta h_0 = (h_0 - h_{ca})$ 开始增加直至最大值 $(h_0 - h_{ca})_{max}$，然后开始减少。由于等温线 t_0 为一条向上凸的曲线，当初焓 h_0 在某一压力达最大值后，若 p_0 继续提高，h_0 开始降低并先慢后快。因而 1kg 新汽的吸热量 $\bar{q} = (h_0 - h'_c)$、冷源热损失 $q_{ca} = (h_c - h'_c)$ 均随之变化。由图 2-3 可知，随 t_0 的增加，使 η_t 下降的极限压力愈高。

循环热效率 η_t 为
$$\eta_t = \frac{w_a}{\bar{q}} = \frac{h_0 - h_{ca}}{h_0 - h'_c} \tag{2-3a}$$

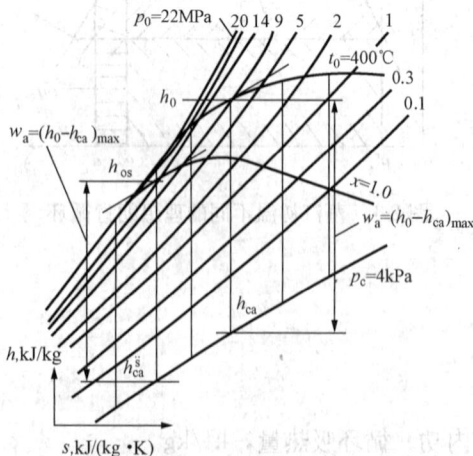

图 2-2 蒸汽初压与 η_t 关系曲线

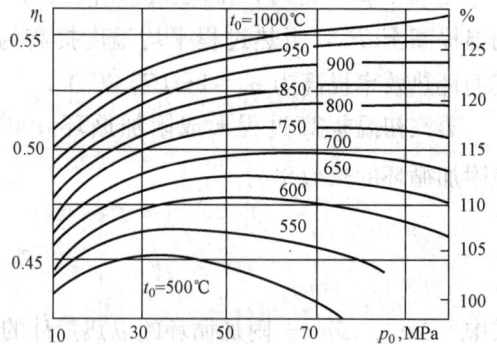

图 2-3 初压与 η_t 关系曲线

$$\eta_t = \frac{w_a}{w_a + q_{ca}} = \frac{1}{1 + \dfrac{q_{ca}}{w_a}} \qquad (2\text{-}3b)$$

w_a、$\bar{q}$、q_{ca} 均为熵的单值函数，当 w_a/q_{ca} 最大时，η_t 达最大值。由数学分析可知，w_a/q_{ca} 的极值点是对式（2-3b）求其一阶导数为零，即

$$\frac{\partial \eta_t}{\partial s} = \frac{\partial \left(\dfrac{w_a}{q_{ca}}\right)}{\partial s} = \frac{q_{ca}\dfrac{\partial w_a}{\partial s} - w_a\dfrac{\partial q_{ca}}{\partial s}}{q_{ca}^2} = 0$$

$$\frac{\mathrm{d}w_a}{w_a} = \frac{\mathrm{d}q_{ca}}{q_{ca}} \qquad (2\text{-}4a)$$

同理，对式（2-3a）求其一阶导数为零，即

$$\frac{\partial \left(\dfrac{w_a}{\bar{q}}\right)}{\partial s} = \frac{q_0\dfrac{\partial w_a}{\partial s} - w_a\dfrac{\partial \bar{q}}{\partial s}}{\bar{q}^2} = 0$$

$$\frac{\mathrm{d}w_a}{w_a} = \frac{\mathrm{d}\bar{q}}{\bar{q}} \qquad (2\text{-}4b)$$

因 $\bar{q} = (h_o - h'_c)$，而 $h'_c = f(p_c) =$ 常数，式（2-4b）可改写为

$$\frac{\mathrm{d}w_a}{w_a} = \frac{\mathrm{d}h_0}{\bar{q}} \qquad (2\text{-}4c)$$

由式（2-4a）、式（2-4c）可知，当理想比内功 w_a（理想焓降）减小的相对值等于冷源热损失 q_{ca} 或初焓 h_0 减小的相对值时，η_t 达最大值。

以下举例定量说明，表 2-1 为 $t_0 = 400{}^\circ\mathrm{C}$，$p_c = 0.004\mathrm{MPa}$，$h'_c = 120\mathrm{kJ/kg}$ 时，$\eta_t = f(p_0)$ 的情况。

表 2-1　　　　　　　　　　　　　　p_0 与 η_t 关系

p_0 (MPa)	h_0 (kJ/kg)	h_{ca} (kJ/kg)	$w_a = h_0 - h_{ca}$ (kJ/kg)	$\bar{q} = h_0 - h'_c$ (kJ/kg)	$\eta_t = w_a/\bar{q}$ (%)	$\delta\eta_t$ (%)
4.0	3211	2039	1172	3091	38.0	—
8.0	3138	1918	1220	3018	40.5	6.58
12.0	3057	1832	1225（最大）	2937	41.7	2.96
16.0	2956	1759	1197	2836	42.2	1.19
20.0	2839	1683	1156	2719	42.6（最高）	0.948
24.0	2654	1585	1069	2534	42.1	

由表 2-1 可见，随 p_0 提高，η_t 不断加大，但相对提高幅度即 $\delta\eta_t$ 却越来越小。至 20MPa 时，$\eta_t = 42.6\%$ 达最大值，再提高 $p_0 = 24\mathrm{MPa}$，η_t 将下降为 42.1%。

现代热力发电厂在上述 p_c、t_0 值时，对应的 p_0 值远低于该极限压力值。故从工程实际应用讲，当 t_0、p_c 一定时，提高 p_0 是可提高 η_t 的，如图 2-3 所示。

另须指出，当 t_0、p_c 一定时，提高 p_0 使蒸汽干度由 x 减为 x'（见图 2-4），湿汽损失增加；与提高初温对 η_{ri} 影响完全相反，提高 p_0，使进入汽轮机的蒸汽比体积和容积流量减小，相对加大了高压端漏汽损失，有可能要局部进汽而导致鼓风损失、斥汽损失、使得汽机相对内效率下降。而排汽湿度增加，不仅严重影响机组热经济性，并且会危及机组的正常运行。

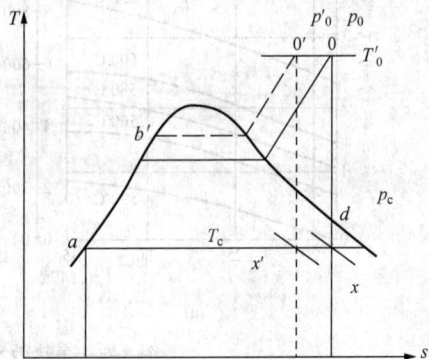

图 2-4　蒸汽初压不同的理想朗肯循环

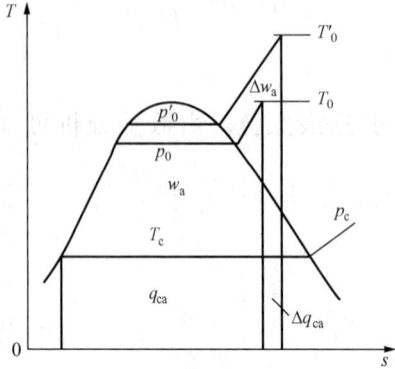

图 2-5 同时提高蒸汽初压、
初温的理想朗肯 T-s 图

提高 t_0 总可提高 η_t，从实际工程应用情况而言，提高 p_0 也是可提高 η_t，显然同时提高 p_0、t_0，当然使 η_t 提高。而且，同时提高 p_0、t_0 所增加的理想比内功为 Δw_a，远大于增加的冷源热损失 Δq_{ca}，如图 2-5 所示。

（三）提高蒸汽初参数与 η_i、汽轮机容量关系

提高 t_0，η_t、η_{ri}、η_i 均将提高。而提高初压 p_0，在工程应用范围内，仍可提高 η_t，但 η_{ri} 却要降低，特别是容积流量（也即汽轮机容量）小的汽轮机，η_{ri} 下降越多，如超过 η_t 的增加，使得 η_i（$\eta_i=\eta_t\eta_{ri}$）下降，则提高 p_0 效果就适得其反。若蒸汽容积流量足够大，使得提高 p_0 降低 η_{ri} 的程度远低于 η_t 的增加，因而仍能提高 η_i，这时提高 p_0 是有效益的，也即大容量机组采用高蒸汽参数才是有利的。对于供热式机组，因有供热汽流存在，使得进入汽轮机的蒸汽容积流量大增，因而供热式汽轮机的蒸汽初参数，比相同功率的凝汽式机组的蒸汽初参数要高一些。同样道理，背压式供热机组采用高蒸汽初参数的汽轮机的容量更小些。以采用高蒸汽参数的单机容量为例，凝汽式机组为 50MW，双抽汽供热机组为 25MW，高背压（3.0MPa 以上）供热机组则为 12MW。

二、提高蒸汽初参数的技术经济可行性

（一）影响提高蒸汽初参数的主要因素

1. 提高蒸汽初参数可提高热经济性，节约燃料

前面已分析提高蒸汽初参数可提高热力发电厂的热经济性，一般由中参数（3.43MPa/435℃）提高至高参数（8.83MPa/535℃），可使机组净热耗率 δq^n 降低 11%～25%；继续提高到超高参数，并采用一次蒸汽中间再热（12.75MPa/535℃/535℃），δq^n 又下降 7%～18%；再进一步提高至亚临界参数一次再热（16.57MPa/538℃/538℃），δq^n 再下降 2%～12%；又继续提高至超临界参数一次再热（24.12MPa/538℃/538℃），δq^n 还可再降低 0.6%～2.5%。降低 δq^n，显然可节约燃料。提高 p_0、t_0 可节约燃料，是实施提高 p_0、t_0 的前提。

图 2-6 所示为 700MW 汽轮机组的净热效率的提高 $\Delta\eta=\eta'-\eta$，净热耗率的降低 $\Delta q^n=q$

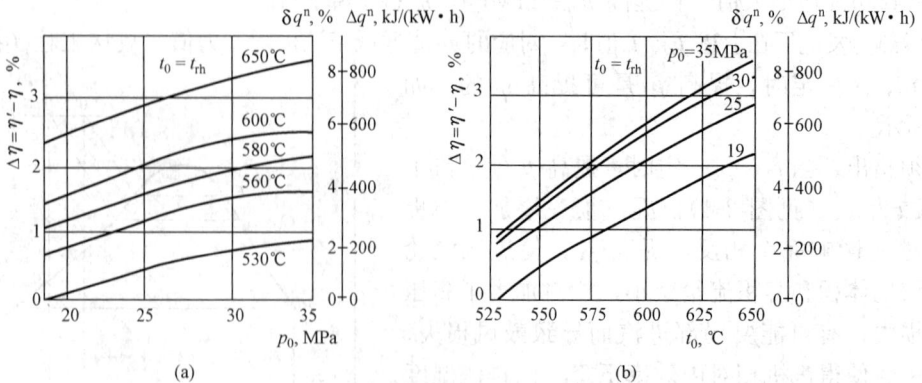

图 2-6 净热效率、净热耗率与 p_0、t_0 关系曲线
（a）与 p_0 关系曲线；（b）与 t_0 关系曲线

$-q'$，及其相对提高值 $\delta q^n = \Delta q'/q$ 与 p_0（见图 2-6a）、t_0（见图 2-6b）的关系曲线，该机组为一次再热，再热压力经优化选定。目前常用的主汽温度和再热温度至少比水的临界温度 374℃ 高出 150℃ 左右，故该净热效率的提高与温度的关系曲线几乎呈线性关系上升。

2. 提高 t_0 受金属材料的制约

一般优质碳素钢或低合金钢的允许蒸汽温度在 450℃ 以下，中合金钢为 510～520℃，高级合金钢如珠光体钢为 560～570℃，奥氏体钢可在 580～600℃ 高温下使用。金属材料的强度极限，主要取决于其金相结构和承受的工作温度。随温度升高，金属材料的强度极限、屈服点以及蠕变极限都要随之降低，高温下金属还要发生氧化，甚至金相结构变化，导致热力设备零部件强度大为降低，乃至毁坏。奥氏体钢虽耐高温，但价格昂贵，且膨胀系数大，导热系数小，加工和焊接较困难，抗蠕变和抗腐蚀性能也较差。随着机组向更大容量、更高参数的发展，对金属材料的要求也越高。

一般而言，钢材的价格随着其承受温度的提高而增加。不同国家耐热合金钢的体系各不相同，视其资源而定。

3. 提高 p_0 受蒸汽膨胀终了时湿度的限制

当 t_0、p_c 一定时，随着 p_0 的提高，蒸汽膨胀至 p_c 时的蒸汽湿度加大，不仅侵蚀末级叶片，降低汽轮机低压缸的相对内效率，而且影响安全运行。采用蒸汽中间再过热，不仅是继续提高 p_0 的一种有效方法，还可使 η_{ri} 得到改善。图 2-7 表明再热对 η_t、η_{ri}、η_i 的影响，实线为 η_t 与 p_0 的关系，虚线为 η_i 与 p_0 的关系。图中 η_i 与 η_t 曲线的纵坐标差值即为与 η_{ri} 有关的函数：$\eta_t - \eta_i = \eta_t（1 - \eta_{ri}）$。由图 2-7 可知，采用再热后由于汽轮机低压缸相对内效率的改善。再热对 η_i 的影响大于 η_t，且随 p_0 的提高而提高。

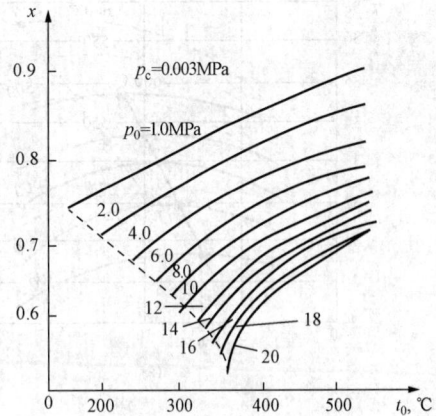

图 2-8 所示为，不同 p_0、t_0 与排汽干度 x 的关系。对于现代大型汽轮机的蒸汽膨胀终了时的湿度，允许值为 9%～10%。

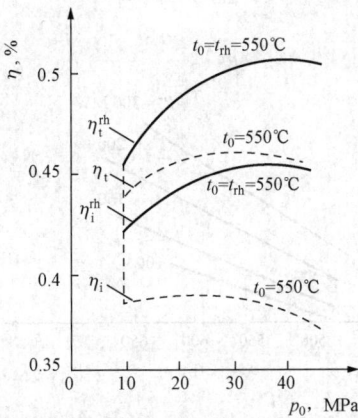

图 2-7　提高 p_0 有无再热对 η_t、η_i 的影响　　　　图 2-8　不同 p_0、t_0 与排汽干度的关系

4. 提高 p_0、t_0 影响电厂的钢材消耗和总投资

提高蒸汽初参数虽可提高发电厂的热经济性，节约燃料，但却使钢材消耗，总投资增加。蒸汽初参数提高虽使蒸汽消耗量有所下降，锅炉受热面有所减少，但承压设备、部件、管道的厚度增加，耐热合金金钢用量增加；因汽轮机级数增加，回热抽汽级数和压力增加，

使得锅炉、汽轮机、高压加热器、给水泵等造价提高。另一方面，由于提高 p_0、t_0 使汽耗量、煤耗量降低，使得燃料运输、制粉等的设备及其系统、送引风设备，除尘除灰系统，汽轮机低压部分、凝汽设备以及供水设备等的费用相对减少。须通过复杂的技术经济比较论证方能确定。

发电厂的投资要以折旧方式计入电能成本。提高蒸汽初参数多追加的投资应能在允许的有限期限内得以补偿，在经济上才是合理的。

提高蒸汽初参数虽可节煤，但多耗钢材，故其技术经济比较的实质，可概括为钢煤比价。显然，不同国家、地区，一个国家不同时期的钢煤比价是不同的。冶金技术水平越高，钢材特别是耐热高合金的价格相对越低，燃料价格越高，即钢煤比价小，趋向采用更高的蒸汽初参数；反之，趋向于采用不高的蒸汽初参数。

5. 更高蒸汽初参数，更大容量的机组的可用率

发电厂热力设备的可用率与金属材料的选用、设计制造工艺及其质量，以及安装、运行管理等有关。一般而言，当采用更高参数、更大容量机组时，均需一定技术成熟期，其可用率相对较低。成熟期后，可逐年提高。例如，2005 年，我国火电机组加权平均等效可用系数为 92.34%，比 2004 年增加 0.64%。

以美国 $400 \sim 799$MW 机组的有效可用系数为例：1988 年为 78.26%，1989 年为 82.20%，1991 年为 82.16%，1992 年为 82.56%，也是逐年在提高的。

（二）最有利初压 p_0^{op}

当 t_0、p_c 一定，必有一个使 η_i 达最大的 p_0，称为理论上最有利初压 p_0^{op}，并与机组容量有关。随机组容量的增大、初温的提高，以及回热完善程度越好，所对应的 p_0^{op} 值越高，如图 2-9 所示。图 2-9（a）中实线为 20MW 机组，虚线为 80MW 机组，图 2-9（b）为 $100 \sim 300$MW 机组。

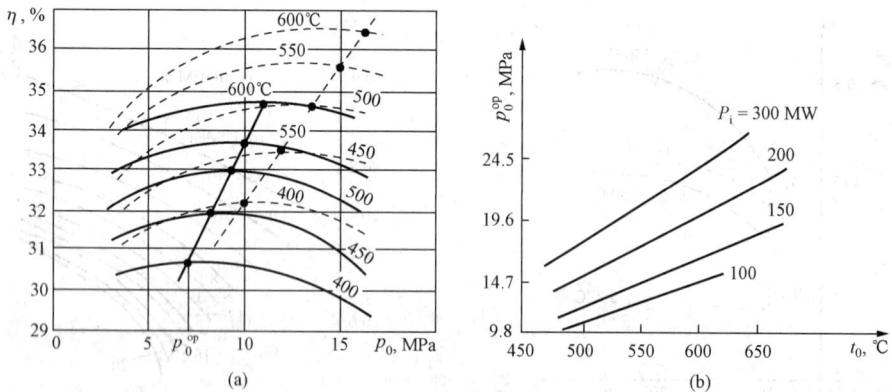

图 2-9　p_0^{op}、t_0 与机组容量的关系

（a）p_0^{op} 与 t_0（20、80MW 机组）的关系；（b）p_0^{op} 与 t_0（100～300MW）的关系

经济上最有利的初压 p_0^{ec} 与许多技术经济因素有关，要通过详细论证和定量计算比较才能确定。显然 p_0^{ec} 值比 p_0^{op} 值要低。

不同国家，甚至不同厂家，所采用蒸汽参数系列有所差异。国际电工委员会 IEC 推荐的蒸汽参数系列如表 2-2 所示。

表 2-2   IEC 推荐的蒸汽参数系数

主汽压力（MPa）	3.2	4.1	6.2	8.0	10.3	12.4	16.2	18.0	24.1
主蒸汽温度（℃）	435	455	485	510、538	538、565				
再热蒸汽温度（℃）	—	—	—	—	538、565				

我国火电厂采用蒸汽初参数系列如表 2-3 所示。

表 2-3   我国火电厂蒸汽初参数系列

设 备	锅炉出口		汽轮机入口		机组额定功率
参数等级	压力（MPa）	温度（℃）	压力（MPa）	温度（℃）	（MW）
次中参数	2.55	400	2.35	390	0.75、1.5、3
中 参 数	3.92	450	3.43	435	6、12、25
高 参 数	9.9	540	8.83	535	50、10
超高参数	13.83	540/540	12.75	535/535	200
		540/540	13.24	535/535	125
亚临界参数	16.77	540/540	16.18	535/535	300
	18.27*	540/540	16.67	537/537	300、600

注 超临界参数、超超临界参数尚未列入我国火电厂蒸汽初参数系列。一般超临界为 24MPa 左右，超超临界为 31MPa。

* 锅炉最大连续出力并超压 5%时压力值。

三、超临界蒸汽参数大容量机组

工程热力学将水的临界状态点参数定义为：压力 22.115MPa，温度 374.15℃。当水的状态参数达到临界点时，在饱和水与饱和蒸汽之间不再有汽、水共存的两相区存在。与较低参数的状态不同，这时水的传热和流动特性等会发生显著的变化。当蒸汽参数值大于上述临界状态点的压力和温度值时，称为超临界参数。

对于火力发电机组，当机组做功介质蒸汽的工作压力大于水的临界状态点压力时，称之为超临界压力机组。超临界压力机组一般可分为两个层次：一个是常规超临界压力机组（Conventional Supercritical），其主蒸汽压力一般为 24MPa，主蒸汽和再热蒸汽温度为 540～560℃；另一个是高效超临界压力机组（High Efficiency Supercritical），通常也称为超超临界压力机组（Ultra Supercritical）或者高参数超临界压力机组（Advanced Supercritical），其主蒸汽压力为 28.5～30.5MPa，主蒸汽和再热蒸汽温度为 580～600℃。

实际上，超超临界参数的概念只是一种商业性的称谓，用来表示发电机组具有更高的蒸汽压力和温度，因此各国甚至各公司对超超临界参数的开始点定义也有所不同。例如：日本定义为主蒸汽压力大于 24.2MPa，或主蒸汽温度达到 593℃；丹麦定义为主蒸汽压力大于 27.5MPa；西门子公司的观点是应从材料的等级来区分超临界和超超临界压力机组等等。国家"'863'超超临界燃煤发电技术"课题研究将超超临界压力机组的研究范围设定为：主蒸汽压力大于 25MPa，主蒸汽温度高于 580℃。

（一）超临界压力机组的热经济性

发展超临界压力机组，已成为世界燃煤火电机组的发展趋势之一，其主要原因有以下几点：

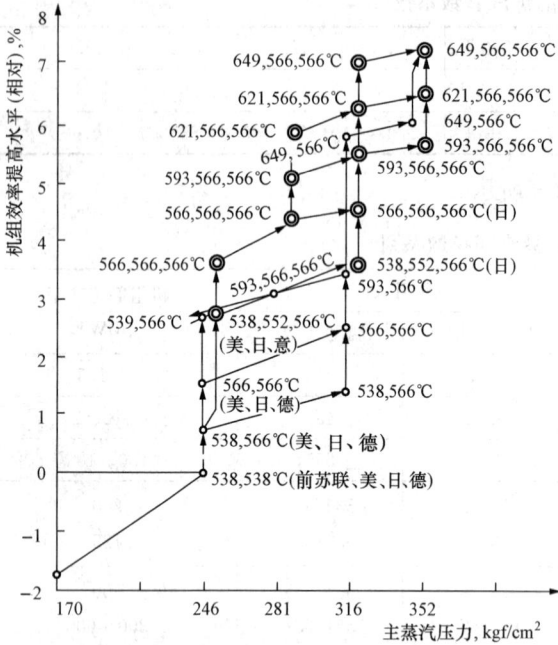

图 2-10　国外超临界蒸汽参数与机组效率关系

（1）热经济性高，节约一次能源，降低火电成本。若与亚临界参数 16.7MPa/538℃/538℃ 相比，当采用 24.2MPa/538℃/538℃时，热耗率降低约 1.8％；采用 24.2MPa/538℃/566℃时，热耗率降低约 2.5％；采用超临界参数可提高效率 2％～2.5％；采用超超临界参数可提高 4％～5％。目前，世界上先进的超临界压力机组效率已达到 47％～49％。以一台 600MW 机组，每年发电 4.0TW·h 时，分别采用上述两种超临界参数时，相应节约标煤量分别约为 20 000t、30 000t，降低火电成本和运行费用。图 2-10 为前苏联、美国、日本、德国、意大利等国的超临蒸汽参数与机组效率相对提高值的关系。

（2）降低机组单位造价，缩短工期，减少占地。前面已经论述提高蒸汽参数要多耗钢材，增加总投资，但增大单机容量，却可使单位容量的投资降低。例如，超临界 600MW 直流锅炉，每千瓦钢材耗量仅为同容量亚临界控制循环锅炉的 76.8％。一般容量大一倍的火电机组，每千瓦投资可节省 10％～15％，少耗钢材 20％～25％，工作量减少 30％～35％，故而能缩短工期。

超临界压力机组的相对造价如表 2-4 所示。

表 2-4　　　　　　　　　　　　超临界压力机组相对造价比较

机组容量（MW）	100	200	300	600	800	1000	1300
相对造价（％）	100	88	80	70	67	65	63
单位造价（美元/kW）	—	—	1230	1100	1030	980	950

日本安装 5×250MW 机组（1250MW 电厂），工期为 66 个月，而安装大一倍的 2×600MW 机组（1200MW 电厂），只需 45 个月，工期缩短了 32％。美国安装 2×200MW 机组，工期为 40 个月，而安装大三倍的 2×600MW 机组，也只需 47 个月，仅多 7 个月。

随着单机容量的增大，电厂每千瓦占地面积相应减小。采用超临界参数的大机组，自动化程度高，可减少单位千瓦的运行人数，降低成本和运行费用。

（3）可靠性更高。新的更高参数更大容量的火电机组的可靠性初期是低些，有一定的成熟期。美国初期超临界压力机组的主蒸汽压力在 30MPa 以上，主蒸汽温度也高达 600℃以上，而且是两次中间再热。限于当时技术不成熟，特别是高温关键部件的失效，使机组的可用率大为降低。日本却选用了较合适的超临界参数 24.108MPa/538℃/538℃，初战成功，为今后超临界压力机组的发展创造了有利条件。

经各国几十年努力，目前超临界压力机组的可用率已接近甚至超过亚临界压力机组。据美国电力研究所 EPRI 统计，容量在 600～835MW 范围，具有两次再热的超临界压力机组的整机可用率达 90%。美国 WH 研制的 31.0MPa/593℃/566℃/566℃ 两次再热 800MW 超临界压力机组、俄罗斯研制的 23.5MPa/587℃/585℃、31.5MPa/650℃/570℃ 的 800～1000MW 及 2000MW 超临界压力机组、瑞士研制的 26.0MPa/538℃/552℃/566℃ 两次再热1600MW 超临界机组以及日本研制的超临界压力机组，要求其可用率不低于 97%，大修间隔不小于 4 年，无事故累计运行时间不少于 5000h，使用寿命不低于 30 年。俄罗斯国家标准规定 300MW 超临界机组的热耗率为 7725kJ/(kW·h)，500～800MW 机组为 7641 kJ/(kW·h)。我国石洞口二厂引进 2 台 600MW 超临界压力机组的等效可用系数分别为90.8% 和 93.37%，较国内同类亚临界 600MW 机组高出十几个百分点。

（4）负荷调节性能好。同样完好的超临界压力机组与亚临界压力机组如能都配备有好的热工自动控制系统，便有良好的调节性能，超临界机压力组锅炉无厚壁元件（无汽包），变负荷性能好，可适应电网调峰的要求，其允许的最低负荷和负荷变化率与亚临界压力机组相仿，带中间负荷已经有成熟的经验。600 MW 超临界压力机组晚间调峰负荷可为 300 MW（50%ECR）左右，国内石洞口二厂单机 600MW 最低负荷可达 180 MW（30%ECR），亚临界压力机组调峰也只在 50% 左右。无论超临界压力机组还是亚临界压力机组，都设计为复合变压运行，这种运行方式为定压—滑压—定压。在高负荷运行时保持额定压力，使机组具有最好的循环效率；在中间负荷范围采用变压运行，可使汽机的内效率较高和热应力较小；在低负荷时蒸汽比体积大，运行经济性好，注意保持最低的许可供汽压力，防止压力过低出现流动不稳等现象，故有最佳的综合效益。这样，超临界压力机组具有夜间停机、快速启动以及频繁改变负荷的能力，使机组在高负荷和低负荷时都保持高效率。总之，只要亚临界、超临界压力机组都配有好的自控系统，两者调节性能相差不大。

（5）超临界发电的环境效益。超临界发电的主要环境收益来自于产生单位电量煤耗的减少，从而导致 CO_2 和其他排放物水平下降。超临界电厂的 CO_2 排放水平比典型的亚临界电厂低 17.6%。同样地，其他排放物（如 NO_x 和 SO_2）将会随煤耗的下降按一定比例减少。然而，为了获得最优的环境效益，超临界发电技术可以采用先进的排放物控制技术，以尽量降低有害排放物的水平。

（二）国内外超临界压力机组发展概况

1. 国外超临界压力汽轮发电机组发展概况

超临界压力机组的应用与发展已 50 年左右，前苏联、美国、日本、德国、意大利、丹麦和韩国等国家已广为采用，其中前苏联、美国和日本、超临界压力机组已占火电厂容量的50% 以上。

美国 1965～1991 年间，800MW 以上超临界压力机组 22 台，最大单机容量 1300MW；日本 1974～2002 年间投运 20 台，单机容量 1000MW；前苏联和俄罗斯 1967～1983 年间投运 8 台，单机容量最大 1200MW；德国 1997～2002 年间投运 5 台，单机容量最大 1000MW。

2. 我国超临界汽轮发电机组发展现状

到目前为止，我国发电量的 75% 是由小于 300MW 的机组提供的，其电厂效率在 27%～29%，远低于发达国家的 35%～40%。我国自 20 世纪 80 年代开始陆续引进并投运了一批超临界压力机组，如表 2-5 所示。自 1985 年以来，全国已有 100 多台 600MW 机组相继投入运行。目前我国已积累了常规超临界压力机组较好的运行经验。根据我国 1994 年可靠性管理中心报告资料，我国当时 6 台 600MW 机组中，石洞口二厂 1、2 号机组的等效可用率分别为 89.7％和 79.15％，强迫停用率为 2.20％和 0.84％，为国内 600MW 机组的第一、第二名。

表 2-5　　　　　　　　　我国已引进/在建的超临界电厂主要参数统计

电厂名	制造厂	台数	功率（MW）	参数（MPa/℃/℃）
石洞口二厂	ABB/CE-SILZER	2	600	24.2/538/566
盘山电厂	前苏联	2	500	23.54/540/540
华能南京热电厂	前苏联	2	320	23.54/540/540
营口电厂	前苏联	2	320	25.0/545/545
伊敏电厂	前苏联	2	500	25.0/545/545
绥中电厂	前苏联	2	800	25.0/545/545
漳州厚石电厂	三菱	2	600	24.5/538/566
外高桥电厂二期	西门子/阿尔斯通	2	900	24.2/538/566
华能沁北电厂	东锅/日立 哈汽/三菱	2	600	24.2/566/566
华能玉环电厂	—	2	1000 等级	26.25/600/600 等级
华电邹县电厂	—	2	1000 等级	25/600/600 等级

2004 年 11 月 23 日，华能沁北电厂 1 号机组顺利通过 168h 试运行，并正式投入商业运行，标志着我国在引进国外先进技术基础上设计制造的国产首台 600MW 超临界机组正式成功投运。该项目填补了 600MW 超临界压力机组国产化空白，使我国在 600MW 超临界压力发电机组这一重大技术装备国产化方面实现了"零"的突破。此外，华能玉环电厂已建成 4×1000MW 超临界压力机组，已于 2007 年 11 月全部投入运行。一期两台 26.25MPa/600℃/600℃ 超超临界压力机组，机组热效率高达 45％，供电标准热耗率为 288.5g/（kW·h），也是国内最大海水淡化工程，并同步投产脱硫。上海外高桥三厂的 2×1000MW 超超临界压力机组，已于 2008 年 6 月全部投产。

第二节　降低蒸汽终参数

火电厂的蒸汽终参数即汽轮机的排汽压力 p_c，不仅与凝汽设备有关，还与汽轮机的低压部分以及供水冷却系统有关，总称为火电厂的冷端，应通过冷端系统优化来确定。

一、电厂用水量和供水系统的选择，自然通风冷却塔和空冷系统

（一）电厂用水量

在绪论中已指出，我国是水资源紧缺的国家之一，年缺水达 300 亿 m³，而大型燃煤电厂、核电厂都要用大量的水，水源是决定电厂规划容量和厂址的重要因素。电厂用水包括凝汽器的冷却水和冷却塔等冷却设备的补充水；各种冷却器（冷油器、发电机空冷器等）和各种转动机械轴承冷却水，通称为工业冷却水；经化学处理、除氧的锅炉补水；除尘和通风

用水，生活和消防用水等。用水量最大的是凝汽器的冷却水，约占全厂供水量的 95% 左右。凝汽器的冷却水量 G_c 一般可根据冷却倍率 m 来确定，即 $G_c = mD_c$，D_c 为汽轮机的最大凝汽流量。冷却倍率 m 与地区、季节、供水系统、凝汽器结构等因素有关。冷却倍率可按表 2-6 来选取。

表 2-6　　　　　　　　　　　我国的冷却倍率 m 一般数值表

地　　区	直流供水		循环供水	直流供水夏季平均水温（℃）
	夏　季	冬　季		
北方（三北地区[①]）	50～60	30～40	60～70	18～20
中　部	60～70	40～50	65～75	20～25
南　方	65～75	50～55	70～80	25～30

① 东北、华北、西北地区。

确定水量时，应考虑一水多用，综合利用，提高重复用水率，以降低全厂耗水量。减少废水排放量，而且排水应符合排放标准，废水予以适当处理后再重复利用。

一般大型火电厂直流供水系统时，每 1000MW 需水量 35～40m³/s，循环供水每 1000MW 仅需 0.6～1m³/s。采用循环供水时，因蒸发、风吹、排污及渗漏而导致损失，其补充水量一般为凝汽器冷却水量的 4%～6%。

1994 年国家经委、建设部颁发的热力发电厂耗水定额如表 2-7 所示。

表 2-7　　　　　　　　　　热力发电厂采用湿冷塔时耗水定额

项　　目	火电厂机组单机容量（MW）					
	50	100	125	200	300	600
全厂耗水量（m³/h）	388～517	570～760	639～852	968～1290	1501～2002	2945～3926
全厂发电耗水率 [m³/(GW·s)]	2.15～2.89	1.58～2.11	1.39～1.42	1.34～1.79	1.39～1.79	1.36～1.32

（二）冷却系统的选择

热力发电厂的供水有直流供水（开式供水）、循环供水（闭式供水）和将这两种方式结合起来的混合供水。

直流供水是指从江河、湖泊、水库、海湾等水源取水，利用水泵和管渠将水送入凝汽器，将汽轮机排汽冷却为凝结水后即排弃回水源的系统。当地表水源充足且靠近厂址，供水高度不大时，宜采用直流排水。

循环供水是指凝汽器使用了的冷却水经冷却设施冷却降温后，由循环水泵再送往凝汽器重复使用的系统。当水源不足，或通过技术经济比较不宜采用直流供水时，宜采用循环供水。若地表水源仅个别季节水量不足，而取水条件又很有利时，可采用混合供水。

常用的循环供水的冷却设施有冷却池、喷水池、喷射冷却装置及冷却塔四种。冷却池的优点是冷却水温低且水温昼夜或季节变化小，缺点是占地面积很大，一般以湖泊、水库或在河道上筑坝后的水面建成。喷水池的优点是结构简单、施工方便、投资小、运行维护简便；缺点是占地面积大、水量损失大、冷却效果受周围环境及气候条件变化的影响较大；早期在

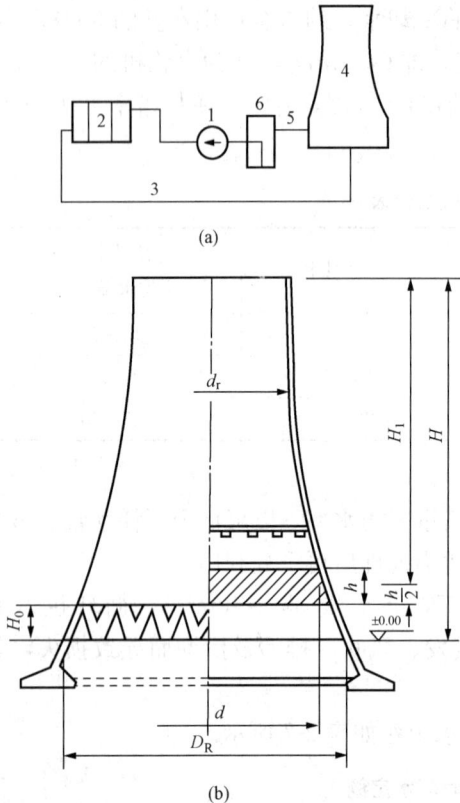

图 2-11　采用冷却塔的循环供水

(a) 供水系统；(b) 逆流式双曲线自然通风冷却塔

1—循环水泵；2—凝汽器；3—压力循环水管；

4—双曲线自然通风冷却塔；5—自流沟；6—吸水井

小容量电厂中使用。喷射冷却装置飘浮布列在排水水面上，就地吸表层热水喷出（所喷水滴比喷水池的大），将热量释放大气，其优点是风吹损失较少，能灵活地分单元运行；其缺点是要有一定的水面，水泵动力消耗。这种冷却设施在美国发展较快，我国已开始试验研究。

大型热力发电厂采用循环供水时，广泛采用的是自然通风冷却塔，其系统如图 2-11 (a) 所示。

机械通风冷却塔，在相同冷却水量条件下，比自然通风冷却塔占地小、造价低，但耗电量大，因其塔高较低、排出湿热空气、风机噪声对环境影响较大，我国的大、中型电厂较少采用。

冷却塔按气水流动方向，分为逆流式和横流式。应用最多的是水流垂直向下、气流向上的逆流自然通风冷却塔，它利用高大的塔筒内外空气温度差形成的上浮力为动力，其优点是省电、运行维护工作量小、性能稳定，水损失率低约为 2% 左右，排出湿热气流对环境影响较小。缺点是结构复杂，投资大，一般用于大、中型火电厂。图 2-11 (b) 所示为逆流式双曲线自然通风塔，塔筒用钢筋混凝土建造的双曲线壳体。冷空气从进风口进入，循环水通过配水管进入，配水管底均匀布置有喷头，喷洒到全塔淋水填料上。在淋水填料的出风侧，设有除水器，以降低冷却水损失。

配 300MW 汽轮机组的这种冷却塔，塔底零米处直径 D_R 为 86.7～94.3m，喉部直径 d 为 46.29～50.6m，进风口高为 7.6m，供水高度为 10m，塔高为 H110～120m，淋水面积为 5000～6000m²，足见其庞大。

（三）自然通风冷却塔和空冷系统

由于火电机组、核电机组容量的不断增大，用水量随之相应大增，不适用于缺水或少水地区。目前世界上解决这个难题的主要方法是，采用空气冷却凝汽器，即用空气来冷却汽轮机的排汽，这种系统称为空气冷却凝汽系统，或称为干塔冷却系统，相应的汽轮机、凝汽器称为空冷汽轮机、空冷凝汽器。空冷与湿冷相比，突出的优点是节水，可减少发电厂补水量 75%，一台 200MW 机组每小时节水 600t。

1. 空气冷却器凝汽器系统的类型

如图 2-12 所示，空气冷却凝汽器系统有直接空冷和间接空冷两大类。间接空冷又分为混合式凝汽器（或喷射式凝汽器）、表面式凝汽器两种。

（1）直接空气冷却凝汽系统（干塔冷却系统）。如图 2-12 (a) 所示，该系统由排汽管、空冷凝汽器、风机和凝结水泵等组成。其主要特点是：① 空冷凝汽器由许多并联的带翅散

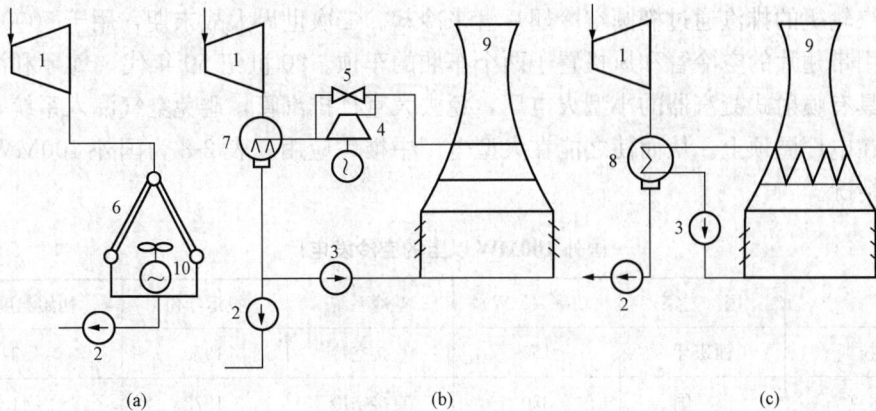

图 2-12　空气冷却凝汽系统

（a）直接空冷；（b）混合式凝汽器的间接空冷（海勒系统）；（c）表面式凝汽器的间接空（哈蒙系统）

1—空冷汽轮发电机组；2—凝结水泵；3—循环水泵；4—水轮发电机组；5—节流阀；

6—空冷凝汽器；7—喷射式凝汽器；8—表面式凝结器；9—冷却塔；10—风机

热片钢管作冷却元件组成；②汽轮机排汽直接在冷却元件内凝结，传热平均温差大，系统较简单；③为减少压损，排汽管直径很大，如美国怀俄达克电厂 330MW 直接空冷机组排汽总管直径为 5.49m，分管直径为 4.12m；④空冷凝汽器按"人"字形布置在汽机房外侧，小型的可布置在汽机房顶；⑤真空系统体积庞大，漏入空气也不易找漏；⑥启动时抽真空费时；⑦冬季冷却元件易结冰。

（2）混合式凝汽器的间接空冷（间接干塔冷却系统）又称海勒系统。如图 2-12（b）所示，匈牙利海勒教授早在 1950 年的第四届世界动力会议上提出，经 1200kW 的中间试验电厂研试后，首次于 1961 年用于匈牙利多瑙钢厂 16MW 的电站，以后推广到全世界，故又可简称为海勒系统。其主要特点是：① 喷射式凝汽器装有冷却水喷嘴，喷出冷却水与排汽直接接触换热；②吸收排汽放热量的水，通过空冷塔内冷却元件释放到大气；③循环水泵和水轮机组（用以回收部分能量，小型的多以节流阀取代）；④由凝汽器出来的水分为两部分，仅 2%～5% 的凝结水经精处理后返回锅炉；余下绝大部分作为循环水被循环水泵送至空冷塔内冷却元件用空气冷却，冷却后返回凝汽器再行喷射，形成闭式循环。

与直接空冷方式相比，海勒系统没有大直径的排汽管；空冷塔可远离厂房布置；由于冷却元件内的水压高于大气压力，故空气不会漏入系统；但循环水泵要大的净吸入压头，必是低转速，效率差，且需布置在凝器下部泵坑内；因循环水与凝结水混合，对水质有严格要求。

（3）表面式凝汽器的间接空冷系统（哈蒙系统）。该系统如图 2-12（c）所示，其主要特点为：① 用常规的面式凝汽器取代喷射式凝汽器，使系统简化；②采用通常的循环水泵，冷却水质要求远低于凝结水水质；③ 面式凝汽器的端差较大，使投资加大；④冷却元件用带翅片镀锌钢管制成；⑤可设计为多压式凝汽器。

2. 国外空冷式发电厂

有些工艺过程很早就采用空冷技术，如内燃机气缸的冷却就是通过气缸夹层的冷却水流进水箱再由空气来冷却的。最早用于发电厂的是 1939 年德国鲁尔煤矿坑口电厂 1MW 的直接空冷，汽轮机的排汽通过椭圆空冷翅片管来冷却。二次世界大战末期，用于 5000kW 列车电站，采用带翅片的空冷管和风机置于两个车厢的车顶。20 世纪 50 年代，匈牙利海勒提出并实施了具有喷射式凝汽器的小型火电厂，免去大直径排汽管，避免空气漏入系统，空冷器不再布置在电厂屋顶上。从而使之能在大型电厂中推广应用。表 2-8 为国外 100MW 以上空冷发电厂情况。

表 2-8　　　　　　　　　　国外 100MW 以上的空冷发电厂

电厂	国家	功率（MW）	空冷系统	投运年份	初始温度（℃）
乌德里拉斯	西班牙	150	直接空冷	1970	34
怀俄达克	美国	330	直接空冷	1978	41.7
马丁巴	南非	665	直接空冷	1987	39.7
加加林	匈牙利	200	海勒间冷	1969	—
拉兹顿	前苏联	220	海勒间冷	1970	30
司麦森林	德国	300	哈蒙间冷	—	27
肖达尔	南非	686	哈蒙间冷	—	34.1

目前世界上最大的空冷机组是 686MW 空冷机组。兹以美国怀俄达克电厂 330MW 空冷机组为例，补充说明如下：

该机组空冷系统装有 69 台风机，其中 66 台直径为 6.4m，采用双速电机，每台风机配有 6 组 3 排管的冷却元件，每 3 台风机一组，两侧为顺流，中间为逆流，管子为 53mm×6mm 椭圆形钢管，外为热镀锌的翅片；另外 3 台风机组成一组，直径为 10m，采用双速电机，每台风机配有 10 组单排管的冷却元件，管子为 180mm×25mm。两种管子总长度达到 495km。全部风机高速运行时，用电约 6400kW。冷却元件每年水冲洗一次。到 1989 年底，共换冷却元件 613 根，年换管率平均为 0.07%，可见维修工作量不大。至 1994 年，投运 16 年，运行已超过 12 万 h，因为空气系统引起的强迫停机率为零。

3. 我国的空冷发电厂

我国于 20 世纪 60 年代开始研制的火电空冷技术装备和选择的试验电厂均为小型火电空冷机组。到 20 世纪 80 年代末，从国外引进了 2×200MW 混合式凝冷器间接空冷机组（海勒系统），装于大同第二发电厂，后国内制造了 4×200MW 同类空冷机组，装于内蒙古丰镇电厂。在 20 世纪 90 年代初，投运了 2×200MW 表面式凝汽器间接空冷机组，后来又续建 1×200MW 同类空冷机组，都装于太原第二热电厂。进入 21 世纪以来，国家在"十五"期间明确指出要发展大型空冷电厂并逐步形成规模。预计在第"十一五"计划期间（2006～2010 年），我国火电空冷机组将有 70 多台，装机容量约 30 000MW。2005 年底共计可达 40 000MW，约占全国电力总装机 6.65 亿 kW 的 6%，而且绝大部分为 300MW 与 600MW 大容量空冷机组。

目前哈尔滨汽轮机有限责任公司（原哈尔滨汽轮机厂，简称哈汽）、东方汽轮机厂（简称东汽）均已能设计 300、600MW 空冷机组，其主要性能如表 2-9 所示。其中哈汽的直接空冷 200MW 机组，是为叙利亚设计的，东汽正在研制 325MW 空冷机组，将出口伊朗。

表 2-9　　　　　　　　　　　　我国设计空冷机组的 p_c 与末级叶高

厂　　名	哈　　汽							东　　汽	
冷却方式	间接冷却				直接冷却			哈蒙间冷	直接空冷
功率范围（MW）	200	200	300	600	200	300	600	200～600	200～600
排汽口数目	2	3	2	4	2	2	4	—	—
末级叶高（mm）	710	520	750	750	520	540	540	670	535
设计背压（kPa）	9.81	9.81	9.81	9.81	16～19	15～18	15～18	10.78	13.72～19.6

　　由于空冷机组的节水效果显著，全厂节水率达到 65%，这对我国富煤缺水的"三北"地区发展火电机组，促进该地区发展有非常重要的意义。今后将尽快开发、应用 300～600MW 空冷机组，在三北地区建设坑口电站，改输煤为输电，是调整我国电力布局的一项有效措施。在我国采用间接空冷的哈蒙系统是可取的，直接空冷系统也有较大发展前途。国内还对 600MW 超临界压力机组，采用空冷系统的可行性及经济性进行探讨。

二、降低蒸汽终参数的热经济性

（一）降低蒸汽终参数的极限

　　降低蒸汽终参数即指降低汽轮机的排汽压力 p_c，该压力下饱和温度 t_c 随之单值确定，由 $\eta_t = 1 - T_c / \overline{T_0}$ 可知，当 p_0、t_0 一定时，降低 p_c（即 t_c）总是可以提高循环热效率 η_t。无凝汽设备时，排汽压力比大气压略高，其循环热效率为 η_t'，则 $\Delta\eta_t = \eta_t - \eta_t'$。图 2-13 为德国 750MW 机组，其蒸汽初参数为 25MPa、540℃ 时，p_c 与净热效率 η^n 的关系，图中还表明了上述三种不同冷却方式时设计 p_c 的范围。

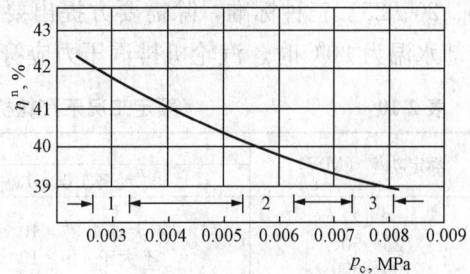

图 2-13　750MW 机组 p_c 与净热效率关系
1—直流供水；2—冷却塔循环供水；3—干式冷却塔

　　凝汽器实际能达到的排汽温度 t_c 由式（2-5）确定，即

$$t_c = t_{wi} + \Delta t + \delta t \quad ℃ \tag{2-5}$$

$$\Delta t = t_{wo} - t_{wi} \tag{2-5a}$$

$$\delta t = t_c - t_{wo} \tag{2-5b}$$

式中　Δt——凝汽器的冷却水温升，℃；

　　　δt——凝汽器的端差，℃；

　　　t_{wi}——进入凝汽器的冷却水温度，取决于水源的水温；

　　　t_{wo}——凝汽器出口的冷却水温度。

　　式（2-5）是确定凝汽器压力 p_c 的理论基础。

　　由于冷却水量有限，存在 Δt；排汽与冷却水间换热面积不可能无限大，存在换热端差 δt。δt 还与凝汽器工作状况有关，若凝汽器铜管有积垢，或有空气附于铜管等情况，使 δt 增大，排汽压力提高（真空降低），热经济性降低。

（二）凝汽器的设计压力 p_c

　　降低汽轮机排汽压力虽可提高热经济性、节约燃料，但要增加凝汽器的尺寸及其造价，并影响汽轮机排汽口数量和尺寸，使汽轮机低压部分复杂化。由于降低排汽压力使汽耗量减少，又影响汽轮机的高压部分，总的说来却使汽轮机造价增加。故应通综合的技术经济比较来确定 p_c。

　　图 2-14 所示为凝汽器的主要特性参数与燃料价格的关系。图中 p_c^{op} 为最佳排汽压力，

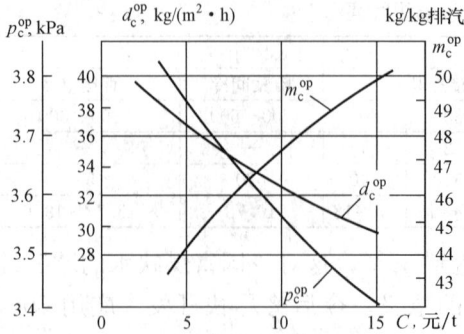

图 2-14　凝汽器的主要特性参数与
燃料价格的关系

kPa；d_c^{op} 为凝汽器的蒸汽负荷率，kg/(m² · h)；m_c^{op} 为冷却倍率 kg/kg 排汽；C 为燃料价格，元/t。由图 2-14 可见，若燃料价格昂贵，凝汽器的设计压力 p_c 应低些，凝汽器的蒸汽负荷应较小，而冷却倍率 m 可大些。

显然，由于各地水源水温 t_{wi} 的不同，同一机组装在不同地区，其排汽压力 p_c 是略有出入的。

（三）额定工况汽轮机排汽压力的部标

p_c 与水源的水温有关，根据原水利电力部标准 SD 264—1988《火力发电厂、汽轮机、锅炉、汽轮发电机参数系列标准》规定，冷却水温有 15、20、25℃ 三种标准，除需要方提出要求外，一般以 20℃ 为设计值。在额定工况、设计冷却水温为 20℃ 时，汽轮机排汽压力应符合表 2-10 的规定。

表 2-10　　　　　　　　　额定工况下汽轮机排汽压力（SD 264—1988）

额定功率（MW）	排汽压力［MPa（ata）］	
	经济工况，$t_{wi}=20℃$	额定工况，$t_{wi}=20℃$
<12	不大于 $6.37×10^{-3}$（0.065）	
25～50	不大于 $4.9×10^{-3}$（0.05）	
100～600		$(4.41～5.39)×10^{-3}$（0.045～0.055）

（四）多压凝汽器

随着汽轮机单位功率的增加和多排汽口而出现的多压凝汽器。凝汽器的汽室用隔板分为两部分，20 世纪 60 年代，美国最先采用，以后逐渐在全世界得到推广。例题 7-3 为俄罗斯 800MW 机组，即四排气双压凝汽器。$p_{C1}=0.0032MPa$，$p_{C2}=0.004MPa$，平均排汽压力 $p_c=0.0036MPa$。同理，可设计为三压、四压凝汽器。显然，凝汽器分隔的汽室越多，平均排汽压力越低。

在其他条件相同情况下，多压凝汽器比单压凝汽器可提高热效率 0.15%～0.25%。

在不增加冷却面积情况下，采用多压凝汽器，降低了排汽平均温度，提高热经济性。例如，1 台 350MW 机组，采用多压凝汽器，使机组热耗率下降 14.2kJ/(kW · h)，以全年运行 7000h 计，年即可节约标煤 13000t。

多压凝汽器适用于气温高（即 t_{wi} 高）地区、缺水地区（m 小）和 Δt 大的机组。20 世纪 60 年代后，国外一些大机组采用多压凝汽器，如美国的 1300MW 机组（1965 年）、日本的 450MW 机组（1975 年），前苏联的 K-800-240-3 型机组（1978 年）。1988 年投运的国产 600MW 机组也采用多压凝汽器。

图 2-15 所示为多压凝汽器热效率增大百分数 $\Delta\eta/\eta$ 与冷却倍率 m，汽室数（压力数）n，冷却水温 t_{wi} 的关系。m 越小，$\Delta\eta/\eta$ 越大；汽室数 n 增多，$\Delta\eta/\eta$ 越大。

（五）凝汽器的最佳真空与冷却水泵的经济调度

电厂运行时的蒸汽终参数，现场多称为真空度，是影响汽轮机组热经济性的一项重要指标。它与排汽量 D_c、冷却

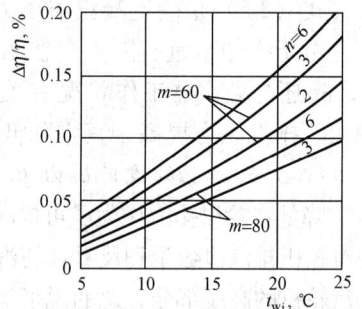

图 2-15　多压凝汽器的效益

水量 G_c 和冷却水入口水温 t_{wi} 有关，且 t_{wi} 随季节变化。在 D_c、t_{wi} 一定条件下，增大 G_c 使汽轮机输出功率增加 ΔP_e，同时输送冷却水的循环水泵的耗功随之增加 ΔP_{pu}，当输出净功率为最大时，即 $\Delta P_{max} = (\Delta P_e - \Delta P_{pu})_{max}$，所对应的真空即凝汽器的最佳真空，如图 2-16 所示。

实际发电厂的冷却水系统设有多台循环水泵，而且循环水量也不是连续调节，应通过有关计算和试验来确定汽轮机不同工况时的循环水泵的运行方式，称为循环水泵的经济调度。

另外，现代大机组多配有培训仿真机，可在仿真机上用试验确定循环水泵的经济调度。

三、火电厂冷端系统的优化

火电厂的冷端系统是指汽轮机低压部分、凝汽器和冷却水供水系统连成为一整体的系统。汽轮机低压部分包括排汽口数目及其面积、末级叶片高度等。凝汽器包括凝汽器的冷却面积、流程数、冷却管材及管子几何尺寸（外径、管长）、冷却管内介质流速、冷却水流量及多压凝汽器冷却水系统的连接方式（串联还是并联）等。对于直流供水要包括进、排水水工建筑物及其管道、循环水泵及其电动机；对于循环供水系统还应包括冷却塔的淋水面积、冷却水温度；对于空冷系统没有淋水面积，代之以冷却元件数，以及冷却元件表面的空气流速等。火电厂冷端系统优化设计，指上述有关参数组合的优化。

冷端系统优化设计时，应考虑下列边界条件：年本息偿还率、年利用小时数、煤价、水价、气温或水温变化、厂用电率、锅炉效率，最小供电负荷等。

空冷系统比湿冷系统的主要优点是节水，并可将火电厂建在坑口，利于选厂减少运煤费，但空冷系统投资大，一般空冷系统的投资约占电厂总投资的 6%～9%。而且空冷系统的背压比湿冷的高，效率差，夏天气温高汽轮机不能满发，只有当水费高于某临界值（有的称为水平衡点），采用空冷才是经济的。

火电厂冷端优化设计的方法基本上有两种：①维持机组出力不变，冷端参数变化，引起汽轮机背压、进汽量变化，导致热耗率的变化，使燃料费用发生变化；② 维持汽轮机进汽量不变，冷端参数变化，引起汽轮机背压、功率变化，使电费收入变化。将燃料费用或电费收入的变化值，同电厂相应设备费投资变化相比，即可确定最佳参数组合。

用计算机进行火电厂冷端优化设计。图 2-17

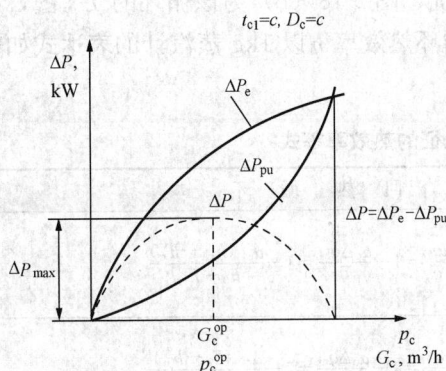

图 2-16　最佳运行真空

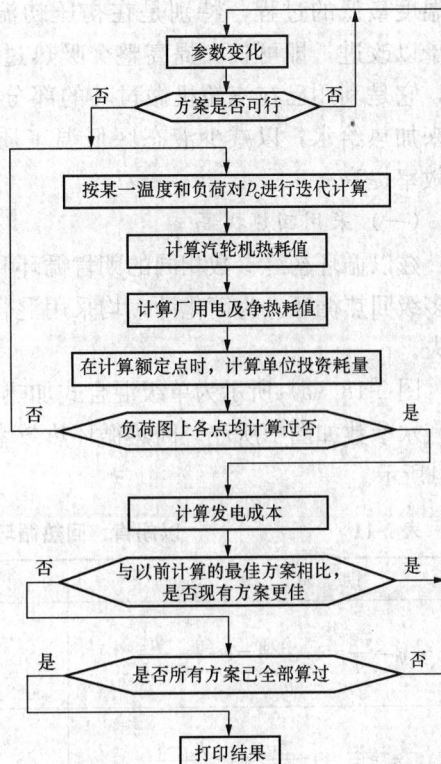

图 2-17　火电厂冷端优化设计程序简化框图

为冷端优化一个实例的程序简化框图，它分为两部分，先是对冷端参数组合的可行性检验，其中包括凝汽器、冷却塔的主要尺寸，然后用迭代法计算某一负荷和温度下的背压。接着对冷却方式，利用迭代法求得冷却塔应达到的冷水温度，再据以精确计算 p_c，如该值与设定值不一致，用计算结果作为新的设定值重复最后几步计算。如 p_c 值已满足精度要求，即可据以计算机组的热耗率、净热耗率。完成后即可计算投资费用。接着进行一些判断，如对一条有 3 个负荷计算点、4 个温度点的负荷曲线进行 12 个工况计算。如负荷曲线上各工况都已算过，即已算出净热耗率平均产值和发电成本。程序中可不断改变参数，一直到求得最优组合。

用计算机进行火电厂冷端优化设计，还有其他方法，见参考文献 [12]。

第三节　给　水　回　热　循　环

一、给水回热的热经济性

朗肯循环热效率低的主要原因是蒸汽吸热过程的平均温度较低，致使烟气与蒸汽之间的换热温差［即图 1-4（b）的 ΔT_b］较大，相应做功能力损失［即图 1-4（c）的 $\Delta e_b^{\mathrm{III}}$］较大。提高蒸汽动力循环热效率的根本途径是提高工质吸热过程的平均温度，除前述提高蒸汽初参数以提高蒸汽吸热过程平均温度、降低蒸汽终参数以降低放热过程平均温度外，更有效的方法是改进吸热过程。

蒸汽动力循环的吸热过程中，水的预热至沸腾是整个吸热过程（沸腾、汽化、过热）中温度最低的过程，特别是在初压初温提高时，其液体热（加热至沸腾）相应增加。若能予以改进，即可较大提高整个吸热过程的平均温度。给水加回热循环就是这样一种循环，它是利用已在汽轮机做过功的部分蒸汽，通过在给水回热加热器将回热蒸汽冷却放热来加热给水，以减少液态区低温工质的吸热，因而提高循环的吸热平均温度，使循环热效率提高。

（一）采用回热提高 η_i

兹以循环初终参数相同的朗肯循环和单级回热循环为例，予以分析，进而推广到有再热的多级回热循环。为简化计，均采用混合式回热加热器，并忽略抽汽压损和该加热器的散热损失。

图 2-18（a）所示为单级混合式加热器的热力系统，图 2-18（b）为该循环的 T-s 图，相应汽水参数如图中所注。回热循环热效率 η_t、实际循环热效率 η_i 以 1kg 蒸汽计的表达式如表2-11所示。

表 2-11　　　　　　　　　　　　以朗肯、回热循环的汽水参数表征的热效率等式

朗　肯　循　环	回　热　循　环
$\eta = \dfrac{w_a}{q} = 1 - \dfrac{\Delta q_{ca}}{q} = 1 - \dfrac{h_{ca} - h'_c}{h_0 - h'_c}$	$\eta_t^r = \dfrac{w_a}{q} = 1 - \dfrac{\alpha_c \Delta q_{ca}}{q} = 1 - \dfrac{\alpha_c\,(h_{ca} - h'_c)}{h_0 - h_{fw}}$
$\eta = \dfrac{w_i}{q} = 1 - \dfrac{\Delta q_c}{q} = 1 - \dfrac{h_c - h'_c}{h_0 - h'_c}$	$\eta_i^r = \dfrac{w_i}{q} = 1 - \dfrac{\alpha_c \Delta q_{ca}}{q} = 1 - \dfrac{\alpha_c\,(h_c - h'_c)}{h_0 - h_{fw}}$

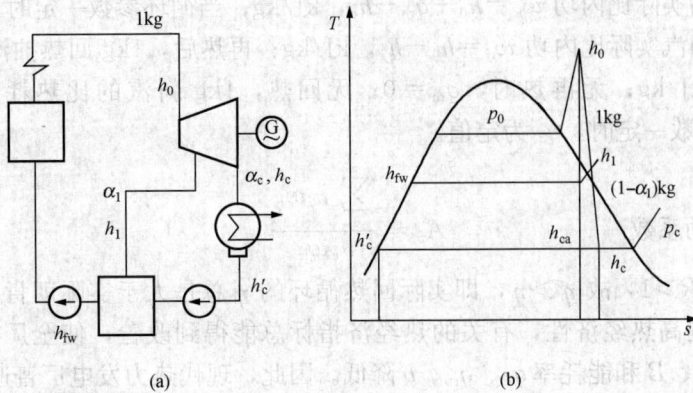

图 2-18　单级回热加热

(a) 热力系统；(b) 单级回热循环 $T\text{-}s$ 图

用回热抽汽做功系数 A_r 来表征实际单级回热循环较实际朗肯循环的循环热效率高。根据式（1-12c），单级回热不计泵功时

$$\eta_i^r = \frac{\alpha_c\ (h_0-h_c)\ +\alpha_1\ (h_0-h_1)}{\alpha_c\ (h_0-h_c')\ +\alpha_1\ (h_0-h_1)}$$

$$= \frac{(h_0-h_c)}{(h_0-h_c')}\ \frac{1+\dfrac{\alpha_1\ (h_0-h_1)}{\alpha_c\ (h_0-h_c)}}{1+\dfrac{\alpha_1\ (h_0-h_1)}{\alpha_c\ (h_0-h_c')}\dfrac{(h_0-h_c)}{(h_0-h_c)}}$$

$$= \eta_i\left(\frac{1+A_r}{1+A_r\eta_i}\right)$$

$$= \eta_i R \tag{2-6}$$

式中　　$A_r = \dfrac{\alpha_1\ (h_0-h_1)}{\alpha_c\ (h_0-h_c)} = \dfrac{\alpha_1\Delta h_1}{\alpha_c\Delta h_c} = \dfrac{w_r}{w_c}$,　　$R = \dfrac{1+A_r}{1+A_r\eta_i} = \dfrac{\eta_i^r}{\eta_i}$

则

$$\delta\eta_i^r = \frac{\eta_i^r}{\eta_i}-1 = \frac{1-\eta_i}{\dfrac{1}{A_r}+\eta_i} \tag{2-7}$$

同理，具有再热、多级回热循环不计泵功时

$$\eta_i^r = \frac{w_i}{\overline{q}} = \frac{\alpha_c w_{ic}+\displaystyle\sum_1^z \alpha_j w_{ij}}{\alpha_c q_{0c}+\displaystyle\sum_1^z \alpha_j w_{ij}} = \frac{w_{ic}}{q_{0c}}\ \frac{1+\dfrac{\displaystyle\sum_1^z \alpha_j w_{ij}}{\alpha_c w_{ic}}}{1+\dfrac{\displaystyle\sum_1^z \alpha_j w_{ij}}{\alpha_c w_{ic}}\dfrac{w_{ic}}{q_{0c}}}$$

$$= \eta_i\ \frac{1+A_r}{1+A_r\eta_i} = \eta_i R \tag{2-6a}$$

$$\delta\eta_i^r = \frac{1-\eta_i}{\dfrac{1}{A_r}+\eta_i} \tag{2-7a}$$

式中，1kg 凝汽的实际比内功 $w_{ic}=h_0+q_{rh}-h_c$，kJ/kg；当循环参数一定时，w_{ic} 为定值；再热前，1kg 回热抽汽实际比内功 $w_{ij}=h_0-h_j$，kJ/kg；再热后，1kg 回热抽汽实际比内功 $w_{ij}=h_0+q_{rh}-h_j$，kJ/kg；无再热时，$q_{rh}=0$；无回热，1kg 新汽的比热耗 $q_{0c}=w_{ic}+\Delta q_c$，kJ/kg，当循环参数一定时，q_{0c} 为定值。

多级回热抽汽做功系数

$$A_r=\frac{\sum_1^z \alpha_j w_{ij}}{\alpha_c w_{ic}}$$

因为 $\eta_i<1$，$R>1$，故 $\eta_i^r>\eta_i$，即实际回热循环的 η_i^r 总是大于实际朗肯循环的 η_i，说明采用回热总是能提高热经济性，有关的热经济指标总能得到改善，使全厂热效率 η_{cp} 提高，相应能耗 Q_0、Q_{cp}、B 和能耗率 q_0、q_{cp}、b 降低。因此，现代热力发电厂普遍采用回热循环，或具有再热的回热循环。

若 $\eta_i=0.45$，$A_r=0.2$，则

$$\delta\eta_i^r=\frac{0.55}{\frac{1}{0.2}+0.45}\approx0.10$$

即实际回热循环热效率可相对提高 10%，是很可观的，A_r 值越高，$\delta\eta_i^r$ 越大。

（二）采用回热导致做功能力损失

采用回热、通过给水回热加热器的有温差不可逆换热，恒有做功能力损失。但是随着回热级数的增加，该做功能力损失逐渐减小，若级数 $z=\infty$，该做功能力损失即趋于零。

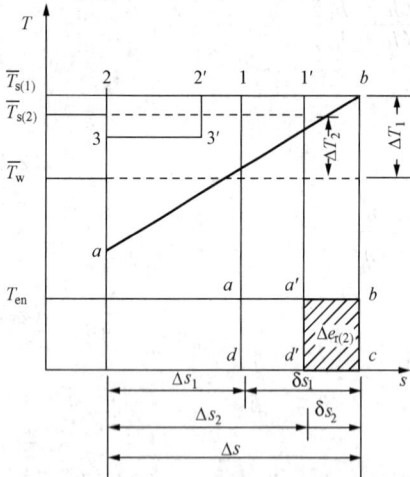

图 2-19　混合式加热系统换热过程的 $T\text{-}s$ 图

图 2-19 所示为混合式加热器传热过程 $T\text{-}s$ 图，设端差为零，［见图 2-20（a）］不计散热散失。若回热蒸汽为饱和蒸汽，其放热量等于给水吸热量 dq，并为定值。

图 2-19 中，蒸汽放热过程为 $1-2$，其平均放热温度为 $\overline{T}_{s(1)}$，给水吸热过程为 $a-b$，其平均吸热温度为 $\overline{T}_w$，则 $dq=\overline{T}_{s(1)}\Delta s_1=\overline{T}_w\Delta s$，因 $\overline{T}_{s(1)}>\overline{T}_w$，$\Delta s_1<\Delta s$。由于存在换热温差 $\Delta T_1=\overline{T}_{s(1)}-\overline{T}_w$，引起熵增 $\delta s_1=(\Delta s-\Delta s_1)$，导致做功能力损失 $\Delta e_{r(1)}$（如图 2-19 中面积 $abcda$ 所示）为

$$\Delta e_{r(1)}=T_{en}\delta s_1=T_{en}\frac{\overline{T}_{s(1)}-\overline{T}_w}{\overline{T}_{s(1)}\ \overline{T}_w}dq \qquad (2\text{-}8)$$

若其他条件不变，由单级混合式加热器改为两级混合式加热器，其抽汽放热过程为 $1'-2'-3'-3$，两级回热的放热过程平均温度为 $\overline{T}_{s(2)}$，显然，$\overline{T}_{s(2)}<\overline{T}_{s(1)}$，这时换热温差 $\Delta T_2=\overline{T}_{s(2)}-\overline{T}_w$

则

$$dq=\overline{T}_{s(2)}\Delta s_2=\overline{T}_w\Delta s=\overline{T}_{s(1)}\Delta s_1$$

因 $\overline{T}_{s(2)}<\overline{T}_{s(1)}$，故 $\Delta s_2>\Delta s_1$，由于换热温差 ΔT_2 引起熵增 δs_2，做功能力损失 $\Delta e_{r(2)}$（见图 2-19 中面积 $a'bcd'a'$ 框部分）为

$$\Delta e_{r(2)}=T_{en}\delta s_2=T_{en}\left[\frac{\overline{T}_{s(2)}-\overline{T}_w}{\overline{T}_{s(2)}\ \overline{T}_w}\right]\times dq$$

显然 $\delta s_1 > \delta s_2$，即 $\Delta e_{r(1)} > \Delta e_{r(2)}$，两级回热较一级回热减少㶲损，如图 2-19 中面积 $aa'd'da$ 所示。

由此可得 z 级回热时

$$\delta s_1 > \delta s_2 > \delta s_3 > \cdots > \delta s_z$$

$$\Delta e_{r(1)} > \Delta e_{r(2)} > \Delta e_{r(3)} > \cdots > \Delta e_{r(z)}$$

若 $z \propto \infty$，整个回热过程的放热过程即趋于吸热过程 $a-b$，两者平均温度趋于一致 $\overline{T}_{s(z)} = \overline{T}_w$，$\Delta T_z$ 趋于零，如图 2-20 中（c）所示。图中以黑体箭头表明这部分热量返回加热了给水，故称之为回热循环。

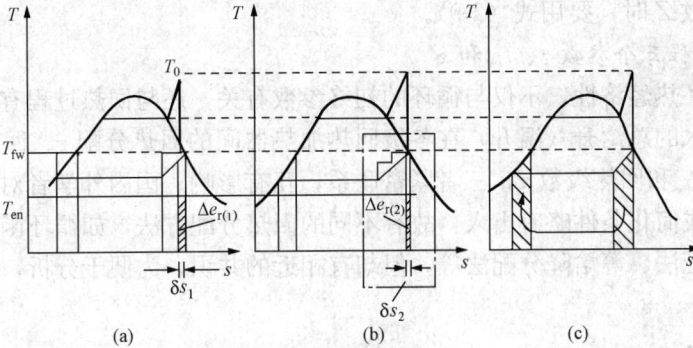

图 2-20　给水回热过程的 $T\text{-}s$ 图
（a）单级混合式加热器；（b）两级混合式加热器；（c）无穷级混合式加热器

需强调指出，回热虽然可提高热经济性，却使汽耗、汽耗率相应增大。

由式（1-23）和式（1-26）可知，因回热抽汽做功不足（不能继续膨胀至排汽压力而少做的功），使实际比内功 w_i 减小，即 $w_i < w_{ic}$，在定功率条件下，必须加大 D_0、d_0，其增大的汽耗系数值即 β 值，一般为 1.25 左右。显然，回热抽汽的压力越高，其做功不足越大，相应 β 值也随之加大。可见，为提高回热的热经济性，应充分利用低压的回热抽汽。

二、给水回热基本参数对热经济性的影响

（一）混合式回热加热器系统的 α_c 表达式

图 2-21 为两级混合式回热加热系统，1 号回热加热器 H1 在不计散热损失，不计给水泵功焓升时的热平衡式为

$$\alpha_1 h_1 + (1-\alpha_1) h_{w2} = h_{w1}$$

$$\alpha_1 = \frac{\tau_1}{q_1 + \tau_1}, \quad 1-\alpha_1 = \frac{q_1}{q_1 + \tau_1}$$

式中，1 号加热器给水焓升 $\tau_1 = h_{w1} - h_{w2}$，kJ/kg；

1 号加热器加回热抽汽放热量 $q_1 = h_1 - h_{w1}$，kJ/kg；
则

$$h_1 - h_{w2} = h_1 - h_{w1} + h_{w1} - h_{w2} = q_1 + \tau_1$$

2 号回热回热器 H2 热平衡式

$$\alpha_2 h_2 + (1-\alpha_1-\alpha_2) h_c' = (1-\alpha_1) h_{w2}$$

$$\alpha_2 = (1-\alpha_1) \frac{\tau_2}{q_2 + \tau_2} = \frac{q_1}{q_1 + \tau_1} \cdot \frac{\tau_2}{q_2 + \tau_2}$$

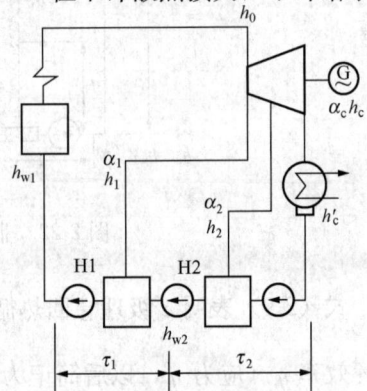

图 2-21　两级混合式回热加热器的热力系统

式中，2 号加热器给水焓升 $\tau_2 = h_{w2} - h'_c$，kJ/kg；2 号加热器加热抽汽放热量 $q_2 = h_2 - h_{w2}$，kJ/kg；则

$$h_2 - h'_c = h_2 - h_{w2} + h_{w2} - h'_c = q_2 + \tau_2$$

于是

$$\alpha_c = 1 - \alpha_1 - \alpha_2 = \frac{q_1}{q_1 + \tau_1} \frac{q_2}{q_2 + \tau_2}$$

可推理，对于 Z 级混合式加热器系统的 α_c 为

$$\alpha_c = 1 - \sum_1^Z \alpha_j = \prod_1^z \frac{q}{q + \tau} = \prod_1^z \frac{1}{1 + \dfrac{\tau}{q}} \tag{2-9}$$

以后推导回热级数 Z 时，要用式（2-9）。

（二）回热过程三个参数 τ、t_{fw} 和 z

给水回热循环热经济性，不仅与循环的初终参数有关，还与回热过程有关，其主要因素是多级回热时给水的总焓升（温升）在各级回热加热器间的回热分配 τ、回热后最终进入锅炉时的给水温度 t_{fw} 和回热级数 z，三者紧密联系，互有影响。国内外学者对此都有不同的研究方法，其假设或简化条件略有出入，故有不同的回热分配方法，如循环函数分配法，焓降分配法、平均分配法、等焓降分配法等，但却有相近的共识。为便于分析，下面逐个进行讨论。

1. 回热分配 τ

本节分析非再热的理想回热循环，即全部采用混合式加热器，其端差为零，无散热损失，并忽略新汽，各级回热抽汽的压损和泵功的影响，该系统如图 2-22 所示。

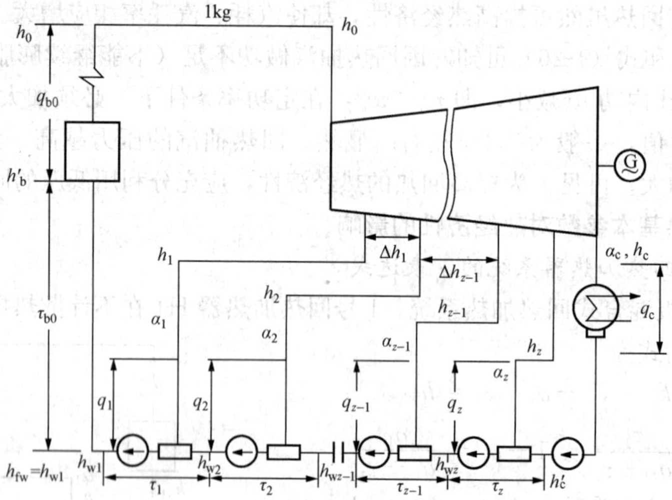

图 2-22　非再热机组全混合式加热器的热力系统

式（2-9）表明 z 级理想回热循环的凝汽系数 $\alpha_c = \prod_1^z \dfrac{q}{q + \tau}$，则该循环以内功计的实际循环效率 η_i（应为 η_i^r，以后简记为 η_i）为

$$\eta_i = 1 - \frac{\alpha_c q_c}{h_0 - h_{w1}} = 1 - \frac{q_c}{q_{b0} + \tau_{b0}} \prod_1^z \frac{q}{q + \tau} \tag{2-10}$$

当循环的蒸汽初终参数为一定时，$\bar{q}$、q_c 均为定值，1kg 蒸汽吸热量 $\bar{q}$ 变为

$$\bar{q} = h_0 - h_{w1} = h_0 - h_b' + h_b' - h_{w1} = q_{b0} + \tau_{b0}, \quad q_c = h_c - h_c'$$

我国学者马芳礼在运用循环函数法推导的最佳回热分配方法时，假设仍为非再热机组 z 级理想回热循环，由式（2-10）知其绝对内效率为

$$\eta_i = 1 - \frac{\alpha_c q_c}{h_0 - h_{wi}} = 1 - \frac{q_1 q_2 \cdots q_z q_c}{(q_{b0} + \tau_{b0})(q_1 + \tau_1)(q_2 + \tau_2)\cdots(q_z + \tau_z)} = 1 - \prod_1^{z+1} \frac{q}{q + \tau} = f(q, \tau) \tag{2-11}$$

按下列条件求极值

$$\frac{\partial \eta_i}{\partial h_{w1}} = 0, \quad \frac{\partial \eta_i}{\partial h_{w2}} = 0, \quad \cdots, \quad \frac{\partial \eta_i}{\partial h_{wz}} = 0$$

当循环参数一定时，h_0、h_c、h_c'、h_b'、q_{b0}、q_c 均为常数，求 $\frac{\partial \eta_i}{\partial h_{w1}}$ 时，$\frac{q_2 \cdots q_z q_c}{(q_2 + \tau_2) \cdots (q_z + \tau_z)}$ 与 h_{w1} 无关也为常数，且

$$\tau_{b0} = h_b' - h_{w1}, \quad \frac{\partial \eta_i}{\partial h_{w1}} = -1$$

$$\tau_1 = h_{w1} - h_{w2}, \quad \frac{\partial \eta_i}{\partial h_{w2}} = 1$$

$$q_1 = h_1 - h_{w1}, \quad \frac{\partial \eta_i}{\partial h_{w1}} = q_1'$$

则

$$\frac{\partial \eta_i}{\partial h_{w1}} = \frac{\partial}{\partial h_{w1}}\left[\frac{q_1}{(q_{b0} + \tau_{b0})(q_1 + \tau_1)}\right] = 0$$

$$(q_{b0} + \tau_{b0}) - (q_1 + \tau_1) - (q_{b0} + \tau_{b0})\tau_1 \frac{q_1'}{q_1} = 0$$

得

$$\tau_1 = \frac{q_{b0} + \tau_{b0} - q_1}{1 + (q_{b0} + \tau_{b0})\dfrac{q_1'}{q_1}} \quad \text{kJ/kg}$$

同理，由

$$\frac{\partial \eta_i}{\partial h_{w2}} = 0, \quad \frac{\partial}{\partial h_{w2}} = \left[\frac{q_2}{(q_1 + \tau_1)(q_2 + \tau_2)}\right] = 0$$

得

$$\tau_2 = \frac{q_1 + \tau_1 - q_2}{1 + (q_1 + \tau_1)\dfrac{q_2'}{q_2}} \quad \text{kJ/kg}$$

故其通式为

$$\tau_z = \frac{q_{z-1} + \tau_{z-1} - q_z}{1 + (q_{z-1} + \tau_{z-1})\dfrac{q_z'}{q_z}} \quad \text{kJ/kg} \tag{2-12}$$

若进一步简化，忽略某些次要因素，可得出某些近似的最佳回热分配通式。

如蒸汽参数不高，忽略 q 随 τ 的变化，即 $q_z' = 0$，式（2-12）简化为

$$\begin{aligned}
\tau_z &= q_{z-1} + \tau_{z-1} - q_z \\
&= (h_{z-1} - h_{wz-1}) + (h_{wz-1} - h_{wz}) - (h_z - h_{wz}) \\
&= h_{z-1} - h_z \\
&= \Delta h_{z-1} \quad \text{kJ/kg}
\end{aligned} \tag{2-13}$$

式（2-13）是将每一级加热器内水的焓升，取为前一级至本级的蒸汽在汽轮机中的焓降，简称为"焓降分配法"，是前苏联学者 В. Я. Рыжикин 提出的，有的书称为雷日金法。

若再忽略各加热器间蒸汽凝结放热量 q_j 的微小差异，即 $q_1 = q_2 = \cdots = q_z$，则式（2-13）简化为

$$\tau_z = \tau_{z-1} = \cdots = \tau_2 = \tau_1 = \frac{h'_b - h'_c}{z+1} \quad \text{kJ/kg} \tag{2-14}$$

式（2-14）是将每一回热器中水的焓升取为相等来分配的，简称为"平均分配法"，即美国 J. K. Salisburg 推导的方法。

将 $\tau_z = \tau_{z-1}$ 代入式（2-13），则有

$$\tau_{z-1} = \Delta h_{z-1}, \quad \cdots, \quad \tau_2 = \Delta h_2, \quad \tau_1 = \Delta h_1$$

而

$$\tau_z = \tau_{z-1} = \cdots = \tau_2 = \tau_1$$

故得

$$\Delta h_z = \Delta h_{z-1} = \cdots = \Delta h_2 = \Delta h_1 \tag{2-15}$$

即每一级加热器中水的焓升，取为等于汽轮机的各级焓降，简称"等焓降分配法"。

还有一种按几何级分配回热的方法，其结果为：$\dfrac{\tau_{bo}}{\tau_1} = \dfrac{\tau_1}{\tau_2} = \cdots = \dfrac{\tau_{z-1}}{\tau_z} = m$

一般 $m = 1.01 \sim 1.04$，俄罗斯的热力发电厂教材，即采用按几何级数来分配回热的方法。

不同回热分配方法的热经济结果略有差异，当蒸汽参数不高时，数值上差别不大。表2-12所示为国产中、高参数 50MW 机组不同回热分配方法时的 η_i 值。亚临、超临参数大机组的不同热分配方法对 η_i 值的影响，也有类似表2-12的关系。

表 2-12   **不同回热分配方法的 η_i 值**

机 型	循环函数法	焓降分配法	平均分配法	等焓降分配法
中参数 50MW	34.775%	34.727%	34.767%	34.775%
高参数 50MW	38.733%	38.720%	38.687%	38.728%

2. 最佳给水温度 t_{fw}^{op}

随回热级数 z 增加，η_i 不断提高，是随增函数关系，而给水温度的提高，对 η_i 的影响是双重的，即有利与不利的影响同时存在，因而有最佳给水温度 t_{fw}^{op}，对应 t_{fw}^{op} 的实际循环效率为最大即 η_i^{max}，仍以非再热的回热机组来分析讨论。

先分析单级回热的情况。如图 2-23（a）所示，图中上半部纵坐标为 $\Delta \eta_i = \eta_i^r - \eta_i$（较朗肯循环时的增值），下半部纵坐标为 d、$\bar{q}$、q_0，横坐标为 t_{fw}。若 $t_{fw} = t_c$ 或 $t_{fw} = t_{bo}$，均无回热抽汽，$\Delta \eta_i = 0$。$t_{fw} = t_c$ 后随着 t_{fw} 的提高，对应抽汽压力 p_r 提高，一方面使吸热量 $\bar{q} = (h_0 - h_{fw})$ 降低，另一方面使比内功 $w_i = (h_0 - h_r)$ 减小，导致汽耗率 d 增大。两者均同时影响 $\eta_i = \dfrac{w_i}{\bar{q}}$ 或 $q_0 = d\bar{q}$，显然，其间一定存在某给水温度 t_{fw}，使 η_i^{max} 或 q^{min}，称为理论上最佳给水温度，按平均分配法，它为 $t_{fw}^{op} = \dfrac{t_{bo} - t_c}{2}$。

用做功能法解释，当 z 一定时，随 t_{fw} 提高，锅炉的吸热过程平均温度提高，使其换热温差 ΔT_b 下降，Δe_b^{III} 降低 [见图 1-4（c）]。但是，回热加热器的换热温差存在，导致 Δe_r

（见图 2-19）而削弱回热的效果。前面已指出，随级数增加，Δe_r 不断降低（见图 2-20）。提高给水温度，在减小 Δe_b^{III}，增加 Δe_r 的双重作用下，必然存在 $t_{\text{fw}}^{\text{op}} = f(\Sigma \Delta e_r)^{\min}$。

图 2-23（b）为非再热机组多级回热，图 2-23（c）为再热机组多级回热时 z 与 t_{fw} 的关系，两图纵坐标均是 η_i 变化的相对值，即 $\phi = \Delta \eta_i^z / \Delta \eta_i^\infty$；横坐标 μ 是 t_{fw} 变化的相对值，即 $\mu = t_{\text{fw}} - t_c / (t_{\text{bo}} - t_c)$。

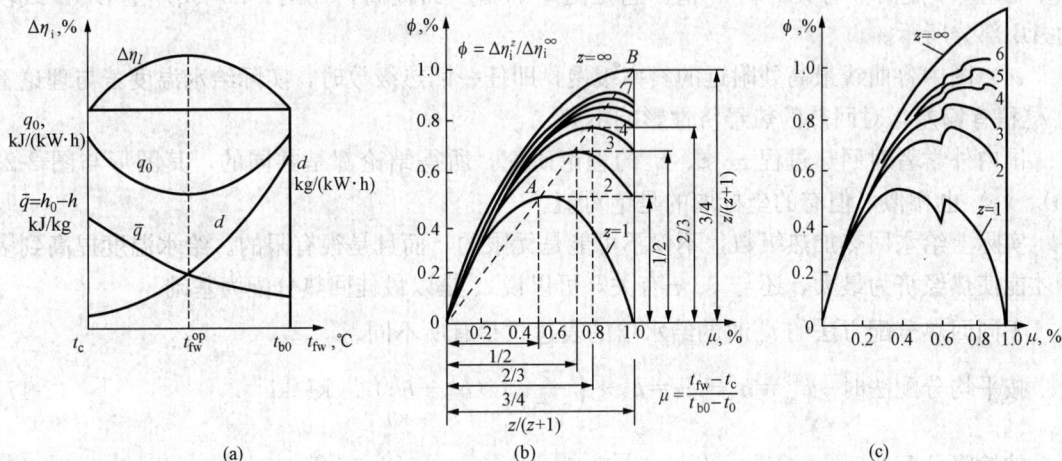

图 2-23　z、$t_{\text{fw}}^{\text{op}}$ 与 η_i 关系曲线

（a）单级回热时；（b）无再热多级回热时；（c）有再热、多级回热时

3. 回热级数 z

根据平均分配法的简化条件，q、τ 均为定值，将式（2-14）代入式（2-11）整理得到 $\eta_i = f(z)$ 单值函数表达式，即

$$\eta_i = 1 - \left(\frac{q}{q+\tau}\right)^{z+1} = 1 - \frac{1}{\left(1 + \dfrac{\tau}{q}\right)^{z+1}} = 1 - \frac{1}{\left[1 + \dfrac{h_b' - h_c'}{(z+1)q}\right]^{z+1}}$$

$$= 1 - \frac{1}{\left[1 + \dfrac{M}{z+1}\right]^{z+1}} \tag{2-16}$$

$$M = \frac{h_b' - h_c'}{q} \tag{2-16a}$$

当循环参数一定时，M 为定值；当 $z = \infty$ 时，

$$\eta_i = 1 - \frac{1}{e^M} \tag{2-16b}$$

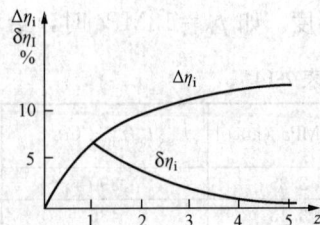

图 2-24　z 与 $\Delta \eta_i$、$\delta \eta_i$ 关系

由图 2-23（b）可知其基本规律为：

（1）由式（2-16a）可知，η_i 是 z 的随增函数，又是收敛级数。即随 z 增加，回热循环的热经济性不断提高，如图 2-24 中的 $\Delta \eta_i$ 曲线所示，但提高的幅度却是递减的，如图 2-24 中的 $\delta \eta_i$ 曲线所示，其数值见表 2-13 所示。

表 2-13　　　　　　　　　　　　　　　　　z 的热经济效益

项　目	0	1	2	3	4	5	…	z
ϕ	0	1/2	2/3	3/4	4/5	5/6	…	$z/(z+1)$
$\delta\eta_i$	0	1/2	1/6	1/12	1/20	1/30	…	$1/[z(z+1)]$

（2）t_{fw} 一定时，回热的热经济性也是随 z 增加而提高，其增长率也是递减的。

（3）z 一定时，有其对应 t_{fw}^{op} 值。它是随 z 的增加而提高，如图 2-23（b）中 OAB 线段的 AB 部分所示。

（4）图中各曲线最高处附近的斜率缓慢，即任一回热级数时，实际给水温度若与理论上的 t_{fw}^{op} 稍有偏差，对回热的热经济性影响不大。

国内外学者对回热过程 τ、z、t_{fw} 的理论研究，所得结论都是共同的，其图形与图 2-23（b）、（c）也相似，但有的坐标取的是绝对值。

实际上给水回热加热级数，不仅不可能是无限的，而且是很有限的。给水温度提高到多少才能使热经济为最大，还与 z、τ 有关，可以说 t_{fw}^{op} 是以最佳回热分配为基础。

不同回热分配方法的 t_{fw}^{op} 时的给水焓的表达式是有所不同。

按平均分配法时　　$h_{fw}^{op}=h_c'+z\tau=h_c'+\left(\dfrac{z}{z+1}\right)(h_b'-h_c')$　　kJ/kg　　　　　　（2-17）

按焓降分配法时　　$h_{fw}^{op}=h_c'+\sum\limits_1^z\tau=h_c'+(h_o-h_z)$　　kJ/kg　　　　　　（2-18）

按几何级数分配法时

$$h_{fw}^{op}=\tau_z(m^z+m^{z-1}+\cdots+m+1)+h_c'=\tau_z\frac{(m^{z+1}-1)}{(m-1)}+h_c'\quad kJ/kg\quad（2-19）$$

对于非再热机组综合式（即含有混合式、表面式）加热器系统，以及再热式机组的回热分配方法，详见参考文献［13］。

采用回热提高热经济性，使热耗率、煤耗率降低，但汽耗量加大，对锅炉和汽轮机结构以及供水、输煤、除灰、除尘等系统均有不同程度的影响。显然，汽耗增大，使锅炉、汽轮机的容量相应增大。给水温度的提高，影响到锅炉省煤器和汽轮机高压加热器组之间的比例变化。省煤器却是较便宜的，若锅炉受热面不变，给水温度提高，省煤器吸热量减少，锅炉效率下降；若锅炉效率不变，排烟温度不变，势必增加省煤器的受热面。其实质仍是煤钢比价，但还应保证系统简单、工作可靠，须经过复杂的技术经济比较来确定经济上最有利的给水温度 t_{fw}^{ec}，而且 $t_{fw}^{ec}<t_{fw}^{op}$。通常可取 $t_{fw}^{ec}=(65\%\sim75\%)t_{fw}^{op}$。表 2-14 为国产汽轮机组采用的给水温度。如 $p_0=13$MPa 时，给水温度为 230℃；$p_0=24$MPa 时，给水温度为 265℃左右。

表 2-14　　　　　　　　　　国产机组的 z、t_{fw} 及 $\delta\eta_i^r$

p_0 [MPa（ata）]	t_0/t_{rh}（℃）	P（MW）	z	t_{fw}（℃）	$\delta\eta_i^r=\dfrac{\eta_i^r-\eta_i}{\eta_i}\%$
2.35	390	0.75、1.5、3.0	3～4	150	6～7
3.43	435	6、12、25	4～5	150～170	8～9
8.83	535	50、100	6～7	210～230	11～13
12.75～13.24	535/535 550/550	200	7～8	230～250	14～15
16.18	537～565/517～565	300、600	8～9	250～270	15～16
24.2*	538～566	600	8	280～290	

*　我国尚未将超临界参数列入标准，此系石洞口电厂引进的超临界压力机组的蒸汽初参数和给水的过程参数。

第四节 蒸 汽 再 热 循 环

现代大型汽轮机多采用一次蒸汽中间再热,少数采用两次中间再热。我国 200、300、600、1000MW 汽轮机,均采用一次蒸汽中间再热。

一、蒸汽再热的目的及其热经济性

(一)再热的目的

采用朗肯循环时,提高蒸汽初压、降低排汽压力,均使汽轮机的排汽湿度加大,不仅降低汽轮机的相对内效率,而且蒸汽中水滴冲蚀汽轮机叶片,危及叶片的安全。采用蒸汽再热是保证汽轮机最终湿度在允许范围的一项有效措施。只要再热参数选择合适,还是进一步提高初压和热经济性的重要手段。所以高参数、大容量再热机组是现代火电厂的主要标志之一。

核电汽轮机的新蒸汽过热度低,或为干饱和蒸汽乃至湿蒸汽,采用蒸汽再热的作用主要还是为了安全,用以提高进入汽缸的蒸汽干度,使排汽湿度在允许范围。

再热使每千克工质的焓降增加了 Δq_{rh},若汽轮机功率不变,则可减小汽轮机的总汽耗量,另外,再热可采用更高的蒸汽初压,但会使汽轮机结构、布置及运行方式复杂化,金属耗量及造价增加,对调节系统要求高,使设备投资和维护费用增加。一般在 200MW 以上的超高参数汽轮机组上才采用蒸汽中间再热。

(二)理想再热循环热经济性分析

1. 再热循环的热效率 η_t^{rh}

图 2-25 (a) 所示为一次再热的理想再热循环的 $T\text{-}s$ 图。图 2-25 (c) 为热力系统,图 2-25 (b)为超临界参数一次再热循环的 $T\text{-}s$ 图。

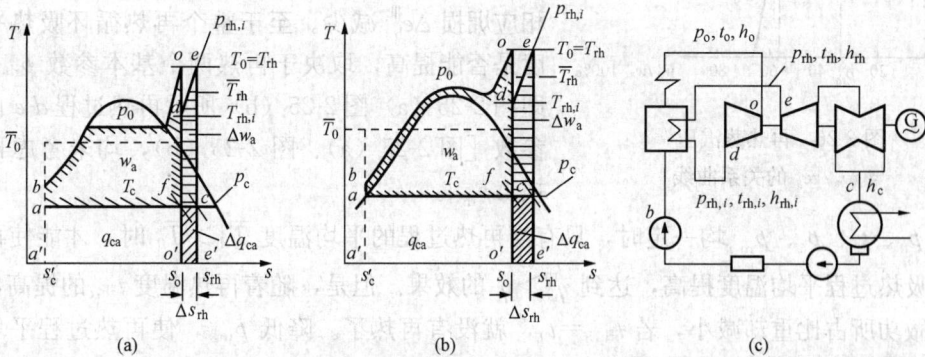

图 2-25 再热循环及其热力系统

(a) 理想再热循环的 $T\text{-}s$ 图;(b) 超临界参数理想再热循环的 $T\text{-}s$ 图;(c) 一次再热循环的热力系统

图 2-25 (a) 所示的理想一次再热循环,可视为基本循环 $a'boo'a'$ 与再热过程形成的附加循环 $o'dee'o'$ 组成的复合循环;前者吸热平均温度为 $\overline{T}_0$,后者吸热平均温度为 $\overline{T}_{rh}$。如同分析提高蒸汽初温 t_0 对热经济性的影响一样,仍采用做功系数的方法来分析理想再热循环的热经济性。该理想再热循环的热效率 η_t^{rh} 为

$$\eta_t^{rh} = \frac{w_a^{rh}}{\overline{q}^{rh}} = \frac{w_a + \Delta w_a}{\overline{q} + \Delta \overline{q}} = \frac{w_a}{\overline{q}} \frac{1 + \dfrac{\Delta w_a}{w_a}}{1 + \dfrac{\Delta \overline{q}}{\overline{q}}} = \eta_t \frac{1 + A_{rh}}{1 + A_{rh}\dfrac{\eta_t}{\eta_\Delta}} = \eta_t F' \qquad (2\text{-}20)$$

$$A_{rh} = \frac{\Delta w_a}{w_a}, \quad \eta_\Delta = \frac{\Delta w_a}{\Delta q_0}, \quad \eta_t = \frac{w_a}{\overline{q}}$$

式中　A_{rh}——附加循环做功系数；

　　　η_Δ——附加循环热效率；

　　　η_t、$\overline{q}$——基本循环热效率、吸热量。

再热循环热效率相对提高 $\delta\eta_{rh}$ 为

$$\delta\eta_t^{rh} = \frac{\eta_t^{rh} - \eta_t}{\eta_t} = \frac{1 - \dfrac{\eta_t}{\eta_\Delta}}{\dfrac{1}{A_{rh}} + \dfrac{\eta_t}{\eta_\Delta}} \qquad (2\text{-}21)$$

式 (2-20) 和式 (2-21) 的形式完全与式 (2-1) 和式 (2-2) 是相同的。

再热对循环效率有不同的影响，其条件为

如 $\eta_\Delta > \eta_t$（即 $\overline{T}_{rh} > \overline{T}_0$），则 $\eta_t^{rh} > \eta_t$；如 $\eta_\Delta = \eta_t$（即 $\overline{T}_{rh} = \overline{T}_0$），则 $\eta_t^{rh} = \eta_t$；如 $\eta_\Delta < \eta_t$（即 $\overline{T}_{rh} < \overline{T}_0$），则 $\eta_t^{rh} < \eta_t$。

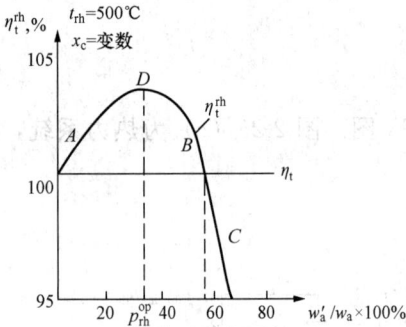

图 2-26　再热蒸汽压
与 w_a'/w_a 的关系曲线

理想再热循环较基本循环（朗肯循环）能提高热经济在于提高了再热循环整个吸热过程的平均温度、降低了排汽湿度。排汽湿度降低，使湿汽损失减少，减少了汽轮机不可逆的膨胀损失 Δe_t，提高了汽轮机低压缸的相对内效率 η_{ri}^L。从而提高整个再热循环的吸热平均温度，使锅炉换热温差 ΔT_b 减小，相应烟损 Δe_b^{III} 减少。至于整个再热循环吸热平均温度是否能提高，取决于再热两个基本参数 $p_{rh,i}$，t_{rh}，即图 2-25 (a) 图 2-25 (b) 所示再热过程 d-e 的两端参数 [图 2-25 (a)、图 2-25 (b)，均未考虑再热压损 Δp_{rh}]。

当 p_0、t_0、p_c、$p_{rh,i}$ 均一定时，只有当再热过程的平均温度 $\overline{T}_{rh} > \overline{T}_0$ 时，才能使再热循环整个吸热过程平均温度提高，达到 $\eta_t^{rh} > \eta_t$ 的效果。但是，随着再热温度 $t_{rh,i}$ 的提高，它在循环中做功所占比重却减小，若 $t_{rh,i} = t_0$，就没有再热了。降低 $p_{rh,i}$，使再热过程平均温度降低，降低到临界 $\overline{T}_{rh} = \overline{T}_0$ 后，再降低 $t_{rh,i}$，会使整个吸热过程的平均温度降低，再热循环效率反而降低，再热也失去了作用。

当 p_0、t_0、p_c、p_{rh} 均一定时，若 $p_{rh,i} = p_c$，$\Delta w_a = 0$，$\Delta \overline{q} = \Delta q_{ca}$，$\eta_\Delta = 0$，则

$$\eta_t^{rh} = \frac{w_a}{\overline{q} + \Delta \overline{q}} = \frac{w_a}{\overline{q} + \Delta q_{ca}} < \eta_t = \frac{w_a}{\overline{q}}$$

若 $p_{rh,i} = p_0$，$\Delta \overline{q} = 0$，$\Delta w_a = 0$，则 $\eta_t^{rh} = \eta_t$。显然，必有一个最佳再热压力 p_{rh}^{op}。

图 2-26 为再热蒸汽压力 p_{rh} 与理想再热循环热效率 η_{rh} 的关系曲线，其蒸汽参数为 $p_0 =$

8.83MPa，$t_0 = t_{rh} = 500℃$，$p_c = 0.00392$MPa，x_c 为变数。纵坐标为再热循环热效率 η_t^{rh}，横坐标为再热前蒸汽理想比内功 $w'_a = (h_0 - h_{rha})$ 与基本循环蒸汽理想比内功 $w_a = (h_0 - h_{ca})$ 之比。

当再热蒸汽压力很高，即 w'_a 很小时，附加循环的吸热平均温度 $\overline{T}_{rh}$ 虽然很高，但其吸热量 $\Delta \overline{q}$ 很小，故 η_t^{rh} 提高很少，如图 2-26 中 A 点所示。若再热压力较低，虽然附加循环吸热量较大，但 $\overline{T}_{rh}$ 较基本循环的吸热平均温度 $\overline{T}_0$ 高得不多，η_t^{rh} 提高也不多，如图 2-26 中 B 点所示。若再热压力很低，即 w'_a / w_a 较大时，使 $\overline{T}_{rh} < \overline{T}_0$，则 $\eta_t^{rh} < \eta_t$，如图 2-26 中 C 点所示。因而必有一个使再热循环热效率达到最大值的最佳再热压力 p_{rh}^{op}，如图 D 点所示对应的 w'_a / w_a。因为 $\eta_{rh} = f(p_{rh})$ 的曲线最高处较平坦，实际最佳再热压力与理论值偏差 10% 左右，对热效率值影响不大。

再热循环使汽轮机结构复杂，增大合金钢材消耗，使汽轮机造价提高 10%～12%，当然，再热参数选择应在 D 点附近，具体确定应通过技术经济比较，其实质仍是钢煤比价。

2. 实际再热循环的内效率 η_i^{rh}

图 2-27 为无回热一次再热汽轮机的蒸汽实际膨胀过程线。

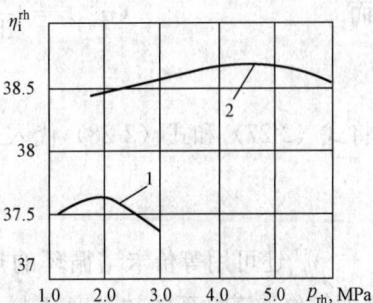

1kg 再热蒸汽比内功 w_i^{rh}、吸热量 $\overline{q}_{rh}$ 为

$$w_i^{rh} = (h_0 - h_{rh,i}) + (h_{rh} - h_c)$$
$$= (h_0 - h_c) + (h_{rh} - h_{rh,i}) = (h_0 - h_c) + q_{rh} \quad \text{kJ/kg} \tag{2-22}$$

$$\overline{q}_{rh} = (h_0 - h'_c) + q_{rh} \quad \text{kJ/kg} \tag{2-23}$$

则

$$\eta_i^{rh} = \frac{w_i^{rh}}{\overline{q}_{rh}} = \frac{h_0 - h_c + q_{rh}}{h_0 - h'_c + q_{rh}} \tag{2-24}$$

也可以反热平衡式写成：

$$\eta_i^{rh} = 1 - \frac{q_c^{rh}}{\overline{q}_{rh}} = 1 - \frac{T_c(s_{rh} - s'_c)}{(h_0 - h'_c + q_{rh})} \tag{2-24a}$$

图 2-28 为不同蒸汽初参数时，再热压力与 η_i^{rh} 的关系曲线。

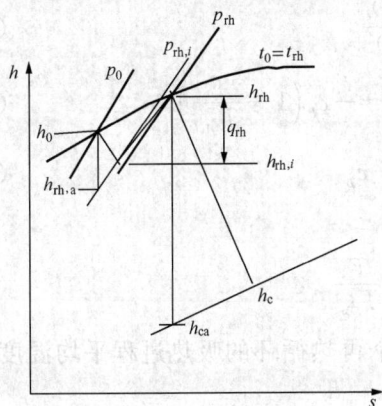

图 2-27　一次再热汽轮
机的蒸汽膨胀过程线

图 2-28　p_{rh} 与 η_i^{rh} 关系曲线
1—13MPa/540℃/540℃；
2—24MPa/540℃/540℃

若已知汽轮机高压部分（再热前）、低压部分（再热后）的相对内效率 η_{ri}^{I}、η_{ri}^{II}，η_i^{rh} 还可写为

$$\eta_i^{rh} = \frac{(h_0 - h_{rh,a})\eta_{ri}^{I} + (h_{rh} - h_{ca})\eta_{ri}^{II}}{h_0 - h_c' + q_{rh}} \tag{2-24b}$$

二、最佳再热参数的选择

再热参数包括再热前、后蒸汽压力和温度四个参数，再热后蒸汽压力 p_{rh} 多根据再热前压力 $p_{rh,i}$，考虑再热管道压损 Δp_{rh} 后确定，即 $p_{rh} = (1 - \Delta p_{rh})p_{rh,i}$；再热后蒸汽温度 t_{rh}，因受金属材料的限制，通常取为等于或接近于新蒸汽温度 t_0，故理论上最佳再热参数即指再热前蒸汽压力 $p_{rh,i}$，再热前蒸汽温度 $t_{rh,i}$，两者互为参数。它的确定与循环参数（p_0/t_0、p_c），回热参数（z、τ、t_{fw}）以及再热方法等有关。

（一）一次烟气再热 $t_{rh,i}^{op}$ 的确定

应用 $\eta_t^{rh} = f(T_{rh,i})$ 的关系，在 $\eta_{t,max}^{rh}$ 条件下，间接求 $p_{rh,i}^{op}$。先将 η_t^{rh} 改写为用 $T_{rh,i}$ 表达的单值函数关系，再取 η_t^{rh} 的一阶导数并令其为零，并引入整个再热循环的等价卡诺循环的初温度 T_t^{eq}，然后取 $T_{rh,i} = T_t^{eq}$，按照式（2-20）计算 η_t^{rh}，最后求得 $T_{rh,i}^{op}$。

当基本循环参数一定时，基本循环吸热量 $\bar{q}$ 理想比内功 w_a 均为定值，而再热过程形成附加循环的比热耗 $\Delta\bar{q}$、理想比内功 Δw_a、冷源热损失 Δq_{ca} 分别用下列公式表示，即

$$\Delta\bar{q} = c_p(T_{rh} - T_{rh,i})$$

$$\Delta w_a = \Delta\bar{q} - \Delta q_{ca} = c_p(T_{rh} - T_{rh,i}) - T_c(s_{rh} - s_0)$$

$$\Delta s_{rh} = s_{rh} - s_0 = c_p \ln(T_{rh}/T_{rh,i})$$

代入式（2-20）得

$$\eta_t^{rh} = \frac{w_a^{rh}}{\bar{q}_{rh}} = \frac{w_a + \Delta w_a}{\bar{q} + \Delta\bar{q}} = \frac{w_a + c_p(T_{rh} - T_{rh,i}) - c_p T_c \ln(T_{rh}/T_{rh,i})}{\bar{q} + c_p(T_{rh} - T_{rh,i})} = f(T_{rh,i}) \tag{2-25}$$

函数 η_t^{rh} 最大值是取其一阶导数，并取其等于零，即 $(\eta_t^{rh})' = 0$
得

$$\bar{q}_{rh}(w_a^{rh})' = w_a^{rh}(\bar{q}_{rh})'$$

有

$$\eta_t^{rh} = \frac{w_a^{rh}}{\bar{q}_{rh}} = \frac{(w_a^{rh})'}{(\bar{q}_{rh})'} \tag{2-26}$$

而

$$(w_a^{rh})' = \frac{dw_a^{rh}}{dT_{rh,i}} = -c_p + c_p\frac{T_c}{T_{rh,i}} = -c_p\left(1 - \frac{T_c}{T_{rh,i}}\right) \tag{2-27}$$

$$(\bar{q}_{rh})' = \frac{d\bar{q}_{rh}}{dT_{rh,i}} = -c_p \tag{2-28}$$

将式（2-27）和式（2-28）代入式（2-26）得

$$\eta_t^{rh} = \frac{(w_a^{rh})'}{(q_0^{rh})'} = 1 - \frac{T_c}{T_{rh,i}} \tag{2-29}$$

η_t^{rh} 还可用等价卡诺循环的热效率来表示，若整个再热循环的吸热过程平均温度为 $\bar{T}_1$（即等价卡诺循环的初温度 T_{rh}^{eq}），则

$$\eta_t^{rh} = 1 - \frac{T_c}{\bar{T}_1} \tag{2-30}$$

由式（2-29）和式（2-30）看出，最佳再热前蒸汽温度 $T_{rh,i}^{op}$ 正好等于 $\bar{T}_1$，即

$$T_{rh,i}^{op} = \bar{T}_1 = \frac{T_c}{1 - \eta_t^{rh}} \quad K \tag{2-31}$$

因为 $\overline{T}_1$ 是未知，需采用逐步逼近法来求。先采用基本循环的吸热过程平均温度 $\overline{T}_0$ 代替 $\overline{T}_1$，即令 $T_{rh,i}=\overline{T}_0$，代入式（2-25）求得 η_t^{rh}，再代入式（2-31）求 $T_{rh,i}$，反复迭代逼近，直至符合精度要求为止。基本循环吸热过程平均温度 $\overline{T}_0$，可由式（2-32）求得，即

$$\overline{T}_0 = \frac{T_c}{1 - \eta_t^{rh}} \quad K \tag{2-32}$$

一般取 $$T_{rh,i}^{op} = (1.02 \sim 1.04)\overline{T}_0$$

如近似取 $T_c \approx 300K$，按照式（2-31）可得

η_t^{rh}	0.45	0.50	0.55
$T_{rh,i}$ (K)	545	600	667
℃	272	327	394

再热前最佳蒸汽压力 $p_{rh,i}$（即高压缸排汽压力），与新蒸汽压力 p_0 的关系，一般取为

$$p_{rh,i}^{op} = (0.2 \sim 0.3)p_0$$

再热前有回热抽汽时，取值偏下限；再热前无回热抽汽时，取值偏上限。

再热管道压损 Δp_{rh}，一般取为 $\Delta p_{rh} = (8\% \sim 12\%)\,p_{rh,i}$，$\Delta p_{rh}$ 确定后，再热后蒸汽压力 p_{rh} 即可确定。

（二）二次烟气再过热 $T_{rh,2}^{op}$ 的确定

对于二次蒸汽中间再过热，有相同的结论，即

$$T_{rh,1}^{op} \approx T_{rh,2}^{op} \approx \overline{T}_0 \approx \frac{T_c}{1 - \eta_t^{rh}} \quad K \tag{2-33}$$

详见参考文献［29］

图 2-29 为两次蒸汽中间再热时循环热效率 $\eta_t^{rh,2}$ 与 p_0、t_0 的关系曲线。

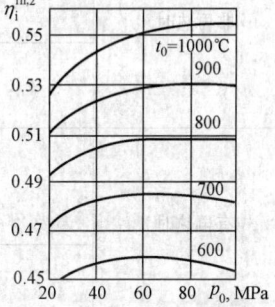

图 2-29 两级再热循环
$\eta_t^{rh,2} = f(p_0, t_0)$ 关系曲线

（三）我国再热式汽轮机的蒸汽初参数、再热参数

我国火电大容量再热式机组的蒸汽初参数已系列化，但再热参数却未规范，不仅不同厂家的再热参数不同，同一个制造厂的同类机组的不同生产序号均略有差异，表 2-15 列出了我国主要再热式汽轮机额定工况时的蒸汽初参数、再热参数。

表 2-15　　　　　　　　　我国主要再热式机组的蒸汽参数

机组参数	单位	机组铭牌功率					
		200MW	300MW			600MW	
p_0	MPa	12.75	16.18	16.18	16.67	16.67	24.2
t_0	℃	535	550	535	537	538	538
$p_{rh,i}$	MPa	2.47	3.46	3.42	3.52	3.96	4.85
$t_{rh,i}$	℃	312	328	321	315	332	505
p_{rh}	MPa	2.16	3.12	3.27	3.17	3.61	4.29
t_{rh}	℃	535	550	535	537	538	566
$p_{rh,i}/p_0$	%	19.37	21.38	21.13	21.11	23.75	20.04

三、具有蒸汽再热的回热循环

现以一次蒸汽中间再热并具有回热的循环（简称回热—再热循环）为例，先讨论理想回

热—再热循环的热经济性（用 $\eta_t^{r,rh}$ 来表征），然后分析其经济性。

表 2-16，中式（2-34）和式（2-35）的形式与式（2-7a）完全一致。式（2-35）中，$\delta\eta_t^{r,rh}>0$，说明再热式机组采用回热可提高热经济性，但是比非再热式机组采用回热相对提高热经济 $\delta\eta_t^r$ 的程度小，$\delta\eta_t^r$、$\delta\eta_t^{r,rh}$ 的表达式形式完全一样，但是由于 $\eta_i^{rh}>\eta_i$，当循环参数一定时，w_a^r、$w_a^{r,rh}$、w_{ac}^r、$w_{ac}^{r,rh}$ 均为定值，t_{fw} 也为定值。由于再热后的各级回热抽汽焓值提高，在各级回热量不变的条件下，再热后各级回热抽汽系数减小，若维持功率不变，势必使凝汽系数加大，故再热循环的做功系数 $A_{r,rh}$ 小于回热循环的做功系数 A_r，即 $A_{r,rh}<A_r$，故 $\delta\eta_t^{r,rh}<\delta\eta_t^r$。这是由回热循环采用再热，再热后各级回热抽汽焓的提高，削弱了回热效果所致。

表 2-16　　　　　　　　　　理想回热、理想回热—再热循环有关基本公式

循环类型	无　回　热	有回热 $(z=\infty)$	
非再热时	$\eta_t=1-\dfrac{T_c\,(s_0-s_c')}{h_0-h_c'}$	$\eta_t^r=1-\dfrac{T_c\,(s_0-s_{fw})}{h_0-h_{fw}}$　　$A_r=\sum\alpha_j w_a^r/(\alpha_c w_{ac}^r)$	
非再热时	$\delta\eta_t^r=(\eta_t^r-\eta_t)/\eta_t=(1-\eta_i)/\left(\dfrac{1}{A_r}+\eta_i\right)>0$		（2-34）
有再热时	$\eta_t^{rh}=1-\dfrac{T_c\,(s_{rh}-s_c')}{h_0-h_c'+q_{rh}}$	$\eta_t^{r,rh}=1-\dfrac{T_c\,(s_{rh}-s_{fw})}{h_0-h_{fw}+q_{rh}}$　　$A_{r,rh}=\sum\alpha_j w_a^{r,rh}/(\alpha_c w_{ac}^{r,rh})$	
有再热时	$\delta\eta_t^{r,rh}=(\eta_t^{r,rh}-\eta_t^{rh})/\eta_t^{rh}=(1-\eta_i^{rh})/\left(\dfrac{1}{A_{r,rh}}+\eta_i^{rh}\right)>0$		（2-35）

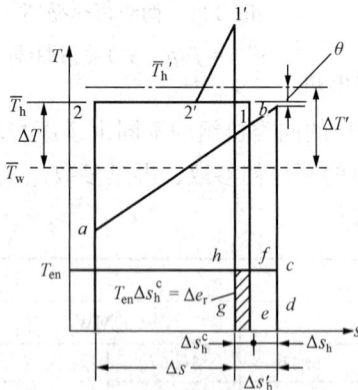

图 2-30　抽汽过热度增加回热换热的㶲损

（一）再热对传热过程的影响

再热后各级回热抽汽的焓值、过热度都提高了，特别是再热后的第一、二级抽汽的过热度会高达 $150\sim250℃$，使该级回热加热器的汽水换热温差由 ΔT 增大为 $\Delta T'$，导致熵增、㶲损均增大，较无过热度回热轴汽凝结换热时，㶲损增加了 Δe_r，如图 2-30 中剖线面积。图 2-30 用饱和蒸汽凝结换热 1-2 过程的平均放热温度为 $\overline{T}_h$，被加热水的平均吸热温度为 $\overline{T}_w$，其换热温差 $\Delta T=\overline{T}_h-\overline{T}_w$，相应㶲损为 $\Delta e_r'=T_{en}\Delta s_h$，即图中面积 $cdefc$。

$$\Delta e_r'=T_{en}\frac{\overline{T}_h-\overline{T}_w}{\overline{T}_h\overline{T}_w}dq=T_{en}\Delta s_h$$

若其他换热条件不变，用有过热度的蒸汽放热（$1'-2'-2$ 过程），其平均放热温度提高为 $\overline{T}_h'$，其换热温差提高为 $\Delta T'=\overline{T}_h'-\overline{T}_w$，而使熵增至 $\Delta s_h'$，相应㶲损 $\Delta e_r''=T_{en}\Delta s_h'$，即图中面积 $cdghc$。

$$\Delta e_r''=T_{en}\frac{(\overline{T}_h'-\overline{T}_w)}{\overline{T}_h'\overline{T}_w}dq=T_{en}\Delta s_h'$$

由于有过热度的蒸汽换热比饱和蒸汽换热的㶲损增加了 Δe_r，即

$$\Delta e_{\mathrm{r}} = \Delta e''_{\mathrm{r}} - \Delta e'_{\mathrm{r}} = T_{\mathrm{en}}(\Delta s'_{\mathrm{h}} - \Delta s_{\mathrm{h}}) = T_{\mathrm{en}}\Delta s^{\mathrm{c}}_{\mathrm{h}}$$

即图中面积 $ghfeg$。

显然，抽汽过热度越高，导致额外㶲损 Δe_{r} 越大，特别是再热后的第一、二级回热抽汽。可采用装设蒸汽冷却器（可内置于加热器，也可外置为独立的蒸汽冷却器），为避免蒸汽带水滴导致水击，离开蒸汽冷却器的蒸汽仍应有 $15\sim25℃$ 的过热度。

（二）回热—再热循环的热效率 $\eta^{\mathrm{r,rh}}_{\mathrm{t}}$

前面用做功系数法分析提高初温、采用回热的热经济性，得出两种类似却略有不同的表达式，即式（2-2）$\delta\eta_{\mathrm{t}} = \dfrac{1 - (\eta_{\mathrm{t}}/\eta_{\Delta})}{(1/A_{\Delta}) + (\eta_{\mathrm{t}}/\eta_{\Delta})}$ 和式（2-7a）$\delta\eta^{\mathrm{r}}_{\mathrm{t}} = \dfrac{1 - \eta_{\mathrm{i}}}{(1/A_{\mathrm{r}}) + \eta_{\mathrm{i}}}$。

这里分析回热—再热循环与回热循环、朗肯循环的热经济性，所指回热均为 $z = \infty$ 的理想回热循环、理想回热—再热循环，其基本式如表 2-16 所示。

（三）回热—再热循环的最佳给水回热参数

回热—再热循环时最佳给水回热参数 τ、z、t_{fw}，与分析回热循环时有相同结果（推证从略），它与图 2-23（b）所示曲线类似。图 2-31（a）中虚线所示为无再热单级回热时的曲线，实线为有再热单级回热的曲线，其中有突变部分，这是因为由再热前的抽汽转到再热后的抽汽有过热度，使㶲损增加（或附加冷源热损失增加）而削弱回热效果所致；由图 2-31（a）看出，回热—再热循环的最佳给水温度值比无再热时低。图 2-23（c）为再热机组多级回热时的情况，从该图可见，随级数增加，突变部分右移（即导致突变的再热蒸汽汽压力越来越高）；随着回热完善程度的提高（回热级数 z 增多），最佳给水温度不断提高；回热—再热循环的热经济性也单值性地不断提高，同样地其提高幅度也是越来越小。采用多级回热再热对热经济性的影响如图 2-31（b）所示。

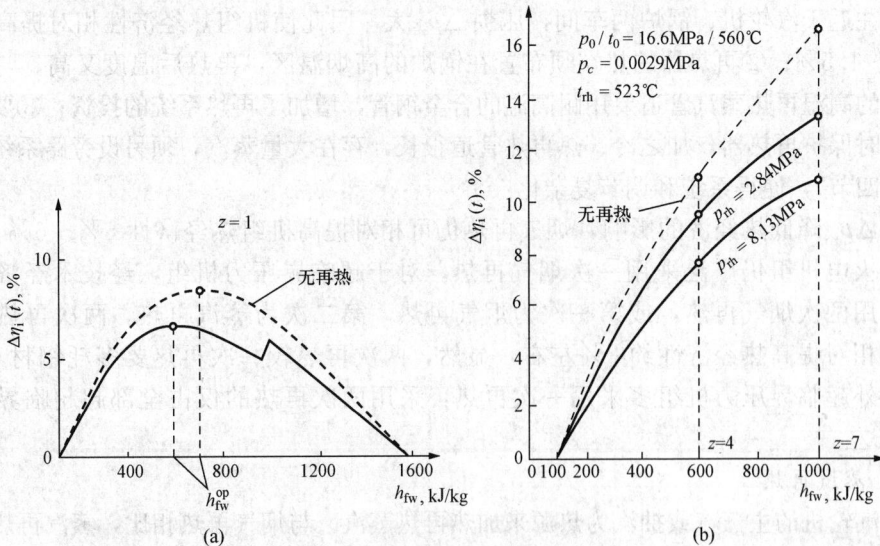

图 2-31　再热对回热经济性的影响

(a) 单级回热时；(b) 多级回热时

再热对回热分配的影响，主要反映在最终给水温度 t_{fw}（对应最高一级的抽汽压力）和再热后即中压缸第一个抽汽口压力的选择。国产大容量再热式机组的高压缸都有一个抽汽口，以保证给水温度为最佳值。为简化汽轮机的结构，降低其成本，通常都利用高压缸排汽的一部分作为一级回热抽汽，以减少一个回热抽汽口，其压力即 $p_{rh,i}$。有的国外再热机组的高压缸没有回热抽汽口，如德国的再热式机组以及我国元宝山电厂引进法国的 300MW 机组。

为了消除再热后抽汽过热度高导致对回热经济性的不利影响，除采用蒸汽冷却器的技术措施外，还可适当调整回热分配，加大再热前抽汽口（即高压缸排汽口）对应的该级回热加热器的给水焓升，可取再热后第一级抽汽所对应加热器给水焓升的 1.3～2.0 倍甚至更大，通常为 1.5～1.8 倍。

需强调指出，再热虽有削弱回热效果的一面，但再热式机组采用回热的热经济性仍高于无再热的回热机组（$\eta_t^{r,rh} > \eta_t^{rh}$，$\eta_t^{r,rh} > \eta_t^r$）。因此，目前国内外大容量机组均采用回热和再热，但要使回热、再热的有关参数选择得更合理，应结合各机组的热力系统，通过优化来确定。

四、蒸汽再过热的方法

蒸汽再过热的方法与再热系统紧密联系，并与再热后温度 t_{rh}、再热压损 Δp_{rh} 有关，且影响再热系统的投资、运行的安全性和经济性。蒸汽再热方法主要有烟气再热、蒸汽再热两大类。

（一）烟气再热

图 2-25（c）所示为一次烟气再热示意图。汽轮机高压缸排汽引至锅炉再热器的管道为低温（冷）再热汽管道，由再热器返回汽轮机中压缸的管道为高温（热）再热蒸汽管。若两次再热，还有中压缸排汽经二次再热后，返回低压缸的管道。

烟气再热的优点是再热后的汽温可等于或超过主蒸汽温度，即 $t_{rh} = t_0 \pm (10 \sim 20℃)$，一般 t_{rh} 可达 535～600℃，烟气再热可相对提高热经济性 6%～8%。其主要缺点是：①冷、热再热管道往返于汽轮机、锅炉两车间，压损 Δp_{rh} 大，因此使机组热经济性相对提高的幅度下降 1%～1.5%；②再热器的热端须布置在锅炉的高烟温区，再热后温度又高，与主蒸汽管道一样的高温再热蒸汽管道要用耐高温的合金钢管，增加了再热系统的投资；③要考虑启动、停机时保护再热器，加之冷、热再热管道很长，存在大量蒸汽，须另设旁路系统（详见第八章第四节），使得系统和调节复杂化。

扣除 Δp_{rh} 降低热经济的影响，烟气再热仍可相对提高机组热经济性 5%～6%，因此，现代大型火电机组仍广泛采用一次烟气再热。对于超临界压力机组，经技术经济比较论证，可采用两次烟气再热，或第一次为烟气再热，第二次为蒸汽再热。两次再热较一次再热又可相对提高热经济性约 2% 左右，显然，两次再热较一次再热要多耗钢材和投资。目前国内外超临界压力机组多采用一次再热，采用两次再热的仅占全部超超临界压力机组的 15% 左右。

（二）蒸汽再热

利用汽轮机的主蒸汽或抽汽为热源来加热再热蒸汽。与烟气再热相比，蒸汽再热的主要优点是，再热器简单，并可布置在汽轮机旁，压损 Δp_{rh} 小，再热系统耗钢材、投资小，再热汽温的调节也较简便。其主要缺点是，再热后汽温 t_{rh} 较低，比再热用的汽源温度还要低 15～40℃，故这种再热方法的热经济相对提高较少，仅为 2%～3%。

核电站的主蒸汽压力较低，多为干饱和或微过热蒸汽。如我国秦山 300MW 核电汽轮机的蒸汽初参数为 $p_0 = 5.345MPa$，$t_0 = 268.1℃$，干度 $x_0 = 0.995$，进入中压缸的汽压汽温仅

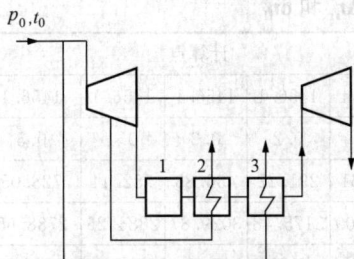

图 2-32　核电站汽轮机
再热系统示意图

为 0.735MPa，253.6℃，故可采用蒸汽再热。因其主蒸汽参数低，高压缸排汽的湿度就高达 12.27%，当然是不允许引至中压缸，须设外置式汽水分离器来处理。图 2-32 为核电汽轮机再热系统示意图，高压缸排汽先引至汽水分离器 1，将干度提高到 0.99～0.995，再引往用抽汽来加热的一级再热器 2，最后引至用主蒸汽来加热的二级再热器 3，比用主蒸汽单级再热的热经济性稍好。核电站广泛采用蒸汽再热方法，其主要目的是使汽轮机中低压缸的蒸汽湿度在允许范围。

【例题 2-1】　某凝汽式汽轮机的蒸汽参数为：$p_0 = 13.25\text{MPa}$，$t_0 = 550℃$，$p_c = 0.005\text{MPa}$。拟采用一次中间再热，$t_{rh} = 550℃$。求该理想再热循环在不同再热压力时的循环热效率的相对变化 $\delta\eta_i$，及其与再热压力的关系曲线和最佳再热压力。

解：该理想再热汽轮机的汽态线如图 2-33 所示，由水蒸气表查得 h_0、h_{ca}、h'_c 分别为 3466.7、2010.6、137.77kJ/kg，x_c 为 0.773。

无中间再热时的循环热效率 η_t 为

$$\eta_t = \frac{h_0 - h_{ca}}{h_0 - h'_c} = \frac{3466.7 - 2010.6}{3466.7 - 137.77} = 0.437\,4$$

再热前理想比内功 $w'_a = h_0 - h_{rh,i}$，kJ/kg；机组非再热理想比内功 $w_a = h_0 - h_{ca}$，kJ/kg；再热机组理想比内功 $w_a^{rh} = h_0 - h_{ca} + q_{rh}$，kJ/kg。

取 $w'_a/w_a = 0.1$、0.2、0.3、0.4、0.5，5 个计算点，计算不同再热压力下的理想循环热效率 η_t^{rh}，热效率的绝对变化 $\Delta\eta_i = \eta_t^{rh} - \eta_t$，及其相对变化 $\delta\eta_i = \Delta\eta_i/\eta_i$，计算列成表 2-17，并作出 $\delta\eta_i = f(w'_a/w_a)$ 的关系曲线。

根据不同 w'_a/w_a 值所得 $\delta\eta_t$ 绘成曲线如图 2-34 所示，由图可见，本例题的最佳再热压力约为 3.0MPa。

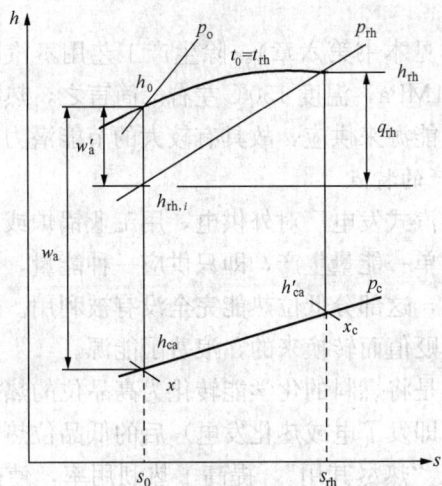

图 2-33　一次理想再热的汽态线

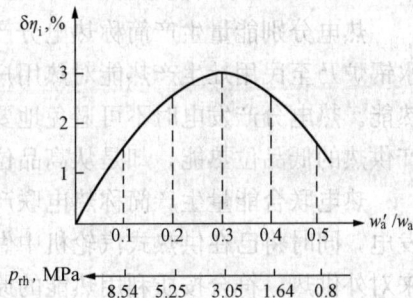

图 2-34　不同再热压力与 $\delta\eta_t$ 关系

表 2-17　　　　　　　　不同再热力下的理想再热循环热效率 η_i^{rh}、$\Delta\eta_i$ 和 $\delta\eta_i$

项　目	单位	数据来源	计算点				
机组非再热理想比内功 w_a	kJ/kg	h_0-h_{ca}	1456.1	1456.1	1456.1	1456.1	1456.1
w_a'/w_a			0.1	0.2	0.3	0.4	0.5
再热前理想比内功 w_a'	kJ/kg	$w_a(w_a'/w_a)$	145.61	291.22	436.83	582.44	728.05
再热前抽汽比焓 $h_{rh,i}$	kJ/kg	h_0-w_a'	3321.09	3175.48	3029.87	2884.26	2738.65
再热前抽汽压力 p_{rh}	MPa	由 $h_{rh,i}$、$s_0=6.5958$ 查表	8.54	5.25	3.05	1.64	0.80
再热后抽汽比焓 h_{rh}	kJ/kg	由 p_{rh}、$t_{rh}=550℃$ 查表	3514.4	3546.6	3567.6	3581.1	3589.0
再热后蒸汽比熵 s_{rh}	kJ/(kg·K)	由 p_{rh}、$t_{rh}=550℃$ 查表	6.842 8	7.086 9	7.366 8	7.665 3	8.003 8
再热后排汽干度 x_c		由 s_{rh}、p_c 查表	0.804	0.836	0.870	0.908	0.950
再热后排汽比焓 h_{ca}'	kJ/kg	由 s_{rh}、p_c 查表	2086.2	2164.0	2246.6	23 380	2441.6
再热比吸热量 q_{rh}	kJ/kg	$h_{rh}-h_{rh,i}$	193.3	371.1	537.7	696.6	850.4
再热机组理想比内功 w_a^{rh}	kJ/kg	$h_0-h_{ca}+q_{rh}$	1573.8	1673.8	1757.8	1825.5	1875.5
再热循环比热耗 $\bar{q}^{rh}$	kJ/kg	$h_0-h_c'+q_{rh}$	3522.2	3700.0	3866.6	4025.7	4179.3
再热循环热效率 η_t^{rh}		w_a^{rh}/q_0	0.446 8	0.452 4	0.454 6	0.453 5	0.448 8
热效率的绝对变化 $\Delta\eta_i$		$\eta_t^{rh}-\eta_t$	0.009 4	0.015	0.017 2	0.016 1	0.011 4
热效率的相对变化 $\delta\eta_i$		$\Delta\eta_t/\eta_t$	2.15	3.43	3.93	3.68	2.61

第五节　热电联产循环

一、热电联产循环的效益

（一）热能消费的特点

人类的生产、生活需要消耗大量热能，热能是全部能耗中最大的一项。据 1985 年统计，在我国的能源结构中，将近 70% 的能量是以热能形式消耗的，约 60% 是 120℃ 以下的低温热能。

热能消费有生产用热和生活用热两大类（详见本书第六章）。除生产工艺用蒸汽的压力稍高，约为 1.4～3.0MPa 外，其余多为压力 0.1MPa，温度 150℃ 左右。简言之，热能耗费的数量很大，品位较低，却又常以高品位的一次能源来供应，故具有较大的节能潜力。

（二）热电分别能量生产与热电联合能量生产的特点

热电分别能量生产简称热电分产，它是以凝汽式发电厂对外供电，用工业锅炉或采暖热水锅炉乃至民用灶生产热能对热用户供热；又称单一能量生产，即只供应一种能量，电能或热能。热电分产发电时不可避免地要放热给冷源，这部分低位热能完全没有被利用。热电分产供热的低品位热能，却是从高品位热能大幅度贬值而转换来的，浪费了能源。

热电联合能量生产简称热电联产或热化，它是将燃料的化学能转化为高品位的热能用来发电，同时将已在供热式汽轮机中做了部分功（即发了电或热化发电）后的低品位热能，用来对外供热，符合按质利用热能的原则，达到了"热尽其用"，提高了热利用率，使热电厂的热经济性大为提高，节约了能源。

供热式汽轮机有单抽（C 型）或双抽（CC 型）凝汽式汽轮机、背压式（B 型）或抽汽背压式（CB 型）等不同形式。需强调指出，对于抽汽式，只有先发电后供热的供热汽流 D_h 才属热电联产，它的凝汽流 D_c 仍属分产发电。

（三）热电联产的热量法（效率法）定性分析

为简化计算，以具有相同蒸汽初参数的纯凝汽式（按朗肯循环工作）机组和背压式机组（纯供热循环）的理想循环来对比分析，$T\text{-}s$ 图如图 2-35 所示。初焓均为 h_0，朗肯循环排汽压力 p_c 很

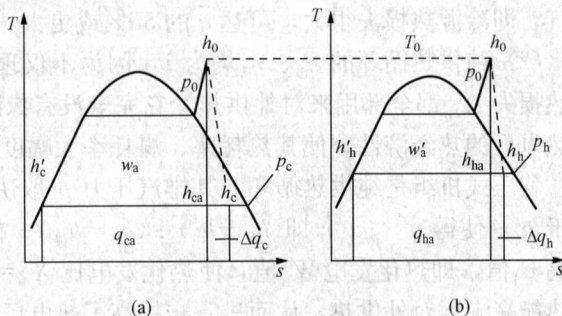

图 2-35　朗肯循环，供热循环的 $T\text{-}s$ 图
(a) 朗肯循环时；(b) 供热循环时

低，如 $p_c=0.005\text{MPa}$，相应排汽温度仅 32.98℃，无法用来供热；而供热循环的排气压力 p_h，应视热用户要求而定，如 $p_h=0.2\text{MPa}$，其排汽温度为 120.23℃，可用来供热。

如图 2-35 (a) 所示，理想朗肯循环热效率 η_t 和实际朗肯循环热效率 η_i（汽轮机的绝对内效率）为

$$\eta_t = \frac{w_a}{\bar{q}} = \frac{\bar{q} - q_{ca}}{\bar{q}} = 1 - \frac{q_{ca}}{\bar{q}} = 1 - \frac{h_{ca} - h'_c}{h_0 - h'_c} \tag{2-36}$$

$$\eta_i = \frac{w_i}{\bar{q}} = \frac{\bar{q} - q_c}{\bar{q}} = 1 - \frac{q_c}{\bar{q}} = 1 - \frac{h_c - h'_c}{h_0 - h'_c} \tag{2-37}$$

如图 2-35 (b) 所示，理想纯供热循环的热效率 η_{th}，及其实际循环热效率 η_{ih} 为

$$\eta_{th} = \frac{w'_a + q_{ha}}{\bar{q}'} = \frac{(h_0 - h_{ha}) + (h_{ha} - h'_h)}{h_0 - h'_h} = 1 \tag{2-38}$$

$$\eta_{ih} = \frac{w'_i + q_h}{\bar{q}'} = \frac{w'_i + (q_{ha} + \Delta q_h)}{\bar{q}'}$$

$$= \frac{(h_0 - h_h) + (h_{ha} - h'_h) + (h_h - h_{ha})}{h_0 - h'_h} = 1 \tag{2-39}$$

以上四式中　w_a，w'_a，w_i，w'_i——朗肯循环、供热循环的以热量计的理想的和实际的比内功，kJ/kg；

　　　　　　$\bar{q}$、q_{ca}、q_c——朗肯循环的吸热量、理想的、实际的放热量，kJ/kg；

　　　　　　$\bar{q}'$、q_{ha}、q_h——供热循环的吸热量、理想的和实际的对外供热量，kJ/kg；

　　　　　　$\Delta\bar{q}$、Δq_h——朗肯循环、供热循环的蒸汽膨胀做功的不可逆热损失，kJ/kg；

　　　　　　h_{ca}、h_c、h'_c——朗肯循环理想的、实际的排汽比焓和该排汽压力 p_c 下的饱和水比焓，kJ/kg；

　　　　　　h_{ha}、h_h、h'_h——供热循环理想的、实际的排汽比焓及该排汽压力 p_h 下的饱和水比焓，kJ/kg。

由图 2-35 和上述四式分析可知：

(1) 朗肯循环的 η_t、η_i 值均较低，其排汽虽有较大热量，但品位太低，无法用来对外供热，只有凝结放热给冷源，实际排汽凝结放热量 $q_c=q_{ca}+\Delta q_c$，完全被冷却水带走，散失于

大气，即冷源热损失很大，可达 $\bar{q}$ 的 55% 或更大，故其热利用率很低。

（2）纯供热循环的 η_{th}、η_{ih} 均为 1，因为不仅理想排汽放热量 q_{ha}，而且蒸汽做功的不可逆热损失 Δq_h 都全部用来对外供热，它完全没有像朗肯循环的冷源热损失，故可大幅度地提高热电厂的热经济性，使其热耗率、煤耗率大幅度降低，节约了能量耗费。

背压式机组是纯供热循环，其排汽压力 p_h 取决于热用户对供热参数的要求，显然 p_h 远高于 p_c，使得 $w_i' < w_i$，即 $(h_0 - h_h) = (h_0 - h_{cl})$。在满足用热参数的前提下，降低 p_h 值，可提高 w_i 值，即热化发电 W_h 值，使热化发电比 $X_h = (W_h/W)$ 提高，并且是用发电后更低品位的热能来满足对外供热，从而进一步提高了热电厂的热经济性。

还需指出，给水回热循环的回热抽汽流也属于热电联产性质，只是该抽汽凝结放热量是用来内部加热给水，是热电联产的一个特例，同理，提高回热发电比 $X_r = (W_r/W)$，或充分利用低压回热抽汽也同样提高其热经济性。

（3）对于抽汽凝汽式机组，可视为背压式机组与凝汽式机组复合而成，其中供热汽流 D_h 完全没有冷源热损失，它的 η_{ih} 仍为 1，但是它的凝汽汽流仍有被冷却水带走的冷源热损失，该凝汽流的绝对内效率 η_{ic} 不仅不等于 1，而且还比凝汽式汽轮机（即代替电厂的汽轮机）的绝对内效率 η_i 还要低，即 $\eta_{ic} < \eta_i$。存在 $\eta_{ih} > \eta_i > \eta_{ic}$ 的关系，在热电联产热经济定性分析中，热电联产的燃料节省定量计算，都要运用这个关系式。

（4）$\eta_{ic} < \eta_i$ 的主要原因为：①该凝汽流量通过供热式机组调节抽汽用的回转隔板，恒有节流导致的不可逆热损失；②抽汽式供热机组非设计工况的效率要降低，如采暖用单抽汽式机组在非采暖期运行时，采暖热负荷为零，就是这种情况；③电网中一般供热机组的初参数都低于代替电站的凝汽式机组；④热电厂必须建在热负荷中心，有时（但并不总是）由于其供水条件比凝汽式电厂的差，导致热经济性有所降低。

（四）热电联产的综合效益

1. 热电联产的热经济性

与相同电、热负荷的热电分产相比，热电联产比热电分产节省燃料，即节约能源。被比较的热电分产发电的凝汽式发电厂称为代替电厂，原有许多分散热用户由工业锅炉或热水锅炉实行热电分产供热，其系统如图 2-36（b）所示。图中电负荷 $W[(kW \cdot h)/h]$，热负荷（用热量）$Q(GJ/h)$，热电分产凝汽电厂的锅炉效率 η_b、主蒸汽管道效率 η_p、汽轮机的机械效率 η_m、发电机的效率 η_g 与热电联产的完全相同；热电分产供热的工业锅炉效率 $\eta_{b(h)}$，热电分产供热的主蒸汽管道效率 $\eta_{p(h)}$，显然 $\eta_{b(h)} < \eta_b$，热电联产供热通过热网干管向热用户供热，恒有散热损失以热网效率 η_{hs} 表征，故其供热量为 Q_h，与用热量 Q 的关系是 $Q = Q_h \eta_{hs}$。

热电联产总标准煤耗 B_{tp}^s，为用于发电、供热的标准煤耗之和，即 $B_{tp}^s = B_{tp(e)}^s + B_{tp(h)}^s$。热电分产总标准煤耗 B_{dp}^s 为热电分产发电标准煤耗 B_{cp}^s 与热电分产供热煤耗 B_h^s 之和，即 $B_{dp}^s = B_{cp}^s + B_h^s$，单位为 kg/h 或 t/a。当 $B_{dp}^s - B_{tp}^s > 0$ 时，热电联产比热电分产节煤，它又可分供热节煤和发电节煤。

（1）热电联产供热比热电分产供热节煤。热电分产供热的标准煤耗量，由下列热平衡式求得，即

$$B_h q_1 \eta_{b(h)} \eta_{p(h)} = Q \times 10^6 \quad kJ/h$$

$$B_h = \frac{Q \times 10^6}{q_1 \eta_{b(h)} \eta_{p(h)}} \quad kg/h$$

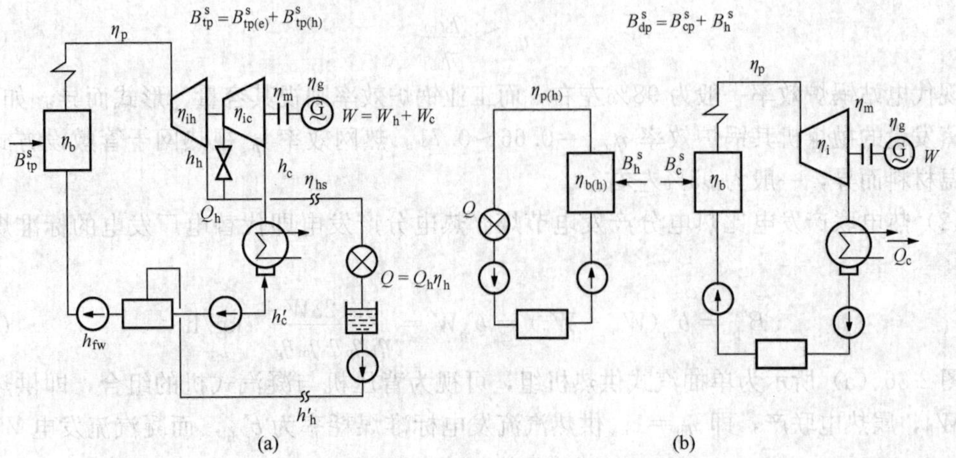

图 2-36 热电联产、分产的热力系统

(a) 热电联产的热力系统；(b) 热电分产的热力系统

以标准煤 $q_1 = 29270 \text{kJ/kg}$ 计

$$B_h^s = \frac{Q \times 10^6}{29\,270 \eta_{b(h)} \eta_{p(h)}} = \frac{34.1Q}{\eta_{b(h)} \eta_{p(h)}} \quad \text{kg/h} \tag{2-40}$$

将 $Q = Q_h \eta_{hs}$ 关系代入式 (2-40) 得

$$B_h^s = \frac{34.1Q_h \eta_{hs}}{\eta_{b(h)} \eta_{p(h)}} \quad \text{kg/h} \tag{2-40a}$$

热电分产供热时每吉焦用热量 Q 的标准煤耗率 b_h^s，由式 (2-40) 得

$$b_h^s = \frac{B_h^s}{Q} = \frac{34.1}{\eta_{b(h)} \eta_{p(h)}} \quad \text{kg/GJ} \tag{2-41}$$

按热量法可知，热电联产供热人为地规定由热电厂的电站锅炉来对外供热，联产供热的热效率 $\eta_{tp(h)} = \eta_b \eta_p \eta_{hs}$，其煤耗由下列热平衡式求得：

$$B_{tp(h)} q_1 \eta_b \eta_p \eta_{hs} = Q \times 10^6 \quad \text{kJ/h}$$

即

$$B_{tp(h)} = \frac{Q \times 10^6}{q_1 \eta_b \eta_p \eta_{hs}} \quad \text{kg/h} \tag{2-42}$$

将 $Q = Q_h \eta_h$ 代入，并以标准煤计，可得

$$B_{tp(h)}^s = \frac{Q_h \eta_{hs} \times 10^6}{29270 \eta_b \eta_p \eta_{hs}} = \frac{34.1Q_h}{\eta_b \eta_p} \quad \text{kg/h} \tag{2-42a}$$

热电联产供热时每吉焦用热量的标准煤耗率 $b_{tp(h)}^s$，由式 (2-42) 得

$$b_{tp(h)}^s = \frac{B_{tp(h)}^s}{Q} = \frac{34.1}{\eta_b \eta_p \eta_{hs}} = \frac{34.1}{\eta_{tp(h)}} \quad \text{kg/GJ} \tag{2-43}$$

根据式 (2-40a) 和式 (2-42a)，联产供热比热电分产供热的节约标煤量 ΔB_h^s 为

$$\Delta B_h^s = B_h^s - B_{tp(h)}^s = 34.1Q_h \left(\frac{\eta_{hs}}{\eta_{b(h)} \eta_{p(h)}} - \frac{1}{\eta_b \eta_p} \right) \tag{2-44}$$

在 Q_h 相同时热电联产供热比热电分产供热能节约燃料的主要原因是热电厂的电站锅炉效率 η_b，远高于热电分产供热的工业锅炉效率 $\eta_{b(h)}$，简称为因供热集中而节煤。若取 $\eta_{p(h)} \approx \eta_p$，则节煤条件式为

$$\eta_b > \frac{\eta_{b(h)}}{\eta_{hs}} \tag{2-45}$$

现代电站锅炉效率一般为98％左右，而工业锅炉效率则视其容量、形式而异。如 10t/h 以上蒸发量的抛煤机其锅炉效率 $\eta_{b(h)}=0.66\sim0.71$。热网效率 η_{hs} 视热网干管敷设方式和管道保温材料而异，一般为95％左右。

（2）热电联产发电比热电分产发电节煤。热电分产发电即代替电厂发电的标准煤耗量 B_{cp}^s 为

$$B_{cp}^s = b_{cp}^s(W_h + W_c) = b_{cp}^s W = \frac{0.123W}{\eta_b \eta_p \eta_i \eta_m \eta_g} \quad \text{kg/h} \tag{2-46}$$

图 2-36（a）所示为单抽汽式供热机组，可视为背压机与凝汽式机的组合，即供热汽流发电 W_h，属热电联产，即 $\eta_{ih}=1$。供热汽流发电标准煤耗率为 $b_{e,h}^s$，而凝汽流发电 W_c 的标准煤耗率为 $b_{e,c}^s$，可得联产发电标准煤耗 $B_{tp(e)}^s$ 为

$$B_{tp(e)}^s = b_{e,h}^s W_h + b_{e,c}^s W_c = \frac{0.123W_h}{\eta_b \eta_p \eta_m \eta_g} + \frac{0.123W_c}{\eta_b \eta_p \eta_{ic} \eta_m \eta_g} \quad \text{kg/h} \tag{2-47}$$

由式（2-46）和式（2-47）可得热电联产发电比热电分产发电约的标煤量 ΔB_e^s 为

$$\Delta B_e^s = B_{cp}^s - B_{tp(e)}^s = \frac{0.123}{\eta_b \eta_p \eta_m \eta_g}\left[\frac{W}{\eta_i} - \left(W_h + \frac{W_c}{\eta_{ic}}\right)\right] \quad \text{kg/h} \tag{2-48}$$

将 $W_c = (W - W_h)$、$X = W_h/W$ 代入式（2-48）并整理为

$$\Delta B_e^s = \frac{0.123W_h}{\eta_b \eta_p \eta_m \eta_g}\left[\left(\frac{1}{\eta_{ic}} - 1\right) - \frac{1}{X}\left(\frac{1}{\eta_{ic}} - \frac{1}{\eta_i}\right)\right] \quad \text{kg/h} \tag{2-48a}$$

简称为因热电联产发电而节煤。热电联产发电的节煤条件式将在第六章中介绍。

上几式中的煤耗 B、发电量 W、用热量 Q 均以小时计。通常是按全年来计算，即

全年供热量 $\qquad\qquad\qquad Q_h^a = Q_h \tau_u^h$

其中，供热式汽轮的热化供热量 $\qquad Q_{h,t} = D_{h,t}(h_h - h_h')$

热化发电量 $\qquad\qquad\qquad W_h^a = \omega Q_h \tau_u^h$

全年发电量 $\qquad\qquad\qquad W^a = P_e \tau_u$

上几式中 $D_{h,t}$——热化供热汽流；

$\qquad\qquad h_h$，h_h'——热化汽流的抽汽压力 p_h 时的蒸汽比焓和饱和水比焓；

$\qquad\qquad \tau_u$——火电厂的全年设备利用小时数，h；

$\qquad\qquad \tau_u^h$——供热式机组的年利用小时数，h。

供热机组热化发电率（详见本书第六章）的计算式为

$$\omega = \frac{W_h}{Q_h}$$

于是，因集中供热、联产发电的全年节约标准煤量 ΔB_h^a、ΔB_e^a 为热电联产发电的全年节约标准煤量 ΔB_h^a、ΔB_e^a 为

$$\Delta B_h^a = 34.1Q_h^a\left(\frac{\eta_{hs}}{\eta_{b(h)}\eta_{p(h)}} - \frac{1}{\eta_b \eta_p}\right) \times 10^{-3} \quad \text{t/a} \tag{2-44a}$$

$$\Delta B_e^a = \frac{0.123\omega Q_h \tau_u^h}{\eta_b \eta_p \eta_m \eta_g}\left[\left(\frac{1}{\eta_{ic}} - 1\right) - \frac{1}{X}\left(\frac{1}{\eta_{ic}} - \frac{1}{\eta_i}\right)\right] \times 10^{-3} \quad \text{t/a} \tag{2-48b}$$

热电联产发电比热电分产发电节约标准煤量 ΔB_e^s 也可写成

$$\Delta B_e^s = B_{cp}^s - B_{tp(e)}^s$$

$$= b_{cp}^s (W_h + W_c) - (b_{e,h}^s W_h + b_{e,c}^s W_c) \qquad (2\text{-}49)$$

$$= W_h (b_{cp}^s - b_{e,h}^s) - W_c (b_{e,c}^s - b_{cp}^s) \quad \text{kg/h} \qquad (2\text{-}49a)$$

已知　　　　　　　　　　　　$\eta_{ic} < \eta_i < \eta_{ih}$

当然存在　　　　　　　　　　$b_{e,c}^s > b_{cp}^s > b_{e,h}^s$ 　　　　　　　　　(2-50)

由式（2-49a）可见，供热汽流联产发电每发一度电比热电分产发电、节煤量为 $b_{cp}^s - b_{e,h}^s$，两者均发相同 W_h 电的节煤量，即式中第一项。但是供热式机组的凝汽流发电却比热电分产发电反而多耗煤，每发一度电多耗煤量为 $b_{c,c}^s - b_{cp}^s$，两者均发相同 W_c 电而多耗的煤，即式中第二项。显然，应从第一项扣去第二项，才是它的实际节煤量，简称为因热电联产发电而节煤。若 $\Delta B_e^s > 0$，则说明热电联产发电比热电分产发电节煤。第六章中将详细论述 ΔB_e^s 的节煤条件。

综上分析和计算可知，热电联产必须满足两项基本要求：①热电厂内必须有热电联产电能和热能两种能量；②由热电厂向众多热用户集中供热，并保证其用热质量（压力、温度）和数量。正因为如此，热电联产比热电分产节约燃料，概括为热电联产发电节煤和集中供热节煤两方面。

2. 热电联产的主要优点

（1）节约能源。我国是能源生产大国，也是能源消费大国，煤炭是我国的主要能源。要实现国民经济可持续发展的战略目标，能源至关重要。热电联产本身不仅可节约能源，还能燃用小型锅炉难以燃用的劣质煤，从而节省大量优质煤供更需要的冶金、化工等行业使用，实现节能降耗。

（2）减轻大气污染，改善环境。我国城市大气污染的主要原因是燃煤生成的二氧化硫气体和煤烟粉尘。众多分散小型供热锅炉房，多集中于城市人口稠密区，其危害更严重。热电联产以大型的电站锅炉取代了许多小型供热锅炉，大锅炉的除尘效率高，并配以较高的烟囱，大大减轻了对城市的大气污染，使得生态环境得到改善。

（3）提高供热质量，改善劳动条件。热电联产的集中供热，供热设备集中、大型化，供热管网规模大，供热设备容量大，用户热负荷的变化，对供热系统的压力工况、水力工况的波动影响小，热媒（蒸汽或热水）参数较分散供热时稳定，提高了供热质量，改善人民生活，保障了用热产品的质量。正因供热设备大型化，易于实现机械化、自动化、从而减轻了工人的繁重体力劳动，改善了劳动条件。

（4）其他经济效益。因热电联产比热电分产节煤，故煤场、灰场的占地面积随之相应减小，并减少了市区内煤、灰的运输量。与热电分产供热相比，热电联产还增加了电力供应等优点。

另要强调指出：热电联产比热电分产节约燃料，是进一步技术经济方案比较的前提；但是热电联产比热电分产节煤，也是有一定条件的（将在第六章中进一步分析），需通过详细具体的技术经济比较和分析论证才能确定合理的方案。

二、热电联产的主要热经济指标

凝汽式发电厂主要热经济指标为全厂热效率 η_{cp}，全厂热耗率 q_{cp} 和标准煤耗率 b_{cp}^s，它们均能表示凝汽式发电厂能量转换过程的技术完善程度，既是数量指标，又是质量指标。且算式简明，三者相互联系，知其一即可求得其余两个，极为方便。

热电厂的主要热经济指标却要复杂得多，因为：①它是利用已在汽轮机中先做了功、发了电的部分蒸汽（供热汽流 D_h）再用来对外供热；而且电、热两种能量产品的质量（品位）是不相同的；若供热参数不同，热能的品位也有所有不同；②一般热电厂（如装 C、CC 型供热式机组），既有供热汽流 D_h 的热电联产，又有凝汽流 D_c 的热电分产，有时还有直接从锅炉引出蒸汽经减压减温后供峰载热网加热器、或补直接供汽的不足部分的分产供热汽流 $D_{h,b}$，它们的经济性是不相同的。热电厂的热经济指标应反映能量转换过程的技术完善程度，既便于在供热式机组间、热电厂间进行比较，也应便于在凝汽式电厂和热电厂间比较，而且要计算简明。遗憾的是迄今尚无满足上述要求的单一的热电厂用热经济指标，而只能采用综合指标（既有总指标又有分项指标）来进行评价。

（一）热电厂总的热经济指标

1. 热电厂的燃料利用系数 η_{tp}

$$\eta_{tp} = \frac{3600W + Q_h}{B_{tp}q_1} \tag{2-51}$$

式中　W——热电厂的发电量，kW·h；

　　　Q_h——热电厂的供热量，kJ/h；

　　　B_{tp}——热电厂的煤耗量，kg/h。

η_{tp} 为输出电、热两种产品的总能量与输入能量之比，它将高品位的电能按热量单位折算为 $3600W$ 后经与品位低的供热量 Q_h 相加，不能表明热、电两种能量产品在品位上的差别；只能表明燃料能量用在数量上的有效利用程度，故称为热电厂的燃料利用系数，是数量指标。

η_{tp} 既不能比较供热式机组间的热经济性，又不能用来比较各热电厂的热经济性。它只表明热电厂的燃料能量有效利用程度，在设计热电厂时，用来估算热电厂的燃料有效利用程度，即 $B_{tp} = (3600W + Q_h)/\eta_{tp}q_1$。$\eta_{tp}$ 与 η_{cp} 的数值上关系一般为 $\eta_{tp} = (1.5 \sim 2.0)\ \eta_{cp}$。

η_{cp} 却不同，对燃煤凝汽式电厂 η_{cp} 也是㶲效率，它既是数量指标也是质量指标，而 η_{tp} 却不是质量指标。

2. 供热式机组的热化发电率 ω

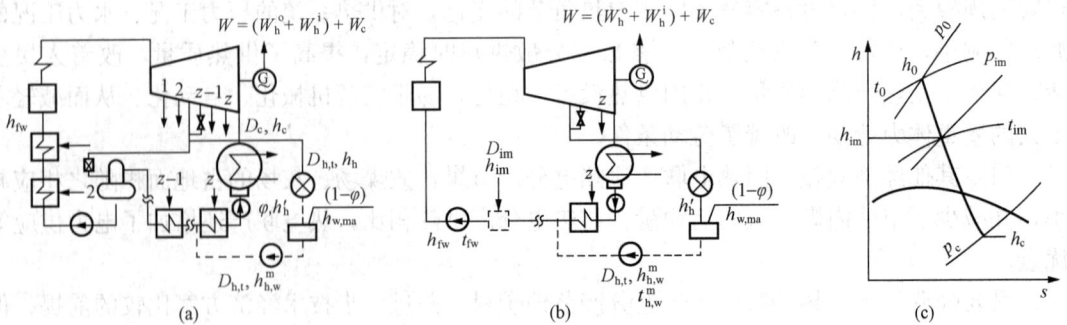

图 2-37　C 型机组热电厂的简化热力系统

（a）实际回热系统；（b）假想回热系统；（c）求 h_{im} 的汽态线

（1）热化发电率的定义及其计算。为表明热电联产的技术完善程度，采用以供热循环为基础的每一吉焦的热化（热电联产）发电量做计算指标，简称热化发电率 ω，它只与联产部分的热、电有关，即质量不等价的热电联产的热化发电量 W_h 与热化供热量 $Q_{h,t}$ 的比值，即

$$\omega = \frac{W_h}{Q_{h,t}} \quad (\text{kW} \cdot \text{h})/\text{GJ} \tag{2-52}$$

$$W_h = W_h^o + W_h^i = \frac{D_{h,t}(h_0 - h_h)\eta_m\eta_g}{3600} + \frac{\sum_1^{z-1} D_z(h_0 - h_z)\eta_m\eta_g}{3600} \quad \text{kW} \cdot \text{h} \tag{2-53}$$

$$Q_{h,t} = \frac{D_{h,t}(h_h - h_{h,w}^m)}{10^6} \quad \text{GJ/h} \tag{2-54}$$

式中符号如图 2-37 所示。该单抽汽式机组有 Z 级回热抽汽，其中有一级为调节抽汽的大部分用来对外供热，该调节抽汽中还有一很小部分兼做该级回热加热器的加热蒸汽。对外供热蒸汽的热化发电量称为外部热化发电量 W_h^o；Z 级回热抽汽用来回热加热给水，而供热回水由 $z-1$ 级加热器入口引入回热系统，各回热抽汽对该回水加热的发电量称内部热化发电量 W_h^i。设 $\varphi = 100\%$，于是

$$\omega = \frac{(W_h^o + W_h^i)}{Q_{h,t}} = \omega_o + \omega_i = \omega_o(1 + e) \quad (\text{kW} \cdot \text{h})/\text{GJ} \tag{2-55}$$

$$e = \frac{\omega_i}{\omega_o} = \frac{W_h^i}{W_h^o} = \frac{\sum_1^{z-1} D_z(h_0 - h_z)}{D_{h,t}(h_0 - h_h)} \tag{2-56}$$

式中　ω_o、ω_i——外部、内部热化发电率，kW $\cdot$ h/GJ；

　　　　e——相对热化发电份额。

将式 (2-53) 中的 W_h^o 和式 (2-54) 的 $Q_{h,t}$ 代入式 (2-55)，并取 $\varphi = 1$，得

$$\omega = \omega_o(1 + e)$$

$$= \frac{\dfrac{D_{h,t}(h_0 - h_h)\eta_m\eta_g}{3600}}{\dfrac{D_{h,t}(h_h - h_h')}{10^6}}(1 + e)$$

$$= 278\frac{(h_0 - h_h)}{(h_h - h_h')}\eta_m\eta_g(1 + e) \quad (\text{kW} \cdot \text{h})/\text{GJ} \tag{2-57}$$

(2) ω 的简化计算。热电厂实际回热系统的热化发电率的计算较为复杂，因为对外供热汽流的返回水汇入回热系统，应根据汇入时的不可逆损失最小为原则，其汇入点视回水温度而有所不同，不是固定不变的，而且求各级回热抽汽量也较复杂，可采用简化的计算方法。

简化计算 ω 是用图 2-37 (b) 的假想回热系统取代图 2-37 (a) 的实际回热系统，即用一假想的混合式加热器（图中虚线所示），替代供热汽流返回水汇入回热系统后实际所经过的若干级回热加热器 [图 2-37 (a) 中的 1 到 $z-1$ 级回热加热器]，将返回水由水温 $t_{h,w}^m$ 加热到给水温度 t_{fw}。该假想回热抽汽的饱和水温度 t_{im}，可近似取为该假想回热加热器进出口水温的算术平均值，即

$$t_{im} = \frac{(t_{h,w}^m + t_{fw})}{2} \quad ℃ \tag{2-58}$$

由水蒸气表可查得与 t_{im} 对应的饱和蒸汽压力 p_{im}，并从图 2-37（c）汽态线上求出假想混合式加热器的加热蒸汽比焓 h_{im}，根据假想混合式加热器的热平衡式求出假想回热抽汽量 D_{im}，即

$$D_{im} = \frac{[D_{h,t}(h_{fw} - h_{h,w}^m)]}{(h_{im} - h'_{im})} \quad kg/h \tag{2-59}$$

$$h_{h,w}^m = \varphi h'_h + (1 - \varphi)h_{w \cdot ma} \quad kJ/kg \tag{2-60}$$

将式（2-59）代入式（2-56）得

$$e = \frac{W_h^i}{W_h^o} = \frac{D_{im}(h_o - h_{im})}{D_{h,t}(h_o - h_h)} = \frac{(h_o - h_{im})(h_{fw} - h_{h,w}^m)}{(h_o - h_h)(h_{im} - h'_{im})} \tag{2-56a}$$

将式（2-56a）代入式（2-57）并整理得

$$\omega = \frac{278\eta_m\eta_g}{h_h - h'_h}\left[(h_o - h_h) + \frac{(h_o - h_{im})(h_{fw} - h_{h,w}^m)}{h_{im} - h'_{im}}\right] \quad (kW \cdot h)/GJ \tag{2-57a}$$

由式（2-57a）可知，热化发电率 ω 与热电厂所采用的供热式机组类型及其主要蒸汽参数（包括蒸汽初参数、再热参数、回热抽汽参数及供热抽汽参数）、返回水率及其水温、补充水温、设备的技术完善程度（反映在供热式机组的相对内效率、机电效率上）等有关。当供热式机组的汽水参数一定时，热功转换过程的技术完善程度越高，ω 越高。因此，ω 是评价热电联产技术完善程度的质量指标。

3. 热电厂的热电比 R_{tp}

$$R_{tp} = \frac{Q_{h,t}}{3600W} \times 100\% \tag{2-61}$$

ω、R_{tp} 只能用来比较供热参数相同的供热式机组的热经济性，既不能用来比较供热参数不同的热电厂的热经济性，更不能用来比较热电厂和凝汽式电厂的热经济性。

综上分析，η_{tp}、ω、R_{tp} 在应用上均有其条件和局限性，不能作为综合评价热电厂经济性的单一指标。

4. 热化系数 α_{tp}

热化系数 α_{tp} 是热电厂供热机组供热循环以小时计的额定供热量和以小时计的最大热负荷的比值。热化系数 α_{tp} 也是表征热电厂经济性的一个宏观指标。一般情况，$\alpha_{tp} < 1$ 表征热电厂是经济的。由于热负荷的大小、均匀性及其变化规律是影响热电厂经济性的主要因素之一，故热电厂的热经济性还与热化系数 α_{tp} 的选择有关。

（1）热化系数的定义。供热式机组的每小时最大热化供热量 $Q_{h,t(M)}$ 与每小时最大热负荷 $Q_{h(M)}$ 之比，为以小时计的热化系数 α_{tp}，即

$$\alpha_{tp} = \frac{Q_{h,t(M)}}{Q_{h(M)}} \tag{2-62}$$

如图 2-38（a）所示的全年热负荷持续时间，图上纵坐标所注 $Q_{h,t(M)}$，$Q_{h(M)}$ 之比，该持续时间曲线下的面积为全年热化供热量 $Q_{h,t}^a$ 与全年热负荷 Q_h^a 之比，为以年计的热化系数 α_{tp}^a，如图 2-38（a）的两块面积之比，即

$$\alpha_{tp}^a = \frac{Q_{h,t}^a}{Q_h^a} = \text{面积}\frac{obcdo}{oacdo} \qquad (2\text{-}62a)$$

对已建成投运的供热式机组，热化发电量 W_h 越大，热化发电比 X_h 越大，热经济性越好。对新建的供热式机组却有所不同，因涉及 α_{tp} 的合理选择问题。

(2) 理论上最佳热化系数的分析。现以单抽汽式供热机组为例，其全年发电量为 $W^a = W_h^a + W_c^a$，其全年热负荷持续时间图为已知，如图 2-38（b）所示，该持续曲线下面积 $oabc$-dfo 为全年供热量 $Q_{h,t}^a$，按一定比例绘全年热化发电量 W_h^a，并适与热负荷持续曲线重合，即以热负荷持续曲线为分界，将 W^a 划分为 W_h^a（即面积 $oabcdfo$）和 W_c^a（即面积 $abcdea$）两部分。

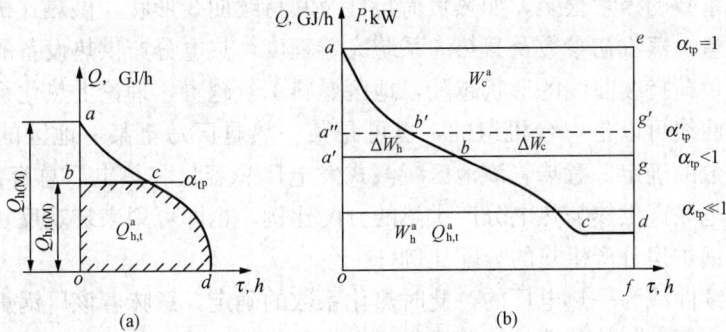

图 2-38　热化系数的图示

(a) 热化系数定义；(b) 理论上最佳热化系数

为简化分析，设尖峰锅炉的煤耗率与热电厂锅炉的煤耗率相等，即 $b_h^s = b_{tp(h)}^s$，则热电联产较热电分产的节煤量，仅限于热电联产发电节约标准煤 ΔB_e^a，即式（2-49a），供热汽流发电节煤量为 $W_h^a(b_{cp}^s - b_{e,h}^s)$，而凝汽流发电反而多耗煤 $W_c^a(b_{e,c}^s - b_{cp}^s)$，热电联产发电的实际节煤量为两者代数和。根据这一概念来定性分析热化系数的大小及理论上最佳热化系数的大致数值。

取 $\alpha_{tp} < 1$，如图 2-38(b) 中 $a'g$ 线所示，该单抽汽供热式汽轮机的全年热化供热量 $Q_{h,t}^a$ 为面积 $oa'bcdfo$，即供热汽流的全年热化发电 W_h^a，而凝汽流的全年发电量 W_c^a 即面积 $bcdgb$。若提高热化系数为 α'_{tp}，如图中 $a''g'$ 线所示，汽轮机抽汽供热量增加，热化发电量也相应增加 ΔW_h，如图中面积 $a'bb'a''a'$ 所示；但是该机组的凝汽流发电也相应增加 ΔW_c，如图中面积 $bgg'b'b$ 所示，也即式(2-49a)的第二项凝汽流发电反而多耗煤加大，而使实际联产发电节煤量 $d(\Delta B_e^a)$ 相对减少。实际的热负荷持续曲线的上部，ΔW_h 增长的速度越来越小，而 ΔW_c 增长的速度却越来越大，使得 α_{tp} 开始加大时，$d(\Delta B_e^a)$ 还是增加的，当 ΔB_e^a 增加到最大值后，随着 α_{tp} 的增加，$d(\Delta B_e^a)$ 不再增加，反而逐渐下降，并且可降低到为零或负值。

若取 $\alpha_{tp} = 1$，如图 2-38（b）中 ae 线所示，只有在冬季最冷几天，因热负荷较大时，热经济性较好；但在采暖期大部分时间，因热负荷降低，热化发电量下降，凝汽流发电量增大，热电厂发 W_c 的热经济性比电网代替电站凝汽式机组还低，因 $\eta_{ic} < \eta_i$，$b_{e,c}^s > b_{cp}^s$。在非采暖期，采暖热负荷为零，仅小量热水负荷，热化发电很小，几乎全为凝汽流发电，远不如代替电站发这部分电经济。

当 α_{tp} 较小时〔图 2-38（b）中 $\alpha_{tp} \ll 1$ 部分〕，提高 α_{tp}，由于 W_h^a 增加的速度较大而 W_c^a 增加的速度较小，W_h^a 增加引起的燃料节省大于 W_c^a 增加所多耗的燃料，从而使燃料节约的增量 $d(\Delta B_e^a)/d\alpha_{tp} > 0$，节省燃料。若继续提高 α_{tp} 值，W_h^a 增加的速度减小而 W_c^a 增加的速度增大，燃料节约的增量逐渐减小，但仍能维持 $d(\Delta B_e^a)/d\alpha_{tp} > 0$；当 α_{tp} 提高到某一值，燃料节约的增量为零，即 $d(\Delta B_e^a)/d\alpha_{tp} = 0$，此时燃料节约量达到最大值；此后若再继续提高 α_{tp} 值，由于实际热负荷持续时间曲线的上部比较陡，W_h^a 增长的速度越来越小，而 W_c^a 增长的速度越来越大，使 W_h^a 的增加引起的燃料节省小于 W_c^a 增加所多耗的燃料，燃料节约增量 $d(\Delta B_e^a)/d\alpha_{tp} < 0$。燃料节约量达到最大值 $d(\Delta B_e^a)/d\alpha_{tp} = 0$ 时的 α_{tp} 值即为理论上的最佳值。

综上分析可知，理论上最佳热化系数应使热电联产比热电分产的燃料节约为最大。影响理论上最佳热化系数的因素很多，如热负荷特性及其持续曲线形状、供热式机组和代替电站凝汽式机组的容量、蒸汽初参数及其热力系统完善程度、热电分产供热设备的容量和蒸汽初参数等。例如热负荷持续曲线的形状越陡，地区燃料单价越贵，理论上热化系数值也越小。

热负荷持续曲线可以是一台机组的，也可是某一热电厂乃至某一地区的。若为某地区的，此时热化系数的确定，意味着该地区凝汽式发电厂总容量和热电厂总容量的分配比例，因之相应确定热电联产供热与热电分产供热的分配比例，也即可用来宏观反映该地区的热电联产与集中供热锅炉房分产供热的分配比例。

如热负荷持续曲线为一热电厂的，此时热化系数的确定，意味着该厂锅炉总容量与汽轮机总容量的比例分配。如热负荷持续曲线为一台供热式机组的，其热化系数的确定，影响基载、峰载热网加热器的容量选择和设计送水温度的确定，见图 6-7 及其分析说明。

理论上的最佳热化系数，是以热电联产系统热经济性最佳为目标的。工程上的最佳热化系数，则是以热电联产系统技术经济性最佳为目标的。

理论上的最佳热化系数总是小于 1 的。对工业热负荷，理论上的最佳热化系数为 0.60～0.75；对采暖热负荷，理论上的最佳热化系数为 0.50～0.55。

工程上采用技术经济比较确定的最佳热化系数要比理论上的最佳热化系数小，一般为 0.5～0.7。

（二）热电厂总热耗量 Q_{tp} 的分配

图 2-39 所示为非再热单抽汽式供热机组的原则性热力系统，该热电厂的总热耗 Q_{tp} 为供热汽流 $D_{h,t}$、凝汽流 D_c 和由锅炉直接引出经减压减温后的供热汽流 $D_{h,b}$ 三者携带热量之和。D_c 属热电分产发电，$D_{h,b}$ 属热电分产供热，均为分别能量生产，无需参与 Q_{tp} 的分配。只有汽轮机的供热汽流 $D_{h,t}$ 的耗热量属热电联产，才需在电、热两产品间进行分配。

$Q_{h,b} = 0$ 时，热电厂总热耗 Q_{tp} 与锅炉热负荷 Q_b，机组热耗 Q_0 有如下关系：

$$Q_{tp} = B_{tp} q_1 = \frac{Q_b}{\eta_b} = \frac{Q_0}{\eta_b \eta_p} \quad \text{kJ/h} \quad (2\text{-}63)$$

而且

$$Q_{tp} = Q_{tp(h)} + Q_{tp(e)} \quad \text{kJ/h} \quad (2\text{-}64)$$

由式（2-63）可得热电厂总煤耗 B_{tp}

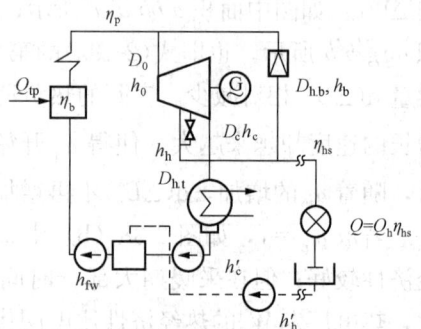

图 2-39　非再热单抽汽式供热机组的热力系统

$$B_{tp} = \frac{Q_{tp}}{q_1} = \frac{Q_{tp(h)} + Q_{tp(e)}}{q_1} = B_{tp(h)} + B_{tp(e)} \quad kg/h \tag{2-65}$$

式中　$Q_{tp(h)}$、$Q_{tp(e)}$——热电厂供热、发电的热耗，kJ/h；

　　　$B_{tp(h)}$、$B_{tp(e)}$——热电厂供热、发电的煤耗，kg/h。

由式（2-65）可知，将 Q_{tp} 分配为 $Q_{tp(h)}$、$Q_{tp(e)}$ 的实质，是将热电厂总煤耗 B_{tp} 在热、电两产品间进行分配为 $B_{tp(h)}$、$B_{tp(e)}$。通常是首先确定供热方面的热耗量 $Q_{tp(h)}$，再由式（2-64）从 Q_{tp} 中减去 $Q_{tp(h)}$，即得到发电方面的热耗量 $Q_{tp(e)}$，据以求出相应的 $B_{tp(h)}$、$B_{tp(e)}$。

对热电厂 Q_{tp} 分配方法的要求是：既要反映电、热两产品的品位不同，又要能反映热电联产过程的技术完善程度，且计算简便，并能为国家节约能源，促进热化事业的发展。国内外学者对 Q_{tp} 的分配进行许多研究，提出了各种不同的分配方法，各有其合理性和局限性。本书仅介绍几种典型的分配方法。为便于直观分析，采用 h-D 图来表示 Q_{tp} 的分配情况。图 2-40 （a）为非再热单抽汽供热式机组的热力系统及其汽水参数，其调节抽汽的大部分 D_h 用来供热，小部分 D_r 兼作混合式回热加器的加热蒸汽用。以热量计的内功 $W_i = 3600P_i$，kJ/h。图 2-40 （b）为其 h-D 图，纵坐标为比焓 h，kJ/kg，横坐标为蒸汽流量 D，kg/h，图中面积为热量 $Q = Dh$，kJ/h。

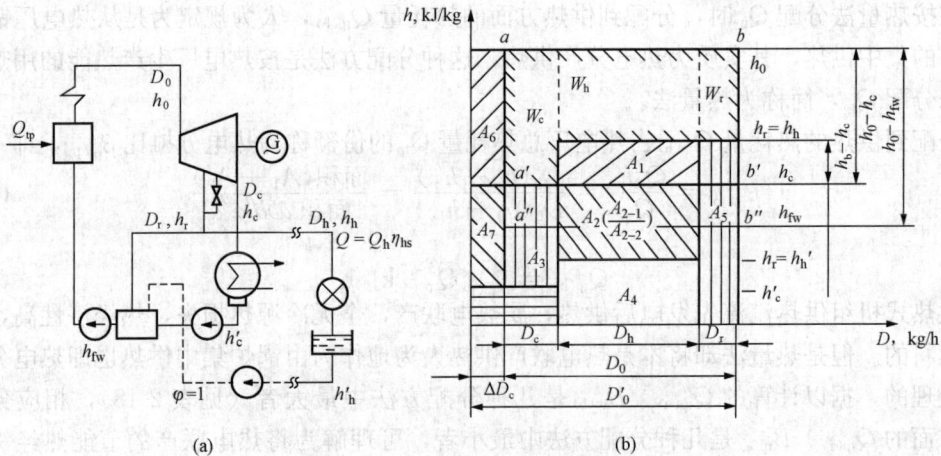

图 2-40　非再热单抽式机组热力系统及 h-D 图
(a) 热力系统；(b) h-D 图

该机组的 Q_1、Q_2、D_0、W_i 表达式为

图 2-40 （b）中面积 $aa''b''ba$ 为 Q_1

$$Q_1 = D_0 (h_0 - h_{fw}) \quad kJ/h \tag{2-66}$$

图 2-40 （b）中面积 A_3 为 Q_2

$$Q_2 = D_c (h_c - h'_c) \quad kJ/h \tag{2-67}$$

$$D_0 = D_c + D_h + D_r \quad kg/h \tag{2-68}$$

以热量计的内功 W_i 为

$$W_i = Q_1 - Q_2 = W_c + W_h + W_r = D_c(h_0 - h_c) + D_h(h_0 - h_h) + D_r(h_0 - h_r) \quad kJ/h \tag{2-69}$$

式中　D_h——供热汽流流量，kg/h；

　　　h_h——供热汽流的蒸汽比焓，kJ/kg；

　　　W_h——供热汽流 D_h 产生的以热量计内功，kJ/h。

本例为 $h_r = h_h$，不计换热器的散热损失，返回水率 $\varphi = 1$，则汽轮机抽汽的对外供热量 Q_h 为

$$Q_h = D_h(h_h - h'_h) \quad \text{kJ/h} \tag{2-70}$$

即图 2-40（b）中面积（$A_1 + A_2$）为 Q_h，供热汽流返回水具有的热量为 $D_h h'_h$，即图中面积 A_4，回热加热蒸汽具有的热量有 $D_r h_r$，即图中面积 A_s。

1. 热量法

热量法分配的方法是以分配前热用户的热耗量 $Q_{tp(h)}$ 占汽轮机热耗量 Q_{tp} 的比例来分配。

汽轮机热化汽流 D_h，先在汽轮机中做内功 W_h 后，再对外供热 Q_h，它的 $\eta_{ih} = 1$，全无冷源热损失，应是节约燃料。

热电厂总热耗量

$$Q_{tp} = \frac{Q_0}{\eta_b \eta_p} = \frac{D_0(h_0 - h_{fw})}{\eta_b \eta_p} \quad \text{kJ/h} \tag{2-71}$$

分配供热的热耗量

$$Q_{tp(h)} = \frac{Q_h}{\eta_b \eta_p} = \frac{D_h(h_h - h'_h)}{\eta_b \eta_p} \quad \text{kJ/h} \tag{2-72}$$

将 $Q_h = Q/\eta_{hs}$ 代入式（2-72），得

$$Q_{tp(h)} = \frac{Q}{\eta_b \eta_p \eta_{hs}} = \frac{Q}{\eta_{tp(h)}} \quad \text{kJ/h} \tag{2-73}$$

在按热量法分配 Q_{tp} 时，分配到供热方面的热耗量 $Q_{tp(h)}$，人为规定为是从热电厂锅炉直接引出的集中供热，其实质为热电分产供热，这种分配方法是按热电厂生产热能的用热数量比例来分配 Q_{tp}，简称为热量法。

分配到供热的热耗量 $Q_{tp(h)}$ 占热电厂总热耗量 Q_{tp} 的份额称为热电分摊比 $\beta_{tp(1)}$，即

$$\beta_{tp(1)} = \frac{Q_{tp(h)}}{Q_{tp}} = \frac{D_h(h_h - h'_h)}{D_0(h_0 - h_{fw})} = \frac{\text{面积}(A_1 + A_2)}{\text{面积} abb''a''a} \tag{2-74}$$

因此

$$Q_{tp(h)} = \beta_{tp(1)} Q_{tp} \quad \text{kJ/h} \tag{2-75}$$

供热式机组供热汽流先发电后供热，属热电联产，全无冷源热损失，热经济性高，应是节约燃料的。但是热量法却将本是热电联产供热人为地作为由锅炉集中供热也即热电分产供热来处理的，据以计算的 $Q_{tp(h)}$、$B_{tp(h)}$ 是几种分配方法中最大者（见表 2-18），相应分配到发电方面的 $Q_{tp(e)}$、$B_{tp(e)}$ 是几种分配方法中最小者，可理解为将热电联产的节能热经济效益分摊到发电方面，简言为"好处归电法"。

由式（2-72）可知，按热量法分配的 $Q_{tp(h)}$，不论供热蒸汽参数的高低，均作为热电分产供热方式处理，只得到以电站高效率大锅炉取代分散低效率小锅炉的集中供热的好处，如式（2-44）表示的 ΔB_h^s，其节煤条件式为（2-45），即 $\eta_b > \eta_{b(h)}/\eta_{hs}$。热电联产发电节煤的好处，全归发电方面了，供热方面一点也未分摊到。还应指出，按热量法分配 $Q_{tp(h)}$ 和据此计算所得的 $B_{tp(h)}$，适用于热电分产集中供热时的煤耗（见本章例题 2-2）。

按热量法分配 Q_{tp}，是以热力学第一定律为依据，既没有反映热、电两种产品的不等价，也没反映供热蒸汽参数品位差异的不同，故而不能调动热用户降低用热蒸汽参数的积极性，也不能调动电厂改进热功转换过程的积极性，导致浪费了国家的能源。但是热量法分配直观、简单，便于推广应用，是目前惯用的分配方法。本书的有关计算均采用此法。

2. 实际焓降法

实际焓降法把热电联产汽流的耗热量按热电联产供热汽流在汽轮机中的实际焓降不足，与主蒸汽实际焓降之比来分配总热耗量的，即分配到供热的热耗量占热电厂总耗量的比例、

热量分摊比 $\beta_{tp(2)}$ 为

$$\beta_{tp(2)} = \frac{Q_{tp(h)}^t}{Q_{tp}} = \frac{D_h(h_h - h_c)}{D_0(h_0 - h_c)} = \frac{\text{面积 } A_1}{\text{面积 } abb'a'a} \tag{2-76}$$

故
$$Q_{tp(h)}^t = \beta_{tp(2)} Q_{tp} \quad \text{kJ/h} \tag{2-77}$$

式（2-76）的前提是由锅炉来的蒸汽 $D_{h,b}$ 经减压减温器后的热电分产供热 $Q_{tp(h)}^b$ 为零，即 $D_{h,t} = D_h$。实际焓降法分配 Q_{tp}，是按热电联产供热汽流做功的不足与主蒸汽的整机实际焓降之比来分配的。热电联产供热汽流完全没有冷源热损失而节约燃料的热经济效益，全归供热方面，算得的 $Q_{tp(h)}$、$B_{tp(h)}$ 值是几种方法中最小者（见表 2-18），相应的 $Q_{tp(e)}$、$B_{tp(e)}$ 却是几种方法中最大者，即发电方面热耗 $Q_{tp(e)}$ 完全未分摊到热电联产发电减少冷源热损失的好处，$Q_{tp(e)}$ 值与该供热式机组按纯凝汽运行时的热耗量完全相同，且因 $\eta_{ic} < \eta_i$，其发电煤耗量 $B_{tp(e)}$ 反而增大，可理解为此种分配 Q_{tp} 方法是"好处归热法"。

需要注意的是，若 $D_{h(b)} \neq 0$，其供热量 $Q_{tp(h)}^b$ 属热电分产供热，则供热的总热耗量为 $Q_{tp(h)} = Q_{tp(h)}^t + Q_{tp(h)}^b$，相应发电的热耗量为 $Q_{tp(e)} = Q_{tp} - Q_{tp(h)}$。

3. 净效益法

实际焓降法是按供热汽流未做功到排汽参数，供热按做功不足的比例来承担分配的热耗量，它是考虑供热抽汽的品位差异，供热参数越低，分摊的热耗越小，因此可促使热用户主动降低用汽参数，利于节约能源。

因热电联产汽流在汽轮机中的实际焓降不足，少做内功 $D_h(h_h - h_c)$（见图 2-40（b）中面积 A_1），为维持功率一定，需额外增加凝汽流量 ΔD_c，可由功率平衡式求得，即

$$\Delta D_c = \frac{h_h - h_c}{h_0 - h_c} D_h = Y_h D_h \quad \text{kg/h} \tag{2-78}$$

即图 2-40(b)中面积 $A_1 =$ 面积 A_6，ΔD_c 带来的额外冷源热损失 $\Delta Q_c = \Delta D_c(h_c - h_c')$，即图中面积 A_7 所示，故其净效益 ΔQ 为

$$\Delta Q = \text{面积}[(A_1 + A_2) - A_7]$$

再将此净效益分摊到供热、发电两方面，其公式推演从略。

4. 做功能力法

做功能力法是按热电联产供热蒸汽与主蒸汽的最大做功能力的比例来分配 Q_{tp}，即其热量分摊比 $\beta_{tp(3)}$ 为

$$\beta_{tp(3)} = \frac{Q_{tp(h)}}{Q_{tp}} = \frac{D_{h,t} E_h}{D_0 E_0} \tag{2-79}$$

故
$$Q_{tp(h)} = \beta_{tp(3)} Q_{tp} \quad \text{kJ/h} \tag{2-80}$$

联产供热蒸汽和主蒸汽的做功能力分别为 E_h、E_0，计算式为

$$E_h = e_h - e_{en} = (h_h - h_{en}) - T_{en}(s_h - s_{en}) \quad \text{kJ/kg} \tag{2-81}$$

$$E_0 = e_0 - e_{en} = (h_0 - h_{en}) - T_{en}(s_0 - s_{en}) \quad \text{kJ/kg} \tag{2-82}$$

式中　e_0、e_h、e_{en}——主蒸汽、供热蒸汽和膨胀至环境温度的比㶲，kJ/kg；

s_0、s_h、s_{en}——主蒸汽、供热蒸汽和膨胀至环境温度的比熵，kJ/(kg·K)。

这种分配方法是以热力学第二定律为依据，考虑了供热蒸汽质量（做功能力大小）的区别，将热电联产热经济效益（节能）分配到热、电两种产品。但是，因供热式汽轮机排汽温度与环境温度相差较小，故按此法算得的 $Q_{tp(h)}$ 值与按实际焓降法分配算得的 $Q_{tp(h)}$ 接近，也

即热电联产的节能好处大部分仍归供热方面，发电方面分摊到的好处，还不足以补偿因汽轮机绝对内效率偏低而多耗的热量，致使发电方面的煤耗率仍高于电力系统中代替凝汽式机组的煤耗率，电厂方面仍不能接受这种热电厂总热耗量分配方法。

顺便指出，做功能力法涉及㶲，故不能用 $h\text{-}D$ 图直观地分析，而热量法和实际焓降法却可在 $h\text{-}D$ 图上直观反映出来。

以上介绍的 $Q_{th(h)}$ 四种分配方法归纳为三类典型的热电厂总热耗量分配方法，一种是热电联产效益归电法（热量法），另一种是效益归热法（实际焓降法），两者是 Q_{tp} 分配的两个不同极端的方法，再一种是将该效益折中分摊在供热、发电两方面，这类的方法有许多种，本书只介绍了净效益法、做功能力法两种。

需注意的是，由于热量法的好处归电，所得 $Q_{tp(e)}$ 值最小，故其 $Q_{tp(e)}$ 值大于相同条件下的朗肯循环热效率 η_i^R（见例题 2-2），有违热力学第二定律。同理，实际焓降法的好处归热，所得 $Q_{tp(h)}$ 值为最小，故其 $\eta_{tp(h)}$ 值大于 1；做功能力法的分配结果与实际焓降法的较接近，故其 $\eta_{tp(h)}$ 值也将大于 1，但比实际焓降法的 $\eta_{tp(h)}$ 值略小些（详见例题 2-3）。

环境比㶲因地而异，故做功能力法不便于应用，热量法简便实用，我国即采用之。按热量法分配 Q_{tp}，将导致浪费国家能源，是其严重不足之处。热电厂总热耗量 Q_{tp} 在热电两产品间进行合理分配，不仅是学术性理论问题，也是政策性问题，涉及热价的确定，供热成本和利润的计算等。只有全面反映热电联产的生产特点，合理地制订并能简便计算热经济指标，才能促热化事业的发展，为国家节约能源，改善生态环境，提高热电厂的综合效益。为此，国内外学者都为此进行了不懈的研究。

热量法将热电联产的节能热经济效益全归发电方面，$\beta_{tp(1)}$ 值是其上限；使得热用户要求高的供热参数，造成供热成本高的假想，浪费国家能源。实际焓降法将热电联产的热经济效益全归供热，$\beta_{tp(2)}$ 值是其下限，虽然它考虑了供热蒸汽品质方面的差别，但是供热不等于做功；有学者提出热化发电的冷源热损失应按质分摊，对实际焓降法予以修正。有学者认为㶲方法，全未考虑㶲在供热中作用，其结果仍有利于供热不利于发电，也不合适，并认为㶲既不是全部起作用（热量法时），也不是完全不起作用（㶲方法），从而提出热电联合法。有学者认为 Q_{tp} 的分配，不仅从"热端"提高供热效益，还应充分考虑"冷端"（包括供热的品位、热用户与热网连接方式，以及热用处的换热设备等），提出联产供热单耗的分摊方法，并应尽可能将人为规定性降至最低限度。此类文献较多，不再列举。可见从理论上探讨 Q_{tp} 的合理分配，仍是发展热化事业中亟待解决的理论课题之一。

（三）热电厂的分项热经济指标

将 Q_{tp} 按热量法分配为 $Q_{tp(h)}$、$Q_{tp(e)}$ 之后，即可分别计算热电厂发电、供热的热经济指标。

1. 发电方面热经济指标

热电厂发电热效率
$$\eta_{tp(e)} = \frac{3600 P_e}{Q_{tp(e)}} \tag{2-83}$$

热电厂发电热耗率
$$q_{tp(e)} = \frac{Q_{tp(e)}}{P_e} = \frac{3600}{\eta_{tp(e)}} \quad \text{kJ/(kW·h)} \tag{2-84}$$

热电厂发电标准煤耗率
$$b_{tp(e)}^s = \frac{B_{tp(e)}^s}{P_e} = \frac{3600}{q_1 \eta_{tp(e)}} = \frac{0.123}{\eta_{tp(e)}} \quad \text{kg/(kW·h)} \tag{2-85}$$

$\eta_{tp(e)}$、$q_{tp(e)}$、$b_{tp(e)}^s$ 三个指标，知其一便可求其余两个。

2. 供热方面的热经济指标

热电厂供热热效率
$$\eta_{tp(h)} = \frac{Q}{Q_{tp(h)}} = \eta_b \eta_p \eta_{hs} \qquad (2\text{-}86)$$

热电厂供热标准煤耗率
$$b_{tp(h)}^s = \frac{B_{tp(h)}^s}{Q / 10^6} = \frac{10^6}{q_1 \eta_{tp(h)}} = \frac{34.1}{\eta_{tp(h)}} \quad kg/GJ \qquad (2\text{-}87)$$

$\eta_{tp(h)}$、$b_{tp(h)}^s$ 两个指标，知其一即可求得另一个。

【例题 2-2】 按热量法计算热电厂的热经济指标。

已知：某热电厂装有 C50-8.83/0.118 型单抽汽供热式机组，$p_0 = 8.83MPa$，$t_0 = 535℃$，$h_0 = 3475.04kJ/kg$，$s_0 = 6.7801kJ/(kg \cdot K)$。采暖调节抽汽压力 $p_h = 0.118MPa$，实际抽汽比焓 $h_h = 2620.52kJ/kg$，回水比焓 $h_h' = 334.94kJ/kg(80℃)$，$s_h = 7.1410kJ/(kg \cdot K)$，回水率 $\varphi = 100\%$，$\eta_{hs} = 0.97$。最小凝汽流量 $D_c = 17\ 000kg/h$，实际排汽比焓 $h_c = 2391.5kJ/kg$，凝结水比焓 $h_c' = 97.3kJ/kg$。$\eta_b' = \eta_b \eta_p = 0.88$，$\eta_{mg} = \eta_m \eta_g = 0.98$。采暖热负荷年利用小时 $\tau_u^h = 4000h$，$T_{en} = 273.15K$。

求：该热电厂的 η_{tp}、ω 和发电、供热的分项热经济指标。

解：

1. 汽轮机的新汽耗量 D_0 和热电厂总热耗量 Q_{tp}

忽略其他给水回热抽汽，由功率平衡式求其汽耗量 D_0

$$D_0 = \frac{1}{(h_0 - h_h)} \left[\frac{3600 P_e}{\eta_{mg}} - D_c(h_h - h_c) \right]$$

$$= \frac{1}{(3475.04 - 2620.52)} \times \left[\frac{3600 \times 50\ 000}{0.98} - 17\ 000 \times (2620.52 - 2391.5) \right]$$

$$= 210\ 387(kg/h)$$

用来供热的最大抽汽量

$$D_h = D_0 - D_c = 210\ 387 - 17\ 000 = 193\ 387(kg/h)$$

不计散热时，给水比焓 h_{fw}

$$h_{fw} = \frac{1}{D_0} \times (D_h h_h' + D_c h_c') = \frac{1}{210\ 387} \times (193\ 387 \times 334.94 + 17\ 000 \times 97.3)$$

$$= 315.7(kJ/kg)$$

不计锅炉排污和工质损失时热电厂总热耗量 Q_{tp} 为

$$Q_{tp} = \frac{[D_0(h_0 - h_{fw})]}{\eta_b \eta_p \times 10^6} = \frac{1}{0.88 \times 10^6} \times [210\ 387 \times (3475.04 - 315.7)]$$

$$= 755.31(GJ/h)$$

2. η_{tp}、ω

供热量 Q_h

$$Q_h = D_h(h_h - h_h') \times 10^{-6}$$

$$= 193\ 387 \times (2620.52 - 334.94) \times 10^{-6}$$

$$= 442(GJ/h)$$

热用户的用热量 Q

$$Q = Q_h \eta_{hs} = 442 \times 0.97 = 428.74\ (GJ/h)$$

$$\eta_{tp} = (3600 P_e + Q_h)/Q_{tp}$$

$$= [3600 \times 50\,000 + 442 \times 10^6]/(755.31 \times 10^6)$$

$$= 0.823\,5$$

$$\omega = 278(h_0 - h_h)\eta_{mg}/(h_h - h'_h)$$

$$= 278(3475.04 - 2620.52) \times 0.98/(2620.52 - 334.94)$$

$$= 101.86[(kW \cdot h)/GJ]$$

3. 热电厂的分项热经济指标

按热量法计 $$Q_{tp(h)} = [D_h \times (h_h - h'_h)]/(\eta'_b \times 10^6)$$

$$= [193\,387 \times (2620.52 - 334.94)]/(0.88 \times 10^6)$$

$$= 502.27(GJ/h)$$

分配至发电方面热耗 $\quad Q_{tp(e)} = Q_{tp} - Q_{tp(h)} = 755.31 - 502.27 = 253.04(GJ/h)$

（1）发电热经济指标

发电热效率 $\eta_{tp(e)} = 3600P_e/Q_{tp(e)} = 3600 \times 50\,000/(253.04 \times 10^6) = 0.711\,4$

发电热耗率 $q_{tp(e)} = 3600/\eta_{tp(e)} = 3600/0.711\,4 = 5060.44[kJ/(kW \cdot h)]$

发电标准煤耗率 $b^s_{tp(e)} = 0.123/\eta_{tp(e)} = 0.123/0.711\,4 = 0.172\,9[kg/(kW \cdot h)]$

（2）供热热经济指标

供热热效率 $\quad\quad \eta_{tp(h)} = Q/Q_{tp(h)} = 428.74/502.27 = 0.853\,6$

供热标准煤耗率 $b^s_{tp(h)} = 34.1/\eta_{tp(h)} = 34.1/0.853\,6 = 39.95(kg/GJ)$

【例题 2-3】 热电厂总热耗不同分配方法的热经济指标计算。

已知：原始条件与［例题 2-2］相同。

求：热电厂 Q_{tp} 的三种典型分配时的热经济指标。

解：

1. 热量法

即例题 2-2 的计算。

2. 实际焓降法

按实际焓降法分配的 $Q_{tp(h)}$、$Q_{tp(e)}$ 为

$$Q_{tp(h)} = \frac{D_h(h_h - h_c)}{D_0(h_0 - h_c)}Q_{tp}$$

$$= \frac{193\,387 \times (2620.52 - 2391.5)}{210\,387 \times (3475.04 - 2391.5)} \times 755.31 = 146.74(GJ/h)$$

$$Q_{tp(e)} = Q_{tp} - Q_{tp(h)} = 755.31 - 146.74 = 608.57(GJ/h)$$

（1）发电热经济指标

$$\eta_{tp(e)} = 3600P_e/Q_{tp(e)} = 3600 \times 50\,000/(608.57 \times 10^6) = 0.295\,8$$

$$q_{tp(e)} = 3600/\eta_{tp(e)} = 3600/0.295\,8 = 12\,170.39[kJ/(kW \cdot h)]$$

$$b^s_{tp(e)} = 0.123/\eta_{tp(e)} = 0.123/0.295\,8 = 0.415\,8[kg/(kW \cdot h)]$$

（2）供热热经济指标

$$\eta_{tp(h)} = Q/Q_{tp(h)} = 428.74/146.74 = 2.921\,8$$

由于分配的 $Q_{tp(h)} < Q_h$ 值，故 $\eta_{tp(h)} > 1$。

$$b^s_{tp(h)} = 34.1/\eta_{tp(h)} = 34.1/2.921\,8 = 11.67[kg/(kW \cdot h)]$$

3. 做功能力法

按做功能力法分配的 $Q_{tp(h)}$、$Q_{tp(e)}$ 为

$$Q_{tp(h)} = \frac{D_h E_h}{D_0 E_0} Q_{tp} = \frac{D_h(h_h - T_{en}s_h)}{D_0(h_0 - T_{en}s_0)} Q_{tp}$$

$$= \frac{193\ 387 \times (2620.52 - 273.15 \times 7.141\ 0)}{210\ 387 \times (3475.04 - 273.15 \times 6.780\ 1)} \times 755.31$$

$$= 286.58(GJ/h)$$

$$Q_{tp(e)} = Q_{tp} - Q_{tp(h)} = 755.31 - 286.58 = 468.73(GJ/h)$$

（1）发电热经济指标

$$\eta_{tp(e)} = 3600 P_e / Q_{tp(e)} = 3600 \times 50\ 000 / (468.73 \times 10^6) = 0.384\ 0$$

$$q_{tp(e)} = 3600 / \eta_{tp(e)} = 3600 / 0.384\ 0 = 9375 [kJ/(kW \cdot h)]$$

$$b_{tp(e)}^s = 0.123 / \eta_{tp(e)} = 0.123 / 0.384\ 0 = 0.320\ 3 [kg/(kW \cdot h)]$$

（2）供热热经济指标

$$\eta_{tp(h)} = Q / Q_{tp(h)} = 428.74 / 286.58 = 1.496\ 1$$

由于分配的 $Q_{tp(h)}$ 仍小于 Q_h 值，故 $\eta_{tp(h)}$ 仍大于1，但所分配的 $Q_{th(h)}$ 值比按实际焓降法分配的大（286.58＞146.74），故其 η_{tp} 值小于实际焓降法的 $\eta_{tp(h)}$ 值（1.496 1＜2.921 8）。

$$b_{tp(h)}^s = 34.1 / \eta_{tp(h)} = 34.1 / 1.496\ 1 = 22.79 [kg/(kW \cdot h)]$$

4. 分析比较

本例说明，电功率 $P_e = 5000kW$，用热量 $Q = 428.74GJ$ 的条件下，总热耗量 $Q_{tp} = 755.31GJ/h$，三种典型的总热量分配计算的热经济指标结果如表 2-18 所示。

表 2-18　　　　单采暖抽汽 C-50 型机组 Q_{tp} 的三种分配法热经济指标计算结果

指　标		单　位	热量法		做功能力法		实际焓降法
发电方面	$\eta_{tp(e)}$	%	71.14	＞	38.40	＞	29.58
	$Q_{tp(e)}$	GJ/h	253.04	＜	468.73	＜	608.57
	$b_{tp(e)}^s$	kg/(kW·h)	0.172 9(最小)	＜	0.320 3	＜	0.415 8
供热方面	$\eta_{tp(h)}$	%	85.36	＞	1.496 1	＜	2.921 8
	$Q_{tp(h)}$	GJ/h	502.27	＞	286.58	＞	146.74
	$b_{tp(h)}^s$	kg/GJ	39.95	＞	22.79	＞	11.67(最小)

（1）由表中数值可知，按热量法分配的 $Q_{tp(e)}$、$b_{tp(e)}^s$ 值是三种分配方法中最小者，即将热电联产节约燃料的好处全归于发电方面，而按实际焓降法分配的 $Q_{tp(h)}$、$b_{tp(h)}^s$ 值在三种分配方法最小，即将热电联产节约燃料的好处全归于供热方面。上述两种分配方法是两个极端。按做功能力法分配的 $Q_{tp(e)}$、$Q_{tp(h)}$ 值居中，相应地，此方法计算所得的 $b_{tp(e)}^s$、$b_{tp(h)}^s$ 值也居中。

（2）若由热电厂的锅炉直接对外供热，是热电分产供热性质，按热量法可由式（2-43）求得其标准煤耗率，即

$$b_{tp(h)}^s = \frac{B_{tp(h)}^s}{Q} = \frac{34.1}{\eta_{tp(h)}} = \frac{34.1}{0.853\ 6} = 39.95(kg\ 标煤/GJ)$$

可见，按热量法分配 Q_{tp} 时，热电联产减少了冷源热损失的热经济效益，供热方面完全没有分摊到，故其中 $Q_{tp(h)}$、$b_{tp(h)}^s$ 值与热电分产供热时一样，仅得到了供热集中的好处，即以热电厂的高效率锅炉取代低效率分散供暖小锅炉的好处。

（3）按热量法算得的 $\eta_{tp(e)}$ 值远高于相同参数时朗肯循环热效率 η_t^R

$$\eta_i^R = \frac{h_0 - h_c}{h_0 - h_c'} = \frac{3475.04 - 2391.5}{3475.04 - 97.3} = 0.320\ 8 < 0.711\ 4（热量法时\ \eta_{tp(e)}\ 值）$$

（4）按做功能力法、实际焓降法计算的 $\eta_{tp(h)}$ 值大于 100%，这是因为所分摊的 $Q_{tp(h)}$ 值分别为 286.58、146.74GJ/h，均小于用热量 Q 值 428.74GJ/h 的缘故。实际焓降法是将热电联产节约燃料的好处，全归于供热方面，所分摊的 $Q_{tp(h)}$ 值 146.74GJ/h 是三法中最小者，故其 $\eta_{tp(h)}$ 值为 2.921 8，它高于 $Q_{tp(h)}$ 值居中的做功能力法的 $\eta_{tp(h)}$ 值 1.496 1。

（四）热电厂的燃料节省计算

前面已提及，η_{tp}、ω、R_{tp}、α_{tp} 均不能作为评价热电厂热经济性的单一的热经济指标。通常是按式（2-44a）算的以全年计的供热集中节煤量 ΔB_h^a，和按式（2-48b）算的以全年计的热电联产发电节煤量 ΔB_e^a，两者之和 $\Delta B^a = \Delta B_h^a + \Delta B_e^a$ 才是热电联产比热电分产的全年节煤量，它才能真实反映热电厂的热经济性。要强调指出，热电厂的热经济（有节能效益）是技术经济比较的前提，否则谈不上建热电厂。

【例题 2-4】 热电联产燃料节省的计算

已知：以［例题 2-1］的热电联产方案的原始数据为基础，与热电分产相比，设代替电站凝汽式机组的初参数和 h_0、η_m、η_g 均与例题 2-1 相同，并取 $h_{c(cp)} = 2275.53$kJ/kg，$h_{c(cp)}' = 136.32$kJ/kg，代替电站的设备利用小时数 $\tau_u = 6000$h，热电分产供热的 $\eta_{b(d)}$、$\eta_{p(d)} = 0.75 \times 0.96 = 0.72$，$\eta_{hs} = 0.97$。

求：全年节省的燃料量。

解： 热电联产较热电分产的每小时节煤量为

$$\Delta B^s = (B_{dp}^s - B_{tp}^s) = (B_h^s + B_{cp}^s) - (B_{tp(h)}^s + B_{tp(e)}^s) \tag{2-88}$$

$$= (B_h^s - B_{tp(h)}^s) + (B_{cp}^s - B_{tp(e)}^s) = \Delta B_h^s + \Delta B_e^s \tag{2-89}$$

式（2-88）和式（2-89）的物理概念是不同的，但其计算结果是一样的，本例按式（2-88）来计算。

由已知数据带入得

$$\eta_i = \frac{h_0 - h_{c(cp)}}{h_0 - h_{c(cp)}'} = \frac{3475.04 - 2275.53}{3475.04 - 136.32} = 0.359\ 3$$

$$b_{cp}^s = \frac{0.123}{0.88 \times 0.98 \times 0.359\ 3} = 0.397[kg/(kW \cdot h)]$$

分产发电耗煤量 $B_{cp}^s = b_{cp}p_e = 0.397 \times 50\ 000 \times 10^{-3} = 19.848(t/h)$

分产供热耗煤量 $Q = 428.74(GJ/h)$

$$b_{cp}^s = \frac{34.1}{\eta_{b(h)}\eta_{p(h)}} = \frac{34.1}{0.72} = 47.36(kg/GJ)$$

$$B_h^s = b_h Q = 47.36 \times 428.74 \times 10^{-3} = 20.306(t/h)$$

热电分产耗煤量 $B_{dp}^s = B_{cp}^s + B_h^s = 19.848 + 20.306 = 40.154(t/h)$

热电联产总耗煤 B_{tp}^s，由于 $Q_{tp} = 755.31(GJ/h)$

$$B_{tp}^s = \frac{Q_{tp}}{Q_{net}} = \frac{755.31}{29270} = 25.805(t/h)$$

热电联产比热电分产的节煤量 $\Delta B^s = B_{dp}^s - B_{tp}^s = 40.154 - 25.805 = 14.349(t/h)$

供暖期节煤　　$\Delta B_h = \Delta B \tau_n^h = 14.349 \times 4000 = 57\,396(t/供暖期)$

若　　$\Delta B^s = (B_h^s - B_{tp(h)}^s) + (B_{cp}^s - B_{tp(e)}^s) = (\Delta B_h^s + \Delta B_h^s)$ 即可得到方法 2。

【小结】　(1) 热电联产节煤的基本概念是：当热、电负荷相同时，分产节煤耗煤量 B_{dp}^s 和联产耗煤之差，即 $\Delta B^s = B_{dp}^s - B_{tp}^s$，若 $\Delta B^s > 0$ 节煤；$\Delta B^s = 0$ 是节煤的临界条件；$\Delta B^s < 0$，热电联产不节煤。

(2) 节煤量的计算。

1) 可用基本概念求出 B_{dp}^s 和 B_{tp}^s，求其差值即可，即本例题所用方法。

2) 也可按本例开头推演的式 (2-89) 来计算每小时的供热节煤量与发电节煤量之和，再求供暖期间的总节煤量。其实质是一样的，计算结果当然也是一样的。

3) 可以用书中所推出的节煤式 (2-44) 和式 (2-48b) 计算，这两个公式比较复杂，这两个式子主要应用在求节煤条件时。当 $\Delta B_h^s = 0$ 时，可求出供热的节煤条件；$\Delta B_e^s = 0$ 时，可求出发电的节煤条件。

三、热电冷三联产

(一) 热电冷三联产的必要性

我国建国初期规定"三北"（东北、西北和华北）地区实行集中供热，兴建了一批不同规模的热电厂（包括企业的自备热电站）和区域锅炉房，集中地向工业企业、城市机关和居民住宅区供应生产和生活用热，而黄河以南的广大南方地区，却不实行集中供热，对于制冷，当时没有规定。随着国民经济的发展和人民生活水平的提高，特别是改革开放以来，情况发生了重大变化。集中供热采暖范围有向南发展的趋势，南方还提出了集中制冷的需求。

北方冬季湿度平均 30% 以下，办公室或住宅室内温度保持在 18～20℃。南方冬季湿度平均 70% 左右，因无采暖，办公室或住宅室内温度约 5℃ 左右或更低；因而采用煤炉、气炉或电热取暖器、电热褥等采暖设备，且难以维持室内一定的温度。夏季北方平均湿度在 50% 以上，而南方平均在 80% 左右，气温既高且持续高温时间比北方长得多，多采用电风扇、空调等降温设备，而且大中城市的办公用、家用空调数量大幅度剧增，使得这些地方夏季供电相当紧张。这些采暖，降温设备多是高能耗或高污染（煤炉）源，既浪费能源又增加了环境污染。

我国目前正处于城镇化建设的快速发展时期，每年新增建筑面积 20 亿 m^2，其中一半需要采暖，近一半需制冷，估计将有 50% 需供热和制冷。《中国节能技术政策大纲》中提出，今后建筑节能，应首先保证并改善建筑质量和室内环境，实现采暖区冬季室温 18℃ 的要求，争取城镇夏季室温低于 30℃。从 2007 年起，为了节能，国家规定冬天采暖室温不得高于 20℃，夏季空调不低于 26℃，对供热和制冷提出了新的要求。集中供热是国家产业政策中确定优先发展的技术路线。如何发展热电冷三联产与国民经济发展和人民生活密切相关，是迫切需要解决的科技发展方向问题，也是热能工作者面临的新课题。

(二) 溴化锂—水吸收式制冷简介

吸收式制冷以高沸点的物质为溶剂（吸收剂），低沸点物质为溶质（制冷剂）组成二元溶液。溶液的溶解度与温度有关，低温时溶解度大，高温时溶解度小；利用溶液的这种特性，取代蒸汽压缩过程，故称为吸收式制冷。

氨—水吸收制冷，以氨为制冷剂，水为吸收剂。溴化锂—水吸收式制冷，以水为制冷剂，溴化锂为吸收剂，这种制冷技术成熟，国内已有很多厂家生产这类制冷设备，达到商业化，且质量稳定。采用两级发生器（又称双效作用）的溴化锂制冷机，是我国近年研究成功并推广的节能型制冷设备。

（三）热电冷三联产的特点

热电冷三联产是以热电联产为基础发展起来的，其主要特点有以下六个。

（1）在热电厂热电联产的同时，将已在汽轮机中做了一部分功（发了电）的低品位蒸汽热能，通过制冷设备生产 6～8℃的冷水，供用户工艺冷却或空调用。简称为热电冷三联产。

（2）热电厂夏季热负荷低时，热经济性大为降低，对于采暖抽汽供热式机组，非采暖期热负荷为零，尤为显著。若夏季有制冷负荷，因制冷用低品位抽汽而增加了热负荷和热化发电量，提高了热电厂夏季运行时的效益（节能，环保等）。

（3）采用蒸汽动力循环加溴化锂—水吸收式系统集中制冷，其循环热效率可达 65％以上。可减少城市供电负荷，缓和夏季由于急剧增加的空调、制冷负荷所引起的城镇电力供应紧张状况。

（4）对于有大量余热可利用的工业企业，也可做溴化锂制冷的热源，提高余热利用率，节约能源，无需耗费高品位的电能。

（5）溴化锂吸收式制冷机基本上是热交换器组合体，除小功率的真空泵和溶液泵外，无转动部件，故振动小，噪声低，在真空下工作，无爆炸危险，制冷剂（水）对环境无污染，运行可靠，维护方便，易实现全盘自动化。

（6）系统所供 7℃左右的冷水，与采用中央（集中）冷水制冷系统是一样的，完全可满足宾馆高层建筑、办公楼和生产设施冷却工艺或空调的要求。

但是，溴化锂溶液对金属有强烈腐蚀作用，一旦腐蚀，影响传热和使用寿命，故要严格密封。

热电冷三联产的经济性定量分析，本书不再叙述。

（四）热电冷三联产的应用

由于热电冷三联产的节约能源，环境保护、经济和社会效益良好，因此引起各方重视，国内已先后多次召开有关这方面的学术讨论和研究，同时国家在政策上也予以鼓励。如 1987 年 3 月 30 日，国务院批转原国家计委、国家经委《关于进一步加强节约用电的若干规定》的通知中，第 8 条明确要求"有热源的大面积空调单位，装设溴化锂制冷装置"。1998 年 2 月 17 日《关于发展热电联产的若干规定》第一条，指出"在进行热电联产项目规划时，应积极发展城市热水供应和集中制冷，扩大夏季制冷负荷，提高全年运行效率"。

热电冷三联产技术的应用也是有其条件的，限于有稳定的热、冷负荷且较集中的地区、供冷半径一般比供热半径小些。实际上轻纺、化工、医药、冶金、机械以及宾馆、剧院、大型商场等既需要供热，也需要供冷。我国城市商业与娱乐设施比较集中，城区生活小区的建设多为 10～20 层的高层建筑，居民分布也日趋集中，对发展集中制冷提供了条件。对已建的热电厂，夏冬季负荷相差 30％以上者，无需热电厂增容，就可满足集中制冷所需热负荷。我国采用热电冷三联产的实例，已有不少报道，例如，我国金陵石化公司热电厂装有两台 CC-50 型供热式机组，低压调节蒸汽的热负荷，冬季高达 130t/h，夏季却为零。后来采用该供热机组的低压蒸汽来溴化锂制冷，供 7℃的冷水，供全厂 15 000m² 建筑面积空调制冷，年节约电能达 3.88×10^{16} kJ，年运行约 2000h，提高了该热电厂的燃料利用系数 10％以上。

北京中关村软件园软件广场和康体中心约 70 000m²，其冷热电三联产选用了发电功率为 1210kW 的燃气轮机 1 台，3480kW 余热补燃型直燃机 1 台，3480kW 标准型直燃机 1 台，取得了较好的环境和经济效益。在上海市的三联供项目中，浦东国际机场是最为成功的案例。该项目实现三联供的主要设备为 1 台额定功率 4000kW 的 10.5kV 燃气轮机发电机组，1 台额定蒸汽量 9.7t/h，利用燃气轮机排出高温烟气产生 0.9MPa 饱和蒸汽的余热锅炉，蒸汽供应量不足时使用辅助燃油燃气锅炉，以及蒸汽制冷溴化锂吸收式制冷机组和电力制冷的 YK 离心式制冷机组。

最后需再次强调指出，热电冷三联产的应用是有其条件的，主要是现有制冷系统的能耗水平，供热式机组的类型、容量、参数及其运行工况等条件，以及当地电网的供电煤耗率水平，影响因素错综复杂，需结合具体工程通过技术经济、环保多方面论证比较后才能确定。

四、我国的热电联产

（一）热电联产发展的简要回顾

经过几十年的发展，我国热电联产已具有相当规模。为适应电力工业发展，热电联产应不断进行技术改造，保持节约能源的优势，提出增强经济效益措施和向科技、管理、环保要效益，走可持续发展的健康之路。2002 年，全国总供热能力为 83 346t/h，热电联产为 59 946t/h，占 72%。全国总供热量为 57 438 万 GJ，热电联产为 37 847 万 GJ，占 66%。截止 2003 年底，全国 6000kW 及以上供热机组共 2121 台，总容量达 4369 万 kW、6000kW 及以上热电机组占全国火电同容量机组的 15.7%，占全国发电机组总容量的 11.16%，已远远超过核电机组比重。承担了全国总供热蒸汽的 65.89%，热水的 32.66%。无论从供热能力上看，还是从供热总量上看，热电联产均占全国蒸汽总供热能力和总供热量的 60%~70%。在运行的热电厂中，规模最大的为太原第一热电厂，装机容量 138.6 万 kW，在北京、沈阳、吉林、长春、郑州、天津、邯郸、衡水、秦皇岛和太原这些大城市已有一批 200、300MW 大型抽汽冷凝两用机组在运行。星罗棋布的热电厂不仅在中国的大江南北，长城内外迅速发展，就连黑河、海拉尔、石河子和海南岛这些边疆城市也开花结果，区域热电厂也从城市的工业区，蔓延到了乡镇工业开发区，如苏州地区一些村镇办热电厂也在发挥着重要作用。最近几年由于市场经济的发展，一些大中城市工业也开始安装大型供热机组。有些私营企业家也看好热电联产，投资建设热电厂。为国家节约了大量能源，减少了排放，改善了环境。

（二）发展趋势

（1）应用范围普遍化：世界各国尤其是西方等国家都在大力发展热电联产，热电装机容量占总装机容量的比重越来越大。

（2）机组容量大型化。

（3）洁净煤技术高新化：在洁净煤技术系列中，与热电联产紧密相关的是脱硫、脱氮和除尘技术，在这方面，循环流化床锅炉得到大力推广应用。

（4）节能技术系统化：不但围绕供热机组开发应用节能技术；而且也围绕供热管网、采暖系统和住宅采暖开发应用节能技术。

（5）热能消耗计量化：西方国家等的经验表明，采用按热计量收费可节约能源 20%~30%，北京、天津、青岛、烟台、沈阳等城市在集中供热中按热量收费工作走在了全国的前列。

（6）使用燃料清洁化：鼓励发展热、电、冷联产技术和热、电、煤气联供，积极支持发展燃气—蒸汽联合循环热电联产。

（7）能源系统新型化：新型能源系统主要是使用天然气的小型热电冷联产系统。

（8）投资经营市场化：实现供热反垄断，并扩大国际开放。

复习思考题

2-1 提高蒸汽初参数主要目的是什么？为何现代大容量汽轮发电机组向超临界、超超临界蒸汽参数发展？受哪些主要条件制约？

2-2 何谓热力发电厂的冷端优化？试定性说明受哪些主要因素影响？冷端优化与凝汽器最佳真空、循环水泵经济调度，多压凝汽器有何关系？

2-3 试用 $T\text{-}s$ 图分析说明单级回热加热时的抽汽压损、换热温差与加热器端差导致的做功能力损失。

2-4 实际回热循环，分析其最佳回热参数时为何用反热平衡表达式 $\eta_i = 1 - (\alpha_c q_c / q_0)$，而分析其热经济时为何用正热平衡表达式 $\eta_i = (\alpha_c \Delta h_i^c + \sum \alpha_j \Delta h_i^j) / (\alpha_c q_0^c + \sum \alpha_j \Delta h_i^j)$？

2-5 当循环的蒸汽初终参数一定时，采用再热除提高其热效率、减少排汽湿度、提高 η_{ri} 的直接效果外，还有哪些间接效果？

2-6 最佳蒸汽再热压力值与哪些技术因素有关？在推导 $T_{ri}^{\mathrm{opt}} = T_c / (1 - \eta_t)$ 时，在理论上做了哪些假设，为什么？

2-7 再热后汽温超过规定值时，常用喷水减温至允许值，试定性说明对再热循环热效率的影响。

2-8 供热式机组提高蒸汽初参数、降低排汽压力、采用回热、再热对热经济的影响，其主要特点是什么？

2-9 有电、热负荷就应建热电厂吗？建热电厂节省燃料应满足的基本条件是什么？

2-10 热化发电比 X、热化发电率 ω、热电比 R_{tp} 的作用是什么，其区别是什么？

2-11 可从哪些方面体现出热量法是将热电联产的好处归于发电方面？

2-12 b_{cp}^s、$b_{\mathrm{e \cdot c}}^s$、$b_{\mathrm{e \cdot h}}^s$ 的意义，表达式及其相互大小的关系，为什么？

2-13 热网回水率 φ 对建设热电厂有何影响？

2-14 在什么情况下热电分产的经济性高于热电联产？

2-15 为何 η_{tp} 不能作为热电厂的单一热经济指标看待？

习　题

2-1 国产 300MW 汽轮机组若纯凝汽（无再热、回热）运行，当蒸汽初参数提高至 p_0 =17MPa，t_0=540℃，分别求：①提高 p_0；②提高 t_0；③同时提高 p_0、t_0 时的机组热经济指标和全厂发电热济指标。

2-2 已知 300MW 汽轮机组的初参数为 17MPa/540℃，p_c=5.36kPa，若采用一次再热至主蒸汽温度，不计再热管道的压损和散热损失，求：①该机组的最佳再热压力（用五个计算点）；②根据本题①的最佳再热压力时 η_i 和热效率提高的绝对值 $\Delta \eta_i$ 及其相对值 $\delta \eta_i$。

第三章　燃气—蒸汽联合循环、核能、地热及太阳能发电

本 章 提 要

本章主要介绍燃气—蒸汽联合循环发电、核电、地热发电等新型动力循环的主要特点，基本热力系统及其在国内外的发展简况和在我国的应用情况及发展前景。

第一节　燃气—蒸汽联合循环

一、燃气—蒸汽联合循环的特点及其类型

（一）任务的提出

燃气轮机组主要由压气机、燃烧室和燃气轮机三大设备组成。与常规火电厂的汽轮机组相比，其主要优点是整个装置体积小、重量轻、金属及其他材料耗量少、造价较低；占地少，约为常规火电厂的 1/4；安装周期短，维修简单；冷却用水少，约为常规火电厂的 1/3～1/2；能快速（30s～30min 内）启动和带负荷。其主要缺点是需燃用价昂的天然气、石油等轻质燃料；压气机耗费功率大（约为燃气轮机功率的 2/3 或更多）；单机功率较小；放热温度高达 400～650℃；故其热效率仍不高，为 25％～32％。

燃气轮机组多用做调峰或备用机组，移动式电站(火车、船舶、飞机、航天)或缺水地区。

汽轮机的放热温度比较理想，约为 30℃ 左右。但水蒸气循环上限温度目前约为 600℃，而蒸汽锅炉内燃料的燃烧温度可达 1400℃，致使其吸热过程平均温度较低，形成很大的温差换热，故其热效率也不高，一般为 26％～40％。

燃气—蒸汽联合循环，将燃气轮机排出温度较高的废热，用以加热蒸汽循环，其主要特点为：

（1）提高热经济性，只要汽轮机、燃气轮机容量匹配，正确选择各项参数和热力系统，其热效率可提高到 45％左右，如燃气初温提高到 1100℃，效率可达 50％以上。

（2）减轻公害，燃气—蒸汽联合循环中的燃气废热得以利用，蒸汽锅炉的 SO_2、NO_x 排放相应大为降低，从而减轻公害。例如，其 NO_x 排放量小于 $1×10^{-5}$，美国环保局限制 NO_x 标准为 $7.5×10^{-5}$，而目前汽轮机电厂的 NO_x 排放量均在 $5×10^{-4}$ 以上。煤气化的燃气—蒸汽联合循环，将煤气化为无公害的能源，成为洁净的发电厂。

（3）适应缺水地区或水源较困难的坑口电站。

（4）改造旧电厂，中小型汽轮机组发电厂的热经济性很低，蒸汽锅炉是污染源且频繁报废，但汽轮机仍可使用，若配以容量匹配的燃气轮机，改造成燃气—蒸汽联合循环，既可提高热效率，也能缓减对环境的污染。

（二）燃气—蒸汽联合循环的类型

燃气—蒸汽联合循环有不同的分类方法，按照燃气循环排气放热量被蒸汽循环全部或部分利用的不同情况，根据蒸汽锅炉结构型式的特征，主要分为四类。

1. 余热锅炉联合循环

余热锅炉联合循环系统如图 3-1 （a）所示，燃气轮机的排气引入锅炉中，利用其余热将给水加热成蒸汽来驱动汽轮机，故称余热（废热）锅炉型联合循环。其特点是以燃气轮机为主，汽轮机为辅，一般汽轮机容量约为燃气轮机容量的 1/3 左右，而且汽轮机不能单独运行。余热锅炉实际是个热交换器，结构较简单，造价低，但其容量与参数取决于燃气轮机的排气量和温度，机组单位出力的冷却水量小。燃气轮机仍需用轻质燃料。适用于旧的、小的蒸汽动力厂的改造。若燃气轮机的进气温度为 1000℃，其热效率可达 40%～45%。

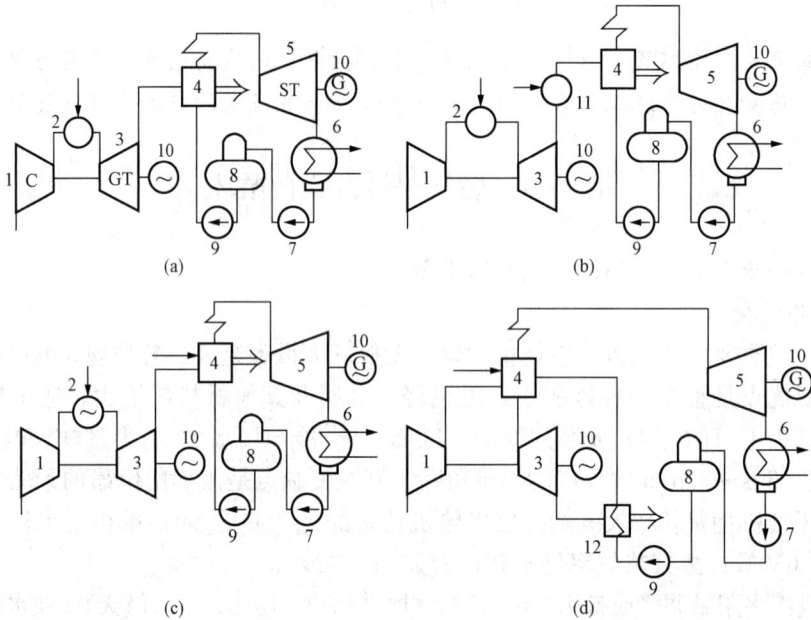

图 3-1　燃气—蒸汽联合的循环

（a）余热锅炉型；（b）补燃余热锅炉型；（c）助燃锅炉型；（d）正压锅炉型

1—压气机；2—燃烧室；3—燃气轮机；4—蒸汽锅炉；5—汽轮机；6—凝汽器；7—凝结水泵；
8—除氧器；9—给水泵；10—发电机；11—补燃室；12—省煤器

2. 补燃余热锅炉联合循环

补燃余热锅炉联合循环系统如图 3-1 （b）所示，除燃气轮机的排气引入锅炉之外，还可补助部分燃料（可在燃气轮机的排气通道中的补燃室，也可在余热锅炉中），引入燃烧，随着补燃量的增加，汽轮机容量的比例随之增大，可占 50%～90%。根据燃气轮机的排气温度，可确定一个使机组效率最高的最佳补燃量。补燃可用煤或其他廉价燃料。随补燃量的增加，冷却用水量随之增加。

这种装置的启动时间比余热锅炉型稍长，而且汽轮机仍不能单独运行。补燃温度和蒸汽温度受锅炉金属材料的限制。其热效率可达 40%～45%以上。

3. 助燃锅炉联合循环

助燃锅炉联合循环系统如图 3-1 （c）所示，燃气轮机的排气引入普通锅炉做助燃空气之用，故称助燃锅炉联合循环。

由于燃气轮机排气温度比普通锅炉空气预热器出口的热风温度高，故汽轮机可采用较高的蒸汽参数，使汽轮机容量比例可达 80%～90%。但高温燃气轮机排气中剩余氧量减少，需鼓风补充空气。显然，助燃锅炉可燃用任何燃料，且运行灵活，既可联合运行，汽轮机也可单独运行，但要配以全容量的送风机。冷却用水量比常规电站的稍少。适用于大容量的燃气—蒸汽联合循环。

4. 正压锅炉联合循环

正压锅炉联合循环系统如图 3-1（d）所示，其特点是以压气机取代送风机，空气经压缩为 0.6～1.0MPa 后，引入正压锅炉（又称 Velox 锅炉），将正压锅炉和燃气轮机的燃烧室合二为一，燃气轮仅用以拖动压气机，其排气可直接送入烟囱，也可经省煤器后再排往烟囱，且无需引风机。

因为是正压锅炉，所以传热面积大为减少，锅炉体积可缩至 1/6～1/5，其金属耗量、厂房投资等大为降低。由于无需另外的引送风机，厂用电也相应减少。正压锅炉启动只需 7～8min 的时间。正压锅炉燃料受炉膛密封和燃气轮机工作要求的限制，目前还不能用煤，而且汽轮机不能单独运行，故应用较少。余热锅炉的应用较普遍。

燃气轮机的排气也可专门用来预热常规电站的给水或空气，其系统从略。

（三）燃气—蒸汽联合循环的热效率

现以余热锅炉型联合循环为例，分析其热效率，余热锅炉型联合循环的 $T\text{-}s$ 图，如图 3-2 所示。

图 3-2　燃气—蒸汽联合循环的 $T\text{-}s$ 图

联合循环的吸热量为 Q_{23}，其放热量为 Q_{da}。燃气排给余热锅炉的热量为 Q_{41}。因燃气循环热效率为 $\eta_t^G = 1 - (Q_{41}/Q_{23})$，故 $Q_{41} = (1-\eta_t^G)/Q_{23}$；蒸汽循环热效率为 $\eta_t^s = 1 - (Q_{da}/Q_{41})$，故 $Q_{da} = (1-\eta_t^s)Q_{41}$。于是联合循环的热效率 η_t^c 表示为单独的燃气循环热效率，与单独的蒸汽循环热效率的函数。

$$\eta_t^c = 1 - \frac{Q_{da}}{Q_{23}} = 1 - \frac{Q_{41}(1-\eta_t^s)}{Q_{23}} = 1 - (1-\eta_t^G)(1-\eta_t^s) \tag{3-1}$$

$$\frac{\eta_t^c - \eta_t^G}{\eta_t^G} = \eta_t^s\left(\frac{1}{\eta_t^G}-1\right) \tag{3-2}$$

$$\frac{\eta_t^c - \eta_t^s}{\eta_t^s} = \eta_t^G\left(\frac{1}{\eta_t^s}-1\right) \tag{3-3}$$

η_t^c 与单独的 η_t^G 相比，由于 $\eta_t^s < 1$，故 $\eta_t^c > \eta_t^G$。同理 η_t^c 与单独的 η_t^s 相比，由于 $\eta_t^G < 1$，故 $\eta_t^c > \eta_t^s$，即联合循环的热效率 η_t^c 较单独的 η_t^G 或 η_t^s 高。

（四）余热锅炉型燃气—蒸汽联合循环的主设备配置

根据《设规》的规定，当油、气燃料落实，经技术经济比较合理时，可采用燃气—蒸汽循环机组。

1. 燃气轮机的选择应遵守的规定

（1）单机容量小、年利用小时数低的燃气轮机，可以采用单循环，经技术经济比较后确定是否预留加装余热锅炉和汽轮机场地；

（2）当采用联合循环机组，且燃机与蒸汽轮机同期建设时，宜优先采用同轴布置方式，

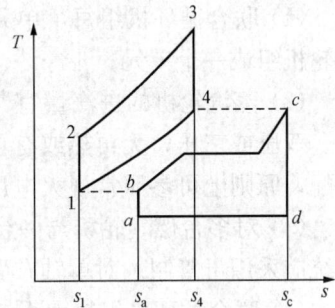

具体工程可结合工程建设特点确定采用同轴或多轴布置；

（3）当燃用重油、低热值煤气和轻油双燃料、原油与柴油混合油或年利用小时较高时，应选用重型燃气轮机。

2. 余热锅炉的选择应遵守下列规定

（1）燃气—蒸汽联合循环宜采用一台燃气轮机配一台余热锅炉，不设备用；

（2）余热锅炉应根据蒸汽循环的要求和烟气特性进行设计，应能适应燃气轮机快速启动的特点；

（3）余热锅炉炉型采用强制循环或自然循环，应根据工程情况经技术经济比较后确定。

3. 蒸汽轮机的选择应遵守下列规定

（1）联合循环机组每个单元应只设置一台蒸汽轮机，即由一台或多台燃气轮机与一台蒸汽轮机组成一个单元；

（2）蒸汽轮机的进汽量宜与相应的余热锅炉最大蒸发量之和相匹配；蒸汽循环采用单压、双压或三压，无再热或有再热应经技术经济比较确定；蒸汽轮机与余热锅炉之间的参数匹配，原则上可参照常规火电厂的有关规定；

（3）对多台燃气轮机与一台蒸汽轮机组成一个单元的联合循环机组，其每个单元主蒸汽系统应采用母管制；对单轴布置的联合循环机组主蒸汽系统应采用单元制；

（4）联合循环机组热力系统中，可只设除氧器。

（五）国外的联合循环的发展简况

从 20 世纪 40 年代燃气轮机投入商业运行起，几乎同时就有了联合循环，例如 1949 年美国在奥克拉何马州的阿尔杜—黑依电厂安装了燃用天然气功率为 3.5MW 的余热锅炉联合循环。之后数十年间，美、日、原联邦德国、前苏联、荷兰、爱尔兰、韩国、泰国、马来西亚等国家及台湾地区先后建了这类发电机组 100 多台。随着科学技术的发展和设备的完善，目前，燃气轮机进气温度可达 1430℃，压气机的升压比达 30，联合循环热效率可达 45％～55％。机组的平均可用率达 90％，燃机单机容量达 226.5MW，比常规的超临界蒸汽参数的凝汽式发电机组省燃料 10％以上。

据统计，到 2001 年底，美国 300MW 及以上容量的燃气轮机电厂总容量为 103 173MW（300MW 容量以下电厂尚未计入）。其中简单循环燃气轮机电厂 122 座，机组总容量是 62 573MW，占燃气轮机电厂总容量的 61％。简单循环燃气轮机电厂主要用于尖峰负荷运行，只有极少数用于基本负荷运行。美国 GE 公司 1993 年的汽轮机与燃气轮机订货中，有 60％左右是联合循环。自 1987 年开始，美国发电用燃气轮机的年生产总容量已超过了发电用汽轮机的年生产总容量。20 世纪 70 年代，原联邦德国新增火电机组中联合循环容量占 75％。日本已法定燃用天然气发电必须用于联合循环。这是当今世界发电设备生产过程中出现的一次重大历史性转折。目前，发达国家每年新增的联合循环总装机容量约占火电新增容量的 40％～50％。2003 年全世界新增发电设备为 122 000MW，其中蒸汽轮机为 40 000MW，燃气—蒸汽联合循环机组为 37 000MW，二者几乎持平。

目前联合循环已达 1000MW 级容量。例如，1985 年投运的日本新泻电厂 3 号机组总容量为 1090MW，富津电厂为两套 1000MW，每套由 7 台 100MW 级燃气轮机，各带一台余热锅炉，汽轮机为 7 台 300MW。原联邦德国格尔斯太因电厂总容量为 2400MW，是当今世界上最大的联合循环电厂。

（六）我国的联合循环简况

1. 我国的燃气轮机发电

1959 年从瑞士 BBC 引进了两台 6.2MW 燃气轮机列车电站。我国开始应用燃气轮机发电。1964 年南京汽轮电机厂试制成第一台工业用燃气轮机组，之后上海、哈尔滨、杭州、东方等汽轮机厂相继自行设计、制造成 0.2、1.3、6MW 燃气轮机。我国首座燃机电厂建于大庆油田。

20 世纪 70 年代末以来，我国开始引进大功率燃气轮机，到 1993 年止共有 67 套，总功率达 2500MW。例如，从瑞典 STAL-LAVAL 公司引进 50MW 三轴燃气轮机组装在北京地区，做备用电源用。南京汽轮电机厂与美国 GE 公司合作，试制成功 36.6MW 燃气轮机，初温为 1104℃，热效率 31.6%，已生产四台装在深圳的南山、金岗、美池电厂和胜利油田的弧北电厂，性能良好。

20 世纪 70 年代后，我国还从英、法等国引进 10 多台 23MW 燃气轮发电机组，且多装于油田地区和沿海的经济特区，并有从南方沿海地区向北方扩大。

20 世纪 80 年代以来，我国燃气轮机发电不仅装机容量大幅度提高，机组的性能水平也更趋先进，深圳、上海、浙江温州、宁波和武汉等地分别引进美国 GE 公司 9E 型燃气轮机共 10 台，该机型单台简单循环出力 123MW，效率达 33%。深圳美视电厂引进瑞士 ABB13E 型燃气轮机 1 台，简单循环出力 164MW，效率达 35.7%。广东佛山和顺德分别引进瑞士 ABB13D 型燃气轮机共 4 台，单台简单循环出力 97.9MW，效率达 32.3%，各电厂的机组普遍采用联合循环发电。全国联合循环装机容量达 5500MW，占燃气轮机和联合循环电厂总装机容量的 80%，其效率都达到 45% 以上。

目前，我国燃气轮机发电容量 7200MW（不包括港澳台地区）占全国发电总容量的 2.4%，远比国外工业发达国家的比例低，这说明我国燃气轮机的应用仍不普遍。

2. 我国的联合循环

20 世纪 70 年代初，我国开始研制联合循环，天津第二热电厂用哈尔滨汽轮机厂生产的 2.24MW 燃气轮机建成补燃余热锅炉型联合循环；四川乐山五通桥电厂用南京汽轮电机厂生产的 1.5MW 燃机，建成了 13.5MW 正压锅炉型联合循环；1984 年我国引进美国 GE 公司第一套 50MW 燃气—蒸汽联合循环装置。现已建的联合循环十余座，总容量超过 1000MW，先后装在大庆、中原、辽河、胜利、克拉玛依等油田地区和汕头、深圳、珠海等沿海经济开发区。华能在汕头、重庆建了 100MW 级联合循环机组，由两台 36MW 的燃机和一台 35MW 的蒸汽轮机组成。汕头是引进法国 Alsthom 公司燃用原油的燃气轮机，重庆是引进英国 JBE 公司用天然气的燃气轮机，其热效率分别为 45.6%、45.9%。浙江宁海的燃气—蒸汽联合循环电厂装机容量为 500～800MW，配置 2 台 100MW 燃机和 6 台 100MW 汽轮机，电厂效率达 47.8%。

上海宝钢电厂为充分利用其高炉煤气，于 1996 年底建成一座 150MW 余热锅炉型燃气—蒸汽联合循环热电联产的装置。采用瑞士 ABB 公司的 3600r/min 燃气轮机和发电机，瑞士 SLZER 公司的煤气压缩机和日本川崎的汽轮机（3000r/min），配以德国克林公司的变速齿轮箱，其原则性热力系统如图 3-3 所示。

高炉来的接近大气压的高炉煤气，先经除尘效率达 90% 的湿式电除尘器，再经两级煤气压缩机，将煤气压力压缩到略高于空气压气机的出口压力，并连续地将煤气输至燃烧器中

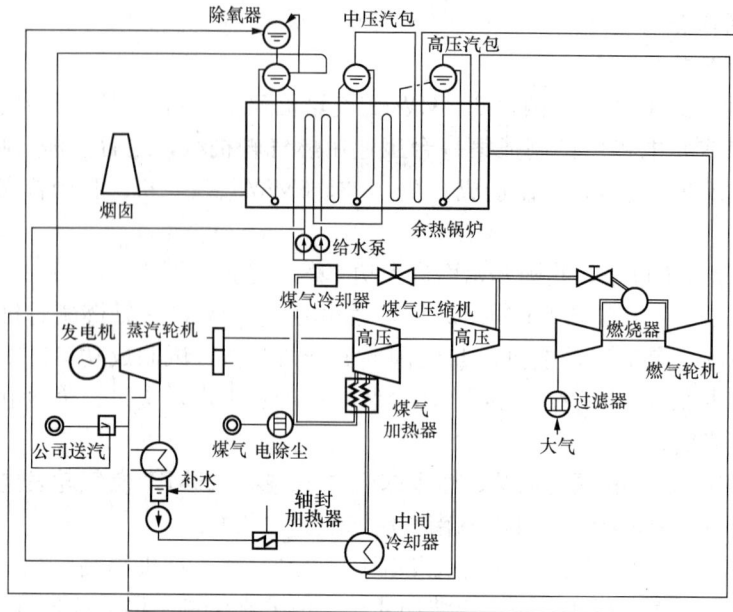

图 3-3　宝钢电厂150MW燃气—蒸汽联合循环热电合供装置的原则性热力系统

与压缩空气混合燃烧，产生 1158℃ 的燃气引至燃气轮机，排气温度 540℃，流量为 1 051 800m³/h（标准状态），逐排至余热锅炉。空压机的出口参数为 1.39MPa、372℃。

在余热锅炉中，燃机来排气将水加热成三个压力等级的蒸汽（5.92MPa、508℃，1.57MPa、262℃；0.12MPa、105℃），分别进入汽轮机的高、中、低压缸的进汽口，燃机排气被降至 110℃ 后送往烟囱。汽轮机的排汽压力为 96.7kPa。中压蒸汽还引至宝钢内部用汽。该装置联合循环时，总输出功率为 150MW，总热效率达 45.52%，已超过了目前超临界压力汽轮发电机组的水平。

全部采用国产设备的首套 51MW 余热锅炉联合循环装置已于 1996 年 7 月 23 日验收。其主要设备为南京汽轮电机厂生产的 PG6541B 型 37MW 燃气轮发电机组和 N15-3.43 型汽轮发电机组，杭州锅炉厂生产的国内第一台无补燃的自然循环锅炉。整个循环装置效率达到 42%，出力最高达到 53MW，热耗率为 8597.56kJ/(kW·h)，运行正常，并接近国外同类设备水平。南京汽轮电机厂现已生产改型机组 PG6551B，其功率达 38MW，所配汽轮机功率达 18MW，杭州锅炉厂已将蒸发量为 67t/h 的单压余热锅炉改为双压，使整个联合循环发电装置功率超过 55MW，热效率可达到 45%。

南京汽轮电机厂将进一步与 GE 公司合作，研制单机容量为 100～123.4MW 的燃气轮机，组成 300MW 等级的联合循环。江苏省与美国 WING 集团合资在苏北建一座 2400MW 的燃用液化天然气的联合循环电厂，并拟再建两座 2400MW 的联合循环电厂。华东地区是中国的工业发达地区，人口密度高，土地紧张，而且一些老电厂急需改进，采用联合循环技术，既提高热效率，又增加发电容量，且比新建电厂省投资、周期短。上海和南京等地区正与外商谈判引进联合循环装置，其总容量不小于 1000MW。浙江镇海厂扩建工程，正在建两套 300MW 级重油的联合循环装置。2003 年，总投资 25 亿元的"西气东输"配套工程华兴电力项目在张家港东郊动工兴建。该项目投资建设、经营 2 台 395MW 级燃气—蒸汽联合循环发电机组，这是国内 10 家燃机项目中第一个获得批准项目，发电主机设备从美国 GE 公司引进，是目前世界上性能可靠、技术先进的燃机设备。该设备以天然气作为发电燃料，年耗气量约 7 亿 m^3。2005 年 6 月 27 日凌晨，该联合循环发电项目工程 1 号机组顺利完成 168h 试运行，正式并网发电，成为我国第一批捆绑燃机招标项目 23 套机组中首套进入商业运行的机组，也标志着我国"西气东输"配套工程第一台大容量 9F 级燃气轮机成功发电。2005 年，上海化工区热电联供项目一号 300MW 联合循环机组，在 6 月 16 日顺利并网的基础上，于 6 月 30 日实现了满负荷发电能力。该机组燃气轮机是目前世界上第 15 台 9F 级 300MW 的大型燃机，也是我国第一批捆绑招标的第四台燃机，其供热发电的净效率可提高至 64%～82%，每年还可减少二氧化硫排放 3600t，机组每年消耗的 10 亿 m^3 西部天然气。

　　总之，我国的联合循环正向更大的容量等级发展，地域上已不局限于油田和经济特区，开始向内地拓展，但在试验研究、生产设备建设、技术人才的培养，以及经营管理等方面，还需做很多工作，以赶上世界发达国家联合循环装置的技术水平。

二、燃煤的联合循环

　　联合循环具有许多优点，但长期限于以石油、天然气作燃料。世界已探明化石燃料储量中，煤占 80%。我国煤炭资源丰富，已探明的储量约 1000Gt，占常规能源储量的 90% 以上，可开发的水能资源达 379GW，石油资源为 94Gt，天然气资源为 38 万亿 m^3。近年来，我国已发现新的大型煤、气油田。我国是世界上最大的煤炭生产国和消费国，2005 年全国煤炭产量突破 22 亿 t，煤炭消费占我国一次能源消费的 69%，比世界水平高 42 个百分点。随着我国国民经济的增长，能源将持续增加，但一次能源仍以煤为主，如表 3-1 所示。

表 3-1　　　　　　　　　　我国 1990～2020 年一次能源（预测）

年　份		1990	2000	2010	2020
总量（Mtce）		1309.99	1775.54	2308.15	2777.87
各品种比例（%）	煤　炭	74.25	71.23	68.53	63.91
	石　油	18.97	19.26	19.81	19.88
	天然气	2.01	2.65	3.89	6.23
	其　他	4.77	6.86	7.71	9.98

　　我国以燃煤发电为主，并将持续到 21 世纪中叶，如表 3-2 所示。已探明的煤炭储量中，煤中含硫量如表 3-3 所示。目前我国使用的动力煤，平均含灰量为 27%，高硫高灰煤的使用，对大气环境的污染，日益受到人们普遍关注，特别是 SO_x、NO_x 的排放污染尤为突出，其中 SO_2 排放占全国总排放量的 90%，NO_x 占 70%，粉尘占 70%，CO 占 71%。我国已是世界上大气污染物排放量最大的国家之一。在燃用高硫煤地区的酸雨危害已十分严重，例如，重庆市的烟气年排放量近 100 万 t，是世界上酸雨最严重的城市之一。

表 3-2　　　　　　　　　　我国 1990～2050 年电力发展预测

年　份	1990	2000	2010	2020	2050
总发电量（TW·h）	620	1400	2500	3200	7000～8000
总装机容量（GW）	138	300	540	800	1500～1800

续表

年 份		1990	2000	2010	2020	2050
其中	火电（%）	73.88	77.8	75.3	71.6	66.7
	水电（%）	26.1	21	20	21.5	15.2
	核电（%）	0	0.9	3.8	5.1	12.2
	再生能源发电（%）	0.02	0.3	0.9	1.8	5.9

表 3-3   我国煤的含硫量

含硫量	<1%	1%～2%	>2%
比 例	65%～70%	15%～20%	10%～20%

在常规火电厂中，煤通过在锅炉中燃烧加以利用，不仅低效而且污染环境，若采取烟气处理，使电厂投资大幅度增加，热效率下降 2%～3%。因此，世界主要工业发达国家都致力于研究高效、洁净的燃煤技术途径。美国于 1986 年率先提出洁净煤技术（Clean Coal Technology），提出相应示范计划，现已成为各国解决火电环境问题主要技术之一。而高效率、低污染、少用水的燃煤联合循环，就是一种先进的发电技术。

洁净燃煤发电技术，有循环流化床燃烧（CFBC），常压、增压流化床燃煤联合循环（AFBC-CC、PFBC-CC），整体煤气化联合循环（IGCC），整体煤气化燃料电池联合循环（IGFC-CC）及磁流体发电联合循环（MHD-CC）等。目前最有发展前途的是 PFBC-CC、IGCC，本节予以简介。

（一）流化床燃煤联合循环（FBC-CC）

1. 配流化床锅炉 FBC 的火电厂

循环流化床锅炉 FBC 可燃用高硫煤而不产生腐蚀，燃用低灰熔点的煤而不结渣，不因挥发分低而灭火；还可掺烧废弃不用的煤矸石，排放大气的 SO_x 不超标；负荷适应性强，既可带基本负荷又可调峰。自 20 世纪 80 年代第一台投运后，全世界已有 FBC 锅炉约 300 多台，其中 1995 年在法国投运的容量为 700t/h 的流化床锅炉是目前运行中最大的 FBC 锅炉，20 世纪末，300～400MW 级 FBC 锅炉已进入实用阶段。我国 FBC 锅炉起步较晚，已先后研制成 35、75、130、220 t/h FBC 锅炉 200 多台，并正研制 400 t/h 超高压再热式 FBC 锅炉，与 125MW 再热式机组配套。四川内江高坝电厂引进了芬兰奥斯通 410 t/h FBC 锅炉，与国产高参数 100MW 机组配套，该工程于 1994 年 8 月正式开工，1996 年 9 月顺利投入商业运行，是当时国内容量最大的、也是亚洲运行中容量最大的 CFBC 锅炉。2005 年底，四川白马 300MW 循环流化床示范电站已建成并网发电，它是世界上最大容量的循环流化床环保示范电站。白马电站是从法国引进大型循环流化床锅炉设计制造技术，同时引进一台 300MW 循环流化床锅炉设备建设的大型洁净煤发电示范工程。由于采用循环流化床燃烧技术，这种锅炉几乎可以燃用一切种类的燃料并达到很高的燃烧效率，实现高效率、低能耗、低排放，对开发利用四川低质高硫无烟煤资源，保护环境具有重要意义。四川白马循环流化床示范电站自 2006 年 4 月 17 日通过 168h 满负荷试运正式投入商业运行以来，目前机组运行稳定，各项运行经济指标及环保排放指标均能够达到设计值，尤其环保效应十分显著。经实际运行证明，通过炉内添加石灰石进行脱硫，烟气中 SO_2 和 NO_x 排放浓度均低于合同规定值[SO_2排放值为 $563mg/m^3$（标准状态），合同规定≤$600mg/m^3$（标准状态）；NO_x排放值为 $102mg/m^3$（标准状态），合同规定≤$250mg/m^3$（标准状态）]，创造了较高的社会效益及环保效益。

云南大唐国际红河发电公司开远电厂 $2×300MW$ 循环流化床（CFB）锅炉 2 号燃煤发电机组顺利通过 168h 满负荷试运，于 2006 年 6 月 3 日正式投入商业运营，这是我国又一台正式投入商业运营的 300MW 等级 CFB。该工程是以引进技术作为支持，由国内设备厂家设计、制造并投入试运行的两台 CFB 锅炉燃煤机组。该工程顺利投入试运行，标志着我国在采用引进技术、实施设备国产化的 CFB 锅炉应用方面又迈出新步伐，必将推动国产 CFB 锅炉朝更加先进合理、更大机组容量的方向发展，从而全面提升我国 CFB 锅炉技术的国产化水平，为发展具有自主知识产权的 300MW CFB 锅炉和 600MW 超临界 CFB 锅炉奠定坚实的基础。

2. 增压流化床锅炉 PFBC

流化床锅炉内气压可为常压流化（AFBC）和炉内气压为 $0.6～2.0MPa$ 的增压流化床（PFBC）两种。

PFBC-CC 是增压流化床联合循环（Pressurized Fluidized Bed Combustion Combined Cycle）的英文缩写词，采用增压流化床和燃气轮机代替燃煤锅炉，煤和脱硫剂在压力下燃烧，脱硫产生高温燃气，经除尘后引至燃气轮机做功，燃机排气经省煤器余热利用后排入烟囱，增压流化床锅炉产生的过热蒸汽引至汽轮机，带动发电机发电。

PFBC 技术自 1969 年首先在英国开始实验室研究。瑞典 ABB CARBON 公司开发成 P200 型 PFBC，于 1990 年先后在美国、西班牙、瑞典建成 Tidd、Escatron、Vartan 三座示范电站。其发电效率分别为 33.2%（Tidd 电厂）、36.4%（Escatron 电厂）、Vartan 电厂为热电联供，发电效率高达 86%。这几座示范电厂的主要特点是：

（1）结构简单。采用了工业界熟悉，技术成熟的燃气轮机、汽轮机、流化床，无需加装脱硫、脱硝设备即可满足环保要求。

（2）洁净燃煤。SO_x、NO_x 排放比常规火电厂下降 95%～99%，CO_2 排放比常规火电厂下降 15%。

（3）热效率高。第一代 PFBC-CC 因受耐高温材料限制，燃气初温只有 850～900℃，供电效率达 39%～41%，仅比常规蒸汽电站高 3%～5%，节煤 10%～15%。

（4）装置紧凑。由于采用了压力化的过程，故整个装置的体积较小，对场地受限的老电厂改造也很适合。因体积缩小，用材大为减少，以单位出力计，仅为常规电厂的一半左右。

3. 我国贾汪 PFBC-CC 中试电站

我国的 PFBC-CC 的研究起步较早，20 世纪 80 年代初期由东南大学（原南京工学院）进行试验研究，1984 年建成热输入为 1MW 的实验室试验电站。原国家计委于 1991 年将"增压流化床联合循环发电技术及装备研究"列为国家"八五"重点科技攻关项目，决定建设一座发电功率为 15MW 的 PFBC-CC 中间试验电站，建在徐州贾汪发电厂，由东南大学总负责，联合二十多个设计研究院（所）、制造厂共同攻关，现已建成。

该中试电站以贾汪电厂现有的中参数 12MW 凝汽式机组为基础，新装一台 60t/h 增压流化 PFBC 锅炉，燃机发电功率为 3MW，组成 15MW PFBC-CC 中试电站，属第一代 PFBC-CC，其原则性热力系统如图 3-4 所示。

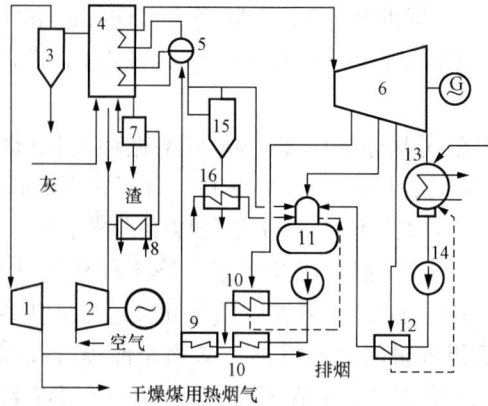

图 3-4　我国贾汪电厂 15MW PFBC-CC 中试电站原则性热力系统

1—烟气轮机；2—压气机；3—高温除尘器；4—PFBC；5—汽包；6—汽轮机；7—空气冷却器；

8—高温省煤器；9—低温省煤器；10—高压加热器；11—除氧器；12—低压加热器；

13—凝汽器；14—凝结水泵；15—排污扩容器；16—排污冷却器

该电站主要设备型号及参数如表 3-4 所示。

表 3-4　　　　　　　贾汪 PFBC-CC 中试电站主要设备型号及参数

主设备参数	型　号	参　数	容　量
PFBC 锅炉烟气	HG60/3.82	0.657MPa/800℃	60t/h
PFBC 锅炉蒸汽	PFBC	3.82MPa/450℃	—
燃气轮机	PT-270	0.594MPa/760℃	3MW
汽 轮 机	N12-35-2	3.43MPa/435℃	12MW
轴流式压气机	AV45 改型	$p_1=0.098$MPa，$p_2=0.722$MPa	$Q=27.22$kg/s
电动机/发电机	YCHCH900-4	6kV、984A、1500r/min	$P=9$MW

根据热力计算，额定工况时其发电效率 26.225%，发电标准煤耗率 0.468 4kg/(kW·h)。

英国、德国、瑞典等国建立的 PFBC-CC 中试装置都是以研究 PFB 锅炉系统为主，我国却是以整个 PFBC-CC 电站为中试目标，其具体目标为：①在调试成功连续运行 72h，进行累计 3000h 运行试验，对关键设备、部件作相应考核；②发电效率要比原凝汽式电站提高 3 个百分点；③高温除尘指标为含尘小于或等于 200mg/m³（标准状态），粒度小于 10μm，颗粒不大于 3%；④环保指标为 NO$_x$ 小于 0.0002，SO$_2$ 小于 0.0004，含尘小于或等于 200mg/m³（标准状态）。

总之，该中试电站将形成我国的 PFBC-CC 研究开发基地，对发展我国 PFBC-CC 发电技术起到多方面的推进作用。

增压流化床发电技术由于实现了联合循环，发电效率高于 CFBC 发电技术。目前第一代 PFBC-CC 电站技术已进入商业应用阶段。美国、瑞典、西班牙等国家都运行着 ABB 公司生产的单机容量最大的增压流化床联合循环（PFBC-CC）电站。日本正在安装的 P800 型（350MW）PFBC-CC 发电机组，发电效率可望达到 42%左右。

4. 第二代 PFBC-CC

第二代的 PFBC-CC 系统的主要特征是先将煤在气化炉中气化，产生煤气以前置燃烧的方法使燃气进口温度提高至 1200℃左右，联合循环热效率可达 45%～48%。主要有两种类型，一种是气化炉采用增压的部分气化炉，锅炉采用增压流化床锅炉（PFB），PFB出口的高温烟气并入前置燃烧室的煤气燃烧产物进入燃气轮机做功，另一种是气化炉同样采用增压的部分气化炉，而锅炉采用常压循环流化床锅炉（CFB），其系统如图3-5所示。CFB出口的高温烟气只用于预热空气或锅炉给水，不能进入燃气轮机做功。由于前一种技术采用PFBC燃烧技术，因而系统效率要高于第二种，但第二种单项设备的技术较为成熟，且便于旧电厂的改造，投资成本较低。结合徐州贾汪PFBC-CC中试电站的实际情况，国内相关部门拟定了第二代PFBC-CC中试电站的系统基本流程：原煤和脱硫剂在增压流化床部分气化炉中进行部分气化，产生低热值煤气和半焦，煤气经高温除尘器和中温过滤器除尘后进入燃气轮机前置燃烧室燃烧，产生的高温燃气进入燃气轮机膨胀做功，一部分用于驱动轴流式空气压缩机，另一部分对外发电；燃气轮机的排气进入省煤器加热进入循环流化床锅炉（CFB）的给水。由气化炉出来的的半焦和灰渣则一起进入CFB锅炉，CFB锅炉所需燃烧空气则由鼓风机提供，由半焦燃烧产生的蒸汽，驱动汽轮机发电，实现燃气—蒸汽联合循环发电。表3-5为该中试电站的主要参数。

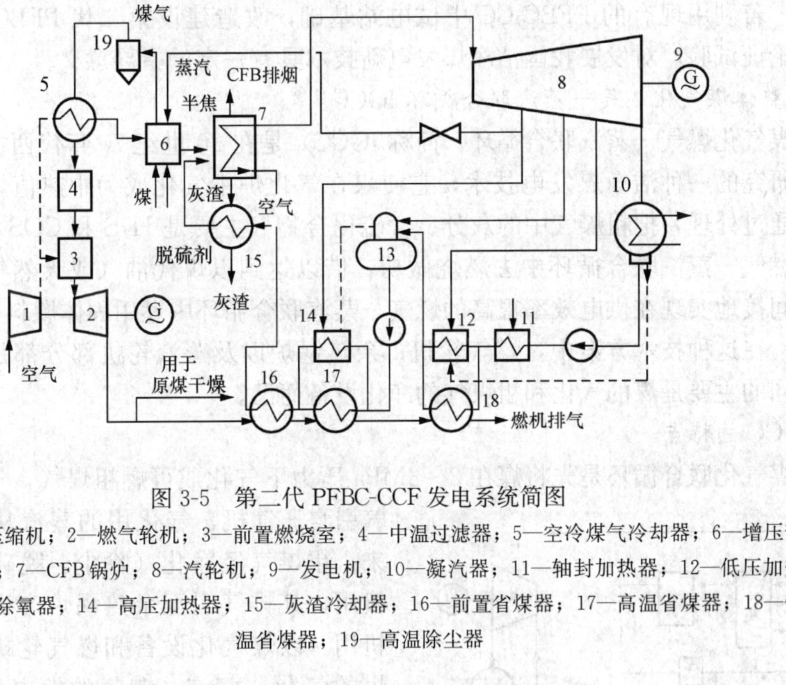

图3-5　第二代PFBC-CCF发电系统简图

1—轴流压缩机；2—燃气轮机；3—前置燃烧室；4—中温过滤器；5—空冷煤气冷却器；6—增压部分气化炉；7—CFB锅炉；8—汽轮机；9—发电机；10—凝汽器；11—轴封加热器；12—低压加热器；13—除氧器；14—高压加热器；15—灰渣冷却器；16—前置省煤器；17—高温省煤器；18—低温省煤器；19—高温除尘器

表 3-5　　　　　　　第二代 PFBC-CCF 中试电站初步方案主要参数

参　数　名　称	参数值	备　　注
气化炉能量转化系统	0.55	—
气化炉蒸汽/空气质量比	0.2	—
气化炉入口空气温度（℃）	600	—
气化炉煤气低位热值（kJ/kg）	5573.7	计算值
气化炉耗煤量[t(原煤)/h]	9.79	计算值
CFB锅炉蒸发量（t/h）	56.1	计算值
CFB锅炉效率（%）	92.8	计算值
压气机空气量（kg/s）	24.6	计算值

参 数 名 称	参数值	备　　注
压气机耗功（MW）	6.32	计算值
燃气轮机入口温度（℃）	1000～1100	计算值
燃气轮机膨胀功（MW）	12.59	计算值
燃气轮机发电功率（MW）	5.96	计算值
总发电功率（MW）	17.96	计算值
发电效率	0.322	原凝汽机组（12MW）发电效率为 0.237，第一代 PFBC-CC 机组设计发电效率为 0.262
发电标准煤耗率[g/(kW·h)]	382.09	计算值

第二代 PFBC-CC（APFBC）技术能够解决进一步提高联合循环系统的效率。目前，美国计划开发净发电量为 240MW 的 PFBC-CC 商业验证电站，英国则计划建设一座 90MW 发电量的 PFBC-CC 商业验证电站。

随着世界上 PFBC 技术向第二代发展的必然趋势，我国目前也在开展第二代 PFBC 的实验室研究。若利用现有的 PFBC-CC 中试电站基础，改造建设第二代 PFBC-CC 中试电站，进行工业论证试验，对发展我国洁净煤发电新技术具有一定的指导意义。

（二）整体煤气化燃气—蒸汽联合循环 IGCC

整体煤气化燃气—蒸汽联合循环（简称 IGCC）是在 20 世纪 70 年代西方国家石油危机时期开始研究的一种洁净煤发电技术，它使煤在气化炉中气化成为中热值煤气或低热值煤气，然后通过处理，把粗煤气中的灰分、含硫化合物（主要是 H_2S 和 COS）等有害物质除净，供到燃气—蒸汽联合循环中去燃烧做功，借以达到以煤代油（或天然气）的目的，这样，就能间接地实现在供电效率很高的燃气—蒸汽联合循环中燃用固体燃料——煤的愿望。

显然，在这种技术方案中，燃气轮机、余热锅炉以及蒸汽轮机部分都是常规的成熟技术，所不同的主要是煤的气化和粗煤气的净化设备而已。

1. IGCC 的特点

整体煤气化联合循环是先将煤在 2～3MPa 压力下气化成可燃粗煤气，气化用的压缩空气引自压气机，气化用的蒸汽从汽轮机抽汽而来。粗煤气经净化（除尘、脱硫）后供燃气轮机用，其排气引至余热锅炉产生蒸汽，供汽轮机用。以煤气化设备和燃气轮机取代锅炉，将煤的气化、蒸汽、燃气的发电过程组成整体，故称为 IGCC。一般由煤气发生炉及其净化系统、燃气轮机、汽轮机、发电机及有关附属设备构成，系统如图 3-6 所示。其主要特点为：

（1）热效率高。目前供电效率可达 40%～46%，随着科技的发展有望突破 50%。

（2）优良的环保性能。即使使用高硫煤，也能满足严格的环保标准的要求，SO_2、NO_x 排放量远低于目前美国环保标准允许值，脱硫率≥98%，废物处理量最少。

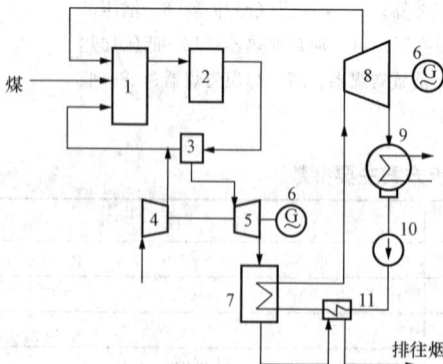

图 3-6　IGCC 系统示意图

1—气化炉；2—煤气净化装置；3—燃烧室；4—压气机；5—燃气机；6—发电机；7—余热锅炉；8—汽轮机；9—凝汽器；10—凝结水泵；11—给水加热器（排气冷却器）

（3）充分利用资源。IGCC 与煤化工结合成多联产系统，可同时生产电、热、城市煤气和化工产品（甲醇、尿素、汽油等）。

（4）易于大型化。目前国际上几大著名 IGCC 集团公司正在进行 500、600、800、1000MW 级以煤为燃料的 IGCC 机组的设计或建设工作，预计这些以煤为燃料的 IGCC 机组将于 2006～2009 年投运，发电效率设计值大于 43%，技术指标更为先进。

（5）耗水量少。IGCC 机组较常规汽轮机电站耗水量少 30%～50%。

（6）可以通过合理地选择气化炉型式和气化工艺品位的煤种。

（7）有利于促进我国先进工业技术和煤气化设备的制造业等的发展。

（8）对于大量使用天然气的燃气—蒸汽联合循环装置的国家来说，当天然气资源枯竭或价格昂贵时，IGCC 正是改造这些联合循环电站的最佳方案。它既便于对现有的蒸汽电站进行增容改造，又便于实施电站的"分阶段建设"方针，有利于最有效地利用建设资金。

但是，目前在 IGCC 的发展中，煤气化与净化的热损失还偏大，初投资也相对较高，单位千瓦投资为 1400～1600 美元（美国常规燃煤汽轮机组约为 1200 美元/kW），不适宜在功率较小的条件下使用，对制造工艺要求很高。但是降低单位容量投资的途径很多，如机组功率每翻一番，单位容量造价下降 10%～20%，燃用廉价高硫煤或采用多联产系统等等。

不同发电方式的技术经济比较如表 3-6 所示。

表 3-6　　　　　　　　　　不同发电方式的技术经济比较

项　目		燃煤火电机组		PFBC	IGCC
		常规	带 FGD		
电站规模（MW）	目　前	300～1300	300～1300	80～350	200～600
	2010 年			500	1000
供电效率（%）	目　前	36～38	34.5～36.5	36～39	40～46
	2010 年			45～50（第二代）	50～54
用水量比（%）		100	100	70～80	50～70
环保性能（排放量比）	SO_2	100	6～12	5～10	1～5
	NO_x	100	18～90	17～48	17～32
	粉　尘	100	2～5	2～4	2
	固态废料	100	120～200	95～600	50～95
	CO_2	100	107	98	95
单价（美元/kW）		1160	1400	1300～1400	1400～1700

美国最早发展洁净煤技术，并制定了五轮"洁净煤技术示范计划"，欧共体制订了"兆卡"计划，日本也成立专门机构，制定计划作为"阳光"计划的一部分。可见，各主要发达国家均积极发展洁净煤发电技术。

2. 美国的 Cool Water IGCC 电站

美国能源部、电力所、Texaco、GE 等公司与日本联合投资 2.74 亿美元，于 1981 年在美国南加利福尼亚州巴斯托布开始建设世界上首台 120MW IGCC 装置，称冷水工程电厂。

该工程于 1984 年建成投运以来，运行和试验证实装置性能良好，被誉为"世界上最洁净的燃煤电厂"，其系统如图 3-7 所示。

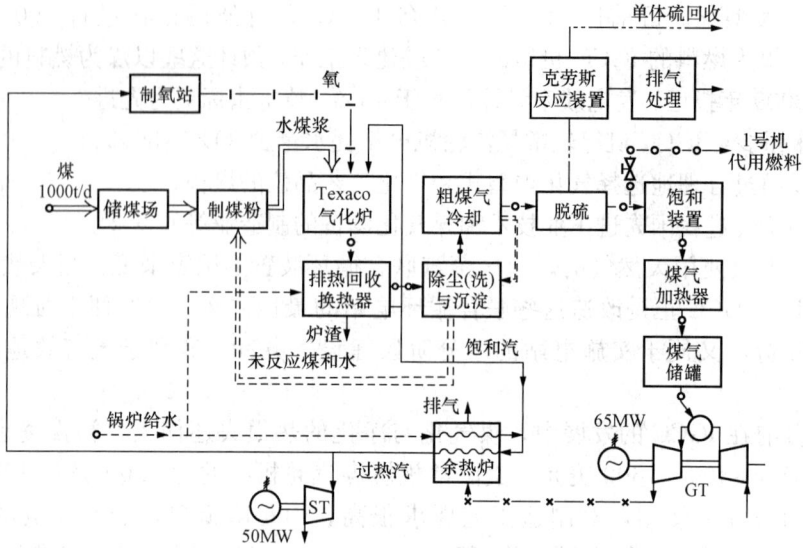

图 3-7 Cool Water IGCC 系统组成示意图

⇒煤；——蒸汽机；—I—I—氧气；—○—○—煤气；

----锅炉给水；=====残留物；----含硫气体

煤磨成粉同水混合成含煤 60％的水煤浆，制氧装置取自空气制成 99.5％纯氧，将氧气和水煤浆喷入容量为 1000t/h 的 Texaco 喷流床气化炉，在 1500℃高温、3.92MPa 高压的缺氧还原条件下，分裂反应成 10.467MJ/m³（标准状态）比能的煤气，其成分主要是 H_2、CO、H_2S。煤的灰分被气化炉中 1500℃的高温熔融后再凝固成玻璃球状。煤气通过两个 40m 长、5m 直径的合成气冷却器冷却，并同时产生水蒸气。煤气再用普通的湿法除尘脱硫净化。燃气轮为 GE 公司生产的容量为 65MW，进口温度为 1100℃，排气经余热锅炉用来产生蒸汽，连同煤气冷却器所产生的蒸汽引至容量为 55MW 的汽轮机。总容量共为 120MW，制氧用 20MW，净供电 100MW。气化热效率 99.9％，联合循环热效率 43.9％，机组的热效率不高，仅为 30.8％，但其污染物质排放量比燃用天然气的联合循环电厂还低得多，如表 3-7 所示。

表 3-7 　　　　　Cool Water 电站各项污染物排放比较　　　　　(IB/10⁶ BTU)

名 称	美环保局排放标准	冷水电厂的排放	常规燃煤电厂的排放
NO_x	0.6	0.059	0.3
SO_2	0.6~1.2	0.034	0.2
灰	0.03	0.001 3	0.03

冷水示范电厂工业性试验成功，促使各发达国家竞相进行数十万千瓦级 IGCC 的研制开发，正在兴建或计划新建的有 20 座左右，有的已属第二代 IGCC 商业示范电站。第二代 IGCC 的特点为：空气或富氧做气化剂，干法加料，空气分离装置产生的 N_2 回注到燃气轮机

做动力回收，进一步提高燃气轮机的入口温度到 1260～1300℃，发电净效率将提高至 44%～47%。

世界上已建成并运行的 250MW 及以上的 IGCC 电站如 1997 年建成的 Puertollano 电厂，净功率最大达 300MW，燃机功率 190MW，汽轮机功率 145MW。

但是，IGCC 系统复杂，技术难点也多，主要有：①整体化要求高，有诸多的子系统中任何一个发生问题，均会影响全局；②整体的协调控制相当复杂，各关联量的时间常数难以统一；③气化工艺是 IGCC 的经济性和可靠性的关键因素之一，有待进一步研究等。上述示范电厂均在投产后的几年里陆续遇到了一些问题，可用率受到影响，不过，目前这些问题已经解决，电厂可用率均为 70%～80%。

目前，以大型煤气化技术为基础的商业项目在全世界范围内如火如荼地开展，IGCC 发电只是其中的一部分，除此之外，还有煤化工、煤间接液化等项目。各国计划建设的 IGCC 电厂和以电为主的联产厂的情况为：中国 2004 年建神华漕泾 IGCC 电厂，Shell 气化炉，以煤粉为原料，产生电、合成气；波兰 2008 年建 Nuon IGCC 电厂，Shell 气化炉，以煤粉为原料，产生电、合成气等。

3. 发展我国的 IGCC

(1) 形势发展的需要。我国能源短缺，电力供应紧张，环境污染日趋严重，是困扰中国持续发展的主要难题之一。我国发电以火电为主，火电又以燃煤的汽轮发电机组为主，故煤耗高，耗水量大，环境污染严重。中国电力在今后相当长时期内仍将持续高速率增长，若不采用先进火电技术改造现有电站和建设新电厂，则能源、水源资源浪费和环境污染的问题势必更为严峻。

为实现可持续发展的战略目标，洁净煤发电技术是中国煤电的未来，发展 IGCC 是我国形势发展的需要。

(2) 已有发展的条件。我国从 20 世纪 70 年代中期就已开始相关的技术研究和应用开发工作。中国科学院工程热物理研究所、清华大学、浙江大学、东南大学、原电力部热工研究院等均在进行有关的基础研究和工程开发工作。

北京、山西的煤炭化学研究所，化工部西北研究院等进行了不同气化工艺的试验研究。中国还进口了多套不同用途的煤气化装置，如鲁南化肥厂等工程引进了 8 套 Texaco 气化炉，兰州煤气公司引进捷克固定床加压气化炉等。煤气常温湿法净化技术，在我国化工部门已比较成熟，高温净化技术研究已起步。南京汽轮电机厂和美国 GE 公司合作，已生产了 MS6000 系列燃气轮机及联合循环装置。中国科学院沈阳金属研究所已研制出用于 1100℃ M38 的高温合金材料。

目前中国已具有发展 IGCC 的基础条件。

(3) 我国筹建 IGCC 电厂。我国许多单位对 IGCC 用于发电、供热以及联产化工产品进行了许多可行性研究和开发工作。随着经济的发展，我国很重视与美、日、欧洲等同行进行国际交流和合作，中美能源会议，联合国科教文组织给中国搞清洁燃煤计划，科委攀登 B 计划，燃煤联合循环是主题之一。目前正积极争取国际合作，加紧开展 IGCC 关键技术研究，筹建大型 IGCC 示范装置。1994 年在国家科委领导下成立了 IGCC 领导小组，将洁净煤发电技术列为 21 世纪行动计划的优先项目，对拟建的 200～400MW IGCC 示范工程进行了可先行研究，有些地方在考虑筹建 50～100MW 级 IGCC 电站。在 21 世纪初，在我国建成

IGCC 电厂是可能的。

原国家计委于 1999 年批准了在山东省烟台发电厂建设中国第一座 IGCC 示范电站。规划建设两台 400MW IGCC 机组，发电效率大于 43％（LHV），一期工程先装一台。气化采用氧气气流床工艺，净化系统采用湿法煤气净化工艺，脱硫效率将达到 98％ 以上。通过该项目，将"IGCC 关键技术研究"列入了"九五"国家重点科技攻关计划，并在科技部和原国家电力公司的资助和组织下，由原国家电力公司热工研究院牵头，与国内电力、煤炭、化工、机械、高校和中科院等部门十几个单位协同攻关，于 2000 年全面完成了攻关任务。主要研究内容包括：①IGCC 发电系统总体特性及运行、自控技术研究；②气化炉工程化关键技术研究与开发；③高温煤气除尘脱硫技术研究与开发；④燃气轮机技术研究；⑤余热锅炉和汽轮机技术及设计方法研究。

2006 年，国内第一套具有自主知识产权的煤气化联合循环发电工程—250MW 级 IGCC 示范电站及绿色煤电技术国家实验室落户天津滨海新区。该示范电站包括气化岛、空分岛、合成气净化岛、硫回收岛、燃气蒸汽联合循环发电装置。气化炉的容量为 2000t/a，发电机组容量为 250MW 级，配备 50 000m³（标准状态）的空气分离装置。气化炉所产合成气的 80％ 用于联合循环发电；另 20％ 通过相接管廊提供本市渤化集团公司联产化工产品，可使渤化集团公司的产能提高 10％。通过双方中间产品的互补利用和相关设备的互为利用，实现循环经济理念。工程采用目前国际上最先进、碳转化率最高的洁净煤技术，属"清洁电厂"，废污水送污水处理站集中处理，二氧化硫、氮氧化物和粉尘均达到近零排放。工程已于 2007 年开工建设，计划 2009 年建成投产。

我国现已具有较多配 300MW 级容量 IGCC 机组的气化炉设计及建设经验，以及配 200MW 级及以下容量 IGCC 机组气化炉设计、建设、运行等业绩，已了解并基本掌握了 Texaco、Shell 等气化技术。国内气化技术开发已取得重大进展，具备包括气化炉本体等主要气化设备可以在国内加工制造，设备国产化率可达 90％ 以上的能力。IGCC 发电各个分项技术已相当成熟，其关键技术在于整体化，国内电力研究院所和设计单位开展了大量的研究工作，积累了一定的经验，为我国加快 IGCC 技术的应用步伐奠定了基础。立足国内技术力量，积极推进工程实践，有助于 IGCC 发电技术在我国的应用和发展，同时，我国《设规》对洁净煤发电技术的 CFB 和 IGCC 也作了相关规定。

目前，中国华能集团公司正在开始实施一项"绿色煤电"计划，通过两个阶段的研究和工程实施，力争在煤的高效环保综合利用技术方面有实质性进步，并走在世界前列。图 3-8 为我国"绿色煤电"的示意图。

三、热电煤气三联产燃气—蒸汽联合循环与多功能热电厂

煤中挥发分和部分固定碳受热后气化，产生煤气供民用；焦炭在锅炉中燃烧后产生的蒸汽，用于热电联产；热电煤气三联产是煤的化学能和燃烧热能梯级利用的例子，是煤炭综合利用的较好方式。

循环流化床燃烧的特点是可燃劣质煤、低温燃烧不产生或少产生 NO_x，并可掺烧石灰石脱硫的环保型锅炉。中国节能投资公司将 60％ 左右的资金投放到热电联产项目，至 1995 年底安排了 410 个项目，总投资 242 亿元，建设规模 9240MW。目前该公司立项的小型节能热电项目中，选用流化床锅炉占一半以上。

配循环流化床锅炉的热电厂，用循环流化床分离出来的 800～900℃ 热灰，作为干馏炉

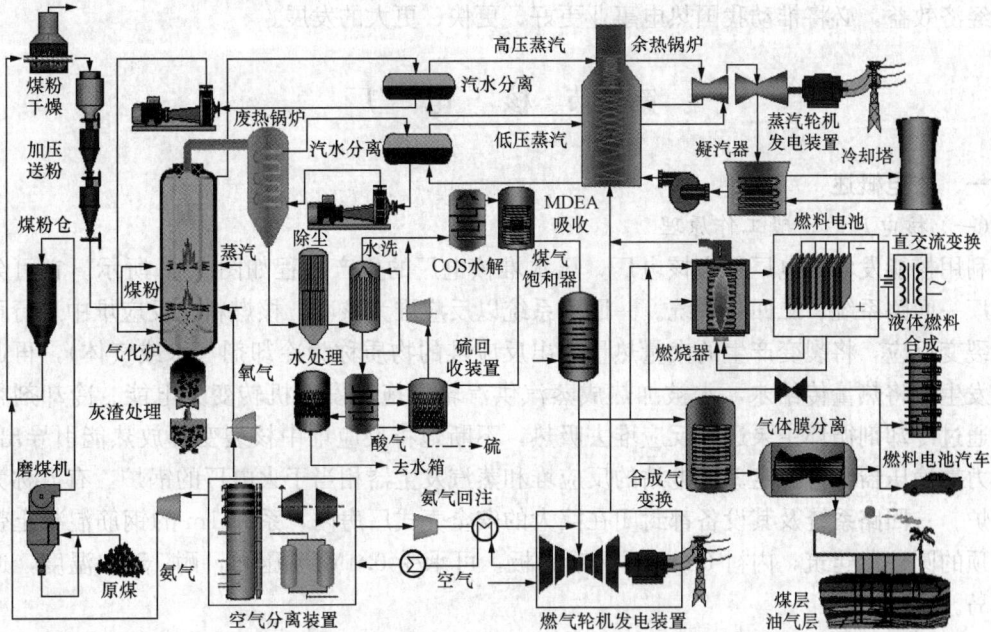

图 3-8　我国的"绿色煤电"示意图

中的热源，干馏新煤中的挥发分生产煤气，即热电煤气三联产，我国已试验成功。武汉市煤气热力公司在沌口采用清华大学与广西梧州锅炉厂合作生产的 35t/h 循环流化床联产煤气，吉林省辽源市煤气热力公司采用北京动力经济研究所，山东济南锅炉厂合作生产的 35t/h 循环流化床锅炉联产煤气的示范项目，到 2007 年底，两个项目正在建设中。

　　浙江大学提出将常压循环流化床锅炉和干馏煤气发生炉结合起来，实现煤气、热力和电力的联合发电方案。通过试验证实其可行性，并申请了专利。浙江大学与无锡锅炉厂，扬中长旺热电厂合作，研制 75t/h 热、电、煤气三联产装置，采用双循环回路结构，既可进行三联产运行，循环流化床也可独立运行，该工程已于 1995 年 4 月投运。据此提出三联产燃气—蒸汽联合循环发电装置的系统如图 3-9 所示，气化炉产生煤气净化冷却后送入燃机燃烧后供燃机发电，燃机排气送入余热锅炉产生蒸汽后送往汽轮机，据计算供电效率可达 45%。其特点是气化锅炉和燃烧炉均为常压，而且避开了高温除尘的困难。

　　中国节能投资公司又提出并正在实施建设多功能热电厂，即热电厂在热电联产时要供煤气、供冷，还利用炉渣生产建筑材料和化肥，用循环水的余热养鱼、养鳖等。这些方面的应用，均有成熟经验可循，但要将这许多方面集合于一个热电厂内实施，是前所未有的。若试验成功，不仅使热电厂更为清洁，而且将大幅度提高热电厂的

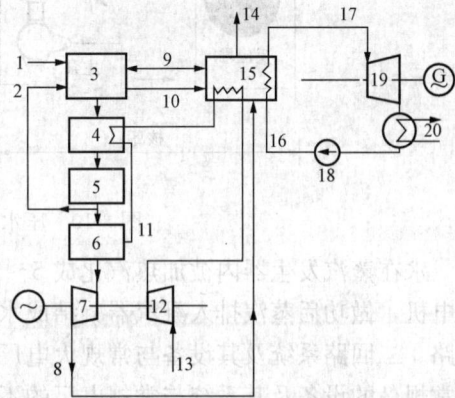

图 3-9　三联产燃气—蒸汽联合发电简图
1—煤；2—再循环煤气；3—气化炉；4—冷却器；5—净化器；6—燃烧室；7—燃气轮机；8—排气；9—循环物料；10—半焦；11—热空气；12—压缩机；13—空气；14—排烟；15—燃烧锅炉；16—水；17—蒸汽；18—水泵；19—汽轮机；20—凝汽器

综合经济效益，必将推动我国热电事业更好、更快、更大的发展。

第二节　核　电　厂

一、核电概述

（一）核电厂的一般工作原理

利用核能发电的电厂称为核电厂，压水堆核电厂的生产流程如图 3-10 所示。它可分为核电厂一回路系统、二回路系统。一回路系统以反应堆为核心，核燃料在反应堆中进行可控链式裂变反应，将裂变产生的大量热量带出反应堆的物质称为冷却剂（水或气体），再通过蒸汽发生器将热量传给水，水被加热成蒸汽供汽轮机拖动发电机转变为电能。冷却剂释热后，通过冷却剂循环主泵送回反应堆去吸热，不断地将反应堆中核裂变释放热能引导出来，其压力靠稳压器维持稳定。核电站的反应堆和蒸汽发生器相当于火电厂的锅炉，有人称为原子锅炉。一回路系统及其设备都封闭在巨大的安全壳式厂房内，系厚 1m 的钢筋混凝土带球面封顶的圆柱形建筑，内衬 6mm 不锈钢钢板，可承受 0.4MPa 压力，耐 150℃温度，通称为核岛。

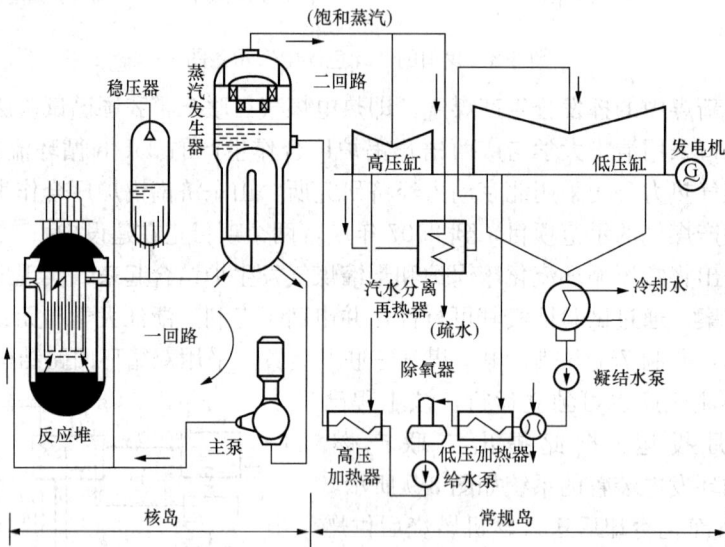

图 3-10　压水堆核电厂生产流程示意图

水在蒸汽发生器内被加热汽化成 5～7MPa 的饱和蒸汽（湿度约 0.5%），用于驱动汽轮发电机，做功后蒸汽排入凝汽器凝结成水，再通过回热系统后用泵送回蒸汽发生器，形成二回路。二回路系统及其设备与常规火电厂基本相同，其布置整体通称为常规岛。本节着重论述常规岛的设备及其系统与常规电厂的不同之处。

（二）核反应堆的堆型

中子速度越低，击中核燃料的原子核引起的核裂变的几率越大，慢化中子的物质称为慢化剂。按照反应堆中采用的中子慢化剂和冷却剂的不同可将反应堆分成很多类型。目前常分为四类，如表 3-8 所示。

轻水堆是目前核电站采用的主要堆型。根据 1992 年资料，已运行的核电厂中，以压水堆为主的有 240 个，沸水堆有 92 座，总电功率为 82 431.1 万 kW，占全世界核电厂总功率的 23%，在建的沸水堆有 4 座，总装机容量为 462.5 万 kW；正在新建核电站中，压水堆占 75%。轻水堆核电厂的突出优点是结构和运行比较简单，尺寸小，造价低，具有良好的安全性与经济性，因而得到广泛应用。

表 3-8　　　　　　　　　　　　　核电站反应堆的分类

堆　型			燃料	慢化剂	冷却剂
热中子堆	轻水堆 LWR	压水堆 PWR	浓缩铀	轻水	轻水
		沸水堆 BWR	浓缩铀	轻水	轻水
	重水堆 HWR	重水冷却型	天然铀	重水	轻水
		轻水冷却型	天然铀浓缩铀钚	重水	轻水
	石墨—气冷堆	一代	天然铀气冷堆	天然铀	石墨	CO_2
		二代	改进型气冷堆	低浓缩铀	石墨	CO_2
		三代	高温气冷堆	浓缩铀、钚	石墨	氦
快中子增殖堆			浓缩铀、钚	无	钠

压水堆的水压高约 12～16MPa，沸水堆的水压仅为 7MPa 左右，可将堆芯中产生的蒸汽直接送往汽轮机发电，省去易泄漏的蒸汽发生器，故只有一个回路，系统简化，但蒸汽带有一定放射性。前苏联多采用石墨水冷堆和石墨压水堆，用低浓缩铀作燃料，石墨作慢化剂，水作冷却剂。

（三）核电的优越性

从 20 世纪 80 年代开始，世界核能迅速发展，核电厂已是一种有竞争能力的新发电方式。核电站的优越性主要表现在以下几方面。

1. 化石燃料资源有限，核能资源丰富

电力生产中以火电为主，采用化石燃料（煤炭、石油和天然气），经百余年长期消耗已越来越少。据估计，世界上石油、天然气只能供应几十年，煤炭可供应几百年。而且化石燃料均是贵重的化工原料，为子孙后代着想，不能耗尽，应留给后代一些化石燃料资源。

实际可用的核裂变燃料为铀 235（^{235}U）、铀 233（^{233}U）和钚 239（^{239}Pu）。天然铀是 ^{235}U 和 ^{238}U 的混合物，且 ^{235}U 含量极少（占 0.7%），其余为 ^{238}U。以天然铀作核燃料的资源是有限的。可是在核电厂中，非裂变元素 ^{238}U，钍 232（^{232}Th），可转换成裂变元素 ^{233}U、^{239}Pu 而 ^{238}U、^{232}Th 的含量比 ^{235}U 大千百倍。因此，可开发的核燃料资源提供的核裂变能可用上千年，提供的聚变能可用几亿年。

如果说，世界能源由薪炭向化石燃料转换是第一次能源革命，那么现在正在进行的以核能为主替代化石燃料的变化过程，可以说是第二次能源革命。

2. 核能是安全清洁的能源

核电的安全性一直被人们重视。一般设有三道安全屏障：燃料元件包壳、一回路管道和容器、安全壳。核电厂正常运行时，排放的放射性剂量，可控制在远低于允许标准值以下，为天然本底放射性剂量的数十分之一。1979 年 3 月 28 日美国三里岛核电厂事故，正由于第三道屏障（安全壳）的作用，没有发生放射性物的大量外泄。而 1986 年 4 月 26 日前苏联切尔诺贝利核电站在停堆时酿成事故，恰恰是因为没有第三道屏障，造成大量放射性物外泄，是迄今最为严重的核电厂事故。由于这两次事故，各国更加重视并制定了更严格的放射性防护安全标准，并有严密的监测和控制。实际上，核电厂排出污染物对人类健康的危害比同规模的火电厂小得多。一座100MW核电厂与同等容量的燃煤火电厂相比，每年给大气减少的污染量约为：飞尘6000t、CO_2 800万t、SO_2 40 000t、NO10 000t。因而可以说核能是安全清洁的能源。

3. 核电经济上合算，特别是缺煤少油地区

核电与其他发电方式的经济性比较是较复杂的问题，因为：①不同时期，不同国家或地区的自然和社会背景下，其比较有较大差异。②无论核电或其他发电方式总是不断变化，如核电研制新型安全堆型，煤电的各种联合循环和洁净燃烧等新技术的发展。③核电与其他发电方式对自然环境和人类健康的影响很不相同，而环境和健康影响的评价又有较大的不确定性，如煤电排放的温室效应，核电的核废料处理等。

综上所述，核电的初投资较高，但其成本（以燃料费为主）却较低，如表3-9所示。而煤电成本又与含硫量（涉及脱硫费用）有关，一般高硫煤的燃料成本为低硫煤的1.1～1.4倍。

表 3-9   **2000年不同发电方式发电总成本构成比例**   美分/(kW·h)

发电方式	总成本	其 中		
		投资成本	可变成本	燃料成本
燃气轮机	3.84～6.96	0.75	0.12	2.97～6.09
燃煤电厂	5.52～6.84	3.6	0.36	1.56～2.88
IGCC	5.16～6.6	3.4	0.34	1.42～2.86
轻水堆核电	5.2～5.88	4.56	0.34	0.3～0.98
水力发电	2.28～3.36	1.68～2.76	0.6	—

1000MW的压水堆核电厂全年仅需低浓铀核燃料30～40t，而相同规模的煤电却年耗煤量在300万t以上，可见核电厂的燃料费比煤电低得多，而且大大缓减铁路运煤和燃料储存费用。正由于核电厂的燃料费低，故适于带基本负荷。

（四）核电厂二回路系统及其热力设备的特点

以我国秦山300MW压水堆核电厂二回路系统（见图3-14）为例，与同容量常规火电厂的热力系统相比，有其特点，主要有以下几个：

（1）工质为低压饱和蒸汽，工质流量和容积流量都大得多，额定工况的参数如表3-10所示。

表 3-10   **国产300MW火电、核电汽轮机热力参数**

项 目		火电汽轮机	核电汽轮机
主蒸汽	p_0/t_0 (MPa/℃)	16.18/550	5.345/268.1
	干度（%）	过 热	99.5
	比体积（m^3/kg）	0.021 05	0.036 56
	流量（t/h）	945	2015
排汽	压力（kPa）	5070.0	490.33
	干度（%）	93	90.54
	比体积（m^3/kg）	25.46	26.00

续表

项　　目		火电汽轮机	核电汽轮机
体积流量相对值	主蒸汽	1	3.764
	排汽	1	1.873
高压缸排汽	$p_{rh,i}/t_{rh,i}$（MPa/℃）	3.462/328	0.817/171.3
	湿度（%）	过　热	87.73
有效比焓降	高压缸（kJ/kg）	382.7	265.9
	中压缸（kJ/kg）	1317.2	799.68
级数	高压缸	9	2×9
	中压缸	11	—
	低压缸	2×2×6	2×2×7
湿蒸汽区级数		2	14
汽轮机保证热耗率（kJ/kg）		8189.4	10 760

图 3-11 为国产 300MW 火电机组与 300MW 核电机组的膨胀过程线，ab、bc、cd、de 段分别为 300MW 汽轮机组高中低压缸的膨胀过程，仅低压缸末端几级在湿蒸汽区；fg、gh、hi 为核电 300MW 机组的膨胀过程线，大部均在湿蒸汽区工作。

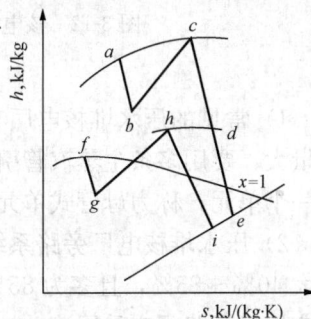

图 3-11　火电、核电汽轮机
蒸汽膨胀过程线

（2）核电饱和蒸汽轮机的结构特点。主蒸汽为饱和蒸汽或微湿蒸汽，必须先进行汽水分离。高压缸排出的蒸汽湿度较大，必须再加热到过热度为 70～80℃ 的过热蒸汽，才能使该排汽湿度在允许范围。再热器的特点是用主蒸汽或抽汽来作为加热蒸汽。在湿蒸汽区域的各级叶栅，应采取相应的去湿措施：如采用去湿装置，在静止零部件采用防锈耐蚀材料，末级叶片上镶硬质合金等。

核电汽轮机为单轴多缸，由一个双流高压缸和多个双流低压缸组成。因蒸汽在核电汽轮机内膨胀过程的焓降较小，可采用较少的热力过程级数。但低压缸发出功率约为整机的 65%～70%。核电汽轮机的主蒸汽压力温度比火电机组低得多，这是由于湿蒸汽与金属表面接触时的放热系数很大的特殊工作条件决定的。考虑高压缸的热应力，我国的核电 NH310 型机组仍采用双层结构的高压缸。

核电汽轮机的转速有半速（1500r/min）和全速（3000r/min）两种。采用半速时，低压缸可用较长的叶片，能提高低压缸效率。机组甩负荷时，水分汽化易超速。半转速时叶片弯应力只有原来的 1/4～1/3，即使超速，也只有原来的 1/2.8～1/2。而且半速还可减少叶片受水滴侵蚀的程度。

西门子公司对核电汽轮机的缸数、末级叶片高度 l 和整机长 L 与机组的容量 P_e、转速间关系作了详细计算比较，其结果如图 3-12 所示，背压 p_c 分别为 3.5、3.0、2.5kPa。由图 3-12 可见，采用半速时，汽缸数和整机长度可减少，但气缸尺寸要增大。

（3）核电汽轮机装置热力系统的特点。

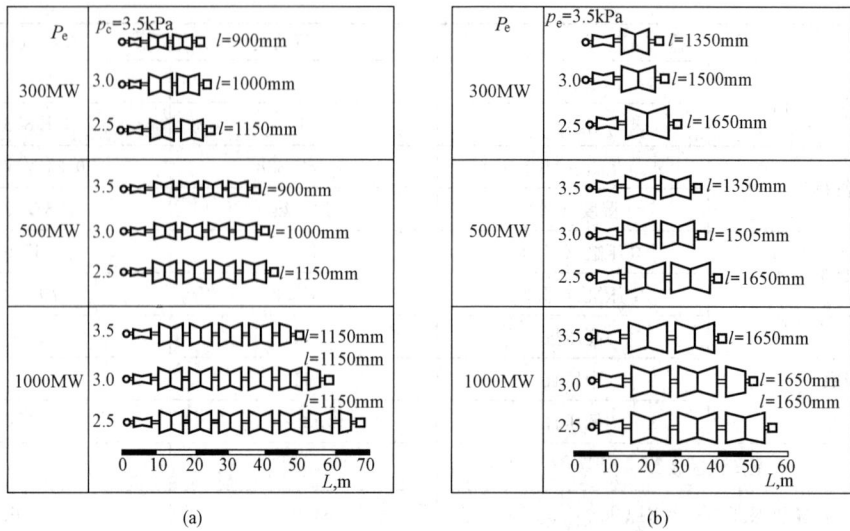

图 3-12　核电汽轮机数，末级叶高 l、p_c、p_e 和整机长度 L 的关系

(a) $n=3000r/min$；(b) $n=1500r/min$

1）常见的压水堆核电厂有多台蒸汽发生器向一台汽轮机供汽，需有蒸汽母管，因蒸汽流量大，要用多条主蒸汽管引至这台汽轮机。由蒸汽母管连接的一个反应堆及一台汽轮机组成一个单元，称为母管式单元制系统。

2）压水堆核电厂旁路系统的容量（详本书第八章第四节）比常规火电厂的大得多，一般大 40%～85%，且多为 85%，并需用整机旁路系统，当机组甩负荷时，才不至于关闭核反应堆。旁路阀应采用液动控制，能在 15s 内迅速开启，紧急时能在 2～4s 内开启。

3）给水系统也为母管式单元制系统。某 900MW 压水堆核电厂设置三台半容量给水泵，其中一台汽动泵，两台电动泵，每台流量 2275t/h。小汽轮机功率为 3350kW，且每台电动泵的电源均连接到一组双母线上，每条母线还都与柴油发电机组连接，以确保其用电不中断，有的核电厂采用两台电动给水泵，一台给水泵由柴油机直接拖动，另设事故给水系统，并应连锁以确保给水系统向蒸汽发生器供水。

4）由于流量大，高低压加热器组一般均为两行并列布置，其容量应满足事故时一列加热器解列，另一列高低压加热器可带 75% 的额定负荷。

5）蒸汽发生器泄漏时，由于一回路压力高，将造成二回路放射性污染，故必须有连续放射性监测装置。在除氧器排汽管出口也应有连续放射性监测装置。

（4）核电汽轮机运行特点。

1）主汽压力变化要严格控制，在 5s 内压力下降值不超过 7.1%～11%，压力升高值不超过 5.7%，否则必须停堆停机。

2）压水堆对汽轮机负荷的跟踪及适应性比常规火电厂锅炉差，不允许负荷大幅度变动，一般负荷变化为 5%/min，瞬间负荷变化率为 10%。当负荷变化率大于 10% 时，通过旁路系统来承担。

3）压水堆的热惰性大，若全厂出现失去厂用电或汽轮机甩负荷、凝汽器真空破坏等情况时，要求二回路能连续有效地向蒸汽发生器供水，同时将生成的蒸汽向大气释放，故须设对空安全阀。蒸汽发生器的安全阀容量一般为额定蒸流量的105%，当汽压达到额定压力的110%时动作。

4）汽轮机突然停机时，通过整机旁路将蒸汽排入凝汽器，并将剩余蒸汽排大气，以免反应堆温升过大。如秦山核电厂的整机旁路为70%，汽轮机空转汽耗为7%，带厂用电需耗汽7%，反应堆自调能力10%，故还剩下6%的蒸汽需排大气。

5）高、低压缸和中间汽水分离再热器排出的疏水量大，如秦山核电站约为269t/h，所有疏水管均应装自动逆止阀，以防止水进入汽轮机，甩负荷时水分经降压蒸发为蒸汽使汽轮机严重超速。为防止汽轮机超速，可在低压缸进口装快速截止阀。

6）饱和蒸汽汽轮机的启动时间比常规火电机组短，约可缩短1/3。

7）由于汽缸尺寸大，上下缸同一横断面的温差为10℃时，使间隙变化约10%，故应严格控制上下缸温差。

8）湿蒸汽通过的管道要定期超声波检查侵蚀情况。

（五）核电站的主要热经济指标

以图3-13压水堆核电厂为例说明其主要热经济指标（图中标明有关符号）。二回路系统汽轮机的汽耗D_0、汽耗率d_0、热耗Q_0、热耗率q_0以及绝对电效率η_e的计算，与常规火电厂的机组热经济指标计算是一样的。压水堆核电厂机组热耗率，一般为$q_0 = 10\,000 \sim 11\,000 \text{kJ/(kW·h)}$。

一、二回路的管道效率分别用η_p^{I}、η_p^{II}表示，蒸汽发生器的热负荷Q_{sg}的计算与式（1-31a）类似，即

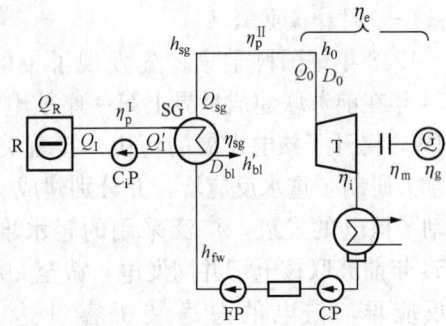

图3-13 计算用压水堆核电站的热力

$$Q_{sg} = D_{sg}(h_{sg} - h_{fw}) + D_{bl}(h'_{bl} - h_{fw}) \text{kJ/h}$$

式中 D_{sg}、h_{sg}——蒸汽发生器出口的蒸汽流量，kg/h 和蒸汽比焓，kJ/kg。

一回路反应堆热功率Q_R为

$$Q_R = \alpha A(\bar{t}_{sh} - \bar{t}_{ca}) \text{W} \tag{3-4}$$

式中 α——冷却剂与燃料元件包壳之间的平均对流放热系数，$\text{W/(m}^2 \cdot \text{℃)}$；

A——燃料元件总的放热面积，m^2；

$\bar{t}_{sh}$——燃料元件包壳外表面的平均温度，℃；

$\bar{t}_{ca}$——冷却剂平均温度，℃。

反应堆热量利用率η_R、蒸汽发生器热量利用率η_{SG}分别为

$$\eta_R = Q_{sg}/Q_R, \quad \eta_{sg} = Q_{sg}/Q'_1 \tag{3-4a}$$

一、二回路管道效率

$$\eta_p^{\mathrm{I}} = Q'_1/Q_1, \quad \eta_p^{\mathrm{II}} = Q_0/Q_{sg} \tag{3-5}$$

一回路管道效率$\eta_p^{\mathrm{I}} = 0.995$，二回路管道效率$\eta_p^{\mathrm{II}} = 0.99$，$Q_1$、$Q'_1$为一回路工质在反应堆中吸热量和传给蒸汽发生器的热量。

核电厂毛效率η_{as}（发电效率）为

$$\eta_{as} = \frac{3600P_e}{Q_R} = \eta_R \eta_{sg} \eta_p^{\mathrm{I}} \eta_p^{\mathrm{II}} \eta_t \eta_{ri} \eta_m \eta_g = \eta_R \eta_{sg} \eta_p^{\mathrm{I}} \eta_p^{\mathrm{II}} \eta_e \tag{3-6}$$

反应堆热功率 Q_R 又可写成

$$Q_R = \frac{3600 P_e}{\eta_{as}} \tag{3-5a}$$

核电厂净效率（供电效率）η_{as}^n 为

$$\eta_{as}^n = \eta_{as}(1 - \xi_{ap}) \tag{3-6a}$$

压水堆核电站的发电效率 η_{as} 一般为 $35.5\% \sim 38.5\%$，供电效率 η_{as}^n 一般为 $31.5\% \sim 34.5\%$，核电厂的厂用电率 ξ_{ap} 一般为 $6\% \sim 7\%$。

反应堆核燃料消耗率 b_{as} 为

$$b_{as} = \frac{3600 \times 10^3}{q_{nu}\eta_{as}} = \frac{3600 \times 10^3}{6.8 \times 10^{10}\eta_{as}} = \frac{0.054}{\eta_{as}} \quad g/(MW \cdot h) \tag{3-7}$$

1kg 核燃料的发热量 q_{nu} 为 $6.8 \times 10^{10} kJ/kg$。

二、国外核电事业

（一）国外核电概况

1938 年德国科学家首先发现了铀的核裂变现象，1942 年英国建成第一座核反应堆，1954 年在前苏联建成世界上第一座核电厂，它以低浓缩铀为燃料，石墨为减速剂，容量为 5MW，揭开了核电发展的历史。接着美国研制成轻水反应堆，英、法研制了气冷反应堆，加拿大研制了重水反应堆，并分别建成实用的核电厂。20 世纪 70 年代初的第一次石油危机推动了核电的发展，广泛采用的轻水堆、重水堆已发展为成熟的、安全可靠的能源。从 1954 年前苏联核电厂并网发电，截至 2005 年 3 月，全球有 30 个国家共计运行着 440 座核电反应堆，核电的总净装机容量达 366.472GWe；9 个国家正在建设 24 座反应堆（18.544GWe）；12 个国家已制定了共计 40 座反应堆（42.164GWe）的建设计划；共有 15 个国家拟建造 73 座反应堆（58.145GWe）。已经拥有在役、在建或拟建反应堆的国家或地区共有 37 个。2004 年的统计数据表明，核电占各国总发电量的比例，最高是法国的 85%，其次是立陶宛 72.1%，韩国 37.9%，德国 32.1%，日本 29.3%，美国 19.9%，英国 19.4%，巴基斯坦 2.4%。中国以 2.2% 列第 9 名。截至 2006 年底，核能在世界一次能源的地位已跃居到第三位，2020 年可望进入第二位。

1979 年美国三里岛核电站事故，特别是 1986 年前苏联切尔诺贝里核电站事故，对世界核电的发展产生了很大的负面影响，有的国家关闭了已运行的核电厂，有的国家将正在建设或计划建设的核电厂取消或推迟了。

另外，1999 年日本、韩国核电厂相继发生核泄漏事故，1999 年 9 月 30 日上午 10 时 35 分，在日本距东京东北约 160km 的茨城县东海钝，日本 JCO 公司的铀处理工厂，发生了特大核泄漏事故。该处理工厂的混合车间生产特殊的燃料——铀与硝酸混合物，是在技术工人将高纯度铀往特殊沉淀槽装填时发生，规定只可倒入 2.4kg 铀，却倒入 16kg 铀，虽不是核电厂的大爆炸，但大量含有强辐射的气体逸入大气层，核辐射危及公众的安全是非常严重的。

核电厂的发展已经历三代，目前正开展第四代核电厂的研发。第一代是指在 20 世纪五六十年代建成的试验堆和原型堆核电厂，如前苏联的第一核能电厂，美国的希平港压水堆核电厂等；第二代是指从 20 世纪 60 年代末期以来陆续投产至今还正在商业运行的核电机组及其反应堆，如 PWR、BWR、CANDU、WWER 等，其特征为标准化、系列化以及批量建设；第三代是指以满足《用户要求文件》(URD)为设计要求的，具有预防和缓解严重事故措施，经济上能与天然气机组相竞争的核电机组及其反应堆，如 AP-1000、EPR、SBWR 等；第四代是指目前正进行概念设计和研究开发的，可望在 2030 年建成的经济性和安全性更加优越、废物量极少、无需厂外应急并具有防核扩散能力的核能利用系统。

（二）国外核电发展的预测

今后核电的发展在相当大程度上以改进核电安全性为主，并在经济上更具有竞争性（如与联合循环和洁净煤技术等的竞争）。

快中子增殖堆能将非裂变元素^{238}U、^{232}Th 转换成可裂变的^{233}U、^{239}Pu，即每消耗一定的核燃料，可获得更多的燃料，故称为增殖反应堆。各国都致力研究，法国研制成"凤凰"原型快堆后，原联邦德国、意大利联合研制容量为 1200MW 的"超级凤凰"原型快堆，已于 1986 年 1 月投运。美国西屋公司设计的 600MW 先进压水堆核电机组（AP-600），模块式高温气冷堆。

在提高核电安全性方面，着重于严重事故预防和事故后果的减缓措施，事故概率降至可忽略程度（小于 10^{-7}/堆·年），即使发生事故，事故后果会完全包容在场内。

以前设计建造的核电厂寿命一般为 30 年，现有核电厂的退役已提上日程。据 1996 年 9 月 24 日国际互联网统计，迄今世界上已有 70 台核电机组、250 个研究堆退役；1996～2050 年期间运行满 35 年的核电机组有 63 台，1980 年以前投运的 207 座核电厂到 2010 年已运行超过 30 年，均要相继退役。大量核废料处理，涉及许多技术上、经济上因素。同时要为核电设备的更新换代，积极开发核电新技术。

总的说来，核电面临新的大发展和挑战并存，特别是缺化石燃料的地区，将会有更大的发展。

世界核电发展规模预测如表 3-11 所示。

表 3-11　　　　　　　　　世界核电装机容量预测　　　　　　　　　（GW）

年　份	2010	2015	2030
世界总计	385	452	418～640

现在的核电厂是通过重金属元素原子核发生裂变反应获得巨大能量的。核聚变反应则主要是借助氢同位素的聚变，这种原料在地球上几乎取之不尽。核聚变的放射性微乎其微，且不产生核废料，对环境的污染很小。因此核聚变被认为是未来解决世界能源和环境问题最重要的途径之一，对发展中国家和地区具有特别重要的意义。这一计划一旦成功，将为人类开发新一代战略能源带来一次革命。国际磁约束核聚变研究始于 20 世纪 50 年代。目前正处在点火装置和氘氚燃烧实验阶段，并逐步向反应堆工程实验阶段过渡。20 世纪 90 年代，国际磁约束核聚变研究取得了突破性的进展，获得了聚变反应堆级的等离子体参数，初步进行了氘—氚反应实验，得到 16MW 的聚变功率。可以说，磁约束核聚变的科学可行性已得到证实，有可能考虑建造"聚变能实验堆"，创造研究大规模核聚变的条件已经成熟。国际聚变研究在完成科学可行性验证后已于 1996 年正式定位为核聚变能源开发，其显著标志是国际原子能机构（IAEA）等离子体物理和受控核聚变研究国际会议于 1996 年正式更名为国际聚变能源大会。

近年来，各国在托卡马克装置上的核聚变研究不断取得令人鼓舞的进展。1991 年 11 月

9 日，欧共体的 JET 托卡马克装置成功地实现了核聚变史上第一次氘—氚运行实验，在氘氚 6∶1 的混合燃料(86％氘，14％氚)中，等离子体温度达到 3 亿℃，核聚变反应持续了 2s，产生了 1018 个聚变中子，获得的聚变输出功率为 1700kW，能量增益因子 Q 值达 0.11～0.12。虽然高峰聚变功率输出时间仅有 2s，但这是人类历史上第一次用可控方式获得的聚变能，意义十分重大。这一突破性的进展极大地促进了国际托卡马克实验堆计划的开展。1993 年 12 月 9 日和 10 日，美国在 TFTR 装置上使用氘、氚各 50％ 的混合燃料，使温度达到 3 亿～4 亿℃。两次实验释放的聚变能分别为 3000kW 和 5600kW，大约为 JET 输出功率的 2 倍和 4 倍，等离子体存在时间 2960ms。

"国际热核试验堆"计划已正式实施，包括欧盟、加拿大、俄罗斯、日本、韩国、中国和美国，它是在"国际空间站"、"人类基因组计划"之后，又一个大型的国际科技合作项目。世界首座核聚变反应堆建造计划在 30 年中总投资 100 亿欧元，其首期建造工程将持续 10 年，预计耗资 47 亿欧元，2005 年已经正式决定地点在法国。

三、我国的核电事业

(一)我国需要发展核电

1. 我国能源资源分布很不均匀

我国煤炭资源的 2/3 集中在华北、西北地区(山西、陕西、内蒙古西部)，70％的水力资源集中在西南地区；而人口相对集中，工农业比较发达的东部和东南沿海地区，煤炭、水力资源极其匮乏，交通运输紧张，用"北煤南运"和"西电东送"的办法来解决这些地区的电力增长需要是远远不够的。

2. 我国经济发达地区需要核电

东部经济发达地区如发展火电，要远距离输煤，使 48％ 的铁路运输能力、25％ 的公路运输能力被占，不仅使发电成本增加，而且加重这些地区的环境污染，故在这些地区发展核电是经济合理的。

3. 未来全国煤炭供不应求和环保要求

我国发电事业以火电为主，火电是三大耗煤行业之一，而且从 1988 年以来许多电厂用煤告急。2005 年我国煤炭产量已增加到 22 亿 t。目前我国大部分污染排放居高不下，除 CO_2 居全世界第二外，其他各类温室气体的排放均列首位，且占全球排放量的份额较大。目前，全国已有三分之一的国土形成酸雨区，因而，必须寻求新能源来取代化石燃料，如太阳能、地热能、风能、海洋波浪能以及生物能等。但这些新能源容量都较小，目前大容量发电的形式，当然是核电。

4. 全国电力需求要发展核电

我国的全国发电装机容量、年发电量均已居世界第二位，但人均用电量仅 165W 左右。按预测到 2020 年需装机容量 11.8 亿 kW，年发电量为 5.4 万亿 kW·h，届时人均用电量为 500W，大致相当于目前世界平均水平。可见，我国未来电力需求总量是巨大的。前面已指出，由于资源，环保的要求，需寻求新能源。核电技术是成熟的，运行安全经济实用，也是世界发电的重要能源之一，我国也必须发展核电。

(二)我国发展核电的物质基础和政策

我国有一定储量的铀资源，我国核工业发展已有四十余年，建立了从铀资源勘探、开采冶炼、铀同位素分离、核元件制造、核燃料后处理到三废治理，已建成生产堆、研究堆、动力堆等多种类型的核反应堆；拥有一支专业齐全、有多年设计制造运行管理经验的技术队伍，是发展我国核电的物质基础。

（三）我国的核电建设

我国核电发展起步于 20 世纪 80 年代中期，核电设计工作从 20 世纪 70 年代就已开始，经过了 300、600MW 和 1000MW 三个等级压水堆核电机组建设，已具有较强的设备国产化能力。300MW 国产化率达 80％以上，年生产能力可达 2 套机组，并可出口创汇，600MW 经努力国产化率可达 70％，年生产能力也可达 2 套机组，1000MW 机组在"十一五"期间国产化率经努力可达 50％。国内现有 3 个核基地，包括秦山 5 台、大亚湾 4 台、田湾 2 台，共 11 台机组。秦山一期 300MW 是我国第一座自主设计、建造和运营的机组，1991 年 12 月 31 日并网。秦山二期 600MW 机组，其中 1 号机组 2002 年 4 月 15 日投运；2 号机组 2004 年 5 月 3 日投运，三期从加拿大引进了两台 728MW 重水堆，1 号机组 2002 年 12 月 31 日投运；2 号机组 2003 年 7 月 24 日投运。田湾两台 1060MW 俄罗斯 AES-91 型压水堆核电机组 1999 年 10 月 20 日正式开工，2007 年 5 月 17 日 1 号机组正式投入商业运行。大亚湾机组是 20 世纪 80 年代末从法国引进两台 900MW 压水堆机组，1994 年 2 月和 5 月分别投入运行。20 世纪 90 年代中期，在大亚湾附近的岭澳建设了与大亚湾相同的压水堆 1000MW 机组，已于 2002 年和 2003 年分别投入运行。迄今为止，我国已建成 11 台核电机组，总装机容量达 9068MW。

1. 秦山一期 300MW 核电厂

浙江秦山 300MW 核电厂是我国自行设计和建造的第一座工业示范性压水堆核电厂。其二回路原则性热力系统如图 3-14 所示。

该 300MW 核电汽轮机为单轴三缸（一个双流高压缸、两个双流低压缸）四排汽，高低压缸之间设有汽水分离再热器的凝汽式汽轮机。具有七级非调节抽汽，分别供三台高压加热器，一台除氧器和三个低压加热器。

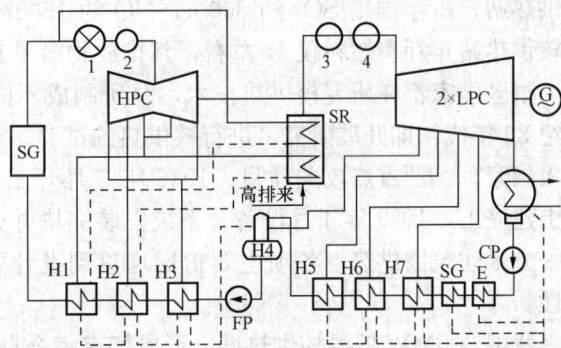

图 3-14 秦山 300MW 核电厂二回路原则性热力系统
SG—蒸汽发生器；HPC—高压缸；LPC—低压缸（两个双流缸）；SR—汽水分离再热器；H1、H2、H3—高压加热器；H4—除氧器；H5、H6、H7—低压加热器；FP—给水泵；CP—凝结水泵；SG—轴封冷却器；E—射汽抽气器冷却器

从蒸汽发生器二次侧来的主蒸汽经自动汽门 1 和调节阀 2 进入高压缸，在高压缸做功后排汽进入汽水分离再热器，先进行汽水分离，之后进一步加热经低压截止阀 3 和低压调节阀 4 进入低压缸，在低压缸继续做功后的排汽进入凝汽器，被循环水（海水）冷凝成水后，由凝结水泵压送，经射汽抽气器冷却器 E、轴封冷却器 SG 和三个低压加热器 H7、H6、H5 送进除氧器 H4。除氧后的水由给水泵压送，经三台高压加热器 H3、H2、H1 后，进入蒸汽发生器 SG 的二次侧。第一级抽汽引至一号高压加热器加热给水并送往汽水分离再热器的一级再热器作为加热蒸汽。汽水分离再热器中二级再热器的加热蒸汽是采用主蒸汽。高低压加热器的疏水，均采用疏水逐级自流方式，该汽轮机的主要参数见表 3-10。

秦山核电厂工程于 1985 年 3 月开始了主体工程建设，于 1991 年 12 月并网发电调试成功，于 1994 年 4 月投入商业运行，运行情况良好，环保监测值符合国家限值规定。

秦山核电厂的建成，结束了我国大陆无核电的历史，使我国成为世界上第 7 个能自行设计、建造首座核电站的国家。通过该工程掌握了核电技术、取得了经验，锻炼了技术队伍，从而为我国核电事业的进一步发展奠定了良好的基础，并开始进入国际市场。1991 年 12 月，我国与巴基斯坦签订了出口 300MW 核电站的合同，由我国以交钥匙工程的模式承包建设。

已经投入运行的 11 台核电机组安全情况良好，没有发生 2 级或 2 级以上的运行事件，核电厂放射性排出的排放量远低于国家规定的限值。环境监测结果表明，核电厂周围地区的放射性水平一直保持在环境本底水平，核电厂的运行没有给当地环境带来不利影响。

我国核电建设取得了显著的成就，但是同发展核电的先进国家相比，我们还有很大的差距。我国核电机组（包括运行的和在建的）的装机容量不仅比美国、法国低得多，而且比我们周边国家（日本、韩国、俄罗斯）少，只相当于它们的 $1/5 \sim 1/2$。为了适应中国社会、经济发展的需要，我国政府已经决定要积极推进核电的发展。

2. 5MW 低温供热堆

前面已经指出，能源耗费中以热能为主，而热能耗费又以 120℃ 以下的低温热能为主。发展低温核供热堆，实现"以核代煤"，不仅可解决我国东北、华东地区的煤源短缺，减轻北煤南运，西煤东运的运输负担，缓解这些地区的严重污染等问题。据估计，一座 400MW 燃煤供热站，每年排出 SO_2 约 8000t，NO 约 1500t，CO_2 数十万吨，烟尘及灰渣约 10 万 t，而核供热站年耗费燃料仅 1t 左右，其排放物微乎其微。

很多国家都在研究核供热技术，并研制成不同堆型，有的已建成核供热站。我国在 20 世纪 80 年代初即开展研究，进行核供热的试验。清华大学于 1984 年 3 月提出方案，经批准列入国家"七五"重点攻关项目。1986 年 3 月开工兴建 5MW 低温核供热试验室，1987 年 9 月土建完工，1989 年 4 月设备及系统安装完毕并开始调试，向清华大学核能技术所的 5 万余平方米建筑物供热，各项主要指标均达到设计要求，核堆具有很好的可运行性及固有安全性。

我国 200MW 低温核供热堆已形成拥有完全自主知识产权的技术体系，处于商用示范堆建设并进而实现产业化的阶段。我国在核供热领域已跨入世界先进水平。现已有二十多个城市，企业迫切要求建核供热站，国外愿合作将核供热站用于海水淡化。实现核供热站商品化，建设核供热示范电站已提上议程。核供热堆已被列入《当前国家重点鼓励发展的产业、产品和技术目录（2000 年修订）》。随着我国北方城市集中供热面积的逐渐扩大，核供热堆在区域供热领域拥有广阔的潜在市场。伴随着经济体制改革的深化，福利型供热体制也必将走向市场化。严格控制二氧化碳和二氧化硫的排放量、限期减少重点城市和行业的排放量、开征相当于现行排污费 10 倍的污染税、强制推行清洁煤和烟气脱硫技术等措施的逐步实行，将进一步提高核供热堆的经济竞争力。沈阳市低温核供热产业化示范工程项目建设规模为 2×200MW，供热面积为 $8 \times 10^6 m^2$，与调峰锅炉联合运行可供 $11 \times 10^6 m^2$ 建筑物所需的供热能量。原国家计委已于 2001 年批复了 200MW 低温核供热产业化示范工程沈阳建设方案。

3. 我国的可控核聚变研究

世界各国都在加紧研究受控核聚变装置，因为人类面临着环境和能源危机，目前大量使用的矿物能源，不仅造成各种严重的污染和"温室效应"，而且大约在 200 年之内，石油、煤和天然气资源都有枯竭之虞。从长远来看，核能将是继石油、煤和天然气之后的主要能源，人类将从"石油文明"走向"核能文明"。

我国从事受控核聚变研究的主要有两个机构：核工业部西南物理研究院和地处合肥的中科院等离子物理研究所，已经研究理论40余年。2006年，由中科院等离子体物理研究所自行设计、研制的世界上第一个非圆截面全超导托卡马克EAST(原名HT-7U)核聚变实验装置，并已成功进行了首次工程调试。2006年正在为即将进行的首轮物理实验做最后的准备工作，为当年内成功运行提供必要的数据和经验积累。届时EAST实验装置如正式放电成功，即意味着合肥成为世界上第一个建成此类全超导非圆截面核聚变实验装置，并能实际运行的地方。EAST实验装置旨在探索可以得到无穷尽清洁能源的途径，相当于人类为自己制造了一个小太阳。

（四）我国核电的预测

2007年11月3日国务院批准《国家核电发展专题规划（2005～2020年）》（以下简称"规划"），根据该规划，我国的核电发展指导思想和方针是：统一技术路线，注重安全性和经济性，坚持以我为主，中外合作，通过引进国外先进技术，进行消化、吸收和再创新，实现核电厂工程设计、设备制造和工程建设与运营管理的自主化，形成批量建设中国自主品牌大型先进压水堆核电厂的综合能力。发展目标是：到2020年，核电运行装机容量争取达到4000万kW，并有1800万kW在建项目结转到2020年以后续建。核电占全部电力装机容量的比重从不到2%提高到4%，核电年发电量达到2600亿～2800亿kW·h。

根据国家发改委的规划，到2020年，国内核电装机比重将从1.6%上升到4%左右，具体说来在2006～2015年就要建造30套1000MW机组。在目前在建和运行核电容量1696.8万kW的基础上，新投产核电装机容量约2300万kW，同时，考虑核电的后续发展，2020年末在建核电容量应保持1800万kW左右。

2007年5月22日，由国务院和中国核工业集团等4家国企共同出资组建的国家核电技术有限公司正式挂牌成立。它将承担起第三代核电技术的引进、消化与自主创新重任，这也意味着中国核电自主化发展正驶入一条快车道。国家核电技术有限公司的职责是：代表国家对外签约，受让第三代先进核电技术，实施相关工程设计和项目管理，通过消化吸收再创新形成中国核电技术品牌的主体。由于第三代核电技术的引进、消化和吸收难度很大，一般企业无力承担，组建国家直接控股的专业公司，可以集纳优势资源，在更高的起点上创新，有利于国家能源安全。

自2004年中国启动第三代核电技术招标以来，有国外三家公司展开了旷日持久的争夺。2006年12月16日，国家发改委宣布，引进西屋电气的AP1000技术建设浙江三门和广东阳江的4台核电机组。AP1000作为西屋公司开发的第三代先进压水堆核电技术，是目前唯一得到美国核管会最终设计批准的新一代商用核电技术。不过，该技术在中国落地，还是它在世界范围内首次实现商用化。中国第三代核反应堆的示范项目计划2013年投入运营，2015年开始批量建设，预计到2020年成为国内核电厂的主流技术。

经预测，要实现核电中长期发展规划，从2007年起，未来14年核能总投资将高达500亿美元左右，这使得国际核能巨头纷纷将中国视为最大潜在市场。但是，国家核电技术公司的成立表明，中国核电将坚持走自主发展道路。AP1000技术引进已拟定国产化路径：第一步，外方为主中方参与设计；第二步，以中方为主进行设计，外方提供技术咨询；第三步，设计和建造自主品牌的大型压水堆核电站。据悉，中方通过 4 座三代核电机组的引进消化吸收后，第 5 台核电机组的建造就将实现 AP1000 的自我设计目标。

第三节 地 热 发 电

能源在国民经济中具有特别重要的战略地位。我国目前能源供需矛盾尖锐，到 2020 年，满足持续快速增长的能源需求和能源的清洁高效利用，是对能源科技发展提出重大挑战。推进能源结构多元化，发展地热能、太阳能、风能、海洋能和生物质能等可再生能源，以适应能源发展的需要是非常紧迫的任务。

一、地热资源

据估计，在地壳表层 10km 的范围内，地热资源就达 12.6×10^{23} kJ，相当于 4.6×10^{16} t 标准煤，即超过全世界煤技术和经济可采储量热值的 70 000 倍。

中国地处欧亚板块的东南边缘，在东部和南部与太平洋板块和印度洋板块连接，是地热资源丰富的国家之一。据原地矿部统计，地热资源的远景储量为 1553.5×10^8 t 标准煤，推测储量为 116.6×10^8 t 标准煤，探明储量为 31.6×10^8 t 标准煤。中国的高温地热主要分布在西藏南部、云南西部、福建、广东、台湾等地；中低温地热遍及全国各地，仅自然露头就有 3000 多处。迄今中国已发现的温度最高的地热钻井为西藏羊八井 2004 号钻井，温度高达 329.8℃，属世界少有的高温地热。

二、地热发电

地热发电是地热能利用的最主要方式。高温地热流体应首先应用于发电。根据地热流体的类型，目前有两种地热发电方式，即蒸汽型地热发电和热水型地热发电。

（一）蒸汽型地热发电

蒸汽型地热发电是把蒸汽中的干蒸汽直接引入汽轮发电机组，但在引入发电机组前，应把蒸汽中所含的岩屑和水滴分离出去。这种方式最为简单，但干蒸汽地热资源十分有限，且多存于较深的地层，开采技术难度大，故发展受到限制。

（二）热水型地热发电

热水型地热发电是地热发电的主要方式，分为闪蒸式（也称扩容法地热发电）和双循环式（也称中间介质法地热发电）两种。

1. 闪蒸式地热发电（扩容法）

闪蒸式地热发电系统如图 3-15 所示。从地热井输出的具有一定压力的汽水混合物，首先进入汽水分离器，将蒸汽与水分离。分离后的一次蒸汽进入汽轮机，而分离后的地热水进入减压器（也称闪蒸器或称扩容器），压力下降，一部分地热水变为二次蒸汽（压力比一次蒸汽低），被引入汽轮机低压段。一次蒸汽和二次蒸汽驱动汽轮机，推动发电机进行发电。

这种发电方式的系统比较简单，一般适用于压力、温度较高的地热资源，要求地热井输出的汽水混合物温度在 150℃ 以上，用过后的排水（从减压器排出的地热水）温度较高，可排入回灌井或

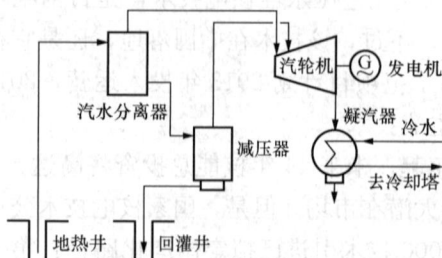

图 3-15　闪蒸式地热发电系统

作其他用途。目前世界各国地热发电大多采用此法，应用较好的国家有日本、新西兰、美国、意大利、菲律宾、墨西哥等。

2. 双循环式地热发电（中间介质法）

双循环式地热发电系统的流程如图 3-16 所示。地热水与发电系统不直接接触，而是将地热水的热量传给某种低沸点介质（如丁烷、氟利昂等），使低沸点介质沸腾而产生蒸汽，再引至汽轮机进行发电，形成一个封闭循环。这种发电方式由地热水系统和低沸点介质系统组成，故称之为双循环式或中间介质法地热发电。其工作过程是：地热井输出的热水进入换热器，在换热器中将热量传给低沸点介质，放热后温度降低了的地热水排入回灌井或作其他应用。低沸点介质

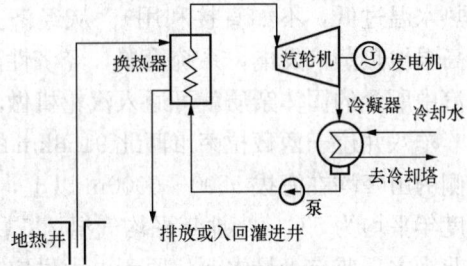

图 3-16　双循环式地热发电系统

在换热器中吸热后变为具有一定压力的蒸汽，推动汽轮机并带动发电机发电。从汽轮机排出的汽体，在冷凝器中凝结成液体，用泵将液体送入换热器，重新吸热蒸发变成汽体。如此周而复始，地热水的热量不断传给低沸点介质，便可连续发电。

这种发电方式比闪蒸式发电系统复杂，对于温度较低（一般在 150℃ 以下）、不宜采用闪蒸式发电的地热水，可以采用此方式。从理论上讲，几十度的地热水便可用双循环式进行发电，但温度过低时经济性差。从经济性考虑，一般温度在 90℃ 以下的地热水不宜用来发电，可直接用于供热。

双循环式地热发电也可以采用井下换热的方法，即将换热器做成适合置于地热井中的形式（例如采用 U 形管或同轴管），低沸点介质在管内流动，直接在井下吸热，产生具有一定压力的蒸汽，然后驱动汽轮机并带动发电机发电。这种方法不需要抽取地下热水，只要将热量取出即可。它有很多优点：不抽出地热水，无排水污染环境的问题；有利于保护地热资源；无过量开采影响地面沉降之忧；可减轻地热水的腐蚀问题。但该方法也受下列因素的限制：要求地下水的流动性（渗透性）较好；地热资源不宜太深；与抽出地热水相比，只能获取一部分热量。

目前已有井下换热器供热的实用装置，而用于发电的装置正处于实验研究阶段。我国地热资源丰富，绝大多数省区都有地热资源，但适宜发电的高温资源只有西藏、云南等少数地区。目前我国建成的地热电站主要在西藏，拉萨附近的羊八井电站（闪蒸式）及那曲电站（双循环式），运行良好，效益显著。

地热是大自然赋予我们的宝贵资源，它不能搬运，只可就地利用，但转换成电能后便可以远距离输送。近十几年地热发电技术发展较快，在一些国家地热发电已经可以与常规能源发电相竞争，经济效益和环境效益显著，有很好的发展前景，但地热发电单机容量较常规蒸汽发电机组的小得多。

二、国内外地热发电

1904 年，意大利在拉德瑞罗地热田建立了世界上第一台地热发电机组。到 2002 年底，世界上已有 21 个国家利用地热发电，总装机容量达 8438MW，生产电力约 50 000GW·h，其中以美国、菲律宾、意大利、墨西哥、印度尼西亚、日本、新西兰等国较多。估计全世界尚有地热发电资源潜力 97 061MW。

我国从 20 世纪 70 年代初开始研究地热发电，相继建成一批小地热发电机组：广东丰顺邓屋 386kW，江西宜春温汤 50kW，河北怀来 20kW，湖南灰汤 300kW，辽宁熊岳 100kW，西藏那曲 1000kW，西藏朗久 2000kW 等。目前，温汤、怀来、熊岳、地热发电试验机组在结束试验运行后均已拆除，其余一些机组有的尚在断断续续运行，有的已长期停运（主要因地热水温过低，不如直接利用）。从经济上考虑，地热发电要 150℃ 以上的高温地热资源。用高温地热蒸汽发电，系统简单，经济性高，来自地热井的蒸汽只要经井口分离装置分离掉蒸汽中所含的固体杂质就可通入汽轮机做功发电，排汽经冷凝后排放。

羊八井位于西藏拉萨市西北 91.8km 的当雄县境内。热田地势平坦，海拔 4300m，南北两侧的山峰均在海拔 5500～6000m 以上，山峰发育着现代冰川，藏布曲河流经热田，河水温度年平均为 5℃，当地年平均气温 2.5℃，大气压力年平均为 0.06MPa。附近一带经济以牧业为主，兼有少量农业，原无电力供应，青藏、中尼两条公路干线分别从热田的东部和北部通过，交通方便。

1975 年以来，水电和地矿等部门进行了大量的考察和勘探工作，并以卫星测量资料为补充分析资料。按照推算方法，圈定该热田热储面积为 14.7km^2，天然热流量为 10～12 万 kcal/s。经勘探证实，浅层地下 400～500m 深，地下热水的最高温度为 172℃。1977 年 10 月，羊八井地热田建起了第一台 1000kW 的地热发电试验机组。经过几年的运行试验，不断改进，又于 1981 年和 1982 年建起了两台 3000kW 的发电机组，1985 年 7 月再投入第四台 3000kW 的机组，电站总装机容量已达 10 000kW。

羊八井地热发电是采用二级扩容循环和混压式汽轮机，热水进口温度为 145℃。羊八井地热田在我国算是高温型，但在世界地热发电中，其压力和温度都比较低，而且热水中含有大量的碳酸钙和其他矿物质，结垢和防腐问题比较大。因此实现经济合理的发电具有一定的技术难度。通过试验，解决了以下几个主要问题：

单相汽、水分别输送，用两条母管把各地热井汇集的热水和蒸汽输送到电站，充分利用了热田蒸汽，比单用热水发电提高发电能力 1/3。汽、水两相输送，用一条管道输送汽、水混合物，不在井口设置扩容器。减少压降，节约能量。克服结垢，采用机械通井与井内注入阻垢剂相结合的办法。利用空心通井器，可以通井不停机。选用常州胜利化工厂生产的 ATMT 阻垢剂，阻垢效率达 90%，费用比进口阻垢剂降低很多。进行了热排水回灌试验。羊八井的地热水中含有硫、汞、砷、氟等多种有害元素，地热发电后大量的热排水直接排入藏布曲河是不允许的。经过 238h 的回灌试验，热排水向地下排放能力达 100～124t/h。

该电站自发电以来，据统计，供应了拉萨地区用电量的 50% 左右，对缓和拉萨地区供电紧张的状况起了很大作用，尤其是二、三季度水量丰富时靠水力发电，一、四季度靠地热发电，能源互补，效果良好。以拉萨现有水电、油电和地热电三类电站对比，每千瓦小时价格（按 1990 年不变价格）为：水电 0.08 元；油电 0.58 元；地热电 0.12 元。由于高寒气候，水电年运行不超过 3000h。因此，地热电在藏南地区具有较强的竞争能力。

(1)根据我国地热开发利用现状、资源潜力评估和国家、地区经济发展预测，地热产业规划目标、近期 2006～2010 年的目标与任务为：

1)高温地热发电装机达到 75～100MW。主要勘探开发藏滇高温地热 200～250℃ 以上深部热储。力争单井地热发电装机潜力达到 10MW 以上，单机发电装机 10MW 以上。

2)地热采暖达到 2200 万～2500 万 m^2。主要在北方京、津、冀地区，环渤海经济区，京九产业带，东北松辽盆地，陕中盆地，宁夏银川平原地区发展地热采暖、地热高科技农业，建立地热示范区。单井地热采暖工程力争达到 15 万 m²。

（2）目前我国地热资源开发方面尚存在以下障碍：

1）地热管理体制和开发利用工程、项目适合市场经济的运行机制没有建立起来，旧的计划经济管理体制、运行机制还没有完全改变，影响地热产业快速健康发展。

2）地热资源的勘探、开发是具有高投入、高风险和知识密集的新兴产业，化解风险的机制和社会保障制度尚未建立起来，影响投资者、开发者的信心，影响了地热产业的发展。

3）系统的技术规程、规范和技术标准尚不健全。

第四节　太阳能热力发电

太阳能转变为电能可以有两种基本途径：一是把太阳辐射能变为热能，然后将热能再转变为电能，这叫热发电；二是通过光电器件，将太阳能直接变换为电能，叫光伏发电。热发电又有两种类型：一种是将聚集的热能按常规的方法（与一般热机一样）先转变为机械能，再由机械能通过发电机转变为电能，这种发电类型称为太阳能热力发电；另一种类型是将太阳能转变的热能直接变为电能，如利用 Seebeck 效应发电，称为太阳能温差发电。本节主要简述太阳能热力发电。

一、太阳能热力发电

太阳能热力发电系统一般由集热器、输热系统、储热、热机及发电系统组成，这里将着重介绍发电系统。

目前采用的太阳能发电系统有分散型、集中型和中间型三种：

（一）分散型发电系统

将抛物柱面聚光镜等构成的许多个集热器布置在场地上，再将这些集热器加以串联、并联，从而收集一定温度和数量的热能，按这种方式组成的系统称为分散型发电系统。

目前，就分散型发电系统已经提出了许多方案，并且正在进行研制。其中最主要的有槽形抛物面镜型、复合抛物面型、固定镜型等。

槽型抛物面镜集热系统如图 3-17 所示。一只弯成凹槽形的抛物面反射镜组成集热器，把入射太阳辐射集中到位于反射锐焦线上的一个具有选择性涂层的吸热管上。吸热管被罩在高温耐热玻璃管中，玻璃管内侧的空间被抽空，以便减少对流损失。玻璃管内表面蒸镀一层选择性透过膜，这种膜对可见光范围波长的透过率几乎达 100％，而对更长的波

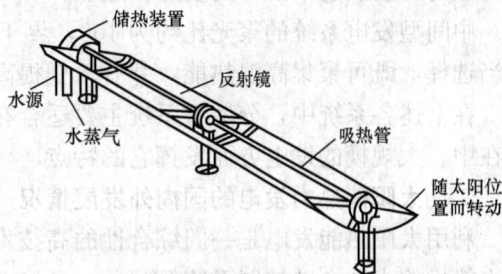

图 3-17　槽型抛物面镜集热系统

长范围（红外区）的反射率也几乎达 100％，这就保证了吸热管的辐射损失减至最小。

复合抛物面集热器（CPC）系统，因这种集热器可以不用复杂的跟踪机构，结构比较简单。它将在小型太阳能发电上得到广泛应用。

固定镜型集热器是将反射镜固定不动，让吸收体随着太阳的运行而移动跟踪太阳，所以跟踪用的功率较小，但在吸收体与传热介质管道的连接方面还存在着技术问题。

（二）集中型发电系统

集中型发电系统的特征是：在宽广场地的中心附近设有高大的竖塔，塔顶上面装有吸热器（太阳锅炉）。以竖塔为中心，在其周围布置大量的平面镜，太阳辐射经平面镜反射，全部集中到塔顶吸热器转变为热能，被加热的工质传送到塔下的发电装置，从而转变为电能（见图 3-18）。

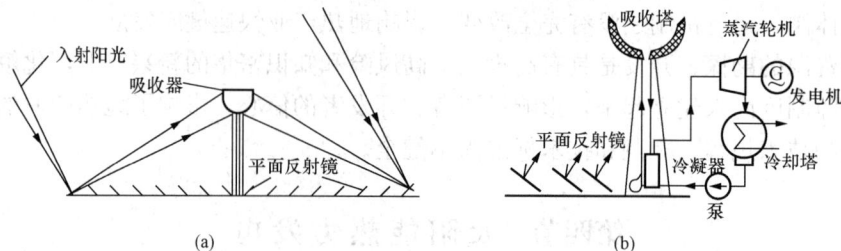

图 3-18　塔式聚光系统示意图
(a)太阳能吸收器；(b)太阳能热力发电系统

（三）中间型发电系统

这是一种介于分散方式和集中方式之间的发电系统，又称为平向、曲向聚光方式的发电系统。它的原理是：来自面积为曲面开口面积几倍乃至几十倍的多个平面镜的反射光，再入射到曲面镜上，由曲面镜进一步聚光并在集热管上形成焦线。这种方式的集中比为 100 左右，与分散型发电系统相比，这种方式适当地提高了集中比，所以能够聚集局温热能。但在太阳光入射到吸热体之前，不能避免平面镜与曲面镜的二次反射，这是它的缺点。

通过对上述三种发电系统的描述可知：组成分散型发电系统的单元集热器，其聚光比通常较小（约 50 左右），因此，集热温度较低。现在还在研制各种不同的集热器，并对集热器进行最佳的排列组合，扩大集热温度范围似乎是可能的。另外，因为集热单元较小，所以很少受地形、场地的限制，又因为分散型发电系统要对广阔的场地各个部分进行集热，所以加长了输热管道。因此这种系统管道的热损耗比其他系统要大，热输送效率也差。

集中型发电系统的集中比大，容易获得高温热能，从而可能提高热机的热效率，它的热输送效率要比分散型好。但这种系统的集热量因季节而异，加上因集中比大而产生的吸热器的热应力将会引起吸热体的变形问题。

中间型发电系统的聚光比约为 100，界于分散型与集中型之间。如果对系统的布置加以适当选择，既可聚集高温热能，并有希望提高热机效率。

在上述各系统中，分散型系统主要适合在较小规模的发电方面，而中间型、集中型系统将在中、大规模的发电方面发挥它的特点。

二、太阳能热力发电的国内外发展情况

利用太阳热能发电是一门综合性的高技术，涉及太阳能利用、储能、新型材料技术、高效汽轮机技术和自动控制系统等问题，是当今世界在太阳热能利用方面研究的主题之一。目前美国、德国、法国、俄罗斯、意大利、西班牙、日本等国都在深入开展太阳能热力发电的研究与开发，并在设计理论、材料工艺和热储存系统等方面取得了较大进展。经过将近 40 年的研究，太阳能热力发电装置的容量已从千瓦级发展到兆瓦级，目前世界上已有数十座兆瓦级太阳能热电站投入运行。

塔式太阳能热力发电的研究开始于 20 世纪 70 年代至 20 世纪 90 年代中期，一些国家相继建造了多座示范电站，因其技术的复杂性和很高的造价，此后不再新建示范电站，但相关

研究仍在继续，研究主要方向转向电站模型、大型定日镜(平面反射镜)和高效储能系统。美国在实验研究方面处于世界领先水平。由美国能源部投资、爱迪生公司、洛杉矶水电部和加利福尼亚能源委员会合作在南加州 Barstow 兴建的 Solar One 电站，发电功率为 10MW，于 1981 年建成，1982 年 4 月投入运行，是当时世界上最大的塔式太阳能发电站，总耗资 1.42 亿美元。为保证在恶劣的气候条件下及夜间正常运行，增加了蓄热系统，蓄热介质为导热油和 6800t 石块，所储蓄的热量可保证 4h 的 7MW 电能输出。为进一步研究熔盐高温蓄热系统、电站运行特性，从而推进塔式太阳能热力发电的商业化，Solar One 电站已改造为 Solar Two 电站。Solar Two 电站采用熔盐作为蓄热介质，熔盐重量比为 60/40 的 NaNO₃ 和 KNO₃ 混合物，总量约 1600t，用两个直径 19m、高 2115m 罐储存，设计功率 43MW，可供电站满负荷运行 4h。Solar Two 电站于 1996 年 6 月开始运行，年平均发电效率(太阳能至电能转换效率)为 15%，装机成本 2000 美元/kW，峰值发电成本约 7 美分/(kW·h)。

法国、俄罗斯、日本、西班牙、意大利等国的太阳能热力发电示范电站也有一定发展。依照其"阳光计划"，日本三菱重工业公司研制出功率 1MW 的 Sun Shine 塔式热力发电装置，安装在日本香川县仁尾町海边，1979 年 1 月开工，1981 年 9 月建成投运，耗资 50 亿日元。为减少热损，直接采用蒸汽作传热介质，储热介质为水，占地 150m×180m。由于日本所处地区的太阳能资源有限，日照强度弱且日照时间短，电站发电效率很低。因此，日本不再开发太阳能电站，但也经常参加太阳能热力发电方面的国际会议，进行一些关键技术的研究。

我国近年来开始重视塔式太阳能发电并进行塔式系统全尺寸试验研究。2005 年 10 月，我国首座 70kW 的塔式太阳能热力发电系统在南京市江宁开发区建成并成功发电。塔高 33m，共用 32 面定日镜。此电站占地约 40 亩，投资 500 万元。国家"十一五"科技攻关项目计划在我国沙漠地区建立第一座兆瓦级塔式太阳能热力发电试验示范电站。为降低成本和提高效率，目前的研究方向是：高精确太阳光跟踪系统，经济且高效的蓄热材料，具有高反射率的延展膜反射材料和适合沙漠缺水地区使用的闭循环发电装置。

目前国内外已建成的部分塔式太阳能热力发电站的相关参数见表 3-12。

表 3-12　　　　　　　　　　国内外部分塔式太阳能热力发电站的相关参数

电站名称	国别	发电容量(MW)	定日镜数目块	定日镜尺寸(m²)	塔高(m)	系统效率(%)	传热流体	储热介质	占地面积(m²)	投运年份	设计日照强度(kW/m²)	年日照时数(h)
SSPS-CRS	西班牙	0.5	93	29.3	43		液态钠	钠	300×300	1981	0.92	3000
Eurelios	意大利	1	182	52.23	55	5.3	蒸汽	熔盐、水	150×100	1981	1.0	3000
Sunshine	日本	1	807	16	69	5	蒸汽	熔盐、水	150×180	1981	0.75	2200
Solar One	美国	10	1818	39.3	90	13.5	蒸汽	油、岩石	579×672	1982	0.9	3500
CESA-I	西班牙	1	300	40	60	11.3	蒸汽	熔硝酸盐	1 000 000	1983	0.7	3000
MSEE/CaB	美国	1					熔硝酸盐	熔硝酸盐		1984		
THEMIS	法国	2.5	200	53.7	100	7.2	Ti-Tec 盐	Ti-Tec 盐	7 000 000	1984	1.04	2400
SPP-5	俄罗斯	5					蒸汽	水、蒸汽		1986		
TSA	西班牙	1					空气	陶瓷		1993		
Solar Two	美国	10		40			熔硝酸盐	熔硝酸盐		1986	0.9	3500
70kW 示范电站	中国	0.07	32	20	33	20			26 667	2005		

复习思考题

3-1　卡诺定理指出工作于同一热源与同一冷源的任何可逆循环的热效率都相等，与工质性质无关，可是各种实际的燃气动力循环、蒸汽动力循环都与工质性质有关，是否与卡诺定理相矛盾？

3-2　总结燃气—蒸汽联合循环是根据哪些原则，采用哪些方法提高其热经济性的？

3-3　燃气—蒸汽联合循环发电系统的应用情况分析。

3-4　何谓 IGCC，其主要特点是什么？发展前景如何？

3-5　列举减少大气 CO_2 含量，缓解温室效应的技术措施。

3-6　分析比较 PFBC-CC 与 IGCC 的异同（主要优缺点）及其应用。

3-7　为何讲核电厂是安全，洁净、经济的发电方式？其长远发展前景如何？

3-8　分析说明闭式燃气轮循环的核能热电厂的特点，及其使用的条件是怎样的？

3-9　核电与火电有何异同？

3-10　地热发电、太阳能发电受何种条件限制？其发展前景如何？

习　　题

某定压加热燃气轮机理想循环，参数为：$p_1 = 0.1\text{MPa}$，$t_1 = 27℃$，循环增压比 $\varepsilon = p_2/p_1 = 4$，在燃烧室中加入热量 $q_1 = 333\text{kJ/kg}$，绝热膨胀到 $p_4 = 0.49\text{MPa}$。假定工质为空气，比定压热容为定值 $c_p = 1.03\text{kJ/(kg·K)}$。试求(1)循环的最高温度；(2)循环的净功量；(3)循环热效率；(4)吸热平均温度及放热平均温度。

第四章 给水回热加热系统

本 章 提 要

本章首先介绍回热加热器的类型、结构特点、连接方式及定性分析影响电厂热经济的回热系统的损失。然后重点说明回热原则性热力系统的常规计算原理、方法、步骤，并举例说明常规的串联法和电算并联法热力计算。最后说明有关回热加热器运行的基本知识。

第一节 热力系统的概念及分类

热力系统是热力发电厂实现热功转换热力部分的工艺系统。它通过热力管道及阀门将各主、辅热力设备有机地联系起来，以在各种工况下能安全、经济、连续地将燃料的能量转换成机械能并最终转变为电能。用来反映热力发电厂热力系统的图，称热力系统图。热力系统图广泛用于设计、研究和运行管理。

由于现代热力发电厂的热力系统是由许多不同功能的局部系统有机地组合在一起的，系统复杂而庞大，为有效研究及便于管理，常将全厂热力系统进行不同用途的分类。

以范围划分，热力系统可分为全厂和局部两类。局部的系统图又可分主要热力设备的系统（如汽轮机本体、锅炉本体等）和各种局部功能系统（如主蒸汽系统、给水系统、主凝结水系统、回热系统、对外供热系统、抽空气系统和冷却水系统等）两种。热力发电厂全厂热力系统则是以汽轮机回热系统为核心，将锅炉、汽轮机和其他所有局部热力系统有机组合而成的。

按用途来划分，热力系统可分为原则性和全面性两类。原则性热力系统是一种原理性图，对机组而言，如汽轮机（或回热）的原则性热力系统，对全厂而言，如发电厂的原则性热力系统，它们主要用来反映在某一工况下系统的安全经济性；对不同功能的各种热力系统，如主蒸汽、给水、主凝结水等系统，其原则性热力系统则是用来反映该系统的主要特征：采用的主辅热力设备、系统形式。根据原则性热力系统图的目的要求，在机组和全厂的原则性热力系统图上，不应有反映其他工况（非讨论工况）的设备及管线，以及所有与目的无关的阀门，除个别与热经济性有关的阀门如定压除氧器的压力调节阀外，所有其他阀门均不画，相同的设备也只需画一个来代表。对反映系统主要特点的各种功能的原则性热力系统图，次要的支管线及阀门不应画出。

全面性热力系统图是实际热力系统的反映，它包括不同运行工况下的所有系统，以反映该系统的安全可靠性、经济性和灵活性。因此，全面性热力系统图是施工和运行的主要依据。

对不同范围的热力系统，都有其相应的原则性和全面性热力系统图。如回热的原则性和全面性热力系统图，主蒸汽的原则性和全面性热力系统图等。本书将通过各章分别讨论这些热力系统的原则性热力系统。这些系统包括：给水回热加热系统、给水除氧系统、对外供热系统、主蒸汽系统、旁路系统、主给水系统等。在第八章集中讲述这些局部系统的全面性热力系统。

第二节　回热设备及其原则性热力系统

现代热力发电厂的汽轮机组都无例外地采用给水回热加热，回热系统既是汽轮机热力系统的基础，也是全厂热力系统的核心，它对机组和电厂的热经济性起着决定性的作用。

回热原则性热力系统的实际选择（设计或拟定）是继蒸汽参数、机组类型后又一个影响机组热经济性的重要方面，它们三者共同决定着机组实际的热经济性，并用机组的热耗率 q_0 来表征。现代大型汽轮机组的 η_m、η_g 较高，均为 99% 左右。由式（1-29）机组热耗率 $q_0 = 3600/\eta_i\eta_m\eta_g$ 可知，如视 η_m、η_g 为定值，则 $q_0 = f(\eta_i)$。所以本书在定性分析各局部原则性热力系统的热经济性时，都用汽轮机绝对内效率（即实际循环热效率）η_i 来说明。

但任何实际系统的选择，必须妥善处理热经济（节能）和安全可靠及投资之间的矛盾，一般应通过综合的技术经济比较来进行合理选择。

一、回热加热器的类型及其结构

（一）回热加热器的类型

回热加热器分混合式（接触式）和表面式两类，见图4-1。就回热加热器本身而言，混

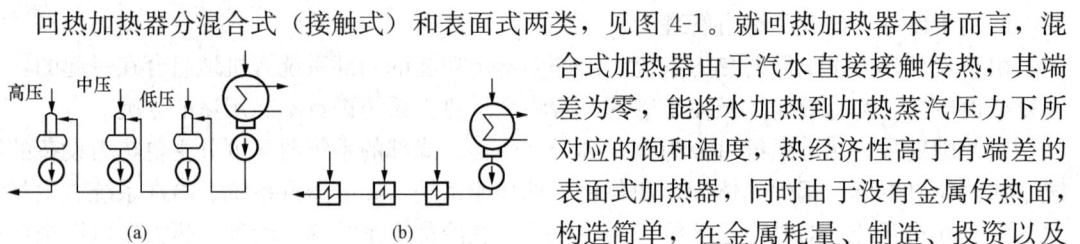

图4-1　混合式与表面式加热器组成的
回热系统的比较

（a）全混合式加热器的回热系统；

（b）全表面式加热器的回热系统

合式加热器由于汽水直接接触传热，其端差为零，能将水加热到加热蒸汽压力下所对应的饱和温度，热经济性高于有端差的表面式加热器，同时由于没有金属传热面，构造简单，在金属耗量、制造、投资以及汇集各种汽、水流等方面都优于表面式。

但对于采用多个加热器组成的热力系统来说，表面式加热器却具有更多的优点。由表面式加热器组成的回热系统［见图4-1（b）］，与全由混合式加热器组成的回热系统［见图4-1（a）］相比，表面式加热器的优点是只有给水泵和凝结水泵，系统较简单、运行安全可靠以及系统投资等其他方面则都优于混合式加热式，但缺点是有端差而热经济性低，并有热疏水的回收和利用问题。而混合式加热器的工作过程是，一方面将水加热至饱和状态，另一方面加热水的压力最终将与加热蒸汽压力一致。为了使水能继续流动到锅炉，每个混合式加热器后都必须配置水泵。为防止这些输送饱和水的水泵汽蚀影响向锅炉供水，水泵应有正的吸入水头（即该混合式加热器需高位布置），考虑负荷波动要设一定储量的水箱，为了可靠还需有备用泵（图4-1中未画出）。这些，都使全部采用混合式加热器的回热系统和主厂房布置复杂化，投资和土建费用增加，且安全可靠性降低。

根据技术经济全面综合比较，所有电厂都选用了较多的表面式加热器组成回热系统，只有除氧器采用混合式，以满足给水除氧的要求［见图4-2（a）］。如上所述混合式除氧器后必须有给水泵，这就将其前后的表面式加热器依水侧压力分成低压加热器组（承受凝结水泵压

力）和高压加热器组（承受给
水泵压力）两组加热器。

　　为了提高回热系统的热经
济性，英国与前苏联两国的某
些 300、500、600、800 和
1000MW 等大机组的低压加热
器，部分（在真空下工作）或
全部采用混合式。由于采用了
能"干转"（即抗汽蚀）无轴封

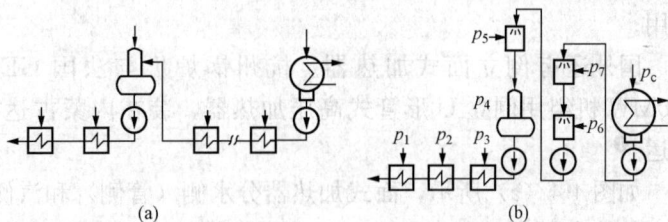

图 4-2　实际电厂采用的加热器类型
（a）高、低加热器为表面式的系统；
（b）全部低压加热器为混合式的系统

泵和利用布置高差形成的重力压头，低压水流能自动落入压力稍高的下一个加热器〔见图
4-2（b）〕，从而可减少水泵的台数。

　　美国在 20 世纪 30 年代以前就提出低压加热器全混合式的热力系统图。英国在 1964 年
获得混合式低压加热器组成重力式回热系统的专利，20 世纪 70 年代曾在数十台 500～
660MW 火电及核电机组上采用过，后因运行事故多没继续推荐使用。前苏联 20 世纪 70 年
代开始在一些 300～800MW 火电及核电机组上采用，并持续至今，在设计和运行上取得了
许多成功的经验。现在大多数情况下，只有在真空下工作的低压加热器采用混合式（如
500，800MW 机组）。图 4-3 为我国绥中发电有限责任公司引进的前苏联制 K-800-240-5 型
机组（即超临界压力 23.52MPa，540℃/540℃凝汽式一次中间再热 800MW 机组）的回热原
则性热力系统图。图中 H7、H8 为真空下工作的混合式低压加热器，凝结水泵共分 3 级，
每级三台泵，分别用于抽出凝汽器以及两台混合式低加的凝结水。真空下工作的混合式低压
加热器采用混合式加热器不仅能提高热经济性（使 η_i 提高 0.3%～0.5%），同时还能避免低
压加热器发生氧腐蚀，使汽轮机铜垢减少。

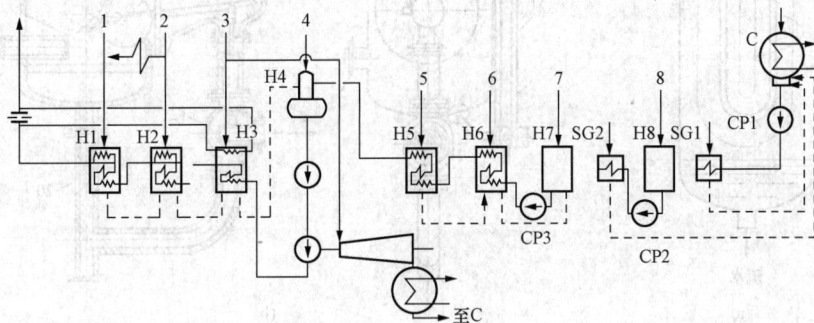

图 4-3　带有部分混合式低压加热器的热力系统
（前苏联 K-800-240-5 型汽轮机）

　　（二）表面式加热器的结构特点

　　电厂广泛采用的表面式加热器有立式和卧式两种。卧式换热效果好，热经济性高于立式
（在同样凝结放热条件下，由于横管面上积存的凝结水膜薄，单根横管放热系数为竖管的
1.7 倍），结构上易于布置蒸汽过热段和疏水冷却段，布置上可利用放置的高低来解决低负
荷时疏水逐级自流压差动力减小的问题等，所以一般大容量机组的低压加热器和部分高压加
热器多采用卧式。但立式占地面积小，便于安装和检修，被中、小机组和部分大机组广泛

采用。

国外还有倒立面式加热器。杭州锅炉厂与法国 GEC-Alsthom Delas 合作生产首台 330MW 机组用倒立 U 形管式高压加热器，装在内蒙古达拉特电厂，并已于 1995 年 11 月投运。❶

如图 4-4 (a) 所示，面式加热器分水侧（管侧）和汽侧（壳侧）两部分。水侧由受热面管束的管内部分和水室（或分配、汇集联箱）所组成。水侧承受与之相连的凝结水泵或给水

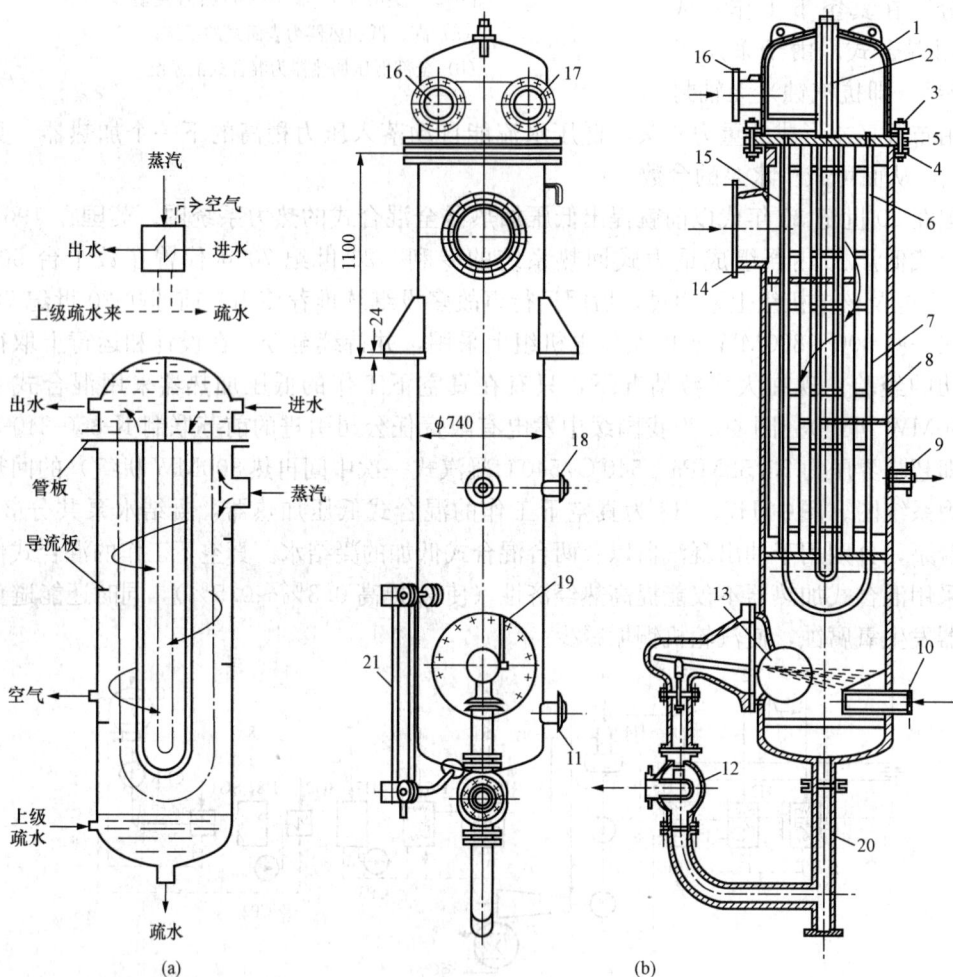

图 4-4 管板-U 形管束立式低压加热器
(a) 结构示意；(b) 结构图

1—水室；2—拉紧螺栓；3—水室法兰；4—筒体法兰；5—管板；6—U 形管束；7—支架；8—导流板；
9—抽空气管；10、11—上级加热器来的疏水入口管；12—疏水器；13—疏水器浮子；14—进汽管；
15—护板；16、17—进、出水管；18—上级加热器来的空气入口管；19—手柄；20—排疏水管；21—水位计

泵的压力。汽侧由加热器外壳及管束外表间的空间构成。汽侧通过抽汽管与汽轮机回热

❶ 傅光成. 330MW 倒立 U 形管式高压加热系统的调试及运行. 电站辅机，1997 (1).

抽汽口相连，承受相应抽汽的压力，故汽侧压力大大低于水侧。加热蒸汽进入汽侧后，在导流板引导下成 S 形均匀流经全部管束外表面进行放热，最后冷凝成凝结水由加热器底部排出。该加热蒸汽凝结水称为"疏水"，以区别于汽轮机排汽形成的主凝结水。汽侧不能凝结的空气应由加热器内排出，以免增大传热热阻、降低热经济性。图 4-4（b）为其结构外形及剖面，图 4-5 为我国某 600MW 超临界压力机组所配的低压加热器结构示意图。

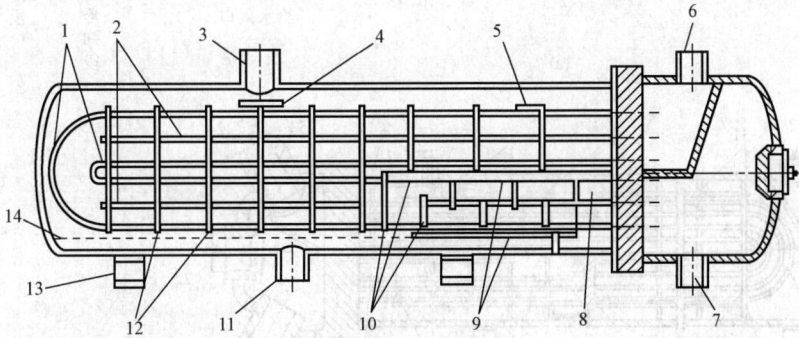

图 4-5 国产超临界压力机组配低压加热器

1—U 形管；2—拉杆和定距件；3—蒸汽进口；4—防冲击挡板；5—防护屏；6—给水出口；7—给水进口；8—疏水出口；9—疏水冷却段隔板；10—疏水冷却器密封件；11—可选用的疏水冷段旁路；13—加热器支架；14—水位

　　表面式加热器的金属换热面管束，为适应热膨胀要求一般设计成 U 形、折形（或蛇形管）或螺旋形等。按被加热水的引入和引出方式，表面式加热器又可分为水室结构和联箱结构两大类。水室结构采用管板和 U 形管束连接方式。联箱结构采用联箱与蛇形管束或螺旋形管束相连接的方式。

　　U 形管管板式加热器（见图 4-4～图 4-6）结构简单，外形尺寸小，管束管径较粗，水阻小，管子损坏后易堵塞。缺点是管板厚，厚管板与薄管壁的连接工艺要求高，对温度变化敏感，运行操作要求严格。故此类型加热器多用于低压加热器，或中、小型机组的高压加热器。国外某些大型机组采用双列高压加热器时，因是 50％容量，故加热器的管板厚度得以减薄，也有采用管板的。我国大部分高压加热器仍采用这种类型。图 4-6（a）为引进美国FOSTER WHEELR 公司的技术，适用于 300、600MW 机组的高压加热器，图 4-6（b）为我国某 600MW 超临界压力机组配的高压加热器结构示意图，第一台于 1984 年制造成功，装于邹县电厂 300MW 机组上。❶

　　联箱结构加热器，西方国家多采用立式或卧式的联箱折形管式[8]（见图 4-7），前苏联采用立式分配、汇集导管螺旋管式[29]（见图 4-8）。它们的优点是，管束膨胀柔软性好，避免了管束与厚管板连接的工艺难点。对温度变化不敏感，局部热应力小、安全可靠性高。缺点是外形尺寸大，管束水阻较大，管子损坏后堵管较困难等。这类加热器更适用于大机组的高压加热器。

---

❶ 许天民. 高压加热器结构介绍. 电站辅机，1985（2）.

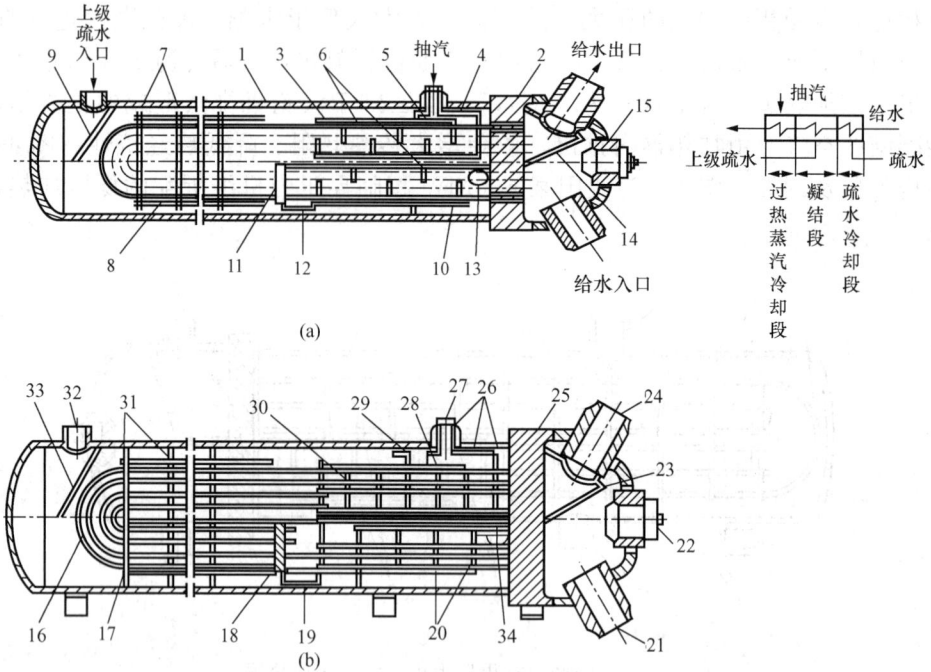

图 4-6　管板-U 形管束卧式高压加热器

(a) 引进型高压加热器；(b) 国产高压加热器

1—筒体；2—管板；3—过热段包壳；4—过热段外包壳；5—不锈钢防冲板；6—导流板；7—支撑板；8—拉杆；9—防冲板；10—疏水段包壳；11—疏水段端板；12—疏水段入口；13—疏水出口；14—水室分隔板；15—人孔；16—U 形管；17—拉杆和定距管；18—疏水冷却段端板；19—疏水冷却段进口；20—疏水冷却段隔板；21—给水进口；22—人孔密封板；23—独立的分流隔板；24—给水出口；25—管板；26—蒸汽冷却段遮热板；27—蒸汽进口；28—防冲板；29—管束保护环；30—蒸汽冷却段隔板；31—隔板；32—疏水进口；33—防冲板；34—疏水出口

（三）混合式低压加热器的结构特点

为使水在加热时能与蒸汽充分接触，进入混合式加热器的水应在蒸汽空间播散成较大面积。一般采用淋水盘的细流式，压力喷雾的水滴式或水膜式等。这样，水最后可被加热到接近蒸汽压力下饱和温度（一般欠热 1℃ 左右）。若需要满足热除氧加热到饱和温度的要求，可加上鼓泡装置（利用在水中引入比加热器压力高的疏水或其他汽源），其机理详见第五章。加热和凝结过程分离出的不凝结气体和部分余汽被引至凝汽器。采用重力式的混合式低压加热器，其加热水出口可不设集水室。而对于后接中继水泵的混合式低压加热器，为保证泵的可靠运行，应设一定容积的集水室。

图 4-9(a) 为俄罗斯某超临界压力 300MW 机组的 1 号卧式混合式低压加热器结构示意图，由 ЦКТИ 设计，由于端差减少了 5℃，机组效率相对提高了 0.094%，煤耗率降低 0.31g/(kW·h)。图 4-9(b) 为其细流横断面的示意图。图 4-10 为俄罗斯 ВТИ 设计的 2 号立式低压加热器的结构示意图。

（四）表面式加热器的疏水设备

表面式加热器的疏水设备主要有四种。

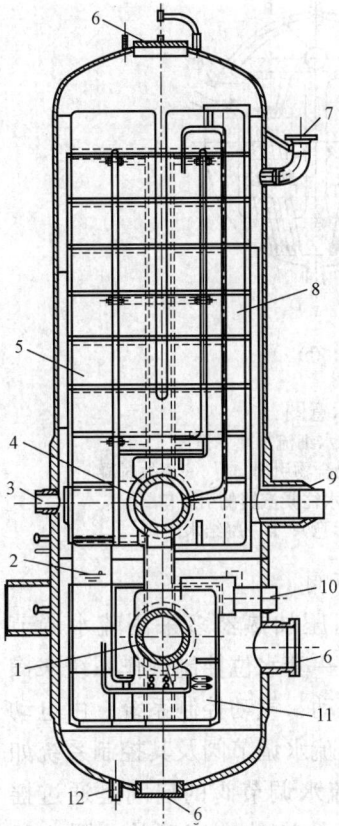

图 4-7　联箱—折形管束立式高压加热器（带内置式过热蒸汽冷却段和疏水冷却段）

1—给水入口联箱；2—正常水位；3—上级疏水入口；4—给水出口联箱；5—凝结段；6—人孔；7—安全阀接口；8—过热蒸汽冷却段；9—蒸汽入口；10—疏水出口；11—疏水冷却器；12—放水口

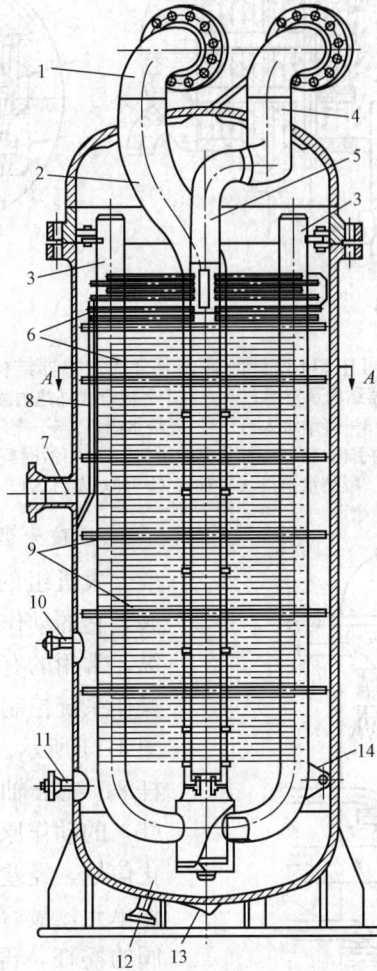

图 4-8　分配、汇集管—螺旋管束立式高压加热器

1—进水总管弯头；2—进水总管；3—进水配水管；4—出水总管；5—出水配水管；6—双层螺旋管；7—进汽管；8—蒸汽导管；9—导流板；10—抽空气管；11、12—连接管；13—排水管；14—导轮；15、16—配水管内隔板

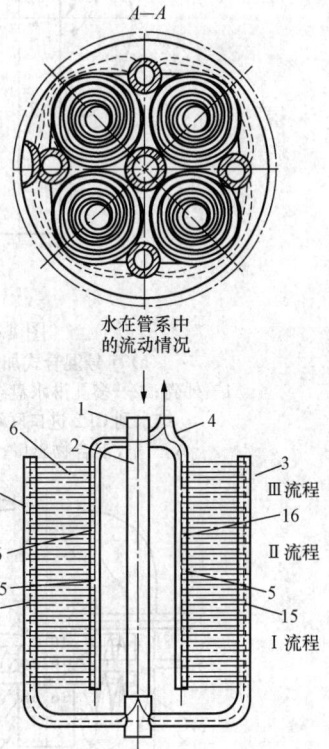

1. 水封管

利用 U 形管中水柱高度来平衡加热器间压差，实现自动排水并在壳侧内维持一定水位。U 形管也可做成多级。其特点是：无转动机械部分，结构简单，维护方便，但占地面积大，需要挖深坑放置。多用于低压加热器。

2. 浮子式疏水器

浮子式疏水器由浮子、滑阀及其相连接的一套转动连杆机构组成，如图 4-5（b）中 12、13 所示。浮子 13 随加热器壳侧水位上下浮动，通过传动连杆启闭疏水阀，实现水位调节。该疏水器结构简单，但不便于实现水位的人为调整和远距离控制。多用于压力稍高机组的低压加热器或小机组的高压加热器。

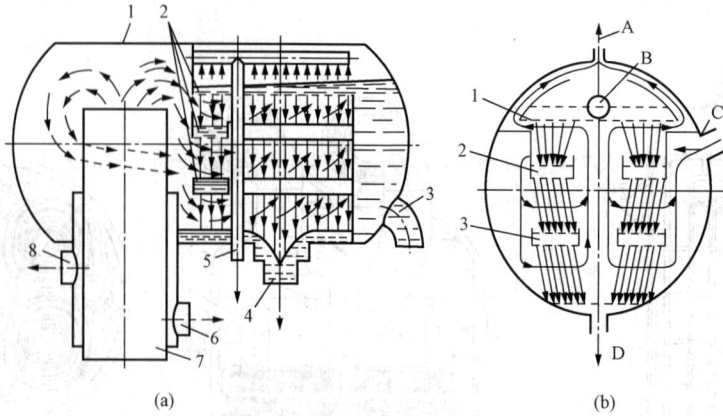

图 4-9　ЦКТИ 设计的卧式混合式加热器结构示意图

(a) 1 号混合式加热器结构示意图；(b) 该 1 号混合式加热内凝结水细流加热示意图

1—外壳；2—多孔淋水盘组；3—凝结水入口；4—凝结水出口；5—汽气混合物引出口；6—事故时凝
结水到 CP2 进口联箱的引出口；7—加热蒸汽进口；8—事故时凝结水往凝汽器的引出口
A—汽气混合物出口；B—凝结水出口（示意）；C—加热蒸汽入口（示意）；D—凝结水出口

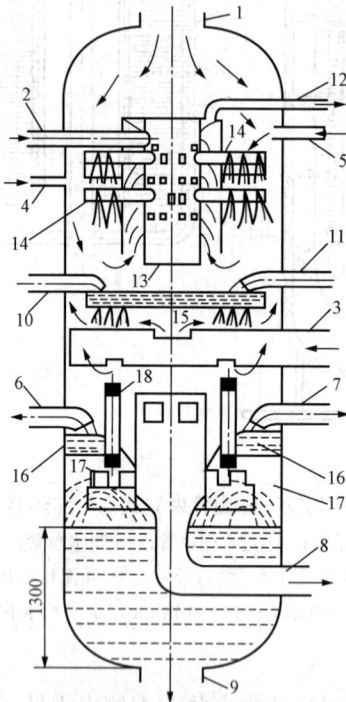

图 4-10　ВТИ 设计的立式混合式加热器结构示意图

1—加蒸汽进口；2—凝结水进口；3—轴封来汽；4—除氧器余
汽；5—3 号加热器和热网加热器的余汽；6—热网加热器来疏
水；7—3 号加热器疏水；8—排在凝汽器的事故溢水管；9—凝
结水出口；10—来自电动、气动给水泵轴封的水；11—止回阀
的排水；12—汽气混合物出口；13—水联箱；14—配水管；
15—淋水盘；16—水平隔板；17—止回阀；18—平衡管

3. 疏水调节阀

大机组的高压加热器多采用疏水调节
阀，它的动作由一套水位控制操作系统来操
纵，常用的有电动、气动控制系统。由电动
操作系统控制的疏水调节阀及其控制系统如
图 4-11 所示。疏水调节阀的启闭是通过摇
杆 8、绕心轴 7 的转动来实现的。图 4-11
(b) 的动作原理是：壳侧水位计接受水位变
化信号，经差压变送器、比例积分单元、操
作单元，最后由电动执行机构操纵疏水调节
阀的摇杆，再通过杠杆传给带有滑阀的滑
杆，从而实现疏水调节。

4. 新型水位控制器

20 世纪 80 年代末，在火电厂节能诊断
中，发现国产 200MW 机组的高压加热器投
运率虽达 80% 左右，但却长期无水位运行，
严重影响机组的安全经济运行。主要是由于
目前使用的几种疏水调节器存在着执行机构
动作频繁、易磨损、易腐蚀所致。西安交通
大学的研究人员经十年研究开发了一种基于
汽液两相流动特性设计的大机组加热器水位
调节的新方法和设备❶，靠汽液两相流的自
反馈特性改变流量达到控制水位目的。其控

---

❶　陈国慧等．"大机组加热器水位调节的新方式"．《中国电力》，1999（3）。

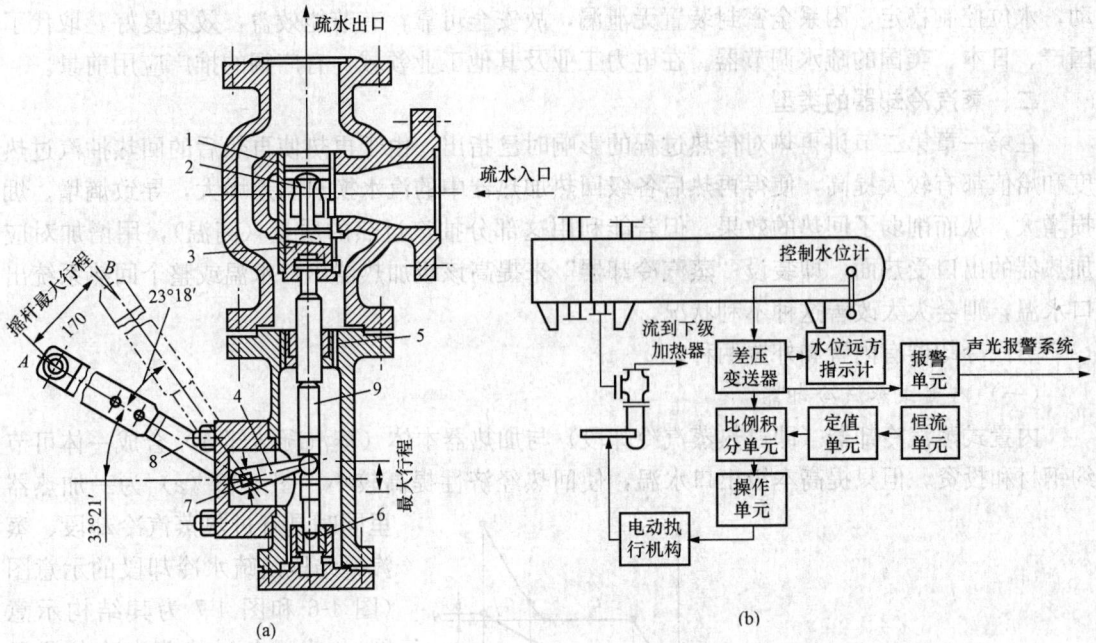

图 4-11　疏水调节阀及其控制系统

(a) 疏水调节阀；(b) 控制系统

1—滑阀套；2—滑阀；3—钢球；4—杠杆；5—上轴套；6—下轴套；7—心轴；8—摇杆；9—阀杆

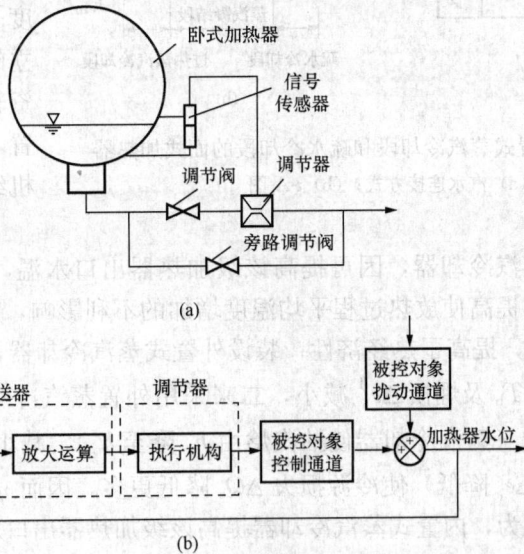

图 4-12　汽液两相流自动调节水位器

(a) 控制系统示意图；(b) 控制框图

制系统示意图及其框图如图 4-12 (a)、(b) 所示。其特点是无机械运行部件和电气控制元件，能实现无运动部件、无触点、无外力源的自动水位调节。1994 年在国产 200MW 高压加热器上改装成功后推广应用，1997 年用于姚孟电厂、西柏坡电厂、大坝电厂等 300MW 机组的卧式加热器。其特点是一次调整到位后不再需进一步调节，可做到不用操作随机启动，水位控制稳定，因系全密封装置无泄漏，故安全可靠，有节能效益，效果良好，取代了国产、日本、美国的疏水调节器。在电力工业及其他工业领域，有广阔的推广应用前景。

二、蒸汽冷却器的类型

在第一章第二节讲再热对传热过程的影响时已指出，由于再热使再热后的回热抽汽过热度和焓值都有较大提高，使得再热后各级回热加热器中的汽水换热温差增大，导致熵增、烟损增大，从而削弱了回热的效果。但若能利用这部分抽汽过热的质量（高温），用增加对应加热器的出口受热面，即装设"蒸汽冷却器"来提高该级加热器出口水温或整个回热系统出口水温，则会大大改善这种不利状况。

蒸汽冷却器有内置和外置两种。

（一）内置式蒸汽冷却器

内置式蒸汽冷却器（即过热蒸汽冷却段）与加热器本体（蒸汽凝结部分）合成一体可节约钢材和投资，但只提高本级出口水温，使回热经济性提高较小。图 4-13（a）为一加热器里同时具有过热蒸汽冷却段、蒸汽凝结段及疏水冷却段的示意图（图 4-6 和图 4-7 为其结构示意图）。为避免过热蒸汽冷却段里产生凝结水，离开它的蒸汽焓仍具有 $15 \sim 20℃$ 的过热度［如图 4-13（a）中的 h_j^s 仍具有过热度］。外置式蒸汽冷却器具有独立的加热器外壳，虽然钢材及投资较大，但因能灵活设在不同位置，可直接提高给水温度，降低机组热耗，从而可获得更高的热经济性。

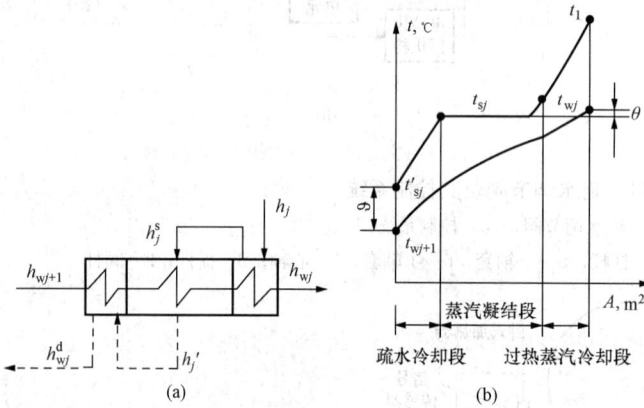

图 4-13 带内置式蒸汽冷却段和疏水冷却段的面式加热器
（a）汽水连接方式；（b）t-A 图

装设内置式蒸汽冷却器，因可提高该级加热器出口水温，使整个吸热过程平均温度增高，削弱了过热度提高使放热过程平均温度增加的不利影响，从而减小了该加热器内换热温差 ΔT_r 和烟损 Δe_r，提高了热经济性；装设外置式蒸汽冷却器，一来因提高了给水温度，锅炉内的换热温差 ΔT_b 及烟损 Δe_b^{II} 减小，二来采用外置蒸汽冷却器那级的加热器内，由于进入的蒸汽热焓降低（蒸汽冷却器使抽汽焓由 h_j 降至 h_j^s），减小了换热温差 ΔT_r 和烟损 Δe_r。其总效果（Δe_b^{II}、Δe_r 降低）使冷源损失 ΔQ_c 降低更多，因而 η_i 提高更大。

热量法分析认为，内置式蒸汽冷却器提高该级加热器出口水温，引起该级回热抽汽量增多，高一级回热抽汽量减小，因而可加大回热做功比 X_r，使热经济性 η_i 提高；采用外置式蒸汽冷却器，给水温度提高使其热耗 Q_0 下降，且这时给水温度提高不是靠最高一级抽汽压力的增高，而是利用抽汽过热度的质量，故不会增大该级做功不足系数。同时采用外置式蒸汽冷却器的那级抽汽，因还要用来提高给水温度，抽汽量将增大，使回热做功比提高，又进一步降低了热耗，故外置式蒸汽冷却器可使 $\eta_i = W_i / Q_0$ 提高更多（$W_i = $ const）。

（二）外置式蒸汽冷却器的连接方式

外置式蒸汽冷却器的蒸汽进出比较简单，其水侧连接方式较为复杂，视主机回热级数，蒸汽冷却器的个数和与主水流的连接关系而异，主要有与主水流并联、串联两种方式，如图4-14所示。

串联连接时，全部给水进入蒸汽冷却器，并联连接时，总是给水量的一小部分，即进入蒸汽冷却器为给水分流系数 x，以给水不致在蒸汽冷却器中沸腾为准，最后与主水流混合后送往锅炉。

如只设单级外置式蒸汽冷却器，恒设在再热后即中压缸的第一个抽汽口，又有并联与串联连接方式的不同，如图 4-14(a)、(b)所示。国产改进型 200MW 机组的三号高压加热器，将内置式蒸汽冷却段改为外置式蒸汽冷却器并与主水流串联连接方式[见图 4-14(b)]。若设置两台外置蒸汽冷却器，多设在再热抽汽的那一级和再热后的抽汽口(即高压缸排汽和中压缸第一个抽冷口)处，如国产第一台 300MW 机组即设在第 2、3 级回热抽汽口，并与主水流并联连接方式[图 4-14(c)]。

以国产老式 200MW 机组的回热系统为基准，其机组热效率为 44.43%[1]。在 H3 使用外置式蒸汽冷却器的串联连接方式，机组热效率为 44.5%，机组热耗率降低 12.56 kJ/(kW·h)[2]，在H2、H3 使用与主水流串联的两级并联双级外置式蒸汽冷却器[图 4-14(d)]，除氧器定压运行，机组热效率为 44.58%；若除氧器滑压运行时，机组热效率可达 44.63%。使用两级外置式串联连接方式的经济性优于单级，但其增长幅度减小。

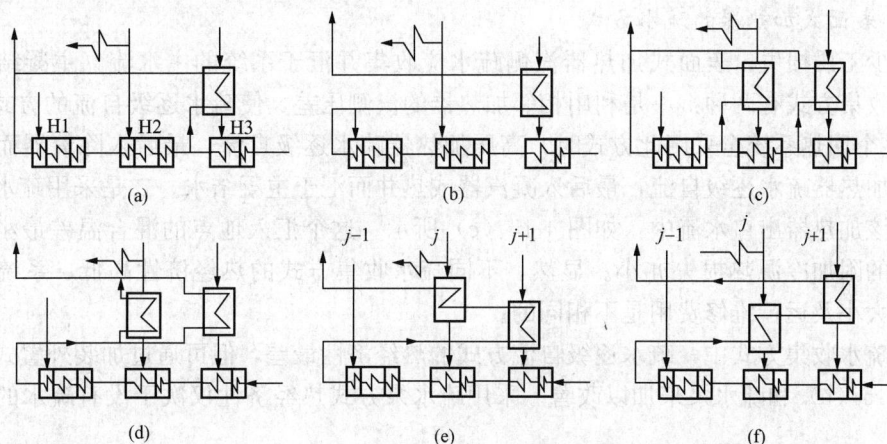

图 4-14　外置式蒸汽冷却器的连接方式

(a) 单级并联；(b) 单级串联；(c) 与主水流分流两级并联；(d) 与主水流串联两级并联；

(e) 先 $j+1$ 级，后 j 级的两级串联；(f) 先 j 级，后 $j+1$ 级的两级串联

(三) 外置式蒸汽冷却器的应用

串联连接方式的优点是外置式蒸汽冷却器的进水温度高，换热平均温差小，效益较显著，缺点是给水系统的阻力增大。并联连接方式的优点是给水系统的阻力较串联式的小，缺点是进蒸汽冷却器的给水温度较低，传热温差大，而且进入下一级加热器的主给水量减少，相应回热抽汽量减小，因此外置并联式和外置串联式蒸汽冷却器的热经济性改善程度，并无

[1]　哈尔滨汽轮机厂. 20 万千瓦汽轮机的结构. 北京：水利电力出版社，1992.
[2]　王培红. 200MW 机组蒸汽冷却器的节能分析. 汽轮机技术，1993(5).

一定的规律可循❶，应通过具体的热力计算才能定量确定。并联式的给水分流系数 x 对热经济的影响较大。

回热系统中高压加热器内泄外漏故障停运约占高压加热器系统本身总的故障停运系数为 90% 左右，其中内置式蒸汽冷却段泄漏占高压加热器系统的内泄外漏的 25% 以上❶。采用外置式蒸汽冷却器，则可单独退出运行，不至于影响整个高压加热器系统的运行。采用外置式串联连接方式运行，若蒸汽冷却器内泄不易切除，水侧须装设旁路。

国内机组一般采用单级串联系统，国外也有少数机组采用串联、并联的综合连接方式。我国进口大机组，多采用内置式蒸汽冷却器。需强调指出，采用蒸汽冷却器是有条件的，据资料介绍❷：在机组满负荷时，若抽汽压力大于等于 1.034MPa，同时离开蒸汽冷却段时还有 42℃ 富余过热度，蒸汽在过热段内流动阻力小于等于 0.034MPa，过热段内管壁是干燥的，其端差为 −1.7～0℃，同时满足这些条件设置蒸汽过热段才是合理的。

大多数高压加热器均满足这些条件，而低压加热器采用蒸汽冷却器很少。国内 300、600MW 机组大多也是这种方式，如武汉阳逻电厂 300MW 机组，哈尔滨第三电厂 600MW 机组，以及沙角 C 厂 GEC660MW 机组，上海石洞口二厂 ABB600MW 超临界压力机组，浙江北仑电厂东芝 600MW 机组等。对于外置式蒸汽冷却器多采用单级串联系统。

三、回热系统的损失及回热系统的优化

（一）表面式加热器的疏水方式

为减少工质损失，表面式加热器汽侧疏水应收集并汇于系统的主水流（主凝结水或给水）中。收集方式有两种：一是利用相邻加热器的汽侧压差，使疏水逐级自流的方式图4-15（a）。当整个回热系统全采用此方式时，高压加热器疏水逐级自流，最后入除氧器而汇于给水。低压加热器疏水逐级自流，最后入凝汽器或热井而汇于主凝结水。二是采用疏水泵，将疏水打入该加热器出口水流中，如图 4-15（c）所示。这个汇入地点的混合温差最小，因此混合产生的附加冷源热损失亦小。显然，不同疏水收集方式的热经济性高低、系统复杂程度、投资大小及运行维修费用是不相同的。

所有疏水收集方式中，疏水逐级自流方式的热经济性最差，但可通过加装外置式疏水冷却器图 4-15（b）和疏水泵来加以改善。采用疏水泵方式热经济性仅次于没有疏水的混合式加热器。

热量法分析它们的热经济性时，着眼于不同疏水收集方式对低压回热抽汽的利用程度（即对回热做功比 $X_r = W_i^r / W_i$）的影响，当 $W_i = W_0^r + W_i^c =$ 常数时，加热器引入外来热疏水，抵消了本级抽汽量，减少了本级抽汽量的回热做功，使 w_i^r 减少，x_r 减小。因此，抵消的抽汽压力越低，热经济性越低。疏水逐级自流较采用疏水泵方式即图 4-15(a) 与图 4-15(c) 相比较，由于 j 级疏水热量利用地点不同，引起高一级($j-1$ 级)入口水温不同，水在其中的焓升 $\Delta h_{w(j-1)}$ 及相应抽汽量 D_{j-1} 增加。而在低一级($j+1$ 级)，却因 j 级疏水热量进入，排挤了部分低压抽汽，使 D_{j+1} 减少。这种高压抽汽量不同、低压抽汽量减少的变化，使 w_i、X_r、η_i 减少，热经济性降低。当加装外置式疏水冷却器图 4-15(b) 后，因 j 级利用了自身部分疏水热量 $[\delta q = D_j(h_j' - h_{wj}^d)]$，疏水温度降低减少了对低压抽汽的排挤，使热经济性有所改

❶　胥传普．高加蒸汽冷却器的布置方式．汽轮机技术，1993 (1)．
❷　任象清．加热器设计中若干问题的探讨．电站辅机，1990 年 (1、2) (合刊)．

善。疏水泵方式因完全避免了对低压抽汽的排挤，同时还预热了进入高一级加热器的水流，使高压抽汽有些减少，故热经济性最高。

用做功能力法分析则是关注不同疏水方式对回热过程㶲损 Δe_r 的影响。疏水逐级自流较之疏水泵方式，在 $j-1$ 的高一级加热器内，蒸汽放热过程平均温度 T_s 不变，而水的吸热过程温度 T_w 却因入口水温降低而下降，从而换热温差 ΔT_r 及相应的㶲损 Δe_r 加大，同时在 $j+1$ 的低一级加热器内，则因 j 级疏水在其中产生压降 $\Delta p=p_j-p_{j+1}$，热能贬值利用，㶲损增大[$\Delta e_r=T_{en}\Delta s$，$\Delta s$ 见图 4-15(e)所示]，故疏水逐级自流较采用疏水泵方式，因 ΔT_r 增大（表现在 $j-1$ 级）和 Δp 存在（表现在 $j+1$ 级），不可逆性增加使热经济性降低。疏水逐级自流加装疏水冷却器后，在 $j+1$ 级加热器中因排入的 j 级疏水热能被本级利用了一部分，能位由 h_j' 降至 h_{wj}^d，从而对应相同压降 Δp 产生的熵增减小[图 4-15(e)中由 Δs 减至 $\Delta s'$]、㶲损 Δe_r 降低。而在 j 级因利用了部分自身的疏水热量，蒸汽放热过程在图 4-15(d)中由 1-2 变到 $1'$-$2'$，放热过程平均温度降低，ΔT_r 及相应㶲损减少[图 4-15(d)中，由 ΔT_r 降至 $\Delta T_r'$，相应的熵增由 Δs 降至 $\Delta s'$，熵增相对减少 δs，其㶲损减少如图 4-15(d)中剖面线所示]，热经济性得以改善。疏水泵方式，由于完全避免了疏水压降的能量贬值，并减小了在 $j-1$ 级加热器内的换热温差，故其热经济性最高。

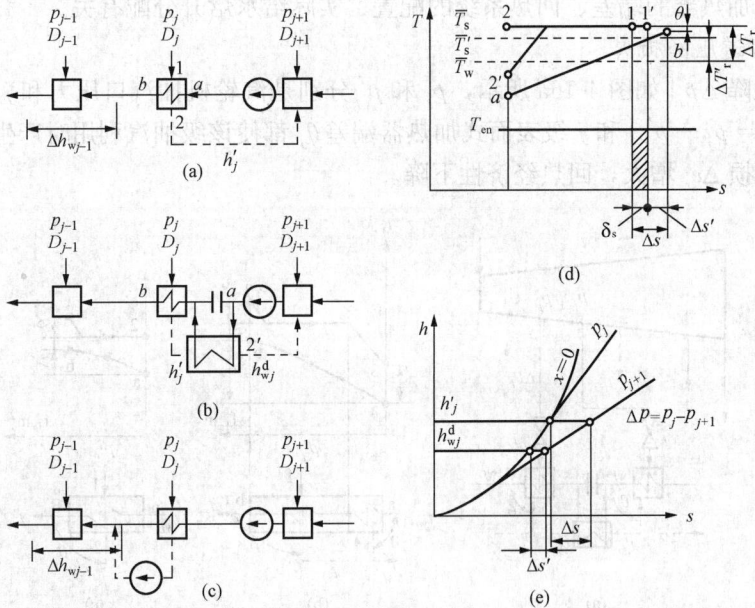

图 4-15　表面式加热器 j 级的不同疏水收集方式

(a)疏水逐级自流；(b)疏水逐级自流加外置式疏水冷却器；(c)采用疏水泵；
(d)加疏水冷却器对 j 级换热的影响；(e)加疏水冷却器对在 $j+1$ 级发生压降的影响

疏水方式对热经济性的影响，还可以另外一种思路定性分析。当假定进汽量不变时，外来疏水的热量会抵消部分抽汽，这部分抽汽流入凝汽器，相当于回收了功率，因此抵消的抽汽压力越高，回收的功率越多。所以自流疏水是采用逐级自流，而不是跨级自流，抵消的抽汽压力越低，回收功率越少，热经济性越低。

不同疏水收集方式的热经济变化只有 $0.5\%\sim0.15\%$，所以实际疏水方式的选择应通过技术经济比较来决定。虽然疏水逐级自流方式的热经济性最差，但由于系统简单可靠、投资小、不需附加运行费、维护工作量小而被广泛采用。几乎所有高压加热器，绝大部分低压加热器都采用疏水逐级自流方式。大型机组为提高其热经济性，还普遍装设了内置式疏水冷却器。尽管疏水泵收集方式热经济高，但它使系统复杂，投资增大，且需用转动机械，既耗厂用电又易汽蚀，使可靠性降低，维护工作量增大，故未能得到广泛采用。一般大、中型机组仅可能在最低一个低压加热器（末级），或相邻的次末级低压加热器上采用，以减少大量疏水直接流入凝汽器增加冷源热损失，且可防止它们进入热井影响凝结水泵正常工作。

疏水最后汇于热井比流入凝汽器的热经济性略高，但它会稍微提高凝结水泵入口水温，当流入热井疏水量较多时，为保证凝结水泵运行时不汽蚀，须校核该凝结水泵入口的净正水头高度是否能满足要求。

（二）回热系统的损失

具有回热抽汽的汽轮发电机组的热经济性，除与蒸汽循环参数 p_0、t_0、p_{rh}、t_{rh}、p_c 回热循环主要参数 z、τ、t_{fw} 有关外，还与回热系统有密切的关系，诸如上面提及的疏水收集方式，疏水冷却器、蒸汽冷却器的应用等，以及下面要分析的四项损失有关，即与抽汽管道压降、表面式加热器的端差、回热系统的配置、实际给水焓升分配有关。

1. 抽汽管道压降损失

抽汽管压降 Δp_j［如图 4-16a 所示，p_j 和 p'_j 分别是汽轮机抽汽口压力和 j 级加热器内汽侧压力，$\Delta p_j = p_j - p'_j$］和 j 级表面式加热器端差 θ_j 都使该级抽汽利用时产生能量贬值，造成回热过程㶲损 Δe_r 增大，回热经济性下降。

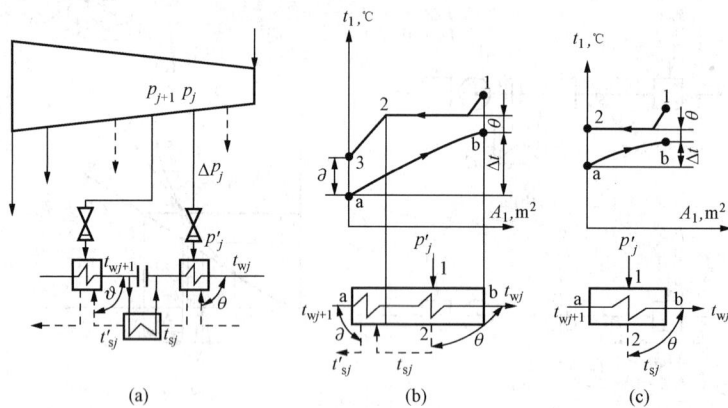

图 4-16　回热加热器的端差与抽汽管压降
(a)、(b)带疏水冷却器；(c)不带疏水冷却器

热量法从回热做功比 X_r 的变化来分析抽汽管压降和加热器端差对热经济性的影响。当机组做内功量 $w_i = w_i^r + w_i^c =$ 常数时，X_r 只取决于回热做内功量 w_i^r 的变化。机组初、终参数，回热抽汽参数 z、p_j、h_j 一定时，$W_i^r = \sum_1^z D_j w_{ij}$ 其大小仅取决于各级抽汽量 D_j 的变化趋势。因 1kg j 级抽汽的回热做内功量 w_{ij}，低压大于高压，故凡使高压抽汽量增加、低压抽汽量减小的因素，就会带来回热做功比 X_r 减小、热经济降低的结果，反之，充分利用低压

抽汽就会增大 X_r，提高热经济性。抽汽管压降和表面式加热器端差都会引起回热系统中该级加热器出口水温下降，致使本级抽汽量降低，高一级抽汽量增加，即带来汽轮机高压抽汽增加、低压抽汽减少的不利趋势，从而导致了汽轮机热经济性 η_i 的降低。

对 Δp_j 影响最大的是抽汽管的介质流速（或管径）和局部阻力（即装设的阀门多少和阀门类型等）。抽汽管的介质流速通过技术经济比较确定推荐的管道介质流速见表 8-5。而抽汽管上必须设的止回阀应选用阻力小的类型。凝汽式机组的回热抽汽都是非调整抽汽，回热加热器采用滑压运行可免设阻力大的调节阀。

因为抽汽压损的大小与抽汽压力的高低有关，若 θ 不变，抽汽压力与给水比焓的关系又是一定的。表 4-1 为每 1% 压降损失所引起的机组热耗率的变化百分数。

表 4-1　　　　　　　　每 1% 抽汽压损引起机组热耗率变化的百分数

给水焓值 h_{fw}(kJ/kg)	100	200	300	400	500	600
机组热耗率变化(%)	0.003 3	0.004	0.004 6	0.005 8	0.006 9	0.008 1

经过技术经济比较，一般表面式加热器抽汽管压降 Δp_j 不应大于抽汽压力 p_j 的 10%，大容量机组取 4%～6%。

2. 表面式加热器的端差 θ

一般不加特别说明时，表面式加热器端差都是指出口端差 θ（加热器汽侧压力下的饱和水温 t_{sj} 与出口水温 t_{wj} 之间的差值，$\theta = t_{sj} - t_{wj}$，又称上端差。以后将提到的疏水冷却器端差则是指入口端差 ϑ 图 4-16(a)、(b)，它是指离开疏水冷却器的疏水温度 t'_{sj} 与进口水温 t_{wj+1} 间的差值，$\vartheta = t'_{sj} - t_{wj+1}$，又称下端差。

显然，端差越小，机组的热经济性降低也越小。例如一台大型机组，若全部高压加热器的端差降低 1℃，机组热耗率就可降低约 0.06%。但设计时端差的减小，是以增大换热面积和投资为代价的。加热器出口端差 θ 与金属换热面积 A 的关系为

$$\theta = \frac{\Delta t}{e^{\left(\frac{KA}{Gc_p - 1}\right)}} \ ℃ \tag{4-1}$$

式中　A——金属换热面积，m^2；

　　　Δt——水在加热器中的温升，℃；

　　　K——传热系数，$kJ/(m^2 \cdot h \cdot ℃)$；

　　　G——被加热水的流量，kg/h；

　　　c_p——水的比定压热容，$kJ/(kg \cdot ℃)$。

不同的国家多根据自己的国情——钢、燃料比价，通过技术经济比较来选择合理的端差。如燃料较贵，端差应选小点，反之，则选大一些。前苏联资料介绍，当煤价为 18～22 卢布/t 时，合理端差为 2～3℃，煤价降至 2.5～5 卢布/t 时，端差应为 4～5℃较合理。我国的加热器端差，一般当无过热蒸汽冷却段时，$\theta = 3～6℃$；有过热蒸汽冷却段时，$\theta = -1～2℃$。大容量机组 θ 减小的效益大，应选用较小值。下端差一般推荐 $\vartheta = 5～10℃$。

整个回热系统的抽汽压降损失和端差损失，为各级回热加热器的压降损失与端差损失之和，由损失百分数可根据机组的理论热耗率算出其绝对值。

3. 布置损失

理想回热循环及其系统全为混合式加热器。由于采用表面式加热器以及在回热系统中所

排列位置的不同，引起的热耗率损失，称为布置损失。图 4-1(a) 所示为三级混合式加热器的回热系统，其布置损失为零。如将图中高压除氧器换成高压表面式加热器，既使不考虑表面式加热器的端差损失和压降损失，由于疏水引入中压除氧器放热，排挤了中压除氧器的部分蒸汽，可通过公式计算出减少的蒸汽量，及其导致损失的百分数和热耗率增加的百分数。如果将图 4-1(a) 中的低压除氧器换成低压表面式加热器，其疏水引入凝汽器而产生的冷源热员失，及其导致机组热耗率增加的百分数，也可定量计出来。同理，如换成带疏水冷却器的加热器或带疏水泵的表面式加热器，置换混合式加热器的布置损失，均可定量计算出来。J. K. Salisbury 在其专著中作了大量的回热系统布置损失的理论分析和计算图表，以 F 代表表面式加热器、D 代表疏水冷却式加热器，C 代表混合式加热器或带疏水泵的表面式加热器。每个字母下标的数字表示该加热器的个数。现以五级回热系统为例，列出了五级回热加热系统时，10 种方案的布置损失，如表 4-2 所示。显然方案 1 中五个全为表面式加热器即 F_5 时的布置损失最大，方案 10 为一个混合式加热器，四个带疏水冷却式加热器，最接近全为混合式加热器，即其布置损失最小。

表 4-2   **五级回热系统十种方案的布置损失**

编号	回热加热器的配置	布置损失（%）	编号	回热加热器的配置	布置损失（%）
1	F_5	1.541	6	$F_2 D_1 C_1 F_1$	0.433
2	$F_4 D_1$	1.09	7	$F_2 D_1 C_1 D_1$	0.364
3	$F_3 C_1 F_1$	0.677	8	$F_2 C_1 D_2$	0.340
4	$F_3 C_1 D_1$	0.580	9	$F_1 D_2 C_2$	0.202
5	$F_2 C_3$	0.565	10	$D_3 C_1 D_1$	0.157

4. 实际回热焓升分配损失

在第二章第三节中讨论的是理论上最佳回热分配，实际的回热分配偏离理论上最佳回热分配导致热经济性降低，称为实际回热焓升分配损失。该损失大小与循环参数、回热参数、汽机相对内效率，以及回热级数和回热加热器的形式等有关。

以四级混合式回热加热系统为例，已知给水总焓升为 800kJ/kg，如按等焓升分配，每级加热器焓升应为 200kJ/kg。若实际回热分配，4 个加热器分配依次为 220、210、190、180kJ/kg，据计算每千克凝汽流量减少的进汽量为 0.000 2kg。可见实际回热焓升分配损失是很小的。显然 F_n（n 个表面式加热器）型的实际回热焓升的分配损失，在同样的偏离程度下是最大的。见表 4-2 中的编号 1。

（三）回热系统的优化

给水回热的热经济性不仅与回热参数 Σp_j、Σt_j、z、τ、t_{fw} 有关，还与系统的连接方式及上述四项损失有关。图 4-17 为 7 级回热加热的 12 种方案机组热耗率的比较，方案 1 为面式加热器全部为疏水逐级自流的系统，是比较的基础，方案 12 为 7 级回热全为混合式加热器时，较方案 1 热耗率降低最多，达 74kJ/(kW·h)。

回热的热经济性与回热参数、回热系统连接方式、Δp_j、θ_j、布置损失等有关，并与汽轮机组的有关设计方案、参数密不可分，应综合统筹考虑进行优化，有成百的方案，要通过计算机来进行优化。现代大型汽轮机，设计制造部门都是经过优化来确定，不仅要考虑热经济（节能）还要考虑钢—煤比价或成本，可靠性和对环保的影响等因素。

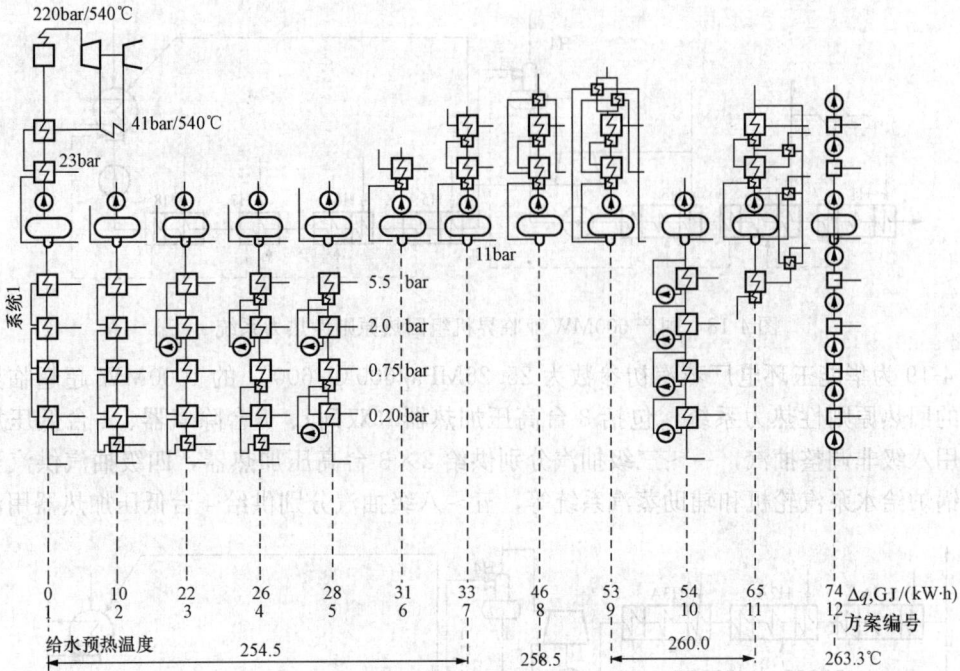

图 4-17　7 级加热回热系统 12 种方案对机组热耗率的比较

（四）机组实际回热原则性热力系统举例

机组回热系统的选择，是经过复杂的技术经济比较后确定的。这要综合考虑热经济性、系统繁简、投资和运行安全可靠及国情等多种因素。在选择中起决定作用的往往是系统简单可靠。随着机组容量的增大，对热经济性要求提高，在采用蒸汽冷却器和疏水冷却器时，需注意过热蒸汽与水，以及水与水的传热系数都比蒸汽凝结换热时低得多（一般过热蒸汽传热系数仅为凝结换热时的 0.05～0.30；疏水冷却器水与水的传热系数仅为蒸汽凝结换热时的 0.20～0.70），故从技术经济角度看，较小的抽汽过热度不宜采用蒸汽冷却器，小机组也不宜采用蒸汽冷却器和疏水冷却器。

机组回热系统是全厂原则性热力系统的核心组成部分，因而不同机组的回热系统举例可由本书第七章的发电厂原则性热力系统举例的各图中看出。本节仅以国产 600MW 亚临界凝汽式再热机组及 1000MW 超超临界压力机组为例予以说明。

图 4-18 所示 $p_0/t_0/t_{\text{rh}}$ 为 16.67MPa/538℃/153℃，$p_c = 4\text{kPa}$，为东方汽轮机厂引进型超临界压力机组 DH-600-40-H 型汽轮机的回热原则性热力系统[1]，系统有 8 级非调整抽汽分别供给 3 台高压加热器、1 台除氧器和 4 台低压加热器，3 台高压加热器 H1、H2、H3 和 2 台低压加热器 H5、H6 均装有内置式蒸汽冷却器，H1、H2、H3 和 H8 均装有内置式疏水冷却器。其中第 7、8 号低压加热器为单壳体组合式加热器，布置在凝汽器喉部。各加热器的疏水逐级自流，不设疏水泵。最后一级高压加热器疏水自流至除氧器，最后一级低压加热器疏水进入凝汽器热井。采用双背压凝汽器，以提高机组热经济性。其汽水参数值见本节的并联法计算实例。

❶ 史向东，刘凤娥. 600MW 机组热力系统经济性分析. 山东电力技术，2000（1）.

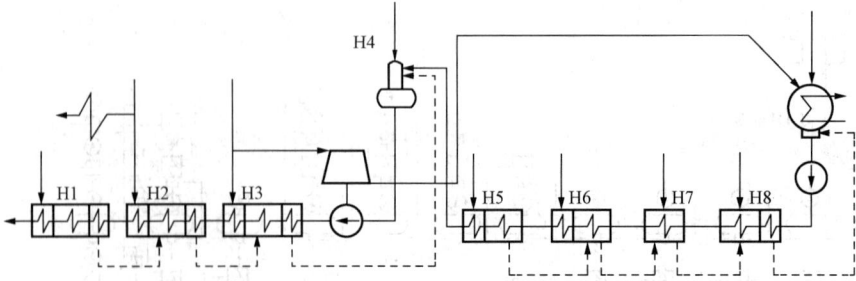

图 4-18　国产 600MW 亚临界机组回热原则性热力系统

　　图 4-19 为华能玉环电厂蒸汽初参数为 25.26MPa/600℃/600℃ 的 1000MW 超超临界压力机组的回热原则性热力系统，包括 3 台高压加热器（双列）、1 台除氧器、4 台低压加热器。采用八级非调整抽汽，一～三级抽汽分别供给 2×3 台高压加热器，四级抽汽供汽至除氧器、锅炉给水泵汽轮机和辅助蒸汽系统等，五～八级抽汽分别供给 4 台低压加热器用汽。

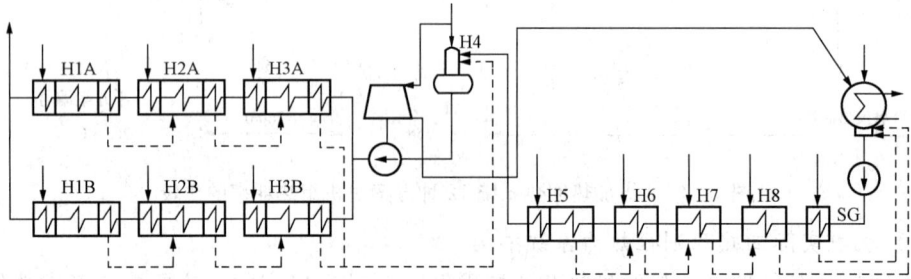

图 4-19　1000MW 超超临界压力机组回热原则性热力系统

第三节　机组原则性热力系统的计算

回热原则性热力系统计算又称（汽轮）机组原则性热力系统计算。

一、计算目的及基本公式

（一）计算目的

（1）确定某工况时机组的热经济指标和各部分汽水流量；

（2）根据最大工况时的各项汽水流量，选择有关的辅助设备及汽水管道；

（3）确定某些工况下汽轮机的功率或新汽耗量；

（4）新机组本体热力系统定型设计。

　　机组热经济指标（如热耗率）对于汽轮机或电厂的设计、运行都非常重要。设计工况的指标是所有工况中最具代表性的，因此设计工况下回热原则性热力系统计算最为普遍。当汽轮机制造厂设计新型机组，设计和运行部门对厂家给出的回热系统进行局部修改时，以及运行电厂汽轮机大修前后等，都通过此项计算来确定机组的热经济指标。

　　在最大和设计工况下进行机组原则性热力系统计算所得的各部分汽水流量，是选择机组有关辅助热力设备和汽水管道的重要依据。

　　热电厂为确定其全年运行的热经济性（如全年燃料节约量，或全年平均发电、供热煤耗等），将选择全年中几个有代表性的工况来进行计算，如冬季和夏季平均工况等。为选择热电厂锅炉的台数和容量，还需要计算最大热、电负荷和其他某些工况（如夏季最小热负荷时）所对应的汽轮机新汽耗量。这些机组原则性热力系统计算，是在给定负荷下进行的，一般称为"定功率"计算。

有时需在汽轮机进汽量给定的情况下，进行机组原则性热力系统计算，以确定汽轮发电机的功率，此时称"定流量"计算。如汽轮机在允许进汽量下，新汽压力超压 5%；或高压加热器切除需限制汽轮机 10%～15% 负荷时，求汽轮发电机能够发出的功率；背压式汽轮机或凝汽—采暖两用机，在不同热负荷下所能发出的功率等。一般汽轮机制造厂多用定流量计算。

无论是定功率或定流量计算，应满足能量消耗或能量供应相等的原则。若计算正确，两种计算的热经济指标值应相同。

（二）计算的基本公式

机组的原则性热力系统计算，一般是在汽轮机类型、容量、参数（初、终参数，回热、再热参数，回热抽汽参数等）、机组相对内效率以及回热系统具体组成已知条件下进行的。对于上述任何计算目的，如确定热经济指标 η_i，定流量时求 $P_e = f(D_0)$，或定功率时求 $D_0 = f(P_e)$ 时，汽轮机的绝对内效率要用的热经济指标公式有以下几个：

$$\eta_i = W_i/Q_0 = w_i/q_0$$

功率方程式

$$3600 P_e = W_i \eta_m \eta_g = D_0 w_i \eta_m \eta_g$$

或

$$D_0 = \frac{3600 P_e}{w_i \eta_m \eta_g} = D_{c\infty} + \sum_1^z D_j Y_j$$

$$W_i = D_0 h_0 + D_{rh} q_{rh} - \sum_1^z D_j Y_j = \cdots$$

$$w_i = h_0 + \alpha_{rh} q_{rh} - \sum_1^z \alpha_j h_j - \alpha_c h_c = \cdots$$

$$D_c = D_0 - \sum_1^z D_j, \quad \alpha_c = 1 - \sum_1^z \alpha_j$$

因此，机组原则性热力系统计算的主要内容便成为：①通过加热器热平衡式来求各抽汽量（$\sum D_j$ 或 $\sum \alpha_j$）；②通过物质平衡式求凝汽量（D_c 或 α_c）；③通过汽轮机功率方程式求 P_e（定流量计算时）或 D_0（定功率计算时）。

为此，热平衡式、物质平衡式和汽轮机的功率方程式就成为机组原则性热力系统计算的三个基本公式。

二、计算方法和步骤

热力系统分析的方法自诞生至今，经过国内外热能工作者的不断努力，无论在理论分析还是在实际应用上都取得了巨大的进展，这些方法总结起来可分两大类，即以热力学第一定律为主的分析方法和以热力学第二定率为基础的分析方法。其中，以第一定律为主的方法较突出的有代数运算法、矩阵分析法和偏微分分析法。以热力学第二定律为基础的分析法则以㶲分析法为代表。回热（机组）原则性热力系统计算方法，有传统的常规计算法、等效焓降法和循环函数法等。常规计算法是最基本的一种方法，掌握了该方法有助于更好地理解和掌握其他方法，所以本书只介绍常规计算法，其他方法可参阅有关专著。

由上面所述可归纳得出常规计算法的核心，其实质是对 z 个加热器热平衡式，和一个功率方程式、或一个求凝汽流量的物质平衡式所组成的 $z+1$ 个线性方程组求解。其最终求得 z 个抽汽量和一个新汽量（或凝汽量）。当然这 $z+1$ 个方程可用绝对量，也可用相对量来表示。然后根据第一章有关公式求得所需的热经济指标，机组功率或新汽耗量等。

求 η_i 的计算可采用正热平衡（$\eta_i = W_i/Q_0$）或反热平衡 $[\eta_i = 1-(\Delta Q_c/Q_0)]$ 两种方式计算，一般多用正热平衡计算。

用手工计算时，则应依次计算每个方程式，此时为使计算的每个方程式中只出现一个未知数。计算的次序，对于凝汽式机组是"由高至低"，即先从抽汽压力最高的加热器算起，依次逐个算至抽汽压力最低的加热器，故又称串联法；用计算机计算时，对上述 $z+1$ 个线性方程组联立求解，一次即可获得全部 $z+1$ 个未知数，故又称并联法。

计算的过程及步骤如下所述。

(1) 整理原始资料。当所提供的原始资料不够直接和完整时，计算前必须进行适当的整理和选择假定，以满足计算的需要，包括：

1) 将原始资料整理成计算所需的各处汽、水比焓值。如新汽、抽汽、凝汽比焓（h_0、$\sum h_j$、h_c），加热器出口水、疏水及凝汽器出口水比焓（h_{wj}、h'_j、h^d_{wj} 和 h'_c），再热蒸汽比焓 h^{out}_{rh} 等。

当汽轮机厂家只提供了汽轮机的主蒸汽、再热蒸汽、抽汽的压力和温度（p_0/t_0、p_{th}/t_{rh}、$\sum p_j/t_j$），及排汽压力 p_c 时，应根据所给的汽轮机相对内效率 η_{ri}，通过水蒸气图表或计算，画出汽轮机蒸汽膨胀过程的 h-s 图（汽态线），或整理成回热系统汽水参数表。其中包括各处蒸汽焓：$h_0 = f(p_0, t_0)$，$h_j = f(p_j, \eta_{ri})$，$h^{in}_{rh} = f(p_{rh}, \eta_{ri})$，$h^{out}_{rh} = f(p_{rh}, \Delta p_{rh}, t_{rh})$，$q_{rh} = h^{in}_{rh} - h^{out}_{rh}$，$h_c = f(p_c, s_0, \eta_{ri})$，加热器侧压力 $p'_j = p_j - \Delta p_j$，疏水温度和疏水焓 t_{sj}，$h'_j = f(p'_j)$，加热器出口水焓 $h_{wj} = f(t_{wj}, p_{pu})$（对于高压加热器水侧压力取为给水泵出口压力 p_{pu}，低压加热器水侧压力取为凝结水泵出口压力），疏水冷却器出口水温 $t_{sj} = t_{j+1} + \vartheta_j$（$\vartheta_j$ 为入口端差），疏水冷却器出口水焓 $h^d_{wj} = f(t'_{sj}, p'_j)$。

2) 合理选择及假定某些未给出的数据。一般未给出的数据经常是：①新蒸汽压损 Δp_0（当绘制汽轮机汽态线时需要），一般选择 $\Delta p_0 = （3\% \sim 7\%）p_0$；②再热压损 Δp_{rh}，选 $\Delta p_{rh} \leqslant 10\% p_{rh}$（$p_{rh}$ 为高压缸排汽压力）；③抽汽管压损 Δp_j，选 $\Delta p_j = （3\% \sim 8\%）p_j$；④加热器出口端差 θ_j 及有疏水冷却器时的入口端差 ϑ_j，可按上节加热器端差推荐值选取。

当加热器热效率 η_h（或加热蒸汽焓的利用系数 η'_h）、机械效率 η_m 和发电机效率 η_g 未给出时，一般可以在以下数据范围内选择：$\eta_h = 0.98 \sim 0.99$（$\eta'_h = 0.985 \sim 0.995$），$\eta_m = 0.99$ 左右，$\eta_g = 0.98 \sim 0.99$。

(2) "由高到低"进行各级回热抽汽量 D_j（或 α_j）的计算。

(3) 凝汽系数 α_c 或新汽耗量 D_0 的计算，或汽轮机功率计算。

(4) 对计算结果进行校核：校核分两种情况，一种是计算误差的校核，另一种对计算中假设数据的校核。前者可利用流量（通过物质平衡）或功率（通过功率方程式）来进行，一般只用其中之一即可。这种计算工程上允许的误差范围，手工计算时为 $1\% \sim 2\%$ 以下。对假设数据的校核，则应反复迭代至更准确的程度。

(5) 机组热经济指标和各处汽水流量计算。

三、热平衡式的拟定

热平衡式一般有两种写法：一是吸热量＝放热量×η_h，η_h 为加热器的效率；另一种是

$\sum$ 流入热量$\times \eta_h = \sum$ 流出热量。为了在同一个系统计算中采用相同的标准，应统一采用 η_h 或 η'_h，故热平衡式的写法，在同一热力系统计算中也采用同一方式。

拟定热平衡式时，最好根据需要与简便的原则，选择最合适的热平衡范围。热平衡范围可以是一个加热器或数个相邻加热器，乃至全部加热器，或包括一个水流混合点与加热器组合的整体。

如图 4-20 所示的回热系统中，图（a）的 h_{wc} 和图（b）的 h^m_{wz} 往往是未知的。一般应增加与未知数个数相同的方程才能联立求解出所需要的抽汽量（如图 4-20 所示，即增加虚线所括范围的热井或混合点处的热平衡式才行）；或对该未知数予以假定值，通过迭代计算解决。但在手工计算时，若用该图的下部分点画线所框的范围来拟热平衡式，就无需知道 h^m_{wj}，即可避开它，以减少热平衡式的个数及计算工作量。

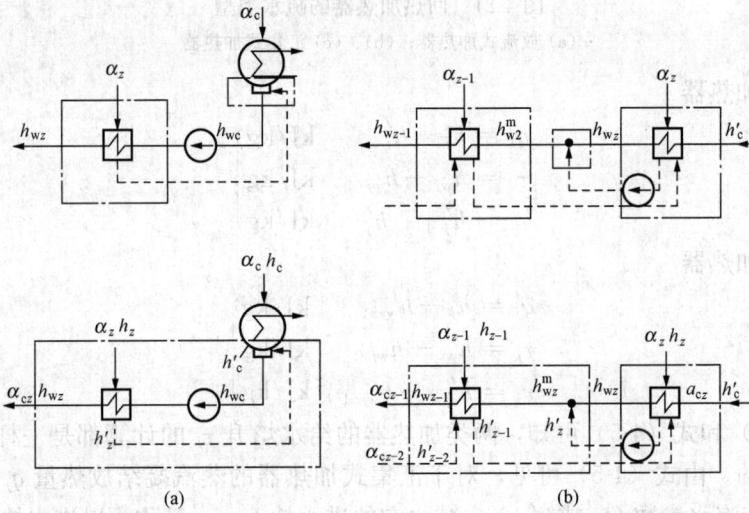

图 4-20　回热原则性系统计算中热平衡式的拟定范围选择
(a) 疏水流入热井的系统；(b) 带疏水泵的系统

应当指出，当用反热平衡求 $\eta_i = 1 - (\Delta Q_c / Q_0)$ 时，实际热力系统的 ΔQ_c，不仅包括排汽 D_c 在凝汽器中损失的汽化潜热，还包括各加热器的散热损失，及流入凝汽器中疏水带来的冷源热损失，即 ΔQ_c 应被视为"广义的冷源热损失"。在求广义冷源热损失时，若以凝汽器和加热器为热平衡对象，则有

ΔQ_c ＝凝汽流量造成的冷源热损失 ＋ 疏水进入凝汽器造成的冷源热损失

　　　　 ＋各加热器散热造成的附加（额外）冷源热损失

若以整个回热系统（包括凝汽器和所有加热器）为平衡对象，则广义冷源热损失可简单表示为

$$\Delta Q_c = \sum \text{流入热量} - \text{返回锅炉热量} = \sum_1^z D_j h_j + D_c h_c - D_0 h_{fw} \quad \text{kJ/h} \qquad (4-2)$$

或

$$\Delta q_c = \sum_1^z \alpha_j h_j + \alpha_c h_j - h_{fw} \quad \text{kJ/kg} \qquad (4-3)$$

由于合理地选择了热平衡范围，这种广义冷源热损失的表达式既简便又通用。

为了便于常规法的机组热力系统的计算，宜将回热加热器的蒸汽放热量，给水被加热焓升和疏水放热量整理成 q_j、τ_j、r_j，并将回热加热器分两种情况来处理：对面式加热器疏水是逐级自流的，称为疏水放流式加热器如图 4-21（a）所示，对混合式加热器和带疏水泵的面式加热器，称为汇集式加热器。如图 4-20（b）、（c）所示。

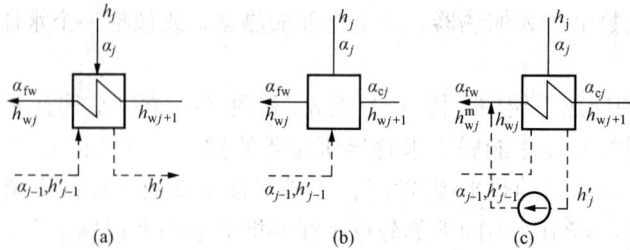

图 4-21　回热加热器的疏水类型

（a）放流式加热器；（b）、（c）汇集式加热器

对放流式加热器

$$\left.\begin{array}{ll} q_j = h_j - h_j' & \text{kJ/kg} \\ \tau_j = h_{wj} - h_{wj+1} & \text{kJ/kg} \\ r_j = h_{j-1}' - h_j' & \text{kJ/kg} \end{array}\right\} \tag{4-4}$$

对汇集式加热器

$$\left.\begin{array}{ll} q_j = h_j - h_{wj+1} & \text{kJ/kg} \\ \tau_j = h_{wj} - h_{wj+1} & \text{kJ/kg} \\ r_j = h_{j-1}' - h_{wj+1} & \text{kJ/kg} \end{array}\right\} \tag{4-5}$$

由式（4-4）和式（4-5）可知，两类加热器的给水焓升 τ_j 的计算都是一样的；而 q_j、r_j 计算却是不同的。由式（4-5）可见，对于汇集式加热器的蒸汽凝结放热量 q_j、疏水放热量 r_j，都是从相应汽水参数（h_j 或 h_{j-1}'）中减去它的进水焓 h_{wj+1}，简称为以进水焓为基准的蒸汽放热量 q_j 和疏水放热量 r_j。这样处理，在联解（$z+1$）次方程组，计算 $\sum \alpha_j$ 时，能由加热器的汽侧压力，从高到低依次解得 α_1、α_2、$\cdots$、α_j，而不必求解未知数 α_{cj}。

由图 4-21（b）的热平衡式来证明，若不计算散热损失，由该加热器的输入热量等于输出热量的热平衡式得

$$\alpha_j h_j + \alpha_{j-1} h_{j-1}' + \alpha_{cj} h_{wj+1} = \alpha_{fw} h_{wj} \tag{4-6}$$

将物质平衡式 $\alpha_{fw} = \alpha_j + \alpha_{j-1} + \alpha_{cj}$ 代入式（4-6）并整理

$$\alpha_j (h_j - h_{wj}) + \alpha_{j-1}(h_{j-1}' - h_{wj}) = \alpha_{cj}(h_{wj} - h_{wj+1}) \tag{4-7}$$

由输入热量等于输出热量的热平衡式（4-6），变换为放热量等于吸热量的热平衡式（4-7），并以出水焓 h_{wj} 为基准的 q_j、r_j。但式（4-7）中有两个未知量 α_j、α_{cj}。若将物质平衡式 $\alpha_{cj} = \alpha_{fw} - \alpha_j - \alpha_{j-1}$ 代入式（4-6）并整理为

$$\alpha_j (h_j - h_{wj+1}) + \alpha_{j-1}(h_{j-1}' - h_{wj+1}) = \alpha_{fw}(h_{wj} - h_{wj+1}) \tag{4-8}$$

式（4-8）也是放热量等于吸热量的热平衡式，但是它的 q_j、r_j 却是以进水焓 h_{wj+1} 为基准的，没有未知量 α_{cj}，只有一个未知量 α_j，即按加热器的从高到低而解得该混合式加热器的抽汽系数 α_j。

另外，常规热平衡法求 $\sum \alpha_j$，是从高到低顺序求得的，故称为串联法或串行法（即依次解 z 级加热器的热平衡，求 α_1、α_2、$\cdots$、α_j）。

至于带疏水泵的表面式加热器，也要以进水焓为基准计算 q_j、r_j，读者可自行证明。

四、回热系统的串联法和并联法计算示例

引进型亚临界压力 300MW 双缸双排汽凝汽式机组在设计工况下的热经济指标。已知参数如下：

汽轮机类型：N300-16.65/537/537

蒸汽初参数：$p_0 = 16.65$MPa，$t_0 = 537℃$，$\Delta p_0 = 0.31$MPa，$\Delta t_0 = 1.4℃$；

再热蒸汽参数：冷段压力 $p_2 = p_{rh}^{in} = 3.61$MPa，冷段温度 $t_{rh}^{in} = 316.4℃$，热段压力 $p_{rh}^{out} = 3.29$MPa，热段温度 $t_{rh} = 537℃$；$\Delta p_{rh}' = 0.07$MPa，$\Delta t_{rh} = 1.2℃$；

排汽压力：$p_c = 5.54$kPa($0.005\,54$MPa)；

排汽及轴封汽参数见表 4-3。给水泵出口压力 $p_{fp}^0 = 20.81$MPa，凝结水泵出口压力 $p_{cp}^0 = 1.78$MPa。机械效率、电机效率分别取为 $\eta_m = 0.99$、$\eta_g = 0.985$。

汽动给水泵用汽份额 α_t 为 0.038。

表 4-3   **N300-16.65/537/537 型双缸双排汽机组回热抽汽及轴封汽参数**

项目	单位	回热抽汽点、轴封来汽点及凝汽器参数									
加热器编号	—	H1	H2	H3	H4(HD)	H5	H6	H7	H8	SG	C
抽汽压力 p_j	MPa	5.954	3.61	1.63	0.803	0.341	0.134	0.073 2	0.025 6	—	0.005 54
抽汽温度 t_j	℃	386.7	316.4	436.6	337.4	237.1	145.0	95.0	$x=0.957$		$x=0.916$
轴封汽（或门杆汽）量 α_{sg}	—				高压汽门来 0.013					中压缸来 0.001 4	
轴封汽比焓 h_{sg}	kJ/kg	—	—	—	3361					3284	

机组回热系统如图 4-22 所示。

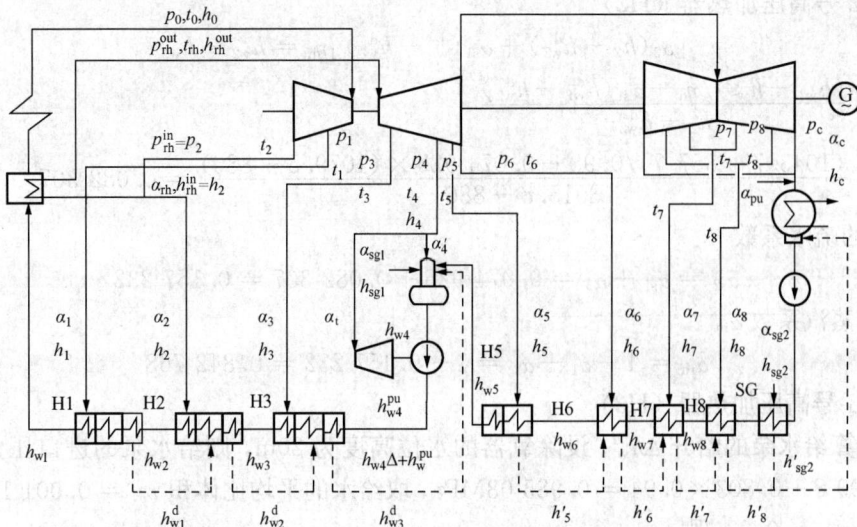

图 4-22   亚临界压力 300MPa 双缸双排汽式机组原则性热力系统计算图

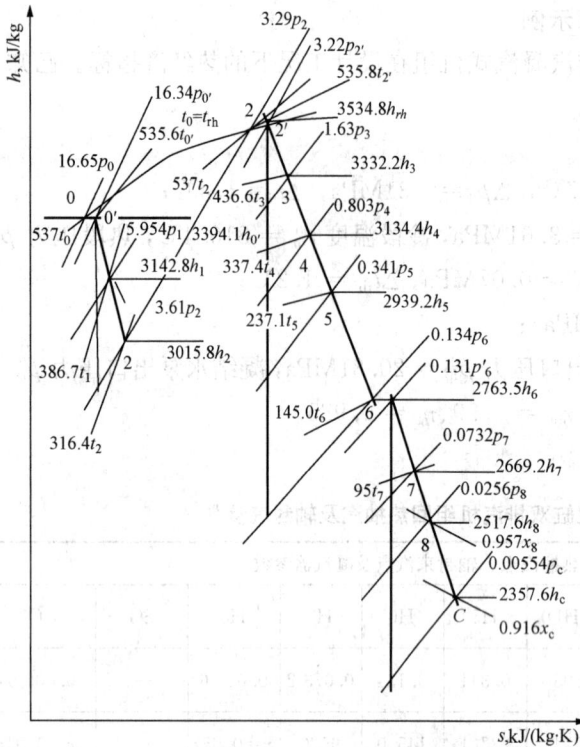

图 4-23　亚临界压力 300MPa 双缸双排
汽凝汽式机组蒸汽膨胀过程线

解：

1. 整理原始资料

（1）根据已知循环参数和 Δp_0、Δp_{rh}、p_c 在 h-s 图上画出汽轮机蒸汽膨胀过程线（见图 4-23），得到新汽焓 h_0、各级抽汽焓 h_j 及排汽焓 h_c，以及再热蒸汽比焓升 q_{rh}。也可根据 p、t 查水蒸气表得出上述焓值。$h_0 = 3394.1kJ/kg$，$h_{rh}^{in} = 3015.8kJ/kg$，$h_{rh} = 3534.8kJ/kg$，$q_{rh} = 3534.8 - 3015.8 = 519(kJ/kg)$。

（2）根据水蒸气表查得各加热器出口水焓 h_{wj} 及有关输水焓 h'_j 或 h_{wj}^d，将机组回热系统计算点参数列于表 4-4。

2. 计算回热抽汽系数与凝汽系数

采用相对量方法进行计算。

（1）1 号高压加热器（H1）

由 H1 的热平衡式求 α_1。

取 $\alpha_{fw} = 1.0$，则

$$\alpha_1(h_1 - h_{w1}^d)\eta_h = h_{w1} - h_{w2}$$

$$\alpha_1 = \frac{(h_{w1} - h_{w2})/\eta_h}{h_1 - h_{w1}^d} = \frac{(1195.2 - 1043.7)/0.98}{3142.8 - 1079.5} = 0.074\,925$$

H1 的疏水系数 $\alpha_{s1} = \alpha_1 = 0.074\,925$

（2）2 号高压加热器（H2）

$$\left[\alpha_2(h_2 - h_{w2}^d) + \alpha_{s1}(h_{w1}^d - h_{w2}^d)\right]\eta_h = h_{w2} - h_{w3}$$

$$\begin{aligned}\alpha_2 &= \frac{(h_{w2} - h_{w3})/\eta_h - \alpha_{s1}(h_{w1}^d - h_{w2}^d)}{h_2 - h_{w2}^d}\\&= \frac{(1043.7 - 857.7)/0.98 - 0.074\,925 \times (1079.5 - 886)}{3015.8 - 886} = 0.082\,307\end{aligned}$$

H2 的疏水系数

$$\alpha_{s2} = \alpha_{s1} + \alpha_2 = 0.074\,925 + 0.082\,307 = 0.157\,232$$

再热蒸汽系数 α_{rh}

$$\alpha_{rh} = 1 - \alpha_1 - \alpha_2 = 1 - 0.157\,232 = 0.842\,768$$

（3）3 号高压加热器（H3）

先计算给水泵的焓升 Δh_w^{pu}。设除氧器的水位高度为 20m，则给水泵的进口压力为 $p_{in} = 20 \times 0.009\,8 + 0.803 \times 0.94 = 0.985\,08MPa$，取给水的平均比体积 $v_{av} = 0.001\,1m^3/kg$、给水泵效率 $\eta_{pu} = 0.83$，则

表 4-4

N300-16.65/537/537 型双缸双排汽机组回热系统计算点参数

	项　目	单　位	H1	H2	H3	H4(HD)	H5	H6	H7	H8	SG	C	数据来源
加热蒸汽	抽汽压力 p_j	MPa	5.954	3.61	1.63	0.803	0.341	0.134	0.0732	0.0256	—	0.00554	已知
	抽汽压损 Δp_j	%	6	6	6	6	6	6	6	6	—	—	已知
	加热器汽侧压力 p_j'	MPa	5.597	3.39	1.53	0.755	0.321	0.126	0.0688	0.0241	0.095	—	$p_j'=(1-\Delta p_j)p_j$
	抽汽焓 h_j	kJ/kg	3142.8	3015.8	3332.2	3134.4	2939.2	2763.5	2669.2	2517.6	—	2357.6(h_c)	查水蒸气表
	轴封汽焓 h_{sgj}	kJ/kg	—	—	—	3361	—	—	—	—	3284	—	已知
	p_j' 饱和水温度 t_{sj}	℃	271.1	240.8	199.3	168.1	135.9	106.2	89.5	64.2	98.2	34.7(t_c)	由 p_j' 查水蒸气表
	p_j' 饱和水焓 h_j'	kJ/kg	1190.2	1040.8	849	710.7	571.5	445.3	374.8	268.5	411.5	145.5	由 p_j' 查水蒸气表
	加热器端差 θ_j	℃	-1.67	0	0	—	2.78	2.78	2.78	2.78	—	0	已知
被加热水	加热器出口水温 t_j	℃	272.8	240.8	199.3	168.1	133.1	103.4	86.7	61.4	—	—	$t_{sj}-\theta_j$
	加热器水侧压力 p_w	MPa	20.81	20.81	20.81	0.803	1.78	1.78	1.78	1.78	1.78	—	已知
	加热器出口水焓 h_{wj}	kJ/kg	1195.2	1043.7	857.7	710.7	560.7	434.7	364.4	258.5	—	145.5	由 p_w,t_j 查水蒸气表
疏水	疏水冷却器端差 ϑ	℃	8	8	8	—	—	—	—	—	—	—	—
	疏水冷却器出口水温 t_s'	℃	248.8	207.3	179.5*	—	—	—	—	—	—	—	$t_s'=t_{j+1}+\vartheta$
	疏水冷却器后疏水焓 h_{sj}	kJ/kg	1079.5	886	761.3	—	—	—	—	—	—	—	由 p_j',t_s' 查水蒸气表

* 考虑给水泵焓升后，H3 入口水比焓 710.7+26.3=737(kJ/kg)，由该处压力 20.81MPa 查得此处给水温度 171.5℃，故 H3 的疏水温度为 171.5+8=179.5（℃）。

$$\Delta h_\text{w}^\text{pu} = \frac{10^3 v_{\text{av}(p_\text{out}-p_\text{in})}}{\eta_\text{pu}} = \frac{10^3 \times 0.001\,1(20.81 - 0.985\,08)}{0.83} = 26.3(\text{kJ/kg})$$

由 H3 的热平衡式得

$$[\alpha_3(h_3 - h_\text{w3}^\text{d}) + \alpha_{s2}(h_\text{w2}^\text{d} - h_\text{w3}^\text{d})]\eta_\text{h} = [h_\text{w3} - (h_\text{w4} + \Delta h_\text{w}^\text{pu})]$$

$$\alpha_3 = \frac{[h_\text{w3} - (h_\text{w4} + \Delta h_\text{w}^\text{pu})]/\eta_\text{h} - \alpha_{s2}\,(h_\text{w2}^\text{d} - h_\text{w3}^\text{d})}{h_3 - h_\text{w3}^\text{d}}$$

$$= \frac{[857.7 - (710.7 + 26.3)]/0.98 - 0.157\,232 \times (886 - 761.3)}{3332.2 - 761.3} = 0.040\,280$$

H3 的疏水系数

$$\alpha_{s3} = \alpha_{s2} + \alpha_3 = 0.157\,232 + 0.040\,280 = 0.197\,512$$

（4）除氧器（HD）

第四段抽汽 α_4 由除氧器加热蒸汽 α_4' 和汽动给水泵用汽 α_t 两部分组成，即

$$\alpha_4 = \alpha_4' + \alpha_t$$

由除氧器的物质平衡可知除氧器的进水系数 α_{c4} 为

$$\alpha_{c4} = 1 - \alpha_{s3} - \alpha_{sg1} - \alpha_4'$$

由于除氧器的进出口水量不等，α_{c4} 是未知数。为避免在最终的热平衡式中出现两个未知数，可先不考虑加热器的效率 η_h，写出除氧器的热平衡式：$\sum$ 吸热量 $= \sum$ 放热量，即

$$h_\text{w4} = \alpha_4'h_4 + \alpha_{sg1}h_{sg1} + \alpha_{s3}h_\text{w3}^\text{d} + \alpha_{c4}h_\text{w5}$$

将 α_{c4} 的关系代入，整理成以进水焓 h_w5 为基准，并考虑 η_h 的热平衡式：吸热量 $/\eta_\text{h} = \sum$ 放热量，可得

$$(h_\text{w4} - h_\text{w5})/\eta_\text{h} = \alpha_4'(h_4 - h_\text{w5}) + \alpha_{s3}(h_\text{w3}^\text{d} - h_\text{w5}) + \alpha_{sg1}(h_{sg1} - h_\text{w5})$$

$$\alpha_4' = \frac{(h_\text{w4} - h_\text{w5})/\eta_\text{h} - \alpha_{s3}(h_\text{w3}^\text{d} - h_\text{w5}) - \alpha_{sg1}(h_{sg1} - h_\text{w5})}{h_4 - h_\text{w5}}$$

$$= \frac{(710.7 - 560.7)/0.98 - 0.197\,512 \times (761.3 - 560.7) - 0.013 \times (3361 - 560.7)}{3134.4 - 560.7}$$

$$= 0.029\,932$$

$$\alpha_{c4} = 1 - \alpha_{s3} - \alpha_{sg1} - \alpha_4' = 1 - 0.197\,512 - 0.013 - 0.029\,932 = 0.759\,556$$

$$\alpha_4 = \alpha_4' + \alpha_t = 0.029\,932 + 0.038 = 0.067\,932$$

（5）5 号低压加热器（H5）

直接由 H5 的热平衡式可得 α_5

$$\alpha_5(h_5 - h_5')\eta_\text{h} = \alpha_{c4}\,(h_\text{w5} - h_\text{w6})$$

$$\alpha_5 \frac{\alpha_{c4}\,(h_\text{w5} - h_\text{w6})/\eta_\text{h}}{h_5 - h_5'} = \frac{0.759\,556 \times (560.7 - 434.6)/0.98}{2939.2 - 571.5} = 0.041\,246$$

H5 的疏水系数

$$\alpha_{s5} = \alpha_5 = 0.041\,246$$

（6）6 号低压加热器（H6）

$$[\alpha_6(h_6 - h_6') + \alpha_{s5}(h_5' - h_6')]\eta_\text{h} = \alpha_{c4}(h_\text{w6} - h_\text{w7})$$

$$\alpha_6 = \frac{\alpha_{c4}(h_\text{w6} - h_\text{w7})/\eta_\text{h} - \alpha_{s5}(h_5' - h_6')}{h_6 - h_6'}$$

$$= \frac{0.759\,556 \times (434.7 - 364.4)/0.98 - 0.041\,246 \times (571.5 - 445.3)}{2763.5 - 445.3} = 0.021\,258$$

H6 的疏水系数

$$\alpha_{s6} = \alpha_{s5} + \alpha_6 = 0.041\,246 + 0.021\,258 = 0.062\,504$$

（7）7 号低压加热器（H7）

$$[\alpha_7(h_7 - h'_7) + \alpha_{s6}(h'_6 - h'_7)]\eta_h = \alpha_{c4}(h_{w7} - h_{w8})$$

$$\alpha_7 = \frac{\alpha_{c4}(h_{w7} - h_{w8})/\eta_h - \alpha_{s6}(h'_6 - h'_7)}{h_7 - h'_7}$$

$$= \frac{0.759\,556 \times (364.4 - 258.5)/0.98 - 0.062\,504 \times (445.3 - 374.8)}{2669.2 - 374.8}$$

$$= 0.033\,853$$

H7 的疏水系数

$$\alpha_{s7} = \alpha_{s6} + \alpha_7 = 0.062\,504 + 0.033\,853 = 0.096\,357$$

（8）8 号低压加热器（H8）与轴封加热器（SG）

为了计算方便，将 H8 与 SG 作为一个整体考虑，采用图 4-24 所示的热平衡范围来列出物质平衡的热平衡式。由热井的物质平衡式，可得

$$\alpha_c + \alpha_t = \alpha_{c4} - \alpha_{s7} - \alpha_{sg2} - \alpha_8$$

根据 $\sum$ 吸热量 $= \sum$ 放热量写出热平衡式

$$\alpha_{c4}h_{w8} = \alpha_8 h_8 + \alpha_{sg2}h_{sg2} + \alpha_{s7}h'_7 + (\alpha_c + \alpha_t)h'_c$$

将 $\alpha_c + \alpha_t$ 消去，并整理成以 α_{c4} 吸热为基础以进水焓 h'_c 为基准的热平衡式，得

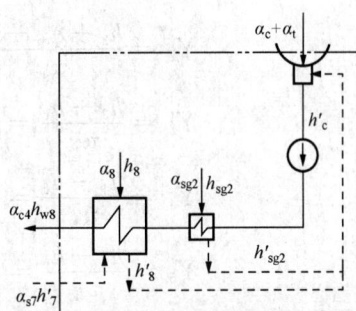

图 4-24　H8 的计算用图

$$[\alpha_8(h_8 - h'_c) + \alpha_{s7}(h'_7 - h'_c) + \alpha_{sg2}(h_{sg2} - h'_c)]\eta_h = \alpha_{c4}(h_{w8} - h'_c)$$

$$\alpha_8 = \frac{\alpha_{c4}(h_{w8} - h'_c)/\eta_h - \alpha_{s7}(h'_7 - h'_c) - \alpha_{sg2}(h_{sg2} - h'_c)}{h_8 - h'_c}$$

$$= \frac{0.759\,556 \times (258.5 - 145.5)/0.98 - 0.096\,357 \times (374.8 - 145.5) - 0.001\,4 \times (3284 - 145.5)}{2517.6 - 145.5}$$

$$= 0.025\,755$$

（9）凝汽系数 α_c 的计算与物质平衡校核

由热井的物质平衡计算 α_c

$$\alpha_c = \alpha_{c4} - \alpha_{s7} - \alpha_{sg2} - \alpha_8 - \alpha_t$$

$$= 0.759\,556 - 0.096\,357 - 0.001\,4 - 0.025\,755 - 0.038 = 0.598\,044$$

由汽轮机通流部分物质平衡来计算 α_c，以校核计算的准确性

$$\alpha_c = 1 - \left(\sum_1^8 \alpha_j + \alpha_{sg1} + \alpha_{sg2}\right)$$

$$= 1 - (0.074\,925 + 0.082\,307 + 0.040\,280 + 0.067\,932 + 0.041\,246$$

$$+ 0.021\,258 + 0.033\,853 + 0.025\,755 + 0.013 + 0.001\,4)$$

$$= 0.598\,044$$

两者计算结果相同，表明以上计算准确。

3. 新汽量 D_0 计算及功率校核

根据抽汽做功不足多耗新汽的公式（1-25）来计算 D_0

$$D_0 = D_{c0}\beta = D_{c0} / \left(1 - \sum_1^8 \alpha_j Y_j - \sum_1^2 \alpha_{sgj} Y_{sgj}\right)$$

（1）计算 D_{c0}

凝汽的比内功 w_{ic} 为

$$w_{ic} = h_0 + q_{rh} - h_c = 3394.1 + 519 - 2357.6 = 1555.5(kJ/kg)$$

$$D_{c0} = \frac{3600 p_e}{w_{ic}\eta_m\eta_g} \times 10^{-3} = \frac{3600 \times 300\,000}{1555.5 \times 0.99 \times 0.985} \times 10^{-3} = 712.003\,8(t/h)$$

（2）计算 D_0

各级抽汽做功不足系数 Y_j 如下：

$$Y_1 = \frac{h_1 + q_{rh} - h_c}{w_{ic}} = \frac{3142.8 + 519 - 2357.6}{1555.5} = 0.838\,444$$

$$Y_2 = \frac{h_2 + q_{rh} - h_c}{w_{ic}} = \frac{3015.8 + 519 - 2357.6}{1555.5} = 0.756\,799$$

$$Y_3 = \frac{h_3 - h_c}{w_{ic}} = \frac{3332.2 - 2357.6}{1555.5} = 0.626\,551$$

$$Y_4 = \frac{h_4 - h_c}{w_{ic}} = \frac{3134.4 - 2357.6}{1555.5} = 0.499\,389$$

$$Y_5 = \frac{h_5 - h_c}{w_{ic}} = \frac{2939.2 - 2357.6}{1555.5} = 0.373\,899$$

$$Y_6 = \frac{h_6 - h_c}{w_{ic}} = \frac{2763.5 - 2357.6}{1555.5} = 0.260\,945$$

$$Y_7 = \frac{h_7 - h_c}{w_{ic}} = \frac{2669.2 - 2357.6}{1555.5} = 0.200\,321$$

$$Y_8 = \frac{h_8 - h_c}{w_{ic}} = \frac{2517.6 - 2357.6}{1555.5} = 0.102\,861$$

$$Y_{sg1} = \frac{h_{sg1} - h_c}{w_{ic}} = \frac{3361 - 2357.6}{1555.5} = 0.645\,066$$

$$Y_{sg2} = \frac{h_{sg2} - h_c}{w_{ic}} = \frac{3284 - 2357.6}{1555.5} = 0.595\,564$$

$\alpha_j h_j$、$\alpha_j Y_j$ 和 D_j 的计算数据见表 4-5。

表 4-5　　　　　　　　　$\alpha_j h_j$、$\alpha_j Y_j$ 和 D_j 的计算数据

α_j	h_j	$\alpha_j h_j$	Y_j	$\alpha_j Y_j$	$D_j = \alpha_j D_0(t/h)$
α_1	$h_1 = 3142.8$	$\alpha_1 h_1 = 235.474\,29$	$Y_1 = 0.838\,444$	$\alpha_j Y_j$	$D_1 = 68.736\,447$
α_2	$h_2 = 3015.6$	$\alpha_2 h_2 = 248.221\,451$	$Y_2 = 0.756\,799$	$\alpha_j Y_j$	$D_2 = 75.508\,719$
α_3	$h_3 = 3332.2$	$\alpha_3 h_3 = 134.221\,016$	$Y_3 = 0.626\,551$	$\alpha_j Y_j$	$D_3 = 36.953\,008$
α_4	$h_4 = 3134.4$	$\alpha_4 h_4 = 212.926\,061$	$Y_4 = 0.499\,389$	$\alpha_j Y_j$	$D_4 = 62.321\,046$
α_5	$h_5 = 2939.2$	$\alpha_5 h_5 = 121.230\,243$	$Y_5 = 0.373\,899$	$\alpha_j Y_j$	$D_5 = 37.839\,219$
α_6	$h_6 = 2763.5$	$\alpha_6 h_6 = 58.746\,483$	$Y_6 = 0.260\,945$	$\alpha_j Y_j$	$D_6 = 19.502\,161$

α_j	h_j	$\alpha_j h_j$	Y_j	$\alpha_j Y_j$	$D_j = \alpha_j D_0 (\text{t/h})$
α_7	$h_7 = 2669.2$	$\alpha_7 h_7 = 90.360\ 428$	$Y_7 = 0.200\ 321$	$\alpha_j Y_j$	$D_7 = 31.056\ 856$
α_8	$h_8 = 2517.6$	$\alpha_8 h_8 = 64.840\ 788$	$Y_8 = 0.102\ 861$	$\alpha_j Y_j$	$D_8 = 23.627\ 724$
α_c	$h_c = 2357.6$	$\alpha_c h_c = 1409.948\ 534$	—	$\alpha_j Y_j$	$D_c = 548.647\ 58$
α_{sg1}	$h_{sg1} = 3661$	$\alpha_{sg1} h_{sg1} = 43.693$	$Y_{sg1} = 0.645\ 066$	$\alpha_j Y_j$	$D_{sg1} = 11.926\ 244$
α_{sg2}	$h_{sg2} = 3284$	$\alpha_{sg2} h_{sg2} = 4.597\ 6$	$Y_{sg2} = 0.595\ 564$	$\alpha_j Y_j$	$D_{sg2} = 1.284\ 365$
—	—	$\sum \alpha h = 2624.259\ 894$	—	$\alpha_j Y_j$	$D_0 = 917.403\ 369$

于是，抽汽做功不足汽耗增加系数 β 为

$$\beta = 1 \Big/ \Big(1 - \sum_1^8 \alpha_j Y_j - \sum_1^2 \alpha_{sgj} Y_{sgj}\Big) = \frac{1}{1 - 0.223\ 892} = 1.288\ 481$$

则汽轮机新汽耗量 D_0 为

$$D_0 = D_{c0}\beta = 712.003\ 8 \times 1.288\ 481 = 917.403\ 368(\text{t/h})$$

（3）功率校核

1kg 新蒸汽比内功 w_i（其中 $\sum \alpha_j h_j$ 计算数据见表 4-5）为

$$w_i = h_0 + \alpha_{th} q_{th} - \Big(\sum_1^8 \alpha_j h_j + \alpha_c h_c + \sum_1^2 \alpha_{sgj} h_{sgj}\Big)$$
$$= 3394.1 + 0.842\ 768 \times 519 - 2624.259\ 894$$
$$= 1207.236\ 698(\text{kJ/kg})$$

据此可得汽轮发电机的功率 P_c' 为

$$P_c' = D_0 w_i \eta_m \eta_g / 3600 = 917.403\ 368 \times 1207.236\ 698 \times 0.99 \times 0.985 / 3600$$
$$= 300.000\ 296(\text{MW})$$

计算误差

$$\Delta = \frac{|P_e - P_e'|}{P_e} \times 100\% = \frac{|300 - 300.000\ 296|}{300} \times 100\% = 0.000\ 099(\%)$$

误差非常小，在工程允许的范围内，表示上述计算正确。

4. 热经济指标计算

1kg 新蒸汽的热耗量 $\bar{q}$

$$\bar{q} = h_0 + \alpha_{rh} q_{rh} - h_{fw} = 3394.1 + 0.842\ 768 \times 519 - 1195.2 = 2636.296\ 592(\text{kJ/kg})$$

汽轮机绝对内效率 η_i

$$\eta_i = \frac{w_i}{\bar{q}} = \frac{1207.236\ 698}{2636.296\ 592} = 0.457\ 929$$

汽轮发电机组绝对电效率 η_e

$$\eta_e = \eta_i \eta_m \eta_g = 0.457\ 929 \times 0.99 \times 0.985 = 0.446\ 549$$

汽轮发电机组热耗率 q_0

$$q_0 = \frac{3600}{\eta_e} = \frac{3600}{0.446\ 549} = 8061.825\ 242[\text{kg/(kW · h)}]$$

汽轮发电机组汽耗率 d_0

$$d_0 = \frac{q}{q} = \frac{8061.825\ 242}{2636.296\ 592} = 3.058\ 011[\text{kg}/(\text{kW} \cdot \text{h})]$$

5. 各汽水流量绝对值计算

由 $D_j = D_0 \alpha_j$ 求出各处 D_j，见表 4-5。

（二）并联法解矩阵方程

现以图 4-22 亚临界压力 300MPa 双缸双排汽式机组原则性热力系统为例，用相对量计算，串联计算时是考虑了轴封系统的。大机组的轴封系统和高、中压门杆漏汽是较复杂的，引出和引往处各不相同，其焓值和该汽流占主机的 D_0 份额也是各不相同，如例题 7-1 的亚临界 600MW 机组的轴封、门杆漏汽有 16 项之多（见表 7-2），这种机组的回热系统的并联计算是相当繁琐的，详见参考文献 [12]。

这里仅就图 4-22 所示系统的基本部分（未考虑轴封、门杆漏汽）的并联计算作一示例，说明并联计算的原理、方法和最基本的规则，经整理写成

$$\left.\begin{array}{l} \alpha_1 q_1 - \tau_1 = 0 \\ \alpha_1 r_2 + \alpha_2 q_2 - \tau_2 = 0 \\ \alpha_1 r_3 + \alpha_2 r_3 + \alpha_3 q_3 - \tau_3 = 0 \\ \alpha_1 r_4 + \alpha_2 r_4 + \alpha_3 r_4 + \alpha_4 q_4 - \tau_4 = 0 \\ \alpha_1 \tau_5 + \alpha_2 \tau_5 + \alpha_3 \tau_5 + \alpha_4 \tau_5 + \alpha_5 q_5 - \tau_5 = 0 \\ \alpha_1 \tau_6 + \alpha_2 \tau_6 + \alpha_3 \tau_6 + \alpha_4 \tau_6 + \alpha_5 r_6 + \alpha_6 q_6 - \tau_6 = 0 \\ \alpha_1 \tau_7 + \alpha_2 \tau_7 + \alpha_3 \tau_7 + \alpha_4 \tau_7 + \alpha_5 r_7 + \alpha_6 r_7 + \alpha_7 q_7 - \tau_7 = 0 \\ \alpha_1 \tau_8 + \alpha_2 \tau_8 + \alpha_3 \tau_8 + \alpha_4 \tau_8 + \alpha_5 r_8 + \alpha_6 r_8 + \alpha_7 r_8 + \alpha_8 q_8 - \tau_8 = 0 \end{array}\right\} \quad (4\text{-}9)$$

写成矩阵方程　　　　　　　　　　$\boldsymbol{A} \cdot \boldsymbol{X} = \boldsymbol{T}$ 　　　　　　　　　　(4-10)

即　　　　　　　　　　　　　　　$\boldsymbol{X} = \boldsymbol{A}^{-1} \cdot \boldsymbol{T}$

其中

$$\boldsymbol{A} = \begin{bmatrix} q_1 & & & & & & & \\ r_2 & q_2 & & & & & & \\ r_3 & r_3 & q_3 & & & \boldsymbol{0} & & \\ r_4 & r_4 & r_4 & q_4 & & & & \\ \tau_5 & \tau_5 & \tau_5 & \tau_5 & q_5 & & & \\ \tau_6 & \tau_6 & \tau_6 & \tau_6 & r_6 & q_6 & & \\ \tau_7 & \tau_7 & \tau_7 & \tau_7 & r_7 & r_7 & q_7 & \\ \tau_8 & \tau_8 & \tau_8 & \tau_8 & r_8 & r_8 & r_8 & q_8 \end{bmatrix}, \quad \boldsymbol{X} = \begin{bmatrix} \alpha_1 \\ \alpha_2 \\ \alpha_3 \\ \alpha_4 \\ \alpha_5 \\ \alpha_6 \\ \alpha_7 \\ \alpha_8 \end{bmatrix}, \quad \boldsymbol{T} = \begin{bmatrix} \tau_1 \\ \tau_2 \\ \tau_3 \\ \tau_4 \\ \tau_5 \\ \tau_6 \\ \tau_7 \\ \tau_8 \end{bmatrix}$$

式中　　$\boldsymbol{A}$、$\boldsymbol{X}$、$\boldsymbol{T}$——系数矩阵、未知数矩阵和常数矩阵。回热系统的构成（加热器类型及疏水方式），由矩阵 $\boldsymbol{A}$ 确定，它的排列规律如下：

（1）主对角线是 1kg 回热抽汽的凝结放热量 q_j；

（2）i 级加热器有 $(i-1)$ 级的疏水，则在 i 行的 $(i-1)$ 列填上 r_i。同理，i 级还有 $(i-2)$ 级的并经 $(i-1)$ 级的疏水，则在行的 $(i-1)$ 列和 $(i-2)$ 列都填上 r_j，其余依此类推。

（3）i 级加热器无 j 级疏水，则在 i 行的 j 列填上 i 级的焓升 τ_i。

第四节 回热加热器的运行

一、回热系统正常运行的重要性

机组回热系统包括了回热加热器的抽汽（加热蒸汽）、疏水、抽空气系统和主凝水、主给水、除氧器等系统，既是热力发电厂热力系统的核心，也是最主要的系统之一，对锅炉、汽轮机、给水泵的安全可靠运行和热经济性的影响很大。例如，大容量机组的高压加热器投运率，不仅影响煤耗率，还影响机组的出力，甚至使推力轴承受到的应力可能超出设计值[❶]，引起锅炉过热蒸汽超温等事故。因不投高压加热器而增加热耗率等指标，如表 4-6 所示。

表 4-6   国产机组停用高压加热器时增加的热煤耗率相对值

机组型号	t_{fw} （℃）	热耗增加 （%）	煤耗率增加 [g/（kW·h）]	年多耗标煤 （t/a）
N100-8.83/535	222	1.9	7.0	4900
N125-13.24/550/550	239	2.3	7.4	6500
N200-12.75/535/535	240	2.6	8.3	11 600
N300-16.18/550/550	263	4.6	14.0	29 400

为此，应提高给水回热加热器的完好率和高压加热器的投运率，并作为汽轮机运行的一项考核指标。

低压加热器的停用也会降低机组的热经济性，特别是最末一级低压加热器的停用，会使级后汽轮机叶片的侵蚀加剧。停用某级加热器时，为保证该级抽汽口以后汽轮机各级不致过负荷，应视具体情况降低负荷。

二、加热器的投运和停用方式

为减小加热器尤其是高压加热器的投入和停用过程中，因温差应力而造成结合面损坏泄漏，必须控制水温变化率。我国温升率为 ≤5℃/min，温降率为 ≤2℃/min。而美国 FOSTER WHEEL（FW）公司规定的温升率、温降率均为 1.85℃/min。汽轮机组和加热器的状态不同，加热器的投入和停用方式也不同，如表 4-7 所示。

表 4-7   加热器投入和停用的不同方式[8]

投 入 和 停 用 方 式		特 点
因机组启停而投入 或停用加热器	随机投入或停用	（1）操作简便，强度冲击小； （2）要有完备的疏水通道，以适应各工况的疏水； （3）注意加热器抽汽对机组启动过程胀差的影响
	在一定负荷时投入或停用	（1）疏水系统较简单； （2）由系统、机组情况决定投入使用时的负荷； （3）温度冲击较大
机组运行中投入或 停用加热器	加热器故障停用后再投入	（1）与机组启动时在一定负荷时投入的情况相同； （2）机组负荷可提高，温度冲击大，操作要慎重
	保护动作或人为紧急停用	不允许只停水侧而不停用汽侧

---

❶ 火力发电厂高压加热器运行维护手册. 北京：水利电力出版社，1983.

表 4-7 中所指加热器随机组投入，是指机组带至一定负荷时才投入。如重庆珞璜电厂国产 600MW 机组，由于 2 号高压加热器的抽汽来自高压缸排汽逆止门后的冷再热蒸汽，并与高压旁路相连，因此三个高压加热器都不宜采用随机启动方式。而是采取 3 号高压加热器随机启动，直到 30% 额定负荷以上时才投运另外两个高压加热器。为了控制高压加热器温度变化率，高压加热器随机组滑启、滑停是最有利的。美国 FW 公司曾经做过温度变化率对高压加热器寿命影响的试验，其试验资料显示：当温度变化率小于 1.85℃/min 时，高压加热器可以承受无穷次交变；当温度变化率小于 3.7℃/min 时，高压加热器可以承受 30 万次交变；当温度变化率小于 7.4℃/min 时，高压加热器可以承受 2 万次交变；当温度变化率小于 13.15℃/min 时，高压加热器可以承受 1250 次交变。西门子公司要求高压加热器温升率 <5℃/min，温降率 <2℃/min。在高压加热器缓慢变工况时温度变化率一般不会太高，只有在汽轮机变工况幅度较大时，以及投停时才会出现温度变化率较大的现象，这时必须严格遵守一定的温升率和温降率。

三、运行中监督

1. 加热器水位

加热器汽侧水位过高、过低，不仅影响回热经济性，还威胁机组的安全运行。水位过高，将淹没部分传热面积引起汽压摆动，水可能从抽汽管倒流入汽轮机造成水击，使抽汽管、加热器壳体产生振动。水位过低或无水位，蒸汽经疏水管流进相邻压力较低一级加热器，排挤该低压抽汽，降低热经济性，并可能使该级加热器汽侧超压、尾部管束受到冲蚀（对内置式疏冷器危害尤甚），同时加速对疏水管、阀门的冲刷和汽蚀。

加热器的无水位运行，对热经济性的理论分析和定量计算表明，300MW 机组高压加热器无水位运行年多耗标煤 6100t[1]。湛江电厂 300MW 机组，低压加热器水位过高，3 号低压加热器最严重[2]。于 1997 年 2 月予以改造，使其疏水温度降低了 13℃，下端差达到国家要求的 10℃。

2. 加热器出口水温

加热器出口水温应维持设计值，若低于设计值，将使高压抽汽增加，低压抽汽减少，回热的热经济性下降。出口水温降低的主要原因如下：

（1）端差增大。端差增大的原因可能是加热器的受热面结垢、汽侧主要抽空气不良、使传热系数值减小，水位过高淹没受热面，或水侧旁路门漏水引起的。

（2）抽汽管压降增大。如进汽阀或逆止阀开度不足或卡涩等原因造成。

（3）保护装置失灵。应定期进行抽汽止回阀的严密性试验，高压加热器自动保护装置的试验。

复 习 思 考 题

4-1 原则性热力系统的作用是什么？有何特点？

4-2 为什么现代大容量机组的回热系统，以表面式加热器为主？

---

❶ 王运民. 加热器无水位运行的经济性分析，热能动力工程，1998 (2).
❷ 关南强. 低压加热器疏水问题研究及内部改进，中国电力，1998 (9).

4-3 混合式低压加热器的特点是什么？为何国外大机组有的采用混合式低压加热器？

4-4 回热系统的疏水方式有几种？实际机组回热系统的疏水方式是怎样选择的？

4-5 采用疏水冷却器、蒸汽冷却器的作用是什么？并能在 $T\text{-}s$ 图上说明其做功能损失的变化？

4-6 回热系统常规热力计算的原理、方法是什么？为何其计算顺序是"从高到低"？

4-7 列出加热器的热平衡式，怎样划分其计算范围，目的何在？

4-8 回热系统的常规电算有何特点？

4-9 回热加热器运行时，要监视哪些参数，为什么？

习　题

4-1 某汽轮机组 $p_0=3.5\text{MPa}$，$t_0=435℃$，$p_c=0.006\text{MPa}$，回热系统的汽水比焓见图 4-25，求该机组的热经济指标，已知 $\eta_m=0.97$，$\eta_g=0.98$，$\eta_h=1.00$。

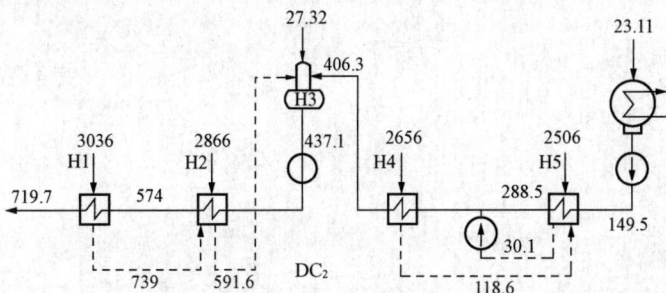

图 4-25　习题 4-1 图

4-2 原始条件与习题 4-1 相同，但取消疏水泵，改为疏水自流至热井，与习题 4-1 相比，求其机组热耗率的相对变化。

4-3 已知国产 200MW 汽轮机组额定工况时，h_0、h_{rh} 分别为 3433、3543kJ/kg，q_{rh} 为 500kJ/kg，回热系统各处汽水焓值见图 4-26，$\eta_{mg}=0.98$，若不计加热器的散热损失，求该机组额定工况时的热耗率 q_0？

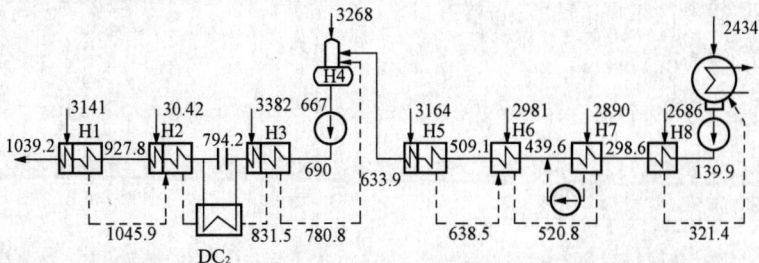

图 4-26　习题 4-3 图

4-4 原始条件与习题 4-3 相同，若在 H3 加热器上装串联外置式蒸汽冷却器，其出口水端差为 1℃，该蒸汽冷却器的出口焓值为 2945kJ/kg。求该机组热耗率降低的绝对值及相对变化。

4-5 以图 4-18 为例，将 H8 改为用疏水泵的面式加热器，将疏水打至 H8 的出口，试列出它的系数矩阵 A。

4-6 已知东方汽轮机厂生产的 300MW 汽轮机循环参数为：16.7MPa/537℃/537℃，$p_c = 5.36$kPa，h_0、h_{rh}、h_c、h'_c 分别为 3394.45、3545.21、2380.36、142.94kJ/kg，设有三号高压加热器外置式蒸汽冷却器，$q_{rh} = 509.96$kJ/kg。进入锅炉给水焓 $h_{fw} = 1185.03$kJ/kg。八级回热加热器出口水比焓分别为 1169.37、1046.41、873.87、757.56（已考虑给水泵功使给水焓升）632.37、534.40、442.88、348.51kJ/kg。三台高压加热器疏水逐级自流至滑压除氧器，其疏水比焓分别为 1077.81、902.34、782.09kJ/kg；四台低压加热器疏水逐级自流至次末级低压加热器处，用疏水泵往其出口打，其疏水比焓分别为 566.81、476.88、454.35、212.35kJ/kg。设有一台轴封冷却器，其加热蒸汽比焓、疏水比焓及其出口处水比焓分别为 3118.83、411.52、151.23kJ/kg，求该机组的热经济指标。

第五章　给水除氧和发电厂的辅助汽水系统

本 章 提 要

除氧器是特殊的混合式回热加热器，兼有除氧、汇集各项汽水流量的作用，它与给水泵的安全运行有密切关系。本章围绕除氧器及与之有关的内容，先介绍热力发电厂的工质损失及其补充，再介绍锅炉连续排污利用系统和化学除氧，然后重点讨论热除氧机理及其原则性热力系统和除氧器的安全运行。

第一节　热力发电厂的汽水损失及补充

具有汽轮发电机组的热力发电厂，无论采用哪种动力循环，总是有原因不同，数量不等的汽、水工质损失，同时伴随有热量损失。损失了的工质必须予以补充。

1. 汽水工质损失的类型及减少工质损失的技术措施

发电厂汽水损失，根据损失部位的不同分为内部损失和外部损失两大类。内部汽水损失包括热力设备及其管道的暖管疏放水，加热重油、各种汽动设备（汽动给水泵、汽动油泵、汽动抽气器等）的用汽，蒸汽吹灰用汽、汽包炉的排污水、汽封用汽、汽水取样、设备检修时的排放水等，均是工艺上要求的正常性汽水工质损失，是一个类型；另一类型是偶然性非工艺要求的汽水损失，即通常讲的热力设备或管道的跑冒滴漏。外部工质损失，是指热电厂对外供热设备及其管道的工质损失，它与热负荷性质（如热水负荷就完全不能回收）、供热方式（直接或间接供汽、开式或闭式水网）以及回水质量（如是否含油、是否被制药的热用户细菌污染等）有关，变化范围很大，甚至完全不能回收，回水率为零。

热力发电厂汽水损失，既是工质损失，又有热量损失，不仅影响电厂的经济性，有的还危及设备安全运行和使用寿命。采取减少工质损失的技术措施有：①选择合理的热力系统及汽水回收方式；尽量回收工质并利用其热量，如轴封冷却器、汽封自密封系统，锅炉连续排污水的回收与利用等；②改进工艺过程，如蒸汽吹灰改为压缩空气或炉水吹灰，锅炉、汽轮机和除氧器由额定参数启动改为滑参数启动或滑压运行；③提高安装检修质量，如用焊接取代法兰连接等。除了上述硬件改进，不可忽视的是软件方面改善，如运行技术管理水平、维修运行人员素质的提高和相应的监督机制，完善考核管理办法等。

根据《设规》，发电厂各项正常汽水损失及考虑机组启动或事故而增加的水处理设备出力如表5-1所示。

2. 热力发电厂水汽质量

热力发电厂的化学分场（车间）的任务之一是对热力发电厂的水汽质量进行监督，监督的重要依据是水汽质量标准，主要有 GB/T 12145—1999《火力发电机组及蒸汽动力设备水汽质量标准》、DL/T 912—2005《超临界火力发电机组水汽质量标准》、原电力工业部《电力工业技术管理法规（试行）》（以下简称《法规》），以及 DL/T 935—2005《火电厂排水水质分析方法》等。

表 5-1　　　　　　　　火电厂各项正常水汽损失及考虑机组启动或事故而增加的
水处理设备出力（DL 5000—2000）

损失类别		正常损失	考虑机组启动或事故而增加的水处理设备出力（按4台机组计）
(1) 厂内水汽循环损失	300MW 以上机组	为锅炉最大连续蒸发量的 1.5%	为全厂最大一台锅炉最大连续蒸发量的 6%
	125～200MW 机组	为锅炉最大连续蒸发量的 2.0%	
(2) 对外供汽损失		根据资料	—
(3) 发电厂其他用水、用汽损失		根据资料	—
(4) 汽包锅炉排污损失		根据计算，但不少于 0.3%	—
(5) 闭式辅机冷却系统损失		冷却水量的 0.5%	—
(6) 闭式热水网损失		热水网水量的 1%～2% 或根据资料	热水网水量的 1%～2%，但与正常损失之和不少于 20t/h
(7) 厂外其他用水量		根据资料	—

　　由于热力设备蒸汽初参数的不断提高、单机容量不断增大，对水汽质量的要求越来越高，而且水处理方式的不同，以及水处理和测试技术不断发展，同一种水的质量标准值略有差异。水汽标准有：锅炉补给水、锅炉给水、炉水、蒸汽、汽轮机凝结水、疏水、生产返回水、热网补给水、冷却水以及水冷发电机冷却水（不允许导电）等标准。例如上述国标对锅炉给水硬度、溶氧、铁的标准如表 5-2 所示。

表 5-2　　　　　　　锅炉给水硬度、溶氧、铁的标准（GB 12145—1999）

炉　型	蒸汽压力（MPa）	硬　度（μmol/L）	溶氧（μg/L）	铁（μg/L）	pH 值
锅筒锅炉	3.8～5.8	≤2.0	≤15	≤50	8.8～9.2
	5.9～12.6	≤2.0	≤7	≤30	8.8～9.2（有铜系统）或 9.0～9.5（无铜系统）
	12.7～15.6	≤1.0	≤7	≤20	
	15.7～18.3	≈0	≤7	≤20	
直流锅炉	5.9～18.3	≈0	≤7	≤10	8.8～9.2（有铜系统）或 9.0～9.5（无铜系统）

　　注　低于 5.8MPa 汽包炉，给水 pH 值最低不小于 7.0。各厂应通过调整试验确定本厂的给水 pH 值。

　　3. 给水含氧量控制指标

　　为确保热力设备安全经济运行，我国《法规》规定，给水含氧控制指标为：

　　工作压力为 5.88MPa（60ata）及以下锅炉，给水含氧量应小于或等于 15μg/L；

　　工作压力为 5.98MPa（61ata）及以上锅炉，给水含氧量应小于或等于 7μg/L；

　　对亚临界和超临界压力的直流锅炉，由于无排污、蒸汽溶盐能力强等原因，给水要求彻底除氧。

　　一般认为，水的 pH 值在 9.2～9.6 范围内的抗腐效果最佳，但对凝汽器和低压加热器采用铜管的系统，pH 值过高反会加剧腐蚀，故对采用铜管系统的水的 pH 值，一般控制在 8.8～9.2 之间。

第二节　锅炉连续排污利用系统

一、锅炉的汽水品质

从省煤器来的锅炉给水送往汽包，在汽包中产生的饱和蒸汽送往过热器，然后再引往汽轮机，汽包炉的锅筒（汽包）还存有一定水量的炉水。这里讲的锅炉汽水品质，是指饱和蒸汽、过热蒸汽、锅炉给水和炉水。蒸汽带出盐类和硅酸盐等越多，其品质越低，并可分为两类携带：①蒸汽带了含盐浓度大的炉水水滴，称为水滴携带；②蒸汽直接溶解某些盐类，称为溶解携带；而且其溶解度随蒸汽压力增高而升高，尤以硅酸盐最为显著。根据GB 12145—1999，锅炉的蒸汽质量标准如表 5-3 所示。

表 5-3 　　　　　　　　　　　　　　　　　**锅炉蒸汽质量标准**

炉　型	压力（MPa）	含盐量，以含钠量表示（μg/kg）	二氧化硅（μg/kg）
汽包炉	3.8～5.8	≤15	≤20
	5.9～18.3	≤10	≤20
直流炉	18.4～25	≤5	≤15

锅炉炉水的水质，应保证蒸汽品质，防止积盐、腐蚀，保持受热面和非受热面洁净。它与锅炉压力、锅炉是否分段蒸发等有关。炉水 pH 值，一般大于 9.0，用化学软水作补给水的炉水，pH 值应大于 10。

二、废热及工质的回收利用

热力发电厂锅炉的连续排污水，汽轮机的门杆与轴封漏汽，以及发电机的冷却水、厂用蒸汽、疏放水等，就其工艺本身而言，均属"废汽、废水"。为提高发电厂的经济性，通常设法利用其热量或再回收其部分工质。本节先以汽包炉锅炉连续排污水的回收利用系统为例，分析其热经济性，再推广为废热及工质回收利用的经济性分析。

（一）汽包炉连续排污扩容系统的热经济性分析

图 5-1 所示为汽包锅炉单级连续排污利用系统，从汽包内盐段炉水浓度高的炉水表面处，通过连续排污管（一般位于汽包正常水位下 200 ～300mm 处）排出，引至连续排污扩容器，扩容降压蒸发出部分工质，引入热力系统除氧器，以回收工质利用其热量；扩容蒸发后剩余的排污水水温还高于 100℃，可再引入排污冷却器用以加热从化学车间来的软化水，排污水温降至50℃左右后，方可排入地沟。

根据扩容器的物质平衡、热平衡式、排污冷却器的热平衡式。三个方程式求解三个未知量：扩容蒸汽量 D_f、未扩容的排污水量 D'_{bl}，排污冷却器出口的补充水比焓

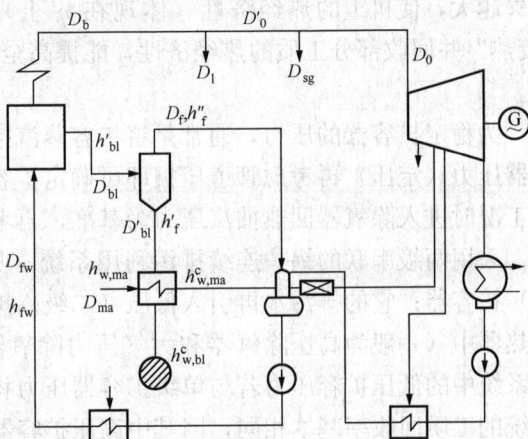

图 5-1　汽包炉单级连续排污利用系统

$h_{w,ma}^c$。

扩容器的物质平衡式	$D_{bl} = D_f + D'_{bl}$	kg/h	(5-1)
扩容器的热平衡式	$D_{bl}h'_{bl}\eta_f = D_f h''_f + D'_{bl}h'_f$	kJ/h	(5-2)
排污冷却器的热平衡式	$D'_{hl}(h'_f - h^c_{w,bl})\eta_r = D_{ma}(h^c_{w,ma} - h_{w,ma})$	kJ/h	(5-3)

将式（5-1）代入式（5-2）得工质回收率 α_f

$$\alpha_f = \frac{D_f}{D_{bl}} = \frac{h'_{bl}\eta_f - h'_f}{h''_f - h'_f} = f(p_f) \tag{5-4}$$

上几式中 D_{bl}——锅炉连续排污量，kg/h；

$\quad\quad D_f、D'_{bl}$——扩容蒸汽、未扩容的排污水量，kg/h；

$\quad\quad h'_{bl}$——排污水比焓，即汽包压力下的饱和水比焓，kJ/kg；

$\quad\quad h'_f,h''_f$——扩容器压力下的饱和水、饱和汽比焓，kJ/kg；

$\quad\quad D_{ma}$——补充水量，kg/h；

$h_{w,ma}、h^c_{w,ma}$——排污冷却器的进、出口补充水比焓，kJ/kg；

$\quad\quad h^c_{w,bl}$——排入地沟的水焓 kJ/kg；

$\quad\quad \eta_f,\eta_r$——扩容器、排污冷却器效率，一般取为 0.97～0.99。

式（5-4）的分子为 1kg 排污水在扩容器内的放热量，取决于汽包压力和扩容器的压力。分母为扩容器压力下 1kg 排污水的汽化潜热，在压力变化范围不大时，它近似为常数，因此，当汽包压力一定时，$D_f(\alpha_f)$ 值，取决于扩容器的压力 p_f，p_f 愈低，$D_f(\alpha_f)$ 值愈大。一般 $\alpha_f = 30\% \sim 50\%$。

以锅炉排污量 D_{bl} 占锅炉额定量蒸发量 D_b 的百分比表示锅炉排污率 $\beta_{bl} = D_{bl}/D_b \times 100\%$。可根据给水的含盐量、碱度、硅酸根的盐质平衡式分别计算求得，取其中的最大值。对此，《设规》规定，凝汽式发电厂锅炉正常排污率不超过 1%，供热式热电厂锅炉正常排污率不超过 2%。

单级锅炉连续排污利用系统，是既有热量，又有工质进入热力系统的典型"废热"利用实例。当其他条件一定时，扩容器的压力越低，由式（5-4）可知，回收的工质数量越大，但能位贬值越大，压力越低的扩容蒸汽引入回热系统，排挤的回热抽汽压力也越低，使回热做功比 X_r 减小。在定功率计算时，回热抽汽做功越少，使凝汽作功越大，导致额外冷源热损失越大，使机组的热经济性（体现在 η_i 上）降低也越大。单级锅炉连排系统，利用其"废热"并回收部分工质的热经济性，能提高全厂的热经济性，使 η_{cp} 提高，b_{cp} 降低，节约燃料。

为稳定扩容器的压力，通常是将扩容蒸汽接到除氧器。若除氧器是定压运行，根据该除氧器压力（定压）再考虑管道压损即可确定扩容器的压力；若除氧器是滑压运行，则应以额定工况时进入除氧器回热抽汽压力为基准，再考虑管道压损来确定。

采用两级串联的锅炉连续排污利用系统（见图 7-3），锅炉连续排污水先进入高压（一级）扩容器；它的排污水再引入低压（二级）扩容器，它们的扩容蒸汽分别引入相应的回热加热器中（一般为高压除氧器和大气压力除氧器，如图 7-3 所示）。当其他条件不变时，两级系统中的低压扩容压力若与单级扩容器压力相同时，都引入相同压力的除氧器中，则两个系统的工质回收率基本相同，因其中高压扩容器回收的工质品位较高，引至高压除氧器排挤的是较高压力的回热蒸汽，故两级系统的热经济效益比单级的要高，但要增加一级高压扩容设备及相应的阀门、管道，使投资、钢材耗量加大，需经技术经济比较合算时才采用。

根据《设规》，对于汽包炉应采用单级连续排污扩容系统。对于高压热电厂的汽包炉，因有外部工质损失，补充水量大，可采用两级连续排污扩容系统。

125MW 以下的机组，两台锅炉应设一套连排扩容系统；125MW 及以上机组，每台锅炉应设一套排污扩容系统。连续排污系统应有切换至定期排污扩容器的旁路，定期排污扩容器的容量，应考虑锅炉事故放水的需要。对亚临界压力汽包锅炉，当条件合适时（如有精处理装置、水质有保证、有避免或防止炉内加药成渣的措施），可不设连续排污系统。从国外引进的机组大多不设连续排污系统。

（二）汽轮机汽封系统用汽的回收和利用

汽轮机的汽封系统用汽和漏汽有：主汽门和调速汽门的门杆漏汽，再热式机组中压联合汽门的门杆漏汽，高、中、低压缸的前后轴封漏汽和轴封用汽等。汽轮机制造厂要提供汽轮机组的汽封系统图及其流量和焓值。现代大容量汽轮机组的汽封系统用汽（含轴封漏汽），约占汽轮机总汽耗量的 2% 左右，并伴有热量，必须予以回收利用。制造厂提供的汽封系统图和机组热力系统中，都标明从何处漏出，引至何处；应引至压力最接近的回热加热器，既回收其工质，利用其热量，又要尽量减少因之导致的附加冷源热损失（或做功能力损失）。

如国产 300MW 机组有八级回热抽汽，主蒸汽门和中压联合汽门的漏汽，分别引至 H2、H3，高压缸后轴封漏汽引至 H4（除氧器），中压缸后轴封漏汽和低压缸前后轴封漏汽均引至轴封冷却器 SG。详见例题 7-1 中的表 7-2。

需提出的是，这些轴封汽中，有的不参与汽轮机做功，有的参与汽轮机做功，在热力计算时要分别处理，详见第七章的例题。

老的汽封系统，各端轴封的最终空气蒸汽混合物，用射水抽气器尾部排水余能抽吸，增加了射水抽气器的负荷，至少使凝汽器真空降低 $0.93 \sim 1.5\text{kPa}$，影响机组经济性。现在国内外大机组的端轴封，多采用自密封轴封系统。如东方汽轮机厂生产的三缸两排汽 200MW 机组，当机组负荷在 55% 额定负荷以上时，靠高中压缸端轴封用汽作为低压缸端轴封供汽，不需另供轴封汽，故称为自密封轴封系统。

（三）热力发电厂工质回收和"废热"利用的原则

上述锅炉连续排污扩容系统的热经济性分析，适用于热力发电厂其他工质回收和"废热"利用系统。即：

（1）发电厂工质回收的同时，总有热量的回收利用，不仅应考虑工质回收数量的多少，还要考虑其能位贬值的高低。要尽可能减少回收利用热量时的能位贬值。例如轴封漏汽、汽轮机门杆漏汽，应视其压力高低，尽可能分别引至压力与其相近的回热加热器，使因之引起的排挤回热抽汽导致额外冷源热损失增加尽可能地小，即降低 η_i 尽可能小。

（2）工质回收及"废热"利用的热经济性，不反映在机组的热经济指标上，而是体现在全厂的热经济指标上。

（3）工质回收及"废热"利用，引入回热系统时，影响每千克工质作功量 w_i 的变化，并应注意回收热量的质量影响，能位高的，单位热量增加的功较多，能位低的，单位热量增加的功较少。

（4）实际工质回收和废热利用系统，不仅要考虑热经济性，还要考虑投资、运行费用等的影响，应通过技术经济比较来确定。

三、加热用厂用蒸汽系统

加热用的厂用蒸汽通常有：加热重油、空气（暖风器）、烟气（湿式烟气脱硫装置的烟气再热器）和厂内采暖加热器等。其正常汽源应在满足需要的前提下，尽可能用低压回热抽汽或废热，以提高电厂的热经济性。另应考虑汽轮机组启动或回热抽汽参数不能满足要求时，有适当的备用汽源。其疏水均应回收（加热重油的蒸汽疏水，考虑可能污染不予回收），一般设疏水泵，疏往除氧器。

燃用高硫煤的电厂，如锅炉尾部受热面的金属温度低于露点，会引起腐蚀、堵灰。解决的办法之一是采用暖风器，即利用回热抽汽来加热空气，以提高进入空气预热器的进口空气温度。利用回热抽汽加热空气，扩大了回热效果，增大回热做功比 X_r，提高汽轮机的内效率 η_i，但却使锅炉排烟热损失加大，降低锅炉效率 η_b。因此采用暖风器后，全厂的热经济性提高或降低，取决于合理选择暖风器系统和参数。如有的采用回热抽汽加热空气的同时，重新调整锅炉受热面的分配而使排烟热损失不增加；有的采用主凝水来加热空气，并在锅炉增设低压省煤器等不同方案，均获得良好效果。

第三节　化　学　除　氧

热力发电厂运行时，给水中溶解氧是由于补充水带入空气，或从系统中处于真空下的设备、管道附件的不严密处漏入的空气所致。给水中溶氧是造成热力设备及其管道腐蚀的主要原因之一，所溶二氧化碳会加剧氧的腐蚀。换热设备中的不凝结气体，使传热恶化，降低机组的热经济性。水中溶氧会造成腐蚀穿孔引起泄漏爆管。高参数蒸汽溶解物质能力强，通过汽轮机通流部分，会在叶片上沉积，不仅降低汽轮机的出力，还会使轴向推力增加，危及机组安全运行。为此，给水必须除氧以严格控制给水含氧量，在允许范围。

给水除氧方法有化学除氧和物理（热力）除氧两大类。化学除氧方法是在除氧器出口添加还原剂，经化学反应，消除残留在水中的溶解氧。药剂应具备反应迅速、药剂本身和反应产物对锅炉无害等条件。常用的化学除氧方法有五个。

1. 亚硫酸钠 Na_2SO_3 处理

Na_2SO_3 易溶于水，无毒价廉，装置简单，但 Na_2SO_3 与 SO_2 化合成 Na_2SO_4 会增加给水含盐量，在温度大于 280℃ 后会分解成 H_2S 和 SO_2 等有害气体，仅适用于中压（6.18MPa）以下的锅炉，不能用于高压以上的电站锅炉。

2. 联胺 N_2H_4 处理

N_2H_4 除氧，生成 N_2 和 H_2O，不会增加水中含盐量，且有钝化钢铜表面的优点，在 200℃ 以上的高温水中能还原铁和铜的氧化物，有利于减缓锅炉水冷壁管生成铁垢铜垢。它不仅广泛用于高压及以上锅炉，也用于直流锅炉。N_2H_4 除氧效果与 pH 值、溶液温度等有关。但 N_2H_4 有毒、有挥发性、易燃烧，在保管、运输和使用时应遵守有关安全规定。N_2H_4 还被怀疑为是致癌物质，使用时要有相应安全措施。

3. 加氧处理（中性水处理 NWT）

20 世纪 60 年代初期原联邦德国、美国提出了钢在含氧纯水中的耐腐蚀理论，原联邦德国率先在热力发电厂中实现给水加氧处理，即中性水处理 NWT，取得了显著防腐蚀效果。它是往高纯度且呈中性的锅炉给水中，加入气态氧或过氧化氢，使金属表面形成稳定氧化膜，促进钢表面进入钝化区，达到防腐效果，给水中腐蚀物大幅减少，使直流锅炉几乎无需清洗。其缺点是对给水水质要求很严，中性纯水的缓冲性低。此法已在国外各类直流锅炉、空冷机组和核电机组上应用。我国从 1987 年起在 670t/h 汽包炉上进行了 NWT 长期实验，并研究确定了汽包炉 NWT 的水质规范。

4. 加氧加氨联合水处理 CWT

20 世纪 70 年代中期，原联邦德国在 NWT 基础上，开发应用了 CWT。我国石洞口二厂、华能北京热电厂、广东黄埔电厂等相继采用 CWT 技术。华能北京热电厂装有两台 IIT-140/165-130/15 型双抽式机组和两台 T-185/220/130 单抽式机组，配 4 台德国 BABOCK 公司产的带飞灰复燃装置的液态排渣直流锅炉的主要附属设备、化学水处理，凝结水处理和锅炉补给水系统和设备，均由俄罗斯设计、供货。

20 世纪 80 年代以来，国外还开发了一些新型化学除氧剂，如二甲基酮肟（丙酮肟）、碳酰肼等。丙酮肟毒性小，耗用量少，使用安全。我国在淮北电厂 670t/h 锅炉进行了试验研究和应用。望亭电厂 300MW 机组在 10 个月的长期停用保护中，锅炉采用丙酮肟湿法保护，试片及管样外观光亮无腐蚀。洛河电厂 1 号炉，平圩电厂 2 号炉化学清洗时采用丙酮肟，也取得良好效果。直流锅炉给水采用 CWT，减少了锅炉结垢，因之系统内部干净，抑制锅炉压差上升速度。据望亭电厂估计，仅运行费用一年可减少几十万元。

5. 凝结水的化学处理

热力发电厂的凝结水包括汽轮机的主凝结水、各种疏水、补入凝汽器的软化水，热电厂还有生产返回水。凝结水是锅炉给水的主要组成部分，其质量关系锅炉给水的质量。影响凝结水质量的主要因素：①因凝汽器泄漏混入的冷却水中的杂质，这项影响最大；②补入软化水带入的悬浮物和溶解盐；③机组启停及负荷变动，导致给水、凝结水溶解氧升高，使热力系统中腐蚀物增加。

凝结水的净化处理（精处理）与锅炉的形式、蒸汽参数、冷却水质量等因素有关。对于直流锅炉，全部凝结水应进行精处理，必要时还可设置供机组启动用的除铁设备；对亚临界汽包锅炉供汽的汽轮机组，可结合凝汽器材质的选择进行综合技术经济比较，确定采用除铁、除硅处理系统或离子交换处理系统；由高压汽包锅炉和超高压汽包锅炉供汽的汽轮机组，如果启停频繁，宜综合考虑机组启动排水量、停炉保护措施、凝汽器材质及运行管理水平等因素，进行技术经济比较，确定是否采用供机组启动用的凝结水除铁设施；当采用带混合式凝汽器的间接空冷系统时，对汽轮机组的凝结水，应全容量地进行精处理，还宜设置供机组启动时专用的除铁设施；直接空冷机组的凝结水宜采用除铁及除二氧化碳处理。

凝结水精处理装置有两种连接方式：①低压系统，即除盐装置 DE 位于凝结水泵与凝结水升压泵之间，我国采用者多，在设备条件具备时，宜采用与凝结水泵同轴的凝结水升压泵。低压系统常因两级凝结水泵不同步及压缩空气阀门不严，导致空气漏入凝结水精处理系统，使凝结水中溶解氧含量大增；②中压系统，无凝结水升压泵而直接串联在中压凝结水泵出口，国外多用中压系统，我国引进技术制造的 300、600MW 机组及一些进口机组也用中压系统。中压系统设备少、阀门少、凝结水管道短，简化了系统，便于操作，几乎无空气漏入凝结水系统，运行中未发生过问题。我国已引进技术，研制成中压凝结水泵、中压凝结水处理设备，并已用于工程中。《设规》明确规定：目前凝结水除盐设备一般采用中压系统。

第四节　热除氧器及其原则性热力系统

以回热抽汽来加热除去锅炉给水中溶解气体的混合式加热器，一般称为除氧器，它既是回热系统的一级，又用以汇集主凝结水、补充水、疏水、生产返回水、锅炉连排扩容蒸汽、汽轮机门杆漏汽等各项汽水流量成为锅炉给水，并要保证给水品质和给水泵的安全运行，是影响热力发电厂安全经济运行的一个重要的热力辅助设备。

一、热除氧的机理

水与空气接触，空气中 O_2、CO_2、N_2 等气体会溶于水中。处于真空的凝汽器，凝结水泵及其管道附件（阀门、法兰等）等不严密处会漏入空气，还有与大气相通的疏水等含有较多空气，使凝结水溶有气体，特别是有害的 O_2、CO_2 气体。

热除氧的机理，基于以下四个理论。

（一）分压定律（道尔顿定律）

混合气体全压力 p_0 等于其组成各气体分压力之和，即除氧器内水面上混合气体全压力 p_0，应等于溶解水中各气体（N_2、O_2、CO_2 水蒸气等）分压力 p_{N_2}、p_{O_2}、p_{CO_2}、p_{H_2O} 之和，即

$$p_0 = p_{N_2} + p_{O_2} + p_{CO_2} + \cdots + p_{H_2O} = \sum p_j + p_{H_2O} \quad \text{MPa} \tag{5-5}$$

如定压下加热水至沸腾并使水蒸气分压力 p_{H_2O} 趋近于全压，则水面上所有其他气体的分压力 $\sum p_j$ 即趋近于零。

（二）亨利定律

气体在水中的溶解度，与该气体在水面上的分压力成正比。即单位体积水中溶解某气体量 b 与水面上该气体的分压力 p_b 成正比，其表达式为

$$b = K_d \frac{p_b}{p_0} \quad \text{mg/L} \tag{5-6}$$

式中　p_0——混合气体全压力，MPa；

K_d——该气体的重量溶解度系数，与气体种类，水面上该气体分压力和水的温度有关，mg/L。

图 5-2(a)、(b) 分别为水中溶解 O_2、CO_2 时与水温的关系曲线。

（三）传热方程

创造能将水迅速加热到除氧器工作压力下饱和温度的条件，传热方程为

$$Q_d = K_h A \Delta t \quad \text{kJ/h} \tag{5-7}$$

式中　Q_d——除氧器传热量，kJ/h；

K_h——传热系数，$\text{kJ/(m}^2 \cdot ℃ \cdot \text{h)}$；

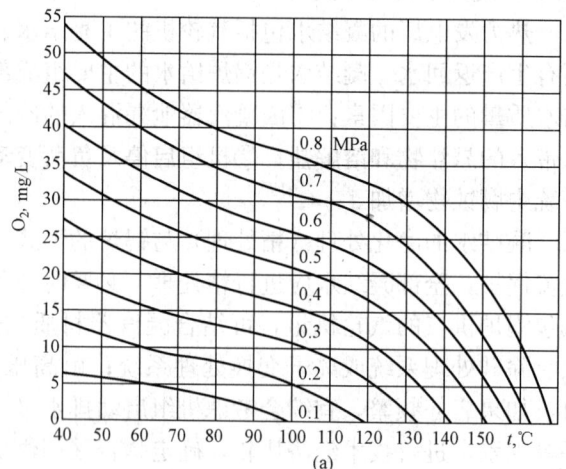

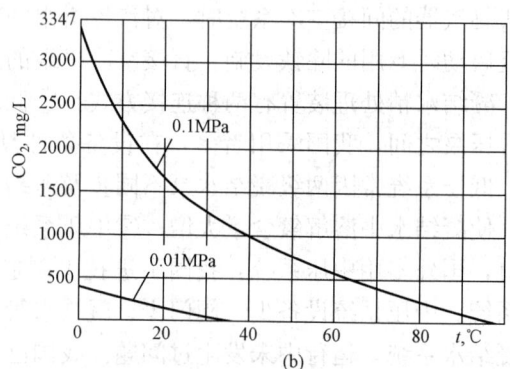

图 5-2　气体在水中的溶解量与水温的关系曲线

(a) 水中 O_2 的溶解度；(b) 水中 CO_2 的溶解度

A——汽水接触的传热面积，m^2；

Δt——传热温差，℃。

需强调指出的是必须将水加热到除氧器压力下的饱和温度。由图 5-3 可见，即使加热微量不足（0.5℃）水中溶氧量都远超过除氧器允许的含氧量指标。

（四）传质方程

创造气体离析出水面要有足够的动力（Δp），传质方程为

$$G = K_m A \Delta p \quad mg/h \qquad (5-8)$$

式中　G——离析气体量，mg/h；

　　　K_m——传质系数，$mg/(m^2 \cdot MPa \cdot h)$；

　　　A——传质面积(即传热面积)，m^2；

　　　Δp——不平衡压差（即平衡压力与实际分压力之差），MPa。

综合式（5-5）～式（5-8），可得四个结论。

（1）定压下一般气体（O_2、CO_2、空气等）在水中的溶解量与水温成反比，都有类似图 5-2 的曲线关系。

（2）同一气体，不同压力时也有上述关系，如图 5-2（a）为 b_{O_2} 与水温的关系曲线，压力从 $0.1 \sim 0.8MPa$ 时 b_{O_2} 与水温成反比关系。

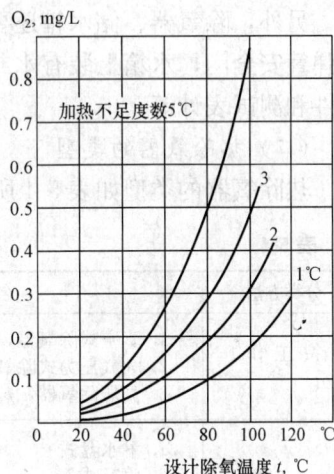

图 5-3　水中溶解氧量与水温加热不足的关系曲线

（3）根据传热方程，必须严格控制将水温加热至该压力下的饱和温度，这时水面上的 p_{H_2O} 才趋近于全压，$\sum p_j$ 才趋于零，若 p_{O_2} 为零，则水中溶氧量为零，这是热除氧的必要条件。如图 5-3 所示，若在 $0.1MPa$ 压力下工作，加热不足 1℃，水中溶氧量高达约 $0.18mg/L$（$180 \mu g/L$），远远超过允许值。

（4）根据传质方程，要有足够的不平衡压差 Δp，这是热除氧的充分条件。除氧初期水中溶解气体较多，Δp 较大，以小汽包形式克服水表面张力自水中离析出来的驱动力较大，能除去水中气体的 $80\% \sim 90\%$，相应水中含氧量可降低到 $0.05 \sim 0.1mg/L$。除氧后期，水中仅溶解残留的少量气体，Δp 已较小，气体已难以克服水的表面张力离析，须靠加大汽水接触面（形成水膜，水膜的表面张力小）或水紊流的扩散作用，使气体从水中离析出来。

二、热除氧器的构造

（一）对热除氧器构造的要求

根据热除氧的机理，对热除氧器构造的要求如下：

（1）为满足传热要求，需有足够的汽水接触面积，水应在除氧器内均匀喷散成雾状水滴或细小水柱，将水加热至除氧器工作压力下的饱和温度，差几分之一度也不行，故定压除氧器要装压力自动调节器。

（2）为满足传质要求，初期水应喷成水滴，后期要形成水膜，而且汽水应逆向流动，以保证有最大可能的 Δp。

（3）要有足够空间，使汽水接触时间充分。据试验在 $0.1MPa$ 压力下，其他条件一定时，汽水接触时间分别为 10、20、30min 时，水中溶氧量分别达 0.056、0.017、0.006mg/L。为符合允许的给水含氧量，可见应有 $20 \sim 30min$ 的持续时间，即除氧塔要有足够大的空间。

（4）应及时将离析的气体排除，以减少水面上该气体分压力，否则，要发生"返氧"现象，故应设有排气口并有足够余气量。可通过除氧器的化学试验来确定排气口开度。

（5）储水箱设再沸腾管，以免水箱的水温因散热降温低于除氧器压力下的饱和温度，产生返氧。

另外，除氧器、储水箱还要满足强度、刚度、防腐等要求，并在除氧器和储水箱上部装有弹簧安全门，水箱上装有水封等，是保护除氧器不会超压损坏的措施，再配以相应管道及附件和测试表计等。

（二）热除氧器的类型

热除氧器的类型如表 5-4 所示。

表 5-4　　　　　　　　　　　　　热除氧器的类型

分类方法	名　　称	分类方法	名　　称
按工作压力分	1. 真空式除氧器，$p_d<0.058\,8$MPa 2. 大气压力式除氧器，$p_d=0.117\,7$MPa 3. 高压除氧器，$p_d>0.343$MPa	按除氧头布置形式分	1. 立式除氧器 2. 卧式除氧器
按除氧头结构分	1. 淋水盘式 2. 喷雾式 3. 填料式 4. 喷雾填料式 5. 膜式 6. 无除氧头式	按运行方式分	1. 定压除氧器 2. 滑压除氧器

国外除氧器的压力，视机组设计而异。俄罗斯、我国的规范为：大气压力式除氧器的工作压力为 0.118MPa（1.2ata），高压除氧器为 0.588MPa（6ata）。

（三）典型热除氧器结构特点

1. 大气压力式、立式淋水盘除氧器

除氧器包括除氧器本体（除氧头或除氧塔）及其所连接的给水箱，本节只介绍典型除氧头的结构特点。

大气压力式除氧器均为立式淋水盘式，如图 5-4 所示。其主要结构特点有三个。

（1）设有 5～8 层环形、圆形淋水盘交错布置，盘底钻有直径为 5～8mm 小孔，盘中水层高约 100mm。由小孔落下表面积很大的细小水滴。

（2）高压加热器组来的疏水，低压加热器组来的凝结水等由除氧头上部各接口处引入（温度低的水流在除氧头最上部引入）；回热加热蒸汽从除氧头的底部引入，汽水逆向流动、换热，将水加热到104℃，使其溶氧小于 15μg/L（指大气压力式除氧器）。

（3）顶部设有排汽口。

若淋水盘安装有倾斜，或小孔被堵，均恶化除氧效果。这种除氧器工况变化时适应能力差。现在我国高参数电厂已不采用，多用于中参数及以下的电厂。为克服其缺陷，可采用不锈钢的淋水盘，低层加装蒸汽鼓泡装置，在水箱内设置再沸腾管，以及提高安装质量等技术措施来解决。

2. 喷雾、淋水盘填料式卧式高压降氧器

图 5-5 所示为喷雾淋水盘填料式卧式高压除氧器的结构示意图，其主要特点有四个。

（1）除氧头上部为喷雾除氧段，凝结水由顶部进水管引入进水室，在进水室沿外长度方向布置四排 75 个喷嘴（国产 300MW 机组、600MW 机组为 148 个）向下喷水，与向上流动的二次加热蒸汽和门杆漏汽充分接触换热，迅速将水加热至工作压力下的饱和温度，完成初期除氧。

（2）除氧头下部为深度除氧段，由喷雾除氧段来的并已被除去 80%～90% 的凝结水，通过布水槽钢均匀喷洒在淋水盘上（有若干层）后再进入填料层，创造了有足够大表面积和足够时间的两个条件，与底部来的一次加热蒸汽逆向流动，完成深度除氧。填料层一般由比表面积（单位体积的表面积）大的填料组成，如不锈钢制的 Ω 环，或用玻璃纤维压制的圆环或蜂窝状填料等，使流过的水分散以适应传质需要的水膜。

（3）传热、除氧效果好，可使溶氧量为 $1～2\mu g/L$，并能适应负荷变化。

（4）立式除氧器只有一个排汽口，卧式除氧器可纵向布置多个排汽口（300MW 为 5～6 个，600MW 机组为 8

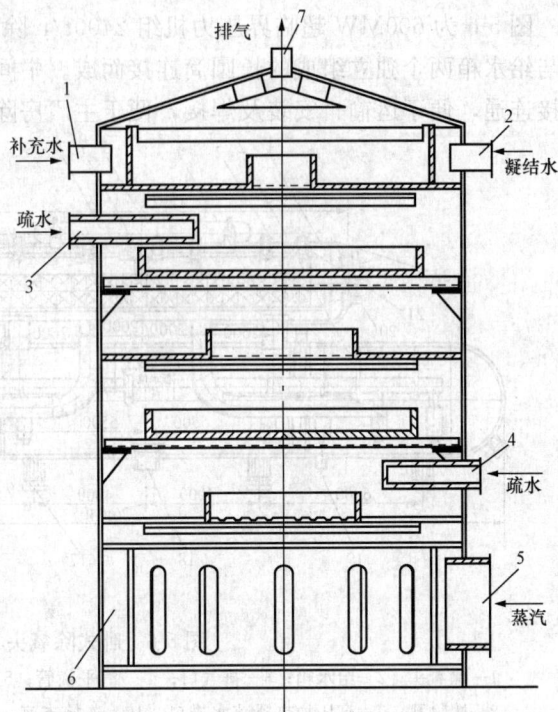

图 5-4 大气压力式立式淋水盘式除氧头
1—补充水管；2—凝结水管；3—疏水箱来疏水管；4—高压加热器来疏水管；5—进汽管；6—汽室；7—排气管

个），利于气体及时逸出，以免"返氧"，恶化除氧效果。

卧式除氧器与立式除氧器相比，立式的除氧塔要在安装现场焊接在给水箱上，焊接工作量大，难度高，并有焊后又无法进行消除热应力和射线检查等诸多缺点；卧式除氧器在现场仅是有限几根汽水管与给水箱焊接，焊接量小又易于保证焊接质量。卧式除氧器的高度比立式除氧器的高度低得多，便于布置，又省投资。我国 200MW 及以上机组均采用类似的卧式高压除氧器。不同国家、同一个国家的不同制造厂的高压除氧器在结构上各有其不同特点，图 5-5 只是一个实例。

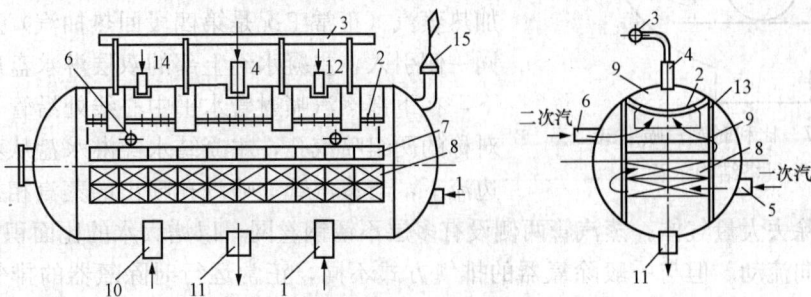

图 5-5 喷雾淋水盘填料式卧式高压除氧器
1—高压疏水入口；2—喷嘴；3—排汽管；4—主要凝结水进水管；5—一次加热蒸汽进口管；6—二次加热蒸汽进口管；7—淋水盘；8—填料层；9—弓形水室；10—汽平衡管；11—下水管；12—备用接口；13—支撑角钢；14—疏水管；15—弹簧式安全阀

图 5-6 为 600MW 超临界压力机组 2400t/h 除氧头与给水箱图。它实际上是由卧式除氧头与给水箱两个独立组成的长圆筒连接而成。中间用两根下水管、一根放水管和两根蒸汽管焊接连通，便于运输、安装及焊接，便于主厂房除氧间的布置，并可节省土建投资。

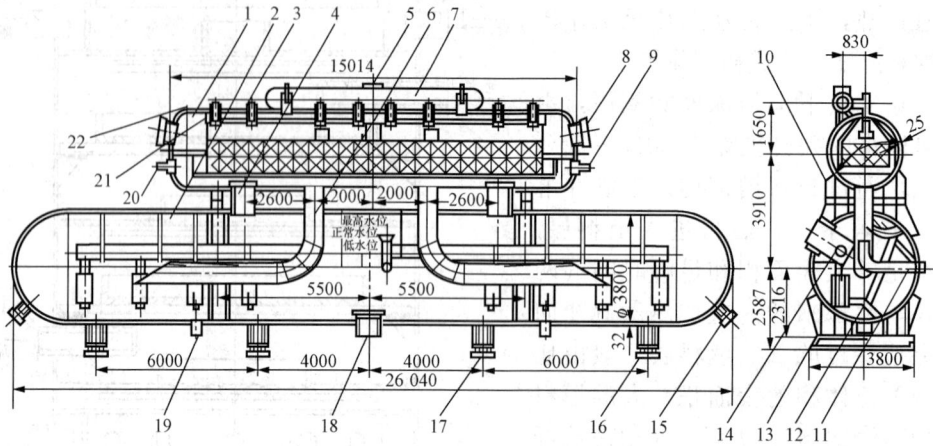

图 5-6 卧式除氧头与给水箱图

1—除氧头；2—给水箱；3—排气口；4—汽平衡管；5—凝结水进口；6—下水管；7—过渡集箱；8—搬物孔；9—高压加热器疏水进口；10—连接支座；11—溢流管；12—加热装置；13—支座限止装置；14—锅炉启动放水装置；15—人孔；16—活动支座；17—固定支座；18—出水口；19—放水口；20—加热蒸汽进口；21—凝结进水室；22—安全阀

3. 蒸汽喷射式、卧式高压除氧器

图 5-7 是我国华能岳阳电厂引进两台英国通用电气公司的 362MW 汽轮机组，配置的除

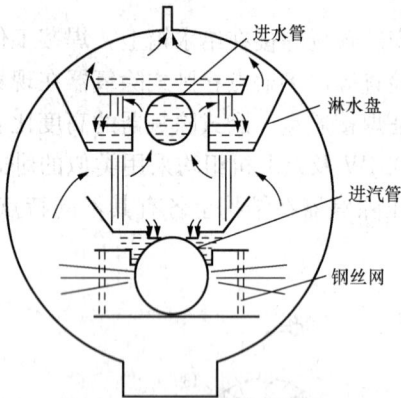

图 5-7 比利时蒸汽喷射式
除氧塔结构示意

氧器是比利时设计制造的蒸汽喷射式，卧式高压除氧器。工作压力为 0.533MPa，工作温度 154.3℃，机组负荷 20% 以下为 0.12MPa 定压运行，20% 负荷以上滑压运行。最大连续出力为 1224t/h，相应出水含氧量不大于 5μg/L。

该除氧器的结构仍为淋水盘、喷雾、填料式，但它不是喷水而是喷蒸汽。如图 5-7 所示，主凝结水、加热蒸汽（正常工况是第四段回热抽汽）从除氧头的同一侧引入，主凝水经上部的双层淋水盘底部小孔落下，在下部蒸汽喷射管水平中心线处沿管长设有左右对称的两组喷汽孔，主凝结水经淋水盘从蒸汽管的两边流下，与蒸汽管上喷汽孔喷出的蒸汽相接触，水被蒸汽雾化，除去大量气体。蒸汽管两侧设有多层不锈钢丝网，以增大水的比面积。

水汽逆向流动。但与一般除氧器的排气方式不同，正常运行时除氧器的排气引至凝汽器，通过凝汽器的真空泵将气体排出。在机组启动前，当凝汽器压力大于 0.035MPa，且除氧器水箱中水温低于 100℃时，排气管上通大气的电磁阀开启，通凝汽器的电磁阀关闭，除氧器才向空排气。其特点是：①提高机组热效率，降低能耗，据计算一台机组每年因此可节省标煤近 400t；②避免了排气门开度的调整；③仅增加了除氧器至凝汽器之间直径 50mm 左右管道和两只互为连锁的气动电磁调，显然经济上是合算的。

4. 无除氧头的除氧器（一体化除氧器）

除氧头及其水箱一体化除氧器（简称一体化除氧器），已广泛用于欧洲、北美、中东以及远东发达国家，它取消了常规除氧器的除氧头，如图 5-8 所示。

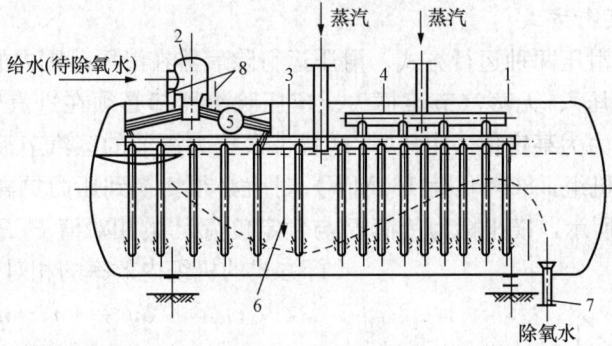

图 5-8　一体化除氧器

1—水箱；2—给水雾化装置；3—主要蒸汽加热装置；4—辅助加热装置；

5—挡水板；6—隔板；7—除氧水出口；8—排气口

它的除氧过程分两次进行。进入的主凝结水通过特殊自调式喷水装置 2 雾化成细小水滴，喷水量通过喷水孔的多少来决定，而喷水孔的多少是由上部控制负荷大小的弹簧来控制，故水滴的粒度及喷射的角度不因除氧器的出力大小而改变。这些细小水滴以高速通过除氧器的蒸汽空间，撞击到挡水板 5 上堕落到水空间。汽空间的气体分压力很小，小水滴穿过汽空间得以较充分混合和换热，不凝结气体由排气口 8 逸出。此过程即初步除氧，进行非常迅速。由于上述过程中，水在汽空间停留时间很短，需深度除氧，它是用蒸汽喷射设备（即主要蒸汽加热装置）引往储水空间充入蒸汽搅动水箱内的水，使其达到饱和状态；为了延长给水流动时间不凝结气体能充分逸出，在水空间内还有隔板 6。通过两次除氧，使出口给水含氧量小于 (5×10^{-7})‰，达到合格除氧要求。

我国哈尔滨船舶锅炉研究所引进、简化国外先进技术于 1992～1993 年研制成出力为 100、175、420t/h 的一体化高、低压除氧器；1992 年已用于巴基斯坦的两个联合循环电站，两台出力均为 175t/h，设计压力 0.7MPa，调试、运行均一次成功。1993 年制的设计压力 0.05MPa，出力 420t/h 一体化除氧器，用于大庆石化总厂自备热电厂。2006 年，由上海动力设备有限公司自行设计制造的国内首台百万千瓦超超临界压力机组一体化除氧器发往外高桥电厂工地，标志着该公司在世界一流火电站辅机制造领域取得重大突破。该除氧器是国内迄今为止能级最高、体积最大、分量最重的单件辅机产品。该产品长 42.5m、宽 4.3m、高 5.6m，重达 220t，是国内一体化除氧器制造上的一个里程碑。上海外高桥第三发电有限责任公司 2×1000MW 超超临界燃煤机组工程是国家重点工程，上海电气电站集团提供该工程所有主辅机设备，其中高、低压加热器、凝汽器和一体化除氧器由上海动力设备有限公司承接制造。另外，混合式膜式除氧器❶，是采用射流和旋膜方式进混合式低压加热器的连接方

---

❶　王鸿昌·新一代高效电站加热器，电站系统工程. 1996 (5).

式（即无除氧器热力系统）。

三、除氧器原则性热力系统及其计算

面式回热加热器均由汽轮机制造厂随主机配套供应，而除氧器及其给水箱多为锅炉制造厂制造，由用户或设计单位另行订购或选择。拟定除氧器原则性热力系统时应考虑：除氧器的运行方式、相应给水泵组的配置及除氧器的系统连接。

（一）除氧器的运行方式

降氧器有定压和滑压两种运行方式。滑压运行除氧器在滑压范围内的加热蒸汽压力、随主机负荷而变动（滑压）、无蒸汽节流损失。定压除氧器却必须在进汽管上装压力调节阀，以维持除氧器工作压力为某定值（定压），这就带来压力调节的蒸汽节流损失。在相当高的低负荷（如 200MW 机组，80％负荷 160MW）时就必须切换到压力更高的某级回热抽汽压力时尤甚。如图 5-9 所示，横坐标为负荷 P 与额定负荷 P_r 的相对值 P/P_r，纵坐标为不同运行方式的机组内效率的相对变化。

$$\delta\eta_i = (\eta_i^v - \eta_i^c)/\eta_i^c$$

式中　η_i^v，η_i^c——除氧器滑压、定压运行时机组的内效率。

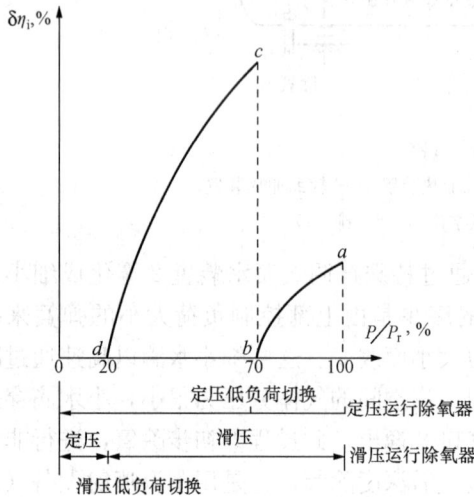

图 5-9　除氧器不同运行方式的热经济性

低负荷运行时，不仅汽源要切换，而且高压加热器组的疏水需切换到低压加热器，如 200MW 机组，在 $140\sim160$MW 负荷时就须切换疏水方式。故定压除氧器的系统比滑压的复杂，运行操作也复杂，且热经济性较滑压运行的差。

正是因为定压除氧器在较高负荷时，就须切换汽源，为避免切换后损失更大，有意识地将除氧器一级回热的焓升值取得比其他回热级的小很多，故不能满足最佳回热加热分配，又降低了机组的热经济性。滑压除氧器却可作为独立一级回热加热器，使回热分配接近最佳值。表 5-5 为国内外三种机组的回热分配（等温升）情况，意大利 320MW 机组（大港电厂）的除氧器的温升，接近等温升分配。如超临界压力 600MW 机组采用滑压除氧，额定负荷时可降低热耗 9.2kJ/(kW·h)。

所以定压降氧器难以适应调峰，现在的电网情况是大机组也要承担调峰。我国后来生产的 200、300、600MW 机组，均可适用调峰，除氧器可滑压运行。我国 600MW 亚临界压力机组设计计算表明，与定压运行相比，除氧器滑压运行，在额定负荷时，可提高机组热效率 0.12％；在 70％及以下负荷时，可提高机组热效率 0.3％～0.5％。

表 5-5　　　　　　　　　　　　　三种机组的回热分配

机组容量（MW）	平均温升（℃）	平均温升（℃）	除氧器温升（℃）
国产 200	三高 27.81	四低 36.55	定压除氧 14.38
国产 300	三高 32.11	四低 22.26	定压除氧 16.11
意大利 320	四高 33	三低 31.25	滑压压除氧 30.4

（二）小汽轮机的选择

根据《设规》，我国是 300、600MW 汽轮机组才配置汽动给水泵、涉及拖动给水泵的工业汽轮机（以下简称小汽轮机）的形式（凝汽式或背压式）及其蒸汽源的选择及其如何连入热力系统等几个方面。

小汽轮机的汽源有四种：新蒸汽、高压缸抽汽、冷再热蒸汽、热再热抽汽（即中压缸抽汽）。新蒸汽、高压缸抽汽的蒸汽参数高，使得小汽轮机的蒸汽容积流量小。小汽轮机的相对内效率 η_{ri}^{DT} 较低，实际采用者少。用冷再热蒸汽（即高压缸排汽）作小汽轮机汽源，因进汽参数比用新汽的低得多，蒸汽容积流量较大，故 η_{ri}^{DT} 较高，并减少了进入再热系统和中压缸的蒸汽流量，降低锅炉和主汽轮机的投资，其系统如图 5-10（a）中 I 管道所示。该图中 II 管道所示为采用再热后的抽汽为汽源，因其进汽压力更低，汽温却接近新汽温度，蒸汽容积流量更大，η_{ri}^{DT} 可更高点，但却没有因再热蒸汽流量减少而带来的一些好处。小汽轮机的转速高（大于 6000r/min），它的末级叶片高度受材料强度限制，若热再热蒸汽参数过低，还受排汽湿度的限制。

小汽轮机的形式有纯凝汽式、纯背压式、抽凝式、抽背式几种。常用的是前两种，采用纯凝汽式小汽轮机，减少了主汽轮机的凝汽流量和余速损失，其排汽可直接引至主凝汽器，如图 5-10（a）III 管道所示，也可配置单独的小凝汽器及其抽汽设备和小凝结水泵，小汽轮机的凝结水最终引往主凝汽器，但系统复杂。我国 300MW 机组，早期采用单独小凝汽器，后来改为直接排至主凝汽器热井，如图 5-10（a）III 管道所示。

图 5-10（b）所示为采用背压式小汽轮机，其汽源采用冷再热蒸汽，排汽引回中压缸。

总之，小汽轮机的形式、汽源、排汽连接方式等，仍须通过综合技术经济比较确定。

（三）除氧器的热力计算及自生沸腾的防止

1. 除氧器的热力计算

图 5-11 所示为三号高压加热器 H3 与一台除氧器（H4）的局部热力系统。图上标明有关汽水参数的符号，采用相对量计算。

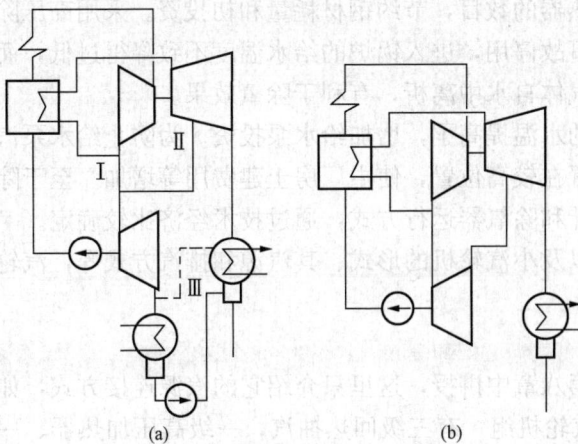

图 5-10　汽动泵的热力系统连接方式
（a）凝汽式小汽轮机；（b）背压式小汽轮机

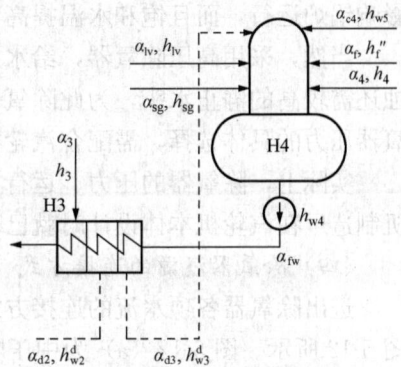

图 5-11　3 号高压加热器
与除氧器的局部热力系统

其物质平衡式为

$$\alpha_{fw} = \alpha_4 + \alpha_{d3} + \alpha_f + \alpha_{lv} + \alpha_{sg} + \alpha_{c4}$$

该除氧器的输入热量等于输出热量热平衡式为

$$\alpha_4 h_4 + \alpha_{d3} h^d_{w3} + \alpha_{lv} h_{lv} + \alpha_{sg} h_{sg} + \alpha_f h''_f + \alpha_{c4} h_{w5} = \alpha_{fw} h_{w4} \qquad (5-9)$$

将上列物质平衡式改写为 $\alpha_{c4} = \alpha_{fw} - (\alpha_4 + \alpha_{d3} + \alpha_f + \alpha_{lv} + \alpha_{sg})$ 代入式（5-9），并整理得

$$\alpha_4(h_4 - h_{w5}) + \alpha_{d3}(h^d_{w3} - h_{w5}) + \alpha_f(h''_f - h_{w5}) + \alpha_{lv}(h_{lv} - h_{w5}) + \alpha_{sg}(h_{sg} - h_{w5})$$
$$= \alpha_{fw}(h_{w4} - h_{w5}) \qquad (5-10)$$

再考虑除氧器散热损失，用除氧器效率 η_h，则该除氧器的抽汽系数 α_4 写成

$$\alpha_4 = [\alpha_{fw}(h_w - h_{w5})/\eta_h - \alpha_{d3}(h^d_{w3} - h_{w5}) - \alpha_f(h''_f - h_{w5}) - \alpha_{lv}(h_{lv} - h_{w5})$$
$$- \alpha_{sg}(h_{sg} - h_{w5})]/(h_4 - h_{w5}) \qquad (5-10a)$$

式（5-10a）中各项汽水系数、各项汽水比焓均为已知，即可计算求得 α_4。式（5-9）为输入热量等于输出热量的热平衡式，转换为该除氧器放热量等于其吸热量的热平衡式（5-10）。要特别强调指出，式（5-10）是以进水焓 h_{w5} 为基准的。在第四章第三节即曾指出并证明对于混合式加热器，以及带疏水泵的表面式加热器，均归结为用这种以进水焓为基准的热平衡式来计算，可不必再推导而直接列出，非常简捷。

　　2. 除氧器的自生沸腾现象及其防止办法

　　所求得的 α_4 不仅不能为零乃至负值，而且还应为足够大的正值，如 α_4 为零，表明无须 $\alpha_4 h_4$ 抽汽加热，其他各项汽水流量的热量 $\sum \alpha_j q_j$，已能将水加热至除氧器工作压力下的饱和温度，这种情况称为除氧器自生沸腾。除氧器自生沸腾时，除氧器的加热蒸汽管上的抽汽止回阀关闭，使除氧器进汽室停滞，破坏了汽水逆向流动，除氧恶化，排气的工质损失、热量损失加大，故不允许自生沸腾现象发生。

　　为防止发生自生沸腾，可将一些辅助汽水流量如轴封漏汽 α_{sg}、门杆漏汽 α_{lv} 或某些疏水改为引至其他较合适的加热器；也可设高加疏水冷却器，降低其焓值后再引入除氧器；还可提高除氧器的工作压力来减少高压加热器的数目，使其疏水量、疏水比焓降低，还可以引入温度低的补充水。正是因为这个原因，高参数以上的汽轮机组，必须配用高压除氧器，既避免了除氧器的自生沸腾，又减少了高压加热器的数目，节约钢材耗量和初投资。采用高压除氧器，其饱和水温度提高，若高压加热器事故停用，进入锅炉的给水温度不致降得过低，而影响锅炉运行，而且饱和水温提高，促进气体自水中离析，有利于除氧效果。

　　当然，采用高压除氧器，给水泵承受的水温提高了，增加给水泵投资。为防止给水泵汽蚀还需较高的静止水头，为此除氧器要布置在较高位置，使主厂房土建费用等增加。至于除氧器压力的具体选择，需配合汽轮机的设计和除氧器运行方式，通过技术经济比较确定。

　　实际上，除氧器的压力、运行方式，以及小汽轮机的形式、其汽源和排汽方式等，汽轮机制造厂在汽轮机本体设计时就已确定。

　　（四）除氧器汽源的连接方式

　　进出除氧器各项水流的连接方式将在第八章中讲授，这里只介绍它的汽源连接方式，如图 5-12 所示。图 5-12（a）为中压凝汽式汽轮机组，有三级回热抽汽、一级高压加热器、一级低压加热器、一个大气压力式定压除氧器，故有压力调节阀 2 和切换至上一级抽汽的切换阀 1，该除氧器为独立连接。图 5-12（b）为 CC-25 型供热式汽轮机组，有五级回热抽汽，两级高压加热器两级低压加热器和与高压定压除氧器，其特点是：① 二段抽汽为工业调整

抽汽，其压力调整范围为 0.784～1.274MPa（8～13ata），定压高压除氧器压力为 0.588MPa（6ata）；②二号高压加热器 H2 与高压除氧器同用该调整抽汽，就给水流向而言高压除氧器位于 H2 之前，称为前置连接。运行时调整抽汽压力的调节，取决于热负荷的要求，与除氧器定压要求的参数不一致，故仍需装压力调节阀 2。该调节压力的低限高于除氧器定压的压力，本例为 0.784～0.588MPa。

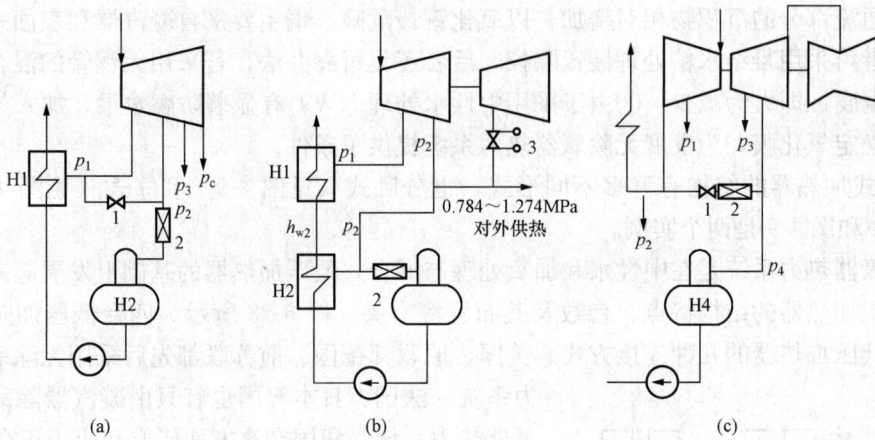

图 5-12　除氧器汽源的连接方式
（a）单独连接定压除氧器；（b）热电厂前置连接定压除氧器；（c）滑压除氧器
1—切换阀；2—压力调节阀；3—调压装置

定压除氧器独立连接时，因有压力调节阀而额外增加蒸汽节流损失，须增大抽汽管道压降，使除氧器出口水比焓降低，引起本级抽汽量减少，压力高一级的回热抽汽量加大，回热做功比 X_r 降低（未充分利用低压抽汽所致）。低负荷切换至高一级抽汽，关闭原级抽汽等于减少了一级回热，增大回热过程的不可逆损失。由于这两方面的原因，降低机组的热经济性，使 η_i 下降，低负荷时尤甚。采用前置连接时，如图 5-12（b）所示，H2 的出口水比焓 $h_{w2} = h_2' - \theta, h_2' = f(p_2)$，而与除氧器定压 p_d 无关，因而压力调节阀的节流与 h_{w2} 值也无关，这时就不存在因装有压力调节阀而降低机组的热经济性，图 5-12 中 3 为供热的调节装置，用以调节供热抽汽压力。它是以增加一台高压加热器 H2，使投资增加、系统复杂为代价，故应用不广泛，我国仅 CC-25 型机组采用这种系统。单独连接定压除氧器在低负荷时，除氧器汽源要切换到压力较高的一级回热抽汽管上，就成为一种前置连接方式，但它却弥补不了因停用原级回热抽汽而引起的热经济性降低。

图 5-12（c）所示为滑压除氧器，在滑压范围其加热蒸汽压力随主机电负荷而变化（滑动），避免了蒸汽节流损失，机组热经济性提高约 0.1%～0.15%。为保证低负荷时除氧器能自动向大气排气（其最低压力为 0.118～0.147MPa），低负荷（20% p_r）时要切换为定压除氧器运行，故仍装有至高一级切换阀 1 和压力调整阀 2。滑压除氧滑压范围的上限是按汽轮机组额定工况时，其抽汽压力减去该抽汽管道压损来确定，其滑压下限主要决定于喷嘴性能，要求在调节范围内能全程雾化，故下限不能定得太低。与单独连接方式相比，其关闭原级抽汽的负荷由 70% p_r 降至 20% p_r，且其出口水温无端差，故热经济性高，适用于再热机组和调峰机组。

我国《设规》规定，再热式机组的除氧器，应采用滑压运行方式。国产 300、600MW

机组和改型 200MW 机组，均采用滑压除氧器。

四、无除氧器的热力系统

1. 无除氧器热力系统的提出

采用无除氧器热力系统的主要原因有两个。①随着机组蒸汽初参数的不断提高，特别是采用超临界参数后，蒸汽中各种杂质的溶解度增加，沉积在锅炉受热面中的杂质相对减少，而汽轮机通流部分的沉积物相对增加，以氧化铜最危险。铜主要来自凝汽器和表面式低压加热器。前者可采用凝结水精处理装置除掉，后者还无可靠办法，若采用无铜管的混合式低压加热器，铜腐蚀即大为减少。②由于采用中性水处理 NWT 有显著防腐效果，加入气态氧使金属形成稳定氧化膜，为发展无除氧器热力系统提供了条件。

混合式加热器的结构有许多不同形式，也分卧式（见图 4-9）和立式（见图 4-10）两类。图 4-8 和图 4-9 是两个实例。

无除氧器热力系统是在中性水和加氧处理与混合式低压加热器的基础上发展起来的。视混合式低压加热器的结构特点、台数及其布置等有关。图 5-13 所示为四台低压加热器组采用混合式低压加热器的几种连接方式。美国、原联邦德国、前苏联都先后采用无除氧器的热力系统。法国、日本等国也有只由凝汽器除氧的无除氧器热力系统。我国在这方面研究和应用正在起步。

图 5-14 所示为一级高压加热器、三级低压加热器和凝汽器部分的连接方式，其主要特点如下所述。

（1）二号（次末级）H_{z-1} 低压加热器为混合式加热器，底部设有蒸汽鼓泡装置；出口设第二级凝结水泵 CP_2 及其再循环管；给水泵 FP 的再循环接入二号低压加热器，还接有外部汽源。通过一级凝结水泵 CP_1 出口的水位调节阀 A_1 控制进入混合式低压加热器的主凝水。通过补充水水位调节阀 A_2 将补水引入凝汽器。

（2）通过带水封的事故溢流管 B，将混合式加热器的溢水引至凝汽器，其作用是满水或超压保护；改进混合式低压加热器的内部结构，用水平隔板分为上部汽段，下部为水段，用以防止汽轮机进水；还考虑了给水泵 FP 入口水温调节，给水泵和第二级凝结水泵 CP_2 的串联运行。

俄罗斯已先后在超高参数 210MW，超临界 300、500、800MW 凝汽式机组，超临界单（采暖）抽汽 250MW 机组上采用无除氧器系统，并已推广。前苏联的 K-800-240-5 型机组采用混合式低压加热器的热力系统方案之一，已于 1987 年投运。该系统为三级双列高压加热器，四级低压加热器，其中末级 H8，次末级 H7 为混合式加热器，用图 5-13（c）所示两级串联连接方式，混合式低压加热器 H8 出口用二级

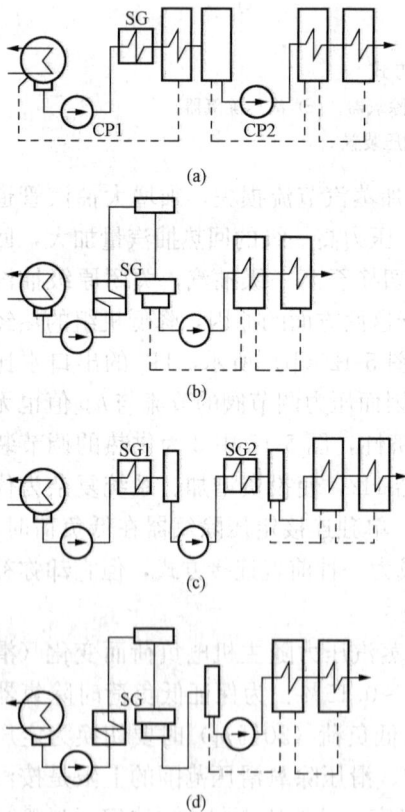

图 5-13　混合式低压加热器的连接方式

（a）独立一台立式；

（b）两台卧式重力连接；

（c）两台立式串联连接；

（d）两台卧式重力连接后再串联一台立式

凝结水泵 CP_2 将主凝结水送至混合式低压加热器 H7，见图 7-26。俄罗斯 T-450-62 型供热式机组采用单级混合式低加，详见图 7-14。

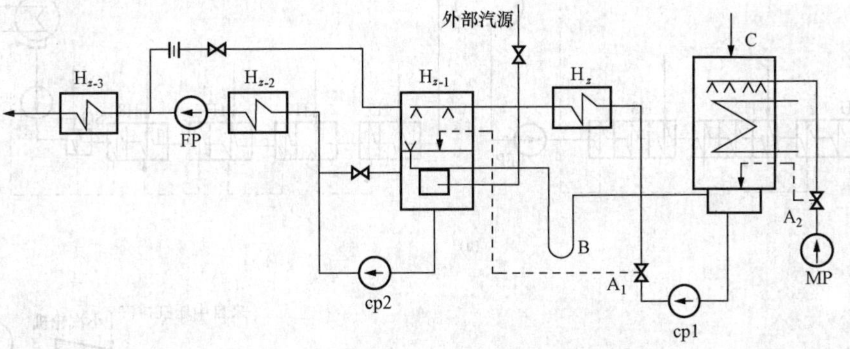

图 5-14　无除氧器原则性热力系统

2. 无除氧器热力系统的优点

（1）无除氧器热力系统的经济性好。定压除氧器有加热蒸汽节流损失，滑压除氧器的压力不可能随汽轮负荷全程同步滑动，仍有一定蒸汽节流损失，无除氧器系统采用混合式低压加热器，无端差。综合这几方面的经济效益约为 0.84%～1.17%。

（2）保证系统的安全可靠性。通过凝汽器的初级除氧后，再通过混合式低压加热器的二次除氧，无除氧器系统的给水含氧量可降到 $5\mu g/kg$ 以下，采用混合式低压加热器，仍可回收各项汽水流量。大机组除氧器水箱可达 $100\sim200m^3$，无除氧器系统在给水泵前有混合器，起缓冲水箱作用，可保证给水泵安全运行，还可解决汽轮机积铜，混合式低压加热器设有可靠的事故溢流管，不再易发生除氧器满水事故。总之，无除氧器热力系统的安全可靠性，并不逊于有除氧器的热力系统。

（3）给水箱热惰性影响消除。因无给水箱，负荷变化时的暂态过程大大缩短，负荷突降时给水泵入口不致汽化（故可取消给水前置泵），负荷突增时仍可保证除氧效果。

（4）简化系统，降低投资，节约基建、运行费用。无除氧器热力系统取消了除氧器，系统简化，阀门及调节器数量减少，不仅可提高可靠性，而且便于运行、维修。无高位布置的除氧器，可节省基建费用，减少占地约 $130m^2$（200MW 机组）。混合式低压加热器比面式结构简单，减少金属耗量，降低造价 2/3～3/4。

（5）节省主厂房的三材耗费，以俄罗斯超高压 210MW 为例，可减少钢结构约 30t，设备重约 25t，并可节省运行费用。

3. 我国的无除氧器热力系统

无除氧器热力系统在国外已经得到广泛的应用，它是在中性水和加氧处理与混合式低压加热器的基础上发展起来的。在我国也有成功运行的经验，并且已经得到了关注。所以对机组进行无除氧器改造是节能改造研究中一项值得研究的内容。图 5-15 为国产 N300-16.7/538/538 型汽轮机回热系统中有除氧器和经改造后无除氧器的热力系统示意图。该机组的回热系统为"三高、四低、一除氧"，其中 7、8 号低压加热器为单壳体组合式加热器，布置在凝汽器喉部。高压加热器 H3 疏水自流至除氧器，低压加热器组不设低加疏水泵，疏水逐级自流至凝汽器。

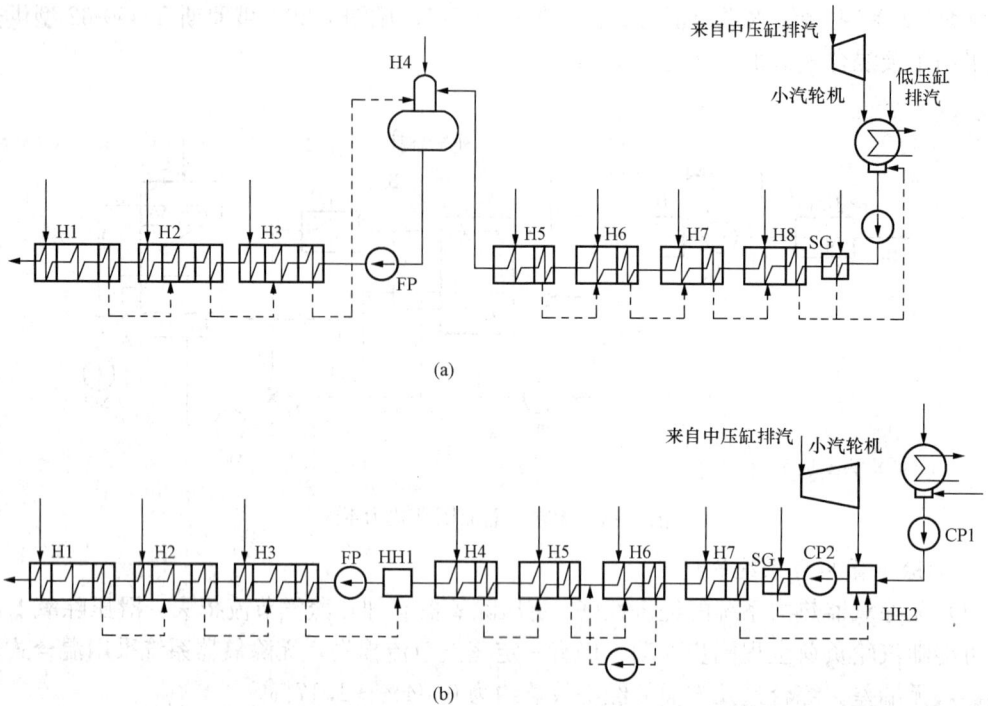

图 5-15　300MW 机组回热原则性热力系统图

(a) 有除氧器系统；(b) 无除氧器系统

改造方案：将除氧器更换为表面式低压加热器，第四级抽汽引入其中；在给水泵前加混合器 (HH1)，低压加热器最后一级疏水引入混合器 (HH2)；取消最末级抽汽和低压加热器 H8；凝结水泵 CP1 后统一用混合器 HH2，主汽轮机凝结水经凝结水泵 CP1 送入混合器 HH2，进入混合器的凝结水经喷嘴喷出形成雾状幕帘与给水泵小汽轮机排汽混合并进行除氧，混合后的凝结水经变频复合凝结水泵 CP2 送入低压加热器加热 H7。这种改造方式具有以下优点：①高压加热器的疏水引入混合器 HH1，而不是直接疏水自流入下一级低压加热器，排挤了高一级抽汽，改善了热力系统的经济性，并且可以保证一定的储水量，有利于在异常情况下维持汽水系统各部件（如锅炉、汽机、加热器等）在短时间内的工质储量变化的需求，在二级凝结水泵事故解列的情况下可以利用高压加热器内的剩余压力将疏水排入混合器，以保证给水泵惰走，从而提高了热力系统的可靠性；②采用混合器 HH2，小汽轮机排汽和最末级低压加热器疏水引入其中，使小汽轮机排汽余热和疏水热量得以充分利用，减小了冷源损失，提高了机组的经济性，将凝结水加热到小汽轮机排汽压力下的饱和水温满足了除氧要求；③不对凝汽器进行大的改动而仅加装混合器 HH1、HH2 和变频凝结水泵 CP2，改造简单易行。

300 MW 机组经过无除氧器改造后机组的热经济性有很大提高，机组循环热效率提高了 0.44%，发电标准煤耗率下降了 2.82g/(kW·h)，供电煤耗降低 3g/(kW·h)。

图 5-16 为俄罗斯 ЦКТИ、ВТИ 研制的超临界压力凝汽机组进行改造后的无专用除氧器的热力系统方案之一。图中低压加热器 H7、H8 均为真空混合式加热器，且布置在足够的高度以确保其后的凝结水泵 CP2 和 CP3 运行可靠。它还设有可靠的事故逆流管，避免了除

氧器满水事故。凝结水储水箱可通过水位调节器自动进行补水。给水泵的轴封环形密封水由凝结水泵 CP3 提供，并回流至 H4 和 H7 加热器中。为增加给水泵 CP 的有效汽蚀余量，凝结水泵 CP3 具有较高压头。同时在给水泵前装有一混合器 HH，既可收集高压加热器的疏水，又可起缓冲水箱作用，对给水泵稳定运行提供了较好条件。

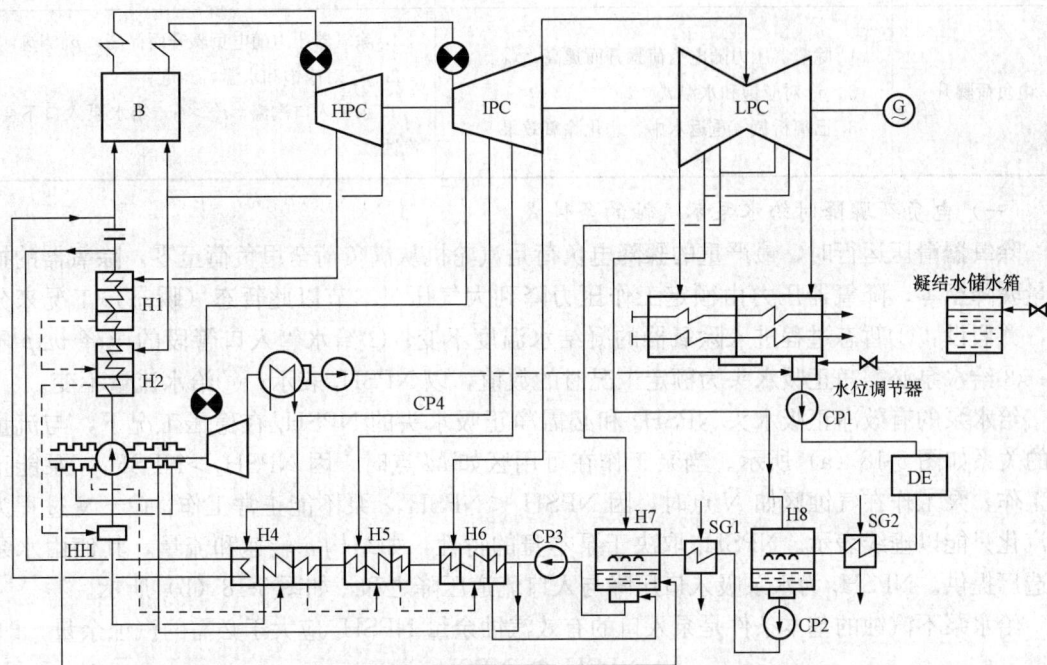

图 5-16 超临界机组无除氧器热力系统

第五节 除氧器的运行

一、滑压除氧器的安全运行

滑压除氧器在汽轮机组额定工况下运行，与定压除氧器基本相同，除氧器出口水温与除氧器工作压力下的饱和水温度是一致的。但是，汽轮机组负荷骤变时，对除氧效果、给水泵的安全运行有截然不同的重大影响。

图 5-17 为滑压除氧器及其给水泵连接情况，以及有关汽水参数：除氧器额定工况时工作压力 P_d，MPa；给水泵入口承受静压头 H_d，m；下降管总长 L，m；下降管的阻力损失即压降 Δp，MPa，均注在图 5-17 上。

滑压除氧器在汽轮机组电负荷骤变时，对除氧效果、给水泵汽蚀的影响，如表 5-6 所示。

由表 5-6 可见，电负荷骤升，使除氧效果恶化，但可通过加装再沸腾管等措施来克服，因此重在研究防止电负荷骤降时给水泵汽蚀的问题。

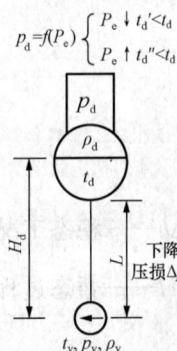

图 5-17 滑压除氧器及其给水泵连接方式

表 5-6　　　　　　　　　汽轮机组负荷骤变对除氧效果，给水泵汽蚀的影响

电负荷变化	对除氧效果的影响	对给水泵汽蚀的影响
电负荷骤降	1. 除氧器压力随电负荷骤然下降，$p'_d < p_d$ 2. 水温滞后变化，$t'_d < t_d$ 3. 水箱内水闪蒸，改善除氧效果	1. 除氧器压力随电负荷骤然下降，$p'_d < p_d$ 2. 水温滞后变化，$t'_d < t_d$ 3. 水泵入口水温，$t'_v < t_d$，恶化汽蚀
电负荷骤升	1. 除氧器压力随电负荷骤升而提高，$p''_d > p_d$ 2. p''_d 对应饱和水温 $t''_d > t_d$ 3. 已离析氧气重返水中，恶化除氧效果	1. 除氧器压力随电负荷骤升而提高，$p''_d > p_d$ 2. p''_d 对应饱和水温 $t''_d > t_d$ 3. 水泵入口汽温，$t'_v > t_d$，给水泵入口不会汽蚀

（一）电负荷骤降时给水泵不汽蚀的条件式

除氧器滑压运行时，最严重的骤降电负荷是汽轮机从满负荷全甩负荷至零，除氧器的抽汽量骤降至零，降氧器压力由额定工作压力降到大气压。本节以此暂态（瞬态）工况来分析，并假设：①暂态过程进入除氧器的凝结水温度不变；②给水管入口管段的压降 $v\Delta p$ 不变；③给水泵必需净正吸水头为额定工况时的数值，以 NPSH_r 表示；④给水流量不变。

给水泵的有效净正吸水头 NPSH_a 和必需净正吸水头的 NPSH_r 在稳压工况下，与流量 Q 的关系如图 5-18（a）所示。当泵工作在可用区如 M 点时，因 $\text{NPSH}_a > \text{NPSH}_r$，泵能正常工作，泵工作在气蚀区如 N 点时，因 $\text{NPSH}_a < \text{NPSH}_r$，泵不能正常工作，$O-N$ 过程为已汽化只能以虚线表示。NPSH_r 取决于泵本身的特性，如结构，转速和流量，其值由水泵制造厂提供。NPSH_r 为水泵吸入口压降与入口流道压降之和，如图 5-18（b）所示。

给水泵不汽蚀的基本条件是泵入口的有效汽蚀余量 NPSH_a 应大于必需的汽蚀余量，即

$$\text{NPSH}_a \geqslant \text{NPSH}_r \qquad\qquad (5\text{-}11)$$

或防止给水泵汽蚀的有效富裕压头 ΔNPSH 应大于零，即

$$\Delta\text{NPSH} = \text{NPSH}_a - \text{NPSH}_r \geqslant 0 \qquad\qquad (5\text{-}11a)$$

根据图 5-17 中的汽水参数符号，NPSH_a 表征为

$$\text{NPSH}_a = \frac{p_d}{\rho_d g} + H_d - \frac{\Delta p}{\rho g} - \frac{p_v}{\rho_v g} \qquad\qquad (5\text{-}12)$$

将式（5-12）代入式（5-11a）并整理为

$$\Delta\text{NPSH} = \left[\left(H_d - \frac{\Delta p}{\rho g} - \text{NPSH}_r\right) - \left(\frac{\rho_v}{\rho_v g} - \frac{\rho_d}{\rho_d g}\right)\right] \qquad\qquad (5\text{-}13)$$

简写为

$$\Delta\text{NPSH} = (\Delta h - \Delta H) \geqslant 0 \qquad\qquad (5\text{-}13a)$$

$$\Delta h = \left(H_d - \frac{\Delta p}{\rho g} - \text{NPSH}_r\right)$$

$$\Delta H = \frac{p_v}{\rho_v g} - \frac{p_d}{\rho_d g}$$

式中　Δh——稳态工况时泵不汽蚀的有效富裕压头，m，对于已设计好的电厂，它为定值。

　　　　ΔH——暂态过程中有效富裕压头下降值，m；它是变量，稳态时 $\dfrac{p_v}{\rho_v g} = \dfrac{p_d}{\rho_d g}$；全甩负荷至零的暂态工况，$\dfrac{p_v}{\rho_v g} > \dfrac{p_d}{\rho_d g}$，这是因为此时除氧器压力已下降至 p'_d，由于水温滞后压力下降，$t'_v < t_d$，（见表 5-6 中符号及说明）。

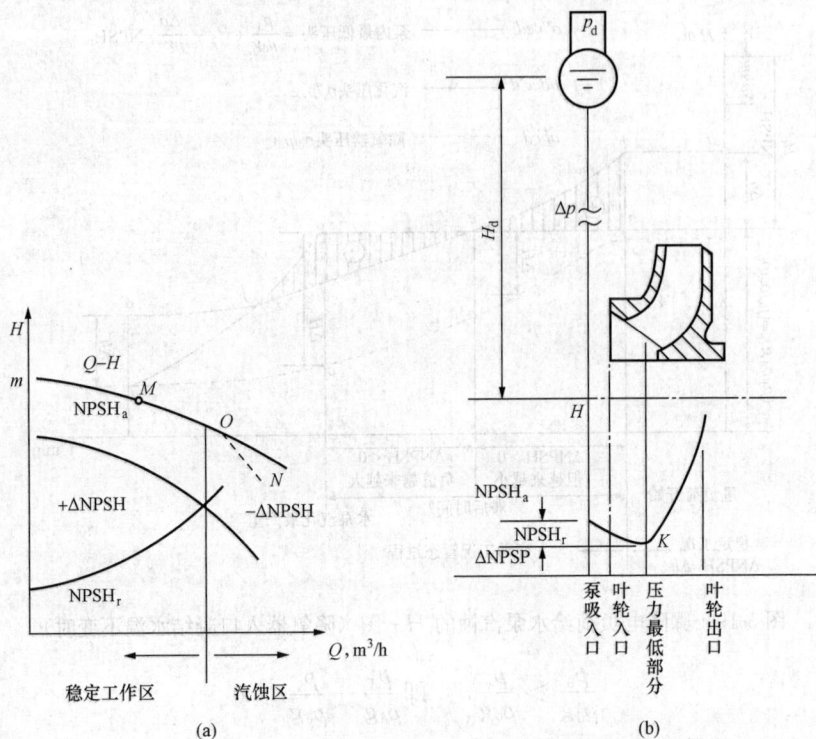

图 5-18　$NPSH_a$、$NPSH_r$ 和 Q 的关系

(a) 给水泵的 NPSHa、NPSHr 关系；(b) NPSHr＝吸入口压降＋流道压降

（二）骤降电负荷给水泵汽蚀的 H-τ 图分析

图 5-19 的纵坐标为压头 H，m；横坐标为时间 τ，min。按不同工况分析。

1. 稳态工况

在稳定工况时，除氧器滑压与定压运行是一致，若忽略泵吸入管段的散热损失，t_v，t_d 均为除氧器工作压力 p_d 所对应的饱和温度，即

$$t_v = t_d, \quad p_v = p_d, \quad \rho_v = \rho_d = \rho$$

故

$$\Delta H = \frac{p_v}{\rho_v g} - \frac{p_d}{\rho_d g} = 0$$

由式（5-13a）得

$$\Delta NPSH = \Delta h = 常数$$

即图 5-19 中稳定工况区 ，$a'a = b'b = \Delta h$。这时靠除氧器位于一定高度形成的 H_d，用以克服 $\Delta p/\rho g$、$NPSH_r$，即

只要 $H_d \geqslant \dfrac{\Delta p}{\rho g} + NPSH_r$

泵就不会汽化。为此，通常大气压力式除氧器要位于 $7 \sim 8m$ 的（主厂房标高为零计）安装高度，高压除氧器应位于 $17 \sim 18m$ 的安装高度。

2. 机组骤升电负荷的暂态过程

因 $p_d = f(p_e)$，机组骤升电负荷，p_d 相应骤升，而除氧器内水温滞后于压力的升高，在滞后的时间 T 内

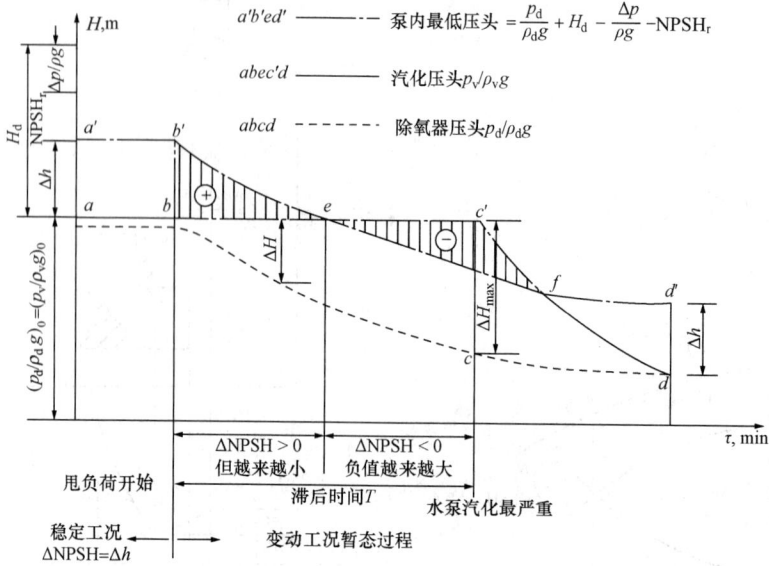

图 5-19　骤降电负荷给水泵汽蚀的 H-τ 图（降氧器入口凝结水温不变时）

$$\frac{p_d}{\rho_d g} > \frac{p_v}{\rho_v g}, \quad \text{即} \frac{p_d}{\rho_d g} - \frac{p_v}{\rho_v g} \geqslant 0$$

由式（5-13a）可见，此时 $\triangle$NPSH 为

$$\triangle\text{NPSH} = \Delta h + \Delta H \geqslant 0$$

与稳态工况的相比，第二项为正值的 ΔH，可见这时水泵不可能会发生汽蚀，更安全可靠。

3. 机组骤降电负荷的暂态过程

同理，机组骤降电负荷，p_d 相应骤降，则

$$\Delta H = \left(\frac{p_v}{\rho_v g} - \frac{p_d}{\rho_d g}\right) \geqslant 0$$

由式（5-13a）可知，此时 $\triangle$NPSH 为

$$\triangle\text{NPSH} = \Delta h - \Delta H$$

与稳态工况相比，第二项为负的 ΔH。此时 H_d 除了克服用 $\Delta p/\rho g$、NPSH$_r$ 之外，还要克服 $p_v/\rho_v g - p_d/\rho_d g$，减少了防止水泵汽蚀的裕度，恶化了汽蚀。

图 5-19 中曲线 bcd 为暂态过程除氧器压力 $p_d/\rho_d g$ 随时间 τ 变化情况。由图 5-19 的纵坐标可知，水泵叶轮入口的实际压头为

$$\frac{p_d}{\rho_d g} + H_d - \frac{\Delta p}{\rho g} - \text{NPSH}_r$$

因 Δh 为定值，故其暂态过程为曲线 $b'ed'$，它平行于 bcd 曲线（$b'ed'$ 与 bcd 曲线纵坐标之差为 Δh＝常数）。

泵入口水温 t_v 滞后于 p_d 的下降，对应 t_v 的 p_v 也滞后时间 T，如 bc' 水平线所示。吸入管段内温度为 t_v 的水全部打完后，进水温度开始下降（图 c' 点），对应的汽化压力 p_v 也随之下降。滞后时间 T 与给水泵吸入管容积及给水流量有关，即

$$\text{滞后时间 } T = \frac{\text{吸入管容积}}{\text{给水流量}} = \frac{V}{G} = \frac{L}{W} \quad \text{s} \tag{5-14}$$

式中　V——吸入管容积，$V=AL$，m^3；

　　　G——给水泵流量，$G=AW$，m^3/s；

　　　L——吸入管总长度，m；

　　　W——吸入管中水的流速，m/s；

　　　A——管子断面积，m^2。

过 c' 点，因为吸入管容积小于给水箱容量，使得吸入管给水汽化压力 p_v 下降速度大于除氧器中压力 p_d 的下降速度，故 $p_v/\rho_v g = f(\tau)$ 的曲线 $c'fd$ 较 $p_d/\rho_d g = f(\tau)$ 的曲线 bcd 要陡斜，即图中 $c'fd$ 曲线较 bcd 曲线为陡。

由图 5-19 看出，形成面积 $bb'eb$，$ec'fe$ 两个区域和一个转折点 e。在 $bb'eb$ 区，$\Delta NPSH$ = $(\Delta h - \Delta H) > 0$，但却越来越小（因 Δh＝常数，而 ΔH 由小变大），但仍大于汽化压力，故水泵不会汽化。在转折点 e，$\Delta h = \Delta H$，$\Delta NPSH = 0$。在 $ec'fe$ 区，$\Delta NPSH = (\Delta h - \Delta H) < 0$ 区，即 $\Delta NPSH$ 为负值且越来越大，ΔH 也越来越大，在滞后时间 T 即 c' 点时达最大为 ΔH_{max}，水泵汽蚀最严重。

（三）滑压除氧器防止给水泵汽蚀的技术措施

由式（5-13）可知，滑压除氧器防止给水泵汽蚀，可以采取的技术措施有以下几个。

1. 提高静压头 H_d

滑压除氧器布置在比定压除氧器更高位置，不仅用以克服 $\Delta p/\rho g$、$NPSH_r$，还需克服滑压运行暂态过程富裕压头下降值 ΔH。我国第一台 300MW 机组的除氧器布置在 35.2m 标高，使主厂房土建费用大为增加。显然，这不是唯一的最好措施。

2. 改善泵的结构、采用低转速前置泵

大容量汽轮机组的蒸汽初参数高，相应给水泵出口压力也随之增高，故多用 5000～6000r/min 的高转速给水泵，其 $NPSH_r$ 值较高，约为 20m 水柱；若采用 1500r/min 的低转速前置泵，其 $NPSH_r$ 仅 6～9m 水柱，这时滑压除氧器即可布置得较低。改善水泵结构和特性，也可减小 $NPSH_r$。我国引进意大利的 320MW 机组（大港电厂），滑压除氧器位于 4m 标高，就足够安全，比单纯加大 H_d 经济合理得多，值得借鉴。

3. 降低下降管道的压降 Δp

如缩短吸水管长度 L，尽量减少弯头及附件，选用合适的流速（2～3m/s），以减少 $\Delta p/\rho g$。

4. 缩短滞后时间 T

加速泵入口水温的下降以减小 T，如前面提到我国华能岳阳电厂采用比利时除氧器，即在水泵入口注入温度低的主凝结水，或在泵入口前设置给水冷却器 FC（见图 7-8）。

5. 减缓暂态过程滑压除氧器压力 p_d 下降

如在负荷骤降的滞后时间 T 内，能快速投入备用汽源，以阻止除氧器压力下降。

二、除氧器运行参数监督及其启停

（一）除氧器运行参数的监督

除氧器正常运行时需要监督的参数：溶氧量、汽压、水温和水位等。

1. 溶解氧的监督

运行中与溶解氧有关的有：①排气阀的开度；②一、二次加热蒸汽（见图 5-5 的图注 5、6）的比例；③主凝结水流量及温度的变化；④补水率的调整；⑤给水箱中再沸腾管的良好运行；⑥疏水箱来的疏水宜连续均匀小流量地投运等。应通过取样监视给水含氧量。

2. 除氧器压力监督

图 5-20 为国产 200MW 机组高压除氧器的参数调节示意图，装有压力调节阀，通过自动调节进汽量使除氧器压力为恒定（定压运行），或在调压范围内（滑压运行）。机组启动、低负荷或甩负荷时，该正常汽源无汽或压力不足，备用汽源投入。用装于二次蒸汽管道上的截止阀调节二次加热蒸汽流量，以改变一、二次加热蒸汽量的比例。压力调节器必须投入，且灵敏可靠，防压力突变。压力高 I 值，报警；高 II 值，报警并自动关闭其汽源。压力低 I 值，报警；低 II 值，自动关正常汽源，开备用汽源。

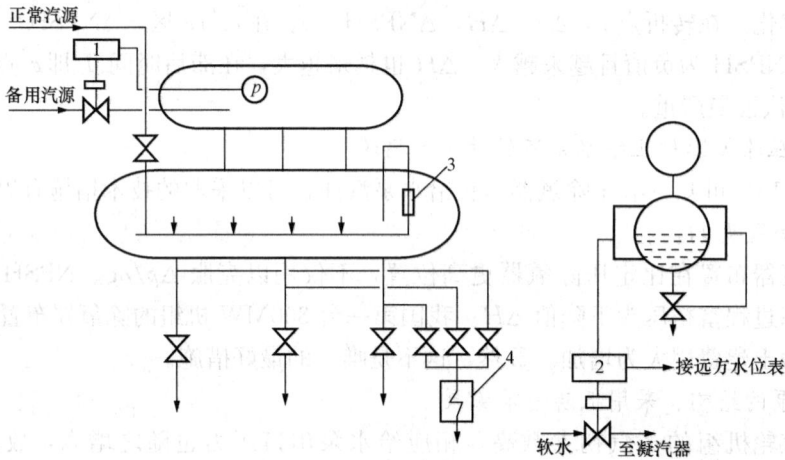

图 5-20　高压除氧器的参数调节示意图
1—压力调节器；2—水位调节器；3—电接点液位信号计；4—取样冷却器

除氧器必须加热给水至除氧器压力下的饱和温度，才能达到稳定的除氧效果。定压运行除氧器运行中必须保持压力稳定，它是通过加热蒸汽压力调节阀实现自动调节。滑压运行除氧器的工作压力随负荷的增加而升高，负荷达至额定值时其工作压力也达到最大值。

3. 水位调节

运行中除氧器水箱的水位应维持规定的正常水位，它表明水箱有足够的有效储水量，水位稳定，保证给水泵不汽蚀。如果水位过低会使给水泵入口富余静压头减少，影响给水泵安全工作；如果水位过高会使给水经汽轮机抽汽管倒流至汽轮机引起水击事故或给水箱满水、除氧器振动、排气带水等。故维持水箱的正常水位是极为重要的，为此应设有水箱水位自动调节器和水箱高、低水位报警装置及保护。

水位高 I 值，报警；高 II 值，报警，并自动开溢水电动门；高 III 值，自动关闭其汽源。水位低 I 值，报警；低 II 值，自动开大凝汽器的补水门。

（二）防止除氧器超压爆破

除氧器是热力发电厂的主要压力容器之一。国内外火电厂均发生过除氧器爆破的严重事故。我国原电力部早在 1981 年 5 月颁布了《防止高压除氧器爆破事故的若干规定》，并于 1991 年又下达了 709 号文《电站压力式除氧器安全技术规定》（以下简称《除氧器安规》），指出除设备问题以外，必须重视除氧器的安全运行。例如，除氧器汽源倒换，要严格防止压力高的蒸汽直接进入除氧器；除氧器的安全门每年应校验一次，每季应试排汽一次；压力调整器必须投入自动，不得将汽源电动门拆除"自保持"作调整门用，每五年做一次整体水压试验等。

需强调指出，除氧器应有可靠的防止除氧器过压爆炸的措施，并符合《除氧器安规》。当除氧器工作压力降至不能维持除氧器额定工作压力时，应自动开启高一级抽汽电动隔离阀；当除氧器压力升高至额定工作压力的 1.2 倍时，应自动关闭加热蒸汽压力调节阀前的电动隔离阀；当压力升高至额定工作压力的 1.25～1.3 倍时，安全阀应动作；当除氧器工作压力升高至额定工作压力的 1.5 倍时（此时一般是切换到高一级抽汽运行），应自动关闭高一级抽汽切换蒸汽电动隔离阀。

（三）单元机组除氧器的全面性热力系统

图 5-21 所示为我国 300MW 单元机组除氧器的全面性热力系统。该除氧器运行方式为定—滑—定压运行，在 20%～70%负荷时滑压范围为 0.147 1～0.691MPa，低于 20%负荷时为定压运行，故仍装有压力调节阀。正常运行时，用第四段抽汽；低负荷四段抽汽压力低于 0.147MPa 时，切换用冷再热蒸汽（高压缸排汽）；启动时，用启动锅炉产生的蒸汽经减温减压后，引至辅助蒸汽联箱，再由该联箱供给 0.588 4～0.784 5MPa 蒸汽，作为备用

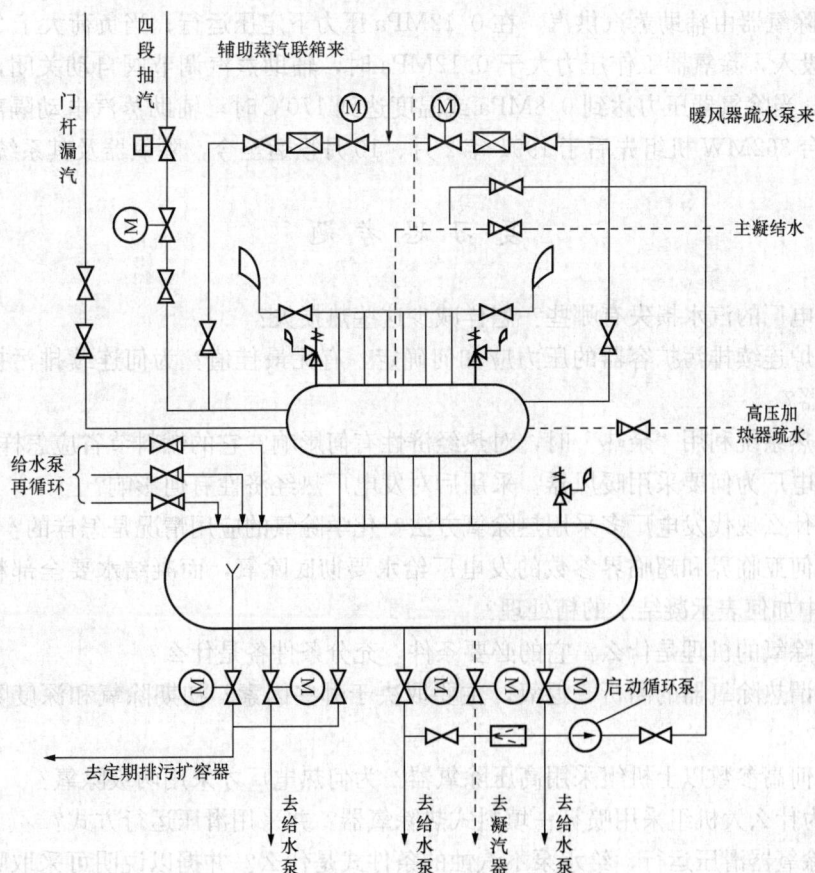

图 5-21　单元机组除氧器的全面性热力系统

汽源。

除氧器启动时，进水至除氧器水箱正常水位，打开除氧器启动循环泵，开排汽门，投入备用汽源，维持除氧器的运行压力为 0.147MPa，定压除氧。通过除氧器启动循环泵，将水箱中 200m³ 的给水加热至 104℃，含氧量合格后才向锅炉供水。当机组负荷升至 20% 时，开第四段抽汽门并自动关闭备用汽源进口阀，除氧器自行进入滑压运行，转为压力式除氧直至满负荷。减负荷时反之。

由于没有全厂疏放水回收系统，所设启动循环泵兼作向锅炉上水之用。

除氧器运行除监督前述各参数外，还需防止排汽带水和除氧器振动。排汽带水的主要原因是排汽量过大或除氧器内加热不足。除氧器振动的原因有：启动时暖管不充分，突然进入大量低温水，造成汽、水冲击；淋水盘式除氧器负荷过载，盘内水溢流阻塞汽流通道，再循环管的流速过高，一般应小于 4m/s；除氧器结构产生缺陷，如淋水盘严重缺陷，淋水孔堵塞，喷嘴锈蚀不能正常工作，填料移位等。

华能岳阳电厂的除氧器（见图 5-7）的自动控制功能为：当机组负荷小于 15% 时，除氧器再循环泵自动启动，负荷大于 15% 时，该泵自动退出；当辅助蒸汽压力大于 0.8MPa 时，辅助蒸汽电动阀自动开启，辅助蒸汽进入除氧器，且由压力调节阀控制除氧器在 0.12MPa 定压下工作；水箱中水温低于 100℃ 且凝汽器压力大于 0.035MPa 时，除氧器向空排气，当水箱中水温大于 100℃ 且凝汽器压力小于 0.035MPa 时，除氧器向凝汽器排气。机组负荷小于 20% 时，除氧器由辅助蒸汽供汽，在 0.12MPa 压力下定压运行；当负荷大于 20% 时，四段抽汽自动投入，除氧器工作压力大于 0.12MPa 时，辅助蒸汽调节阀自动关闭，除氧器转入滑压运行。当除氧器压力达到 0.8MPa 或温度达到 170℃ 时，辅助蒸汽电动隔离阀自动关闭。该厂两台 362MW 机组先后于 1991 年 2 月、10 月投运至今，除氧器及其系统运行良好。

复 习 思 考 题

5-1　发电厂的汽水损失有哪些？怎样减少这些热损失？

5-2　锅炉连续排污扩容器的压力应如何确定，有无最佳值？为何连续排污扩容蒸汽一般引往除氧器？

5-3　回热系统利用"余热"时，对热经济性有何影响？它的燃料节省应怎样计算？

5-4　发电厂为何要采用暖风器？采用后对发电厂热经济性有何影响？

5-5　为什么现代发电厂多采用热除氧方法？化学除氧的应用情况是怎样的？

5-6　为何亚临界和超临界参数的发电厂给水要彻底除氧，而凝结水要全部精处理？在热力系统图中如何表示凝结水的精处理？

5-7　热除氧的机理是什么？它的必要条件，充分条件各是什么？

5-8　何谓热除氧器的离析、返氧，主要取决于哪些因素？初期除氧和深度除氧的特点是什么？

5-9　为何高参数以上机组采用高压除氧器？为何热电厂才采用两级除氧？

5-10　为什么大机组采用喷雾—填料式热除氧器？并采用滑压运行方式？

5-11　除氧器滑压运行，给水泵不汽蚀的条件式是什么？并据以说明可采取哪些技术措施防止给水泵的汽蚀？

5-12 除氧器运行时产生排汽带水、振动的原因是什么？

5-13 应怎样考虑防止除氧器发生爆炸？

5-14 试用回热抽汽发电比 X_r 来定性分析，补充水汇入热力系统的位置不同，对发电厂热经济性的影响如何？

习 题

5-1 某高压热电厂配 400t/h 汽包锅炉，汽包压力为 15.0MPa，排污率为 1%，热力系统的泄漏率为 1%，采用两级连续排污利用系统，其压力分别为 0.7、0.3MPa，扩容器、排污冷却器效率均为 98%。进排污冷却器的补充水比焓为 62.8kJ/kg，其出口端差为 10℃。求两级连续排污扩容器产生的蒸汽量及补充水加热后的焓值。

5-2 汽包压力为 15.0MPa，额定蒸发量为 410t/h，排污率为 2%，连续排污扩容器的压力为 0.65MPa，热损失系数为 0.02，扩容蒸汽的总容积为 V_f，根据公式 $V=[(1.2\sim 1.3V_f)]/R$，计算连续排污扩容器所需容积。取蒸汽的单位容积蒸发强度 $R=800\sim1000\text{m}^3/(\text{m}^3 \cdot \text{h})$。

5-3 国产 300MW 机组的热力系统及其汽水焓值如图 4-22 及表 4-4 所示，设计除氧器为定—滑—定压运行，额定工况时定压运行，70% 负荷时为滑压运行，求 70% 负荷时机组热效率相对降低值为多少？

5-4 原始条件与习题 5-1 相同，若除氧器采用前置连接，加装一高压加热器取其出口端差为 3℃。求此种连接方式时，机组热效率的相对提高值为多少？

第六章　热电厂的对外供热系统

本　章　提　要

本章先介绍热负荷的类型及其变化规律，而后是汽网、水网系统及其设备，水网供热设备工况图的作用及其绘制方法，最后是热电厂的经济分析，重点为选择供热式机组的节煤条件式。并简介供热系统（含热电厂、热网、热用户）的优化。

第一节　热负荷的特性及载热质的选择

一、热负荷

（一）热负荷的分类

随着生产的发展和人民生活水平的提高，不仅需要电能，而且还需要为不同用户提供热能。热能也与电能一样，几乎不能大量储存。热能生产过程必须随时保持产、供、销平衡，并应保证热能供应的可靠性和经济性。

由热电厂通过热网向热用户供应的不同用途的热量，称为热负荷。因其用途的不同，所需载热质（蒸汽或热水）及其数量（单位时间供应的热量 GJ/h，或流量 t/h）、质量（压力、温度），以及它们随时间变化的规律（即热负荷特性）也各不相同。

热电厂的热负荷主要有：生产热负荷（包括工艺热负荷，动力热负荷）、热水供应热负荷，采暖及通风热负荷，前两项为非季节性热负荷 Q_{ns}，采暖及通风热负荷统称为季节性热负荷 Q_s。各类热负荷特点如表 6-1 所示。

表 6-1　　　　　　　　　　各类热负荷的特点

类别 特点	生产热负荷	热水供应负荷	采暖及通风热负荷
用　途	用于加热、干燥、蒸馏等工艺热负荷；用作驱动汽锤、压气机、水泵等动力热负荷。	印染、漂洗等生产用热水；城市公用设施及民用热水	生产、城市公用事业及民用的采暖及通风
主要用户	石油、化工、轻纺、橡胶、冶金等	生产及人民生活	生产及人民生活
负荷特性	非季节性，昼夜变化大，全年变化小	非季节性，昼夜变化大，全年变化小	季节性，昼夜变化小，全年变化大
介质及参数	一般为 0.15~0.6MPa 饱和蒸汽，也有高于 1.4~3.0MPa 的蒸汽	60~70℃ 热水	70~150℃ 或更高温度的热水 或 0.07~0.28MPa 蒸汽
工质损失率	直接供汽：20%~100% 间接供汽：0.5%~2%	100%	水网循环水量的 0.5%~2%

（二）季节性热负荷 Q_s

1. 采暖负荷 Q_h

采暖热负荷用以补偿建筑物对外的耗热量，以保持室内温度为定值。水热网采暖系统如图 6-1（a）所示。

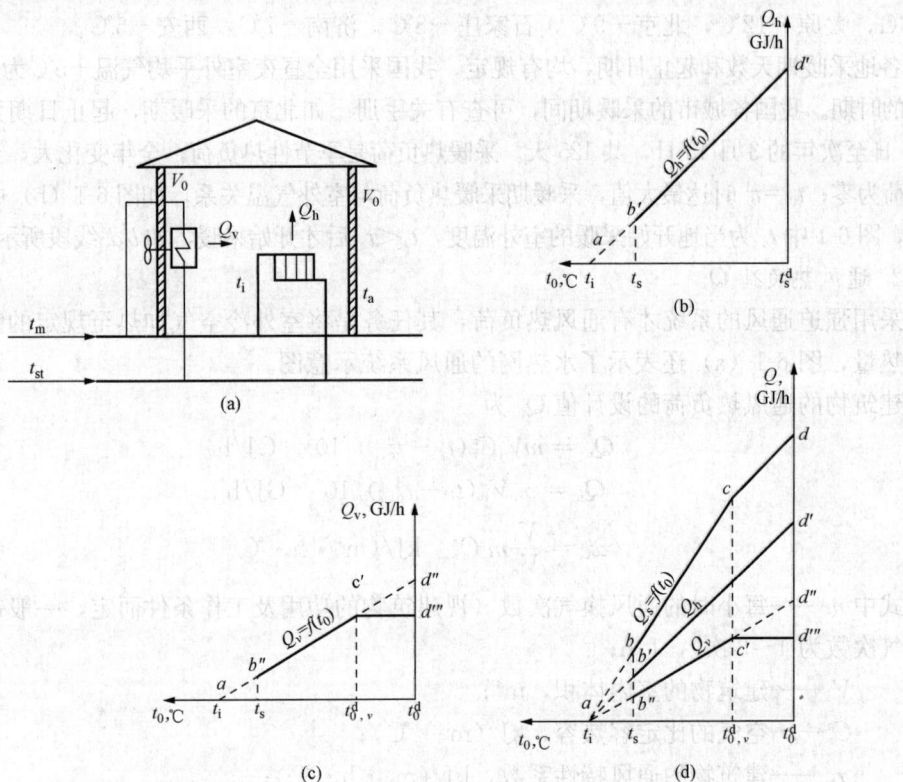

图 6-1　季节性热负荷

（a）建筑物季节性热负荷的示意图；（b）采暖热负荷图；（c）通风热负荷图；（d）季节性热负荷图

建筑物的采暖热负荷设计值 Q_h 为

$$Q_h = (1+\mu)xV_0(t_i - t_0^d)/10^6 \quad \text{GJ/h} \tag{6-1}$$

式中　x——建筑物的采暖特性系数，$kJ/(m^3 \cdot h \cdot ℃)$；

　　　V_0——建筑物的外围体积，m^3；

　　　t_i——建筑物的室内计算温度，$℃$；

　　　t_0^d——当地的采暖室外计算温度，$℃$；

　　　μ——建筑物空气渗透系数，一般民用建筑取 $\mu=0$，对于工业建筑物必须考虑 μ 值，不同建筑物的 μ 值是不同的。x，μ 值可从有关手册中查得。

根据 GB 50019—2003《采暖通风和空气调节设计规范》的规定及加强节能工作的要求，所有公共建筑内的单位，包括国家机关、社会团体、企事业组织和个体工商户，除医院等特殊单位以及在生产工艺上对温度有特定要求并经批准的用户之外，夏季室内空调温度设置不得低于 26℃，冬季室内空调温度设置不得高于 20℃。由式（6-1）可知，对已建成的建筑物，x、V_0 均为定值，则采暖热负荷的大小主要取决于室外温度 t_0，即 $Q_h = f(t_0)$。

室外计算温度 t_0^d 既不是当地当年的最低气温，更不是当地历史上的最低气温。我国以日平均温度为统计基础，根据 20 年的统计，采用当地历年平均每年不保证 5 天的日平均温度值为该地采暖室外计算温度，即 20 年期间当地有 100 天的实际日平均温度低于当地的 t_0^d 值。我国北部几个大城市的 t_0^d 值为：哈尔滨 $-26℃$，乌鲁木齐 $-23℃$，沈阳 $-20℃$，银川 $-15℃$，太原 $-12℃$，北京 $-9℃$，石家庄 $-8℃$，济南 $-7℃$，西安 $-5℃$。

各地采暖期天数和起止日期，均有规定。我国采用全昼夜室外平均气温 $+5℃$ 为开始或停止采暖的时期。我国各城市的采暖期间，可查有关手册。如北京的采暖期，起止日期为当年的 11 月 15 日至次年的 3 月 15 日，共 125 天。采暖热负荷是季节性热负荷，全年变化大，当 $t_0 = t_i$ 时，热负荷为零；$t_0 = t_0^d$ 时达最大值，采暖期采暖热负荷与室外气温关系，如图 6-1（b）中 $ab'd'$ 线段所示，图 6-1 中 t_s 为当地开始采暖的室外温度，$t_0 < t_s$ 后才开始采暖，如 $b'd'$ 线段所示。

2. 通风热负荷 Q_v

采用强迫通风的系统才有通风热负荷，其任务是将室外冷空气加热至规定的室内温度时的耗热量，图 6-1（a）还表示了水热网的通风系统示意图。

建筑物的通风热负荷的设计值 Q_v 为

$$Q_v = mV_i C_v^a (t_i - t_{0,v}^d)/10^6 \quad GJ/h \tag{6-2}$$

或

$$Q_v = x_v V_0 (t_i - t_{0,v}^d)/10^6 \quad GJ/h \tag{6-2a}$$

$$x_v = \frac{V_i}{V_0} m C_v^a \quad kJ/(m^3 \cdot h \cdot ℃) \tag{6-3}$$

上几式中 m——每小时的通风换气次数（视建筑物的功用及工作条件而定，一般每小时的通风换气次数为 1~3 次），1/h；

V_i——建筑物的室内体积，m^3；

C_v^a——空气的比定容热容，$kJ/(m^3 \cdot ℃)$；

x_v——建筑物的通风特性系数，$kJ/(m^3 \cdot h \cdot ℃)$；

$t_{0,v}^d$——通风室外计算温度，℃。

当 V_i、V_0、C_v^a 为定值时，通风特性系数 x_v 取决于通风换气次数 m，而 m 值决定于建筑物的性质和要求，可查有关手册得之。由式（6-2）可知，对已建成的建筑物，通风热负荷的大小 $Q_v = f(t_0)$，如图（c）$ab''c'd''$ 线段所示，$t_0 < t_s$ 才开始通风，一般建筑物沿 $b''c'd'''$ 线段供通风热负荷，当 $t_0 = t_{0,v}^d$ 时达最大值；对于要排除有害气体或粉尘的工业建筑物，取 $t_0 = t_0^d$，如线段 $b''c'd''$ 所示。

通风热负荷也是季节性热负荷，不仅全年是变化的，而且每昼夜也是变化的，因为通风系统不是全昼夜工作，在一定的室外温度下，它与每昼夜的工作时间是成正比的。图 6-1（d）为季节性热负荷 Q_s（即采暖与通风热负荷叠加）与室外外温度 t_0 的关系，即 $Q_s = f(t_0)$。

（三）非季节性热负荷 Q_{ns}

1. 热水供应热负荷 Q_{hw}

热水供应热负荷是供生产印染、漂洗等工艺用热水及生活（淋浴、厨房、洗涤等）用热水，它与室外气温无关，全年变化小，而一昼夜、一周内却是不均衡的，并与工厂的工作班次（两班或三班制）、居民的生活习惯有关，深夜可能降为零，上班时间或居民工作结束后负荷增大，非工作日或节假日的民用热水量比平时增大 30% 左右。根据卫生要求，热水负荷的水温一般为 60~65℃。热水用量标准或定额，见有关专用手册。

2. 生产热负荷

机械制造、冶金、石油、化工、轻纺、皮革、造纸、制药、食品等工业的某些工艺过程的工艺热负荷，多用于加热、干燥（烘干）、熨平、蒸馏、清洗等工艺过程，多用低压0.15～0.6MPa的饱和蒸汽。动力用生产热负荷，多用蒸汽驱动压气机、风机、水泵、起重机、汽锤和锻压机，或用于企业内部发电，多采用压力为1.4～3.0MPa、温度为200～300℃的蒸汽，有的用以发电的工业汽轮机的进汽压力温度更高。

生产热负荷的参数及其耗热量与工艺过程、生产设备类型和工作班次等有关，其特点是每昼夜变化大，全年变化小。

（四）热负荷资料的汇总与整理

正确汇总、整理分析热负荷资料，是建设热电厂的前期基础工作之一。

1. 两个系数

（1）同时系数 ψ_1

供热区内有较多热用户，一个工业企业内还有许多用热点，显然其最大热负荷不会同时出现，应以各用户的同时系数 ψ_1 考虑，即

$$\text{同时系数 } \psi_1 = \frac{\text{区域（企业）最大设计热负荷}}{\text{各用户（用热点）的最大设计热负荷之和}} < 1 \qquad (6\text{-}4)$$

（2）负荷系数 ψ_2

供热区域内用户的负荷不可能总在额定负荷下运行，不同时间有不同的负荷系数。

$$\text{对热用户 } \psi_2 = \frac{\text{用户的平均热负荷}}{\text{用户的额定热负荷}} < 1 \qquad (6\text{-}5)$$

$$\text{对整个供热区 } \psi_2' = \frac{\text{各用户的平均热负荷}}{\text{区域额定热负荷}} < 1 \qquad (6\text{-}5a)$$

2. 汇总整理热负荷资料注意事项

若均按设计热负荷而叠加起来的总热负荷来建设热电厂，显然偏大，更有甚者申报时层层加码，致使热电厂投产后的实际热负荷较小或非常小，使热电厂经济效益大为降低。最为严重的是，电力要先行，待热电厂建成投产，热用户企业却可能转产乃至停产，造成能源、资金的极大浪费，应吸取教训。

热用户的热负荷应通过其初步设计和主管部门批准的书面文件为准，对建设规模予以核实。要尽可能按质使用热能，充分利用企业内工艺过程中的余热、废热。热用户生产用原材料的来源是否落实，产品是否产销对路，有无转产、停产的可能，以及转停产后的热负荷情况。要了解有无不允许中断供汽的一级热负荷，及此类热用户的生产班次和同时系数，以及中断汽源对生产的影响。对分散供热改为集中供热的用户，应通过验算来核实。

二、热负荷持续时间图

图6-2（a）的左半边为季节性热负荷随室外气温变化的曲线，即 $Q_s = f(t_0)$。右半边为季节性热负荷随时间变化的曲线，即 $Q_s = f(\tau)$，称为季节性热负荷持续时间图，其横坐标为等于和低于某一室外温度的持续小时数，纵坐标为该室外温度条件下的每小时耗热量；曲线下的面积为全年供热量 Q_s^a。

由图6-2（a）可知，全年供热量 Q_s^a 还有下列关系式：

曲线下面积等于面积 $defod$ 时 $Q_s^a = Q_{h(M)} \tau_h^{max}$ GJ/a $\qquad (6\text{-}6)$

曲线下面积等于面积 $oabco$ 时 $Q_s^a = Q_{h(av)} \tau_{re}$ GJ/a $\qquad (6\text{-}7)$

上两式中　　$Q_{h(M)}$、$Q_{h(av)}$——最大、平均热负荷，GJ/h；

　　　　　　　　　τ_h^{max}——热负荷最大利用小时数，h；

　　　　　　　　　τ_{re}——全年采暖持续时间，h。

图 6-2（b）为总热负荷（$Q_s + Q_{ns}$）的持续时间图，该图所示为以非季节性热负荷的平均值为基础，叠加季节性热负荷而成；反之也是可以的，如图 6-2（c）所示。

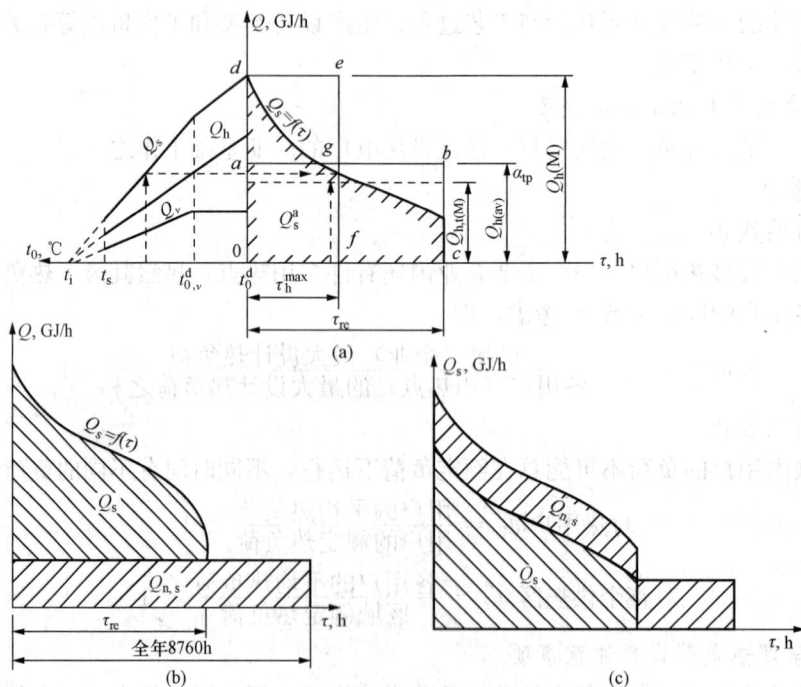

图 6-2　热负荷图
（a）季节性热负荷持续时间图；（b）、（c）总热负荷持续时间图

第二节　热电厂的对外供热系统

一、载热质的选择及供热热网

热网载热质有蒸汽和热水两种，相应的热网称为汽网和水网。

1. 水网的特点

与汽网相比，水网的特点为：

（1）供热距离远，汽网供热一般 3～5km，最远 10km，而水网一般可达 20～30km 或更远，核热电站供热半径可达 40km 甚至 100km，且热网的热损失小；汽网单位长度的经济温降一般为 15～20℃/km，在相同保温条件下，水网单位长度的温降只有 0.35～0.75℃/km，只有汽网的 1/30～1/20；汽网的压降损失每公里约 0.1～0.12MPa。

（2）水网是利用供热式汽轮机的调节抽汽，在面式热网加热器中凝结放热，将网水加热并作为载热质通过水网对外供热，该加热蒸汽被凝结成的水可全部收回热电厂，即回水率 $\varphi = 100\%$。而直接供汽的汽网回水率却很低，甚至完全不能回收，即 $\varphi = 0$。

使热电厂的外部工质损失大增，导致水处理的投资、运行费剧增，φ 值对热电厂的经济性影响很大。

（3）水网设计供水温度 $t_{su}^d=130\sim150℃$，可用供热汽轮机的低压抽汽做加热蒸汽，使热化发电比加大，提高其热经济性。

（4）可在热电厂内通过改变网水温度进行集中供热调节，而且水网蓄热能力大，热负荷变化大时仍稳定运行，水温变化缓和。

2. 汽网的特点

与水网相比，汽网的特点是：

（1）对热用户适应性强，可满足各种热负荷，特别是某些工艺过程如汽锤、蒸汽搅拌、动力用汽等，必须用蒸汽；

（2）输送蒸汽的能耗小，比水网用热网水泵输送热水的耗电量低得多；

（3）蒸汽密度小，因地形变化（高差）而形成的静压小，汽网的泄漏量较水网小 $20\sim40$ 倍。而水网的密度大，事故的敏感性强，对水力工况要求严格。

载热质的选择涉及热电厂、热网和热用户处的设备、投资和运行特性，是较为复杂的。我国的采暖、通风、热水负荷仍广泛采用水为载热质，工业热负荷用蒸汽为载热质。近来，国外推行可高达 250℃ 的高温水供热，既可满足采暖通风用热，也可通过设在用户处的换热设备，将高温水转化为蒸汽供生产热负荷之用，高温热水网的供热半径大，因系大温差小流量的输送热能，故热网管径、热网水泵容量均可减小，管网的投资和运行费相应降低。我国在上海南市电厂等地有成功采用高温水供热的实例。

二、汽网的供汽系统及其设备

（一）供汽方案

工艺热负荷所需蒸汽数量各异，综合计算其流量时应考虑负荷的同时系数 ψ_1 和负荷系数 ψ_2。有些工艺过程有间断性、重复性的特点，如锻压车间的动力用汽，用时最大，间断时最小，日负荷变化不大，月负荷却有重复性，冬夏季负荷略有差异。

工艺热负荷用汽，特别是动力用汽，要高度可靠性，应有备用汽源。工艺热负荷用汽的质量（压力、温度）也各异，应根据用户需要按质供汽，尽可能充分利用低压蒸汽和厂内的余热。

热电厂可能的供汽方案有几种，为说明它们的不同，集中画在一台机组上（实际不是这样的），如图 6-3 所示。

（1）由锅炉引来蒸汽经减压减温后直接供汽，如图 6-3 中 p_1 所示。

（2）由背压机组的排汽或抽汽凝汽式供热机组的高压调节抽汽对外供汽，称为直接供汽方式。如图中 p_3 所示为抽汽凝汽式供热机组的调节抽汽对外供热。直接供汽简单，投资省，现多采用之。

（3）如供热式汽轮机的排汽或调节抽汽压力略低于热用户的要求，而所需蒸汽量又不大时，不宜因此而多选一台供热式机组时，可采用蒸汽喷射泵，其工作原理与构造特征，与凝汽器系统用的射汽抽气器类似。通过

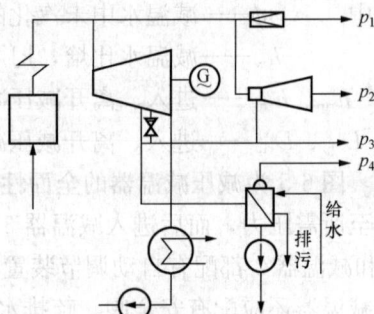

图 6-3 热电厂不同供汽方案的示意图

蒸汽喷射泵，将供热机组的压力为 p_3 的蒸汽，增压至 p_2 后再对外直接供汽。

（4）利用供热机组的调节抽汽作为蒸汽发生器的加热（一次）蒸汽，产生压力稍低的 p_4（二次蒸汽）对外供汽，称为间接供汽方式。

蒸汽发生器是表面式换热器的一种，体积庞大，金属耗量、投资大，因其端差一般为 15～25℃，使热化发电比减小，降低了热经济性，使煤耗增加约 3%；但间接供汽无外部工质损失。由于化学水处理技术的进步及其成本的降低，现代热电厂已不再采用间接供汽方式。现代热力发电厂的蒸汽发生器，一般多用于海水的淡化，且是多级蒸汽发生器的系统。

需指出：用锅炉的新汽经减压减温后供汽的部分，属分产供热，多在供热式机组排汽或抽汽数量略为不足时使用，这种减压减温器需要经常工作，还应设有备用。

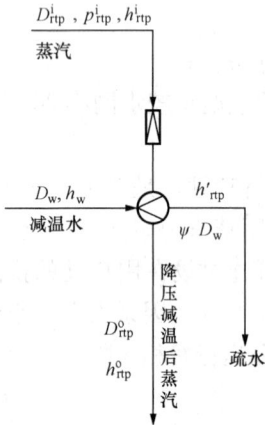

图 6-4 减压减温器的原则
性热力系统

直接供汽的热用户的凝结水如能回收，且在技术经济上合理时，应设回水管和回水收集设备。回水箱的数量和容量应视具体情况确定，不宜少于两台，回水中继水泵 RP 也不宜少于两台，其中一台备用（见图 6-6）。由热用户返回的凝结水，应经检验合格后才能回收使用。

（二）减压减温器

减压减温器是用来降低蒸汽压力和温度的设备，该设备不仅用于热电厂的供热系统，凝汽式发电厂也常用它作为厂用汽源设备，将降压减温后的蒸汽用于加热重油，或作除氧器的备用汽源，在单元式机组中常用它构成旁路系统。

图 6-4 所示为减压减温器的原则性热力系统。

分产供热用减压减温器出口蒸汽参数的选择，不影响热电厂的热经济性。作为供热抽汽用的减压减温器，其出口蒸汽参数应与供热抽汽参数完全相同。作为水网峰载热网加热器的汽源设备时，其出口汽压应能将网水加热至所需温度（设计送水温度 t_{su}^d 加上峰载热网加热器的端差），并能使其疏水自流至高压除氧器。

进入减压减温器的蒸汽流量 D_{rtp}^i 和喷水量 D_w，可通过其物质平衡式、热平衡式联解求得，即

物质平衡式：$$D_{rtp}^i + D_w = \psi D_w + D_{rtp}^o \quad \text{kg/h} \tag{6-8}$$

热平衡式：$$D_{rtp}^i h_{rtp}^i + D_w h_w = \psi D_w h_{rtp}' + D_{rtp}^o h_{rtp}^o \quad \text{kJ/h} \tag{6-9}$$

式中 ψ ——减温水中未汽化的水量占总喷水量的份额，一般为 0.3 左右；

h_w ——减温水比焓，kJ/kg；

h_{rtp}^i、h_{rtp}^o ——进入、离开减压减温器的蒸汽比焓，kJ/kg；

D_{rtp}^i、D_{rtp}^o ——进入、离开减压减温器的蒸汽流量，kg/h。

图 6-5 为减压减温器的全面性热力系统，自锅炉来的新汽由进汽阀 1 进入减压阀 2，节流至所需压力，而后进入减温器 3，与给水泵或凝结水泵来的减温水进行混合减温，减压阀 2 和减温器 3 都配有自动调节装置，以控制其出口汽压、汽温稳定在允许的规定范围内。减压减温器还应配有安全阀、疏排水设备，备用的减压减温器应处于热备用状态。

三、水网的供热设备及其系统

以水为载热质的采暖、通风用的热水和热水负荷的热水，都是通过水网的热网加热器制

备的。

（一）热网加热器的类型

热网加热器是表面式换热器，其工作原理和构造与表面式回热加热器相同，也有立式、卧式之分，但其容量、换热面积较大，可达 500m²，端差较大，可达 10℃左右，其水质逊于给水、凝结水。为便于清洗，多采用直管。

一般不是按季节性热负荷的最大值选择一台热网加热器，而

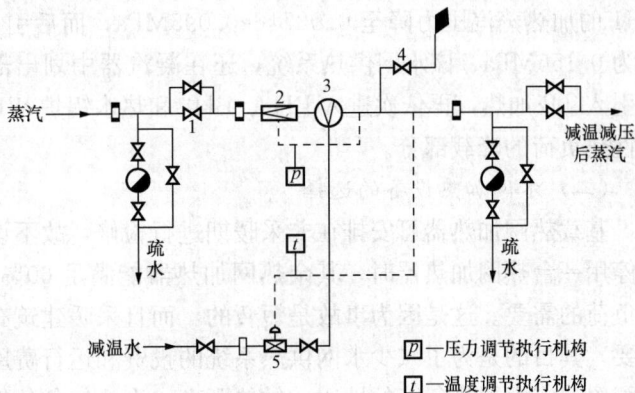

图 6-5　减压减温器的全面性热力系统

是配置水侧串联的两台热网加热器 BH、PH，如图 6-6 所示。一台热网加热器 BH 是利用 0.118～0.245MPa 低压调节抽汽为加热蒸汽，其饱和温度 104～127℃，若端差以 10℃计，它只能将网水加热至 94～117℃，因其在整个采暖期间内都投运，承担了季节性热负荷的基本负荷，故称为基载热网加热器 BH。另一台热网加热器 PH，一般用 0.78～1.27MPa 高压调节抽汽作为加热蒸汽，可将 BH 出口来的网水继续加热至 130～150℃或更高，因其仅在采暖期内最冷天气短时间工作，承担季节性热负荷的尖峰负荷，故称为峰载热网加热器 PH。

为了提高热电厂的热经济性，应充分利用低压抽汽作为 BH 的汽源，如图 7-10 所示，

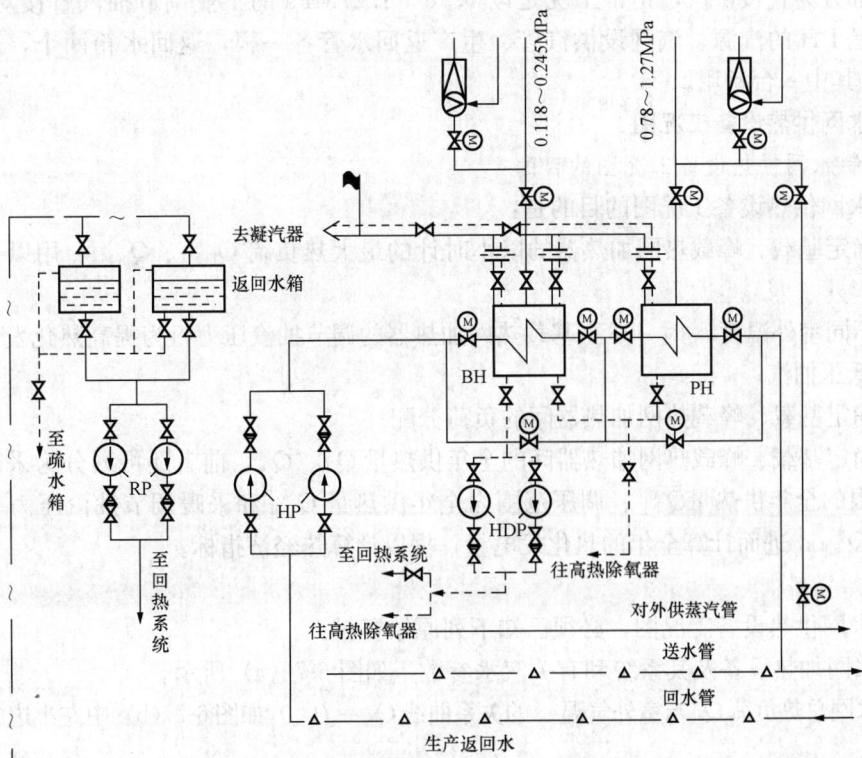

图 6-6　CC 型机组供热系统全面性热力系统

BH1 的加热蒸汽压力降至 0.0274～0.095MPa，而后引入水侧串联的 BH2，其加热蒸汽压力为 0.156MPa，该水网供热系统，还在凝汽器中划出部分加热管束 TB，网水返回热电厂先引入 TB 加热，再依次进入 BH_1、BH_2 和热水锅炉 WB（未另设 PH），由热水锅炉承担季节性热负荷的峰载部分。

（二）水网加热设备的选择

基载热网加热器可安排在非采暖期进行检修，故不设备用，但在容量上有一定裕度，即在停用一台热网加热器时，其余热网加热器能满足 60％～75％（严寒地区取上限）季节性热负荷的需要。这是因为事故是短暂的，而且采暖建筑有一定的蓄热能力，并已保证了基本需要，其目的是为了减少水网供热系统的投资和运行费用。至于峰载热网加热器或热水锅炉的配置，应根据热负荷的性质、供热距离、当地气象条件和热网系统等具体情况，综合研究确定。一般热网水泵 HP、热网凝结水（即热网疏水）泵 HDP 和热网补充水泵 HMP 都不少于两台，其中一台备用，备用热网补充水泵应能自动投入。

四、CC 型机组供热系统

图 6-6 所示为 CC 型机组供热系统的全面性热力系统，设有 BH、PH 各一台，HP、HDP 各两台（其中一台备用），PH、BH 各设有备用减压减温器。其疏水方式为逐级自流，即 PH 疏水在正常工况时自流至 BH，BH 的疏水用疏水泵 HDP 打出，正常工况时是引至回热系统（即图 7-3 所示 H5 的出口 M_1 处），因 H4 与 BH 的加热蒸汽均引自第 4 级抽汽，引至 H5 出口的 M_1 处，换热温差最小。事故工况时，PH、BH 的疏水均可分别引至高压除氧器。水网供水管、回水管各设一根。

汽网部分为直接供汽，正常工况是以 0.78～1.27MPa 的工业调节抽汽直接对外供热，该抽汽也是 PH 的汽源。汽网设供汽管、生产返回水管各一根，返回水箱两个，返回水泵 RP 两台，其中一台备用。

五、水网供热设备工况图

1. 绘制水网供热设备工况图的目的

绘制水网供热设备工况图的目的是：

（1）确定基载、峰载热网加热器的以小时计的最大热负荷 $Q_{b(M)}$、$Q_{p(M)}$，用以选择这些设备；

（2）不同室外温度 t_0 时，送至基载热网加热器的调节抽汽压力，为提高热化发电比，应充分利用低压抽汽；

（3）确定基载、峰载热网加热器间的负荷分配；

（4）确定基载、峰载热网加热器间的全年供热量 Q_b^a、Q_p^a，前者还可划分为采暖调节抽汽压力下限的全年供热量 Q_{bI}^a、调压范围内全年供热量 Q_{bII}^a 和采暖调节抽汽压力上限的全年供热量 Q_{bIII}^a；进而计算全年的热化发电量，据以计算热经济指标。

2. 原始资料

绘制水网供热设备工况图，必须已知下列原始资料：

（1）水网加热设备及其系统和有关汽水参数，如图 6-7（a）所示。

（2）水网总热负荷 Q_Σ 与室外气温 t_0 的关系曲线 $Q_\Sigma = f(t_0)$，如图 6-7（b）中左半边的 $i-g$ 线所示。

（3）水网总热负荷持续时间曲线 $Q_\Sigma' = f(\tau)$，如图 6-7（b）中右半边的 $gkb''a''e$ 曲线所示。

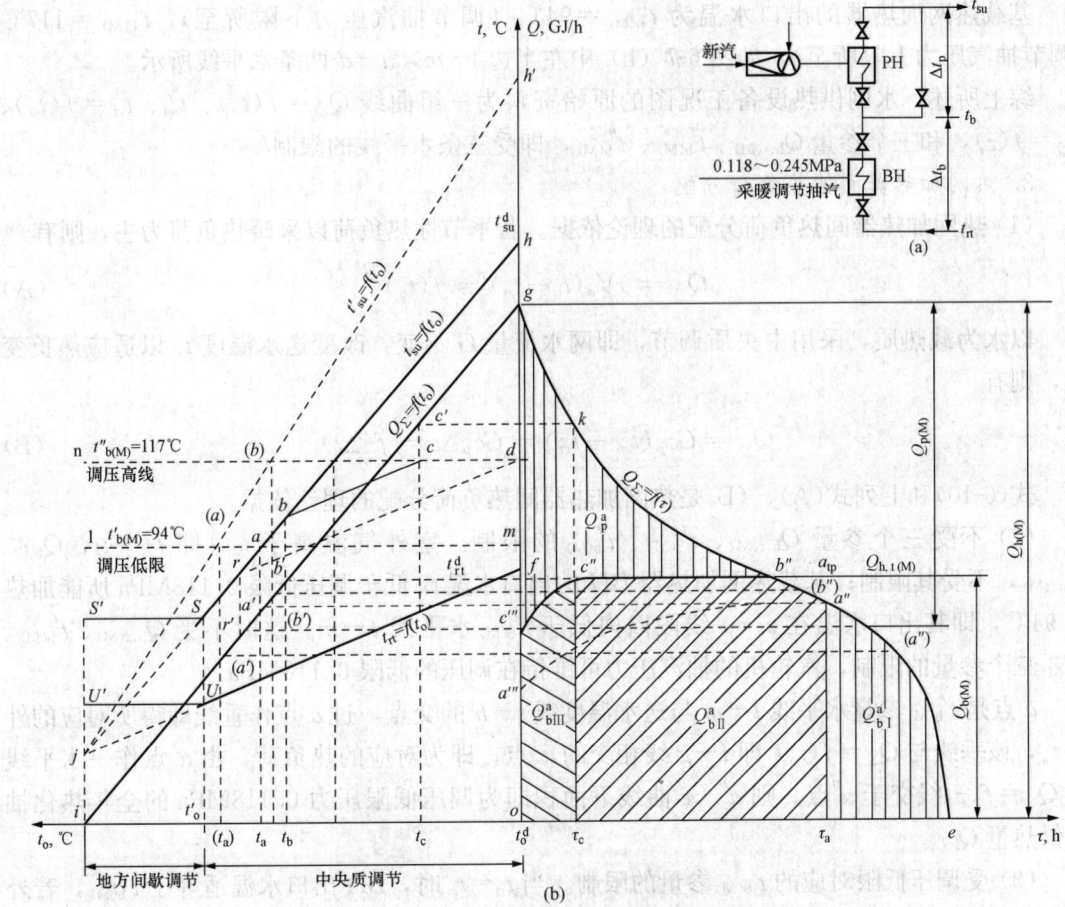

图 6-7　热网加热器的热负荷分配图

（a）水网加热器系统；（b）$Q_\Sigma = f (t_o)$、t_{su}、$t_{rt} = f (t_o)$ 和 $Q_\Sigma = f (\tau)$ 曲线

（4）水热网的温度调节图，即水网的送水、回水温度与室外气温 t_o 的关系曲线，$t_{su} = f(t_o)$，$t_{rt} = f(t_o)$，可近似成直线，如图 6-7（b）中左半边的 j-h，j-f 线所示。

当 t_o 变化时，在热电厂调节 t_{su} 以适应热负荷的需要，称为中央质调节。当 $t_o = t_i$，采暖热负荷为零，此时 $t_{su} = t_{rt} = t_i$，即图 6-7 中 j 点。随 t_o 下降，热负荷增大，相应 t_{su}、t_{rt} 随之加大，当 $t_o = t_o^d$ 时，热负荷达设计值，相应送、回水温度达设计值为 t_{su}^d、t_{rt}^d，如图 6-7（b）中纵坐标上的 $o - h$，$o - f$ 线所示。反之，t_o 升高，热负荷减小，t_{su}^d、t_{rt}^d 也随之下降，当 $t_o = t_o'$ 时，送水温度为热水负荷要求的 $60 \sim 65℃$ 水温限制，需辅以地方间歇调节，即改变位于热用户处设备的全天工作时间，以维持 t_{su}、t_{rt} 不变，如图 6-7 中左半边的 $S' - S$、$U' - U$ 线所示。我国目前采用 $t_{su}^d = 130℃$，$t_{rt}^d = 70℃$。

（5）水网调节方式，以中央质调节为主，辅以地方间歇调节。

供热式汽轮机调节抽汽的最大抽汽量 $D_{h.t(M)}$ 所确定的汽轮机最大热化供热量 $Q_{h.t(M)}$（取 $\varphi = 100\%$ 时）为

$$Q_{h.t(M)} = D_{h.t(M)} (h_h - h_h')/10^6 \quad \text{GJ/h} \tag{6-10}$$

如图 6-7（b）中右边的 $c'' - b''$ 水平线所示，即热化系数 α_{tp}。

基载热网加热器的出口水温为 $t'_{b(M)} = 94℃$（调节抽汽压力下限所至），$t''_{b(M)} = 117℃$（调节抽汽压力上限所至），如图 6-7（b）中左半边 $l-m$，$n-d$ 两条水平线所示。

综上所述，水网供热设备工况图的原始资料为三组曲线 $Q_\Sigma = f(t_o)$、t_{su}，$t_{rt} = f(t_o)$、$Q_\Sigma = f(\tau)$，和三个参量 $Q_{h,t(M)}$、$t'_{b(M)}$、$t''_{b(M)}$，即受三条水平线的限制。

3. 热网加热器间的热负荷分配

（1）热网加热器间热负荷分配的理论依据。若季节性热负荷以采暖热负荷为主，则有

$$Q_\Sigma = xV_o(t_i - t_o^d) = f(t_o) \tag{A}$$

以水为载热质，采用中央质调节，即网水流量 G 不变，改变送水温度 t_{su} 以适应热负变化，则有

$$Q_\Sigma = Gc_p(t_{su} - t_{rt}) = Gc_p\Delta t = f(\Delta t) \tag{B}$$

式（6-10）和上列式（A）、（B）是热网加热器间热负荷分配的理论依据。

（2）不受三个参量 $Q_{h,t(M)}$、$t'_{b(M)}$、$t''_{b(M)}$ 的限制。室外气温高于 t_a，即 $t_o > t_a$，$Q_b < Q_{h,t(M)}$，不受其限制；基载热网加热器 BH 的出口水温 t_b 低于调压低限 0.118MPa 所能加热的 94℃，即其出口水温在 $s-a$ 线段以内低于 $t'_{b(M)}$ 水平线 $l-m$。这时不受 $Q_{h,t(M)}$、$t'_{b(M)}$、$t''_{b(M)}$ 三个参量的限制，汽轮机的抽汽压力可维持在调压的低限 0.118MPa。

a 点是 $t'_{b(M)}$ 参量水平线 $l-m$ 与送水温度线 $s-h$ 的交点，过 a 点作垂线即得所对应的外温 t_a，该垂线与 $Q_\Sigma = f(t_o)$ 即 $i-g$ 线相交的 a' 点，即为对应的热负荷，由 a' 点作一水平线与 $Q_\Sigma = f(\tau)$ 线交于 a'' 点。则 $a''-e$ 曲线下面积即为调压低限压力 0.118MPa 的全年热化抽汽供热量 Q_{bI}^a。

（3）受调压低限对应的 $t'_{b(M)}$ 参量的限制。当 $t_o = t_a$ 时，BH 出口水温适等于 $t'_{b(M)}$，若外温再降低，由式（A）可知，需要热负荷随 t_o 下降而增大，即应沿 $a'-b'$ 线段增大。因采用中央质调节，网水流量 G 不变，c_p 视为定值，t_{rt} 是随 t_o 的降低沿 $u-f$ 线而提高；但是 t_{su} 因受 $t'_{b(M)}$ 限制，仍等于 $t'_{b(M)}$，由式（B）可知，此时 Δt 相应减小，使得通过 BH 的供热量 Q_h 将开始下降，如图中右半边 $Q_\Sigma = f(\tau)$ 曲线上的 $a''-a'''$ 线段所示，这时还未达到 $Q_{h,t(M)}$ 就下降，显然是不合理的。为此，当 $t_o < t_a$ 后，应采取提高调节抽汽压力的方法，来提高 BH 的出口水温，应沿 $t_{su} = f(t_o)$ 线上的 $a-b$ 线段来提高 t_{su}，以适应热负荷 $Q_\Sigma = f(t_o)$ 线上沿 $a'-b'$ 线增长的需要，即 $Q_\Sigma = f(\tau)$ 曲线上 $a''-b''$ 线段所示。

（4）受汽轮机最大抽汽供热量 $Q_{h,t(M)}$（即 α_{tp}）的限制。由式（6-10）确定的 $Q_{h,t(M)}$，在 $Q_\Sigma = f(\tau)$ 曲线上为 $b''-c''$ 线（即 α_{tp}）延伸的水平线，它与左半边 $Q_\Sigma = f(t_o)$ 曲线 $i-g$ 交于 b' 点，过 b' 点作垂线与送水温度线 $s-h$ 交于 b 点并可得其对应的外温 t_b，在 $t_a > t_o > t_b$ 范围内，BH 的出口水温与送水温度线上的 $a-b$ 段是一致的。

$t_o < t_b$ 后，所需热负荷应沿 $b'-c'$ 线段增大，但却受 $Q_{h,t(M)}$ 参量的限制，BH 承担的热负荷已达 $Q_{h,t(M)}$，而不能再增大；由式（B）可知，此时 BH 的进出口水温差 Δt_b 也达最大值且固定不变，过 b 点作一与回水温度线 $U-f$ 相平行的直线 $b-c$，并与 $t''_{b(M)}$ 水平线 $n-d$ 相交于 c 点，若外温再降低即 $t_o < t_b$ 后，BH 的出口水温是沿 $b-c$ 线段走（即 Δt_b 为定值）。

$Q_\Sigma = f(\tau)$ 曲线的 $a''-b''-c''$ 线下的面积，即抽汽在 0.118～0.245MPa 调压范围内的全年热化抽汽供热量 Q_{bII}^a。$t_o < t_b$ 后，BH 承担的热负荷已达 $Q_{h,t(M)}$ 不能再增大，而总热负荷

是随 t_0 下降而沿 $b'—c'$ 线增大的，此时即需将峰载热网加热器 PH 投入。

（5）受调压高限对应的 $t''_{b(M)}$ 参量的限制

$t_0<t_b$ 后，因受 $Q_{h,t(M)}$ 限制，BH 出口水温沿 $b—c$ 线段变化，$b—c$ 线与调压高限对应的 $t''_{b(M)}$ 即 $n—d$ 水平线相交于 c 点，过 c 点作垂线与 $Q_\Sigma=f(t_0)$ 的 i-g 线段交于 c' 点，对应的外温为 t_c。

$t_0<t_c$ 后，所需热负荷沿 $Q_\Sigma=f(t_0)$ 线的 $c'—g$ 线段增大，但此时 $t_b=t''_{b(M)}$ 为定值，而 t_{rt} 沿 $t_{rt}=f(t_0)$ 的 U-f 线不断提高，由式（B）知道，此时 Δt_b 不断降低，故 BH 承担的热负荷 Q_b 随 t_0 降低而下降，如图中 $Q_\Sigma=f(\tau)$ 曲线的 $c''—c'''$ 线段所示，即受 $t''_{b(M)}$ 参量的限制所致。在 $Q_\Sigma=f(\tau)$ 曲线中的 $c''—c'''$ 线段下的面积，即调压上限 0.245MPa 热化抽汽全年供热量 $Q^a_{bⅢ}$。故该曲线 $e—a''—b''—c''—c'''$ 下的面积为基载热网加热器 BH 的全年热化抽汽供热量 $Q^a_b=Q^a_{bⅠ}+Q^a_{bⅡ}+Q^a_{bⅢ}$，显然面积 $b''—c''—c'''—g—k—b''$ 即为峰载热网加热器 PH 的全年供热量 Q^a_p。其性质视 PH 的汽源而定，图 6-7(a) 所示系统 PH 的汽源是从锅炉直接引出经减压减温后供给的，则应属热电分产供热；若系双抽汽式机组，该 PH 的汽源是引自高压 0.78～1.27MPa 调节抽汽，则应属热电联产供热，但它的热化发电比较低压调节抽汽的小，热经济性低于后者，PH 在峰载时才投运。

图 6-7（b）中标明的 $Q_{b(M)}$、$Q_{p(M)}$ 为以小时计的基载、峰载热网加热器的最大热负荷，用以选择这两种热网加热器，基载热网加热器的最大热负荷 $Q_{b(M)}$ 即 $Q_{h,t(M)}$。所示 $Q_{h,t(M)}$ 与 $Q_{h(M)}$ 之比即以小时计的热化系数 α_{tp} 值。至此，绘制水网供热设备工况图的目的完全达到。

4. 分析讨论

水网供热设备工况图的形状，与 $Q_{h,t(M)}$、t^d_{su}、t^d_{rt} 值以及 $Q_\Sigma=f(\tau)$ 曲线的形状有很大关系。如其他条件不变，仅改变热化系数（即 $Q_{h,t(M)}$ 水平线的高低不同），将影响点 b'' 在 $Q_\Sigma=f(\tau)$ 曲线上的位置。如 $Q_{h,t(M)}$ 较低，即 α_{tp} 较小，基载热网加热器最先受到的是 $Q_{h,t(M)}$ 参量的限制，而不是图 6-7（b）的最先受 $t'_{b(M)}$ 参量的限制。又如，其他条件不变，仅提高送水温度线，如图 6-7（b）中左边 j-h' 虚线所示，则先受 $t'_{b(M)}$ 限制，有关点变为（a）、（a'）、（a''）；第二才受 $t''_{b(M)}$ 限制，有关点变为（b）、（b'）、（b''）；相应 $Q^a_{bⅠ}$、$Q^a_{bⅡ}$、$Q^a_{bⅢ}$ 的比例也随之改变。

图 6-7（b）中，$(Q_{b(M)}+Q_{p(M)})>Q_{h(M)}$，表明基载、峰载热网加热器以小时计的最大热负荷不是同时出现。最有利的供热设备工况图应是 $(Q_{b(M)}+Q_{p(M)})=Q_{h,(M)}$。

最后要指出，这种水网供热设备工况图的绘制方法，仅适用于单一的季节性热负荷，或以季节性热负荷为主，热水负荷所占比例不大时，也基本适用，并应以热水负荷为基准，叠加季节性热负荷如图 6-2（b）所示，之后再进行绘制。

第三节　热电厂的经济分析及供热系统的优化

分析热电厂的经济性，不仅涉及热负荷、供热设备及其系统，还与热网、热用户的设备及其系统，地区的能量供应系统，热电厂的厂址选择以及市政建设、环境保护等条件有关，比较复杂，需做详细的技术经济比较或优化论证。

一、供热式机组的选择

（一）三类供热式机组的临界热化发电比 $[X]$

有电、热负荷时，首先要考虑是热电联产还是热电分产集中供热的方案，比较其燃料耗量，而正确选择供热式机组的形式是热电联产方案的关键。供热式机组有背压式（B 型、CB 型）、抽汽凝汽式（C 型、CC 型）和凝汽—采暖两用机 [N（C）型] 三种类型。有不同的方法来论证选择供热式机组形式，本书用临界热化发电比 $[X] = W_h/W$ 来选择供热式机组的形式。

热电联产发电较热电分产发电节煤与供热汽流、凝汽汽流和代替电站的凝汽式机组三者绝对内效率值有关，并有 $\eta_{ih}=1$，$\eta_{ih}>\eta_i>\eta_{ic}$ 的关系，即 $b_{eh}^s<b_{cp}^s<b_{ec}^s$ 或 $q_{eh}<q_{cp}<q_{ec}$，有关公式列表汇总成表 6-2。

表6-2　　　　　　　　　　联产发电较分产发电节煤的有关公式汇总表

项　　目	代替电站凝汽式机组	供热式机组	
		供热汽流	凝汽汽流
机组热耗率 [kJ/(kW·h)]	$q=3600/(\eta_i\eta_m\eta_g)$	$q_{eh}^{\circ}=3600/(\eta_m\eta_g)$	$q_{ec}^{\circ}=3600/(\eta_{ic}\eta_m\eta_g)$
全厂热耗率 [kJ/(kW·h)]	$q_{cp}=3600/(\eta_b\eta_p\eta_i\eta_m\eta_g)$	$q_{eh}=3600/(\eta_b\eta_p\eta_m\eta_g)$	$q_{ec}=3600/(\eta_b\eta_p\eta_{ic}\eta_m\eta_g)$
发电标准煤耗率 [kg 标煤/(kW·h)]	$b_{cp}^s=0.123/(\eta_b\eta_p\eta_i\eta_m\eta_g)$	$b_{eh}^s=0.123/(\eta_b\eta_p\eta_m\eta_g)$	$b_{ec}^s=0.123/(\eta_b\eta_p\eta_{ic}\eta_m\eta_g)$

为简化计算，在分析三类供热式机组的节煤条件时，假定热电联产发电与热电分产发电的 η_b、η_p、η_m、η_g 均相同，则表 6-2 中各项指标均单值地取决于相应的绝对内效率 η_{ih}、η_{ic} 或 η_i。

1. 单抽凝汽式机组的临界热化发电比 $[X_c]$

单抽凝汽式供热机组产电节煤的条件式可由式（2-49a）得到，将 $W_c=W-W_h$ 关系代入该式，并整理为

$$\Delta B_e^s = W_h(b_{ec}^s - b_{eh}^s) - W(b_{ec}^s - b_{cp}^s) = 0$$

$$[X_c] = \frac{W_h}{W} = \frac{b_{ec}^s - b_{cp}^s}{b_{ec}^s - b_{eh}^s} = \frac{q_{ec} - q_{cp}}{q_{ec} - q_{eh}} = \frac{\dfrac{1}{\eta_{ic}} - \dfrac{1}{\eta_i}}{\dfrac{1}{\eta_{ic}} - 1} \tag{6-11}$$

令 $k=\dfrac{1}{\eta_{ic}}-\dfrac{1}{\eta_i}$，$M=\dfrac{1}{\eta_{ic}}-1$，则单抽凝汽式供热机组的临界热化发电比 $[X_c]$ 为

$$[X_c] = \frac{K}{M} \tag{6-11a}$$

而 η_{ic}、η_i 与供热式机组和凝汽式机组的蒸汽初参数、回热及再热情况热力系统完善程度等有关，其数值如表 6-3 所示。

表 6-3		η_i、η_{ic}、M、K、$[X_c]$ 与蒸汽初数的关系				
P_0		t_0/t_{rh}	η_i	η_{ic}	M	K	$[X_c]$
MPa	ata	℃				
3.43	35	435	0.29	0.26	2.84	0.378	0.134
8.83	90	550	0.36	0.325	2.08	0.292	0.140
12.75	130	565	0.39	0.355	1.80	0.256	0.143
23.54	240	585/585	0.45	0.41	1.49	0.222	0.155

由表 6-3 可知，对于单抽凝汽式机组，与代替电站的凝汽式机组相比，两者蒸汽初参数不同，其 $[X_c]$ 值也各不相同。两者蒸汽初数同档次时 $[X_c]>13\%\sim15\%$；单抽凝汽式较代替凝汽式机组蒸汽初参数低一档时 $[X_c]>40\%$；单抽凝汽式较代替凝汽式机组蒸汽初参数低两档时 $[X_c]>50\%$。

所选择的单抽凝汽式机组，视两者初参数的差异，$[X_c]$ 值应大于上述临界值，热电联产发电才能节煤。代替电站凝汽式机组分别为高参数 100MW，超高参数 200MW 机组时，不同抽汽凝汽式机组的 $[X_c]$ 值如表 6-4 所示。

表 6-4			不同单抽供热式机组的 $[X_c]$ 值			
单抽供热式机组型式	代替凝汽式机组容量		单抽供热式机组型式	代替凝汽式机组容量	
	100MW	200MW		100MW	200MW
C12~3.43/0.98	0.453 3	0.506 7	C50~8.83/1.27	0.220 6	0.294 1
CC12~3.43/0.98/0.118	0.493 3	0.543 2	C50~8.83/0.118	0.220 6	0.294 1
CC25~8.83/0.98/0.118	0.320 5	0.384 6	CC50~8.83/1.27/0.118	0.298 0	0.364 2

η_{ic} 还与该供热式机组不同工况的供热抽汽量（即变工况）有关，C50-8.83/0.118 型机组与代替电站的 N50-8.83/535 和超高参数 200MW 机组相比，在三种抽汽量时的 $[X_c]$ 值如表 6-5 所示。

表 6-5	C-50 型机组变工况的 $[X_c]$ 值		
代替凝汽式机组容量	三种工况		
	100%	50%	33%
N50	0.200	0.148	0.093
N200	0.323	0.279	0.232

【例题 6-1】　用 $[X_c]$ 判断 C-50 型机组能否节煤。

已知：以例题 2-2、例题 2-3 的原始条件为基准。

解：

本例的 X 值为

$$X=W_h^a/W^a=\omega Q_h\tau_u^h/P_e\tau_u=101.86\times442\times4000/50\,000\times6000$$
$$=0.600\,3$$

利用例题 2-3 已计算出的 $\eta_i=0.359\,3$，$\eta_{ic}=0.320\,8$

则

$$K=\frac{1}{\eta_{ic}}-\frac{1}{\eta_i}=\frac{1}{0.320\,8}-\frac{1}{0.359\,3}=0.334\,0$$

$$M=\frac{1}{\eta_{ic}}-1=\frac{1}{0.320\,8}-1=2.117\,2$$

于是
$$[X_c] = \frac{K}{M} = \frac{0.344\ 0}{2.117\ 2} = 0.157\ 8$$

本例的 $X > [X_c]$，所以判断为能节煤，节煤量即如例题 2-4 的计算结果。

2. 背压式机组的临界热化发电比 $[X_B]$

背压式机组以供热量 Q_h 单值地决定了其热化发电量 W_h，根据能量供应相等的原则，其不足的发电量 $W - W_h$ 要由电力系统来补偿 W_{cs}，该补偿发电量的煤耗率应以电网中火电机组的平均标准煤耗率 b_{av}^s 计。

同理，按式（2-49a），背压式机组的节煤条件式为
$$\Delta B_e^s = W_h(b_{cp}^s - b_{eh}^s) - W_{cs}(b_{av}^s - b_{cp}^s) = 0$$

将 $W_{cs} = W - W_h$ 关系代入上式，并整理为

$$[X_B] = \frac{W_h}{W} = \frac{b_{av}^s - b_{cp}^s}{b_{av}^s - b_{eh}^s} = \frac{q_{av} - q_{cp}}{q_{av} - q_{eh}} = \frac{\dfrac{1}{\eta_i^{av}} - \dfrac{1}{\eta_i}}{\dfrac{1}{\eta_i^{av}} - 1} \qquad (6\text{-}12)$$

式（6-12）的形式与式（6-11）是完全一样的，不同的是前者用 q_{ec}、b_{ec}^s，后者用 q_{av}、b_{av}^s 来置换。所选择的背压式机组的 X_B 值大于其临界值 $[X_B]$ 时，热电联产发电才能节煤。

3. 凝汽—采暖两用机的临界热化发电比 $[X_{N(c)}]$

以国产 200MW 凝汽—采暖两用机为例，说明这类机型的特点。如图 6-8 所示，在至低压缸的导汽管上装了蝶阀，在采暖期以减少发电来增加对外供热。在非采暖期仍为凝汽式机组，因导汽管上蝶阀引起压损，热经济性降低 $0.1\% \sim 0.5\%$，但比单抽汽式供热机组在非采暖期纯凝汽运行的热经济性高，却比单抽汽式机组在采暖期运行的热经济性稍低。因为两用机组采暖期运行属非设计工况，抽汽对外供热后使凝汽流量减小，鼓风摩擦损失增大；而单抽汽机组采暖期运行属设计工况，故其采暖期热经济性高于两用机。

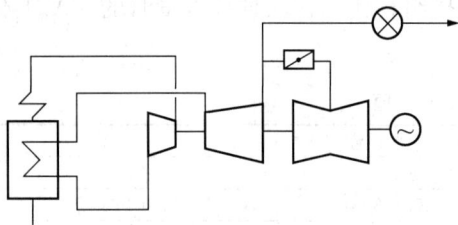

图 6-8　国产 200MW 凝汽—采暖两用
机系统示意图

总的说来，凝汽—采暖两用机全年运行期间仍有较高的热经济性，而且两用机较相同供热量的供热式机组的设计、制造简单、成本低，是适应热电联产迅速发展的一项有效措施。BBC 公司就制造了 550MW 两用机。我国已先后试制成 200、300MW 凝汽—采暖两用机。

与分析背压式机组的情况相同，两用机在采暖期要抽汽对外供热而少发的电，由电力系统补偿，其煤耗率也以电网中火电机组的平均标准煤耗率 b_{av}^s 计。

两用机的产电节煤条件式为
$$\Delta B_e^s = W_h(b_{cp}^s - b_{eh}^s) - W_c(b_{ec}^s - b_{av}^s) - W_{cs}(b_{av}^s - b_{cp}^s) = 0$$

将 $W_c = W - W_h - W_{cs}$ 关系式代入并整理为
$$\Delta B_e^s = W_h(b_{ec}^s - b_{eh}^s) - W(b_{ec}^s - b_{av}^s) - W_{cs}(b_{ec}^s - b_{av}^s) = 0$$

两用机产电的临界热化发电比 $[X_{N(c)}]$ 为

$$[X_{N(c)}] = \frac{W_h}{W} = \frac{b_{ec}^s - b_{av}^s}{b_{ec}^s - b_{eh}^s} - \frac{W_{cs}(b_{ec}^s - b_{av}^s)}{W(b_{ec}^s - b_{eh}^s)} \qquad (6\text{-}13)$$

$$= \frac{q_{ec} - q_{av}}{q_{ec} - q_{eh}} - \frac{W_{cs}}{W} \frac{q_{ec} - q_{av}}{q_{ec} - q_{eh}} \tag{6-13a}$$

$$= \frac{\dfrac{1}{\eta_{ic}} - \dfrac{1}{\eta_i^{av}}}{\dfrac{1}{\eta_{ic}} - 1} - \frac{W_{cs}}{W} \left(\frac{\dfrac{1}{\eta_{ic}} - \dfrac{1}{\eta_i^{av}}}{\dfrac{1}{\eta_{ic}} - 1} \right) \tag{6-13b}$$

式（6-13b）中第一项及第二项的括号内的形式与式（6-11）、式（6-12）是完全一样的，唯以 η_i^{av}、η_{ic} 置换有关参数，不同的是第二项要乘以 W_{cs}/W。

所选用两用机的 $X_{N(c)}$ 值大于 $[X_{N(c)}]$ 值时，热电联产发电才节煤。

（二）供热式机组的单位容量、台数及其蒸汽参数的选择

供热式机组的单位容量及台数的选择，主要是选择合理的热化系数，这里不再重复。

由于在相同功率的条件下，供热式机组的进汽容积流量较大，故供热式机组采用高参数的单位容量比凝汽式机组的小，50MW 的凝汽式机组才用高参数，而 CC 型 25MW 机组即采用高参数，B 型机组整机焓降小，新机耗量更大，12MW 即采用高参数。目前，我国电力工业，以发展亚临参数、超临参数 300、600MW 机组为主，今后要发展更大容量的凝汽式机组。由临界热化发电比 $[X]$ 的分析可知，今后热电联产，必须起码是装超高参数以上的 200、300MW 或更高参数，更大容量的供热式机组才能节能。我国已生产超高参数 CC200 型供热式机组装在长春热电二厂，并于 1991 年 1 月投运。目前北京、沈阳、吉林、长春、郑州、哈尔滨、秦皇岛和太原等中心城市已有 200、300MW 抽汽冷凝两用机组在运行，在城市集中供热方面发挥主力军的作用。江苏新海发电公司的 1×300MW 热电联产技术改造工程，被列入国家重点技术改造"双高一优"导向计划。青岛发电厂计划扩建 2×300MW 大型热电联产项目。为适应大电网和热电联产事业的发展，今后还应研制更大容量、超高参数、亚临参数的甚至超临参数供热式机组。

图 6-9 所示，当供热量 Q_h 一定时，提高初压，供热机组热效率提高，且随 Q_h 的提高而增加；而且机组供热时的提高值比不供热时的高。p_h 高时，提高初压使机组热效率提高的幅度比 p_h 低时的大。当然，提高初压需相应提高初温，才能保证排汽湿度在允许范围内。

我国背压式汽轮机的排汽压力及其调压范围、抽汽式汽轮机调节抽汽压力及其调整范围，在 GB 4733—1984 中均有规定。

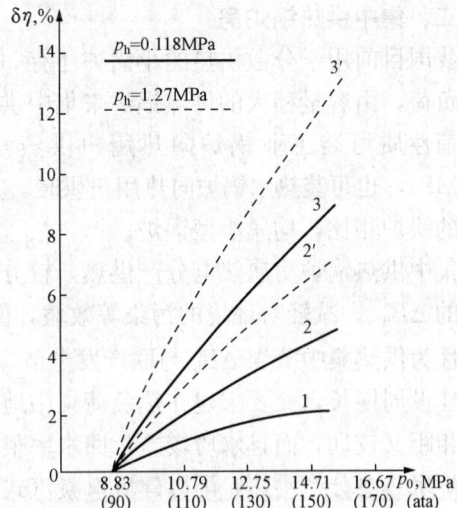

图 6-9 蒸汽初压与供热机组热热效率关系
曲线 1 为 $Q_h = 0$；曲线 2、$2'_h$ 为 $Q_h = 5 \times 4.18$GJ/h；曲线 3、$3'$ 为 $Q_h = 90 \times 4.18$GJ/h

（三）供热机组临界年利用小时数 $[\tau_u^h]$

其他条件一定时，τ_u^h 值偏低，由式（2-48b）可知，仍然不能发挥供热机组节煤的优越性。可由式（2-49a）推出供热机组临界年利用小时数 $[\tau_u^h]$。将 $W_c = W - W_h$，$W = p_e \tau_u$，$W_h = P_h^r \tau_u^h$ 代入式（2-49a），则

$$W_h(b_{cp}^s - b_{eh}^s) - W_c(b_{ec}^s - b_{cp}^s) = 0$$

$$P_h^r \tau_u^h (b_{cp}^s - b_{eh}^s) - (p_e \tau_u - p_h^r \tau_u^h)(b_{ec}^s - b_{cp}^s) = 0$$

于是，
$$[\tau_u^h] = \frac{P_e \tau_u}{P_h^r}\left(\frac{b_{ec}^s - b_{cp}^s}{b_{cp}^s - b_{eh}^s}\right) = \frac{P_e \tau_u}{\omega Q_{ht}^r}[X_c] \quad \text{h} \tag{6-14}$$

式中　P_e、P_h^r——供热机组的额定功率和额定热化发电功率，kW；

　　　　τ_u、τ_u^h——设备年利用小时数和供热机组年用小时数，h；

　　　　Q_{ht}^r——供热机组的额定供热量，GJ/h。

式 (6-14) 说明了 $[\tau_u^h]$ 与 $[X_c]$ 的关系，并表明 $[\tau_u^h]$ 还与 ω、Q_{ht}^r、P_r、τ_u 有关。

【例题 6-2】 计算供热机组临界年利用小时数 $[\tau_u^h]$

已知：以例题 2-2、例题 2-3 的原始条件为基准，并已知该 C50 型机组额定采暖蒸汽量 $D_h^r = 180 \text{t/h}$，由例题 6-1，已知 $[X_c] = 0.157\,8$。

解：

该机组的额定供热量 Q_{ht}^r 为

$$Q_{ht}^r = D_h^r(h_h - h_h') = 180\,000(2620.52 - 334.94)/10^6 = 411.4 (\text{GJ/h})$$

将各值代入式 (6-14) 计算 $[\tau_u^h]$ 为

$$[\tau_u^h] = \frac{P_e \tau_u}{\omega Q_{ht}^r}[X_c] = \frac{50\,000 \times 6000}{101.86 \times 411.4} \times 0.157\,8 \approx 1130 \text{ (h)}$$

即该供热机组，在其他条件不变时，仅其年利用小时数低于 1130h，虽为热电联产生产却不能节约燃料了。

二、集中供热锅炉房

我国目前用于分散供热的小锅炉还有 50 多万台，每年消耗煤炭 4 亿多吨。将这些分散的热负荷，由容量稍大的供热锅炉来集中供热，称为集中供热锅炉房或区域锅炉房供热。视热负荷性质可装工业锅炉向热用户供蒸汽，其额定蒸发量不大于 65 t/h，压力不大于 2.35MPa，也可装热水锅炉向热用户供暖，其压力更低，供热量$(0.6\sim6) \times 4.186\,8$GJ/h。与电站的锅炉相比，均属小型锅炉。

集中供热锅炉房属热电分产供热，较分散供热节约燃料 [仅为供热集中节煤，即式 (2-44) 的 ΔB_h^s]，减轻对环境的污染等效益，但远远不如建设热电厂热电联产时的效益 (其热经济性为供热集中节煤 ΔB_h^s 与联产发电节煤 ΔB_e^s 之和)。可是，热电厂和热网的一次投资较大，建设周期长，又要求建在热负荷集中地区，选厂涉及因素较多，难协调，如热用户较分散，相距又较远，而且水质较差，回水率很低，化水车间和热网的投资比重过大，建集中供热锅炉房热电分产供热，配以建坑口凝汽式发电厂的热电分产发电反而经济。即使建大型热电厂，为提高热电厂的经济性，仍需配置一定规模和数量的集中供热锅炉房，供热电厂尖峰负荷时使用或作为备用。以丹麦为例，2002 年丹麦热电联产的发电量占总发电量的 61.6%，供热量占区域供热的 60%。20 年间国民生产总值增长了 43%，而能源消耗实现零增长。

在我国，东北地区的热化率一般为 60%～90%，黄河流域一带的河南、山东地区城市的热化率一般约为 25%～30%，均达到了 2000 年建设部城镇集中供热发展规划中热化率要提高到 25%～30% 的要求。随着经济建设的发展，人民生活水平提高的需要，热电联产规模及供热范围的扩大，已有的集中供热锅炉房，以后可作为区域热电厂的尖峰锅炉或备用锅炉来使用，须通过技术经济比较和环境评价论证来确定集中供热锅炉房的容量和台数。为保证供热可靠性，集中供热锅炉房宜配置两台锅炉，锅炉单位容量应不小于 10t/h，或者供热量不小于 25GJ/h(2.5GJ/h 相当于 1t/h)。

三、我国对发展热电联产的热经济指标的规定

根据 2000 年 8 月 25 日国家计委，国家经贸委、建设部、国家环保总局联合批发的计基础（2000）1268 号文《关于发展热电联产的规定》第 7 条的规定，热电联产应符合的指标如下所述。

（1）供热式汽轮发电机组的蒸汽流既发电又供热的常规热电联产，应符合的指标有两个。

1）总热效率指热电厂燃料利用系数 η_{tp} 年平均大于 45%；

2）热电联产的热电比有如下要求：单机容量在 50MW 以下的热电机组，其热电比年平均应大于 100%；单机容量在 50MW 至 200MW 以下的热电机组，其热电比年平均应大于 50%；单机容量 200MW 及以上抽汽凝汽两用供热机组，采暖期热电比应大于 50%。

（2）燃气—蒸汽联合循环热电联产系统包括：燃气轮机＋供热余热锅炉、燃气轮机＋余热锅炉＋供热式汽轮机。燃气—蒸汽联合循环热电联产系统应符合下列指标：总热效率年平均大于 55%；各容量等级燃气—蒸汽联合循环热电联产的热电比年平均应大于 30%。

热电联产较热电分产节约燃料，减轻对环境的污染是其主要优点，比较的前提是年节约标准煤量。但是，热电联产要比热电分产多投资，我国采用热电联产年节约标准煤净投资的方法来做技术经济比较，计算出的年节约标煤净投资值应在国家规定的范围内。具体计算可参见 2001 年 1 月 11 日由国家计委、国家经贸委和建设部联合印发的"热电联产项目可行性研究技术规定"。该规定包括：热电联产项目可行性研究内容深度、计算方法、投资估算编制方法、财务评价方法等，其中附有大量图表、案例、计算方法等。

四、供热工程的优化简介

供热工程涉及热源、热网和热用户三方面，随着供热事业的发展和计算技术、电子计算机的发展和系统工程学科的建立，由单一的某个参数最佳值的确定；最佳热化系数、汽轮机经济抽汽压力、水网的经济比摩阻（单位管长的压损）、水网的经济送水温度、管网经济管径、管道保温层的经济厚度等；发展到热源、热网或热用户某一方面的优化；进而发展为包括热源、热网和热用户三个方面的整体优化。由单一的采暖供热系统（水网）或单一蒸汽供热系统的优化，发展为兼有水网、汽网系统的优化；由一个城市供热优化，如大同市某集中供热工程的优化，发展为多个城市的供热优化。

优化计算时，首先要确定随未知参数（多变量）而变的目标函数，不随未知参数而变的为常数项，因不影响最优解，可不包括在计算方程中。

当目标函数的各项可用解析式表示时，利用计算机寻求目标函数的最大值（或最小值），即可解得各变量的最佳值。如果目标函数的某些项目难以用解析式表示与未知参数的关系时，可用图解方法，即以曲线（或表格）形式表示目标函数与可变参数的关系而后得出最优解。

现以清华大学研究的石家庄市集中供热规划为例，说明供热工程优化。对象是石家庄市兼有采暖、工业用汽两类热负荷，包括热源、热网、热用户三方面的整体优化。用四个程序模块进行热源[包括 C、CC、B、CB、N(C)]型供热式机组联产供热、凝汽器恶化真空供热、

蒸汽锅炉、热水锅炉分产供热八种热源]费用计算，热负荷及热网计算 [包括热网路径优化，热媒（汽、水）输送费用]、返向跟踪分支限界算法（含整体优化）、技术经济分析及输出供热规划，共 48 个子程序，51 个程序段。经整体优化分析，提出了推荐方案和相应系统软件。实践表明该程序通用性强，使用可靠方便灵活，为城市或地区的供热规划提供了有力的决策工具。

复 习 思 考 题

6-1　为何采暖通风热负荷以水为载热质？

6-2　为何热网加热器不是单一的（唯一的），而有 BH、PH 之分？

6-3　试分析图 7-10（T-250 机组）的水网供热系统（有凝汽器、内加热管束、BH、热水锅炉）的特点。

6-4　用临界热化发电比 [X] 选择三类供热机组的前提是什么？特点是什么？

6-5　简述供热系统优化的思路。以热源为例，定性论述其目标函数应怎样确定，有哪些约束条件？

6-6　热电联产与分产的技术经济比较，我国采用热电联产年节约标准煤净投资的方法，其思路是怎样的？

习　　题

6-1　已知我国北方某地采暖设计外温 $t_o^d = -20℃$，供暖天数为 152 天，其持续时间为：$+5℃$，4008h；$+3℃$，3609h；$0℃$，3156h；$-2℃$，2868h；$-4℃$，2574h；$-6℃$，2344h；$-8℃$，2050h；$-10℃$，1699h；$-12℃$，1297h；$-14℃$，860h；$-16℃$，517h；$-18℃$，267h；$-20℃$，121h。绘该地的室外气温持续时间曲线。

6-2　C50-8.83/0.118 型机组配有两级串联的热网加热器，BH 用它的低压调节抽汽，PH 用锅炉来新汽减压减温至 250℃。若 $t_{su}^d = 130℃$，$t_{rt}^d = 70℃$，采暖设计热负荷为 400GJ/h，热网加热器效率 $\eta_h = 0.98$。求网水流量 G 和基载、峰载热网加热器的用汽量 D_{BH}、D_{PH}。

6-3　某地的室外汽温持续时间曲线与习题 6-1 的相同，装了 C50-8.83/0.118 型供热式机组，采暖设计热负荷为 600GJ/h，采暖抽汽额定抽汽量为 180t/h。$t_i = 20℃$，$t'_{b(M)} = 94℃$，$t''_{b(M)} = 117℃$，$t_{su}^d = 150℃$，$t_{rt}^d = 70℃$，配水侧两级串联热网加器的 BH 用该机组的调节抽汽，PH 用锅炉来经减压减温后的蒸汽。绘该供热设备的工况图，并求 α_{tp}、$Q_{b(M)}$、$Q_{p(M)}$ 值。

第七章　发电厂原则性热力系统

本 章 提 要

热力发电采用的各种动力循环，由不同的热力系统构成。热力发电厂原则性热力系统的实质是表明循环的特征、工质的能量转换、热量利用程度和技术完善程度。本章先介绍拟定发电厂原则性热力系统的基本方法，并列举国内外大容量发电机组中具有代表性的火电、核电、燃气—蒸汽联合循环发电的原则性热力系统，兼顾了凝汽式、供热式两类机组的发电厂原则性热力系统，同时说明发电厂原则性热力系统的计算方法，以常规热量法的额定工况计算为例。最后附有亚临界600MW机组（定功率法）、双抽汽式供热机组（定流量法）、超临界800MW机组的热力发电厂原则性热力系统和900MW核电机组二回路系统的计算实例。

第一节　发电厂原则性热力系统的拟定

一、发电厂原则性热力系统的组成

凝汽式发电厂的热力系统由锅炉本体汽水系统、汽轮机本体热力系统、机炉间的连接管道系统和全厂公用汽水系统四部分组成。供热式电厂还有对外供汽或热水的供热系统。

锅炉本体汽水系统主要包括锅炉本体的汽水循环系统，主蒸汽及再热蒸汽（一、二次蒸汽）的减温水系统、给水调节系统，及锅炉排污水和疏放水系统等。汽轮机本体热力系统主要包括汽轮机的表面式回热加热器（不含除氧器）系统、凝汽系统、汽封系统、本体疏放水系统。机炉间的连接系统主要包括主蒸汽系统，低、高温再热蒸汽系统和给水系统（包括除氧器）等。再热式机组还有旁路系统。全厂公用汽水系统主要包括机炉特殊需要的用汽、启动用汽、燃油加热、采暖用汽、生水和软化水加热系统、烟气脱硫的烟气蒸汽加热系统等。新建电厂还有启动锅炉向公用蒸汽部分供汽的系统。

因此，发电厂原则性热力系统是将锅炉设备、汽轮机设备以及相关的辅助设备作为整体的全厂性的热力系统。其实质是表明循环的特征、工质的能量转化、热量利用程度以及技术完善程度，主要作为定性分析和定量计算的应用。它包括锅炉、汽轮机和以下各局部热力系统组成：一、二次蒸汽系统，给水回热加热和除氧器系统，补充水引入系统，轴封汽及其他废热回收（汽包炉连续排污扩容回收，冷却发电机的热量回收）系统，热电厂还有对外供热系统。

二、编制发电厂原则性热力系统的主要步骤

发电厂的设计，必须按照国家规定的基本建设程序进行，其程序应为：初步可行性研究、可行性研究、初步设计、施工图设计。在初步可行性研究报告中首先要确定在建项目的发电厂形式、容量及其规划容量。初步可行性研究报告审批后，建设单位的主管部门还应编报项目建议书，待批准该建议书后才能进行可行性研究。经批准的可行性研究报告是确定建

设项目和编制设计文件的依据。对引进外资的项目，还应补充一个初阶段（原初步设计中的预设计阶段）。

通过对原则性热力系统的计算来确定某些典型工况时的热经济指标；根据额定工况，最大工况时算得的各项汽水流量，来选择主辅热力设备；并据以绘制发电厂的全面性热力系统。合理地拟定、正确地分析论证原则性热力系统，是热力发电厂可行性研究及初步设计中热机部分的主要内容。

拟定发电厂原则性热力系统的主要内容及其步骤如下所述。

1. 确定发电厂的型式及规划容量

根据国家的国民经济发展计划和区域的发展规划与要求以及上级下达任务，通过综合的技术经济比较及可行性研究论证确定发电厂的性质及其规划容量。发电厂的性质包括电厂的形式（凝汽式或供热式、新建或扩建）及其在电网中的作用，即是否并入电网，是承担基本负荷、中间负荷还是调峰负荷。该地区如果只有电负荷的需求，应建凝汽式电厂。若该地区还兼有热负荷，应根据近期热负荷和规划热负荷的大小、特性，通过技术经济比较，当热电联产比建坑口电厂供电、集中锅炉房供热方案更为经济合理时，应建热电厂。在具有丰富天然气或煤气的地方建立发电厂，可以考虑采用燃气发电厂，对于酸雨控制区和二氧化硫污染控制区以及燃用高硫煤的热力发电厂，经技术经济比较合理时可采用整体煤气化联合循环机组（IGCC）。

根据电网结构及其发展规划，燃料资源及供应状况，供水条件、交通运输、地质地形、地震及占地拆迁、水文、气象、废渣处理、施工条件、环境保护要求和资金来源等，通过综合分析比较确定电厂规划容量、分期建设容量及建成期限。涉外工程要考虑供货方或订货方所在国的有关情况。

2. 选择汽轮机

凝汽式发电厂选用凝汽式机组，其单位容量应根据系统规划容量、负荷增长速度和电网结构等因素进行选择。应选用高效率的大容量机组，目前指容量为 300MW 及以上的亚临界参数机组，但最大机组容量不宜超过系统总容量的 10%。随着生产 600MW 机组能力的扩大，600MW 及其以上机组和超临界参数机组在电网中的比重必将逐渐扩大。

各汽轮机制造厂生产的汽轮机形式、单机容量及其蒸汽参数，是通过综合的技术经济比较或优化确定的。选定汽轮机单机容量，其蒸汽初参数、回热级数也随之确定。如国产 200MW 凝汽式机组为超高参数，并有三缸三排汽、三缸双排汽两种形式，均为八级回热。国产 300MW 凝汽式机组为亚临界参数有 16.18/550/550（原型）、16.18/535/535（改进型）和 16.6/537/537（上汽产）、16.67/538/538（东汽产）四种不同蒸汽初参数，均为八级回热。东方汽轮机厂生产的 600MW 亚临界机组 N600-16.7/538/538 为单轴三缸四排汽，哈尔滨汽轮机厂有限责任公司生产的超临界一次中间再热、单轴、三缸四排汽、双背压、凝汽式汽轮机，型号为 CLN600-24.2/566/566。

电厂容量、汽轮机单机容量确定了，全厂的汽轮机台数即随之确定。为便于管理，一个厂的机组台数以不超过 6 台，机组容量等级以不超过两种为宜。为便于人员培训、备品配件的储备和生产管理，同容量主机设备宜采用同一制造厂的同一类型式或改进型。

汽轮机应按照电力系统负荷的要求，承担基本负荷或变动负荷。对电网中承担变动负荷的机组，其设备和系统性能应满足调峰要求，并应保证机组的寿命期。

当有一定数量、稳定的供热需要，且供热距离与技术经济条件合理时，按照以热定电的原则，经技术经济比较证明合理时，应优先选用高参数、大容量的抽汽供热式机组。在大城市或工业区的大型热电厂，当冬季采暖负荷较大时，宜选用单机容量 200、300MW 的凝汽—采暖两用机，使供热机组的初参数接近或等于系统中的主力机组，以节约更多燃料。全年有稳定可靠的热负荷时，宜选用背压式机组或带抽汽的背压式机组，并应与抽汽式供热机组配合使用，以提高运行的安全经济性。

3. 绘制电厂原则性热力系统图

汽轮机形式和单机容量确定后，即可根据汽轮机制造厂提供的该机组本体汽水系统，和选定的锅炉形式(一般选用自然循环汽包锅炉，对于超高参数以上机组，经论证合理时可采用直流锅炉、多次强制循环汽包锅炉或低倍率循环锅炉)来绘制原则性热力系统图。此时循环参数(一、二次蒸汽的压力、温度、排汽压力)、回热参数(回热级数及其抽汽压力、温度，最终给水温度和各级加热器的形式)及其疏水方式都已确定。在这种情况下，绘制原则性热力系统主要是确定：汽包锅炉连续排污扩容系统，除氧器的形式和工作压力，除氧器定压或滑压运行方式，是否采用前置泵，给水泵的形式(电动泵或电动调速给水泵、汽动给水泵)及其连接方式，补充水汇入热力系统(引至除氧器或凝汽器)，辅助换热设备(如轴封冷却器、暖风器)及其连接方式的选择等。对于热电厂还要进行载热质的选择，供汽方式的确定，供热设备及其连接方式的确定。

4. 发电厂原则性热力系统计算

进行几个典型工况的原则性热力计算，及其全厂热经济指标计算，详见本章第三、四节。

5. 选择锅炉

选择锅炉应符合 SD 268—1988《燃煤电站锅炉技术条件》的规定，必须适应燃用煤种的煤质特性及现行规定中的煤质允许变化范围。对燃煤及其灰分应进行物理、化学试验与分析，以取得煤质的常规特性数据和非常规特性数据，使煤在锅炉内最大限度地稳定地着火、燃烧和良好燃尽。

根据汽轮机组最大工况时的进汽量，并考虑必须的富裕容量来选择锅炉的单位容量。选定了汽轮机，锅炉的出口蒸汽参数即随之确定。大容量锅炉过热器出口额定蒸汽压力为汽轮机额定进汽压力的 105%。对于亚临界及以下参数机组，锅炉过热器出口额定蒸汽温度宜比汽轮机额定进汽温度高 3～5℃，对于超临界参数机组，宜比汽轮机额定蒸汽温度高 5℃。冷段再热蒸汽管道、再热器、热段再热蒸汽管道额定工况下的压降，宜分别为汽轮机额定工况高压缸排汽压力的 1.5%～2.0%、5%、3.5%～3.0%，再热器出口额定蒸汽温度宜比汽轮机中压缸额定进汽温度高 2℃。国产锅炉的过热器、再热器出口蒸汽参数，与相应国产汽轮机的一、二次蒸汽进口参数是匹配的，符合上述要求。

凝汽式发电厂的中间再热式机组宜一机配一炉，不设置备用锅炉。锅炉的最大连续蒸发量(BMCR)应与汽轮机调节阀全开(Valve Wide Open, VWO)的工况下进汽量相匹配。若机组允许超压，则宜与汽轮机调节阀全开，且超压工况下的进汽量相匹配。当上述进汽量由于汽轮机制造厂标准化的原因使裕度过大时，可不要求锅炉随之加大。由于锅炉在最大连续蒸发量下可连续运行，故可不计入调节裕度，仅需要计入制造厂设计和制造误差以及运行恶化对汽耗的影响。

改革开放以来，进口了一批大容量火电设备，各国或各公司对不同容量的蒸汽量等都在其有关标准中规定，并略有差异。现以美国西屋公司的 500MW 汽轮发电机组为例进行说明：

额定工况（铭牌功率）为额定蒸汽参数 16.7MPa（a）/538℃/538℃，排汽压力 11.8kPa（a），补水率为 3％，铭牌功率为 500MW。最大保证出力为额定蒸汽参数（同上）条件下，排汽压力 4.9kPa（a），补水率为零，最大保证出力为 525MW。最大计算出力即 VWO 出力（汽轮机调节汽门全开）增加 4.5％出力，即 525×1.045＝548.6（MW）。超压（Over Pressure，OP）5％连续出力（记为 VW0＋5％OP），该 500MW 机组此工况时蒸汽参数 17.4MPa（a）/538℃/538℃，排汽压力 4.9kPa（a），补水率为零，主汽压力超压 5％，增大出力至 548.6×1.045＝573.3（MW）。若从不同国家或公司分别订购汽轮机、锅炉，更要注意两者容量的匹配，切忌限制汽轮机的最大进汽量。如我国引进型 300、600MW 机组，锅炉最大连续蒸发量较汽轮机额定工况进汽量的裕度分别为 12.9％、12.0％。

热电厂的锅炉选择原则与凝汽式电厂有所不同，因为热负荷只有靠本厂或地区热网来供应，而电负荷却有电网作备用，故应考虑热电厂在锅炉检修或事故时，仍能保证工艺热负荷的可靠供应，对于采暖通风热负荷，考虑到建筑物的蓄热能力，允许稍有降低，由于有热负荷，供热式汽轮机的进汽量远大于同容量的凝汽式机组，可有两炉配一机、三炉配两机等不同匹配方案，应通过技术经济比较论证确定，并满足热化系数在合理范围。《设规》规定对装有非中间再热供热式机组且主蒸汽采用并联系统的发电厂，当一台容量最大锅炉停用时，其余锅炉（包括可利用的其他可靠热源）的蒸发量应满足：热力用户连续生产所需的生产用汽量，冬季采暖、通风和生活用热量的 60％～75％（严寒地区取上限），此时允许降低部分发电出力。对装有中间再热供热式机组的发电厂，其对外供热能力的选择，应连同同一热网其他热源能力一并考虑，当一台容量最大的蒸汽锅炉停用时，其余锅炉的对外供汽能力若不能满足上述要求时，则不足部分依靠热网的其他热源解决。

6. 选择热力辅助设备

随锅炉、汽轮机成套供应的设备，详见《电力工业常用设备手册》。这里所讲热力辅助设备是指不随锅炉、汽轮机本体成套供应的热力辅助设备，主要有：除氧器及其水箱、凝结水泵组、给水泵组、锅炉的排污扩容器等，供热式电厂还有供热式机组的辅助系统和设备。

根据最大工况时原则性热力系统所得各项汽水流量，按照《设规》的技术要求，结合有关辅助热力设备的产品规范，合理选择，并宜优先选用标准系列产品，其形式也宜一致。

主辅热力设备的选择，根据《节约能源法》应优先选购列入节能产品目录中的辅助设备，对各种泵类及其电动机等还应考虑可用率、价格、交货日期和售后服务等方面的情况。

第二节　发电厂原则性热力系统举例

一、国产机组的发电厂原则性热力系统

江西丰城发电厂 300MW 机组型号为 N300-16.7/538/538，配 HG-1025/18.2-YM6 型强制循环汽包锅炉及 QFSN-300-2 水氢氢冷发电机。其原则性热系统如图 7-1 所示。汽轮机为单轴双缸双排汽，高中压缸采用合缸反流结构，低压缸为三层缸结构。高中压部分为冲动、反动混合式，低压部分为双流、反动式。有八级不调整抽汽，回热系统为"三高四低一除氧"，除氧器（国产 YC-型带恒速雾化喷嘴的卧式除氧器）为滑压运行［范围是 0.147～

0.882MPa（a）]。高、低压加热器由上海电站辅机厂引进美国福斯特·惠勒动力公司的技术制造，均有内置式疏水冷却器，高压加热器还均有内置式蒸汽冷却器。采取疏水逐级自流方式。有除盐装置 DE、一台轴封冷却器 SG。配有前置泵 TP 的给水泵 FP，经常运行为汽动泵，小汽轮机 TD 为凝汽式，正常运行其汽源取自第四段抽汽（中压缸排汽），其排汽引入主凝汽器。最末两级低加 H7、H8 位于凝汽器喉部。补充水引入凝汽器。采用一级凝结水除盐设备，配有凝结水泵 CP。

除氧器为定（18％额定负荷）—滑（18％～85％额定负荷）—定（85％额定负荷以上）运行方式。机组可承担基本负荷，也可作为调峰机组。额定工况时热耗率为 7917kJ/（kW·h）。

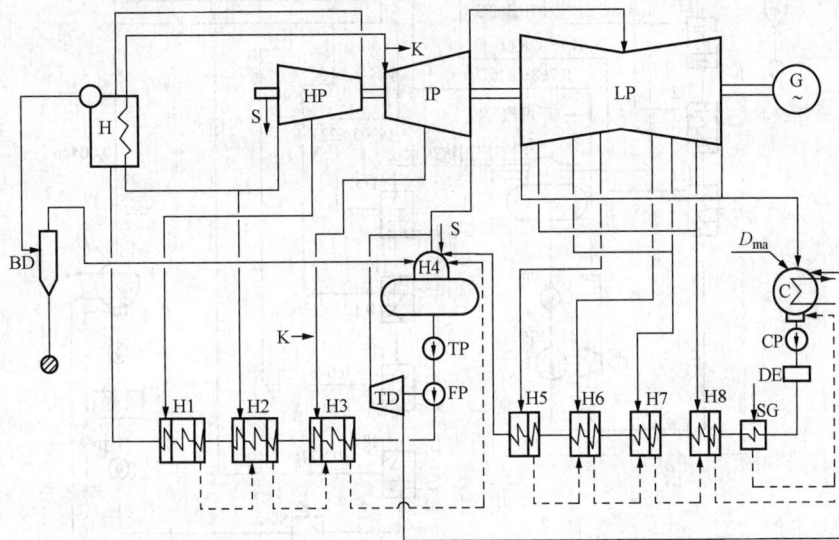

图 7-1　N300-16.7/538/538 型机组的发电厂原则性热力系统图

图 7-2 所示为引进美国技术国产的 N600-16.7/537/537 型机组，配 HG-2008/186M 强制循环汽包炉的发电厂原则性热力系统图。与图 7-1 对比，仅指出其不同之处：汽轮机组为单轴四缸四排汽反动式汽轮机，额定工况时机组热耗率为 8024.03 kJ/（kW·h）。图中标注了各处汽水压力、温度值。

图 7-3 所示为国产 CC200-12.75/535/535 型双抽汽凝汽式机组，配 HG-670/140-YM9 型自然循环汽包炉的热电厂原则性热力系统，有八级回热抽汽。其主要特点是：①第三、六级为调整抽汽，其调压范围分别为 0.78～1.27MPa、0.118～0.29MPa，前者对工艺热负荷 HIS 直接供汽和峰载热网加热器 PH 的汽源，后者作为基载热网加热器 BH 和大气压力式除氧器 MD 的汽源；②高压加热器 H2 和高压除氧器 HD 设有外置式蒸汽冷却器 SC2、SC3 与 H1 为出口主给水串联两级并联方式［即图 4-13（d）方式］，H2 还没有外置式疏水冷却器 DC2；③两级除氧，高压除氧器 HD、大气压力除氧器 MD 均为定压运行，前者是主给水除氧器，后者是热电厂补充水除氧器；④因系热电厂采用了两级锅炉连续排污利用系统，其扩容蒸汽分别引至两级除氧器 HD、MD。

当工业最大抽汽量 50t/h，采暖抽汽量 350t/h，电功率 P_e＝136.88MW 时的机组热耗率 q＝4949.7 kJ/（kW·h）。夏季工况时，采暖热负荷为零，机组可凝汽运行带电负荷 200MW。额定工况凝汽运行时，机组热耗率 q_0＝8444.3 kJ/（kW·h）。

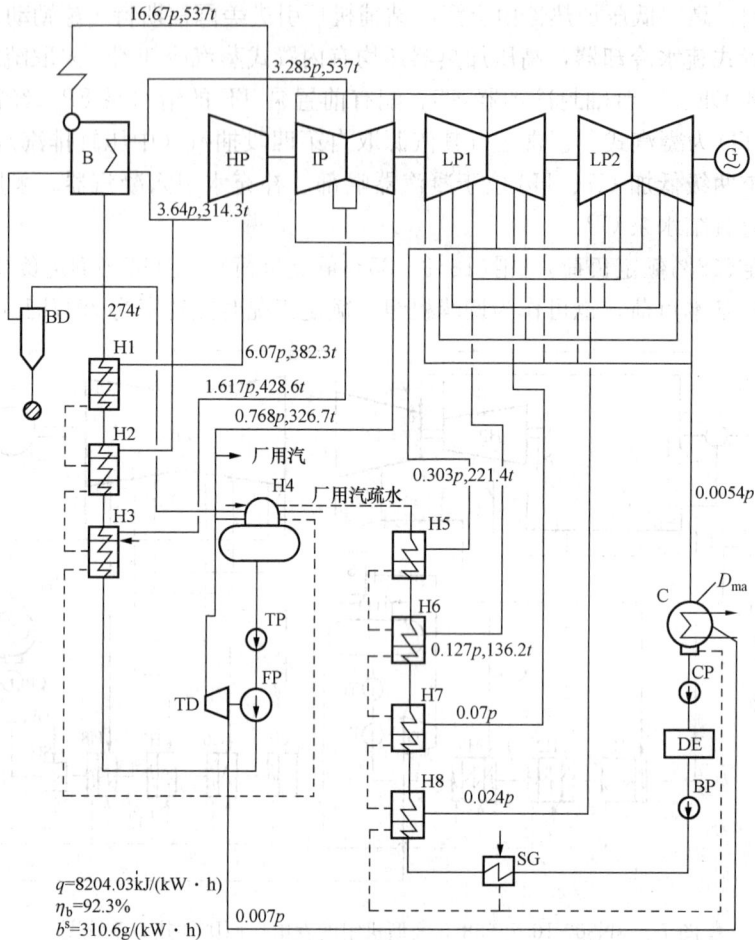

图 7-2　N600-16.7/537/537 型机组的发电厂原则性热力系统图

二、我国安装进口火电设备的发电厂原则性热力系统

我国火力发电有较大、较快的发展，但水平与国外工业发达国家相比仍有一定的差距。为此，先后从美、法、日、英、意、俄、比利时等国进口了单机容量为 300～1000MW 机组。以 500、600MW 机组为例，可分为两类，一类是亚临界参数 600MW 机组，如北仑港电厂 1 号机为日本东芝产，2 号机为法国阿尔斯通产，元宝山电厂也是阿尔斯通产，沙角 C 厂是三台 660MW 机组，分属三个不同国家生产。另一类是超临界参数，如盘山电厂进口俄罗斯超临界 500MW 机组，石洞口二厂进口美国超临界 600MW 机组；玉环电厂一号 1000MW 机组于 2006 年 11 月 28 日投运，是我国首台超超临界投运机组，共 4×1000MW 超超临界机组，已于 2007 年 11 月全部投入运行。该机组的型号为 N1000-25/600/600，超超临界凝汽式中间再热机组，单轴四缸四排，具有八级回热，由上海汽轮机有限公司和西门子公司联合设计。

图 7-4 为进口法国亚临界 600MW 机组的元宝山电厂原则性热力系统。汽轮机的蒸汽初参数为 17.75MPa/540℃/540℃，配德国产的本生型直流锅炉，其出口蒸汽参数为 18.593MPa/545℃/545℃，蒸发量 1843t/h，燃褐煤，采用风扇磨煤机。汽轮机为单轴四缸四排汽凝汽冲动式。高压缸无抽汽口，两级高压加热器均为双列布置，H2 设有外置式蒸汽

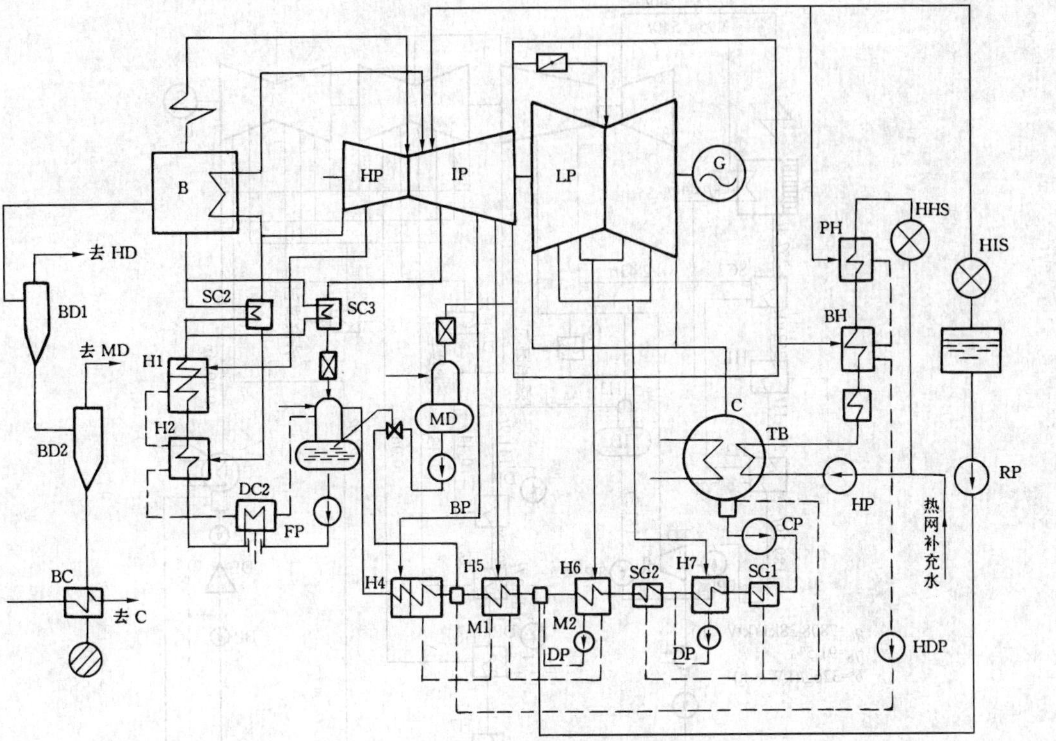

图 7-3　国产 CC200-12.75/535/535 型双抽汽凝汽式机组

冷却器 SC2。除氧器滑压运行。小汽轮机配有单独的小凝汽器及其凝结水泵。三、五、六段抽汽除供除氧器和小汽轮机，5、6 号加热器用汽外，还分别供厂内采暖 Q、暖风器 R 和生水加热器 S 用汽。额定功率机组的保证热耗率为 7808.38kJ/(kW·h)。

　　图 7-5 为我国盘山电厂一期工程从俄罗斯引进的两台超临界参数 500MW 燃煤火电机组的原则性热力系统，汽轮机为 K-500-240-4 型，配蒸发量为 1650 t/h，参数为 25MPa、545℃的直流锅炉。汽轮机是单轴、四缸、四排汽、冲动式、凝汽式汽轮机，有八级回热"三高四低一除氧"，第七、八级回热加热器 H7、H8 为接触式低压加热器，有两台轴封冷却器 SG1、SG2，双压凝汽器，全部凝结水精处理，故有三级凝结水泵 CP1、CP2、CP3。主给水泵 FP、前置泵 TP 均为小汽机 TD 拖动，其汽源取自第四级抽汽，设有单独的小凝汽器和凝器水泵，并引至主凝水管。图中标明主汽、再热抽汽和八级回热抽汽在额定工况的参数值。第五、七级抽汽还分别引至水侧串联的热网加热器 BH2、BH1，用以加热供采暖用的热网水。汽轮机由高中压缸各一个和两个分流低压缸组成，中低压缸均为双层结构。新汽进入高压缸后，反向流经调速级和五个压力级后，经内外缸的夹层，转 180°后顺向流经 6个压力级以平衡轴向压力。机组热耗率为 7842.6kJ/(kW·h)。

　　图 7-6 为进口美国 600MW 超临界机组的上海石洞口二厂的发电厂原则性热力系统。锅炉为瑞士苏尔寿和美国 CE 公司设计制造的超临界一次再热螺旋管圈、变压运行的直流锅炉，最大连续出力 1900t/h，蒸汽参数为 25.3MPa、541℃，给水温度 285.5℃，锅炉效率92.53%，不投油稳燃最低负荷为 30%。汽轮机为瑞士 ABB 公司产的单轴四缸四排汽一次再热反动式 Y454 型凝汽式汽轮机，主蒸汽参数为 24.2MPa、538℃，再热参数 4.29MPa、

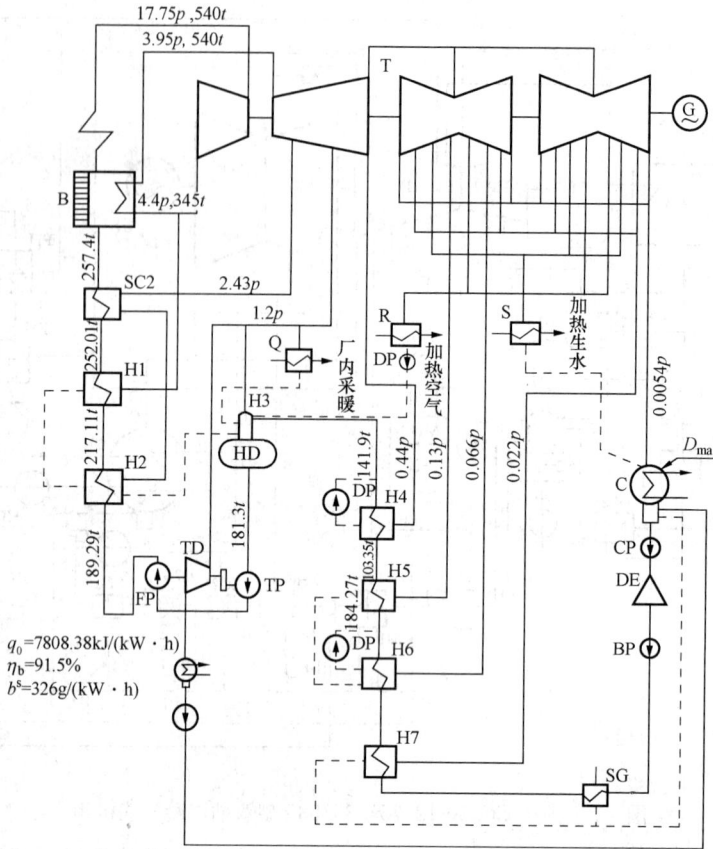

图 7-4　进口法国亚临界 600MW 机组原则性热力系统

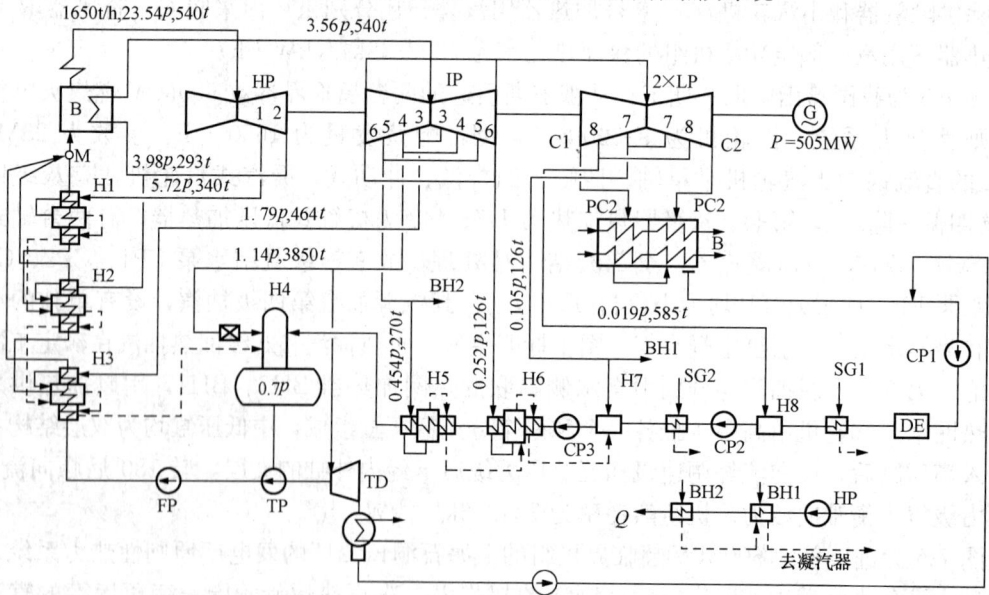

图 7-5　进口俄罗斯超临界 23.54/540/540 500MW 机组的盘山发电厂原则性热力系统图

566℃。机组为复合滑压运行，即 40%～90%最大连续出力负荷区间为变压运行。该厂两台机组先后于 1992 年 6 月、12 月投运，是我国第一座投运的超临界压力大型火力发电厂。

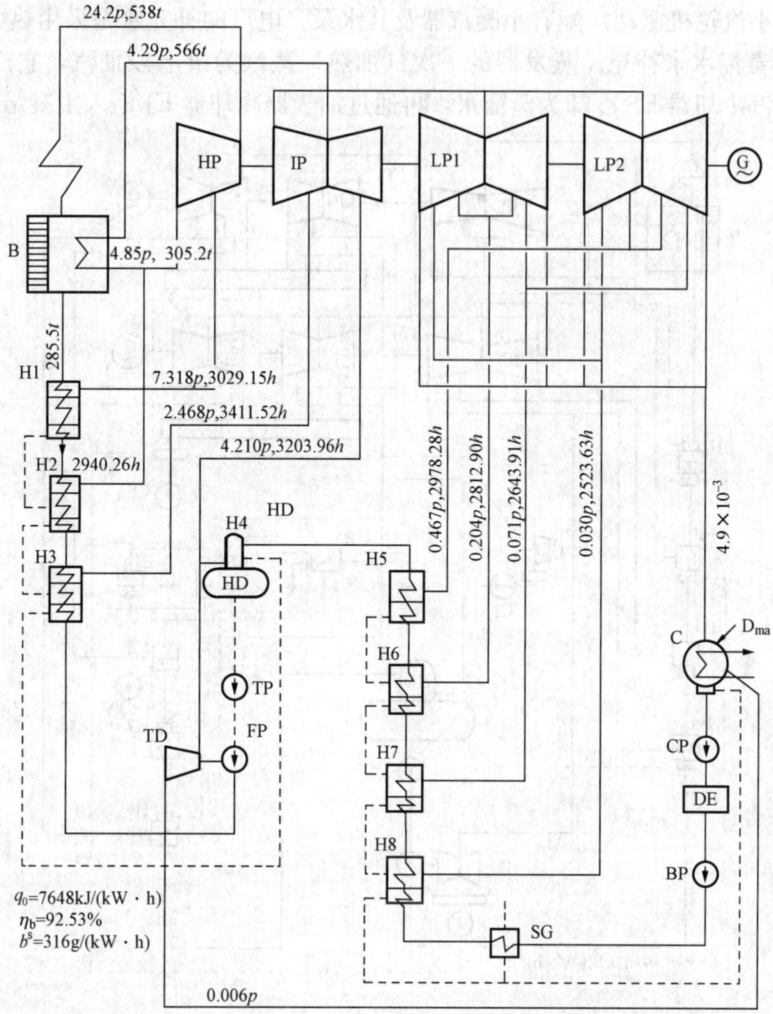

图 7-6　进口美国超临界 24.2/538/566 型 600MW 机组的上海石洞口二厂发电厂原则性热力系统图

该机组有八级非调整抽汽，回热系统为"三高四低一除氧"。前置泵 TP 为电动调速，主给水泵 FP 汽动调速，驱动小汽机 TD 的汽源在正常工况时引自第四级抽汽。全部面式加热器均有内置式疏水冷却段，高压加热器还均设有内置式蒸汽冷却段，凝结水全部需除盐。机组设计热耗率为 7648kJ/(kW·h)。

三、国外几个代表性火电厂的发电厂原则性热力系统

1. 世界上双轴最大 1300MW 凝汽式发电厂原则性热力系统

图 7-7 为世界上最大的 1300MW 双轴凝汽式汽轮机配直流锅炉的发电厂原则性热力系统，装在美国的蒙坦尼亚电厂，首批于 1973 年建成 3×1300MW 机组。该机组为超临界压力、一次再热、双轴六缸八排汽凝汽式机组，两轴功率相等。高压轴配有分流高压缸、两个分流低压缸和发电机，低压轴配有分流中压缸、两个分流低压缸和发电机。该机组有八级非调整抽汽，回热系统为"四高、三低、一滑压除氧"。除 H1 高压加热器设有内置式蒸汽冷却器外，所有高压加热器和 H6、H7 低压加热器均有内置式疏水冷却器。末级 H8 设有疏水泵 DP 将疏水送入该级加热器的出口主凝结水管中，高压加热器为双列布置。该电厂的给水

泵和风机均为小汽轮机驱动。配有小凝汽器及其水泵。电厂的补充水是采用热力法由蒸汽发生器 E 产生的蒸馏水来补充。蒸发器的一次（加热）蒸汽为第七段抽汽，它产生的二次蒸汽经专设的蒸汽冷却器 ES 冷却为蒸馏水，再通过抽气器冷却器 EJ 汇入主凝结水流。

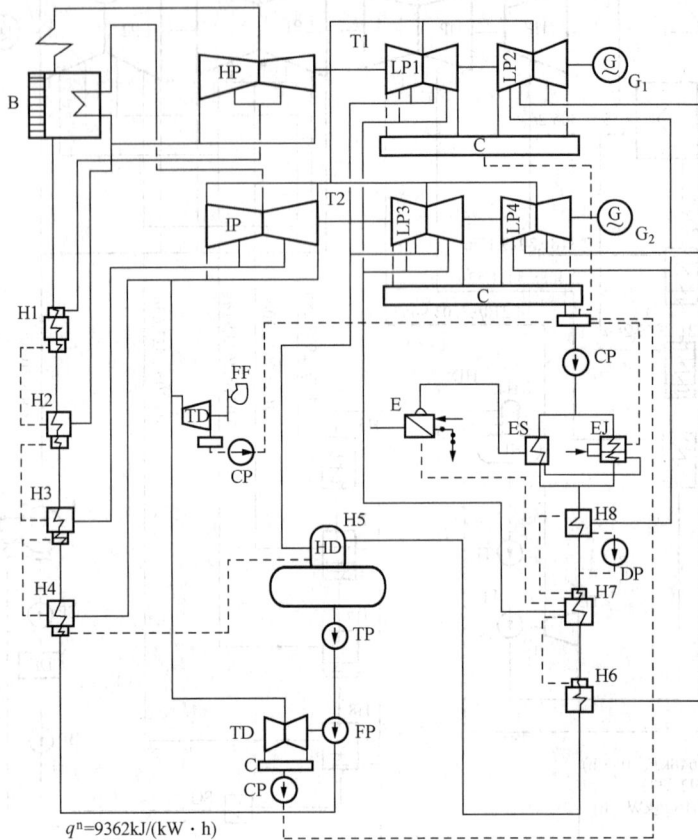

图 7-7　世界上双轴最大 1300MW 凝汽式发电厂原则性热力系统图

FF—送风机；E—蒸发器；ES—蒸发器冷却器；EJ—抽气器冷却器

2. 世界上单轴最大 1200MW 凝汽式发电厂原则性热力系统

图 7-8 为世界上单轴最大 1200MW 凝汽式机组的发电厂原则性热力系统，装在俄罗斯科斯特罗电厂。汽轮机为 K1200-23.54/540/540 型超临界压力一次再热、单轴五缸六排汽冲动式凝汽式汽轮机，配蒸发量为 3960t/h 燃煤直流锅炉。新蒸汽先进入高压缸左侧通流部分，再回转 180° 进入其右侧通流部分，中、低压缸均为分流式。共有九级非调整抽汽，回热系统为"三高、五低、一滑压除氧"。除最后两级加热器外，均设有内置式蒸冷器和疏冷器。H3 还设有一台外置式蒸冷器 SC3 将给水温度提高到 274℃。两台除氧器装有两台半容量汽动调速给水泵，驱动小汽机 TD 为凝汽式，功率为 25MW，正常工况时汽源引自第三段抽汽，其前置泵由小汽轮机同轴带动，还有一台半容量电动给水泵（图中未画出）。为防止暂态过程给水泵汽蚀和降低除氧器布置高度，除设置低速前置泵 TP 外，还设有在暂态工况时才投运的给水冷却器 FC，以加速"冷水"进入前置泵。补充水进入凝汽器。每台锅炉装有三台送风机，也由凝汽式小汽轮机驱动，汽源引自第四段抽汽其功率为 7MW（图中未画出）。厂内采暖由第五、六两级抽汽分级加热，以提高其热经济性，其中第五级抽汽还供暖

风器用汽。凝结水要全部通过除盐装置 DE 精处理。额定工况时该机组的热耗率 $q_0 = 7660\text{kJ}/(\text{kW} \cdot \text{h})$。

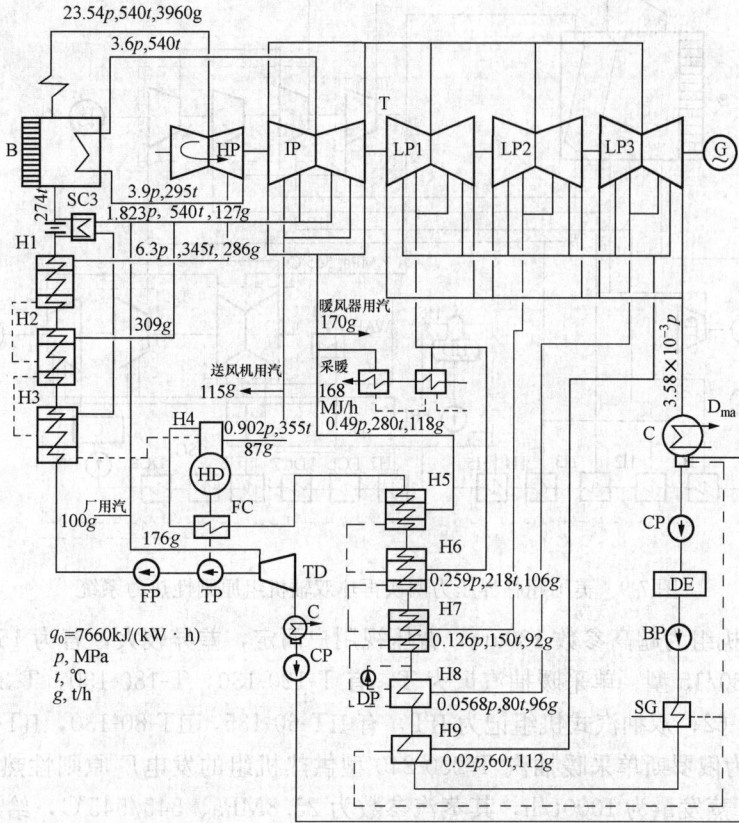

图 7-8　世界上单轴最大 1200MW 凝汽式发电厂原则性热力系统图

3. 美国超临界两次再过热机组的埃迪斯通发电厂原则性热力系统

该厂于 1960 年建成两台燃煤超临界压力和超高温两次中间再热机组，其额定功率为 325MW，最大功率 360MW，汽轮机均为双轴，高压轴发电功率为 145MW，低压轴为 180MW。两台机组的蒸汽参数分别为 34.5MPa、650℃/566℃/566℃ 和 24.3MPa、560℃/560℃/560℃。1 号机组是世界上第一台投运的超临界压力机组，后降为 31.0MPa、610℃，仍是当今运行的燃煤机组最高蒸汽参数。1962 年创造全年平均供电热耗率 9005kJ/(kW·h) 的美国燃煤机组最好成绩。

图 7-9 为该厂 1 号机组的发电厂原则性热力系统图。有八级非调整抽汽，回热系统为"五高两低一除氧"。给水采用两级升压系统，使五台高压加热器的水侧压力降低，有助于提高其工作可靠性。小汽轮机 TD 为背压式，其正常工况汽源为第一次再热前的蒸汽，排汽引至第三级抽汽。高、低压加热器的疏水均为逐级自流，DC7、DC8 分别为 H7、H8 的外置式疏水冷却器。主凝水系统还串联有暖风器 WAH，和低压省煤器 ECL。装 ECL 的作用是回收锅炉排烟余热利用于热力系统，以降低锅炉排烟温度提高锅炉效率。

4. 世界上最大单轴采暖抽汽式机组的发电厂原则性热力系统

俄罗斯地处北部，气候寒冷，供热事业发展，供热式机组的类型也较多。例如俄罗斯

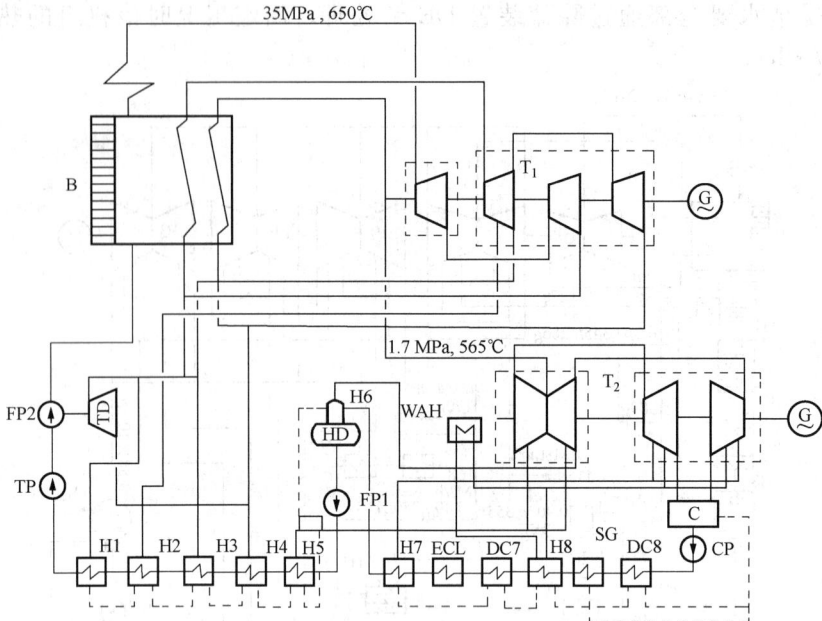

图 7-9   美国超临界压力两次再热双轴机组原则性热力系统

100MW 背压式机组为超高参数 130ata，背压视用户而定，差异较大，若为 15ata 工业抽汽，则记为 P-100-130/15 型；单采暖抽汽记为 T，有 T-120-130，T-180-130，T-250-240 和配合核电用的 T-450-62；双抽汽式机组记为 ⅡT，有 ⅡT-60-135，ⅡT-80-130，ⅡT-130-135 等。

图 7-10 即为俄罗斯单采暖抽汽 T-250-240 型供热机组的发电厂原则性热力系统。配单炉膛直流锅炉，蒸发量为 1000t/h，其蒸汽参数为 25.8MPa、545/545℃，给水温度 260℃。其锅炉效率分别为 93.3%（燃煤）、93.8%（燃油）。该供热式机组蒸汽参数为 23.54MPa、540/540℃。最大功率达 300MW。其特点：①通流部分有足够的适应大抽汽量的要求；②在控制上能满足电、热负荷在大范围内各自独立变化互不影响；③可抽汽、背压纯凝汽方式运行；④抽汽参数变化时仍保持最小节流损失。

该机组为九级回热，其系统为"三高五低一除氧"，并设有大气压力式除氧器（图中未画出）。区域供热用的热水，由轴封冷却器 SG2 与两台热网加热器 BH2、BH1 串联运行，其加热蒸汽引自第七、八级回热抽汽，热网加热器管束为不锈钢制成，表面积各约 5000m²。水温可达 115℃。高峰热负荷时，再由热水锅炉 WB 进一步加热到 150℃，此时汽机要减小电负荷。该机组纯凝汽运行时的热耗率 7900.3kJ/(kW·h)。采暖期，带电力基本负荷，全部抽汽用于供热，此时发电热耗率为 6300kJ/(kW·h)，相应标准煤耗率 0.2158kg/(kW·h)。

莫斯科第 26 热电厂，装有五台 T-250-240 超临界供热机组和两台亚临界 80MW 热电联供机组，1988 年最后一台机组建成，总容量达 1410MW，总供热量达 2640MW，是俄罗斯最大的热电厂。

5. 世界上电厂容量最大的 4400MW 热力发电厂原则性热力系统

日本鹿岛火力发电厂装有 6 台超临界压力机组，即 4 台 600MW 和 2 台 1000MW，于 1976 年建成，总装机容量为 4400MW，是目前世界上容量最大的火电厂。

6 台汽轮机的进汽参数均为 24.12MPa、538℃/566℃排汽参数 96kPa(722mmHg)，1～

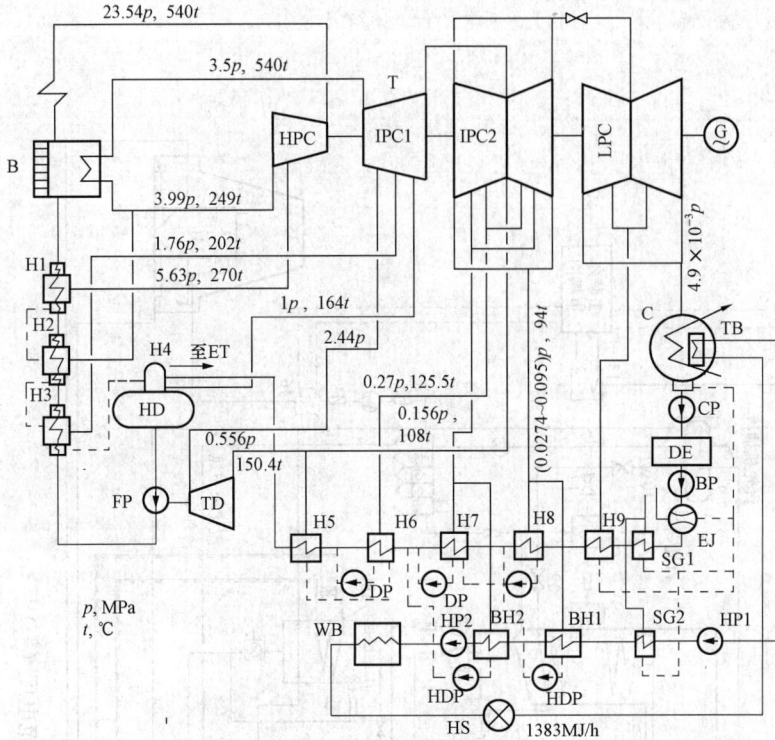

图 7-10　单采暖抽汽 T-250-240 型供热机组的发电厂原则性热力系统

4 号机为双轴单速 3000/3000r/min。一次中间再热 600MW 机组由高压缸和一个双流低压缸构成主机，加上一个双流中压缸和双流低压缸构成的副机，各带一台发电机。5~6 号机为双轴双速 3000/1500r/min，四缸四排汽一次再热 1000MW 汽轮机，主机由单流高压缸和双流中压缸构成，转速 3000r/min，副机由双流低压缸构成，转速 1500r/min，负荷分配为550、450MW。配两台半容量的汽轮机驱动的主给水泵，及两台 25％容量的启动用电动给水泵。配蒸发量为 3180t/h 的锅炉。1~4 号机发电机端设计热效率为 40.3％，5、6 号机为40.8％，平均发电标准煤耗率约为 0.309kg/(kW·h)。

6. 德国燃气—蒸汽联合循环发电、供热的弗尔克林根示范电厂原则性热力系统

图 7-11 是具有多项研究的德国弗尔克林根示范电厂原则性热力系统图，是燃气—蒸汽联合循环装置，具有常压流化床 AFBC 燃烧装置，既发电又供热，图 7-11（a）为该厂工艺流程图、图 7-11（b）为其原则性热力系统图。

由图 7-11（a）可见，由两台功率各为 80MW 常压流化床燃烧装置 28 直接布置在本生直流锅炉 4 的两侧，脱硫率大于 60％。燃气轮发电机组 26 功率 32MW，配有两台外置式燃烧室 27，压气机的空气质量流量为 203.3kg/s，燃气轮入口燃气温度 820℃，出口 436℃。汽轮发电机组 1 功率为 195MW。供热总功率为 218MW，其中由中低压联通管上抽出，经供热加热器 13 供热 150MW；利用锅炉排烟通过烟气换热器 16 供热 8MW；燃气轮机排气经余热换热器 36 供热 60MW。锅炉采用低 NO_x 燃烧器，配电气除尘器 14，采用一套全烟气量脱硫装置（以石膏为产品的湿法脱硫）34，对硫、氟、HCl 的脱除率可达 80％以上，并能洗去残余粉尘。该烟气脱硫装置布置在自然通风冷却塔 35 内，经过净化的烟气与冷却塔

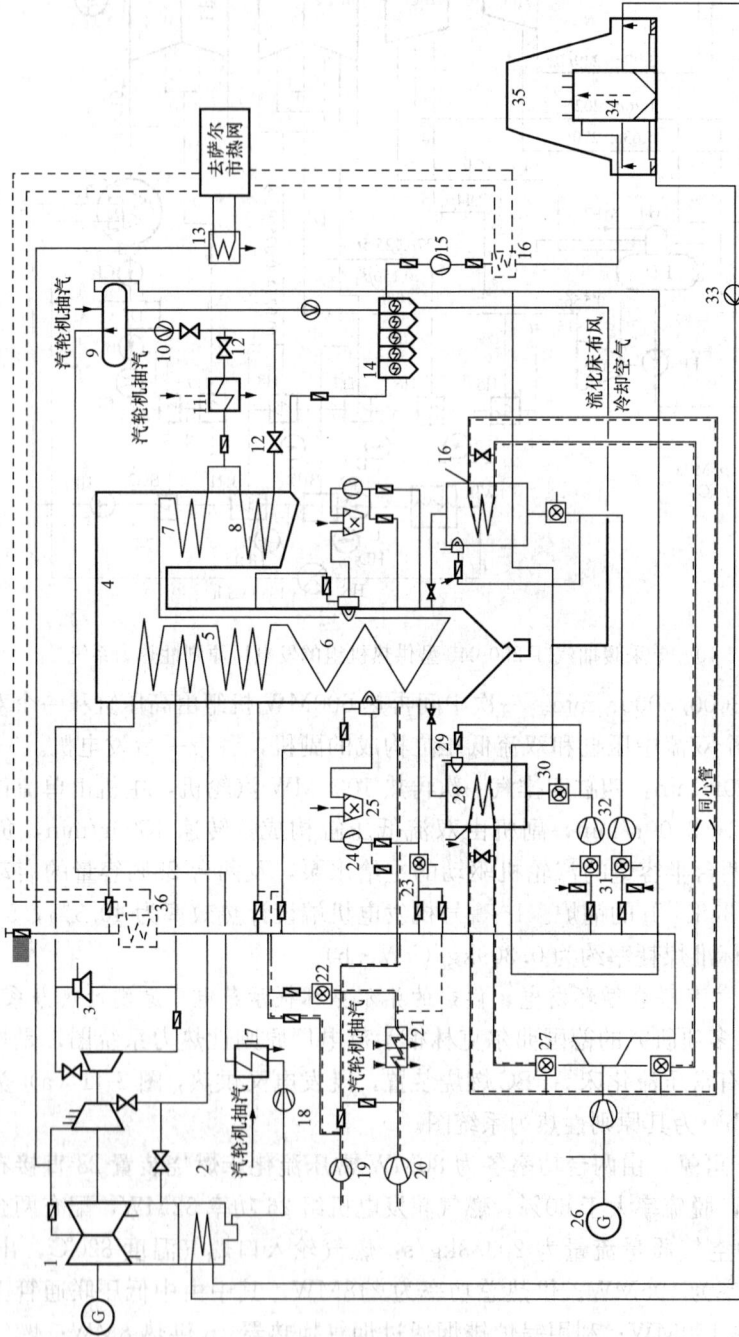

图 7-11　德国弗尔克林示范电厂（一）

(a) 工艺流程

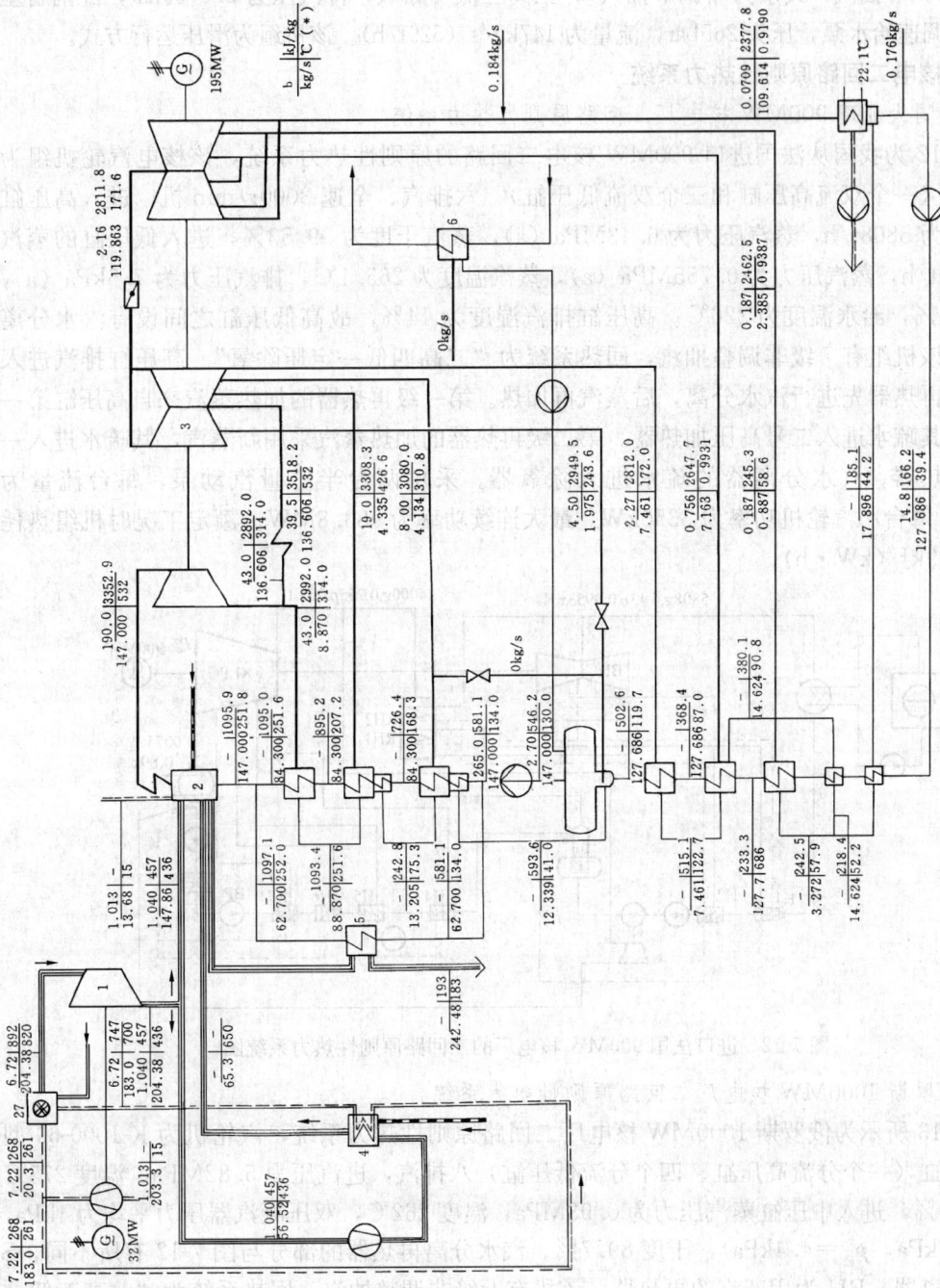

图 7-11　德国弗尔克林示范电厂（二）

（b）原则性热力系统

1—燃气轮机；2—锅炉（DE）；3—汽轮发电机组；4—流化床燃烧装置（WSF）；5—通过一部分流量的省煤器；6—热网加热器（集团供热）

的水汽混合后排出冷却塔，塔高 100m，厂内不再设烟囱，对河流无热污染。全厂各主机既可按不同方式联合运行，亦能各自独立运行。

由图7-11(b)可知，新汽参数为 190bar/532℃，再热蒸汽参数 39.5bar/532℃，为七级回热（第四级为调节抽汽，其余为非调节抽汽），三高三低一除氧，排汽压力 0.0709bar，配两台全容量电动调速给水泵，压头 265bar，流量为 147kg/s（529t/h）。该机组为滑压运行方式。

四、核电二回路原则性热力系统

1. 我国大亚湾 900MW 核电厂二回路原则性热力系统

图7-12 为我国从法国进口 900MW 核电二回路的原则性热力系统，该核电汽轮机组为单轴四缸（一个双流高压缸和三个双流低压缸）、六排汽、全速 3000r/min 机。进入高压缸的蒸汽量为 5808t/h，蒸汽压力为 6.43MPa（a），蒸汽干度为 99.53%，进入低压缸的蒸汽量为 4000t/h，蒸汽压力为 0.755MPa（a），蒸汽温度为 265.1℃，排汽压力为 7.5kPa（a），湿度为 11%，给水温度为 226℃。高压缸排汽湿度为 14%，故高低压缸之间设有汽水分离再热器。该机组有 7 级非调整抽汽，回热系统为"二高四低一定压除氧"。高压缸排汽进入汽水分离再热器先进行汽水分离，后蒸汽再加热。第一级再热器的加热蒸汽来自高压缸第一级抽汽，其疏水进入二号高压加热器。第二级再热器的加热蒸汽采用新蒸汽，其疏水进入一号高压加热器。汽水分离器的疏水进入除氧器。采用两台半容量汽动泵，每台流量为 2275t/h，每台小汽轮机功率为 3350kW。最大连续功率为 983.8MW。额定工况时机组热耗率为 10629kJ/(kW·h)。

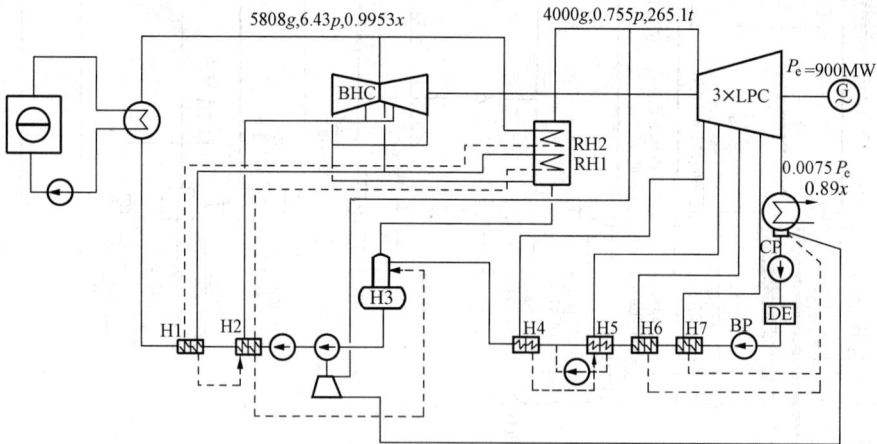

图 7-12　进口法国 900MW 核电厂的三回路原则性热力系统图

2. 俄罗斯 1000MW 核电厂二回路原则性热力系统

图 7-13 所示为俄罗斯 1000MW 核电厂二回路原则性热力系统，汽轮机为 K-1000-60 型系单轴五缸（一个分流高压缸、四个分流低压缸）八排汽，进汽压力 5.82MPa、温度 275℃干度 99.5%，进入中压缸蒸汽压力为 0.93MPa，温度 262℃，双压凝汽器压力平均为 4kPa，（$p_{c1}=3.6kPa$，$p_{c2}=4.4kPa$），干度 89.7%。汽水分离再热器的部分与图 7-12 有所不同，S为汽水分离器，RH 为用新汽的再热器。该机有七级非调整抽汽，回热系统为"一高五低一除氧"，其特点是小汽轮机同轴驱动前置泵和主给水泵，最末两级低压加热器 H6、H7 为混合式低压加热器，并迭置串接；设有基载热网加热器 BH3、BH2、BH1，其汽源分别引自第 3、4、5 级回热抽汽。额定工况时毛效率 $\eta_{as}=31.174\%$，核燃料消耗率 $b_{as}=173g/(MW·h)$，

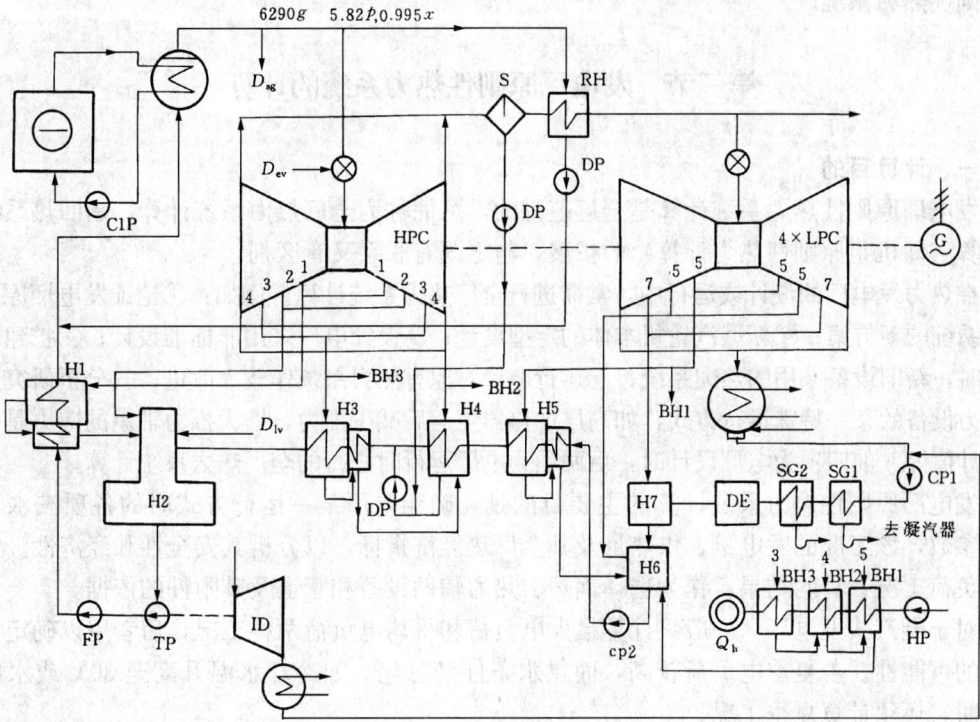

图 7-13　俄罗斯 1000MW 核电厂二回路原则性热力系统图

以年利用小时 7000 计，全年核燃料消耗为 23 390t。

3. 俄罗斯的核热电厂原则性热力系统

图 7-14 为俄国的利用核能配 T-450-62 型也是单采暖抽汽式单容最大供热式机组的热电

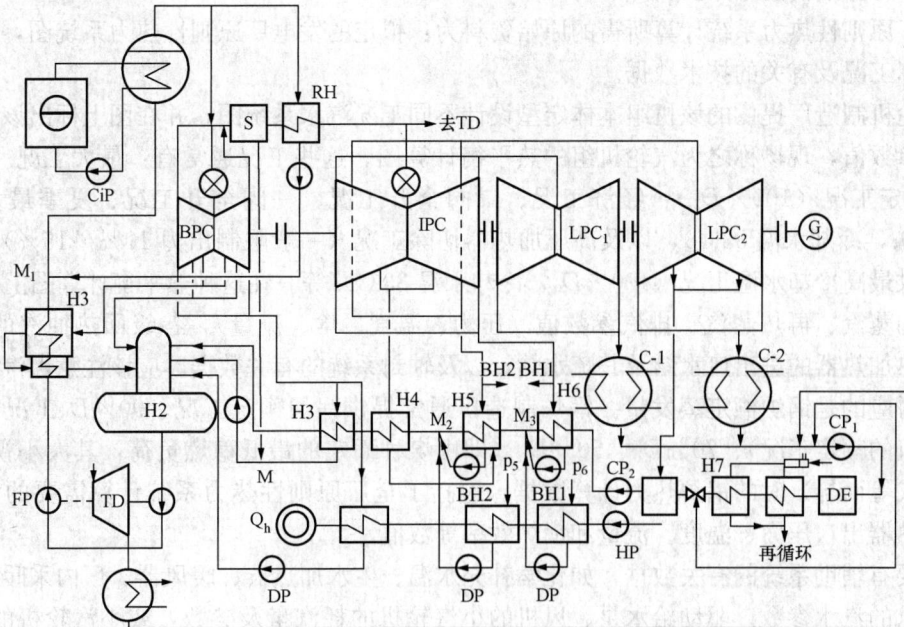

图 7-14　俄罗斯 T-450-62 型供热式机组核热电厂二回路的原则性热力系统

厂原则性热力系统。

第三节　发电厂原则性热力系统的计算

一、计算目的

发电厂原则性热力系统计算是全厂范围的，可简称为全厂热力系统计算，是回热系统热力计算（即机组原则性热力计算）的扩展，与之既有联系又有区别。

在热力发电厂的设计或运行中，常需进行全厂热力系统计算。例如：①论证发电厂原则性热力系统的新方案；②新型汽轮机本体的定型设计；③设计电厂采用非标准设计；④扩建电厂设计时，新旧设备共用的热力系统；⑤运行电厂对原有热力系统作较大改进；⑥分析研究发电厂热力设备的某一特殊运行方式，如高压加热器停运后减少出力，增大推力轴承的应力是否超过设计值等。前四项为电厂设计时，后两项为电厂运行时进行的全厂热力系统计算。

发电厂原则性热力系统计算的主要目的是：确定电厂某一运行方式时的各项汽水流量及其参数，该工况的发电量、供热量及其全厂热经济指标，以分析其安全性和经济性。根据最大负荷工况计算的结果，作为选择锅炉、热力辅助设备和管道及其附件的依据。

对于凝汽式发电厂，一般只计算最大电负荷和平均电负荷两种工况，后者用以确定设备检修的可能性。若夏季电负荷较高，而供水条件又恶化（如冷却水温升高至 30℃ 或水质变坏）时，还须计算夏季工况。

对于仅有全年工艺热负荷的热电厂，一般也只算两种工况，即电、热负荷均为最大的工况，电负荷最大和平均热负荷的平均工况。对于有采暖热负荷的热电厂，还应该计算采暖热负荷为零时的夏季工况。校核热电厂在最大热负荷时，抽汽凝汽式汽轮机的最小凝汽流量。还应计算热电厂的全年燃料节省 ΔB^a、ΔB_e^a、ΔB_h^a 等。

二、计算所需的原始资料

全厂原则性热力系统计算所需的原始资料为：拟定的发电厂原则性热力系统图，指定的电厂计算工况及有关的技术数据。

汽轮机制造厂提供的该机组本体定型设计不同工况汽水系统图，并在图上标出该工况时各汽水参数值，现场称之为汽轮机组的热平衡计算图。这些工况通常有：最大工况（110%D_0）、额定工况（100%D_0）、经济工况、二阀全开工况、一阀全开工况、夏季最大工况（110%D_0，冷却水温 33℃），以及高压加热器切除工况（一般限制出力 10%～15%），有的厂还提供最高冷却水温工况（100%D_0，冷却水温 33℃）等。在这种热平衡计算图上标出该工况下的蒸汽、再热蒸汽、排汽参数值（压力、温度、焓、流量），各级回热抽汽的参数，各级回热加热器的进出口水焓及其疏水焓，以及轴封系统的有关数据。应该注意，汽轮机最大工况对应的是锅炉额定蒸发量。锅炉制造厂通常提供锅炉额定工况、90%D_b工况（对应为汽轮机的额定工况）、70%D_b、50%D_b（即由煤种而定的最低稳燃负荷，其大小视煤种、燃煤方式等而异）时的锅炉热力计算数据，包括了全厂原则性热力系统计算需要的汽包压力、过热器出口压力、温度、流量和锅炉效率等数值。

还要有辅助系统的有关数据，如化学补充水温、生水加热器、暖风器、厂内采暖等耗汽量及要求的汽水参数。驱动给水泵、风机的小汽轮机的耗汽量及参数，或小汽轮机的功率、相对内效率、进出口蒸汽参数和给水泵、风机的效率等。热电厂热水网温度调节图，热负荷,对外供汽参数,回水率及其水温,给定工况下热网加热器进、出口水温,热网加热器效率,热网效率等。

根据《设规》选取汽水损失率、锅炉排污率,合理选取有关压损和散热损失以及 η_m、η_g。

三、计算方法与步骤

（一）计算方法的分类

全厂原则性热力系统的计算方法有:①按基于热力学定律情况分,基于热力学第一定律的常规计算法、等效热降（焓降）法、循环函数法、等效抽汽法等;基于热力学第二定律的熵方法、㶲方法等;②按计算工具分,常规的手工计算法,编程后用电子计算机计算,（又有在线、离线计算的不同）;③按给定参数分为定功率法（本章例题 7-1 是定功率计算）,定流量法（又有绝对流量与相对流量计算的不同,本章例题 7-2 是定流量计算）;④按热平衡情况分为正热平衡计算法、反热平衡计算法。还有设计计算、校核计算,以及正常工况与变工况计算之分等。

本书主要介绍常规的手工计算,以汽轮发电机组的电功率 P_e 为定值,通过计算求得所需的蒸汽量,称为定功率计算法,设计、运行部门用得较为普遍。反之,给定汽轮机的进汽量 D_0,通过计算以求得汽轮发电机的电功率 P_e 称为定流量计算,汽轮机制造厂多用定流量计算。如汽轮机在允许进汽量下,新汽压力超压 5%,高压加热器切除,限制出力条件下,求汽轮发电机能发出的电功率;背压式汽轮机或凝汽-采暖两用机,在不同热负荷条件下能发出的电功率等。

要强调指出,无论采用哪种全厂热力系统计算方法,均应满足能量守恒或能量相等的原则。若计算正确,不论采用哪种计算方法,计算结果全厂热经济指标值应相同,计算误差极小,并在工程应用的精度范围以内。

（二）全厂热力计算与机组热力计算的异同

全厂原则性热力系统计算与机组（回热系统）原则性热力计算有许多共同点:①其实质都是联立求解多元一次线性方程组,独立的方程式个数恒等于未知量的个数,按一定的顺序消去某些未知量,它总是可解的;②其计算原理和基本方程式是相同的,即各换热设备（包括混合器）的物质平衡式、热平衡式和汽轮机的功率方程式;③均可用汽水流量的绝对量来计算,也均可用相对量即以 1kg 的汽轮机新汽耗量为基准来计算,逐步算出与之相应的其他汽水流量的相对值,最后根据汽轮机功率方程式求得汽轮机的汽耗量以及各汽水流量的绝对值。也可先估算新汽耗量,顺序求得各汽水流量的绝对值,再求得汽轮机功率并予以校正;④两者计算的步骤也是类似的。

全厂原则性热力系统计算与机组原则性热力系统计算不同之处有以下几点。

1. 计算范围和要求的不同

显然,全厂原则性热力系统计算包括了锅炉和汽轮机组在内的全厂范围的计算,需合理选取锅炉效率、厂用电率,以最终求得全厂的热经济指标 η_{cp}、q_{cp}、b_{cp}^s 和 η_{cp}^n、q_{cp}^n、b_{cp}^n。

2. 选取一些小流量的蒸汽量

因为原则性热力系统计算是全厂范围的,包括了有关辅助设备,如驱动汽轮机,经常工作的减温减压器,蒸汽抽气器汽耗量 D_{ej} 和轴封冷却器的汽耗量 D_{sg},以及汽水工质损失 D_1、锅炉连续排污量 D_{bl} 等。其中有的是定值,有的却是与汽轮机功率有关的变量。为了简化热力系统计算,对于流量较小的某些汽耗量可近似地取为汽轮机汽耗量的一个小份额直接给定，如 $D_{ej}=0.5\%D_0$，$D_{sg}=2\%D_0$，D_l、D_{bl} 按 1980 年《电力工业术管理法规（试行）》的规定选取，即 $D_l=(1.5\%\sim3.5\%)D_b$，$D_{bl}=(1\%\sim5\%)D_b$，并折算为以 D_0 为基准的份额，而且 D_{ej}、D_{sg}、D_l 均作为取自新汽管道上来考虑。

3. 按先"由外到内"再"从高到低"的顺序进行计算

为便于计算，通常是先"由外到内"，即从供热设备（蒸汽交换器、热网加热器），水处理设备（包括蒸发器），锅炉连续排污扩容器开始进行计算，而后计算机组"内部的"回热系统，仍是"从高到低"的顺序进行计算。

4. 某些项目的物理概念不同

全厂原则性热力系统不仅与机组原则性热力系统有关，还与锅炉、主蒸汽及再热蒸汽管道，辅助热力系统等有关，因而以下项目的物理概念发生了变化，根据图 5-1 所示系统计算如下：

（1）汽轮机汽耗，还应包括门杆漏汽 D_{lv}、射汽抽气器的新汽耗量 D_{ej}，以及轴封用汽耗量 D_{sg} 等。

汽轮机汽耗量　　　　　　　$D_0'=D_0+D_{sg}$

锅炉蒸发量　　　　　　　　$D_b=D_0'+D_l$

全厂补充水量　　　　　　　$D_{ma}=D_{bl}'+D_l$

全厂给水量　　　　　　　　$D_{fw}=D_b+D_{bl}=D_0'+D_l+D_{bl}'+D_f=D_0'+D_f+D_{ma}$

若已知诸小流量为汽轮机汽耗量的相对值，代入上列各物质平衡式，即均可化为以汽轮机进汽为 1kg 计的相对值，其中 α_0'、α_b、α_{fw} 均大于 1，且应 $\alpha_{fw}>\alpha_b>\alpha_0'>1$，补水量相对值应 $1>\alpha_{ma}>0$。

（2）汽轮机的热耗，由于汽轮机汽耗量为 D_0'，其热耗 Q_0 变化为

$$Q_0=D_0'h_0+D_{rh}q_{rh}+D_fh_f''+D_{ma}h_{w,ma}^c-D_{fw}h_{fw} \text{ kJ/h} \tag{7-1}$$

将 $D_{fw}=D_0'+D_f+D_{ma}$ 代入式（7-1）并整理得

$$Q_0=D_0'(h_0-h_{fw})+D_{rh}q_{rh}+D_f(h_f''-h_{fw})-D_{ma}(h_{fw}-h_{w,ma}^c) \text{ kJ/h} \tag{7-1a}$$

式（7-1）和式（7-1a）为全厂原则性热力系统计算用的汽轮机热耗算式，显然与机组原则性热力系统计算用的热耗算式（1-28）是很不同的。

在全厂原则性热力系统时，汽轮机绝对内效率 $\eta_i=W_i/Q_0$ 中的 Q_0，应采用根据式（7-1）或（7-1a）算得的热耗来计算。

（3）正热平衡计算时，管道效率 η_p 要用 $\eta_p=Q_0/Q_b$ 计算；反热平衡计算时，用 $\eta_p=1-\Delta Q_p/Q_b$ 来计算。

（三）计算步骤

以凝汽式发电厂额定工况的定功率计算为例，说明其计算步骤。

（1）整理原始资料，编制汽水参数表。根据汽轮机、锅炉制造厂提供的有关数据整理出各计算点的汽水比焓值，画出蒸汽在汽轮机中的膨胀过程线（汽态线，h-s 图）。一般取新汽压损 $\Delta p_0=(3\%\sim7\%)p_0$，大容量机组的 $\Delta p_0=5\%p_0$，再热蒸汽压损 $\Delta p_{rh}\leqslant10\%p_{rh,i}$（$p_{rh,i}$ 为高压缸排汽压力），各级回热抽汽管道压损 $\Delta p_j=(3\%\sim8\%)p_j$，及各抽汽比焓 h_j 及其疏水比焓 h_j'，排汽比焓 h_c 及主凝结水比焓 h_c'。取加热器出口端差、入口端差，以确定各加热器出口水比焓 $h_{w,j}$，疏水冷却器出口水比焓 $h_{w,j}^d$。

若未给定锅炉效率，可参考同参数、同容量、燃用煤种相同的同类工程的锅炉效率选取。汽包压力未给定时，可近似取为过热器出口压力的 1.25 倍。锅炉连续排污扩容器的压

力 p_f，视该扩容蒸汽 D_f 引至何级加热器而定，若引至除氧器，须考虑氧器滑压或定压运行方式来定，并选取合适压损 Δp_f，以确定锅炉连续排污利用系统的有关汽水比熔值 h'_{bl}、h'_f、h''_f。

（2）按"先外后内"，再"从高到低"顺序计算。计算了锅炉连续排污利用系统，求得 D_f（α_f）、h''_f、$D_{ma}(\alpha_{ma})$、$h^c_{w,ma}$ 之后，即进行计算"内部"回热系统，与机组热力系统计算不同的是引入了辅助热力系统，至于计算的原理、方法等是与回热系统热力计算是相同的，用$(z+1)$个方程求得$(z+1)$个未知量：$\sum\limits^z D_j$ 和 D_C（或 $\sum\limits^z \alpha_j$、α_c），并应对计算结果进行校核。

（3）汽轮机汽耗 D'_0，热耗 Q_0［按式(7-1a)计算］，锅炉热负荷 Q_b 及管道效率 η_p 的计算。

反热平衡计算时，管道效率应根据 DL/T 606.3—2006《火力发电厂能量平衡导则　第3部分：热平衡》的规定进行。

（4）全厂热经济指标 η_{cp}、q_{cp}、b^s_{cp} 等的计算。

四、热耗率的修正和非额定工况的计算

在对新投产的汽轮机验收或运行时热力试验，要评价其热经济性，需进行热耗率的修正，将试验工况的参数和热力系统修正到额定工况。

1. 热耗率的修正

我国的汽轮机运行规程中对新汽压力、温度的允许变动范围为：中参数 $p_0=3.38\sim 3.48$MPa（35ata±0.5ata）、$t_0=435℃±5℃$；高参数 $p_0=8.63\sim 9.02$MPa（90ata±2ata），$t_0=535℃±5℃$；超高参数 $p_0±0.49$MPa，t_{0-10}^{+5}℃。新汽参数偏离设计值，热经济性随之降低，影响热耗率变化。

汽轮机制造厂都备有一套修正曲线，用以计算某参数偏离设计值的总汽耗量和机组热耗率。该修正曲线包括新汽压力、温度、中间再热温度、冷却水温度、各级回热器的汽水参数修正曲线等，用以修正新汽流量。根据修正后的新汽流量，再查厂家提供的新汽流量与给水温度、汽耗率、热耗率曲线，即可求得该工况（某些参数偏离设计值）的机组热耗率，再据以计算全厂热耗率等热经济指标。

2. 非额定工况全厂原则性热力系统计算

若机组虽属额定工况，但某一参数偏离设计值超出了厂家提供的修正曲线所规定的范围时，或机组要承担部分负荷（非额定工况如调峰运行）时，均需进行非额定工况的原则性热力系统的热力计算。例如，供热式汽轮机的电负荷为额定功率，而热负荷所需的调节抽汽量不是设计值就是一例。有时为了保证机组的安全运行，还要进行变工况的强度计算或应力计算，它是以变工况的热力计算所得的数据为依据的。

非额定工况时全厂原则性热力系统计算，与额定工况下全厂热力计算一样，需先绘制汽态线以确定各计算点的汽水参数值。可合理选取汽机制造厂提供的该工况下汽轮机各级组的相对内效率数据或曲线，来绘制汽态线。否则，需作两次全厂热力计算。

众所周知，汽轮机变工况时各级组的相对内效率与其蒸汽流量或各级组的前后压力有关，它的调节级、中间级、末级的工作特性各不相同。调节级的相对内效率可根据蒸汽流量或压力降来确定。中间各非调节级的相对内效率，在很大的负荷变化范围内是不随工况改变的，可选用相近工况的已知数据。汽轮机尾部各级相对内效率也可根据其压力降求出。但是汽轮机各级组的不同蒸汽流量事先是不知道的，需分两步计算，即初步近似计算和精确的全厂原则性热力系统计算。在初步计算时，先借用同类型机组相近工况时汽态线上的有关数据，做第一次全厂原则性热力系统计算，求得各级组的蒸汽流量，查得各级组的相对内效率，绘制汽态线；再做第二次或最后的精确计算。精确计算是以第一次计算所得到的蒸汽流量为依据，重新绘制汽态线。一般第二次计算结果，精度上已能满足要求。必要时也可通过汽轮机变工况热力计算，确定各级组的蒸汽参数，或者通过热力试验来实测其汽水参数。

第四节　发电厂原则性热力系统计算举例

【例题 7-1】　亚临界 600MW 一次中间再热凝汽式汽轮机发电厂原则性热力系统计算[❶]。

美国西屋电气公司 600MW 亚临界机组的原则性热力系统如图 7-15 所示，求在下列已知条件下机组发电机实际功率 $P_e' = 586.96$MW 时的全厂热经济指标。

已知条件如下。

1. 汽轮机形式和参数

美国西屋电气公司制造的汽轮机，亚临界参数、一次中间再热、单轴、反动式、四缸四排气、双背压，凝汽式机组，配汽包炉。

机组型号　　　　　　　TC4F-980

初蒸汽参数　　　　　　$p_0 = 16.706$MPa，　$t_0 = 531.78℃$

再热蒸汽参数　　　　　高压缸排汽　　　$p_{rh(t)} = p_2 = 3.282\ 1$MPa, $t_{rh(t)} = t_2 = 301.72℃$

　　　　　　　　　　　再热器进口　　　$p_{rh(b)}^{in} = 3.218$MPa,　　　　$t_{rh(b)}^{in} = 298.72℃$

低压缸排汽压力　　　　$p_c = 0.004\ 5$MPa　$X_c = 0.905\ 6$

给水泵小汽轮机耗汽份额　$\alpha_t = 0.031\ 58$

额定功率　　　　　　　$p_e = 600$MW

回热系统参数　　　　　该机组有八级回热抽汽，机组回热加热器为"三高四低一除氧"，在机组发电机实际发出功率 $p_e' = 586.96$MW 下各回热抽汽的压力和温度、加热器压力和疏水冷却器出口焓见表 7-1。

轴封及门杆参数　　　　该机组额定工况时轴封及门杆参数如表 7-2 所示。

表 7-1　　　　　　　　　　　　　TC4F-980 型机组回热加热器参数

项　目		单　位	回　热　加　热　器							
			H1	H2	H3	H4	H5	H6	H7	H8
回热抽汽	抽汽压力 p_j	MPa	5.610 4	3.282 1	1.600 3	0.810 7	0.397 8	0.151 5	0.050 3	0.028 65
	抽汽温度 t_j	℃	377.48	301.72	441.08	350.16	269.38	190.86	88.8	$X_{q8} = 0.981\ 8$
	加热器压力 p_j'	MPa	5.610 4	3.282 1	1.600 3	0.810 7	0.397 8	0.151 5	0.050 3	0.0286 5
水侧	加热器进口水温度 t_{wj+1}	℃	238.02	203.78	173.17	140.89	108.68	85.35	58.72	—
	加热器出口水温度 t_{wj}	℃	274.92	238.02	203.78	171.18	140.89	108.68	85.35	58.72
	加热器疏水温度 t_{wj}^d	℃	244.66	205.54	174.68	—	114.61	92.33	66.08	43.14

[❶]　上海电力学院动力系的教学资料。

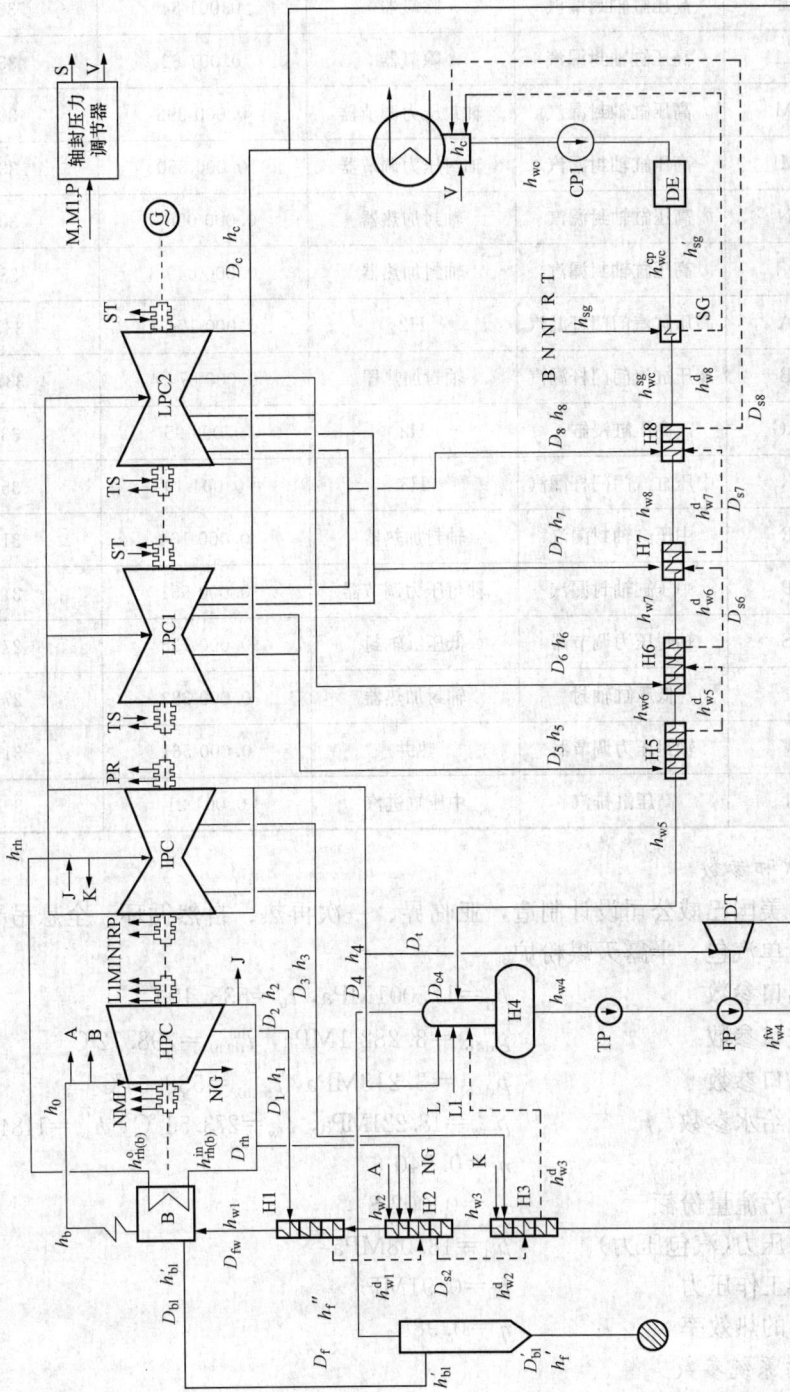

图 7-15　亚临界 600MW 一次中间再热凝汽式汽轮机发电厂原则性热力系统图

表 7-2 TC4F-980 型机组轴封及门杆流量参数

序号	符号	来源点	汇入点	流量占比份额	焓值（kJ/kg）
1	L	高压缸轴封漏汽	除氧器	0.001 84	3017.1
2	L1	高压缸轴封漏汽	除氧器	0.001 62	3325.3
3	M	高压缸轴封漏汽	轴封压力调节器	0.000 396	3017.1
4	M1	高压缸轴封漏汽	轴封压力调节器	0.000 350	3325.3
5	N	高压缸轴封漏汽	轴封加热器	0.000 056 3	3017.1
6	N1	高压缸轴封漏汽	轴封加热器	0.000 049 8	3325.3
7	A	高压缸汽门门杆漏汽	H2	0.000 174 3	3379.36
8	B	高压缸汽门门杆漏汽	轴封加热器	0.000 074 4	3379.36
9	NG	高压缸浸缸	H2	0.009 95	3325.3
10	K	中压缸汽门门杆漏汽	H3	0.004 19	3538.7
11	R	中压缸轴封漏汽	轴封加热器	0.000 104	3134.9
12	P	中压缸轴封漏汽	轴封压力调节器	0.000 551	3134.9
13	S	轴封压力调节器	低压缸轴封	0.000 735	2716.2
14	T	低压缸轴封	轴封加热器	0.000 323	2716.2
15	V	轴封压力调节器	热井	0.000 561	3150.3
16	J	高压缸排汽	中压缸进汽	0.004 21	3020.5

2. 锅炉形式和参数

锅炉形式　美国巴威公司设计制造，亚临界、一次再热、自然循环、全悬吊平衡通风、单汽包、半露天煤粉炉。

过热蒸汽出口参数　　　　　　$p_b = 17.001\text{MPa}$，$t_b = 533.19℃$

再热蒸汽进口参数　　　　　　$p_{rh(b)}^{in} = 3.282\ 1\text{MPa}$，$t_{rh(b)}^{in} = 298.72℃$

再热蒸汽出口参数　　　　　　$p_{rh(b)}^{o} = 3.218\text{MPa}$，$t_{rh(b)}^{o} = 538.64℃$

省煤器进口给水参数　　　　　$p'_{fw} = 18.221\text{MPa}$，$t'_{fw} = 273.56℃$，$h'_{fw} = 1184.36\text{kJ/kg}$

锅炉效率　　　　　　　　　　$\eta_b = 0.940\ 6$

汽包连续排污流量份额　　　　$\alpha_{bl} = 0.002\ 8$

锅炉排污水压力（汽包压力）　$p_{bl} = 18.08\text{MPa}$

排污扩容器工作压力　　　　　$p_f = 0.91\text{MPa}$

排污扩容器的热效率　　　　　$\eta_f = 0.98$

3. 管道热力系统参数

主蒸汽管道蒸汽泄漏份额　　　　　　　$\alpha_{b0} = 0.002\ 8$

再热蒸汽冷端管道蒸汽泄漏份额　　　　$\alpha_{rh(c)} = 0.002\ 8$

厂用汽份额（汽源为高压缸排汽）$\alpha_{ap(h)} = 0.002\ 8$，回水率 $\beta_{ap(h)} = 0$

厂用汽份额（汽源为中压缸排汽）$\alpha_{ap(i)}=0.002\,8$，回水率 $\beta_{ap(i)}=0$

给水泵出口给水参数　　　　　　　$p_{fp}^{o}=18.784\text{MPa}$，$t_{fp}^{o}=173.17℃$

轴封加热器的疏水温度和进口水焓　$t_{sg}=80.0℃$，$h_{wc}^{cp}=137.15\text{kJ/kg}$

4. 计算中采用的其他数据

燃煤低位发热量　　　　　　　　　$q_l=21\,550\ \text{kJ/kg}$

机组的机电效率　　　　　　　　　$\eta_{mg}=\eta_m\eta_g=0.984\,37$

加热器效率　　　　　　　　　　　$\eta_h=0.98$

厂用电率　　　　　　　　　　　　$\xi_{ap}=0.045$

凝汽器凝结水温度　　　　　　　　$t_c=32.75℃$

凝结水泵出口水压力　　　　　　　$p_{cp}^{o}=2.885\,2\text{MPa}$

环境温度　　　　　　　　　　　　$t=25℃$

补充水温度　　　　　　　　　　　$t_{ma}=25℃$，相应的比焓 $h_{w,ma}=104.77\text{kJ/kg}$

解：

1. 整理原始数据的计算点汽水焓值

新蒸汽、再热蒸汽及排污扩容器计算点参数如表 7-3 所示。根据汽轮机厂提供的机组发电机功率 $P'_e=586.96\text{M}$ 工况下的汽水参数，查表并整理出的汽水焓值见表 7-4 所示，在焓熵图上作该机组的汽态线，如图 7-16 所示。

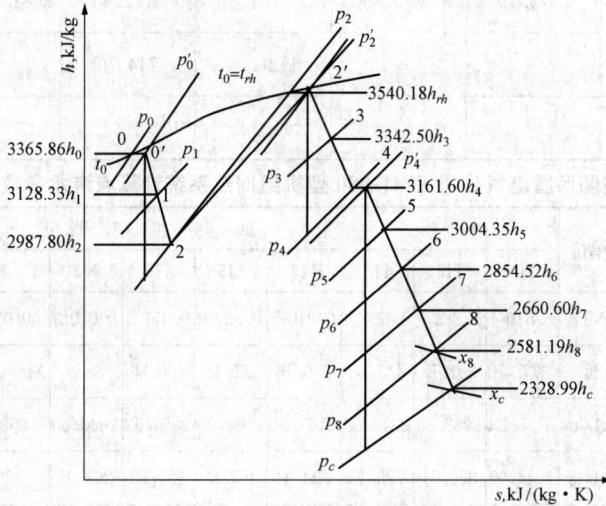

图 7-16　TC4F-980 型机组的汽态线

2. 全厂物质平衡

假设以高压缸进口蒸汽流量为基准，流量份额 $\alpha_0=1$。

(1) 计算锅炉连续排污扩容器产生的蒸汽量占比份额（该蒸汽最后引至除氧器）

由于锅炉排污扩容器产生的蒸汽可能是饱和蒸汽，也有可能是湿蒸汽，在此假设产生的蒸汽干度 $x_f=0.97$，则湿蒸汽的焓值为

$$h_f=x_f h''_f+(1-x_f)h'_f=0.97\times2772.55+(1-0.97)\times744.70$$

$$=2711.71\ (\text{kJ/kg})$$

由锅炉排污扩容器的热平衡方程可得到扩容器产生的蒸汽量为

$$\alpha_{bl} h'_{bl} \eta_f = \alpha_f h_f + (\alpha_{bl} - \alpha_f) h'_f$$

$$\alpha_f = \frac{\alpha_{bl}(h'_{bl} \cdot \eta_f - h'_f)}{h_f - h'_f} = \frac{0.002\,8 \times (1738.04 \times 0.98 - 744.7)}{2711.71 - 744.7} = 0.001\,4$$

（2）凝汽器补充水流量份额为

$$\alpha_{ma} = [\alpha_{ap(h)}(1 - \beta_{ap(h)}) + \alpha_{ap(i)}(1 - \beta_{ap(i)})] + (\alpha_{bl} - \alpha_f) + \alpha_{bo} + \alpha_{rh(c)}$$

$$= [0.002\,8 \times (1 - 0) + 0.002\,8 \times (1 - 0)] + (0.002\,8 - 0.001\,4) + 0.002\,8 + 0.002\,8$$

$$= 0.012\,7$$

（3）锅炉省煤器进口给水流量比例份额为

$$\alpha_{fw} = \alpha_0 + \alpha_{bo} + \alpha_{bl} = 1 + 0.002\,8 + 0.002\,8 = 1.005\,6$$

表 7-3 　　　　　　　新蒸汽、再热汽及排污扩容器计算点汽水参数表

汽水参数	单位	锅炉过热器（出口）	汽轮机高压缸（入口）	锅炉汽包排污水	连续排污扩容器	再热器
压力 p	MPa	17.001	16.706	18.08	0.91	3.282 1(入口)/3.218(出口)
温度 t	℃	533.19	531.78	357.3	175.8	298.72(入口)/538.64(出口)
汽焓 h	kJ/kg	3379.19	3365.86	—	2772.55	2982.22(入口)/3540.18(出口)
水焓 h_w	kJ/kg	—	—	1738.04	744.70	—
再热蒸汽焓升 q_{rh}	kJ/kg	—	—	—	—	557.96

表 7-4 　　　　　　美国西屋电气公司 TC4F-980 型机组回热系统计算点汽水参数

项目 加热器编号	单位	回热加热器 H1	H2	H3	H4	H5	H6	H7	H8	SG	排汽 C
加热器抽汽 压力 p_j	MPa	5.610 4	3.282 1	1.600 3	0.810 7	0.397 8	0.151 5	0.050 3	0.028 65	—	0.004 5
温度 t_j	℃	377.48	301.72	441.08	350.16	269.38	190.86	88.8	$X_c = 0.981\,8$	—	$X_c = 0.905\,6$
焓 h_j	kJ/kg	3128.33	2987.80	3342.50	3161.60	3004.35	2854.52	2660.60	2581.19	—	2328.99
p' 下饱和水焓 h'_j	kJ/kg	1044.97	859.51	726.13	723.34	467.35	381.53	262.95	172.18	335.64	137.15
被加热水 进口水焓 h_{wj+1}	kJ/kg	996.92	860.81	729.99	591.20	423.96	338.66	213.71	—	—	—
出口水焓 h_{wj}	kJ/kg	1185.13	996.92	860.81	723.34	591.20	423.96	338.66	213.71	—	—
疏水 疏冷器出口水焓 h^d_{wj}	kJ/kg	1044.97	859.51	726.13		467.35	381.53	262.95	172.18		

3. 计算汽轮机各段抽汽、加热器进出口参数

（1）由高压加热器 H1 热平衡计算 α_1

$$\alpha_1(h_1 - h^d_{w1})\eta_h = \alpha_{fw}(h_{w1} - h_{w2})$$

$$\alpha_1 = \frac{\alpha_{fw}(h_{w1} - h_{w2})/\eta_h}{h_1 - h^d_{w1}}$$

$$=\frac{1.005\ 6\times(1185.13-996.92)/0.98}{3128.33-1044.97}=0.092\ 7$$

物质平衡的 H1 疏水份额 α_{s1}

$$\alpha_{s1}=\alpha_1=0.092\ 7$$

（2）由高压加热器 H2 热平衡计算 α_2

$$[\alpha_2(h_2-h_{w2}^d)+\alpha_A(h_A-h_{w2}^d)+\alpha_{NG}(h_{NG}-h_{w2}^d)+\alpha_{s1}(h_{w1}^d-h_{w2}^d)]\eta_h=\alpha_{fw}(h_{w2}-h_{w3})$$

$$\alpha_2=\frac{\alpha_{fw}(h_{w2}-h_{w3})/\eta_h-\alpha_A(h_A-h_{w2}^d)-\alpha_{NG}(h_{NG}-h_{w2}^d)-\alpha_{s1}(h_{w1}^d-h_{w2}^d)}{h_2-h_{w2}^d}$$

$$=\frac{1}{(2987.80-859.51)}\times[1.005\ 6\times(996.92-860.81)/0.98-0.000\ 174\ 3(3379.36-859.51)$$

$$-0.00\ 995(3325.3-859.51)-0.092\ 7(1044.97-859.51)]$$

$$=0.045\ 8$$

物质平衡得 H2 疏水 α_{s2}

$$\alpha_{s2}=\alpha_1+\alpha_2+\alpha_A+\alpha_{NG}=0.092\ 7+0.045\ 8+0.000\ 174\ 3+0.009\ 95$$
$$=0.1486$$

再热蒸汽份额 α_{rh} 计算

由高压缸的物质平衡可得

$$\alpha_{rh}=\alpha_0-\alpha_A-\alpha_B-\alpha_N-\alpha_M-\alpha_L-\alpha_{L1}-\alpha_{M1}-\alpha_{N1}-\alpha_J-\alpha_{NG}-\alpha_1-\alpha_2-\alpha_{ap(h)}-\alpha_{ap(c)}$$
$$=1-0.000\ 174\ 3-0.000\ 074\ 4-0.000\ 056\ 3-0.000\ 396-0.001\ 84-0.001\ 62$$
$$-0.000\ 35-0.000\ 049\ 8-0.004\ 21-0.009\ 95-0.092\ 7-0.045\ 8-0.002\ 8$$
$$-0.002\ 8$$
$$=0.837\ 2$$

（3）由高压加热器 H3 热平衡计算 α_3

$$[\alpha_3(h_3-h_{w3}^d)+\alpha_K(h_K-h_{w3}^d)+\alpha_{s2}(h_{w2}^d-h_{w3}^d)]\eta_h=\alpha_{fw}(h_{w3}-h_{w4})$$

$$\alpha_3=\frac{\alpha_{fw}(h_{w3}-h_{w4})/\eta_h-\alpha_K(h_K-h_{w3}^d)-\alpha_{s2}(h_{w2}^d-h_{w3}^d)}{h_3-h_{w3}^d}$$

$$=\frac{1}{(3342.50-726.13)}\times[1.005\ 6\times(860.81-729.99)/0.98-0.004\ 19\times(3538.7-726.13)$$

$$-0.148\ 6\times(859.51-726.13)]=0.039\ 2$$

物质平衡得 H3 疏水 α_{s3}

$$\alpha_{s3}=\alpha_{s2}+\alpha_3+\alpha_k=0.148\ 6+0.039\ 2+0.004\ 19=0.192\ 1$$

（4）由除氧器 H4 热平衡计算 α_4

以除氧器进水焓为基准，根据除氧器的热平衡得

$$\alpha_4(h_4-h_{w5})+\alpha_L(h_L-h_{w5})+\alpha_{L1}(h_{L1}-h_{w5})+\alpha_{s3}(h_{w3}^d-h_{w5})+\alpha_f(h_f-h_{w5})$$
$$=\alpha_{fw}(h_{w4}-h_{w5})/\eta_h$$

$$\alpha_4=\frac{1}{(h_4-h_{w5})}[\alpha_{fw}(h_{w4}-h_{w5})/\eta_h-\alpha_L(h_L-h_{w5})-\alpha_{L1}(h_{L1}-h_{w5})$$

$$-\alpha_{s3}(h_{w3}^d-h_{w5})-\alpha_f(h_f-h_{w5})]$$

$$=\frac{1}{(3161.6-591.20)}\times[1.005\ 6\times(723.34-591.20)/0.98-0.001\ 84\times(3017.1-591.20)$$

$$-0.001\,62 \times (3325.3 - 591.20) - 0.192\,1 \times (726.13 - 591.20)$$
$$-0.001\,4 \times (2711.71 - 591.20)]$$
$$= 0.037\,2$$

除氧器进水量（主凝结水量）α_{c4}，由除氧器物质平衡得

$$\alpha_{c4} = \alpha_{fw} - \alpha_4 - \alpha_L - \alpha_{L1} - \alpha_{s3} - \alpha_f$$
$$= 1.005\,6 - 0.037\,2 - 0.001\,84 - 0.001\,62 - 0.192\,1 - 0.001\,4$$
$$= 0.771\,6$$

（5）由低压加热器 H5 热平衡计算 α_5

$$\alpha_5 (h_5 - h_{w5}^d) \eta_h = \alpha_{c4} (h_{w5} - h_{w6})$$

$$\alpha_5 = \frac{\alpha_{c4} (h_{w5} - h_{w6}) / \eta_h}{h_5 - h_{w5}^d}$$

$$= \frac{0.771\,6 \times (591.20 - 423.96) / 0.98}{3004.35 - 467.35}$$

$$= 0.051\,9$$

物质平衡的 H5 疏水份额 α_{s5}

$$\alpha_{s5} = \alpha_5 = 0.051\,9$$

（6）由低压加热器 H6 热平衡计算 α_6

$$[\alpha_6 (h_6 - h_{w6}^d) + \alpha_{s5} (h_{w5}^d - h_{w6}^d)] \eta_h = \alpha_{c4} (h_{w6} - h_{w7})$$

$$\alpha_6 = \frac{\alpha_{c4} (h_{w6} - h_{w7}) / \eta_h - \alpha_{s5} (h_{w5}^d - h_{w6}^d)}{h_6 - h_{w6}^d}$$

$$= \frac{0.771\,6 \times (423.96 - 338.66) / 0.98 - 0.051\,9 \times (467.35 - 381.53)}{2854.52 - 381.53}$$

$$= 0.025\,4$$

H6 疏水 α_{s6}

$$\alpha_{s6} = \alpha_{s5} + \alpha_6 = 0.051\,9 + 0.025\,4 = 0.077\,3$$

（7）由低压加热器 H7 热平衡计算 α_7

$$[\alpha_7 (h_7 - h_{w7}^d) + \alpha_{s6} (h_{w6}^d - h_{w7}^d)] \eta_h = \alpha_{c4} (h_{w7} - h_{w8})$$

$$\alpha_7 = \frac{\alpha_{c4} (h_{w7} - h_{w8}) / \eta_h - \alpha_{s6} (h_{w6}^d - h_{w7}^d)}{h_7 - h_{w7}^d}$$

$$= \frac{0.771\,6 \times (338.66 - 213.71) / 0.98 - 0.077\,3 \times (381.535 - 262.95)}{2660.6 - 262.95}$$

$$= 0.037\,2$$

H7 疏水 α_{s7}

$$\alpha_{s7} = \alpha_{s6} + \alpha_7 = 0.077\,3 + 0.037\,2 = 0.114\,5$$

（8）由低压加热器 H8、轴封冷却器 SG 构成一整体的热平衡计算 α_8

$$\alpha_8 (h_8 - h_{w8}^d) + \alpha_{s7} (h_{w7}^d - h_{w8}^d) + \alpha_B (h_B - h_{sg}') + \alpha_N (h_N - h_{sg}')$$
$$+ \alpha_{N1} (h_{N1} - h_{sg}') + \alpha_R (h_R - h_{sg}') + \alpha_T (h_T - h_{sg}')$$
$$= \alpha_{c4} (h_{w8} - h_{wc}^{pu}) / \eta_h$$

$$\alpha_8 = \frac{1}{(h_8 - h_{w8}^d)}\left[\alpha_{c4}(h_{w8} - h_{wc}^{cp})/\eta_h - \alpha_{s7}(h_{w7}^d - h_{w8}^d) - \alpha_B(h_B - h_{sg}')\right.$$

$$\left. - \alpha_N(h_N - h_{sg}') - \alpha_{N1}(h_{N1} - h_{sg}') - \alpha_R(h_R - h_{sg}') - \alpha_T(h_T - h_{sg}')\right]$$

$$= \frac{1}{(2581.19 - 172.18)}\left[0.771\,6 \times (213.71 - 137.15)/0.98 - 0.114\,5 \times (262.95 - 172.18)\right.$$

$$- 0.000\,074\,4 \times (3379.36 - 335.64) - 0.000\,056\,3 \times (3017.1 - 335.64) - 0.000\,049\,8$$

$$\times (3325.3 - 335.64) - 0.000\,104 \times (3134.9 - 335.64) - 0.000\,323 \times (2716.2$$

$$- 335.64)]$$

$$= 0.020\,0$$

H8 疏水 α_{s8}

$$\alpha_{s8} = \alpha_{s7} + \alpha_8 = 0.114\,5 + 0.022\,0 = 0.134\,5$$

（9）凝汽系数 α_c 的计算

1）由热井物质平衡得

$$\alpha_c = \alpha_{c4} - \alpha_{s8} - \alpha_B - \alpha_N - \alpha_{N1} - \alpha_R - \alpha_T - \alpha_V - \alpha_t - \left[\alpha_{ap(h)}(1 - \beta_{ab(h)}) + \alpha_{qp(i)}(1 - \beta_{ap(i)})\right]$$

$$- (\alpha_{bl} - \alpha_f) - \alpha_{bo} - \alpha_{rx}$$

$$= 0.771\,6 - 0.134\,5 - 0.000\,074\,4 - 0.000\,056\,3 - 0.000\,049\,8 - 0.000\,104 - 0.000\,323$$

$$- 0.000\,561 - 0.036 - [0.002\,8(1 - 0) + 0.002\,8(1 - 0)] - (0.002\,8 - 0.001\,4)$$

$$- 0.002\,8 - 0.002\,8 = 0.587\,4$$

2）由汽轮机物质平衡得

$$\sum_1^8 \alpha_i = \alpha_1 + \alpha_2 + \alpha_3 + \alpha_4 + \alpha_5 + \alpha_6 + \alpha_7 + \alpha_8 = 0.3494$$

$$\alpha_c = 1 - \left(\sum_1^8 \alpha_i\right) - \alpha_{NG} - \alpha_A - \alpha_B - \alpha_K - \alpha_t - \alpha_N - \alpha_M - \alpha_L$$

$$- \alpha_{L1} - \alpha_{M1} - \alpha_{N1} - \alpha_P - \alpha_R - \alpha_T + \alpha_S - \alpha_{ap(h)} - \alpha_{ap(i)} - \alpha_{rh(c)}$$

$$\alpha_c = 1 - (0.349\,4) - 0.009\,95 - 0.000\,174\,3 - 0.000\,074\,4 - 0.004\,19 - 0.036$$

$$- 0.000\,056\,3 - 0.000\,396 - 0.001\,84 - 0.001\,62 - 0.000\,35 - 0.000\,049\,8$$

$$- 0.000\,551 - 0.000\,104 - 0.000\,323 + 0.000\,735 - 0.002\,8 - 0.002\,8 - 0.002\,8$$

$$= 0.587\,4$$

两种方法的计算结果完全一致，证明计算正确。

4. 汽轮机机组的总功率及汽轮机汽耗计算

（1）汽轮机机组的总功率 P_e

根据汽轮机机组发电的电功率 P_e' 和机电效率 η_{mg} 可求得汽轮机机组的总输出功率 P_e

$$P_e = \frac{P_e'}{\eta_{mg}} = \frac{586\,960}{0.984\,37} = 596\,280(\text{kW})$$

（2）汽轮机汽耗 D_0 计算

$$P_e = D_0 \sum_1^{10}(\beta_i \Delta h_i)$$

$$D_0 = \frac{P_e}{\sum_1^{10}(\beta_i \Delta h_i)}$$

式中所用各级的通汽流量的份额 β、各级通汽流量的焓降 Δh 数据列于表 7-5 所示。

表 7-5 β 和 Δh

项　目	单　位 kJ/kg	项　目	单　位 kJ/kg
$\beta_1 = \alpha_0 - \alpha_A - \alpha_B - \alpha_{L1} - \alpha_{M1} - \alpha_{N1}$	0.997 7	$\Delta h_1 = h_0 - h_{NG}$	40.56
$\beta_2 = \beta_1 - \alpha_{NG}$	0.987 8	$\Delta h_2 = h_{NG} - h_1$	196.97
$\beta_3 = \beta_2 - \alpha_1$	0.895 1	$\Delta h_3 = h_1 - h_2$	140.53
$\beta_4 = \beta_3 - \alpha_2 - \alpha_L - \alpha_M - \alpha_N - \alpha_K - \alpha_{rh(c)}$ $- \alpha_{ap(h)}$	0.837 2	$\Delta h_4 = h^{\circ}_{rh(b)} - h_3$	197.68
$\beta_5 = \beta_4 - \alpha_3$	0.798	$\Delta h_5 = h_3 - h_4$	180.90
$\beta_6 = \beta_5 - \alpha_4 - \alpha_R - \alpha_P - \alpha_{ap(i)} - \alpha_t$	0.721 5	$\Delta h_6 = h_4 - h_5$	157.25
$\beta_7 = \beta_6 - \alpha_5$	0.669 6	$\Delta h_7 = h_5 - h_6$	149.83
$\beta_8 = \beta_7 - \alpha_6$	0.644 3	$\Delta h_8 = h_6 - h_7$	193.92
$\beta_9 = \beta_8 - \alpha_7$	0.607	$\Delta h_9 = h_7 - h_8$	79.41
$\beta_{10} = \beta_9 - \alpha_8$	0.587	$\Delta h_{10} = h_8 - h_c$	252.20

$$D_0 = 1780.475 (\text{t/h})$$

将 D_0 数据代入全厂各处汽水相对值内，求得的各项汽水流量列于表 7-6。

表 7-6   各项汽水流量

项　目	单　位 t/h	项　目	单　位 t/h
汽轮机汽耗　D_0	1780.475	第一级抽汽　$D_1 = \alpha_1 D_0$	165.05
给水量　$D_{fw} = \alpha_{fw} D_0$	1790.446	第二级抽汽　$D_2 = \alpha_2 D_0$	81.545 8
第一级加热器疏水 $D_{s1} = \alpha_{s1} D_0$	165.050	第三级抽汽　$D_3 = \alpha_3 D_0$	69.795
第二级加热器疏水 $D_{s2} = \alpha_{s2} D_0$	264.579	第四级抽汽　$D_4 = \alpha_4 D_0$	66.234
第三级加热器疏水 $D_{s3} = \alpha_{s3} D_0$	342.029	第五级抽汽　$D_5 = \alpha_5 D_0$	92.407
第五级加热器疏水 $D_{s5} = \alpha_{s5} D_0$	92.407	第六级抽汽　$D_6 = \alpha_6 D_0$	45.224
第六级加热器疏水 $D_{s6} = \alpha_{s6} D_0$	137.631	第七级抽汽　$D_7 = \alpha_7 D_0$	66.234
第七级加热器疏水 $D_{s7} = \alpha_{s7} D_0$	203.864	第八级抽汽　$D_8 = \alpha_8 D_0$	35.610
第八级加热器疏水 $D_{s8} = \alpha_{s8} D_0$	239.474	汽轮机排气　$D_c = \alpha_c D_0$	1045.851
再热蒸汽量 $D_{rh} = \alpha_{rh} D_0$	1490.614	小汽轮机的耗汽量　$D_t = \alpha_t D_0$	63.741
除氧器进水量 $D_{c4} = \alpha_{c4} D_0$	1373.815	锅炉连续排污流量　$D_{bl} = \alpha_{bl} D_0$	4.997
主蒸汽管道蒸汽泄漏量 $D_{b0} = \alpha_{b0} D_0$	4.997	厂用汽（来自高压缸）　$D_{ap(h)} = \alpha_{ap(h)} D_0$	4.997
再热蒸汽冷端管道蒸汽泄漏量 $D_{rx(c)} = \alpha_{rx(c)} D_0$	4.997	厂用汽（来自中压缸）　$D_{ap(i)} = \alpha_{ap(i)} D_0$	4.997

5. 热经济指标计算

（1）机组热耗 Q_0、热耗率 q_0、绝对电效率 η_e

$$Q_0 = (D_{fw} - D_{bl})(h_0 - h_{w1}) + D_{rh}(h^{\circ}_{rh(b)} - h_{rh}) + D_{ap(h)}(h_b - h_{rh})$$

$$+ D_{ap(i)}(h_b - h_4) + D_{bo}(h_b - h_0) + D_{rh(c)}(h_b - h_{rh}) + D_{bl}(h_b - h_{rh})$$

$$= (1\ 790\ 446 - 4997)(3365.86 - 1185.13) + 1\ 490\ 614(3540.18 - 2987.8)$$

$$+ 4997(3379.19 - 2987.8) + 4997(3379.19 - 3161.6) + 4997(3379.19$$

$$- 3365.86) + 4997(3379.19 - 2987.8) + 4997(3379.19 - 2987.8)$$

$$= 4\ 650\ 692\ 178(kJ/h)$$

$$q_0 = \frac{Q_0}{P'_e} = \frac{4\ 650\ 692\ 187}{586\ 960} = 7923.35[kJ/(kW \cdot h)]$$

$$\eta_e = \frac{3600}{q_0} = \frac{3600}{7923.35} = 0.454\ 4$$

（2）锅炉热负荷 Q_b（见表 7-3 和表 7-5）

$$Q_b = D_{bl}(h'_{bl} - h'_{fw}) + (D_{fw} - D_{bl})(h_b - h'_{fw}) + D_{rh}(h^o_{rh(b)} - h^{in}_{rh(b)})$$

$$= 4997 \times (1738.04 - 1184.36) + (1\ 790\ 446 - 4997)$$

$$\times (3379.19 - 1184.36) + 1\ 490\ 614 \times (3540.18 - 2982.22)$$

$$= 4\ 753\ 242\ 397(kJ/h)$$

（3）管道热效率的正平衡计算与反平衡计算

1）管道热效率正平衡法从热量的有效利用角度出发，由机组热耗量与锅炉热负荷直接计算得到 η_p

$$\eta_p = \frac{Q_0}{Q_b} = \frac{4\ 650\ 692\ 178}{4\ 753\ 242\ 397} = 0.978\ 4$$

2）管道热效率反平衡法从管道热损失角度出发进行分类（本例题中未考虑再热热端管道的热损失），进而间接计算管道热效率，将管道对外热损失分为以下六大类：

①新蒸汽管道散热损失

$$\Delta Q_{p1} = (D_{fw} - D_{bl})(h_b - h_0) = (1\ 790\ 446 - 4997)(3379.19 - 3365.86)$$

$$= 23\ 800\ 035(kJ/h)$$

②再热蒸汽冷端管道散热损失

$$\Delta Q_{p2} = D_{rh}(h_{rh} - h^{in}_{rh(b)}) = 1\ 490\ 614(2987.8 - 2982.22)$$

$$= 8\ 317\ 626(kJ/h)$$

③主给水管道散热损失

$$\Delta Q_{p3} = D_{fw}(h_{w1} - h'_{fw}) = 1\ 790\ 446(1185.13 - 1184.36)$$

$$= 137\ 864\ 3(kJ/h)$$

④管道带热量工质泄漏热损失

$$\Delta Q_{p4} = D_{bo}(h_0 - h_{w,ma}) + D_{rx(c)}(h^{in}_{rh(b)} - h_{w,ma}) = 4997(3365.86 - 104.77)$$

$$+ 4997(2982.22 - 104.77) = 30\ 674\ 284(kJ/h)$$

⑤厂用蒸汽管道热损失

$$\Delta Q_{p5} = D_{ap(h)}(h_{rh(t)} - h_{w,ma}) + D_{ap(i)}(h_4 - h_{w,ma}) = 4997(2987.8 - 104.77)$$

$$+ 4997(3161.6 - 104.77) = 29\ 681\ 480(kJ/h)$$

⑥锅炉排污管道热损失

$$\Delta Q_{p6} = D_{bl}(h'_{bl} - h_{w,ma}) = 4997(1738.04 - 104.77)$$

$$= 8\ 161\ 450(kJ/h)$$

总计管道热损失为

$$\Delta Q_p = \Delta Q_{p1} + \Delta Q_{p2} + \Delta Q_{p3} + \Delta Q_{p4} + \Delta Q_{p5} + \Delta Q_{p6}$$
$$= 23\ 800\ 035 + 8\ 317\ 626 + 1\ 378\ 643 + 30\ 674\ 284 + 29\ 681\ 480$$
$$+ 8\ 161\ 450 = 102\ 013\ 518(kJ/h)$$

管道热效率

$$\eta_p = 1 - \frac{\Delta Q_p}{Q_b} = 1 - \frac{102\ 013\ 518}{4\ 753\ 242\ 397} = 0.978\ 5$$

结论：正、反平衡法计算结果相差很小，证明热力计算正确。

管道热损失分类。将管道热损失分为以下三大类损失，计算结果如表 7-7 所示。

表 7-7 管道热损失分类计算结果

项 目	内 容	热损失 ΔQ_{pi} (kJ/h)	全厂损失份额 (%)	管道损失相对份额 (%)
散热损失类	新蒸汽管道散热损失	23 800 035	0.500 7	23.32
	再热蒸汽热端管道散热损失	0	0	0
	再热蒸汽冷端管道散热损失	8 317 626	0.175 0	8.15
	给水管道散热损失	1 378 643	0.029 0	1.35
辅助系统损失类	厂用蒸汽管道热损失	29 681 480	0.624 4	29.10
	锅炉排污管道热损失	8 161 450	0.171 7	8.00
带热量工质泄漏损失类	主蒸汽管道蒸汽泄漏热损失	16 295 666	0.342 8	15.98
	再热蒸汽管道蒸汽泄漏热损失	14 378 618	0.302 5	14.10
	水侧工质泄漏热损失	0	0	0
总计	—	—	2.146 2	100

（4）全厂热经济指标

全厂热效率 $\quad \eta_{cp} = \eta_b \eta_p \eta_e = 0.940\ 6 \times 0.978\ 4 \times 0.454\ 4 = 0.418\ 1$

全厂热耗率 $\quad q_{cp} = \dfrac{3600}{\eta_{cp}} = \dfrac{3600}{0.418\ 1} = 8610.38[kJ/(kW \cdot h)]$

全厂发电标准煤耗率 $\quad b^s = \dfrac{0.123}{\eta_{cp}} = \dfrac{0.123}{0.418\ 1} = 0.294\ 2[kg/(kW \cdot h)]$

全厂供电热效率 $\quad \eta_{cp}^n = \eta_{cp}(1 - \xi_{ap}) = 0.418\ 1 \times (1 - 0.045) = 0.399\ 3$

全厂供电热耗率 $\quad q_{cp}^n = \dfrac{3600}{\eta_{cp}(1 - \xi_{ap})} = \dfrac{3600}{0.418\ 1 \times (1 - 0.045)} = 9016.11[kJ/(kW \cdot h)]$

全厂供电标准煤耗率 $b_{cp}^n = \dfrac{0.123}{\eta_{cp}(1 - \xi_{ap})} = \dfrac{0.123}{0.418\ 1 \times (1 - 0.045)} = 0.308\ 1[kJ/(kW \cdot h)]$

【小结】（1）本例是用相对量定功率计算，即从进汽为 1kg 来计算，各处汽水流量为其份额。按定功率计算出 D_0 值，再按 $\alpha_j D_0$ 来计算各处汽水流量的绝对值 kg/h 或 t/h。

（2）用正反热平衡法分别计算其管道效率 η_p，并作了校核。

【例题 7-2】 超高压双抽汽供热式汽轮机发电厂原则性热力系统计算

该热电厂的原则性热力系统如图 7-17 所示，求在计算的供热工况和汽轮机耗汽量 D'。

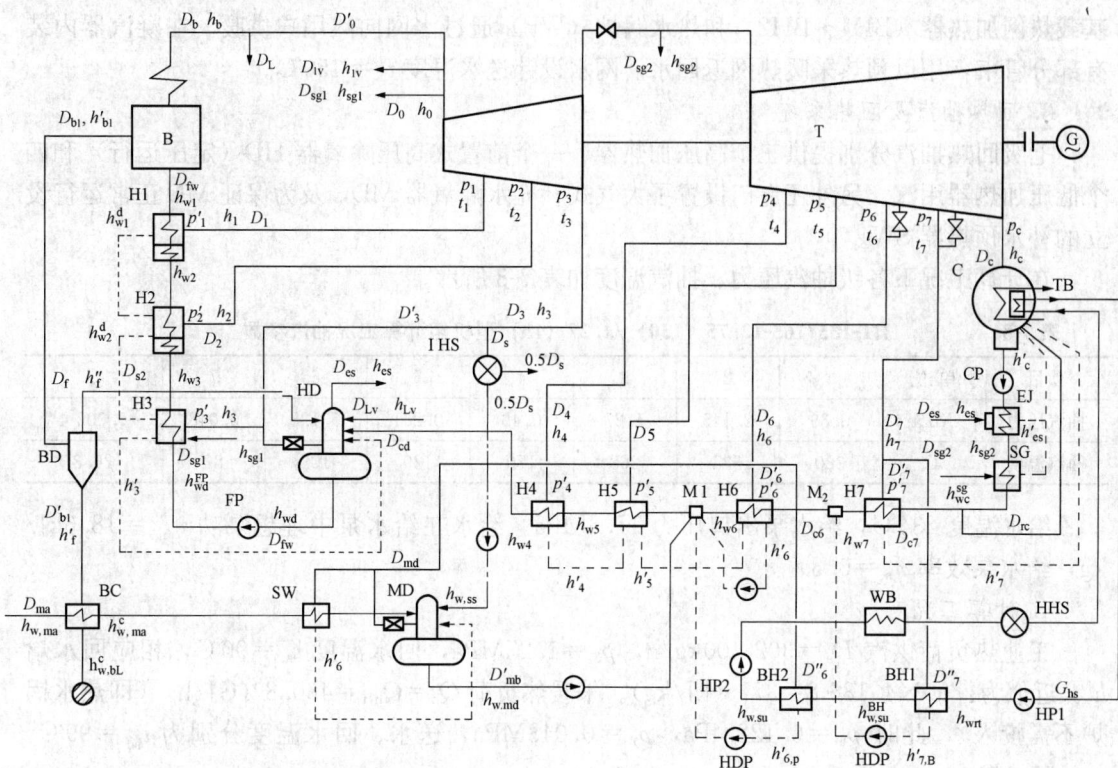

图 7-17　超高参数双抽汽供热式机组的热电厂原则性热力系统

下的发电量和全厂各项热经济指标。

已知：

1. 汽轮机、锅炉的主要特性

（1）汽轮机

机组形式　俄罗斯 ΠT－135/165-12.75/1.27 型（我国华能北京热电厂装有两台该类型的机组）

新汽参数　$p_0 = 12.75$ MPa，$t_0 = 565℃$

终参数　$p_z = 3.4$kPa

抽汽　七级抽汽，其中第 3、6、7 为调节抽汽，第 3 级为工业抽汽，第 6、7 级为采暖抽汽

功率　额定功率为 135MW，最大功率为 165MW

（2）锅炉

形式　自然循环汽包炉

参数　$p_b = 13.83$MPa，$t_b = 570℃$

锅炉效率　$\eta_b = 0.92$

2. 供热抽汽及供热系统

第 3 级工业抽汽调压范围为 0.785～1.27MPa（8～13ata）。直接向热用户供汽，回水率 50%，返回至补充水除氧器 MD。

第 6、7 级采暖抽汽调压范围分别为 0.058 8～0.245MPa、0.039 2～0.118MPa。经由

基载热网加热器（BH1～BH2）和热水锅炉（WB）通过水网向热用户供暖。在凝汽器内装有部分管束，用以预热采暖热网返回水。网水设计送水温度 $t_{sn}^d = 150℃$。

3. 回热抽汽及回热系统

七级回热抽汽分别提供三个高压加热器、一个前置式高压除氧器 HD（定压运行）和四个低压加热器用汽。另外还专门设置了大气式补充水除氧器 MD，及为保证 MD 正常运行设立的补水预热器 SW。

在计算工况下各级抽汽压力、抽汽温度如表 7-8 所示。

表 7-8　　　　ΠT-135/165-12.75（130）/1.27（13）型机组计算工况抽汽参数

项 目	单 位	1	2	3	4	5	6	7	C
抽汽压力	MPa	3.39	2.145	1.27	0.49	0.261	0.128	0.048	0.003 4
抽汽温度	℃	380	328	268	170	129	108	82	26.3

给水温度 234℃，给水泵出口压力 17.5MPa。给水在给水泵中理想泵功 $w_{pu}^a = 18.6$kJ/kg，给水泵效率 $\eta_{pu} = 0.8$。

4. 计算工况

工业热负荷供汽 $D_s = 302\ 400$kg/h，$p_3 = 1.27$MPa，回水温度 $t_{ss} = 90℃$，相应回水焓 $h_{w,ss}$ 近似为：$90 \times 4.186\ 8 = 377$（kJ/kg）。采暖热负荷 $Q_h = Q_{h,t} = 460.8$（GJ/h）（即热水锅炉不需投入），此时 $p_6 = 0.128$MPa，$p_7 = 0.048$MPa，送水、回水温度分别为 $t_{su} = 99℃$，$t_{rt} = 35.4℃$。

供汽轮机的新汽量 $D'_0 = 737\ 640$kg/h。其中包括做功的新汽量 D_0，及不参与做功的门杆漏汽 D_{1v}、轴封漏汽 D_{sg1}。$D_{1v} = 3600$kg/h；$h_{1v} = 3477$kJ/kg；$D_{sg1} = 4176$kg/h，$h_{sg1} = 3253.3$kJ/kg，D_{sg1} 被回收至 H3 高压加热器。

参与了做功的轴封漏汽为 D_{sg2}，它被引至轴封冷却器 SG。$D_{sg2} = 6984$kg/h，$h_{sg2} = 2973$kJ/kg，其凝结放热量 $q_{sg2} = 2200$kJ/kg。

给水除氧器 HD 引出 D_{es} 蒸汽供射汽抽气器 EJ 用汽。$D_{es} = 5400$kg/h，$h_{es} = 2755.6$kJ/kg，疏水比焓 $h'_{es} = 223$kJ/kg。

为保证凝结水泵不汽蚀及抽气器冷却器和轴封冷却器的充分冷却，要求轴封冷却器出口水温 $t_c^{sg} \leq 55℃$，为此设置了凝结水再循环管，供凝汽器 D_c 较小（即供热负荷较大）时使用，再循环流量为 D_{rc}。

5. 计算中选用的数据

汽轮发电机机电效率 $\eta_m \eta_g = 0.98$，换热设备效率 $\eta_h = 0.995$，热网效率 $\eta_{hs} = 0.98$。

连续排污扩容器压力 $p_f = 0.686\ 5$MPa，汽包压力 14.7MPa。锅炉连续排污量 $D_{bl} = 11160$kg/h，电厂内部汽水损失 $D_l = 11\ 200$kg/h。

轴封冷却器出口水温 $t_c^{sg} = 55℃$，补充水温 $t_{ma} = 10℃$，排污冷却器排污水出口温度 $t_{bl}^c = 40℃$。因水压较低，它们对应水比焓近似为：$h_{wc}^{sg} = 55 \times 4.1868 = 230.27$（kJ/kg），$h_{w,ma} = 10 \times 4.1868 = 41.87$（kJ/kg），$h_{w,bl}^c = 40 \times 4.1868 = 167.47$（kJ/kg）。

解：

1. 整理原始资料编制计算点汽水参数表

根据厂家资料，该热电厂在计算工况下各计算点参数如表 7-9～表 7-11 所示。

表 7-9 新蒸汽、排污水、扩容器汽水参数表

项 目	单 位	锅炉出口	汽轮机入口	连续排污	扩容器
压力 p	MPa	13.83	12.75	14.7	0.686 5
温度 t	℃	570	565	340.6 (t_s)	—
蒸汽比焓 h	kJ/kg	3525	3521	—	2761.19 (h'')
饱和水比焓 h'_w	kJ/kg	—	—	1600.4	693.75

表 7-10 俄罗斯 ПТ-135/165-12.75（130）/1.27（13）型机组回热加热系统计算点汽水参数表

计算点	抽汽压力 p MPa	抽汽温度 t ℃	抽汽焓 h kJ/kg	加热器压力 p' MPa	p'下饱和水温 t_s ℃	p'下饱和水焓 h' kJ/kg	上端差 θ ℃	水侧压力 p_w MPa	出口温度 t_j ℃	出口水焓 h_{wj} kJ/kg	下端差 θ ℃	疏冷器出口水焓 h_{wj}^d kJ/kg
1	3.39	380	3181	3.120	236.0	1018.7	2.0	16.5	234.0	1011.9	10	942.1
2	2.145	328	3083	1.971	211.6	905.2	2.0	17.0	209.6	901.7	10	829.3
3	1.27	268	2973	1.170	186.8	793.3	2.0	17.5	184.8	792.7	—	—
HD	1.27	268	2973	0.588	158.1	667.0	—	0.588	158.1	667.0	—	—
4	0.49	170	2802	0.451	148.0	623.6	5.0	1.92	143.0	603.1	—	—
5	0.261	129	2708	0.240	126.1	526.0	5.0	2.08	121.1	509.7	—	—
6	0.128	108	2610	0.118	104.3	437.3	5.0	2.22	99.3	417.6	—	—
MD	0.128	108	2610	0.118	104.3	437.3	—	—	104.3	437.3	—	—
7	0.048	82	2486	0.044	78.2	327.4	5.0	2.36	73.2	308.3	—	—
C	0.003 4	26.3	2486	—	26.3	110.6	—	—	26.3	110.6	—	—

表 7-11 热网加热器汽水参数表

计算处	抽汽压力 p MPa	抽汽温度 t ℃	抽汽焓 h kJ/kg	加热器压力 p' MPa	p'下饱和水温 t_s ℃	p'下饱和水焓 h' kJ/kg	端差 θ ℃	进口水温 t_{j+1} ℃	进口水焓 h_{j+1} kJ/kg	出口水温 t_j ℃	出口水焓 h_j kJ/kg
基载热网加热器 BH2	0.128	108	2610	0.104 0	101.0	422.0	2.0	74.9	314.2	99.0	415.6
基载热网加热器 BH1	0.048	82	2486	0.041 8	76.8	322.0	1.9	35.4	149.2	74.9	314.2

2. 全厂物质平衡及锅炉连续排污利用系统计算

汽轮机做功蒸汽耗量 $D_0 = D'_0 - D_{sg1} - D_{lv} = 737\ 640 - 4176 - 3600 = 729\ 864$（kg/h）

锅炉蒸发量 $D_b = D'_0 + D_1 = 737\ 640 + 11\ 200 = 748\ 840$（kg/h）

给水量 $D_{fw} = D_b + D_{bl} = 748\ 840 + 11\ 160 = 760\ 000$（kg/h）

（1）锅炉连续排污扩容器部分计算，求 D_f、D'_{bl} 和 D_{ma}（计算汽水参数见表 7-7）

扩容蒸汽量

$$D_f = \left(\frac{h'_{bl}\eta_h - h_f}{h''_f - h'_f} \right) D_{bl}$$

$$= \frac{1600.4 \times 0.995 - 693.75}{2761.19 - 693.75} \times 11\,160$$

$$= 4851(kg/h)$$

排污水损失量 $D'_{bl} = D_{bl} - D_f = 11\,160 - 4851 = 6309$ （kg/h）

补充水量

$$D_{ma} = 0.5D_s + D'_{bl} + D_l$$

$$= 0.5 \times 302\,400 + 6309 + 11\,200 = 168\,709(kg/h)$$

（2）排污冷却器部分计算求 $h^c_{w,ma}$

由排污冷却器热平衡得补充水在其中焓升值 $\Delta h^c_{w,ma}$，即

$$\Delta h^c_{w,ma} = \frac{D'_{bl}(h'_f - h^c_{w,bl})\eta_h}{D_{ma}}$$

$$= \frac{6309 \times (693.75 - 167.47) \times 0.995}{168\,709}$$

$$= 19.58(kJ/kg)$$

$$h^c_{w,ma} = h_{w,ma} + \Delta h_{w,ma} = 41.87 + 19.58$$

$$= 61.45(kJ/kg)$$

3. 补充水除氧器 MD 的计算

将 MD 和 SW 作为一整体进行热平衡计算求它们的耗汽量 D_{md}，即

$$D_{md} = \frac{D_{ma}(h_{w,md} - h^c_{w,ma}) + 0.5D_s(h_{w,md} - h_{w,ss})}{(h_6 - h_{w,md})\eta_h}$$

$$= \frac{168\,709 \times (437.3 - 61.45) + 0.5 \times 302\,400 \times (437.3 - 377)}{(2610 - 437.3) \times 0.995}$$

$$= 33545(kg/h)$$

由 MD 物质平衡求其出水量 D'_{md}，即

$$D'_{md} = D_{md} + D_{ma} + 0.5D_s$$

$$= 33\,545 + 168\,709 + 0.5 \times 302\,400$$

$$= 353\,454(kg/h)$$

4. 对外供热部分计算

计算点汽水焓见表 7-9。由热网各处的热平衡可求得热网水流量，即

$$G_{hs} = \frac{Q_H}{h_{w,su} - h_{w,rt}} = \frac{460.8 \times 10^6}{415.6 - 149.2} = 1\,729\,730(kg/h)$$

基载热网加热器（BH2）加热蒸汽量 D''_6

$$D''_6 = \frac{G_{hs}(h_{w,su} - h^{BH}_{w,su})}{(h_6 - h'_{6p})\eta_h}$$

$$= \frac{1\,729\,730 \times (415.6 - 314.2)}{(2610 - 422) \times 0.995} = 80\,565(kg/h)$$

基载热网加热器（BH1）加热蒸汽量 D''_7 的计算式为

$$D''_7 = \frac{G_{hs}(h_{w,su}^{BH} - h_{w,rt})}{(h_7 - h'_{7B})\eta_h}$$

$$= \frac{1\ 729\ 730 \times (314.2 - 149.2)}{(2486 - 322) \times 0.995} = 132\ 550(\text{kg/h})$$

5. 回热加热器的计算

计算点汽水焓见表 7-10。

（1）高压加热器 H1，计算求 D_1

$$D_1 = \frac{D_{fw}(h_{w1} - h_{w2})/\eta_h}{h_1 - h_{w1}^d}$$

$$= \frac{760\ 000 \times (1011.9 - 901.7)/0.995}{3181 - 942.1} = 37\ 596(\text{kg/h})$$

（2）高压加热器 H2 的计算，求 D_2

$$D_2 = \frac{D_{fw}(h_{w2} - h_{w3})/\eta_h - D_1(h_{w1}^d - h_{w2}^d)}{h_2 - h_{w2}^d}$$

$$= \frac{760\ 000 \times (901.7 - 792.7)/0.995 - 37\ 596 \times (942.1 - 829.3)}{3083 - 829.3} = 35\ 060(\text{kg/h})$$

$$D_{s2} = D_1 + D_2 = 37\ 596 + 35\ 060 = 72\ 656(\text{kg/h})$$

（3）高压加热器 H3 和高压除氧器 HD 的计算，求 D_3

给水泵 FP 内水的焓升 Δh_w^{pu}

$$\Delta h_w^{pu} = \frac{w_{pu}^a}{\eta_{pu}} = \frac{18.6}{0.8} = 23.25(\text{kJ/kg})$$

将 H3 与 HD 看成一整体，以进水焓 h_{w4} 为基准的蒸汽放热量 q、水吸热量 Δh_w、疏水放热量 Δh_w^d 为

$$\Delta h_{w3} = h_{w3} - h_{w4} = 792.7 - 603.1 = 189.6(\text{kJ/kg})$$

$$q_3 = h_3 - h_{w4} = 2973 - 603.1 = 2369.9(\text{kJ/kg})$$

$$\Delta h_{w3}^d = h_{w2}^d - h_{w4} = 829.3 - 603.1 = 226.2(\text{kJ/kg})$$

$$q_{sg1} = h_{sg1} - h_{w4} = 3253.3 - 603.1 = 2650.2(\text{kJ/kg})$$

$$q_f = h''_f - h_{w4} = 2761.19 - 603.1 = 2158.09(\text{kJ/kg})$$

$$q_{lv} = h_{lv} - h_{w4} = 3477 - 603.1 = 2873.9(\text{kJ/kg})$$

$$q_{es} = h_{es} - h_{w4} = 2755.6 - 603.1 = 2152.5(\text{kJ/kg})$$

则由 H3 和 HD 的整体热平衡可求得 D'_3，即

$$D'_3 = [D_{fw}(\Delta h_{w3} - \Delta h_w^{pu})/\eta_h + D_{es}q_{es} - D_{s2}\Delta h_{w3}^d - D_{sg1}q_{sg1} - D_f q_f - D_{lv}q_{lv}]/q_3$$

$$= \frac{1}{2369.9} \times [76\ 000 \times (189.6 - 23.25)/0.995 + 5400 \times 2152.5 - 72\ 656 \times 226.2$$

$$- 4176 \times 2650.2 - 4851 \times 2158.09 - 3600 \times 2873.9] = 38\ 132(\text{kg/h})$$

（4）低压加热器 H4 的计算，求 D_4

由除氧器 HD 物质平衡得 D_{cd}，即

$$D_{cd} = D_{fw} - D'_3 - D_{s2} - D_{sg1} - D_f - D_{lv} + D_{es}$$

$$= 760\ 000 - 38\ 132 - 72\ 656 - 4176 - 4851 - 3600 + 5400$$

$$=641\ 985(\text{kg/h})$$

$$D_4 = \frac{D_{\text{cd}}(h_{\text{w4}} - h_{\text{w}_5})/\eta_{\text{h}}}{h_4 - h'_4}$$

$$= \frac{641\ 985(603.1 - 509.7)/0.995}{2802 - 623.6} = 27\ 664(\text{kg/h})$$

（5）低压加热器 H5 的计算，求 D_5

将 H5 与混合点 M1 看成一整体（见图 7-18），不计 η_{h}，由热平衡式 $\sum$ 流入热量 $= \sum$ 流出热量得

$$D_5 h_5 + D_4 h'_4 + D'_{\text{md}} h_{\text{w,md}} + D''_6 h'_{6\text{p}} + (D_4 + D_5 + D'_6)h'_6 + D_{\text{c6}}h_{\text{w6}}$$
$$= D_{\text{cd}}h_{u5} + (D_4 + D_5)h'_5 \tag{a}$$

由混合点 M1 的物质平衡得

$$D_{\text{c6}} = D_{\text{cd}} - D_4 - D_5 - D'_6 - D''_6 - D'_{\text{md}} \tag{b}$$
$$= 641\ 985 - 27\ 664 - D_4 - D'_6 - 80\ 565 - 353\ 454$$
$$= 180\ 302 - D_5 + D'_6 \tag{b'}$$

将式（b）代入式（a），整理成"$\sum$吸热 $= \sum$放热"的形式后再考虑 η_{h}，得〔亦可不经式（a）、式（b），直接写出下式〕

$$D_{\text{cd}}(h_{\text{w5}} - h_{\text{w6}}/\eta_{\text{h}}) = D_5(h_5 - h'_5) + D_4(h'_4 - h'_5) + D'_{\text{md}}(h_{\text{w,md}} - h_{\text{w6}})$$
$$+ D''_6(h'_{6\text{p}} - h_{\text{w6}}) + (D_4 + D_5 + D'_6)(h'_6 - h'_{\text{w6}}) \tag{c}$$

代入已知数据求出 D_5 与 D'_6 的关系如下：

$$641\ 985 \times (509.7 - 417.6)/0.955 = D_5(2708 - 526.1) + 27\ 664 \times (623.6 - 526.1)$$
$$+ 353\ 454 \times (437.3 - 417.6) + 80\ 565$$
$$\times (422 - 417.6) + (27\ 664 + D_5 + D'_6)$$
$$\times (437.3 - 417.6)$$
$$48\ 864\ 227 = 2201.6 D_5 + 19.7 D'_6 \tag{d}$$

（6）低压加热器 H6 的计算，求 D'_6

将 H6 与混合点 M2 作为整体来考虑（见图 7-19）。整体的热平衡式写成"$\sum$流入热量 $= \sum$流出热量"形式，不计 η_{h}

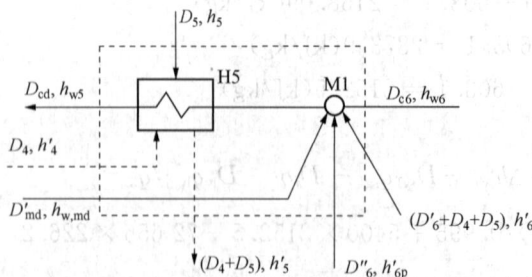

图 7-18　加热器 H5 物质平衡和能量平衡　　　图 7-19　加热器 H6 物质平衡和能量平衡

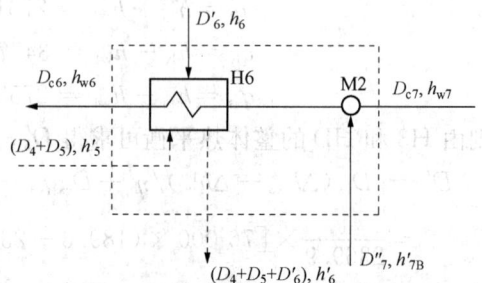

$$D'_6 h_6 + (D_4 + D_5)h'_5 + D''_7 h'_{7\text{B}} + D_{\text{c7}}h_{\text{w7}} = D_{\text{c6}}h_{\text{w6}} + (D_4 + D_5 + D'_6)h'_6 \tag{e}$$

混合点 M2 的物质平衡

$$D_{\text{c7}} = D_{\text{c6}} - D''_7 \tag{f}$$

将式 (f) 带入式 (e)，整理成"$\sum$吸热$=\sum$放热"形式，考虑 η_h 后得［亦可不经式 (e)、式 (f)，直接写出下式］

$$D_{c6}(h_{w6}-h_{w7})/\eta_\mathrm{h} = D'_6(h_6-h'_6)+(D_4+D_5)(h'_5-h'_6)$$
$$+D''_7(h'_{7B}-h_{w7}) \tag{g}$$

将式 (b') 及已知有关数据带入式 (g) 得

$$(180\,302-D_5-D'_6)\times(417.6-308.3)/0.995$$
$$=D'_6(2610-437.3)+(27\,664+D_5)\times(526.1-437.3)$$
$$+132\,550\times(322-308.3)$$

整理后有 $\qquad\qquad 15\,533\,541=198.65D_5+2282.55D'_6 \tag{h}$

联立求解式 (d) 及式 (h) 得

$$D_5 = 22\,148(\mathrm{kg/h})$$
$$D'_6 = 4878(\mathrm{kg/h})$$

由式 (b')、式 (e) 可得

$$D_{c6} = 180\,302-D_5-D'_6$$
$$=180\,302-22\,148-4878 = 153\,276(\mathrm{kg/h})$$
$$D_{c7} = D_{c6}-D''_7$$
$$=153\,276-132\,550 = 20\,726(\mathrm{kg/h})$$

(7) 低压加热器 H7 的计算，求 D'_7

$$D'_7 = \frac{D_{c7}(h_{w7}-h_{wC}^{sg})/\eta_\mathrm{h}}{h_7-h'_7}$$
$$= \frac{20\,726\times(308.3-230.3)/0.995}{2486-327.4}$$
$$=753(\mathrm{kg/h})$$

(8) SG、EJ 的计算，求 D_{rc}

为保证 $t_\mathrm{c}^{sg}=55℃$，相应 $h_{wc}^{sg}=230.27\mathrm{kJ/kg}$ 所需要的主凝结水循环水量 D_{rc}，由 SG、EJ 的整体热平衡可得

$$D_{es}(h_{es}-h'_{es})+D_{sg2}q_{sg2} = (D_{c7}+D_{rc})(h_{wc}^{sg}-h'_\mathrm{c})/\eta_\mathrm{h}$$

$$5400\times(2755.6-223)+6984\times2200 = (20\,726+D_{rc})\times(230.3-110.6)/0.995$$

求解得 $\qquad\qquad D_{rc} = 220\,674(\mathrm{kg/h})$

循环倍率

$$m_{rc} = \frac{D_{c7}+D_{rc}}{D_{c7}} = \frac{20\,726+220\,674}{20\,726} = 11.65$$

(9) 凝汽流量计算

由热井物质平衡得

$$D_\mathrm{c} = D_{c7}-D'_7-D_{sg2}-D_{es} = 20\,726-753-6984-5400 = 7589(\mathrm{kg/h})$$

6. 流量校核及功率计算

(1) 由汽轮机物质平衡校核凝汽流量 D_c

$$D_3 = D_s + D_3' = 302\ 400 + 38\ 132 = 340\ 532(\text{kg/h})$$
$$D_6 = D_6' + D_6'' + D_{md} = 4878 + 80\ 565 + 33\ 545 = 118\ 988(\text{kg/h})$$
$$D_7 = D_7' + D_7'' = 753 + 132\ 550 = 133\ 303(\text{kg/h})$$

$$\sum_1^7 D_j = 37\ 596 + 35\ 060 + 340\ 532 + 27\ 664 + 22\ 148 + 118\ 988 + 133\ 303$$
$$= 715\ 291(\text{kg/h})$$

由汽轮机物质平衡得

$$D_c = D_0' - D_{sg1} - D_{lv} - \sum_1^7 D_j - D_{sg2}$$
$$= 737\ 640 - 4176 - 3600 - 715\ 291 - 6984$$
$$= 7589(\text{kg/h})$$

该结果与上面热井的物质平衡 $D_c = D_{c7} - D_7' - D_{sg2} - D_{es} = 7589(\text{kg/h})$ 完全相同，说明计算正确。

(2) 汽轮发电机功率的计算及用功率方程校核新汽量 D_0

计算所用数据列于表 7-12 中。

表 7-12 $\qquad\qquad\qquad\qquad\qquad \sum D_j h_j$ 与 $\sum D_j Y_j$

计算点	蒸汽量 D (kg/h)	蒸汽焓 h (kJ/kg)	做功不足系数 $Y = \dfrac{h_j - h_c}{h_0 - h_c}$	计算结果小计
0	$D_0 = 729\ 864$	3521		
1	$D_1 = 37\ 596$	3181	0.671 5	
2	$D_2 = 35\ 060$	3083	0.576 8	$D_0 h_0 = 2\ 569\ 851\ 144$ (kJ/kg)
3	$D_3 = 340\ 532$	2973	0.470 5	$\sum_1^c D_j h_j + D_{sg2} h_{sg2}$
4	$D_4 = 27\ 664$	2802	0.305 3	$= 2\ 059\ 183\ 391(\text{kJ/kg})$
5	$D_5 = 22\ 148$	2708	0.214 5	
6	$D_6 = 118\ 988$	2610	0.119 8	$\sum_1^7 D_j Y_j = 233\ 157(\text{kg/h})$
7	$D_7 = 133\ 303$	2486	0	
c	$D_c = 7589$	2486		$D_{sg2} Y_{sg2} = 3286(\text{kg/h})$
sg2	$D_{sg2} = 6984$	2973	0.470 5	

汽轮机内功率
$$W_i = D_0 h_0 - \sum_1^7 D_j h_j - D_c h_c - D_{sg2} h_{sg2}$$
$$= 510\ 667\ 753(\text{kJ/h})$$

汽轮发电机功率　$P_e = W_i \eta_m \eta_g / 3600 = 510\ 667\ 753 \times 0.98/3600$
$$= 139\ 015(\text{kW}) = 139.015(\text{MW})$$

由功率方程计算汽轮机参加做功的新汽耗量 D_0

$$D_0 = D_{c0} + \sum D_j Y_j$$
$$= \frac{3600 P_e}{(h_0 - h_c)\eta_m \eta_g} + \sum_1^7 D_j Y_j + D_{sg2} Y_{sg}$$
$$= \frac{3600 \times 139\ 015}{(3521 - 2486) \times 0.98} + 236\ 443$$

$$=729\,841(\text{kg/h})$$

计算结果与原始给定数据 $D_0 = D_0' - D_{sg1} - D_{lv} = 729\,864(\text{kg/h})$ 的误差为

$$\Delta = \frac{729\,864 - 729\,841}{729\,864} \times 100\% = 0.003(\%)$$

计算误差很小，在工程允许范围内。

7. 热经济指标计算

(1) 汽轮机热耗 Q_0

$$Q_0 = D_0'h_0 + D_f h_f + D_{ma}h_{w,ma}^c - D_{fw}h_{wl}$$

$$=737\,640 \times 3521 + 4851 \times 2761.19 + 168\,709 \times 61.5 - 760\,000 \times 1011.9$$

$$=1\,851\,956\,576(\text{kJ/h}) \approx 1\,851\,960\,000(\text{kJ/h})$$

(2) 锅炉热负荷 Q_b

$$Q_b = D_b h_b + D_{bl}h_{bl}' - D_{fw}h_{wl}$$

$$=748\,840 \times 3525 + 11\,160 \times 1600.4 - 760\,000 \times 1011.9$$

$$=1\,888\,477\,464(\text{kJ/h}) \approx 1\,888\,480\,000(\text{kJ/h})$$

(3) 管道效率 η_p

$$\eta_p = \frac{Q_0}{Q_b} = \frac{1\,851\,960\,000}{1\,888\,480\,000} = 0.980\,7 = 98.07(\%)$$

(4) 全厂热效率、总热耗及其分配

全厂总热耗 $\quad Q_{tp} = \dfrac{Q_b}{\eta_b} = \dfrac{1\,888\,480\,000}{0.92} = 2\,052\,700\,000(\text{kJ/h})$

工业热负荷 $\quad Q_s = D_s h_3 - 0.5 D_s h_{w,ss} - 0.5 D_s h_{w,ma}^c$

$$=D_s(h_3 - 0.5h_{w,ss} - 0.5h_{w,ma}^c)$$

$$=302\,400 \times (2973 - 0.5 \times 377 - 0.5 \times 61.5)$$

$$=832\,734\,000(\text{kJ/h})$$

电厂总热负荷 $\quad Q_s + Q_h = 832\,734\,000 + 460\,800\,000 = 1\,293\,530\,000(\text{kJ/h})$

热电厂燃料利用系数（热电厂热效率）η_{tp}

$$\eta_{tp} = \frac{3600P_e + (Q_s + Q_h)}{Q_{tp}}$$

$$= \frac{3600 \times 139\,015 + 1\,293\,530\,000}{2\,052\,700\,000}$$

$$=0.8740 = 87.4(\%)$$

热电厂供热热耗

$$Q_{tp(h)} = \frac{Q_s + Q_h}{\eta_b \eta_p} = \frac{1\,293\,530\,000}{0.92 \times 0.9807} = 1\,433\,681\,000(\text{kJ/h})$$

热电厂发电热耗

$$Q_{tp(e)} = Q_{tp} - Q_{tp(h)}$$

$$=2\,052\,700\,000 - 1\,433\,681\,000 = 619\,019\,000(\text{kJ/h})$$

（5）分项热经济指标

热电厂发电热效率 $\eta_{tp(e)}$

$$\eta_{tp(e)} = \frac{3600P_e}{Q_{tp(e)}} = \frac{3600 \times 139\ 015}{619\ 019\ 000} = 0.808\ 5 = 80.85(\%)$$

热电厂发电热效率 $q_{tp(e)}$

$$q_{tp(e)} = \frac{Q_{tp(e)}}{P_e} = \frac{3600}{\eta_{tp(e)}} = \frac{3600}{0.808\ 5} = 4452.95[kJ/(kW \cdot h)]$$

热电厂发电标煤耗率 $b_{tp(e)}^s$

$$b_{tp(e)}^s = \frac{0.123}{\eta_{tp(e)}} = \frac{0.123}{0.808\ 5} = 0.152\ 1[kg/(kW \cdot h)]$$

热电厂供热热耗率 $\eta_{tp(h)}$

$$\eta_{tp(h)} = \eta_b \eta_p \eta_{hs} = 0.92 \times 0.980\ 7 \times 0.98 = 0.884\ 2 = 88.42(\%)$$

热电厂供热标煤耗率 $b_{tp(h)}^s$

$$b_{tp(h)}^s = \frac{34.1}{\eta_{tp(h)}} = \frac{34.1}{0.884\ 2} = 38.565\ 9(kg/GJ)$$

【小结】　（1）本例采用定流量的绝对量来计算。

（2）对于热电厂的原则性热力系统，应"先外后内"，再"由高到低"地计算回热加热器系统的各项指标。

【例题 7-3】　　超临界 800MW 一次中间再热凝汽式汽轮机发电厂原则性热力系统计算（本例引自文献［29］，并适当简化）。

已知：俄罗斯 800MW 超临界机组的发电厂原则性热力系统如图 7-20 所示。

1. 汽轮机形式和参数

800MW 超临界压力机组为单轴、五缸（高中低压缸均为分流）、六排汽、一次再热、凝汽式汽轮发电机组，配直流锅炉。

机组形式　K-800-240-5 型机组（我国绥中电厂装有两台该类型机组）

初参数　$p_0 = 23.5MPa$（240ata），$t_0 = 540℃$

再热参数　高压缸排汽 $p_{rh,i} = p_2 = 3.82MPa$，$t_{rh,i} = t_2 = 284℃$

　　　　　中压缸进汽　$p_{rh} = p_2' = 3.34MPa$，$t_{rh} = 540℃$

双压凝汽器　平均排汽压力 $p_c = 0.003\ 6MPa$（$p_{c1} = 0.003\ 2MPa$，$p_{c2} = 0.004MPa$）

额定功率　800MW

给水温度　1 号高压加热器出口处 270℃，3 号高压加热器外置式蒸汽冷却器出口处 275℃。

2. 锅炉形式和参数

锅炉形式　Π-67 型直流锅炉

过热器出口蒸汽参数　$p_b = 25MPa$，$t_b = 545℃$

锅炉再热器出口、出口蒸汽参数　$p_{rh(b)}^{in} = 3.74MPa$，$t_{rh(b)}^{in} = 280℃$

　　　　　　　　　　　　　　　$p_{rh(b)}^o = 3.4MPa$，$t_{rh(b)}^o = 545℃$，

锅炉效率　$\eta_b = 0.92$

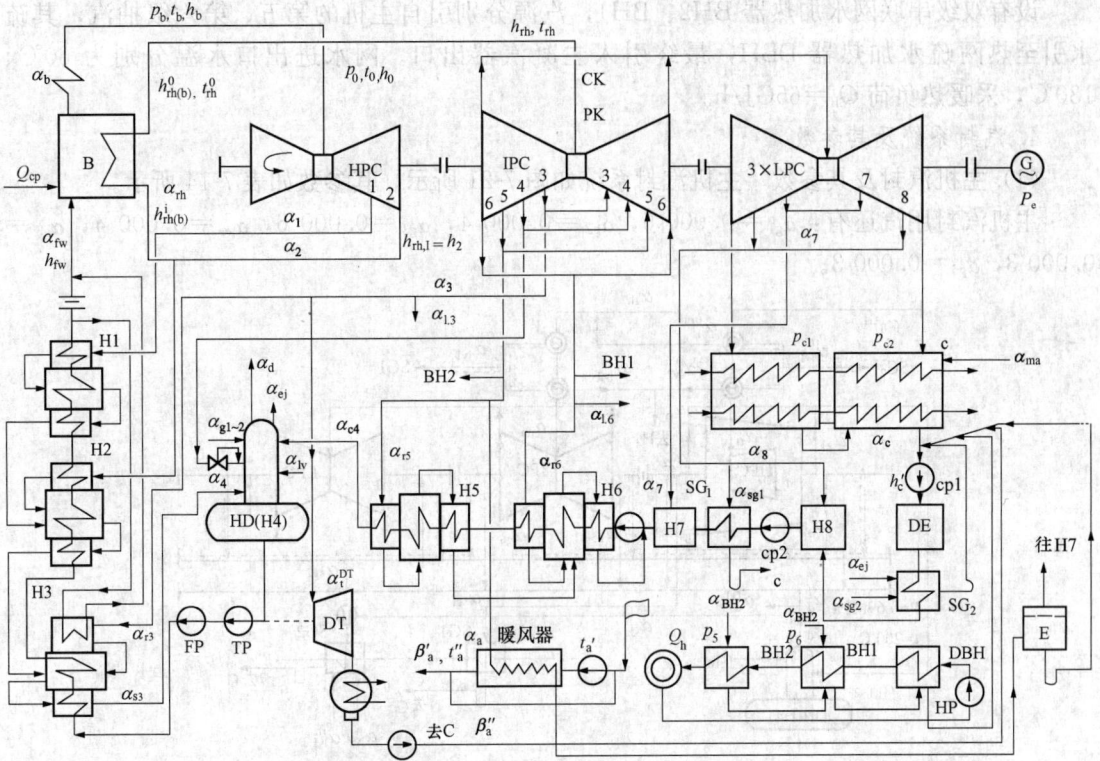

图 7-20　俄罗斯 K-800-240-5 型超临界一次再热凝汽式机组的发电厂原则性热力系统

原煤低位发热量 $q_1 = 15\ 660\text{kJ/kg}$，根据煤质条件装有暖风器，用汽轮机的五段抽汽来加热空气，进出口空气温度分别为 1℃、50℃，室外温度为 −5℃。暖风器的疏水经膨胀箱 E，其扩容蒸汽引至 7 号低压加热器，疏水引至主凝汽器出口。

3. 回热系统及其参数

该机组为八级回热（三高四低一除氧），末两级低压加热器 H7、H8 为混合式低压加热器。额定工况时抽汽参数如表 7-13 所示。

表 7-13　　　　　　　　　K-800-240-5 型机组额定工况时回热抽汽参数

项　目	回热抽汽参数							
	一	二	三	四	五	六	七	八
加热器编号	H1	H2	H3	H4（HD）	H5	H6	H7	H8
抽汽压力（MPa）	6.1	3.82	2.00	1.02	0.505	0.213	0.066 3	0.018 6
抽汽温度（℃）	346	284	469	379	300	204	114	$x = 97.7$

前置泵和给水泵均由驱动汽轮机（小汽轮机）同轴带动，其汽源取自主机的第三级抽汽，进入小汽轮机的蒸汽压力 $p_0^{\text{DT}} = 1.67\text{MPa}$，其排汽压力 $p_c^{\text{DT}} = 0.005\text{MPa}$，相应焓值为 $h_0^{\text{DT}} = 3400\text{kJ/kg}$，$h_c^{\text{DT}} = 2439\text{kJ/kg}$。小汽轮机为凝汽式，配有独立的凝汽器和凝结水泵并引至主凝汽器出口。

设有双级串联网水加热器 BH2、BH1，汽源分别引自主机的第五、第六级抽汽，其疏水引至热网疏水加热器 DBH，最终引入主凝汽器出口。网水进出口水温分别为 60℃、130℃，采暖热负荷 $Q_h=65\text{GJ/h}$。

4. 汽封系统及其参数

(1) 主机汽封及其参数。主机汽封系统如图 7-21 所示，其参数如表 7-14 所示。

主机汽封用汽还有：$\alpha_{g1}=0.000\,6$，$\alpha_{g2}=0.000\,4$，$\alpha_{g3}=0.000\,6$，$\alpha_{g4}=0.000\,4$，$\alpha_{g5}=0.000\,3$，$\alpha_{g6}=0.000\,3$。

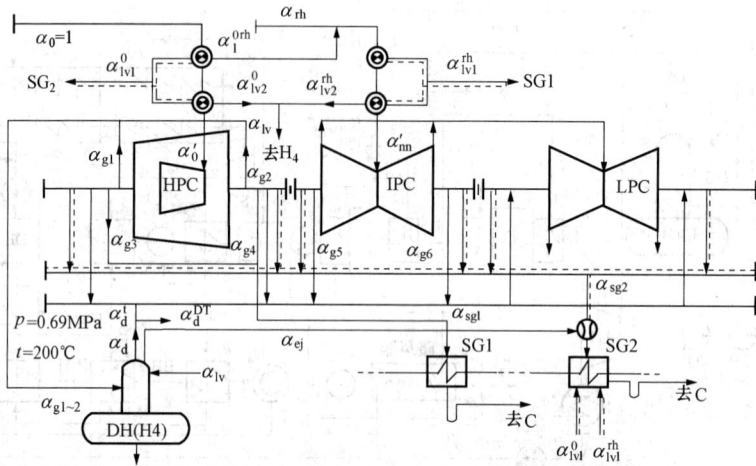

图 7-21　K-800-240-5 型机组的汽封系统

表 7-14　　　　　　　　　K-800-240-5 型机组汽封系统的参数

项　目	主汽门杆漏汽			二次汽门杆漏汽		至 H4	H4 来	至 H4	至轴封加热器		
符号	α_{lv1}^{0}	α_{lv2}^{0}	$\alpha_{1}^{0,rh}$	α_{lv1}^{rh}	α_{lv2}^{rh}	α_{lv}	α_{d}^{t}	$\alpha_{g1\sim2}$	α_{sg1}	α_{sg2}	α_{ej}
流量	0.000 4	0.002	0.003	0.000 3	0.000 3	0.002 3	0.001 4	0.001	0.001	0.002	0.000 8
比焓（kJ/kg）	3323			3543		3352	2762.9	3010	2800	2750	2762.9

(2) 小汽轮机汽封、给水泵密封水及其参数。小汽轮机汽封系统、给水泵密封水系统如图 7-22 所示，其参数如表 7-15 所示。

表 7-15　　　　　　　　　K-800-240-5 型机组汽封系统的参数

项　目	H4 来汽	给水泵密封水		
符　号	α_{w1}^{DT}	α_{w1}^{fp}	α_{w2}^{fp}	α_{w3}^{fp}
流　量	0.000 2	0.008	0.002	0.008
比焓（kJ/kg）	2762.9	326		

5. 其他数据的选取

各抽汽管压损 5%～8%，工质损失 $\alpha_1=0.015$，并假设分别集中在第三、六级抽汽管上，取 $\alpha_{1,3}=0.007$，$\alpha_{1,6}=0.008$。补充水经软化处理引入主凝汽器，其水温为 40℃。主机的机械效率 $\eta_m=0.994$，发电机效率 $\eta_g=0.99$，小汽轮机的机械效率 $\eta_m^{DT}=0.99$，给水泵效率 $\eta_{fp}=0.83$。各加热器的效率见具体计算。

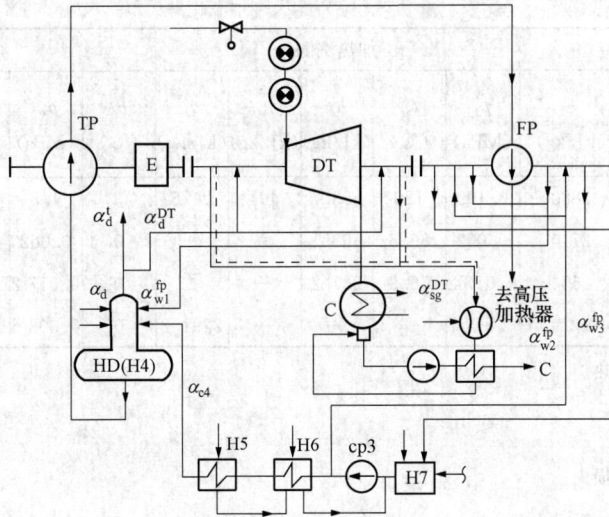

图 7-22　K-800-240-5 型机组的小汽机汽封，给水泵密封水系统

求： 额定工况时各项热经济指标。

解：

1. 整理原始资料

取新汽压损 $\Delta p_0 = 3\%$，故 $p_0' = (1 - \Delta p_0) p_0 = (1 - 0.03) \times 23.5 = 22.8$（MPa），$t_0' = 537℃$，$h_0 = 3323$kJ/kg。再热蒸汽压损 $\Delta p_{rh} = 14\%$，再热后进入中压缸的压力 $p_{rh} = 3.34$MPa，$t_{rh} = 540℃$，则 $h_{rh} = 3543$kJ/kg。中压缸排汽至低压缸连通管压损 $\Delta p_{lpc} = 2\%$，在焓熵图上作该机组的汽态线，如图 7-23 所示。该机组各计算点的汽水参数如表 7-16 所示。

表 7-16　　　　　　　　　　　　K-800-240-5 型机组各计算点的汽水参数

计算点	设备	抽汽口			加热汽侧					被加热水侧				
		p_j (MPa)	t_j(℃), x(%)	h (kJ/kg)	p_j' (MPa)	t_{sj} (℃)	h_j' (kJ/kg)	h_{wj}^d (kJ/kg)	q_j (kJ/kg)	θ_j (℃)	p_{wj} (MPa)	t_{wj} (℃)	h_{wj} (kJ/kg)	τ_j (kJ/kg)
0	—	23.50	540	3323	—	—	—	—	—	—	—	—	—	—
0'	—	22.80	537	3323	—	—	—	—	—	—	—	—	—	—
1	H1	6.10	346	3025	5.70	272	1196.8	1100	1925	2	31	270	1181.9	121.9
2	H2	3.82	284	2924	3.70	245.7	1065.3	939	1985	2	31.5	243.7	1060	168
2'	—	3.34	540	3543	—	—	—	—	—	—	—	—	—	—
3	H3	2.0	469	3400	1.90	209.8	896.8	778	2204 ***	4	32	205.8	892	154 *
4	H4	1.02	379	3220	0.70	165	697	—	—	0	0.7	165	697	—
5	H5	0.505	300	3064	0.476	150	632.2	531	2533	2	1.2	148	622.5	131

计算点	设备	抽汽口			加热汽侧					被加热水侧				
		p_j (MPa)	t_j(℃), x(%)	h (kJ/kg)	p_j' (MPa)	t_{sj} (℃)	h_j' (kJ/kg)	h_{wj}^{d} (kJ/kg)	q_j (kJ/kg)	θ_j (℃)	p_{wj} (MPa)	t_{wj} (℃)	h_{wj} (kJ/kg)	τ_j (kJ/kg)
6	H6	0.213	204	2880	0.199	120	503.7	404	2476	3	1.5	117	491.5	128.4**
7	H7	0.066 3	114	2710	0.062	86.5	363.1	—	—	0	0.062	86.5	363.1	—
8	H8	0.018 6	x_8=97.7	2554	0.017 2	56.8	237.2	—	—	0	0.017 2	56.8	237.2	—
c	c	0.0036	x_c=94.1	2405****	—	—	—	—	2291.2	0	0.003 6	27.2	113.8	—

　* 考虑在给水泵中加热。

　** 忽略在混合处加热。

　*** 考虑 SC3 蒸汽冷却。

**** 考虑出口蒸汽速度损失。

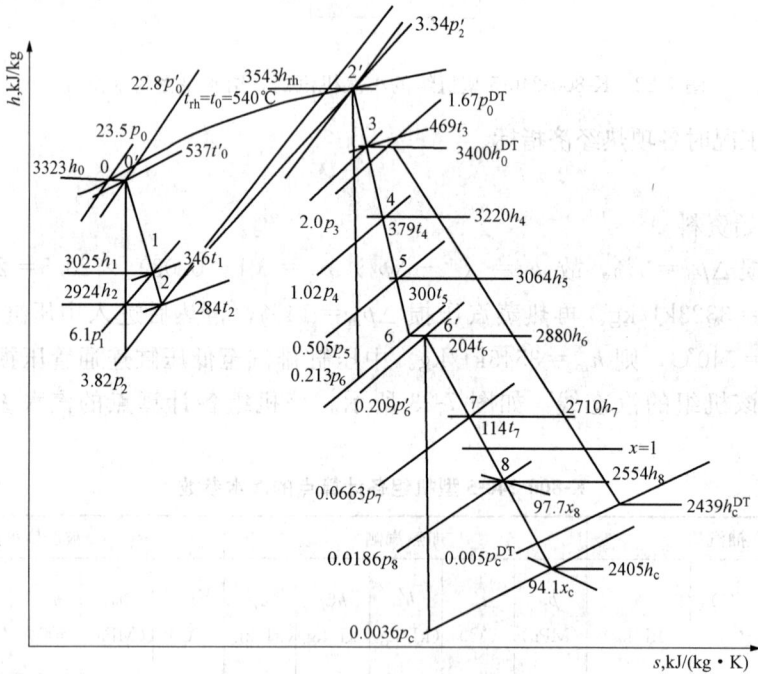

图 7-23　K-800-240-5 型机组的汽态线

2. 计算汽轮机各级抽汽系数 $\Sigma\alpha_j$ 和凝汽系数 α_c

(1) 高压加热器组的计算

高压加热器组系统如图 7-24 所示，图中标明各处汽水符号。

由 H1、H2、H3 的热平衡求 α_1、α_2、α_3

$$\alpha_1 = \frac{\alpha_{fw}\tau_1}{q_1\eta_{r1}} = \frac{1\times121.9}{1925\times0.992} = 0.06\,383$$

$$\alpha_2 = \frac{\alpha_{fw}\tau_2/\eta_{r2} - \alpha_1(h_{w1}^{d}-h_{w2}^{d})}{q_2}$$

$$= \frac{1.0\times168/0.993 - 0.063\,83\times(1100-939)}{1985} = 0.080\,05$$

$$\alpha_1 + \alpha_2 = 0.063\,83 + 0.080\,05 = 0.143\,88$$

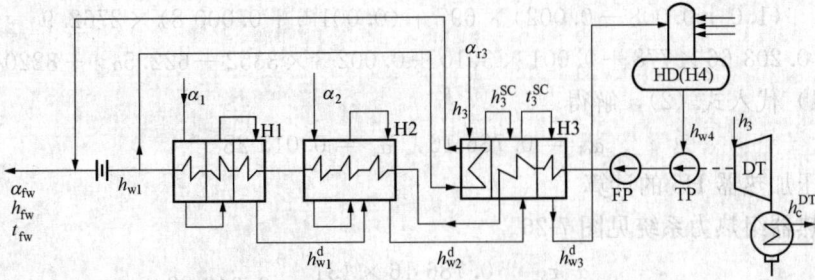

图 7-24　K-800-240-5 型机组高压加热器组系统

进入 H3 凝结段的蒸汽温度、焓、压力记为 t_3^{SC}、h_3^{SC}、p_3^{SC}。$p_3^{SC} = 0.98 p_3' = 0.98 \times 1.90 = 1.86\text{MPa}$，$t_3^{SC} = \theta + t_{w1} = 10 + 270 = 280$（℃），由 p_3^{SC}、t_3^{SC} 值查得 $h_3^{SC} = 2982\text{kJ/kg}$。故在 H3 的凝结热量 $q_3^{SC} = h_3^{SC} - h_{w3}^d = 2982 - 778 = 2204$（kJ/kg），进入 H3 的抽汽系数 α_{r3} 为

$$\alpha_{r3} = \frac{\alpha_{fw}\tau_3/\eta_{r3} - (\alpha_1 + \alpha_2)(h_{w2}^d - h_{w3}^d)}{q_3^{SC}} = \frac{1.0 \times 154/0.994 - 0.143\,88(939 - 778)}{2204}$$

$$= 0.059\,78$$

第三级抽汽还供小汽轮机用汽，已知给水泵效率 $\eta_{fp} = 0.83$，小汽轮机机械效率 $\eta_m^{DT} = 0.99$，其汽耗系数 α_t^{DT} 为

$$\alpha_t^{DT} = \frac{\alpha_{fw} V_{fw}(p_{fp} - p_d)}{(h_0^{DT} - h_c^{DT})\eta_m^{DT}\eta_{fp}} = \frac{1.0 \times 1.1 \times (32.4 - 0.7)}{(3400 - 2439) \times 0.99 \times 0.83} = 0.044\,16$$

故第三级抽汽系数

$$\alpha_3 = \alpha_{r3} + \alpha_t^{DT} + \alpha_{l\cdot3} = 0.059\,78 + 0.044\,16 + 0.007 = 0.110\,94$$

$$\alpha_1 + \alpha_2 + \alpha_{r3} = 0.063\,83 + 0.080\,05 + 0.059\,78 = 0.203\,66$$

（2）除氧器 H4 的计算

该机组除氧器系统及其汽水符号如图 7-25 所示。

由图 7-25 可知除氧器排汽 α_d 中引至主机汽封的汽量为 α_d^t，引至小汽轮机汽封的汽量为 α_d^{DT}，其值见表 7-14、表 7-15，则 α_d 为

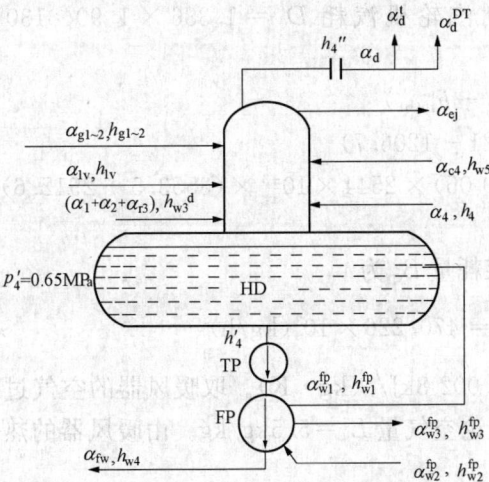

图 7-25　K-800-240-5 型机组的除氧器系统

$$\alpha_d = \alpha_d^t + \alpha_d^{DT} = 0.001\,4 + 0.000\,2 = 0.001\,6$$

除氧器的物质平衡式为

$$(\alpha_{fw} + \alpha_{w3}^{fp} - \alpha_{w2}^{fp}) + (\alpha_d + \alpha_{ej})$$

$$= (\alpha_1 + \alpha_2 + \alpha_{r3}) + (\alpha_{g1\sim2} + \alpha_{lv} + \alpha_{c4} + \alpha_4)$$

代入各值得

$$(1.0 + 0.008 - 0.002) + (0.001\,6 + 0.000\,8)$$

$$= 0.203\,66 + (0.001 + 0.002\,3 + \alpha_{c4} + \alpha_4)$$

于是　　　　$\alpha_4 = 0.801\,44 - \alpha_{c4}$　　　　（1）

除氧器的热平衡式为

$$(\alpha_{fw} + \alpha_{w3}^{fp} - \alpha_{w2}^{fp})h_4' + (\alpha_d + \alpha_{ej})h_4''$$

$$= (\alpha_1 + \alpha_2 + \alpha_{r3})h_{w3}^d + \alpha_{g1\sim2}h_{g1\sim2}$$

$$+ \alpha_{lv}h_{lv} + \alpha_{c4}h_{w5} + \alpha_4 h_4$$

代入各值

$$(1.0 + 0.008 - 0.002) \times 697 + (0.001\ 6 + 0.000\ 8) \times 2762.9$$

$$= 0.203\ 66 \times 778 + 0.001 \times 3010 + 0.002\ 3 \times 3352 + 622.5\alpha_{c4} + 3220\alpha_4 \qquad (2)$$

将式（1）代入式（2），解得

$$\alpha_{c4} = 0.786\ 16, \quad \alpha_4 = 0.015\ 28$$

（3）低压加热器 H5 的计算

低压加热器组热力系统见图 7-26。

$$\alpha_{r5} = \frac{\alpha_{c4}\tau_5}{q_5\eta_{r5}} = \frac{0.786\ 16 \times 131}{2533 \times 0.996} = 0.040\ 82$$

暖风器用汽 D_a 取自第四段抽汽，其抽汽系数为 α_a。为求暖风器热耗 Q_a，需先估算汽轮机纯凝汽运行时的汽耗 D_{co}、锅炉热负荷 Q_b 及其煤耗量 B_{cp}。

$$w_{ic} = h_0 - h_c + q_{rh} = 3323 - 2405 + 619 = 1537 (\text{kJ/kg})$$

$$D_{co} = \frac{3600 p_e}{w_{ic}\eta_m\eta_g} = \frac{3600 \times 800 \times 10^3}{1537 \times 0.994 \times 0.99} = 1\ 904\ 130 (\text{kg/h})$$

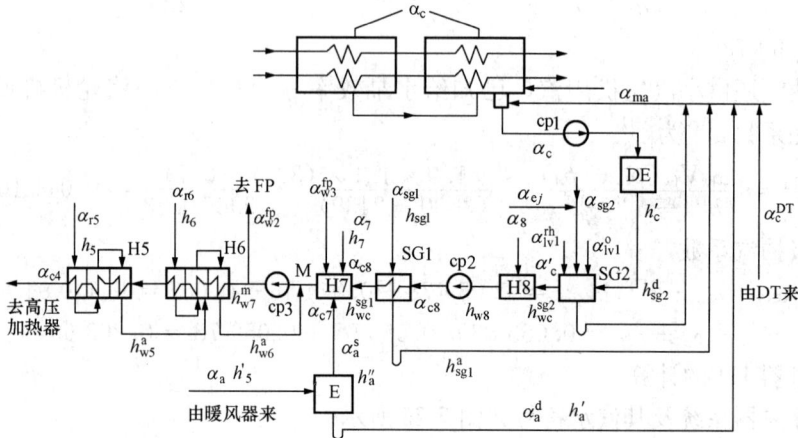

图 7-26 K-800-240-5 型低压加热器组系统

取由于回热而增大的汽耗系数 $\beta = 1.336$，则汽轮机汽耗 $D_0 = 1.336 \times 1\ 904\ 130 = 2\ 544\ 000$（kg/h）

$$Q_b = D_b(h_b - h_{fw}) + D_{rh}(h_{rh(b)}^o - h_{rh(b)}^i)$$

$$= 1.0 \times 2544 \times 10^{-3} \times (3321 - 1206.7)$$

$$+ (1 - 0.063\ 83 - 0.080\ 05) \times 2544 \times 10^{-3} \times (3553.5 - 2912.6)$$

$$= 6774.64 (\text{GJ/h})$$

已知燃煤低位热量 $q_1 = 15\ 660$ kJ/kg，锅炉煤耗量 B_{cp} 为

$$B_{cp} = \frac{Q_b}{q_1\eta_b} = \frac{6774.64 \times 10^6}{15\ 660 \times 0.92} = 470.226 \times 10^3 (\text{kg/h})$$

空气 50℃、1℃时比热容分别为 1.005 7、1.002 8kJ/（kg·K）。取暖风器的空气过剩系数 $\beta_a' = 1.28$，空气再循环系数 $\beta_a'' = 0.158$，理论空气量 $L^0 = 5.5$kg/kg。由暖风器的热平衡式求其汽耗量 D_a、相应抽汽系数 α_a。

$$D_a(h_5 - h_5')\eta_a = (\beta_a' + \beta_a'')L^0 B_{cp}(t_a'' c_a'' - t_a' c_a')$$

$$D_{\mathrm{a}}(3064 - 632.2) \times 0.99 = (1.28 + 0.158) \times 5.5 \times 470.226 \times 10^3$$
$$\times (50 \times 1.005\,7 - 1 \times 1.002\,8)$$

解得

$$D_{\mathrm{a}} = 76.130 \mathrm{kg/h}, \quad \alpha_{\mathrm{a}} = D_{\mathrm{a}}/D_0 = 76.13 \times 10^3/2544 \times 10^3 = 0.029\,93$$

二号热网加热器 BH2 用汽也取自第五级抽汽，汽耗量为 D_{BH2} 抽汽系数 α_{BH2}。先计算热网加热器的热网水流量 G_{h}，可由下列热平衡式求得：

$$G_{\mathrm{h}} = \frac{Q_{\mathrm{h}}}{h_{\mathrm{su}} - h_{\mathrm{rt}}} = \frac{65 \times 10^6}{551 - 279} = 239\,000(\mathrm{kg/h})$$

由二号热网加热器的热平衡式求 D_{BH2}

$$D_{\mathrm{BH2}}(h_5 - h_5')\eta_{\mathrm{h}} = G_{\mathrm{h}}(h_{\mathrm{su}}^{\mathrm{w}} - h_{\mathrm{BH2}}^{\mathrm{w}})$$
$$D_{\mathrm{BH2}}(3064 - 632.2) \times 0.997 = 239\,000 \times (551 - 377.5)$$

解得

$$D_{\mathrm{BH2}} = 16\,669 \mathrm{kg/h}, \quad \alpha_{\mathrm{BH2}} = 0.006\,54$$

由一号热网加热器 BH1、热网疏水冷却器 DBH 的热平衡式求其汽耗量 D_{BH1}、α_{BH1}，进水焓 $h_{\mathrm{DBH}}^{\mathrm{w}}$。

$$D_{\mathrm{BH1}}(h_6 - h_6')\eta_{\mathrm{h}} + D_{\mathrm{BH2}}(h_5' - h_6')\eta_{\mathrm{h}} = G_{\mathrm{h}}(h_{\mathrm{BH1}}^{\mathrm{w}} - h_{\mathrm{DBH}}^{\mathrm{w}})$$
$$D_{\mathrm{BH1}}(2880 - 503.7) \times 0.998 + 16\,669(632.2 - 503.7) \times 0.998$$
$$= 239\,000(377.5 - h_{\mathrm{DBH}}^{\mathrm{w}}) \tag{3}$$
$$(D_{\mathrm{BH1}} + D_{\mathrm{BH2}})(h_6' - h_{\mathrm{DBH}}^{\mathrm{d}})\eta_{\mathrm{h}} = G_{\mathrm{h}}(h_{\mathrm{DBH}}^{\mathrm{w}} - h_{\mathrm{rt}})$$
$$(D_{\mathrm{BH1}} + 16\,669) \times (503.7 - 335) \times 0.998 = 239\,000 \times (h_{\mathrm{DBH}}^{\mathrm{w}} - 279) \tag{4}$$

式中的 $h_{\mathrm{DBH}}^{\mathrm{d}} = 335 \mathrm{kJ/kg}$，按其水压为 0.15MPa，水温 80℃ 时求得的。联立式（3）、式（4）求得 $D_{\mathrm{BH1}} = 8070 \mathrm{kg/h}$，$\alpha_{\mathrm{BH1}} = 0.003\,17$

第五级抽汽系数 $\alpha_5 = \alpha_{\mathrm{r5}} + \alpha_{\mathrm{a}} + \alpha_{\mathrm{BH2}} = 0.040\,82 + 0.029\,93 + 0.006\,54 = 0.077\,29$

（4）低压加热器 H6 的计算

H6 热平衡为

$$\alpha_{\mathrm{c4}}(h_{\mathrm{w6}} - h_{\mathrm{w7}}^{\mathrm{m}}) = [\alpha_{\mathrm{r6}}q_6 + \alpha_{\mathrm{r5}}(h_{\mathrm{w5}}^{\mathrm{d}} - h_{\mathrm{w6}}^{\mathrm{d}})]\eta_{\mathrm{h}}$$
$$0.786\,16(491.5 - h_{\mathrm{w7}}^{\mathrm{m}}) = [\alpha_{\mathrm{r6}} \times 2476 + 0.040\,82 \times (531 - 404)] \times 0.997 \tag{5}$$

混合器 M 处物质热平衡式 $\alpha_{\mathrm{c7}} = \alpha_{\mathrm{c4}} + \alpha_{\mathrm{w2}}^{\mathrm{fp}} - \alpha_{\mathrm{r5}} - \alpha_{\mathrm{r6}}$，其热平衡式为

$$(\alpha_{\mathrm{c4}} + \alpha_{\mathrm{w2}}^{\mathrm{fp}})h_{\mathrm{w7}}^{\mathrm{m}} = (\alpha_{\mathrm{r5}} + \alpha_{\mathrm{r6}})h_{\mathrm{w6}}^{\mathrm{d}} + \alpha_{\mathrm{c7}}h_{\mathrm{w7}}$$

将混合器物质平衡式及各值代入上式

$$(0.786\,16 + 0.002)h_{\mathrm{w7}}^{\mathrm{m}} = (0.040\,82 + \alpha_{\mathrm{r6}}) \times 404 + (0.786\,16 + 0.002 - 0.040\,82 - \alpha_{\mathrm{r6}})$$
$$\times 363.1 \tag{6}$$

联解式（5）、式（6），消去 $h_{\mathrm{w7}}^{\mathrm{m}}$ 得

$$\alpha_{\mathrm{r6}} = 0.037\,50, \quad \alpha_{\mathrm{c7}} = 0.709\,84$$

于是　　　　$\alpha_6 = \alpha_{\mathrm{r6}} + \alpha_{\mathrm{BH1}} + \alpha_{\mathrm{l6}} = 0.037\,50 + 0.003\,17 + 0.008 = 0.048\,67$

$\alpha_{\mathrm{c7}} = \alpha_{\mathrm{c4}} + \alpha_{\mathrm{w2}}^{\mathrm{fp}} - \alpha_{\mathrm{r5}} - \alpha_{\mathrm{r6}} = 0.786\,16 + 0.002 - 0.040\,82 - 0.037\,5 = 0.709\,84$

（5）低压加热器 H7 及 1 号轴封冷却器 SG1 的计算

取暖风器疏水膨胀箱的蒸汽压力为 0.1MPa，其饱和蒸汽、饱和水的比焓分别为 $h_{\mathrm{a}}'' = 2675.7 \mathrm{kJ/kg}$，$h_{\mathrm{a}}' = 417.5 \mathrm{kJ/kg}$。物质平衡式为 $\alpha_{\mathrm{a}} = 0.029\,93 = \alpha_{\mathrm{a}}^{\mathrm{s}} + \alpha_{\mathrm{a}}^{\mathrm{d}}$，热平衡式为

$$\alpha_a h_5' = \alpha_a^s h_a'' + \alpha_a^d h_a'$$

$$0.029\ 93 \times 632.2 = \alpha_a^s 2675.7 + \alpha_a^d 417.5$$

将物质平衡式代入，解得 $\alpha_a^s = 0.002\ 85$，$\alpha_a^d = 0.027\ 08$

H7 物质平衡式

$$\alpha_{c7} = \alpha_7 + \alpha_{w3}^{fp} + \alpha_a^s + \alpha_{c8}$$

$$0.709\ 84 = \alpha_7 + 0.008 + 0.002\ 85 + \alpha_{c8} \tag{7}$$

H7 热平衡式

$$\alpha_{c7} h_{w7} = \alpha_7 h_7 + \alpha_{w3}^{fp} h_{w3}^{fp} + \alpha_a^s h_a'' + \alpha_{c8} h_{wc}^{sg1}$$

$$0.709\ 84 \times 363.1 = \alpha_7 \times 2710 + 0.008 \times 326 + 0.002\ 85 \times 2675.7 + \alpha_{c8} h_{wc}^{sg1} \tag{8}$$

SG1 热平衡式

$$\alpha_{c8}(h_{wc}^{sg1} - h_{w8}) = \alpha_{sg1}(h_{sg1} - h_{sg1}^d)\eta_h$$

$$\alpha_{c8}(h_{wc}^{sg1} - 237.2) = 0.001 \times (2800 - 450) \times 0.998 \tag{9}$$

联解式（7）、式（8）、式（9）得

$$\alpha_7 = 0.031\ 98, \quad \alpha_{c8} = 0.66\ 701$$

（6）低压加热器 H8、2 号轴封冷却器 SG2 的计算

H8 物质平衡式 $\quad \alpha_{c8} = 0.66\ 701 = \alpha_8 + \alpha_c' \tag{10}$

H8 热平衡式 $\quad \alpha_{c8} h_{w8} = \alpha_8 h_8 + \alpha_c' h_{wc}^{sg2}$

$$0.667\ 01 \times 237.2 = \alpha_8 2554 + \alpha_c' h_{wc}^{sg2} \tag{11}$$

SG2 热平衡式

$$\alpha_c'(h_{wc}^{sg2} - h_c') = [(\alpha_{ej} + \alpha_{sg2})(h_{sg2} - h_{sg2}^d) + \alpha_{lv1}^{rh}(h_{rh} - h_{sg2}^d) + \alpha_{lv1}^0(h_0 - h_{sg2}^d)]\eta_h$$

代入各值

$$\alpha_c'(h_{wc}^{sg2} - 113.8) = [(0.000\ 8 + 0.002)(2750 - 420) + 0.000\ 3(3543 - 420)$$
$$+ 0.000\ 4(3323 - 420)] \times 0.999 \tag{12}$$

联解式（10）、式（11）、式（12）得

$$\alpha_8 = 0.030\ 20, \quad \alpha_c' = 0.636\ 81$$

（7）汽轮机凝汽系数 α_c 的计算及检验

$$\alpha_c = \alpha_0 - \alpha_{lv} - \alpha_{lv1}^0 - \alpha_{lv1}^{rh} - \alpha_{g1-2} - \alpha_{g3} - \alpha_{g4} - \alpha_{g5} - \alpha_{g6} + \alpha_{sg}^{DT}$$

$$- \alpha_{sg2} - \sum_1^8 \alpha_j - \alpha_l$$

$$= 1 - 0.002\ 3 - 0.000\ 4 - 0.000\ 3 - 0.001 - 0.000\ 6 - 0.000\ 4 - 0.000\ 3$$

$$- 0.000\ 3 + 0.001\ 4 - 0.002 - [0.063\ 83 - 0.080\ 05 - (0.059\ 78 + 0.044\ 16)$$

$$- 0.015\ 28 - (0.040\ 82 + 0.029\ 93 + 0.006\ 54) - (0.037\ 50 + 0.003\ 17) - 0.031\ 98$$

$$- 0.030\ 20] - 0.015 = 0.535\ 56$$

由图 7-20、图 7-26 可知，凝汽器的凝结水系数 α_{wc}

$$\alpha_{wc} = \alpha_c + \alpha_{ma} + \alpha_a^d + \alpha_{BH2} + \alpha_{BH1} + \alpha_c^{DT} + \alpha_{sg2} + \alpha_{ej} + \alpha_{lv1}^0 + \alpha_{lv2}^{rh} + \alpha_{sg1}$$

$$= 0.535\ 56 + 0.015 + 0.027\ 08 + 0.006\ 54 + 0.003\ 17 + 0.045\ 56 + 0.002$$

$$+ 0.000\ 8 + 0.000\ 4 + 0.000\ 3 + 0.001$$

$$= 0.637\ 41$$

$$\alpha_c^{DT} = \alpha_t^{DT} + \alpha_{sg}^{DT} = 0.044\ 16 + 0.001\ 4 = 0.045\ 56$$

误差 $\quad \delta\alpha_c = \dfrac{\alpha_c' - \alpha_{wc}}{\alpha_{wc}} \times 100 = \dfrac{0.636\ 81 - 0.637\ 41}{0.637\ 41} \times 100 - 0.094 < 0.1\%$ 是允许的。

3. 汽轮机汽耗 D_0 计算及流量校核

汽轮机 $\sum \alpha_{ij} h_{ij}$ 的计算如表 7-17 所示。

表 7-17　　　　　　　　　　　$\sum \alpha_{ij} H_{ij}$ **计算**

汽缸	汽态线段	α_{ij}	h_{ij} （kJ/kg）	$\alpha_{ij} h_{ij}$ （kJ/kg）
高压缸	0-1	$\begin{aligned}\alpha_{0'-1} &= \alpha_0 - \alpha_1^{orh} - \alpha_{lv1}^0 - \alpha_{lv2}^0 \\ &= 1 - 0.003 - 0.000\,4 - 0.002 \\ &= 0.994\,6\end{aligned}$	$\begin{aligned}h_i^{0'-1} &= h_0 - h_1 \\ &= 3323 - 3025 \\ &= 298\end{aligned}$	296.391
	1-2	$\begin{aligned}\alpha_{1-2} &= \alpha_{0'-1} - \alpha_1 \\ &= 0.994\,6 - 0.063\,83 \\ &= 0.930\,77\end{aligned}$	$\begin{aligned}H_i^{1-2} &= h_1 - h_2 \\ &= 3025 - 2924 \\ &= 101\end{aligned}$	94.008
中压缸	2'-3	$\begin{aligned}\alpha_{2'-3} = \alpha'_{rh} &= \alpha_{1-2} - \alpha_{g1} - \alpha_{g2} - \alpha_{g3} - \alpha_{g4} \\ &- \alpha_2 + \alpha_1^{orh} - \alpha_{lv1}^{rh} - \alpha_{lv2}^{rh} - (\alpha_{sg2} - \alpha_d^t)/3 \\ &= 0.930\,77 - 0.000\,6 - 0.000\,4 - 0.000\,6 \\ &- 0.000\,4 - 0.080\,05 + 0.003 - 0.000\,3 \\ &- 0.000\,3 - 0.000\,2^* = 0.850\,92 \\ \alpha_{rh} = \alpha'_{rh} &+ \alpha_{lv2}^{rh} + \alpha_{lv1}^{rh} - \alpha_1^{0rh} \\ &= 0.850\,92 + 0.000\,3 - 0.003 = 0.848\,52\end{aligned}$	$\begin{aligned}h_i^{2'-3} &= h_{rh} - h_3 \\ &= 3543 - 3400 \\ &= 143\end{aligned}$	121.682
	3-4	$\begin{aligned}\alpha_{3-4} &= \alpha'_{rh} - \alpha_3 = 0.850\,92 - 0.110\,94 \\ &= 0.739\,98\end{aligned}$	$\begin{aligned}h_i^{3-4} &= h_3 - h_4 \\ &= 3400 - 3220 \\ &= 180\end{aligned}$	133.196
	4-5	$\begin{aligned}\alpha_{4-5} &= \alpha_{3-4} - \alpha_4 = 0.739\,98 - 0.015\,28 \\ &= 0.724\,70\end{aligned}$	$\begin{aligned}h_i^{4-5} &= h_4 - h_5 \\ &= 3220 - 3064 \\ &= 156\end{aligned}$	113.053
	5-6	$\begin{aligned}\alpha_{5-6} &= \alpha_{4-5} - \alpha_5 = 0.724\,70 - 0.077\,29 \\ &= 0.647\,41\end{aligned}$	$\begin{aligned}h_i^{5-6} &= h_5 - h_6 \\ &= 3064 - 2880 \\ &= 184\end{aligned}$	119.123
低压缸	6'-7	$\begin{aligned}\alpha_{6'-7} &= \alpha_{5-6} - \alpha_6 - \alpha_{g5} - \alpha_{g6} - (\alpha_{sg2} - \alpha_d^t)/3 \\ &= 0.647\,41 - 0.048\,67 - 0.000\,3 - 0.000\,3 \\ &- 0.000\,2^* = 0.597\,94\end{aligned}$	$\begin{aligned}h_i^{6'-7} &= h_6 - h_7 \\ &= 2880 - 2710 \\ &= 170\end{aligned}$	101.616
	7-8	$\begin{aligned}\alpha_{7-8} &= \alpha_{6'-7} - \alpha_7 \\ &= 0.597\,94 - 0.031\,98 = 0.565\,96\end{aligned}$	$\begin{aligned}h_i^{7-8} &= h_7 - h_8 \\ &= 2710 - 2554 \\ &= 156\end{aligned}$	88.290
	8-c	$\begin{aligned}\alpha_{8-c} &= \alpha_{7-8} - \alpha_8 = 0.565\,96 - 0.030\,20 \\ &= 0.535\,76 \\ \alpha_c &= \alpha_{8-c} - (\alpha'_{sg2} - \alpha_d^t)/3 = 0.535\,76 - 0.000\,2 \\ &= 0.535\,56\end{aligned}$	$\begin{aligned}h_i^{8-c} &= h_8 - h_c \\ &= 2554 - 2405 \\ &= 149\end{aligned}$	78.828
整机		$\sum \alpha_{ij} h_{ij} = 1147.187$　kJ/kg		

$*\ (\alpha_{sg2} - \alpha_d^t)/3 = (0.002 - 0.001\,4)/3 = 0.000\,2$

由功率平衡式求汽耗 D_0

$$D_0 = \frac{3600 P_e}{\sum \alpha_{ij} h_{ij} \eta_m \eta_g} = \frac{3600 \times 800 \times 10^3}{1147.187 \times 0.994 \times 0.99} = 2\ 551\ 154 (\text{kg/h})$$

误差 $\delta D_0 = \dfrac{2\ 551\ 154 - 2\ 544\ 000}{2\ 544\ 000} \times 100 = 0.28\% < 0.5\%$ 是允许的。

$$d_0 = \frac{D_0}{P_e} = \frac{2\ 551\ 154}{800\ 000} = 3.189 [\text{kg/(kW} \cdot \text{h)}]$$

以 $D_0 = 2\ 551\ 154 \text{kg/h}$ 为基准，计算各项汽水流量如表 7-18 所示。

表 7-18 　　　　　　　　　　　　各项汽水流量

项　　目	kg/h	项　　目	kg/h
第一级抽汽 $D_1 = 0.063\ 83 D_0$	162 840	H6 汽耗 $D_{r6} = 0.037\ 50 D_0$	95 670
第二级抽汽 $D_2 = 0.080\ 05 D_0$	204 220	BH1 汽耗 $D_{BH1} = 0.003\ 17 D_0$	8087
H3 汽耗 $D_{r3} = 0.059\ 78 D_0$	152 500	第六级抽汽 $D_6 = 0.048\ 67 D_0$	124 160
小汽机汽耗 $D^{DT} = 0.044\ 16 D_0$	112 660	第七级抽汽 $D_7 = 0.031\ 98 D_0$	81 590
第三级抽汽 $D_3 = 0.110\ 94 D_0$	283 030	第八级抽汽 $D_8 = 0.030\ 20 D_0$	77 040
第四级抽汽 $D_4 = 0.015\ 28 D_0$	38 980	凝汽量 $D_c = 0.535\ 56 D_0$	1 366 300
H5 汽耗 $D_{r5} = 0.040\ 82 D_0$	104 138	锅炉蒸发量 $D_b = D_0$	2 551 154
暖风器汽耗 $D_a = 0.029\ 93 D_0$	76 356	给水流量 $D_{fw} = D_0$	2 551 154
BH2 用汽 $D_{BH2} = 0.006\ 54 D_0$	16 680	再热蒸汽流量 $D_{rh} = 0.848\ 52 D_0$	2 164 705
第五级抽汽 $D_5 = 0.077\ 29 D_0$	197 180	补充水量 $D_{ma} = 0.015 D_0$	38 267

4. 热经济指标计算

（1）汽轮机组热耗 Q_0

$$\begin{aligned}
Q_0 &= D_0(h_0 - h_{fw}) + D_{rh} q_{rh} - D_{ma}(h_{fw} - h_w^{ma}) \\
&= 2\ 551\ 154 \times 10^{-6} \times (3323 - 1206.7) + 2\ 164\ 705 \times 10^{-6} \times 619 \\
&\quad - 38\ 267 \times 10^{-6} \times (1206.7 - 167.5) \\
&= 6699.192 (\text{GJ/h})
\end{aligned}$$

（2）汽动给水泵功率 $P_{e(fp)}^{DT}$

$$P_{e(fp)}^{DT} = \frac{D_{fw} V_{fw}(P_{fp} - P_d)}{3600 \eta_{fp}} = \frac{2\ 551\ 154 \times 10^3 \times 1.1 \times (32.4 - 0.7)}{3600 \times 0.83} = 29\ 772 (\text{kW})$$

（3）汽轮机产电功率 Q_0^e、热耗率 q_e、热效率 η_e^e、汽轮发电机组绝对电效率 η_e

$$Q_0^e = Q_0 - Q_h - Q_a = 6699.192 - 65 - 183.826 = 6450.366 (\text{GJ/h})$$

暖风器热耗为

$$Q_a = D_a(h_5 - h_5')\eta_a = 76.356 \times 10^{-3}(3064 - 632.2) \times 0.99 = 183.325 (\text{GJ/h})$$

$$q^e = \frac{Q_0^e}{P_e + P_{e(fp)}^{DT}} = \frac{6450 \times 10^6}{800\ 000 + 29\ 772} = 7773.220 [\text{kJ/(kW} \cdot \text{h)}]$$

$$\eta_e^e = \frac{3600}{q^e} = \frac{3600}{7773.220} = 0.463\ 1, \quad \eta_e = \frac{3600 p_e}{Q_0} = \frac{3600 \times 800}{6699.192 \times 10^3} = 0.429\ 9$$

（4）锅炉热负荷 Q_b

$$Q_b = D_b(h_b - h_{fw}) + D_{rh}q_{rh(b)}$$
$$= 2551.154 \times 10^{-3} \times (3321 - 1206.7) + 2164.705 \times 10^{-3} \times (3553.50 - 2912.6)$$
$$= 6781.264 (GJ/h)$$

（5）管道效率 η_p

$$\eta_p = \frac{Q_0}{Q_b} = \frac{6699.192}{6781.264} = 0.9879$$

（6）全厂（单元）热耗 Q_{cp}、热耗率 q_{cp}、净热效率 η_{cp}^n、全厂（单元）毛效率 η_{cp}、净效率 η_{cp}^n

$$Q_{cp} = Q_b / \eta_b = 6781.264 / 0.92 = 7370.939 (GJ/h)$$

全厂（单元）毛效率　　　$\eta_{cp} = \dfrac{\eta_e \eta_p \eta_b}{(1 - \beta_h)(1 - \beta_a \eta_p \eta_b)}$

暖风器加热空气的热耗份额　$\beta_a = Q_a / Q_0 = 183.826 / 6699.192 = 0.02744$

采暖供热的热耗份额 $\beta_h = Q_h / Q_0 = 65 / 6699.192 = 0.00970$

$$\eta_{cp} = \frac{0.4299 \times 0.9879 \times 0.92}{(1 - 0.00970) \times (1 - 0.02744 \times 0.9879 \times 0.92)} = 0.4064$$

如 $\beta_a = 0$，$\beta_h = 0$，则 $\eta_{cp} = \eta_e \eta_p \eta_b$

$$\eta_{cp}^n = \eta_{cp}(1 - \xi_{ap}) = 0.40664 \times (1 - 0.05) = 0.3863$$

$$q_{cp}^n = \frac{3600}{\eta_{cp}^n} = \frac{3600}{0.3863} = 9319 [kJ/(kW \cdot h)]$$

（7）煤耗 B_{cp}^s、全厂供电煤耗率 b_{cp}^n

全厂标准煤耗量　　$B_{cp}^s = Q_{cp} / q^s = 7370.939 \times 10^6 / 29\,308 = 251.5 \times 10^3 (kg\,标煤\,/h)$

（注：俄罗斯取标煤发热量 $q^s = 29\,308 kJ/kg$）

全厂原煤耗量　　$B_{cp} = Q_{cp} / q_l = 7370.939 \times 10^6 / 15\,660 = 470.686 \times 10^3 (kg/h)$

净供电煤耗率　　$b_{cp}^n = \dfrac{0.123}{\eta_{tp}} = 0.123/0.3863 = 0.3184 \quad [kg\,标煤\,/(kW \cdot h)]$

【小结】（1）本例也采用相对量的定功率计算。

（2）既有暖风器，又有两台基本热网加热器及其疏水冷却器，分别引主机的第5、6级回热汽作为汽源。并给定采暖器热负荷和空气温度为1℃、50℃理论空气量，从而可求得暖风器用汽量 D_a 和热网加热器用蒸汽量 D_{BH1}、D_{BH2}，再折算为相对量 α_1、α_{BH1}、α_{BH2}。

（3）管道效率采用俄罗斯惯用的正热平衡计算。我国的反热平衡计算管道效率是已纳入行业标准，作为全国统一教材理应介绍。

【例题 7-4】　　一次中间再热 900MW 压水堆核电厂二回路原则性热力系统的计算（摘自参考文献 [18]）

一次中间再热 900MW 压水堆核电厂的二回路原则性热力系统如图 7-27 所示。

求： 在 $p_e = 962.55 MW$ 工况时机组的热经济性指标。

已知：

蒸汽初参数　$p_0 = 5.47 MPa$，$x_0 = 0.9948$

再热后蒸汽参数　$p_{rh} = 1.1808 MPa$，$t_{rh} = 251.3℃$

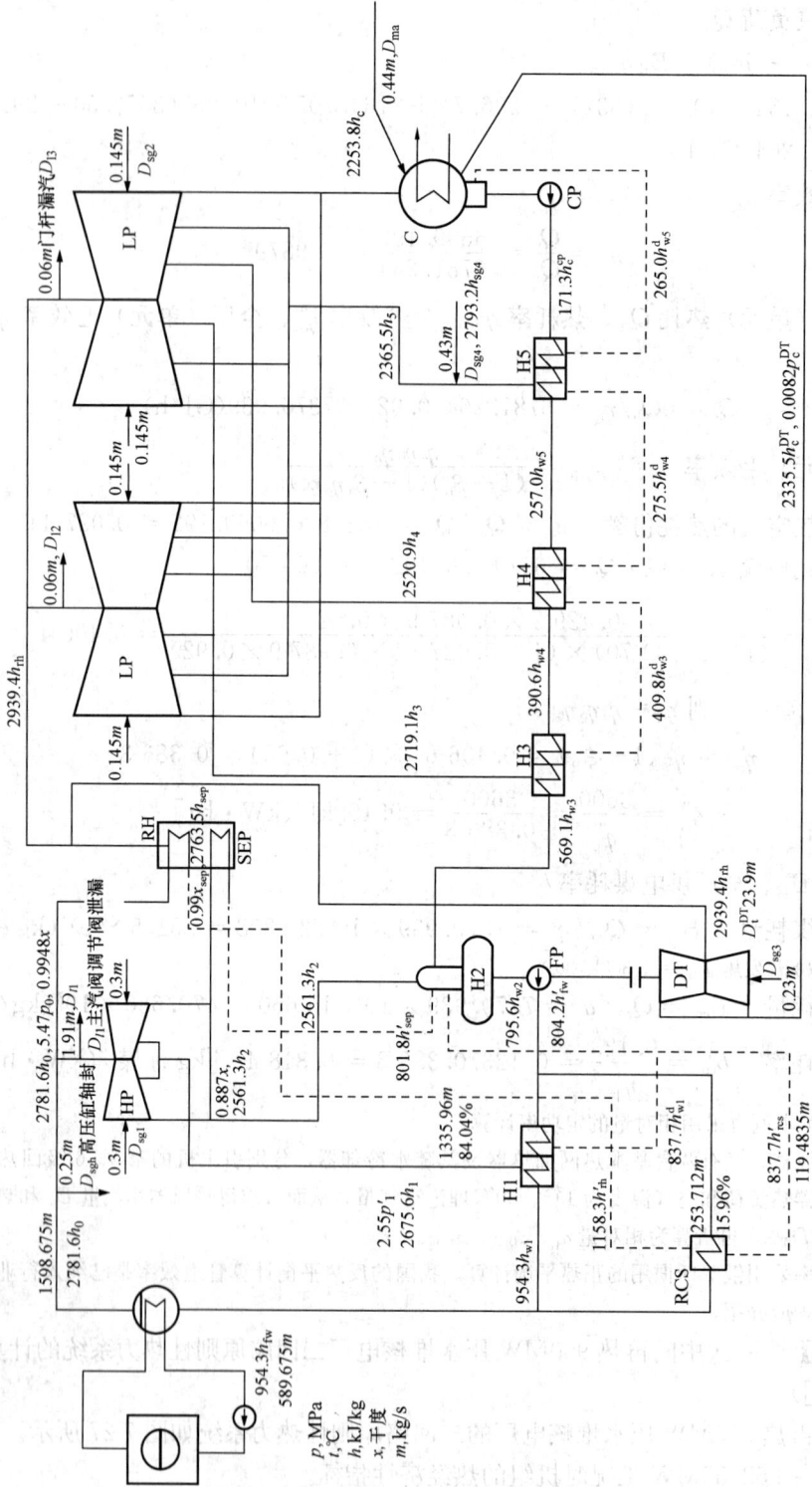

图 7-27　900MW 压水堆核电厂机组二回路原则性热力系统图

凝汽器压力　$p_c = 7.4$kPa

机组有五级回热"一高三低一除氧"，高压缸排汽引入汽水分离器 SEP，经汽水分离后，其疏水引入除氧器，汽水分离后的蒸汽引至再热器 RH，采用新蒸汽中间再热后引入中压缸。再热器的疏水（比焓 $h'_{rh} = 1158.3$kJ/kg）经分离器的疏水（比焓 $h'_{sep} = 801.9$kJ/kg）引入除氧器。各级回热抽汽的压力 $\sum p_j$、压损 $\sum \Delta p_j$ 及其焓值 $\sum h_j$ 和上端差 θ、下端差 ϑ 等数据如表 7-19 所示。

凝汽器补充水 $D_{ma} = 0.44$kg/s，驱动给水泵的小汽轮机为凝汽式，额定功率 1380kW，其汽源引自再热后的蒸汽，小汽轮机的排汽压力 $p_c^{DT} = 0.008\ 2$MPa，排汽比焓 $h_c^{DT} = 2335.5$kJ/kg，小汽轮机的机械效率 $\eta_m^{DT} = 0.95$。给水泵出口水压 $p_{fp}^o = 7.32$MPa，进口水压取除氧器出口水压，给水泵效率 $\eta_{fw}^{pu} = 0.81$。凝结水泵出口压力 $p_{cp}^o = 2.943$MPa，进口水压取凝汽器水压，凝结水泵效率 $\eta_{cp}^{pu} = 0.81$。给水温度 $t_{fw} = 222℃$。

轴封汽箱来汽的比焓 $h_{sg} = 2793.2$kJ/kg，其流量分配：高压缸轴封 $D_{sgh} = 0.25$kg/s，高压缸端部轴封 $D_{sg1} = 0.3 \times 2 = 0.6$（kg/s），低压缸端部轴封 $D_{sg2} = 0.145 \times 4 = 0.58$（kg/s），小汽轮机轴封 $D_{sg3} = 0.23$kg/s，引至 H5 的轴封汽 $D_{sg4} = 0.43$kg/s。

汽轮机的机械效率 $\eta_m = 0.95$，发电机效率 $\eta_g = 0.985$。

解： 用定功率法计算

1. 绘汽轮机的汽态线

取新蒸汽压损 Δp_0 为 5%，则 $p'_0 = (1 - 0.05) \times 5.47 = 5.196$（MPa）；

由 $p_0 = 5.47$MPa，$x_0 = 0.994\ 8$，查水蒸气图表得 $h_0 = 2781.6$（kJ/kg）；

取中压联合汽门压损为 2%，则 $p'_{rh} = (1 - 0.02) \times 1.180\ 8 = 1.157\ 2$（MPa）；

由 $p'_{rh} = 1.157\ 2$MPa，$t_{rh} = 253.1℃$，查水蒸气图表得 $h_{rh} = 2939.4$（kJ/kg）。

绘汽轮机的汽态线，如图 7-78 所示。

2. 编制汽轮机组各计算点的汽水参数表（如表 7-19 所示）

表 7-19　　　　900MW 压水堆核电厂机组回热系统计算点汽水参数

项　目		符号	单位	回　热　加　热　器							
加热器编号				H1	H2	H3	H4	H5	SEP	RH	排汽 C
加热蒸汽	抽汽压力	p_j	MPa	2.604 3	1.245 3	0.353 1	0.089 8	0.024 4	1.245 3	5.196	—
	抽汽比焓	h_j	kJ/kg	2675.6	2561.3	2719.1	2520.9	2365.5	2561.3	2781.6	2253.8
	抽汽压损	Δp_j	%	5	5	5	5	5	2	2.6	—
	加热器压力	p'_j	MPa	2.550 1	1.183	0.335 7	0.085 3	0.023 2	1.220 6	5.061	0.007 4
	p' 压力下饱和水温	t_s	℃	225.0	187.3	137.4	95.2	63.3	188.7	264.7	40.0
	p' 下饱和水比焓	h'_j	kJ/kg	966.9	795.6	578.1	399.0	265.0	801.8	1158.3	167.7
被加热水（蒸汽）	加热器上端差	θ	℃	3	0	2.5	2.5	2.5	0	13.4	
	加热器进口水焓	h_{wj+1}	kJ/kg	804.2	569.1	390.6	257.0	171.3	2561.3	2763.5	—
	加热器出口水焓	h_{wj}	kJ/kg	954.3	795.6	569.1	390.6	257.0	2763.5	2939.4	—

	项　　目	符号	单位	回　热　加　热　器							
疏水	疏水冷却器端差	ϑ	℃	8	—	5	5	—	—	—	—
	疏水冷却器出口水温	T''_I	℃	196.6	—	97.7	65.8	—	—	—	—
	疏冷器出口水比焓	h^d_{wj}	kJ/kg	837.7	—	409.8	275.5	265.0	—	—	—

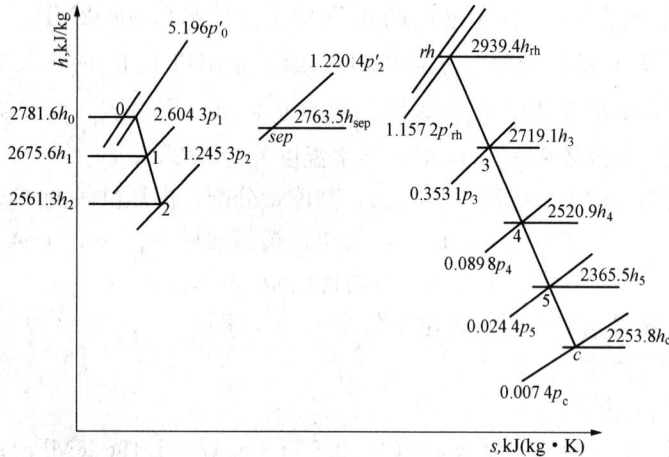

图 7-28　900MW 压水堆核电厂机组的汽态线

3. 各级回热抽汽量的计算

（1）汽轮机总汽耗量的估算

无回热抽汽时汽耗量 $D_{c0} = \dfrac{P_e}{(h_0 - h_c + q_{rh})\eta_m\eta_g}$

$$= \frac{962.56 \times 10^3}{(2781.6 - 2253.8 + 2939.4 - 2763.5) \times 0.99 \times 0.985}$$

$$= 1402.712(kg/s)$$

考虑回热抽汽增加汽耗及轴封用汽、漏气等项后，取 $D_0 = 1589.675kg/s$，计算后要重新校核 D_0 的值。

（2）高压加热器组的计算

① 汽水分离器 SEP

物质平衡式　　　$D_{sep} = D_{sep,w} + D_{rh}$　　　　　　　　　　　　　　　　　　　（1）

$$p'_2 = (1 - 0.02)p_2 = 1.245\ 3 \times 0.98 = 1.220\ 4(MPa)$$

由 $p'_2 = 1.220\ 4MPa$，$x'_2 = 0.99$，查水蒸气图表得 $h_{sep} = 2763.5$（kJ/kg），分离器疏水比焓 $h'_{sep} = 801.8kJ/kg$。

则　　　　　　　　$D_{sep,w}(h_2 - h'_{sep}) + D_{rh}(h_2 - h_{sep}) = 0$

$$D_{sep,w}(2561.3 - 801.8) + D_{rh}(2561.3 - 2763.5) = 0$$

$$1759.5D_{sep,w} - 202.2D_{rh} = 0 \tag{2}$$

②再热器 RH

新蒸汽至再热器的压损为 2.6%，则至再热器的蒸汽压力 $p_{o,rh}$ 为

$$p_{o,rh} = (1 - \Delta p)p_0' = (1 - 0.026) \times 5.196 = 5.061 (\text{MPa})$$

查水蒸气图表得 $p_{o,rh}$ 相应的 $h_{rh}' = 1158.3 (\text{kJ/kg})$

将数据代入再热器的热平衡式 $D_{o,rh}(h_0 - h_{rh}') = \dfrac{D_{rh}(h_{rh} - h_{sep})}{\eta_h}$

则

$$D_{o,rh}(2781.6 - 1158.3) = D_{rh}(2939.4 - 2763.5)/0.995$$

$$1623.3D_{o,rh} - 176.78D_{rh} = 0 \tag{3}$$

③ 除氧器 H2

取给水泵出口水的平均质量体积 $V_{fw}^{av} = 0.001\ 136 \text{m}^3/\text{kg}$

则给水泵功焓升 $\Delta\tau_{fw} = [V_{fw}^{av}(p_{fw}^o - p_{fw}^i)] \times 10^3/\eta_{fw}^{pu}$

$$= [0.001\ 136 \times (7.320 - 1.183)] \times 10^3/0.81 = 8.6 (\text{kJ/kg})$$

给水泵出口给水焓 $h_{fw}' = h_{w2} + \Delta\tau_{fw} = 795.6 + 8.6 = 804.2 (\text{kJ/kg})$

由 h_{fw}'，$p_{fw}^o = 7.32\text{MPa}$，查水蒸气图表得 $t_{fw}' = 188.6\ ℃$

由 $t_{fw}' = 188.6\ ℃$，$p_{fw}^{pu} = 7.32\text{MPa}$，查水蒸气图表得 $v_2' = 0.001\ 134\text{m}^3/\text{kg}$

由除氧器压力下饱和水温 $t_{s(2)} = 187.3\ ℃$，除氧器压力 1.183MPa，得 $v_2 = 0.001\ 138\text{m}^3/\text{kg}$，

则 $V_{fw}^{av} = \dfrac{1}{2} \times (v_2' + v_2) = \dfrac{1}{2} \times (0.001\ 134 + 0.001\ 138) = 0.001\ 136\text{m}^3/\text{kg}$ 表明取 $V_{fw}^{av} = 0.001\ 136\text{m}^3/\text{kg}$ 是正确的。

H1 的疏水温度 $t_{w1}^d = t_{w2} + \vartheta = 188.6 + 8 = 196.6\ ℃$

由 $p_1' = 2.55\text{MPa}$，$t_{w1}^d = 196.6\ ℃$，查水蒸气图表得 $h_{w1}^d = 837.7\text{kJ/kg}$

低压组物质平衡式为

$$D_c' = D_{rh} + D_{sg2} + D_{sg3} + D_{ma} + D_{sg4} - D_{l2,3}$$

$$= D_{rh} + 0.145 \times 4 + 0.23 + 0.44 + 0.43 - 0.06 \times 2$$

化简为

$$D_c' = D_{rh} + 1.56 \tag{4}$$

H2 的热平衡式为

$$D_2(h_2 - h_{w2}) + D_{sep,w}(h_{sep}' - h_{w2}) + (D_1 + D_{o,rh})(h_{w1}^d - h_{w2}) = \frac{1}{\eta_h}D_c'(h_{w2} - h_{w3})$$

代入各值 $D_2(2561.3 - 795.6) + D_{sep,w}(801.8 - 795.6) + (D_1 + D_{o,rh})(837.7 - 795.6)$

$$= \frac{1}{0.995}D_c'(795.6 - 569.1)$$

化简得

$$42.1D_1 + 1765.7D_2 + 6.2D_{sep,w} - 227.64D_c' + 42.1D_{o,rh} = 0 \tag{5}$$

④ 高压加热器 H1 及再热器疏水器 RCS 的热平衡式为

$$D_1(h_1 - h_{w1}^d) + D_{o,rh}(h_{rh}' - h_{rcs}') = \frac{1}{\eta_h}D_{fw}(h_{w1} - h_{fw}')$$

代入数据得 $D_1(2675.6 - 837.7) + D_{o,rh}(1158.3 - 837.7) = \dfrac{1589.675}{0.995} \times (954.3 - 804.2)$

化简得

$$1837.9D_1 + 320.6D_{o,rh} - 2.398\ 1 \times 10^3 = 0 \tag{6}$$

⑤ 高压组联立求解方程组

总质量平衡式为 $D_0 = D_1 + D_2 + D_{sep} + D_{o,rh} + D_{sg,h} - D_{sg1} + D_{l1}$

代入数据得　　$1589.675 = D_1 + D_2 + D_{sep} + D_{o,rh} + 0.25 - 0.3 \times 2 + 1.91$

化简得　　　　　　　$D_1 + D_2 + D_{sep} + D_{o,rh} = 1588.115$　　　　　　　　　　(7)

联立求解（1）～（7），解得

$$D_1 = 109.638 \text{kg/s}, \quad D_2 = 135.739 \text{kg/s}$$

$$D_{rh} = 1097.169 \text{kg/s}, \quad D_{sep} = 1223.254\,6 \text{kg/s}$$

$$D'_c = 1098.729 \text{kg/s}, \quad D_{sep,w} = 126.085\,6 \text{kg/s}$$

$$D_{o,rh} = 119.483\,5 \text{kg/s}$$

（3）低压加热器组的计算

① 低压加热器 H3

热平衡式　　　　　$D_3 (h_3 - h^d_{w3}) = \dfrac{1}{\eta_h} D'_c (h_{w3} - h_{w4})$

$$D_3 = \frac{569.1 - 390.6}{(2719.1 - 409.8) \times 0.995} \times 1098.729 = 85.568 (\text{kg/s})$$

② 低压加热器 H4

热平衡式　　　$D_4 (h_4 - h^d_{w4}) + D_3 (h^d_{w3} - h^d_{w4}) = \dfrac{1}{\eta_h} D'_c (h_{w4} - h_{w5})$

代入数据，得

$$D_4 = \frac{1}{(2520.9 - 275.5)} \times \left[\frac{1}{0.995} \times 1098.729 \times (390.6 - 257.0) - 85.568 \times (409.8 - 275.5) \right]$$

$$= 60.68 (\text{kg/s})$$

③ 小汽轮机功率 P^{DT}_e

小汽轮机能量平衡，并考虑散热损失，则

$$P^{DT}_e = D_{fw} \Delta\tau_{fw} / 0.99$$

$$= 1589.675 \times 8.6 / 0.99 = 13\,890.3 (\text{kW})$$

小汽轮机能量平衡式

$$D^{DT}_t (h_{rh} - h^{DT}_c) + D_{sg3} (h_{sg} - h^{DT}_c) = \frac{P^{DT}_e}{\eta^{DT}_m}$$

$$D^{DT}_t = \frac{1}{(2939.4 - 2335.5)} \left[\frac{13\,890.3}{0.95} - 0.23 (2793.2 - 2335.5) \right] = 23.90 (\text{kg/s})$$

④ 低压加热器 H5

取凝结水泵进出口水平均质量体积 $v^{av}_{cp} = 0.001 \text{m}^3/\text{kg}$

则　　　　　　　$\Delta\tau_{cp} = [v^{av}_{cp} (p^o_{cp} - p_c) \times 10^3] / \eta^{pu}_{cp}$

$$= \frac{1}{0.81} [0.001 \times (2.943 - 0.007\,4) \times 10^3] = 3.6 (\text{kJ/kg})$$

$$h^{cp}_c = h'_c + \Delta\tau_{cp} = 167.7 + 3.6 = 171.3 (\text{kJ/kg})$$

其中 h'_c 由 p_c 查表求得。

由 $p^o_c = 2.943 \text{MPa}$，$h^{cp}_c = 171.3 \text{kJ/kg}$，查水蒸气图表得 $t^{cp}_c = 40.3 \,℃$，证明 $v^{av}_{cp} = 0.001 \text{m}^3/\text{kg}$ 精度足够。

由 H5 能量平衡式

$$D_5 (h_5 - h_{w5}^d) + D_{sg4} (h_{sg4} - h_{w5}^d) = \frac{1}{\eta_h} D_c' (h_{w5} - h_c^{cp})$$

可得

$$D_5 = \frac{1}{(2365.5 - 265.0)} \times \left[\frac{1}{0.995} 1098.729 \times (257.0 - 171.3) - 0.43 \times (2793.2 - 265.0) \right]$$

$$= 44.54 (\text{kg/s})$$

则　　　$D_c = D_{rh} - (D_3 + D_4 + D_5) - D_t^{DT} - D_{l2,3} + D_{sg2}$

$$= 1097.169 - (85.586 + 60.68 + 44.54) - 23.9 - 0.06 \times 2 + 0.145 \times 4$$

$$= 882.92 (\text{kg/s})$$

4. D_0 的校核计算

机组吸收热量 $\dot{P}$（以 kW 计）

$$\dot{P} = (D_0 - D_{o,rh}) h_0 + (D_{rh} - D_t^{DT}) h_{rh} - \sum D_j h_j$$

$$= (1589.675 - 119.483\,5) \times 2781.6 + (1097.169 - 23.90) \times 2939.4$$

$$- [109.638 \times 2675.6 + (135.139 + 1223.254\,6) \times 2561.3 + 85.568 \times 2719.1$$

$$+ 60.68 \times 2520.9 + 44.54 \times 2365.5 + 882.92 \times 2253.8]$$

$$= 989\,132.5 (\text{kW})$$

与额定功率 P_e 相对误差

$$(\dot{P} \eta_m \eta_g - P_e)/P_e = (989\,132.5 \times 0.99 \times 0.985 - 962\,550)/962\,550 = 0.002\,08$$

证明足够精确。

5. 机组热经济指标计算

热耗量（以 kW 计）

$$\dot{P}_0 = D_0 (h_0 - h_{w1}) = 1589.675 \times (2781.6 - 954.3) = 2.904\,8 \times 10^6 (\text{kW})$$

热耗率　　　$q_0 = \frac{3600 \dot{P}_0}{P_e} = \frac{3600 \times 2.9048 \times 10^6}{9.625\,5 \times 10^5} = 10\,864.1 [\text{kJ}/(\text{kW} \cdot \text{h})]$

汽耗率　　　$d_0 = \frac{D_0}{P_e} = \frac{1589.675 \times 3600}{9.6255 \times 10^5} = 5.945\,5 [\text{kg}/(\text{kW} \cdot \text{h})]$

电厂毛效率　　　$\eta_e = \frac{3600}{q_0} = \frac{3600}{10\,864.1} = 0.331\,4$

【小结】（1）本例采用绝对量定功率就算。

（2）核电厂二回路系统的热力计算方法与热力发电厂的原则性热力系统计算是一致的。

（3）本例计算的是汽轮发电机组的热经济性指标，限于原始资料不足，未做核电厂全厂热经济性指标计算。

复习思考题

7-1　何谓发电厂原则性热力系统？有何特点？其实质和作用各是什么？

7-2　试分析图 7-1 和图 7-6 的原则性热力系统，比较它们的异同。

7-3　分析图 7-3 热电厂的原则性热力系统，指出供热系统的组成。

7-4　拟定发电厂原则性热力系统的内容及其步骤是什么？

7-5 发电厂原则性热力系统计算与机组回热系统热力计算有何异同？

7-6 发电厂原则性热力系统计算的目的是什么？

7-7 供热机组发电厂原则性热力系统计算有何特点？

7-8 核电厂二回路的原则性热力系统计算有何特点？

7-9 通过例题 7-1、例题 7-2 的发电厂原则性热力系统计算两例题，试分析定功率计算与定流量计算有何异同？

7-10 为何热电厂的原则性热力系统计算适于定流量计算，并从"外"到"内"的？

7-11 电算发电厂原则性热力系统的思路是什么？怎样使所编电算程序具有较高的通用性（适用不同模式、不同容量、不同热力系统等）、灵活性？

习　题

7-1 国产 N100-8.83/535 型机组额定工况时，全厂原则性热力系统计算，其系统如图 7-29 所示，各汽水参数如表 7-20 所示。配自然循环汽包锅炉。汽包压力 10.78MPa，$\eta_b = 0.92$，$\eta_m \eta_g = 0.97$，加热器效率 $\eta_h = 0.98$。

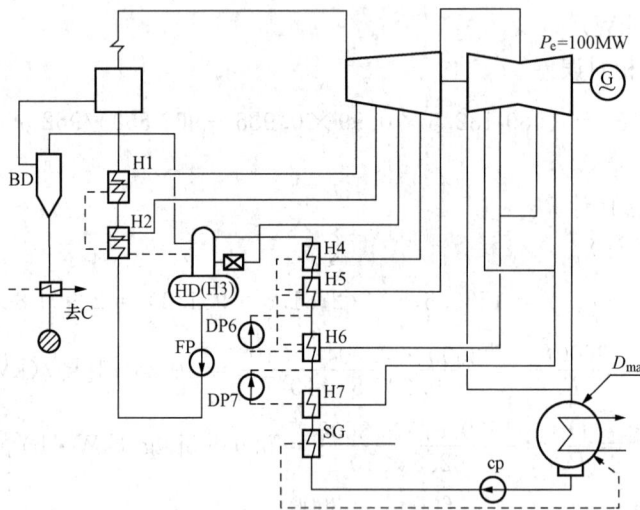

图 7-29　N100-8.83/535g 型机组（双缸）原则性热力系统

表 7-20　　　　　　　　N100-8.83/135 型机组额定工况时汽水参数

项目	单位	新汽	H1	H2	H3	H4	H5	H6	H7	SG	C
蒸汽压力	MPa	8.83	2.86	1.702	0.928	0.423	0.202	0.123	0.037 6	—	0.004 9
蒸汽温度	℃	535	399	334	265	173	$x_5 = 0.995$	$x_6 = 0.975$	$x_7 = 0.932$	—	—
蒸汽比焓	kJ/kg	3480	3227	3100	2969	2819	2965	2626	2474	—	2268
抽汽压损	%	—	8	8	定压	8	8	8	8	—	—
加热器端差	℃	—	0	0	0	5	5	5	5	—	—
轴封汽比焓	kJ/kg	—	—	—	2369	—	—	—	2903	3438	—
轴封汽量	D_{sg}, %	—	—	—	0.4	—	—	—	0.45	—	—

求：①补水入除氧器时全厂热经济指标计算；②补水入凝汽器时全厂热经济指标的相对变化。

7-2 国产 C50-8.83/0.118 型机组额定工况时全厂原则性热力系统计算，其系统如图 7-30 所示。各汽水参数如表 7-21 所示。配自然循环汽包锅炉，过热器出口蒸汽压力 $p_b=$ 9.9MPa，$t_b=540℃$，$h_b=3480kJ/kg$。汽包压力 10.78MPa，$\eta_b=0.9$，$\eta_m\eta_g=0.97$，加热器效率 $\eta_h=0.99$，热网效率 $\eta_{hs}=0.98$，新汽流量 $D_0=266\,000kg/h$，供热蒸汽流量 $D_h=$ 180 000kg/h。热网加热器的加热蒸汽引自第五级抽汽，回水率 $\varphi=100\%$，回水温度 104.4℃，回水比焓 437.1kJ/kg，热网加热器疏水通过疏水泵送至 H5 出水口处。额定工况时，H6 关闭。门杆漏汽 $D_{lv}=1600kg/h$，$h_{lv}=3745kJ/kg$，送至除氧器。轴封蒸汽 $D_{sg}=$ 4460kg/h，$h_{sg}=3438.36kJ/kg$，其中 $D_{sg1}=2860kg/h$，引至 H2，$D_{sg2}=1218kg/h$，引至 H4，$D_{sg3}=328kg/h$，送至 SG。

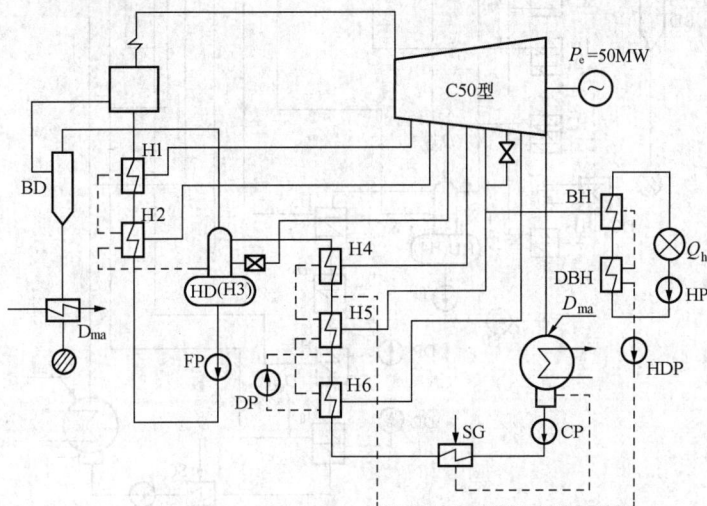

图 7-30 C50-8.83/0.118 型机组原则性热力系统

表 7-21   **C50-8.83/0.118 型机组额定工况时汽水参数**

项 目	p_j (MPa)	t_j (℃)	h_j (kJ/kg)	p'_j (MPa)	$t_{s(j)}$ (℃)	h'_j (kJ/kg)	θ_j (℃)	t_{wj} (℃)	h_{wj} (kJ/kg)	h_{wj+1} (kJ/kg)
新蒸汽	8.83	535	3475	—	—	—	—	—	—	—
1 号抽汽口	3.01	400	3227	2.77	229.45	960.7	0	229.45	960.45	832.55
2 号抽汽口	1.65	325	3090	1.518	198.85	847.19	0	198.85	832.55	686.96
3 号抽汽口	0.639	232	2924	0.588	158.08	666.96	0	159.3	666.96	585.44
4 号抽汽口	0.42	178	2820	0.386	141.83	597.01	2	139.83	585.44	415.83
5 号抽汽口	0.118	108	2621	0.109	102.32	428.84	3	99.32	415.83	149.05
6 号抽汽口	0.007	39	2465	0.006 4	37.60	157.6	2	35.6	149.05	88.50
排汽	0.002 85	25	2314	0.002 6	21.10	88.5	—		88.50	—

求：①该工况的电功率 P_e 及凝汽量 D_c，②该热电厂的发电和供热的热经济指标。

7-3 国产 N200-12.75（130）/535/535 型（双排汽）机组全厂原则性热力系统如图 7-31 所示，额定工况时各汽水参数如表 7-22 所示，配自然循环汽包锅炉，过热器出口蒸汽参数 $p_b=13.83MPa$，$t_b=540℃$，汽包压力 15.69MPa，$\eta_b=0.916\,8$，$\eta_m\eta_g=0.98$，换热设备

效率 $\eta_h=0.99$。轴封汽至 H1 的 $\alpha_{sg1}=0.004\,95$，$h_{sg1}=3393kJ/kg$，至 H4 的 $\alpha_{sg2}=0.007\,54$，$h_{sg2}=3294kJ/kg$，至 H8 的 $\alpha_{sg3}=0.002\,95$，$h_{sg3}=3267kJ/kg$，至 SG 的 $\alpha_{sg4}=0.002\,62$，$h_{sg4}=3135kJ/kg$，其饱和水比焓 $h'_{sg4}=412kJ/kg$。第三级抽汽先引至外置式蒸汽冷却器 SC$_3$，进入 H$_3$ 凝结段的蒸汽比焓为 2938kJ/kg，除氧器为滑压运行方式。补水入凝汽器。

求：① 额定工况时全厂发电热经济指标；②若运行时高压加热器因故全部解列，汽轮机的进汽量减少至 500t/h，求该工况时的 P_e 及全厂发电热经济指标。

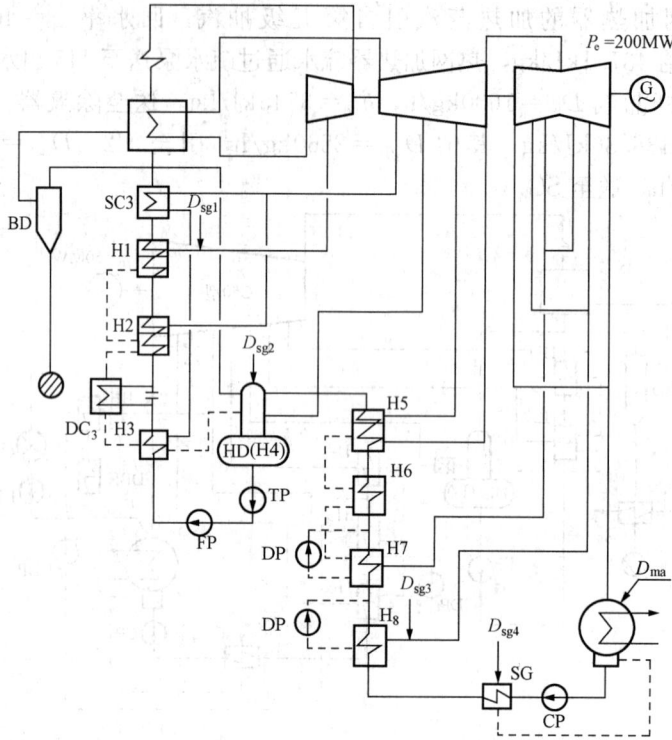

图 7-31　N200-12.75/535/535 型（双排汽）机组全厂原则性热力系统

表 7-22　　　　　**N200-12.75/535/535 型（双排汽）机组额定工况时汽水参数**

项　目	p_g (MPa)	t_j (℃)	h_j (kJ/kg)	h'_j (kJ/kg)	h_{wj} (kJ/kg)	h_{wj+1} (kJ/kg)
新蒸汽	12.75	535	3433			
第一级抽汽	3.75	363.3	3136	1048	1038	934
第二级抽汽	2.46	310	3038	822	934	
中压缸入口蒸汽	2.18	535	3543			
第三级抽汽	1.22	454.8	3383	785	785	698*
第四级抽汽	0.681 6	374.1	3220	678	678	597
第五级抽汽	0.422 7	313.5	3100	601	597	512
第六级抽汽	0.248 9	252.3	2978	521	512	443**
第七级抽汽	0.149 7	201.9	2884	456	441	308**
第八级抽汽	0.045 5	95	2684	321	306	
凝汽器	0.005 4	$x=0.932$	2437			

＊ 考虑给水泵功使给水焓升。

＊＊ 系进水处混合焓。

第八章　发电厂全面性热力系统

本 章 提 要

本章先介绍发电厂全面性热力系统的基本概念，再介绍管道设计参数、公称压力、公称直径、内外直径管等概念和阀门的基本知识。介绍常用的主蒸汽系统、再热蒸汽系统、旁路系统的形式、作用及其设计和运行的一些问题，以及给水管道系统的形式及其应用、给水泵拖动方式的比较，小汽机的形式及其连接方式。重点介绍回热系统全面性热力系统及其运行，再简介全厂公用汽水系统，最后举例介绍国内外大型火电、核电机组的发电厂全面性热力系统。

第一节　发电厂全面性热力系统的概念

第四章第一节中已讲，热力系统按用途分为两类，并介绍了发电厂原则性热力系统的特点及其作用。这里与之对比介绍发电厂全面性热力系统的特点和作用。

发电厂原则性热力系统只涉及电厂的能量转换及热量利用的过程，并没有反映发电厂的能量是怎样实现转换的。实际上，要实现电厂能量转换不仅要考虑任一设备或管道在事故、检修时，不影响主机乃至整个电厂的工作，必须装设相应的备用设备或管路，还要考虑启动、低负荷运行，正常工况或变工况运行，事故以及停止等各种操作方式。根据这些运行方式变化的需要，应设置作用各不相同的备用泵类、管道及附件。这就构成了发电厂全面性热力系统。它是用规定的符号，表明全厂性的所有热力设备及其汽水管道和附件的总系统图。

发电厂全面性热力系统图应明确地反映电厂的各种工况，以及事故、检修时的运行方式。它是按设备的实际数量（包括运行的和备用的全部主、辅热力设备及其系统）来绘制的，并标明一切必须的连接管路及其附件。通过全面性热力系统可以了解到发电厂全厂热力设备的配置情况。在各种运行工况的切换方式中，既需要考虑热力系统中设备或管道及其附件的顺序连接，也需要考虑同类设备或管道及其附件的平行连接。

根据发电厂全面性热力系统图来汇总主、辅热力设备、各类管道（不同管材、不同公称压力、管径和壁厚）及其附件的数量和规格，供订货用，并据以进行主厂房布置和各类管道的施工设计，是发电厂设计、施工和运行工作中非常重要的一项技术文件。总体而言，在设计中全面性热力系统会影响投资和钢材的耗量；在施工中会影响施工的工作量和施工周期；在运行中会影响热力系统的运行调度的灵活性、可靠性和经济性，会影响到各种运行方式的切换及备用设备投入的可能性。这些影响的程度不尽相同，有的甚至是决定性的。

为了使发电厂全面性热力系统图形更加清晰，不至过于复杂，对属于锅炉、汽轮机设备本身的管道（如锅炉本体的汽水管道、汽机本体的疏水管道，给水泵轴密封水等）和一些次要的管道（如工业水系统）一般不用表示，或予以适当简化（如热力辅助设备的空气管道系统、锅炉定期排污系统等），而另行绘制这些局部系统的全面性热力系统。

一般发电厂全面性热力系统由下列各局部系统组成：主蒸汽和再热蒸汽系统（一、二次蒸汽系统）、旁路系统、回热加热（即回热抽汽及其疏水、空气管路）系统、给水除氧系统（包括减温水系统）、主凝结水系统、补充水系统、供热系统、厂内循环水系统和锅炉启动系统等。这些局部系统的全面性系统，已在前几章中进行了介绍。需指出的是，目前我国大中型火力发电机组已全部采用了 DCS 控制，而在 DCS 的 CRT 屏幕上显示的，正是这些局部系统的全面性热力系统，并据以进行监视、操作乃至诊断。

第二节　管道与阀门的基本知识

一、管道规范

我国火电以大机组为主力机组，包括亚临界、超临界、超超临界压力机组，有的管道工作温度高达 600℃（如华能玉环电厂 1000MW 超超临界压力机组）。本节主要介绍我国火力发电厂管道的有关情况，并适当简介国外机组的基本情况。

以下根据 SDGJ 6—90《火力发电厂汽水管道应力计算技术规定》（简称《应力规定》）说明有关管道设计参数。

1. 蒸汽管道的设计压力

管道设计压力（表压）是指管道运行中内部介质的最大工作压力，对于水管道，还应包括水柱静压的影响。

（1）主蒸汽管道的设计压力，取锅炉过热器出口的额定工作压力。当锅炉和汽轮机允许超压 5%运行（简称 5%OP）时，应加上 5%的超压值。

如引进的美国 300、600MW 机组超压 5%运行，Ebasco 公司设计取汽轮机主汽门进口压力为 17.39MPa，加上主蒸汽管道的允许压降 0.862MPa 等于 18.252MPa，设计时，取用其过热器出口联箱的设计压力，即 19.2MPa。

（2）再热蒸汽管道的设计压力，取汽轮机最大计算出力（调节阀全开，简称 VWO 或 VWO+5%OP）下热平衡中高缸排汽压力的 1.15 倍（即考虑汽轮机制造误差 5%、汽轮机老化 5%、中联门阻力 3%和再热蒸汽管道的阻力）。

对于再热器出口联箱到汽轮机的部分，可减至再热器出口安全阀动作的最低整定压力。

在"应力规定"中，还对汽轮机非调节抽汽、调节抽汽管道、背压机排汽管道和减压装置后等蒸汽管道的设计压力均有所规定。

2. 主给水管道设计压力

主给水管道设计压力分两种情况：

（1）对于非调速电动给水泵的管道，从前置泵至主给水泵或从主给水泵出口至锅炉省煤器进口的管道，其设计压力分别取用前置泵或主给水泵的特性曲线最高点对应的压力与该泵进水侧压力之和。

（2）对于调速电动给水泵的管道：①从给水泵出口至泵出口关闭阀的管道设计压力，取泵在额定转速下特性曲线最高点对应的压力与进水侧压力之和；②从泵出口关闭阀至锅炉省煤器进口的管道设计压力，取泵在额定转速及设计流量下泵出口压力的 1.1 倍与泵进水侧压力之和。

图 8-1 为德国和瑞士 SULZER 公司组成的集团对 600MW 超临界压力机组给水管道设计

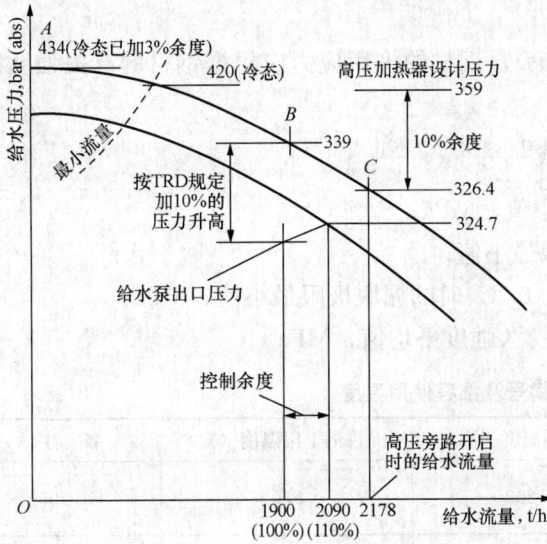

图 8-1　国外机组对给水管道设计压力的一个示例

压力的一个示例，即①给水泵出口至第一关闭阀的设计压力，取给水泵在最小流量时（冷态）的压力 420bar，加上 3% 泵的压头余度 13bar，再加上进水侧压力 1bar，即 434bar，如图 8-1 中 A 点所示；②给水泵出口第一关闭阀至锅炉入口第一个关闭阀的设计压力取泵在额定转速及设计流量时（热态）的出口压力的 1.1 倍，即 339bar，如图 8-1 中 B 点所示；③锅炉入口第一关闭阀后至省煤器管道的设计压力，取高压旁路（详见本章第三节）开启时给水泵的出口压力 279bar 加上锅炉本体的压降 47.3bar，再加上 10% 的余度，即 359bar，如图 8-1 中 C 点所示。

3. 管道设计温度

管道设计温度系指管道运行中内部介质的最高工作温度。

（1）主蒸汽、高温再热蒸汽管道的设计温度，应分别取锅炉额定蒸发量时过热器、再热器出口的额定工作温度加上锅炉正常运行时允许的温度偏差值（一般取 5℃）。例如，汽轮机进口处的设计温度为 535℃，锅炉过热器、再热器出口额定工作温度为 540℃，加上允许温度偏差 5℃，则主蒸汽管、高温再热蒸汽管道的设计温度为 545℃。

（2）低温再热蒸汽管道的设计温度，取汽轮机最大计算力（VWO 或 VWO＋5%OP）下热平衡中高压缸排汽参数（图 8-2 中 A 点）为基准，等熵求取管道在设计压力下的相应温度，如图 8-2 中 A、B 两点所示，此法仅适用高、中压缸同时启动的汽轮机组。如采用中压缸先启动，高压缸空转因鼓风使其排汽温度升高，则低温再热蒸汽管道的设计温度应采用制造厂提供的可能出现的最高工作温度。

（3）主给水经加热器后的管道设计温度，取被加热水的最高工作温度。其他管道设计温度的选取，详见《应力规定》。

管道参数也可用标注压力、温度的方法来表示，如 p_{54}^{14}，是指设计温度为 540℃，设计压力为 14MPa。

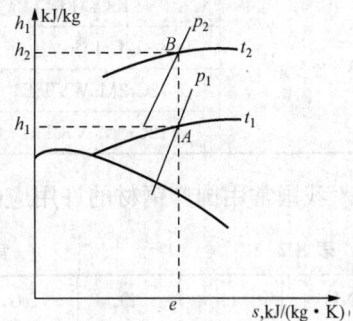

图 8-2　低温再热蒸汽管道的设计温度图示

4. 公称压力 PN

根据 GB 1048，管道元件的公称压力用符号 PN 表示，压力等级应符合 GB1048 规定的系列：0.05、0.1～50（见表 8-3 公称压力栏，其余从略）。

管道可承受的最大工作压力与管道材料和介质温度有关。不同管材的使用温度是不同的。表 8-1 为我国火电厂常用管材钢号及其推荐使用温度，取自 DL/T 5054—1996《火力发电厂汽水管道设计技术规定》（以下简称《管道规定》）。国外机组高温用合金钢管的对照表，见《应力规定》的条文说明。

按照第三强度理论（最大剪应力强度理论），钢材的许用应力应根据钢材的有关强度特性取下列三项中的最小值，

$$\frac{\delta_b^{20}}{3}, \quad \frac{\delta_s^t}{1.5} \text{ 或} \frac{\delta_{s(0.2\%)}^t}{1.5}, \quad \frac{\delta_D^t}{1.5}$$

式中　δ_b^{20}——钢材在 20℃时的抗拉强度最小值，MPa；

δ_s^t——钢材在设计温度下的屈服极限最小值；

$\delta_{s(0.2\%)}^t$——钢材在设计温度下残余变形为 0.2％时的屈服极限最小值，MPa；

δ_D^t——钢材在设计温度下的 10 万 h 持久强度平均值，MPa。

表 8-1　　　　　　　　　火电厂常用管材钢号及推荐使用温度

钢　类	钢　号	推荐使用温度（℃）	允许的上限温度（℃）	备　注
碳素结构钢	Q235-A. F Q235-B. F	0～200	250	GB 700
	Q235-A Q235-B Q235-C	0～300	350	GB 700
	Q235-D	−20～300	350	GB 700
优质碳素结构钢	10	−20～425	430	GB 3087
	20	−20～425	430	GB 3087
	20G	−20～430	450	GB 5310
普通低合金钢	16Mng	−40～400	400	GB 713
合金钢	15CrMo	510	550	GB 5310
	12Cr1MoV	540～555	570	GB 5310
	12Cr2MoWVTiB	540～555	600	GB 5310
	12Cr3MoVSiTiB	540～555	600	GB 5310

我国常用国产钢材的许用应力如表 8-2 所示。

表 8-2　　　　　　　　　常用国产钢材的许用应力（摘录）　　　　　　　　　（MPa）

钢号与标准号		10 GB3087—1982	20 GB3087—1982	20G GB5310—1985	15CrMo GB5310—1985	12Cr1MoV GB5310—1985	12Cr2MoWVTiB * GB5310—1985	12Cr3MoVSiTiB * GB5310—1985	Q235 GB700—1988	16Mng GB713—1986
δ_b^{20}		333	392	402	441	471	539	627	372	470
δ_s^{20}		196	226	226	225	255	333	441	216	305
管壁温度（℃）	20	111	131	134	147	157	180	209	124	156
	250	104	125	125					113	149
	260	101	123	123					111	146
	280	96	118	118					105	140
	300	91	113	113	143				101	135
	320	89	109	109	140				93	132
	340	84	102	102	136				88	130
	350	80	100	100	135	143			85	129

续表

钢号与标准号		10 GB3087—1982	20 GB3087—1982	20G GB5310—1985	15CrMo GB5310—1985	12Cr1MoV GB5310—1985	12Cr2MoWVTiB* GB5310—1985	12Cr3MoVSiTiB* GB5310—1985	Q235 GB700—1988	16Mng GB713—1986
管壁温度（℃）	360	78	97	97	132	141				127
	380	75	92	92	131	138				122
	400	70	87	87	128	135				117
	410	68	83	83	127	133				
	420	66	78	78	126	132				
	430	61	72	72	125	131				
	440	55	63	63	124	130				
	450	49	55	55	123	128				
	500				96	118				
	550				40	71	84	97		
	600						59	51		

注　碳钢制成的管子或集箱，其金属温度不应超过 430℃，对于 20G 钢，若要求使用寿命不超过 20 年，使用温度可提高至 450℃，但使用期间应加强金属监督。

设计温度 200℃以上每增加 10℃ 为一档，到 680℃，表 8-2 仅列至 600℃。详见《管道规定》。常用的美国、德国钢材的许用应力，见《管道规定》。

对于型钢锻制管材，可直接取表 8-2 中的数值，对其他钢种管材还应乘以小于 1 的系数。由表 8-2 可见，钢材的许用应力随介质温度的升高而降低。钢材这一特性，不便使用。为此，在国家标准中，用公称压力 PN 表示不同管材，在不同温度时管道允许的工作压力 $[p]$，都折算为某一固定温度等级下承压等级标准，即管道公称压力指管道、管道附件在某基准温度下允许的最大工作压力，其值按 GB 1048—1974 规定分为许多等级，如表 8-3 所示。

对 10 号、20 号优质碳素钢、普通低级合金钢分为 21 个压力等级，每一压力等级分为 7 个温度等级。10 号、20 号钢在 0～200℃温度等级的允许工作压力值即公称压力。表 8-3 为 20 号钢的公称压力表，其他材质的管材，可参见《管道规定》或有关手册。

表 8-3　　　　　　　　　　　　　　**20 号钢的公称压力表**

公称压力 PN （MPa）	试验压力 p_T （MPa）	设计温度（℃）						
		≤200	250	300	350	400	430	450
		允许工作压力（MPa）						
		p_{20}	p_{25}	p_{30}	p_{35}	p_{40}	p_{43}	p_{45}
0.10	0.20	0.10	0.10	0.09	0.08	0.07	0.05	0.04
0.25	0.40	0.25	0.25	0.22	0.20	0.17	0.14	0.11
0.40	0.60	0.40	0.40	0.36	0.32	0.77	0.23	0.17
0.60	0.90	0.60	0.59	0.54	0.48	0.41	0.34	0.26
0.80	1.20	0.80	0.79	0.72	0.63	0.55	0.46	0.35

续表

公称压力 PN (MPa)	试验压力 p_T (MPa)	设计温度（℃）						
		≤200	250	300	350	400	430	450
		允许工作压力（MPa）						
		p_{20}	p_{25}	p_{30}	p_{35}	p_{40}	p_{43}	p_{45}
1.00	1.50	1.00	0.99	0.90	0.79	0.69	0.57	0.44
1.60	2.40	1.60	1.58	1.43	1.27	1.10	0.91	0.70
2.0	3.00	2.00	1.98	1.79	1.58	1.38	1.14	0.87
2.5	3.75	2.50	2.47	2.24	1.98	1.72	1.43	1.09
4.0	6.00	4.0	4.0	3.6	3.2	2.8	2.3	1.7
5.0	7.50	5.0	5.0	4.5	4.0	3.5	2.9	2.2
6.3	9.50	6.3	6.2	5.6	5.0	4.3	3.6	2.7
10.0	15.00	10.0	9.9	8.9	7.9	6.9	5.7	4.4
15.0	22.50	15.0	14.8	13.4	11.9	10.3	8.6	6.5
16.0	24.00	16.0	15.8	14.3	12.7	11.0	9.1	7.0
20.0	30.00	20.0	19.8	17.9	15.8	13.8	11.4	8.7
25.0	37.50	25.0	24.7	22.4	19.8	17.2	14.3	10.9
28.0	42.00	28.0	27.7	25.1	22.2	19.3	16.0	12.2
32.0	48.00	32.0	31.7	28.6	25.3	22.0	18.2	13.9
42.0	63.00	42.0	42	38	33	29	24	18
50.0	75.00	50.0	50	45	40	34	29	22

根据 GB 1048—1974，管子和管件的允许工作压力与公称压力 PN 可按式（8-1）换算，即

$$[p] = PN [\delta]^t / [\delta]^s \quad MPa \qquad (8-1)$$

式中　$[p]$——允许的公称压力，MPa；

　　　$[\delta]^t$——钢材在设计温度下的许用应力，MPa；

　　　$[\delta]^s$——公称压力对应的基准压力，系指钢材在指定的某一温度下的许用应力，MPa。

仍以 20 号钢为例，已知 PN16，设计温度 450℃是否可用于 9MPa？由表 8-3 查得，工作温度 450℃时的公称压力为 7MPa＜9MPa，显然是不允许的。要用于 450℃、9MPa，由表 8-3 查得其相应公称压力应为 25MPa。由此可见，公称压力是不同钢材、介质对应压力和温度的组合参数，已不是一般的压力概念。表 8-3 中还有表明不同公称压力时对应的试验压力，试验压力是检验管道附件及管道严密性时的压力，试验压力一般用于水压试验，水压试验压力（表压）应不小于设计压力的 1.5 倍，并不小于 0.2MPa。水压试验介质温度不低于 50℃，且不大于 70℃，试验环境温度不得低于 5℃。

亚临界及以上参数机组的主蒸汽管道和再热蒸汽管道及其他大直径管道的所有焊缝，也可采用无损探伤代替水压试验进行严密性试验。

5. 公称通径 DN

根据国家标准 GB 1047，管道元件的公称通径用符号 DN 表示，通径等级应符合 GB1047 规定的系列。

在允许的介质流速下，管道的通流能力取决于管道内径的大小。管材目录中标注的是管道外径。同一材料相同外径的管子，因其公称压力的不同，实际内径尺寸也随之不同。这样，对管道的设计、制造等带来了诸多的不便。为此，在国家标准中，对管道及附件规定了统一的公称通径 DN 的等级标准。我国对管道及附件的公称通径在 1～4000mm 之间划分为53 个等级，其中 8～350mm 范围内的管道，还应标明应切割的螺纹数。

以高压蒸汽管道为例，相同的公称通径 DN225，不同耐热钢材在不同压力、温度时的外径 D_O、壁厚 S 和内径 D_i 如表 8-4 所示。可见，公称直径只是名义的计算内径，不是实际内径，同一管材，随公称压力的提高，其壁厚加大，而实际内径却相应减小。

表 8-4　　　　　　　　　　**DN225 高压蒸汽管道 $D_O \times S$，D_i**

工作压力，温度	p_{54}10，540	p_{54}14，540	p_{54}17，540
管材	12Cr1MoV	12Cr1MoV	12CrM910
$D_O \times S$（mm）	273×20	273×28	273×40
D_i（mm）	243	217	193

二、管径的选择

1. 管内介质流速

管内介质的允许流速大，管道内径可小些，钢材耗量及投资都可减少；但管内介质流动阻力增大，管道磨损加大，运行费用会增加，元件密封面磨损也会加剧，还将引起管道振动，甚至引起水泵汽蚀。如果管内流速小，就会出现相反的结果。所以根据我国当前的技术水平，钢煤比价，管内介质的种类等实际情况，经过复杂技术经济比较确定和大量试验的论证，现行火电厂汽水管道介质流速按《管道规定》的推荐值选用，如表 8-5 所示。

表 8-5　　　　　　　　　　**《管道规定》推荐的管道介质流速**

介质类别	管 道 名 称	推荐流速（m/s）
主蒸汽	主蒸汽管道	40～60
中间再热蒸汽	高温再热蒸汽管道	50～65
	低温再热蒸汽管道	30～45
其他蒸汽	抽汽或辅助蒸汽管道： 　过热汽 　饱和汽 　湿蒸汽	35～60 30～50 20～35
	去减压减温器蒸汽管道	60～90
给水	高压给水管道	2～6
	低压给水管道	0.5～2.0
凝结水	凝结水泵出口侧管道	2.0～3.5
	凝结水泵入口侧管道	0.5～1.0
加热器疏水	加热器疏水管道： 　疏水泵出口侧 　疏水泵入口侧 　调节阀出口侧 　调节阀入口侧	1.5～3.0 0.5～1.0 20～100 1～2

续表

介质类别	管 道 名 称	推荐流速（m/s）
其他水	生水、化学水、工业水及其他水管道：	
	离心泵出口管道及其他压力管道	2～3
	离心泵入口管道	0.5～1.5
	自流、溢流等无压排水管道	<1

2. 管径的选取

根据介质工作温度，按照表 8-1 允许温度的数值选取合适的管材，再参照类似表 8-3 中某钢材的公称压力数值确定其公称压力。

对于单相流体的管道，根据连续方程式：

$$A = \frac{\pi D_i^2}{4} = \frac{Q}{w} = \frac{Gv}{w}$$

其内径 D_i 的计算式为

$$D_i = 594.7\sqrt{\frac{Gv}{w}} \quad \text{mm} \tag{8-2}$$

或

$$D_i = 18.81\sqrt{\frac{Q}{w}} \quad \text{mm} \tag{8-2a}$$

上几式中　G——介质的质量流量，t/h；

　　　　　v——介质的比体积，m^3/kg；

　　　　　Q——介质的容积流量，m^3/h；

　　　　　w——介质的流速，m/s。

对于汽水两相流体的管道（如锅炉排污管道），其管径选择及计算，详见《管道规定》。

承受内压的管道壁厚计算分直管和弯管两类，直管壁厚计算包括直管最小壁厚 S_m、直管计算壁厚 S_c 和直管公称壁厚三部分，详见《管道规定》。

三、管材的选择

1. 管道用钢材的选择

在热力发电厂中，由于各种系统管道中介质的工作压力、温度的不同，所需的管道材料也就不同。应根据国家有关标准和规范进行选用，表 8-1 为常用管材的钢号及推荐使用温度。

对于超临界和超超临界压力机组，由于工质温度的提高，常规材料难以满足要求，必须采用特殊的合金钢，如表 8-6 所示。

表 8-6　　　　　　　　　　高温蒸汽管道材料

材料牌号	10^5 h 蠕变强度达到 100MPa 的温度（℃）	最佳使用温度（℃）	蒸汽温度偏差（℃）	标　准
P91	595	590	5	ASME/DIN
E911	615	610	5	DIN
HCM12A（P122）	620	615	5	MITI/ASME
P92（NF616）	620	615	5	MITI/ASME

2. 管道附件的选择

管道附件应根据系统和布置的要求，按公称通径，设计参数，介质种类及所采用的标准进行选择。管子和附件的连接除需拆卸的以外，应采用焊接方法。选择附件时应满足与所连接管子的焊接要求。管道附件的直径、压力和几何尺寸都已标准化采用 DN 和 PN 表示。

对于设计温度 300℃ 及以下且 PN≤2.5 的管道，用平焊连接，大于 300℃ 或 PN≥4.0 的管道，用对焊法兰。设计压力 14MPa 及以上，设计温度 540℃ 及以上的管道，应采用焊接式流量测量装置，其他参数的管道可采用法兰式流量测量装置。PN<1.0，DN<50 的管道，可用冷弯弯管。PN<6.3 的管道，宜用热成型的弯管头，PN≥6.3 的管道，应用中频加热弯管。钢板焊制异经管宜用于 PN≤2.5 的管道，钢管模压异经管用于 PN≥4.0 管道。PN≤10 管道宜用挤压或焊接三通。PN≤2.5 的管道用平焊堵头，带加强筋焊接堵头或锥形堵头。夹在两个法兰之间的堵板，宜采用回转堵板或中间堵板。节流孔板可采用法兰或焊接连接。

四、阀门的类型

(一) 阀门类型及型号

根据阀门用途可分为三大类。

(1) 关断阀门。如截止阀、球阀、闸阀和旋塞（考克）等。

(2) 调节阀门。如节流阀，减压阀、水位或压力调节阀和疏水阀等。

(3) 保护阀。如止回阀、快速关闭阀和安全阀等。

阀体材料有铸铁（灰铸铁、可锻铸铁、球墨铸铁）、合金（铜合金、铅合金、铝合金）、碳钢、合金钢（铬铜全金、铬镍合金、铬镍钼钛合金、铬钼钒合金）、硅铁等不同，应根据介质的压力、温度来选择材料。

我国超临界压力机组的主要阀门几乎都选用进口阀门。要强调指出，阀门选择必须与管材相匹配。如给水管道使用的是 WB36 管材，对应压力等级为 24MPa。给水系统阀门就应选择 WB36 材质的阀体才相匹配。

根据 JB308—1975 标准，阀门型号编制方法为七个单元的汉语拼音代号或阿拉数字表示，详见《阀门手册》等专著。

(二) 阀门的选择与使用

1. 对阀门的要求

应根据系统的要求，按公称通径、设计参数、介质种类、泄漏等级，启闭时间来选择阀门，以满足汽水系统关断、调节、保护等不同的要求和布置设计的需要。对阀门的主要要求是：有足够的强度、关闭严密性好、流动阻力小、阀门结构简单、量轻体小、部件的互换性好、便于操作维修。

2. 关断阀门的使用

球阀，做调节或关断用，当要求迅速关断或开启时用。球阀密封面小、不易磨损，可装于任意位置管道上。闸阀和截止阀只做关断用，不做流量或压力调节阀，否则会迅速磨损导致泄漏，失去严密性。闸阀的特点是流动阻力小，启闭扭矩小，介质可两个方向流动，但阀体较高，密封面多，制造要求高。单闸板闸阀可装于任意位置的管道上，双闸板闸阀宜装于水平管道上，阀杆垂直向上。截止阀的特点是结构简单，密封性好，便于维修，但流阻较大，启闭扭矩大，启闭时间较长，可装于任意位置的管道上。为便于开启大直径的闸阀，需装尺寸小的旁路门。运行时闸阀、截止阀要全开，停运时要全关。图 8-3 所示为高压管道用的闸阀、截止阀。

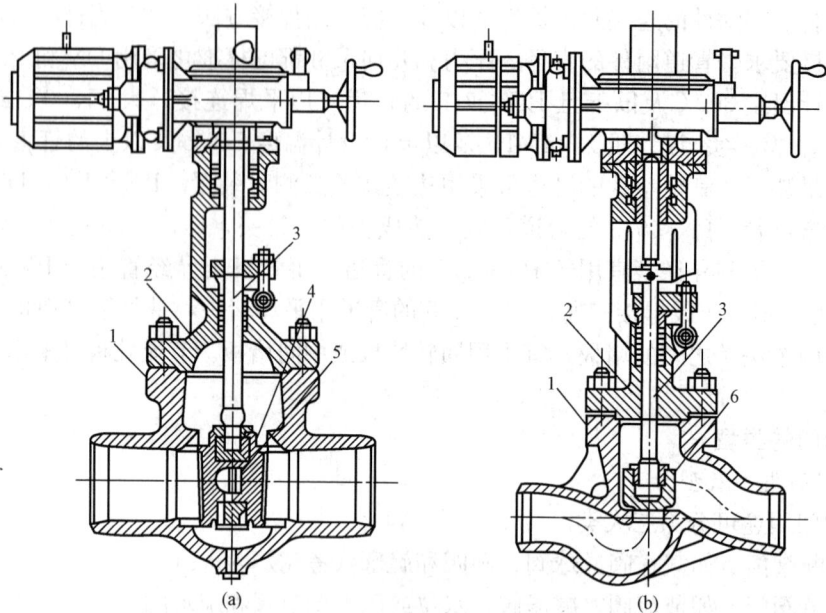

图 8-3　高压管道用关断阀门
(a) 闸阀；(b) 截止阀
1—阀体；2—阀盖；3—阀杆；4—闸板；5—万向顶；6—闸瓣

快速关断阀是用以瞬间关断或接通管内介质的阀门。快速关断阀有球形液压止回阀、扑板式液压止回阀、电磁式启闭阀。前两种用于回热抽汽管道上，后一种用于控制水管道上。

3. 调节阀的使用

应根据介质、管系布置、使用目的、调节方式和调节范围选用调节阀，不宜用做关断阀使用。调节阀用来调节介质流量或压力。减压阀可自动地将介质压力减到所需数值。

当调节幅度小且不需要经常调节时，在设计压力 ≤1.6MPa 的水管或 ≤1.0MPa 的蒸汽管道上，可用截止阀或闸阀兼做关断阀或调节阀用。

调节阀在运行中需经常开关，为防止泄漏不严密，在调节阀之前要串联关断阀，开启时，要先全开关断阀而后再开调节阀，关闭时，先关调节阀而后再关关断阀。

要求调节阀有近似线性（即阀门开度与流通截面成正比）的调节特性。节流阀的结构与截止阀类似，但阀瓣多为圆锥流线型，主要用来调节介质的压力。调节阀多以圆筒形阀瓣与阀座的相对位置改变阀瓣上窗口流通面积，来调节介质的流量。图 8-4 所示为高压管道用的调节阀。

蝶阀宜用于全开、全关，也可作调节用。

4. 保护阀的使用

止回阀用以防止管道内介质倒流，当介质倒流时，阀瓣自动关闭，截断介质流量，以防发生事故。如装在水泵出口、进除氧器的水管和汽轮机抽汽管道等处。图 8-5 所示是止回阀的三个示例。

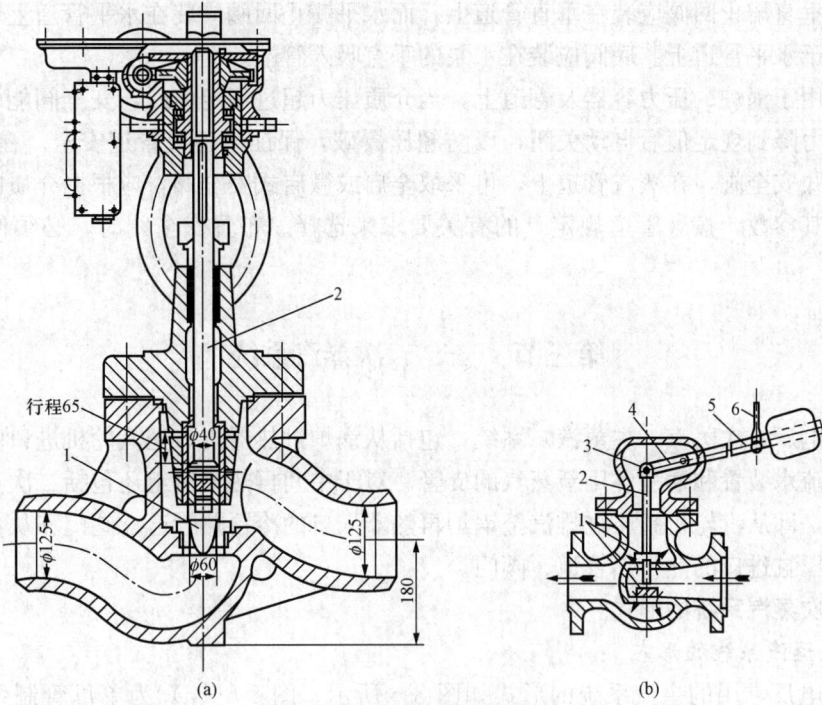

图 8-4 高压管道用调节阀
（a）单座式；（b）双座式
1—阀瓣；2—球形接头；3—内部杠杆；4—外部杠杆；5—控制拉杆

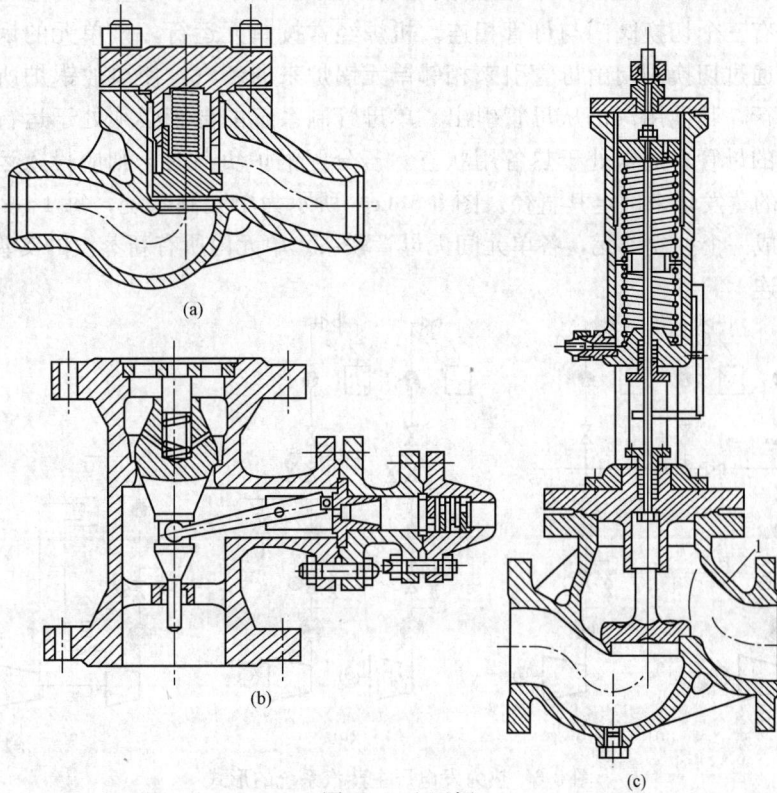

图 8-5 止回阀
（a）给水泵出口水平装的止回阀；（b）空排式止回阀；（c）球形液压止回阀

升降式垂直瓣止回阀应装在垂直管道上，而水平瓣止回阀应装在水平管道上，旋启式止回阀宜安装于水平管道上。底阀应装在水泵的垂直吸入管端。

安全阀用于锅炉、压力容器及管道上，当介质压力超过规定值时，安全阀能自动开启排放介质，压力降到规定值后自动关闭，以防超压爆破，保证设备或管道安全。在水管道上，应采用微启式安全阀，在蒸汽管道上，可采取全启或微启式安全阀，应根据介质的种类、排放量大小及其参数，按《管道规定》的有关要求来选择。布置安全阀时，必须使阀杆垂直向上。

第三节　一、二次蒸汽系统

热力发电厂一次蒸汽（主蒸汽）系统，包括从锅炉过热器出口至汽轮机进口的主蒸汽管道、阀门及疏水装置和通往各用新蒸汽的支管。对于中间再热式机组还包括二次蒸汽（再热蒸汽）系统，即从汽轮机高压缸排汽至锅炉再热器入口的冷再热管道、阀门和从再热器出口至汽轮机中压缸进口的热再热管道、阀门。

一、一次蒸汽系统的形式

（一）主蒸汽系统的形式

热力发电厂常用的主汽系统的形式如图 8-6 所示。图 8-6（a）为单母管制系统，其特点是全厂的锅炉蒸汽全都先引至一根母管上，再从该母管引至汽轮机和各用汽处。图 8-6（b）为切换母管制系统，也有一根主蒸汽母管，但每台锅炉与对应的汽轮机组成一个单元，每个单元有三个切换阀门与母管相连。机炉经常按单元运行，该单元的锅炉发生事故或检修时，即通过切换阀门由母管引来相邻单元锅炉来的新汽，使事故锅炉所对应的汽轮机仍可继续运行，其他用汽仍从母管引出。单母管制系统的母管必须处于运行状态；而切换母管制系统的母管，通常处于热备用状态。若分配锅炉负荷时，则应投入运行，一般按通过一台锅炉的蒸发量来确定其直径。图 8-6（c）所示为单元制系统，每 1～2 台锅炉与对应的汽轮机组成一个独立单元，各单元间无母管联系。单元内所有新蒸汽的支管均与机炉之间的主汽管相连。

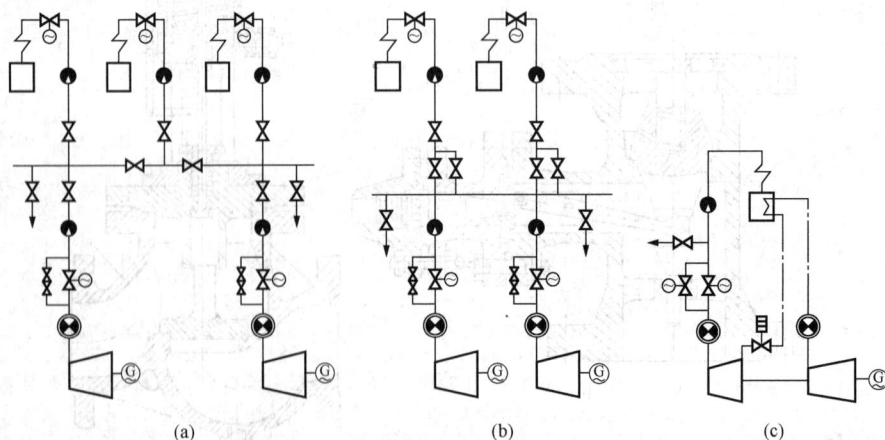

图 8-6　热力发电厂主蒸汽系统的形式

（a）单母管侧系统；（b）切换母管制系统；（c）单元制系统

（二）主蒸汽系统形式的比较和应用

从可靠性、灵活性、经济性、方便性四个方面来分析比较主蒸汽系统的不同形式。

1. 可靠性

单母管系统，与母管相连的任一阀门发生事故，全厂就要停运，可靠性最差。为提高其可靠性，通常以串联两个关断阀门将母管分段，以确保隔离，使事故局部化，并便于分段阀门本身的检修。正常运行时，分段阀门处于开启状态。切换母管制系统，为便于母管的检修，扩建时不致影响原有机炉的运行，也可用两个串联的关断阀门将母管分段。而单元制系统，既无母管也无切换阀门，系统最简单，系统本身的可靠性最好。但是，与单元内主汽管相连的任一设备或阀门发生事故，整个单元即被迫停运，影响其可靠性。

2. 灵活性

灵活性指的是在不同工况下能保证汽轮机正常运行的适应性，切换母管制系统的灵活性最好，单母管制系统次之，单元制系统最差。

3. 经济性

经济性包括投资和运行费两方面。单元制系统无母管，管线短，阀门数量最少，不仅管道和阀门的投资费最小，而且相应的保温、支吊架的费用也减少。管线短，压损小，热损失少，检修工作量减少，因而运行费用也相应减少。

4. 方便性

要便于安装维修和扩建。单元制系统没有母管，便于布置，并有助于采用煤仓间和除氧间合并的主厂房布置形式，使主厂房的土建等费用减少。

上述四个方面，互相影响，须结合具体工程通过综合技术经济比较来确定。

我国单机容量 6MW 以下的火电厂，其主蒸汽系统应为母管制系统。热电厂承担了供电、供热的双重任务，并以供热为主，其中有些热负荷又必须保证其可靠供应，再加之机炉台数常不配合（如三炉两机等），主蒸汽系统采用母管制，可增加机炉运行调度的灵活性，并便于减压减温装置的连接。故对装有高压供热式机组的发电厂，应采用切换母管制系统，以增加机炉运行的灵活性。

为了提高机组的效率，大容量机组都是再热式机组，其工作参数高的大直径新蒸汽管和热再热蒸汽管均为耐热合金钢管，价格昂贵，有的还要耗用大量外汇来进口，而单元制主蒸汽系统的管线短、阀门少，投资省等优点显得很重要。单元式机组的控制系统是按单元设计制造的，且各单元不尽相同；同时，相同容量相同蒸汽初参数的再热式机组的再热参数互相之间也有差异，所以再热凝汽式机组或再热供热式机组，应采用单元制主蒸汽系统。

二、一、二次蒸汽系统的温度偏差、压损及其管径的优化

1. 高、中压主汽门和高压缸排汽止回阀

再热式机组的新蒸汽参数高（超临界机组压力 24～25MPa，汽温 545～600℃）、流量大（300MW 机组约 1000t/h，600MW 机组约 2000 t/h，1000MW 机组约为 2668t/h）。一般配置两个自动主汽门（高压主汽门）、四个高压调速汽门；再热后蒸汽的压力虽不高（约 4～6MPa），但汽温与主汽温度相近或略高（如石洞口二厂 $t_0 = 538℃$，$t_{rh} = 566℃$），蒸汽容积流量很大，一般也配置两个中压联合汽门，即中压缸的自动主汽门及其相应的调速汽门合为一体，简称中压主汽门或中压联合汽门。高、中压主汽门以汽轮机调速系统的高压油来控制其瞬间（0.1～0.3 s）自动关闭；而新蒸汽管道上电动隔离门（电动主汽门）可以严密关断其进汽。我国的再热机组高压缸排汽至再热器进口的冷再热管道上均设有止回阀，以防甩负荷时，蒸汽倒流入汽轮机。汽轮机甩负荷时，在瞬间自动关闭高、中压自动主汽门的同时，高压缸的排汽止回阀，以及各级回热抽汽管道上的自动（气动或液动）抽汽止回阀也均应连锁关闭，以免各抽汽管中的存汽倒流入汽轮机引起超速。

2. 一、二次蒸汽系统的混温措施

由于主蒸汽、再热蒸汽均系双侧，随着机组容量增大，炉膛宽度加大，烟气流量、温度分配不均，造成一、二次汽的两侧汽温偏差增大，因此要求有混温措施。再热式机组单元制一、二次汽系统，又分为单管、双管两种。

双管系统的主蒸汽管，分左右两侧进入汽轮机高压缸的自动主汽门；高压缸的排汽也分两侧进入再热器，再热后蒸汽仍分两侧进入汽轮机中压缸的中压联合汽门。双管系统的特点是可避免采用大直径厚壁的一、二次汽管，管道压损较小，若流量相同，双管的总重与单管相近；与单管比因总的支吊重量不太集中，便于管道布置，应力分析中有较大柔性。但是，左右两侧管道中的一、二次汽温存在温度偏差，若两侧汽温偏差过大，将使汽缸等高温部件受热不匀而导致变形。有的国产再热机组的一次汽温偏差达 30～50℃，二次汽温偏差更大，在管道设计时应采取有力混温措施。

单管系统的特点是管径大。以 250～350MW 再热式机组为例，主蒸汽单管时直径约500mm，壁厚约 50mm；再热蒸汽单管时直径约 800mm，每米管长的重量大（如 $\phi355.6\times60$mm 的 10CrMo910 耐热合金钢管，每米管重 377kg），故载荷集中，应力分析中柔性较小，支吊较困难。但是，单管混温有利于满足汽轮机两侧汽温的要求，减少汽缸的温差应力、轴封摩擦，并有利于减少压降以及由于管道布置阻力不同产生的压力偏差。单管时，一、二次汽管系应采用 Y 形三通或 45°斜接三通。欧洲则推荐采用球形三通。

国际电工协会规定的最大允许汽温偏差：持久性的为 15℃，瞬时性的为 42℃。意大利的安莎多公司和日本的日立公司规定：正常运行时一次汽温应无偏差，暂态工况应小于等于 2℃。

实际应用多为混合系统，即单管、双管兼而有之。常见的再热式机组一、二次汽系统混温方式，如图 8-7 所示。图 8-7（a）所示为国产 200MW 机组的一、二次汽管均为双管的系统。一次汽管上装有主蒸汽流量测量喷嘴和电动隔离门。左右两侧电动隔离门后自动主汽门前，装有一根 $\phi133\times17$mm 中间联络管，以减少两侧进汽的压差和温度偏差。四个调速汽门之后各有一根导汽管至高压缸第一级的喷嘴组。高压缸排汽管上各装有一个液动止回门。两根热再热管道上无任何阀门，中压联合汽门也是通过四根导汽管引至中压缸。

图 8-7（b）所示为大港电厂引进的意大利 320MW 再热式机组一、二次汽系统。锅炉过热器出口联箱两侧各引出一根新蒸汽管，经锻钢 Y 形三通汇集为单管，设有锅炉主汽门和流量测量喷嘴，单管长度为管径的 20 倍，以充分混合减少温度偏差；在主汽门前单管再分为双管至左右侧高压主汽门。进入中压主汽门前也分为双管。除锅炉主汽门外，新蒸汽和冷、热再热蒸汽管上，均无阀门。

图 8-7（c）为元宝山电厂引进的法国 300MW 再热式机组双管主蒸汽、再热蒸汽单管—双管系统。两侧一、二次汽进入高、中压缸前均设有 $\phi250\times25$mm 中间联络管。热再热蒸汽管的长度为其管径的 13 倍。除两侧主汽管上装有流量测量喷嘴、高压缸两侧排汽管上装有气动止回阀外，一、二次汽管上没有关断阀门。

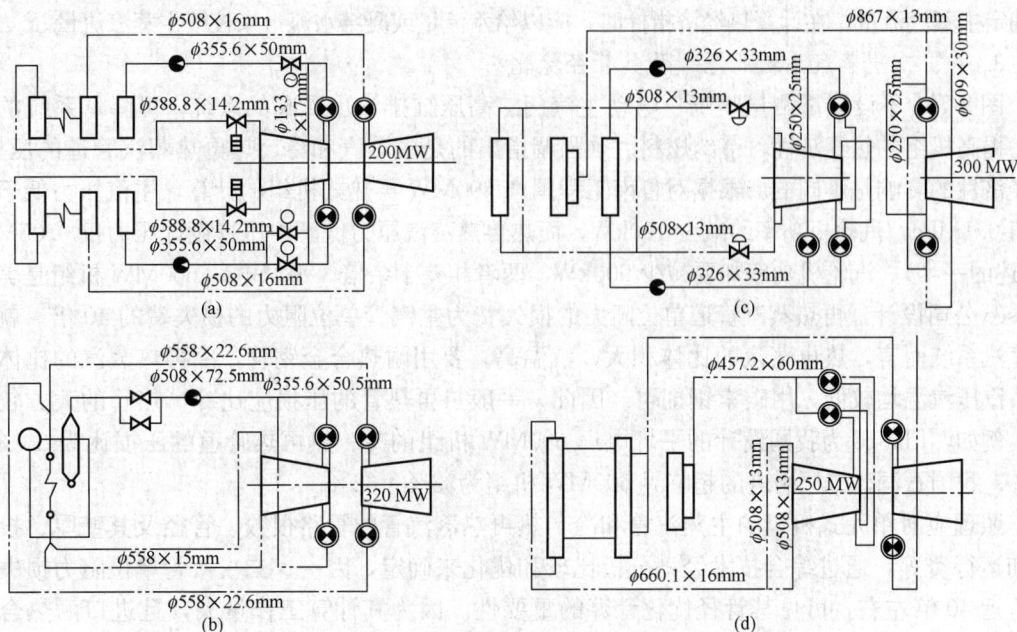

图 8-7　再热式机组一、二次汽的混温方式

（a）双管系统；（b）双管—单管—双管系统；（c）主蒸汽、再热蒸汽双管—单管—
双管系统；（d）单管—双管系统

图 8-7（d）为国产引进型 N300-16.7/538/538 再热式机组的一、二次汽均为单管—双管的系统。在进入高、中压主汽门前由单管分叉为双管，高、中压主汽门后各设有导汽管分别引至高、中压缸。一、二次汽道上无关断阀门或止回阀，它的中压联合汽门是由一个滤网、一个中压主汽门和一个中压调节门组成的组合式阀门。

我国平圩电厂引进美国 600MW 再热式机组，它的一、二次汽管为双管—单管—双管的系统，即过热器出口、再热器的进、出口均为双管，之后合并为单管，在进入高、中压缸前由单管分为双管。北仑港 600MW 机组的一、二次系统，高压缸排汽为双管 $2 \times \phi 812.8 \times 21.4mm$，在排汽止回阀后合并成一根 $\phi 1117.6 \times 27.8mm$ 的冷再热蒸汽管，到达锅炉之后又分成 $2 \times \phi 812 \times 21.4mm$ 进入锅炉再热器入口联箱。从锅炉再热器出口联箱来的蒸汽，先经 $2 \times \phi 812.2 \times 42.5mm$ 的热再热蒸汽管道，后合并成一根 $\phi 1016 \times 52.37mm$ 的热再热蒸汽管道，进入汽轮机房后，又分成四根 $4 \times \phi 609.6 \times 33.02mm$ 与汽轮机中压主汽门相连接，即与图 8-7（b）的形式一样，只是汽轮机容量大了，一、二次蒸汽管道的管径加大了。

由图 8-7 可以知道以下几点。

（1）单管—双管的一、二次汽系统，混温效果良好。

（2）新汽管道上未装电动隔离门。过去电动门用以严密关断蒸汽，并便于暖机、冲转、升速和做水压试验。现在汽轮机的暖机、冲转和升速都用调整汽门来控制；热态启动可用中压缸启动方式，电动主汽门只有做水压试验时起隔离作用。进口机组的自动主汽门有可靠的严密性，在甩负荷时能保证严密隔离进汽的作用，也可满足水压试验不漏的要求。有的机组是将自动主汽门芯临时拆除，换以专供水压试验用的主汽门堵板门芯。

（3）新汽管上未装流量测量喷嘴，运行时取主蒸汽压力与汽轮机调节级后的监视段压力之差来确定主蒸汽流量；在计算热经济指标时，应以给水流量或凝结水流量来校核主蒸汽流量。

3. 一、二次蒸汽系统的压损及其管径优化

图8-7中不设流量测量喷嘴、电动主汽门、高压缸排汽止回阀的系统，可降低系统的压损，提高机组的热经济性，节约燃料。须强调指出的是主蒸汽和冷、热再热蒸汽管道的压损，对经济性的影响是不同的。根据对鲁南工程国产300MW再热式机组的计算，主汽压力低于额定值0.1MPa，汽轮机功率约减少160kW，而热再热蒸汽压力低于中压缸设计压力仅0.05MPa（上述的一半），汽轮机功率却要减少900kW，两者相差十余倍。平圩电厂600MW机组是美国Ebasco公司设计，再热蒸汽管道单位阻力的损失费为主汽管单位阻力的损失费的40倍。就再热蒸汽系统而言，热再热蒸汽的比体积大，汽温高，要用耐热合金钢管，冷再热蒸汽的比体积小，汽压汽温均较低，用碳素钢即可。因此，一般热再热管的压损应比冷再热管的大方较合理。例如，Ebasco为我国设计的平圩电厂600MW机组的冷、热再热管道的压损比为30%：70%；我国石洞口二厂引进的超临界600MW机组为38%：62%。

照理应对单元式机组的主蒸汽管和冷、热再热蒸汽管的管路根数、管径及其壁厚、投资费和运行费等，通过综合技术经济分析比较和优化来确定，因一、二次汽管单位阻力损失费相差近40倍左右，可见其管径优化计算的重要性。因为其计算工作量大，且进口耐热合金钢管的规格有限，故《设计规程》规定只对首台开发或改进型锅炉-汽轮机组的主蒸汽和再热蒸汽管的管径及根数进行优化来确定。

三、一、二次蒸汽系统的全面性热力系统及其运行

以国产200MW再热式机组为例，分析说明主蒸汽、再热蒸汽系统的全面性热力系统，如图8-8所示。

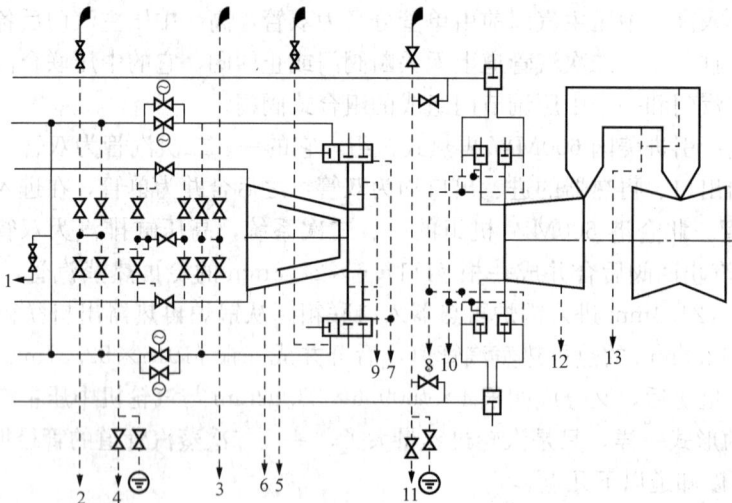

图8-8 国产200MW机组的主蒸汽，再热蒸汽系统的全面性热力系统

1—至加热装置用汽；2、3—电动隔离门前后疏水；4—高压缸排汽止回阀前后疏水；5、6—高压缸内、外缸疏水；7、8—高、中压调速汽门疏水；9、10—高、中压导汽管疏水；11—热再热管疏水；12—中压缸疏水；13—低压缸导汽管伸缩节疏水

（一）用新蒸汽支管的引出

1. 汽轮机加热装置用汽

国产200MW机组高、中压为双层汽缸结构，设有汽缸夹层加热装置、法兰螺栓蒸汽加

热装置（有的机组采用其他方式加热螺栓），都用新蒸汽加热，所用蒸汽应从电动主汽门之前的主蒸汽管上引出，在主蒸汽管暖管的同时，汽缸夹层和法兰螺栓加热装置要同时暖管，其疏水引至汽轮机本体疏水扩容器。

2. 辅助蒸汽用汽

在汽轮机冲转前就要投运的辅助蒸汽，也应从电动主汽门之前引出。辅助蒸汽用于：

①汽轮机轴端汽封供汽以前，汽封系统也应暖管，一般在汽轮机冲转前15min左右向轴封送汽。采用自密封汽封系统的机组，汽机启动时仍须辅助汽源；

②锅炉启动时需加热蒸汽，以建立正常水循环，控制汽包上、下壁温差，缩短启动时间，节约燃油，使锅炉点火后过热器、再热器有蒸汽冷却；

③锅炉点火后用的燃油，需先用蒸汽加热；

④机组启、停、甩负荷时，向除氧器供汽等。

3. 小汽轮机用高压蒸汽源

我国300MW以上机组主给水泵为小汽轮机驱动，正常运行时用主机的回热抽汽。现在的小汽轮机的汽源为双汽源自动内切换，它所用另一高压汽源即新蒸汽。

4. 引至高压旁路系统（详见第八章第三节）

（二）汽轮机本体的疏水系统

1. 疏水的来源

机组启动暖管、暖机时，蒸汽滞留在某管段死区不流时，停机后残存在汽缸、管道的蒸汽凝结成水，蒸汽带水或减压减温器喷水过多时，都可能在汽缸或管道中聚集成凝结水。由于汽、水密度和流速不同，管内积存的凝结水会引起管道中发生水击，使管道振动乃至破裂。为了保证机组的安全运行，必须及时地将聚集的凝结水予以疏泄。一个疏水点设置不当，或一根疏水管径偏小、或疏水时操作失误，导致汽轮机被迫停机的事故时有发生。

2. 汽轮机本体疏水系统

汽轮机本体疏放水系统是全厂疏放水的重要组成部分。

为回收汽轮机本体疏水的工质及其热量，一般设有高、低压疏水扩容器各一台，压力较高的疏水引至高压疏水扩容器，其余压力较低的引入低压疏水扩容器，并按照疏水压力高低的顺序排列，（压力高的在外侧，压力低的在内侧），以保证疏水畅通并防止倒流。扩容后的蒸汽引至凝汽器的喉部（汽侧），扩容器扩容后的疏水引至凝汽器的热井。这种疏水方式，阀门集中，便于控制、维修，又由于汽水分离，避免了热井内汽水冲击。

3. 疏水点的设置

汽轮机的高、中压自动主汽门前后，各调速汽门前后，汽缸及各个抽汽管逆止门前后，高压缸排汽逆止门前后，高中压内外缸的疏水、高、中压导汽管，以及高、中压主汽管的最低点设疏水点。无明显低位点如长水平管道，在该管段靠近汽机侧末端设低位疏水点。主蒸汽管的分支管，每路分支管和总管上应设疏水点。小汽机的汽管道上也设有疏水点。

图8-8所示电动隔离门后的疏水门，可用以监视该隔离门的严密性，在开机前、停机后还可用以防止蒸汽进入汽轮机聚集成疏水而引起腐蚀，故现场又称之为防腐门。

所有疏水管、疏水门，均应有足够的内径，疏水管应有一定坡度，以免疏水不畅。疏水总管应尽量短而直，避免出现弯曲。主汽管的疏水不应与锅炉其他疏水汇集在一起。每路疏水应串联两只阀门，其中至少有一个为动力驱动，有阀门开关位置指示，并可在主控室内操作。

　　EBASCO 公司规定主蒸汽、再热蒸汽管道的疏水管应单独接入凝汽管；疏水总管内截面积应大于接入该总管的所有疏水管道内截面积之和的 10 倍。SARGENT & LUNDY 公司设计的石洞口二厂，将主汽管的暖管疏水引至大气式疏水扩容器，因其高压旁路系统布置在锅炉房，主汽管的启动暖管疏水量大，不宜直接排入凝汽器。而 GEC 公司为岳阳电厂设计的系统，规定主汽门前的疏水应接入锅炉排污扩容器，不允许接入凝汽器，主汽门后的疏水才可经高压疏水扩容器引至凝汽器，这是考虑到大量主蒸汽暖管疏水直接引入凝汽器会发生闪蒸，并引起低压缸及转子、最末几级叶片腐蚀。

　　还应考虑放空气，暖管时的放水应引至放水母管。

　　(三) 防止汽轮机进水

　　防止汽轮机进水的疏水系统应包括：一、二次蒸汽管道的疏水、汽轮机抽汽管道疏水、给水加热器紧急放水、汽轮机汽封管道疏水。

　　国内外大容量汽轮机，均曾发生过由于汽轮机进水，导致汽轮机大轴弯曲、动静摩擦等严重事故。从事故实例来看，系统设计不合理、运行人员操作不当及设备存在缺陷都可能造成汽轮机进水事故。汽轮机进水事故，多为冷再热蒸汽管道有积水造成，其水源主要来自四个方面：①暖管、冲转以及停机期间形成的凝结水；②用部分冷再热蒸汽作为某高压加热器的加热蒸汽时，该加热器管束破裂而进入冷再热蒸汽管道；③高压旁路的减温水装置与冷再热系统相连，该减温水引自高压给水，压力高、水量大。如减温水控制系统失灵而进入冷再热管道；④再热器的事故喷水系统故障。这些水源形成的水量很大，设计足以排除这种庞大水量的疏水系统是不切实际的。根据 DL/T 834—2003《火电厂汽轮机防进水和冷蒸汽导则》可采取以下两项技术措施。

　　1. 可控的再热器事故喷水系统

　　图 8-9 所示为可控的再热器事故喷水系统，其特点是在减温水控制阀前再串联安装一个能严密关闭的动力操作截止阀，若喷水控制阀失灵，可严关该截止阀，以防减温水进入冷再热管道。在动力操作截止阀和喷水控制阀之间还装一手动截止阀，以定期检验动力操作截止阀是否有泄漏，在任何工况下，该截止阀不设旁路阀。控制系统的作用见图 8-9 中说明。需强调指出，启动再热器事故喷水减温，等于系统中增加了中参数热力循环的功率，因而减少了亚临或超临参数热力循环的功率，使机组热经济性降低，故不宜作为正常减温使用，它是再热器事故喷水，事故时才用。

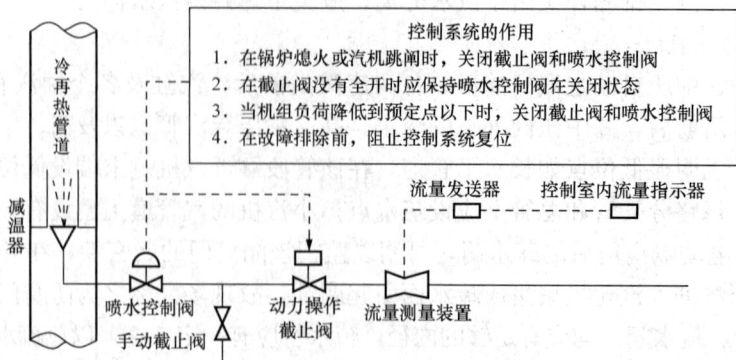

控制系统的作用
1. 在锅炉熄火或汽机跳闸时，关闭截止阀和喷水控制阀
2. 在截止阀没有全开时应保持喷水控制阀在关闭状态
3. 当机组负荷降低到预定点以下时，关闭截止阀和喷水控制阀
4. 在故障排除前，阻止控制系统复位

图 8-9　可控的再热器事故喷水系统

2. 有疏水水位指示的冷再热蒸汽管道的疏水筒系统

图 8-10 所示为防止汽轮机进水，有疏水水位指示的冷再蒸汽管的疏水筒系统。其特点是：①在靠近汽轮机高压缸排汽口的冷再热管道处和在汽轮机下面水平管段的低位点各装一只热电偶温度计的检验系统，如管道进水，则上、下两点热电偶温度计产生温差信号，并报警；②在靠近汽轮机的冷再热管低位点设一至少有两个水位指示的疏水筒（筒径最小150mm），达到高水位时，自动全开疏水阀并向主控室发出疏水阀已开的报警信号，若水位继续升高至超高水位时，则报警并指示该超高水位，在主控室内有阀位指示，并能远方操作该疏水阀，即使阀门用人力关严也能强制开启。疏水筒中聚集的疏水应不定期地排放。而该疏水阀后的管径应大于阀前的管径，以保证疏水畅通，避免产生汽塞现象。

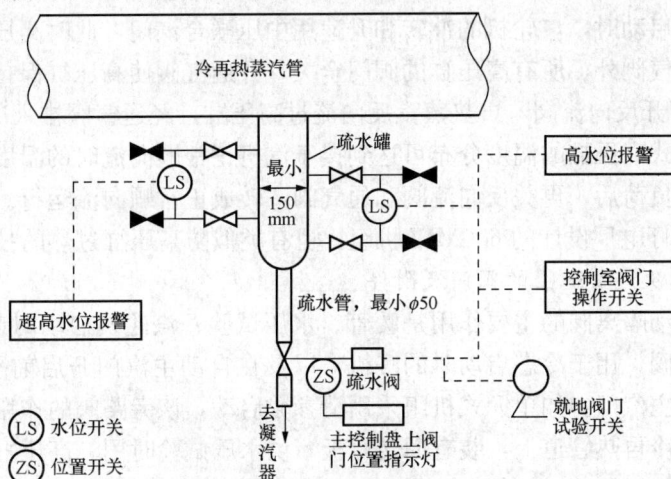

图 8-10　冷再热管道的疏水筒系统

3. 防汽轮机进水的自动监测装置或智能仪表

图 8-10 所示防汽轮机进水的系统，是通过上、下部所装一对热电偶传感器，以测定所在部位的上、下温差来诊断汽轮机进水的。其主要问题是：①从进水到汽缸部件温度发生变化，有时间延迟；②热电偶安装的部位、深度及冷端温度变化等对测温精度有明显影响；③所提供进水信号，因中间环节较多，可持续性较差。

为此，美国、日本等提出了改进措施：美国的汽轮机进水自动监测，按各种情况设计了一套逻辑控制系统，自动完成各项操作，可在无人管理运行中长时间使用。用一台小型可编程序控制器（PCL），控制整个单元机型的防进水保护，实时性强，可靠性强，又可去掉分散在各蒸汽管道的疏水筒处的控制装置，使整套保护控制系统大为简化，更便于运行维护。我国已生产监测汽轮机进水事故的智能化仪表，是根据声发射原理研制成的智能化仪表。

（四）防止高压缸过热

带旁路系统的机组，在主汽门关闭和旁路投入运行时，蒸汽可通过冷再热管道止回阀、高、中压缸之间的密封面或通过高压主汽门、调节门漏入高压缸，使高压缸内的汽压升高，在鼓风作用下，使高压缸过热。

为解决汽轮机启、停过程中高压缸的过热，可采取以下两种方式处理。

1. 增加高压缸的流量

增加高压缸流量时，为防止汽轮机超速，必须设法相应减少中、低压缸的流量，并注意低压缸的排汽温度不能过高。

2. 反向汽流冷却

图 8-11 所示为反向汽流冷却的示意图，其特点是高压缸排汽止回阀处并联设置反向流阀门，在主汽门后的主汽管上设一通气阀。正常运行时，反向流阀和通气阀都处于关闭状态。在机组启动、冲转、升速过程和甩负荷停机过程

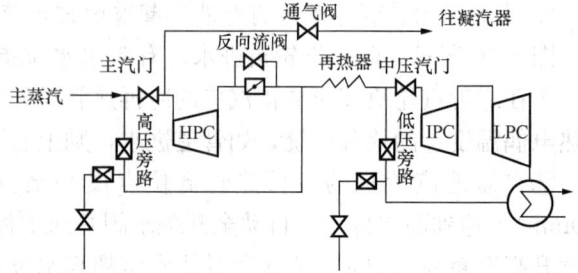

图 8-11 反向汽流冷却的示意图

时，依靠反向流阀、通气阀建立一股小流量（约 5% 正常流量）的反向蒸汽流过高压缸，以防止高压缸过热。启动时，汽轮机的冲转和升速用中压联合汽门，此时高压主汽门全关。在低速运行时，除通气阀外，所有高压缸的阀门全关，开通气阀使高压缸保持凝汽器压力，在大约 75% 全速时，开反向流阀，再热蒸汽反向流过高压缸，经通气阀排入凝汽器。GE 公司的实验证明这种方式高压缸的温度分布可达到接于汽机正常顺向流时的温度分布。待机组同步并网并带有适当负荷后，再关反向流阀和通气阀，转成正常顺向流运行。

WH 公司为平圩电厂设计的 600MW 机组，也有类似防高压缸过热的技术措施。

（五）一、二蒸次汽管道上的阀门及附件

主汽管上的电动隔离阀的主要作用是暖管、水压试验、汽轮机启动时起严密隔绝作用。该电动门设有旁路阀，用于冷态启动时的暖机，以及在自动主汽门开启前平衡其两侧压力，以便易于开启自动主汽门。如单元式机组采用滑参数启动，该旁路阀的作用不大。

再热器入口处冷再热汽管道上，装有回转堵板，供水压试验时用。高压缸排汽止回阀应为液动或气动，汽轮机甩负荷时连锁即动作，以防冷再热汽倒入汽轮机引起超速。

锅炉过热器集汽联箱出口的主汽管上，再热器集汽联箱出口的热再热蒸汽管上，每侧应装两只安全阀和排汽消音器。根据《电力工业锅炉安全监察规程》的规定，锅炉工作压力大于 3.8MPa 时，其控制安全阀的开启压力为 1.25 倍工作压力，而工作安全阀的开启压力为 1.08 倍工作压力。

（六）主蒸汽系统的运行

为防止主蒸汽系统运行不当，引起汽轮机疏水不畅或汽轮机进水，应注意：

（1）机组启动前，主蒸汽管和汽轮机主蒸汽门座前的所有疏水阀必须全部打开，按要求的温升率进行暖管暖机，直至机组开始带负荷汽温具有一定过热度，才关闭全部疏水阀。

（2）汽轮机甩负荷不久再启动时，开疏水阀可能使主蒸汽管降压，会使主蒸汽管、过热器骤冷，应适当疏水并防止过度降压。

（3）冷再热蒸汽管宜采用自动疏水系统。热再热蒸汽管道的疏水阀，在汽轮机启动前，由主控室运行人员打开，直到机组并网，并确信该汽温有足够和稳定的过热度后方可关闭。机组准备解列前，应重新打开疏水阀，阀门位置应有灯光指示装置。若发现可能有水进入汽轮机时，应立即打开疏水阀。

（4）再热器减温器入口汽温的过热度低于规定值时，不应投喷水。截止阀未开时，喷水控制阀必须关闭。控制阀必须在截止阀全开方可开启，以防截止阀被冲刷导致泄漏。

四、一、二次蒸汽系统的流程图

随着火电机组初参数的提高，单机容量的增大和 8～9 级给水回热、蒸汽中间再热的应

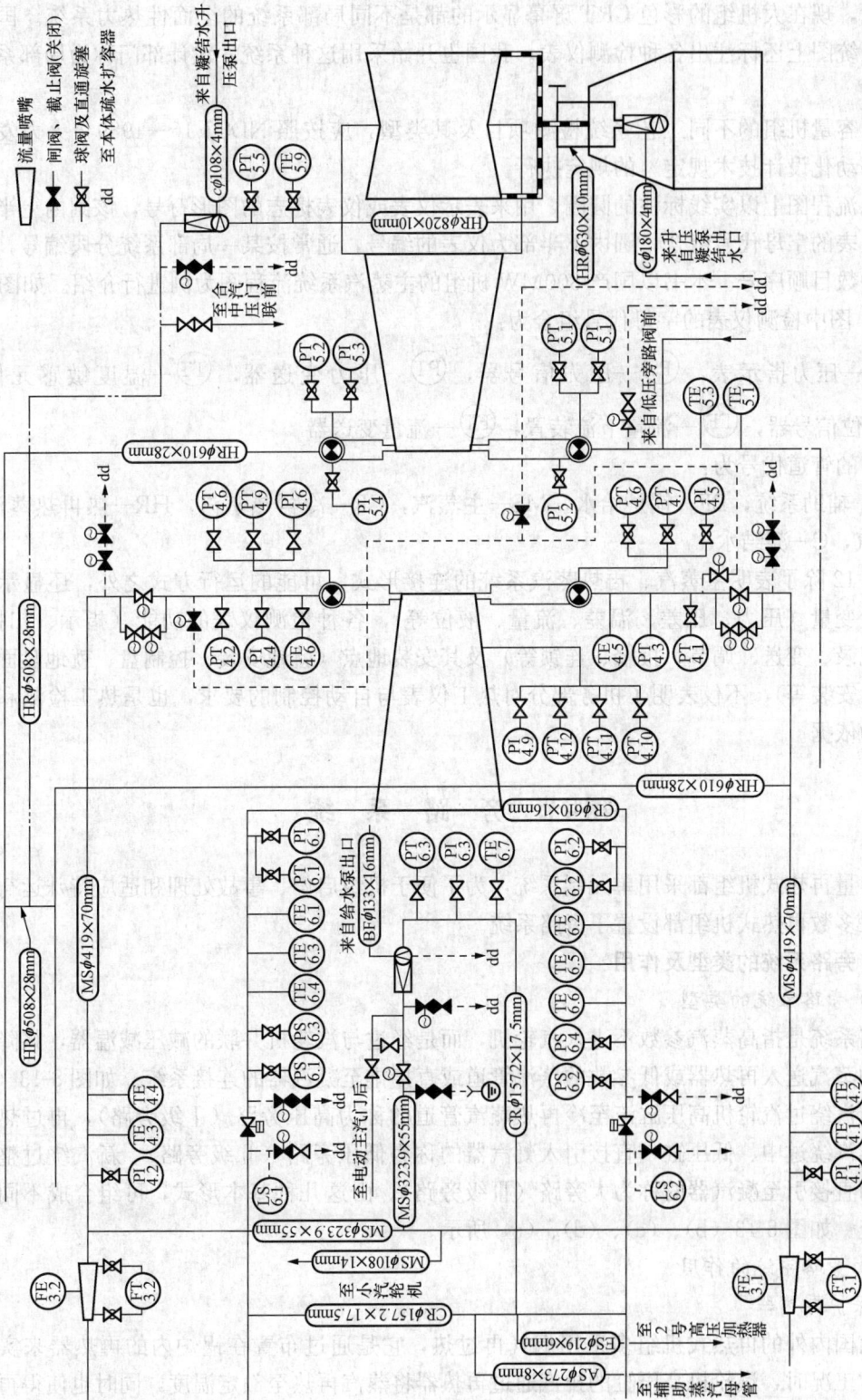

图 8-12　国产 300MW 机组主蒸汽系统流程图

用，发电厂全面性热力系统日趋复杂。对运行更为实用的是更为详细的各局部系统的全面性热力系统，现在大机组的彩色 CRT 屏幕显示的都是不同局部系统的全面性热力系统。国外在这种系统图上还标注出各种检测仪表。我国也开始采用这种系统，设计部门称为局部系统流程图。

不同容量机组的不同工艺系统检测项目及其类型，应按照 NDGJ 16—1989《火力发电厂热工自动化设计技术规定》的规定执行。

系统流程图上以实线标注的圆圈，用来表示仪表或仪表标志的图形符号，该圆内上半部为检测仪表的字母代号组合，圆内下半部为仪表的编号，通常按某一局部系统分段编号，再编仪表的数目顺序号。本书以国产 300MW 机组的主蒸汽系统流程图为例进行介绍。如图 8-12 所示，图中检测仪表的字母代号组合为：

$\textcircled{PI}$—压力指示表，$\textcircled{PS}$—压力信号器，$\textcircled{PT}$—压力变送器，$\textcircled{TT}$—温度敏感元件，$\textcircled{LS}$—液位信号器，$\textcircled{FE}$—流量节流装置，$\textcircled{FT}$—流量变送器

图中的管道代号为：

AS—辅助系统，BF—锅炉给水，MS—主蒸汽，CR—冷再热蒸汽，HR—热再热蒸汽，ES—抽汽，C—凝结水

图 8-12 除了表明主蒸汽、再热蒸汽系统的连接形式，可能的运行方式之外，还显示了各种测量变量（压力、压差、温差、流量、液位等），各种检测仪表的功能（指示、扫描、指示、记录、变送、调节、报警、连锁等）及其安装地点（就地安装、控制盘、就地盘面安装、盘后安装等），不仅表明了机务部分对热工仪表与自动控制的要求，也是热工检测和控制设计的依据。

第四节 旁 路 系 统

大容量再热式机组都采用单元制系统，为了便于机组启停、事故处理和适应特殊运行方式，绝大多数再热式机组都设置了旁路系统。

一、旁路系统的类型及作用

（一）旁路系统的类型

旁路系统是指高蒸汽参数不进入汽轮机，而是经过与汽轮机并联的减压减温器，将降压减温后的蒸汽送入再热器或低参数的蒸汽管道或直接排至凝汽器的连接系统。如图 8-13（a）所示，新汽绕过汽轮机高压缸流至冷再热蒸汽管道的称为高压旁路（Ⅰ级旁路），再过热后热再热蒸汽绕过中、低压缸，直接引入凝汽器的称为低压旁路（Ⅱ级旁路），新汽绕过整个汽轮机而直接引至凝汽器的称为大旁路（Ⅲ级旁路）。由这几种基本形式，可组合成不同的旁路系统。如图 8-13（b）、（c）、（d）、（e）所示。

（二）旁路系统的作用

1. 保护再热器

目前国内外的再热式机组多采用烟气再过热，它是通过布置在锅炉内的再热器来实现的。正常工况时，汽轮机高压缸的排汽通过再热器将蒸汽再热至额定温度，同时也使得再热器得以冷却保护。在锅炉点火、汽轮机冲转前及停机不停炉、电网事故或甩负荷等工况时，

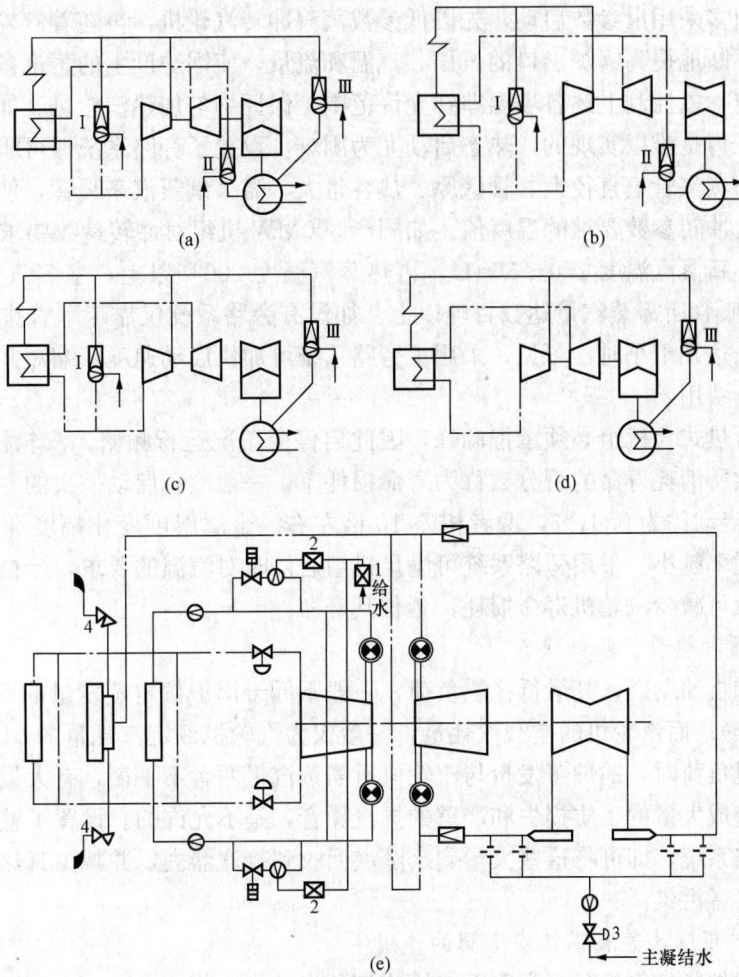

图 8-13　常见的旁路系统形式

（a）三级旁路系统；（b）两级旁路串联系统；（c）两级旁路并联系统；

（d）单级整机旁路系统；（e）装有三用阀的两级旁路串联系统

1—高压旁路减温水压力调节阀；2—高压旁路减温水温度调节阀；

3—低压旁路减温水气动调节阀；4—再热器安全阀

自动主汽门已全关，汽轮机高压缸没有排汽来冷却再热器，使再热器处于干烧状况。采用高压旁路引来新蒸汽经减压减温后，引入再热器使其冷却保护。

2．协调启动参数和流量，缩短启动时间，延长汽轮机寿命

再热式机组轴系复杂，又是多缸结构，高中压缸为双层缸，有的高中压缸为合缸结构。机组启动时，要严密监视各处温度和温升率，以控制胀差和振动在允许范围。不同状态下启动，对蒸汽温度有不同要求。根据《电力工业技术管理法规（试行）》的规定，如汽轮机制造厂无规定，则以高压缸第一级金属温度为依据，200℃以下时为冷态启动，200～370℃为温态启动，370℃以上为热态启动。冲转的主蒸汽至少应有 50℃过热度；温态、热态启动时，应保证高中压调速汽门后蒸汽温度较汽轮机最热部分的温度高 50℃。双层缸的内外缸温差不大于 30～40℃，双层缸的上下缸温差不超过 35℃。

　　单元式机组多采用滑参数启动，先以低参数蒸汽冲转汽轮机，再随着汽轮机的升速、带负荷的需要，不断地提高锅炉出口的汽压、汽温和流量，使锅炉产生的蒸汽参数与汽轮机的金属温度相适应，以控制上述各项温差在允许范围，保证均匀加热汽轮机。如只靠调整锅炉的燃料或蒸汽压力是难以实现的，热态启动尤为困难。设置了旁路系统即可满足上述要求。

　　大机组的新蒸汽管道直径大、管壁厚、热容量大，需大量蒸汽来暖管，使新蒸汽管道的壁温高于汽轮机冲转参数要求的温度值。如国产 300MW 机组对冲转参数要求：新蒸汽压力 1.1～1.6MPa，新蒸汽温度 250～300℃，再热蒸汽温度 200℃以上，主蒸汽管为 $\phi540.8 \times 85.3mm$，估算暖管所需蒸汽量达数百吨以上。如没有旁路系统仅靠疏水管排放，要达到冲转参数要求需长达几十小时。可见，采用了旁路系统可加快启动速度，缩短并网时间，可多发电，节省运行费用。

　　我国中间再热式大机组必须承担调峰，因此启停变工况运行频繁。汽轮机每启动一次，或升降负荷一次所消耗寿命的百分数称为寿命损耗率，一般冷态启动一次的寿命损耗率约为 0.1%，而热态启动约为 0.01%，两者相差 10 倍左右。金属温度变化幅度和金属温升率越小，其寿命损耗率越小。采用旁路系统可满足机组启停时对汽温的要求，严格控制汽轮机的金属温升率，故可减少汽轮机寿命损耗，延长其寿命。

　　3. 回收工质和热量、降低噪声

　　燃煤锅炉如投油助燃，其最低稳燃负荷，一般不低于锅炉额定蒸发量的 50%（视煤种、锅炉形式等而异）；而汽轮机的空载汽耗量，一般仅为汽轮机额定汽耗量的 5%～7%，单元式机组启停或甩负荷时，锅炉蒸发量与汽轮机所需蒸汽量两者不平衡，有大量剩余蒸汽，如排入大气，将造成大量的工质损失和严重的排汽噪音，是不允许的。设置了整机旁路或高低压两级串联旁路系统，即可将这些大量剩余蒸汽回收到凝汽器去，并减少其热损失，降低排汽噪音，减缓噪音污染。

　　4. 防止锅炉超压，兼有锅炉安全阀的作用

　　机组故障锅炉紧急停炉时，旁路系统快速打开将其剩余蒸汽排出，防止锅炉超压，减少锅炉安全阀的起跳次数，有助于保证安全阀的严密性，延长其使用寿命。若高压旁路的容量为 100%的锅炉最大连续满发容量（B-MCR），即可兼有锅炉过热器出口安全阀作用。

　　5. 电网故障或机组甩负荷时，锅炉能维持热备用状态或带厂用电运行

　　电网故障时，旁路系统快速投入，使锅炉维持在最低稳燃负荷下运行，或机组空负荷运行、带厂用电运行。汽轮机甩负荷，可实现停机不停炉，争得时间让运行人员判断甩负荷原因，以决定锅炉是再降负荷，还是继续保持，需要时机组可迅速重新并网带负荷，恢复至正常状态，使重新启动时间大为缩短。故而能适应调峰运行的需要。

　　总之，蒸汽中间再热机组的旁路系统，是单元式机组启停或事故工况时一种重要协调和保护手段，虽然装旁路系统使投资增加，却以保护再热器，缩短启动时间，减少启动时工质损失及其热损失，增长机组使用年限等效益而得以补偿。

二、常见的旁路系统形式

　　1. 三级旁路系统［图 8-13（a）］

　　国产第一台 200MW 机组为三级旁路系统，即整机旁路和高、低压两级旁路串联系统。汽轮机负荷低于额定负荷 50%时，通过整机旁路，使锅炉维持最低稳燃负荷，多余蒸汽经整机旁路排至凝汽器。高、低压两级旁路串联，可满足汽轮机启动过程不同阶段对蒸汽参数

和流量的要求，保证了再热器的最低冷却流量。三级旁路系统的功能齐备，但系统最为复杂，设备、附件多，投资大，布置困难，运行不便，现已很少采用。

2. 两级旁路串联系统［图 8-13（b）］

各种工况下，通过高压旁路能保护再热器。通过两级旁路串联系统的协调，能满足启动性能好的要求。例如，机组冷、热态启动时可加热主蒸汽和再热蒸汽管道；调节再热蒸汽温度以适应中压缸的温度要求；调节中压缸的进汽参数和流量，以适应高、中压缸同时冲转或中压缸冲转方式等，既适用于基本负荷机组，也适用于调峰机组。汽轮机甩负荷到零时，不允许锅炉长时间低负荷运行。实践表明，因电网故障甩负荷时，一般 20min 左右即可恢复，锅炉短时间内在 20％左右额定蒸发量下运行是允许的。两级旁路串联系统并不复杂，能适应较多的运行工况。国产 125、200MW 机组和 300、600MW 机组，都采用这种旁路系统。

3. 两级旁路并联系统［图 8-13（c）］

我国第一台国产 300MW 机组配 1000t/h 直流锅炉，采用高压旁路和整机旁路两级并联系统，其容量分别为锅炉额定蒸发量的 10％和 20％。高压旁路用保护再热器，在机组启动时用以暖管，此时蒸汽通过疏水管至凝汽器，热态启动时，用以迅速提高再热汽温使接近中压缸温度，但热再热管段上的向空排汽阀要打开。整机旁路用在各种工况（如启动、停机、甩负荷、停机不停炉、汽轮机空转或带厂用电运行等）时将剩余蒸汽排入凝汽器。主蒸汽超压时，使锅炉安全阀少动作或不动作。早期国产机组上采用这种旁路系统，现已很少采用。前期国产 300MW 机组采用这种方式。其容量后来又分别增至为 17％、30％的锅炉额定蒸发量。

4. 单级（整机）旁路系统［图 8-13（d）］

国产第二台 200MW 机组、波兰进口的 120MW 机组采用。这种系统较为简单，操作简便，投资最少，还不到两级系统的一半。可用以加热过热蒸汽管，调节过热蒸汽温度。却不适用于调峰机组，也不能保护再热器，为此要另采取技术措施，如将再热器布置在锅炉内的低烟温区，或再热器用耐高温材料，并允许短时间干烧，配有烟温调节保护系统等。

上述四种常见旁路系统的性能和参数如表 8-7 所示。

表 8-7　　　　　　　　　　　　　　四种常见旁路系统的性能和参数

项目		容量		压力（前/后）		温度（前/后）	减温水	执行机构		安装电厂
		t/h	％	MPa	kgf/cm³	℃	t/h	类型	动作时间（s）	
三级旁路	高压旁路	60	9	13.73/2.7～0.95	140/27.5～9.7	540/363	10	液动		朝阳 1 号机 200MW 机组 京西 200MW 机组
	低压旁路	70	9	2.5～0.85/0.49	25.5～8.7/5	540/160		液动		
	整机旁路	240	36	13.73/0.49	140/5	540/160	60	电动		
两级串联	高压旁路	110	16	13.73/2.7～0.95	140/27.5～9.7	540/363	30	电动		平圩、北仑港、邹县、盘山、元宝山、扬州二厂、大唐托克托等电厂的 600MW 机组
	低压旁路	114	16	2.5～0.85/0.49	25.5～8.7/5	540/160	70	电动		

项目		容量		压力（前/后）		温度（前/后）	减温水	执行机构		安装电厂
		t/h	%	MPa	kgf/cm³	℃	t/h	类型	动作时间（s）	
两级并联	高压旁路	100	10	16.08/3.14	164/32	565/341	20			望亭1号机 300MW机组
	整机旁路	2×100	2×10	16.08/0.49	164/5	565/160	36.4			
单级（整机）旁路		240	36	13.73/0.49	140/5	540/160		电动		缓中800MW机组

5. 三用阀旁路系统 ［图 8-13（e）］

元宝山电厂引进的法国 CEM 制造的 300MW 汽轮机组，配瑞士 SULZER 生产的 921t/h 的低倍率强制循环锅炉，比利时设计的姚孟电厂和 CE-SULZER 设计的石洞口二厂都装有 SULZER 的三用阀旁路系统，国产 N（C）-200MW 机组也采用三用阀旁路系统，其实质是为全容量的高、低压两级旁路串联系统，江西丰城电厂引进型 300MW 机组也采用，只是其容量为 40% 的锅炉容量，其主要特点为：

（1）具有启动阀、锅炉安全（溢流）阀和减温减压阀三种功能，简称三用阀，其性能和参数如表 8-8 所示。

表 8-8　　　　　　　　　　　　SULZER 三用阀旁路系统的性能和参数

项 目		容量		压力（前/后）	温度（前/后）	减温水	执行机构		备注
		t/h	%	MPa	℃	t/h	类型	动作时间（s）	
高压旁路		2×473.5	100	18.1/4.38	545/330	180	液动	2.5～10	快速2.5s，慢速10s
低压旁路	甩满负荷		100	3.85/1.4	540/75	380	液动	5	
	解列带厂用电		35	1.0/0.5	520/75	170	液动	5	

启动时高压旁路最小开度为 20%，其整定值为 0.4MPa，主蒸汽流量随燃料量的增加而增加，高压旁路阀开度逐渐加大为 65%，压力 5.1MPa，不再开大，同时低压旁路使再热压力维持在 1MPa，即一、二次蒸汽压力具备了冲转汽轮机所需的参数，这是它的启动调节阀功能。

机组减负荷或甩负荷时，汽轮机进汽量迅速减少，汽压迅速上升，旁路系统能在 2.5s 内快速打开。为保护凝汽器，不允许将全部蒸汽送入凝汽器，低压旁路的开度随再热器中压力而变化，热再热蒸汽压力高于 2.2MPa，低压旁路开始关小，达 4.2MPa 时其开度为 52%，故机组甩负荷后仍可带厂用负荷运行。

甩负荷 20s 后，再热蒸汽压力达到中压缸安全门动作压力 5.2MPa，大量蒸汽从中压安全阀排出，3s 后即降压至中压安全阀的关闭压力 5MPa，中压安全阀全关时间为 10s，在此期间继续排汽使压力降至 4MPa，低压旁路开度随之开大，甩负荷后 3min 即降至 1MPa，故必须设置中压安全阀。

高压旁路的减温水为两级调节，第一级是压力调节阀，使减温水压力与给水泵出口压力成比例地变化，高压旁路阀关闭时它也关闭。第二级温度调节阀，以保证阀后汽温稳定。低压旁路减温水气动调节阀，机组启动时，按给定值开启，供最小喷水量，再按低压旁路的通汽量成比例地供减温水。在机组甩负荷时，低压旁路前的汽压达到一定数值，它即快速全开，供最大喷水量；当汽压下降后，它又按汽量大小调节喷水，这是它的减温减压旁路的功能。

（2）高压旁路容量为 100％锅炉容量，又能快速在 2.5s 内打开，故而兼有锅炉安全阀作用，锅炉不再设安全阀。

（3）热控及其调节的要求高，执行机构各有两个独立的电动机分别用于快速、慢速两种控制，且液压控制耗功较多。

（4）由 9 套带电动执行器的阀门组成，即高旁减压阀、高旁喷水阀、高旁减温水隔离阀，低旁减压阀（两个）、低旁喷水阀（两个）和三级喷水阀（两个）。因系全容量，从而使旁路系统尺寸增大，投资增加。

6. 德国 SIEMENS 两级串联旁路系统

原水电部成套设备公司引进的德国 SIEMENS 公司的旁路装置，其实质是高、低压两级串联旁路系，配国产 200MW 机组使用，其性能和参数如表 8-9 所示。其主要特点如下：

表 8-9　　　　　　　　　　　　　SIEMENS 旁路系统的性能和序数

项目	容量		压力（前/后）	温度（前/后）	常速	快速	减温水			常速	快速	安装电厂
	t/h	％	MPa	℃	s	s	t/h	进口压力（MPa）	进口温度（℃）	s	s	
高压旁路	200	30	13.73/2.49	540/328	开 34.81 关 32.92	开 4.58	30	17.36	160	开 43.28 关 40.50	开 5.3	重庆、戚墅堰、清镇等电厂
低压旁路	230	30	2.29/0.49	540/160	开 39.94 关 32.45	开 4.56	70.7	1.47	50	开 45.3 关 43.69	开 4.81	

（1）高、低压旁路的容量均为 30％。

（2）高、低压旁路蒸汽变换阀，具有减压、减温、消音和调节流量的功能且结构紧凑。

（3）高、低压旁路的蒸汽变换阀均配有两套电动执行机构，配双电机，常速电动机构主要用于机组启动过程，动作时间为 40s 左右，快速电动执行机构，主要用于迅速启动旁路阀，动作时间 5s 左右。

（4）有防机组超压的安全保护作用：当主汽压力超过设计值 13.6MPa 或压力升高率大于 0.4MPa/min 时，高压蒸汽变换阀即自动快速开启。再热蒸汽压力超过设计值 2.3MPa 或压力升高率大于 0.3MPa/min 时，低压旁路蒸汽变换阀也自动快速开启，参数复原后均自动关闭。甩 60MW 以上负荷且速率达到定值或主汽压力超过设计值时，除高压蒸汽变换阀快速开启外，若再热蒸汽压力相应高于给定值以上某一定值时，还要快速打开低压旁路蒸汽变换阀。而且运行人员也可手动快开按钮，使高压蒸汽变换阀能快速开启。

（5）保护凝汽器：低压旁路蒸汽变换阀全开已达 30％容量时其阀前压力为 1.7MPa 后，随阀前压力继续上升而逐渐关小，以保持通流量不超过 30％负荷。当凝汽器真空降至规定值或低压旁路喷水阀全关或低压旁路出口压力、温度超过设计值时，低压旁路蒸汽变换阀快速关闭，以保护凝汽器。

（6）旁路系统的连锁保护：高压旁路后汽温高于 320℃，高低压旁路阀快开时，其喷水阀也相应分别快开，以保持其出口汽温为设计值；高压旁路快开，低压旁路随之快开；可是，低压旁路快开，高压旁路却不随动（但可手动关闭），以保护再热器。

手动操作时，只有先开高压旁路阀（不必全开），其喷水阀才能开启，以严防中压缸水冲击；要开低压旁路阀，必须先开其喷水阀（不必全开），以防高温蒸汽未经冷却而进入凝汽器。

不论上述哪种形式的旁路系统，都是利用蒸汽节流降压、喷水减温。高压旁路、整机旁路的减温水都是取自给水泵出口的高压水；而低压旁路的减温水均取自凝结水泵出口的主凝水。由于经整机旁路或低压旁路后的蒸汽压力和温度仍较高，通常在凝汽器的喉部还要再经减压减温至 0.165MPa，60℃左右才能排入凝汽器。通常装 1～2 只扩容式减压减温器。

有些国家如美国、加拿大、意大利和日本等国的大容量再热式汽轮机组，却不设旁路系统。我国陡河电厂、沙角 B 厂、宝钢电厂引进日本的 250、350MW 机组，大港电厂引进意大利的 320MW 机组，石横电厂引进美国的 300MW 机组，均无旁路系统。其中宝钢、石横两厂，后来应中方要求才加上旁路系统。无旁路系统的机组热力系统简单，设备投资少，运行维护也简单。沙角 C 厂的 2×600MW 机组也设置旁路系统。目前国内大机组有不设旁路的，有按 30%～70%、100%BMCR 容量设置旁路等情况。如北京重型电机厂引进技术生产的 300MW 机组和由东方汽轮机厂生产的 300MW 机组采用中压缸启动方式，对旁路的容量和形式按实际需要确定。需要强调指出，不设旁路系统是有一定条件的，如再热器管材的选用，在锅炉烟道中布置地区的安排、再热蒸汽温度调节的方法及其运行方式等都有所要求。

三、旁路系统的设计

（一）旁路系统的容量

旁路系统的容量是指额定参数下旁路阀通过的蒸汽流量 D_{by} 与锅炉最大发量 $D_{b,max}$ 的比值，即

$$\alpha_{by} = \frac{D_{by}}{D_{b,max}} \times 100\% \tag{8-3}$$

需指出：①减温用喷水量未包括在旁路容量内，喷水量可根据喷水系数乘以旁路流量求得，即 $G_{by}^w = D_{by}\alpha$，α 为喷水系数，对于高压旁路 $\alpha = 0.1～0.2$，低压旁路 $\alpha = 0.4～0.7$；②旁路系统需适应各种运行方式，不同运行工况时蒸汽参数不同，流经旁路系统的蒸汽容积流量也因而不同，必须考虑冷、热态启动工况时相应启动参数条件下的容积流量。

（二）机组启动模式与旁路系统功能

现代大容量再热式汽轮机组均采用滑参数启动。按高、中压进汽情况又分可分为：高中缸同时进汽启动（以下简称高压缸启动）和中压缸启动两种方式。

中压缸启动时，高压缸不进汽，新汽经高压旁路和再热器进中压缸启动、冲转、升速、带负荷，当达到某一转速（或负荷）时，高压缸才进汽。在高压缸进汽前，利用蒸汽倒流经过高压缸来预热高压缸（见图 8-11），预热方法有回热法和抽真空法两种。启动初期，仅中压缸进汽，蒸汽流量大，有利于中压缸均匀加热和中压转子渡过低温转变温度，减小了升速过程的摩擦鼓风损失，降低了排汽温度，缩短了冲转至带负荷的启动过程时间，节约燃料，

提高机组灵活性。

我国大型火电机组多采用高压缸启动，而姚孟电厂引进法国 300MW 机组、神头电厂引进捷克 200MW 机组却采用中压缸启动。近期，我国已在一些 200MW 机组试用中压缸启动，有待进一步推广。

旁路系统功能的设置有两类；一是仅有启动功能，以适应机组冷、热态等各种条件下的启动要求；二是兼有溢流功能（即兼带安全功能）和启动功能。后者除满足前者的基本功能外，还可适应汽轮机甩负荷后维持空负荷运行、汽轮机跳闸后停机不停炉、电网故障时机组带厂用电运行等各种运行方式。

由于机组启动模式、旁路功能的不同，对旁路系统容量的要求是不同的。

1. 启动的要求

汽轮机在冷态、温态、热态启动时，汽缸金属温度分别在不同的温度水平上，为了使蒸汽参数与汽缸温度匹配，避免过大的热应力，要求旁路系统满足一定的通流量。热态启动时，汽缸金属温度很高，为提高锅炉的蒸汽温度，必须增大旁路系统的通流量，以适应汽轮机热态启动的要求，一般要求旁路的容量为 30%～50%以上。

2. 锅炉最低稳燃负荷的要求

对于停机不停炉的工况，应能排放锅炉最低稳燃负荷的蒸汽量，保证锅炉蒸发受热面、过热器、再热器等受热面的冷却。一般保持再热器的通流量约为锅炉蒸发量的 10%～20%左右，而锅炉降低负荷运行时，则要求旁路容量较大，一般约为 30%左右。

3. 甩负荷要求

当汽轮机突然甩负荷时，除了要求保护再热器外，若还要求锅炉安全阀不动作（即溢流功能），旁路容量要足够大。通常要求设置 100%的高压旁路，并能在 1～5s 内快速动作。

启动模式的不同、运行方式（两班制、带厂用电运行、停炉不停机等）的不同会影响旁路系统的选择。

（三）旁路系统的控制与保护

对旁路控制系统的基本要求是：

（1）从锅炉点火开始，主蒸汽压力设定值，根据锅炉燃烧率等情况以定压或滑压方式（由操作人员决定）自动设定。当发电机并网及高旁减压阀全关后，主汽压力设定值会自动增加一偏置值，以保证主汽压力在允许范围内波动时旁路阀门不会开启。

（2）一、二次汽压力值超过旁路系统相应的设计值时，旁路阀门自动开启，压力恢复到设定值以下时，自动关闭，以稳定汽压、平衡机炉之间的负荷。

（3）一、二次汽压力比其设定值高出某一预定值时，旁路阀门快启，起超压保护作用。

（4）高压旁路减压阀后汽温超过设计值，其喷水阀自动开启，以保护该汽温为设定值。若该温度降到设定值以下时，阀门自动关小，以保护冷段再热器。

（5）发电机甩负荷超过设定值，旁路阀也快启，起泄压、保护再热器及回收工质的作用。

（6）旁路阀快开、快关功能，快关优先于快开，高压旁路阀开、低压旁路阀就开，低压旁路阀关，高压旁路阀就关。当凝汽器真空低于设定值，低旁出口温度高于设定值或低旁喷水阀关闭时，低压旁路减压阀快闭，起保护凝汽器的作用。

（7）控制系统能适应机组冷态、温态和热态等不同启动过程的要求，无需人为干预。

（四）旁路系统的执行机构的配置

旁路系统的执行机构有电动、液动、气动和电—液联合操纵不同类型。

液动、气动执行机构的特点：执行机构的力矩大，动作时间快（3～5s），调节器的可靠性高。但需要液动、气动设备，如专用空压机、高精度滤气器、油箱、油泵等，系统复杂，维护工作量大，布置在高温蒸汽管道附近时，还要有防火措施。电动执行机构的力矩小，动作时间慢（40s），但综合信号方便，能灵活地组合各种调节系统，设备投资少，工作可靠性高，维修较简单。引进法国 300MW 机组三用阀旁路系统为液动执行机构，有慢速、快速两种动作时间。我国 200MW 机组配置引进西门子两级串联旁路系统虽为电动执行机构，却配有两种动作时间的双速电机。

结合我国情况，关于再热式机组的旁路系统容量，《设规》规定：中间再热机组汽轮机旁路系统的设置及其形式、容量和控制水平，应根据汽轮机和锅炉的形式、结构、性能及电网对机组运行方式的要求确定。对调峰运行有特殊要求的中间再热机组，也可采用旁路，但应以实用、可靠、投资少为原则进行简化。例如，采用单速（慢速）、远方操作、适当容量的电动旁路，并设置操作方式所必要的实用的控制、保护装置。

四、直流锅炉的旁路系统

随着各种类型直流锅炉的发展，直流锅炉的旁路系统也有很多形式。图 8-14 所示为 600MW 超临界压力机组的启动旁路系统。由 SULZER 设计，采用 100％MCR 高压旁路和 65％MCR 的低压旁路，再加上 100％ MCR 的再热器安全阀，能满足各种工况，可在低负荷下运行和各种事故处理。适用于带基本符合的电厂。

与汽包炉不同，直流锅炉旁路系统装有启动分离器，故又称为直流锅炉的启动旁路系统。直流锅炉启动初期的不合格蒸汽是不能送往汽轮机的；而且启动时由于汽水比容差别很大，存在短暂的工质膨胀现象；直流锅炉和汽轮机在启动时主要是暖机和冲转，所要求的启动时间和蒸汽流量各不相同；因此，直流锅炉必须要设专门的启动分离器。启动分离器有立式、卧式之分，其位置也有几种方案。国产 300MW 机组和美国、日本的一些 UP 型锅炉采用的启动分离器位于一、二级过热器之间，如图 8-14 所示。启动分离器相当于中压汽包，内部也装有汽水分离装置，但其壁厚比汽包炉的汽包要薄些，产生的蒸汽不是全部而是部分进入过热器，并根据不同需要可引至凝汽器、除氧、高压

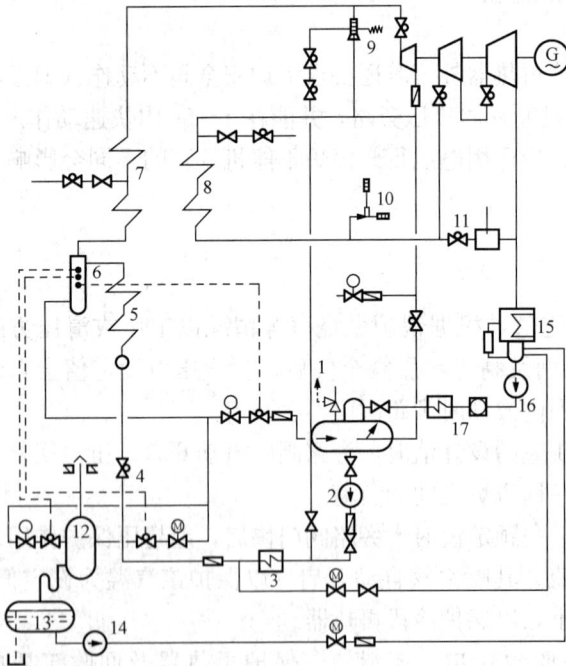

图 8-14　600MW 超临界压力机组启动旁路系统

1—除氧器水箱；2—给水泵；3—高压加热器；4—给水调节阀；5—省煤器及水冷壁；6—启动分离器；7—过热器；8—再热器；9—高压旁路阀（100％）；10—再热器安全阀；11—低压旁路阀（65％）；12—大气式扩容器；13—疏水箱；14—疏水泵；15—凝汽器；16—凝结水泵；17—低压加热器

加热器、再热器等处。

汽包炉在升火前向锅炉上水至汽包最低水位，升火期间不再补充给水。而直流锅炉从升火开始，就要不断地向锅炉进水，并要有一定的启动流量和启动压力。一般启动流量为额定流量的 25%～30%，以冷却受热面，保持水动力稳定，防止汽水分层。启动压力一般为 7～8MPa，以改善水动力性能，防止脉动、停滞。

直流锅炉启动旁路系统的主要作用仍为保护再热器，回收工质和热量，适应机组滑参数启动的需要。机组负荷达到 30%，即可切除启动分离器，但应处于热备用状态，以备甩负荷时用。

1. 超临界压力机组旁路的特殊性

对于超临界压力机组，其旁路系统需要考虑超临界压力机组相对于亚临界压力机组的特殊性：

（1）超临界压力机组厚壁部件的热应力问题相对于亚临界压力机组更严重，而这是影响机组运行灵活性的重要因素，尤其在锅炉启动和低负荷时影响更严重。

（2）由于超临界压力机组汽轮机蒸汽流速比亚临界压力机组更快，压力更高，固体颗粒侵蚀也就更严重。

旁路系统的容量不仅取决于对旁路功能的要求，还取决于煤质、锅炉的性能和主蒸汽压力。如华能沁北电厂 600MW 超临界压力机组锅炉最低稳燃负荷为 35%BMCR，考虑 5%余量，旁路的最小容量不应低于 40%。但超临界压力机组旁路容量一般比亚临界压力机组大，例如亚临界压力机组和超临界压力机组都选用本生式、螺旋上升的直流锅炉，最低允许负荷为 25%BMCR，厂用电率为 7%，若用简单的压力比来估计高压旁路的容量，则

$$对亚临界压力机组为\frac{25\%-7\%}{70}\times169=43\%$$

$$对超临界压力机组为\frac{25\%-7\%}{85}\times246=52\%$$

可见，超临界压力机组所选择的旁路系统容量应比亚临界压力机组所选为大。高压旁路的容量一般要求达到 50%BMCR 左右。

由于甩负荷带厂用电运行是一个极恶劣的运行工况，是以牺牲机组寿命为代价的，且发生几率极少，运行时间短，还需增加大量资金。华能沁北电厂所处的电网容量较大，且电网安全性不断提高，故不考虑甩负荷带厂用电和停机不停炉运行，也不必考虑代替过热器安全阀，因此不必选用 100%容量的三用阀旁路系统。

2. 旁路系统选择要考虑的因素

在选择旁路时要考虑下列因素：

（1）考虑启动工况要按冷态、温态、热态三种工况分析，关键在于热态启动，如果确定了热态启动的容量和参数，其余两种工况均能满足；

（2）变压运行特别是变压运行下甩负荷，由于高压旁路的进汽参数是随锅炉变压而定的，汽压降低蒸汽比热容增大，将使高压旁路的通流量减少，为满足锅炉降负荷维持稳定燃烧的要求，旁路的通流能力将要求适当放大或采取其他有效措施；

（3）对调峰机组考虑到汽轮机负荷的变化比较频繁或有急剧的变化，超临界压力锅炉所能适应的能力，需要旁路系统吸收锅炉和汽轮机之间的不平衡蒸汽量，而不使安全阀动作，旁路容量一般需增大到 50%BMCR；

（4）高、低压旁路的容量，需按机组需要，运行模式、燃料特性和燃烧工况，以及价格等各种因素加以综合比较而定。

五、旁路系统的运行

（一）旁路系统的全面性热力系统

图 8-15 所示为大容量再热式汽轮机组的两级串联旁路系统的全面性热力系统，每级旁路入口处设有进汽调节阀和减温水调节阀，前者用来调节蒸汽压力和流量，后者用来调节减温水喷水量。

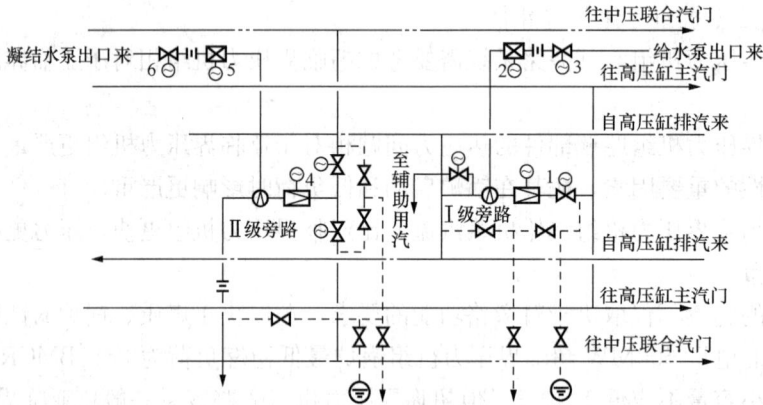

图 8-15　大容量再热式机组两级串联旁路系统的全面性热力系统
1—高压旁路进汽调节阀；2—高压旁路喷水调节阀；3—高压旁路喷水隔离阀；
4—低压旁路进汽调节阀；5—低压旁路喷水调节阀；6—低压旁路喷水隔离阀

凝汽器真空达到该汽轮机组冲转所要求的真空给定值以上锅炉点火后，投入高、低压旁路，通过调节其喷水量，分别控制高、低压旁路后的汽温为给定值。从点火到汽轮机冲转之前阶段，全部蒸汽经旁路进入凝汽器，需调节低压旁路进汽调节阀前的压力为给定值，以便冲转中低压转子。

从汽轮机冲转到带负荷阶段，旁路系统根据启动曲线调整其开度，以控制一、二次蒸汽温度；带负荷运行正常后，即停用高、低压旁路。因故障甩负荷时，先投高压旁路，再投低压旁路，并投入高、低压旁路的减温水，以保持高、低压路后的汽压、汽温，特别是排至凝汽器的汽温为给定值。破坏真空紧急故障停机，凝结水泵故障不能运行，凝汽器真空低于450mmHg 时，只能使用高压旁路时，严禁使用低压旁路，并应开启再热器的向空排汽。正常运行时，应将高、低压旁路投入自动，其连锁保护也应投入工作，加强监视，防止误动。

（二）冲转参数

滑参数启动时的汽机冲转参数由汽轮机制造厂提供，表 8-10 为几种机组的冲转参数。

表 8-10　几种机组的冲转参数

机组类型	启动状态	冲转前缸温	主蒸汽参数		再热蒸汽参数	
			p（MPa）	t（℃）	p（MPa）	t（℃）
国产 N300-165/ 550/550	冷态	<200	0.98～1.47	250～300	—	>200
	温态	200～370	2.45～2.94	高于缸温50	—	不低于中压缸缸温
	热态	>370	2.45～2.94	过热度不低于50	—	不低于中压缸缸温

续表

机组类型	启动状态	冲转前缸温	主蒸汽参数		再热蒸汽参数	
			p（MPa）	t（℃）	p（MPa）	t（℃）
元宝山电厂法国产 300MW 机组	冷态	＜275	4.9	350	—	—
	温态	300～350	4.9	400		
	热态	400	7.84	450		
姚孟电厂法国产 300MW 机组	冷态	＜150～190	7.84	380	1.47	360
	温态	180～350	7.84	430	2.94	410
	热态	350～450	7.84	480	2.94	460
	极热态	＞450	7.84	520	2.94	510
宝钢电厂日本产 350MW 机组	冷态	＜120	5.88	360	—	—
	温态	200～300	7.84	360		
	热态	300～400	11.76	430		
	极热态	＞400	13.72	480		
华能珞璜电厂 600MW 机组	冷态	＜120	5.9	300	—	300
	温态	120～400	5.9	300		300
	热态	400～450	7	450		435
	极热态	＞450	5.9	470		470

（三）单元式机组冷态启动典型参考曲线

图 8-16 所示为单元式机组冷态启动时典型的参考曲线。

图 8-16 中停运时为 1 点，锅炉出口汽温 T_b^s、汽缸温度为 T_{cy}^s，机组停运时间为 t_s。停运期间，锅炉管路系统与绝热良好的汽缸相比冷却较快，到锅炉点火时（2 点）锅炉汽温已冷至 T_b^l。点火初期，锅炉产生的低温蒸汽不允许进入汽轮机（否则在转子中产生较大的热应力），而是直接进入旁路系统，直到该汽温比汽缸温度高出的温差 ΔT 符合允许值，汽轮机才可冲转（3 点），这一过程为锅炉启动过程，所需时间为 t_b。汽轮机从 3 点开始冲转，可以 100～300r/min 的升速率（视冷态、热态启动而异），经历较短时间 t_f 汽轮机转速升至额定转速（4 点）。因此时蒸汽直接冲击汽轮机

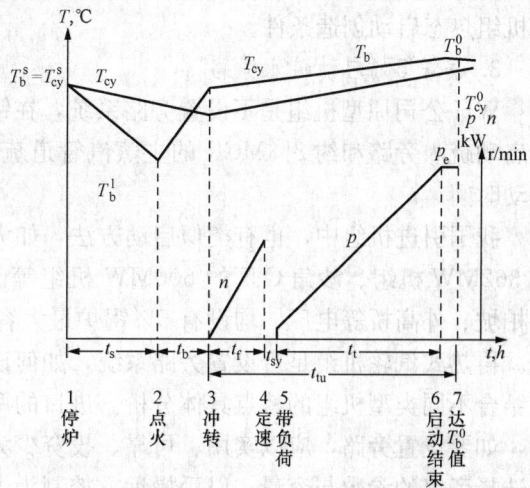

图 8-16　单元式机组冷态启动典型参考曲线

内部，必须限制锅炉汽温的温升率，使其不超过汽缸或转子所要求的安全温升率。汽轮机由额定转速至同步所需时间为 t_{sy}，同步后从点 5 开始按启动曲带负荷 P，由锅炉调整汽压、汽温和流量来增加负荷。因有旁路系统，锅炉可用较大的燃烧率启动，在较短的时间内产生足够蒸汽，并可将汽温调到所需的数值。机组升负荷至额定值 P_e（6 点）所需时间为 t_t，锅炉

出口汽温达到额定温度 T_b^0。汽轮机从冲转启动至带额定负荷 P_e、锅炉汽温达到额定值所需时间为 t_{tu}（3～7 点），此时（7 点）汽缸温度达到额定工况下稳定值 T_{cy}^0。由图可知，t_f、t_{sy} 是由汽轮机决定，而 t_b、t_t 即锅炉、汽轮机组的启动过程，主要由锅炉在控制主汽温度的同时，是否能较快建立适当的压力与流量来决定。

汽轮机开始冲转并带负荷时，锅炉产生的蒸汽量远大于汽轮机所需蒸汽量，剩余蒸汽经旁路至凝汽器。汽轮机带满负荷后，逐步关小旁路，直至锅炉产生的蒸汽全部通过汽轮机为止。有了旁路系统不仅可协调启动参数，缩短启动时间，减少并节省了能量，允许锅炉与汽轮机独立运行。

（四）引进再热式汽轮机组有关旁路系统的先进技术

1. 高压缸排汽通风管

平圩电厂 600MW 机组，根据美国 WH 公司的意见，设置了高压缸排汽通风管（以下简称通风管），他们认为在主汽门关闭和旁路投运情况下，蒸汽可能通过冷再管道的止回阀、高中压缸之间的密封面或通过主汽阀和调节阀漏入高压缸，使高压缸内的汽压升高，加剧鼓风使其汽温上升。设置通风管即可将漏入高压缸的蒸汽排放至凝汽器，或与其连接的疏水扩容器，以降低高压缸的排汽压力、温度。该通风管的设计参数为：最小通流量 56.7t/h，高压缸排汽压力 0.827MPa，温度 404℃。

2. 锅炉旁路系统

平圩电厂 600MW 机组用的锅炉由哈尔滨锅炉制造厂引进美国技术制造的，引用了美国 CE 公司的技术，配置了锅炉旁路系统，容量为锅炉额定容量的 5%，它是一种设在低位环形联箱的排放至凝汽器的系统。CE 公司认为，使用锅炉旁路系统可以在锅炉不影响汽轮机及其他金属部件安全运行的条件下加强燃烧，从而提高汽温升高速度，缩短启动时间，为调峰机组热态启动创造条件。

3. 锅炉 5% 启动疏水旁路

WH 公司原型机组是不设置旁路系统，在锅炉末级过热器下联箱设有 5% 锅炉最大容量的启动疏水旁路和约 2%MCR 的主蒸汽管道疏水，加强锅炉燃烧率，实现机组启动，缩短启动时间。

我国引进机组中，也有类似启动方法，如大港电厂意大利 320MW 机组、岳阳电厂的英国 362MW 机组、沙角 C 厂的 600MW 机组等。我国引进型 300MW 机组中的石横、汉川、西柏坡、外高桥等电厂，均设有 5% 锅炉最大容量的启动疏水旁路。

再热式汽轮机组是否设置旁路系统，如何设置（选用哪种旁路系统、旁路容量的确定）。应结合不同类型机组的特点具体分析。进口的两级串联旁路就需 500 万元，现正在设计的工程，如要设置旁路，应以实用、可靠、投资少为原则设计旁路；经技术经济比较，以启动功能选择旁路的参数与容量；以手操远方控制为主要操作方式；要保证机、炉、旁路功能的协调，发挥好各自的作用。既使 40% 容量的两级串联旁路系统，还可进一步拓宽其功能，如用于中压缸启动、甩负荷带厂用电运行等。

不设置旁路系统是有其相应技术措施的。以美国 WH 公司的 300MW 机组为例，汽轮机的高、中压缸为内分外合的双层缸结构，有窄而厚的中分面法兰，采用了较大的动、静轴向间隙，使其具有快速、灵活、可靠启动的运行条件。以汽轮机转子热应力控制为基础，制定启动方式、冲转条件、控制升速、升负荷率及暖机时间，采用高压缸启动方式。设有 5%

MCR 的锅炉旁路，用以控制过热蒸汽的压力温度，提高其燃烧率，在保证炉膛出口烟温不高于 538℃ 的条件下，允许再热器干烧，并与锅炉 5% 的启动疏水旁路相配合，以满足汽轮机启动参数的要求等。

第五节　给水系统及给水泵的配置

一、给水系统的类型及应用

给水系统是发电厂热力系统的重要组成部分，给水系统的工质流量大，压力高，对发电厂的安全、经济、灵活运行至关重要，例如任何工况下都要保证不间断地向锅炉供水。给水系统主要有以下几种类型。

1. 单母管制系统

图 8-17 所示为单母管制给水管道系统，它有三根单给水母管，即吸水母管、压力母管和锅炉给水母管。吸水母管和压力母管均为单母管分段，锅炉给水母管为切换母管。其特点是安全可靠性高，但阀门较多、系统复杂、耗钢材、投资大。适用于中、低压机组的小容量发电厂，或给水泵容量与锅炉容量不配合时，如高压供热式机组的发电厂应采用单母管制给水系统。备用给水泵多布置在吸水母管与压力母管的两串级分段阀之间。

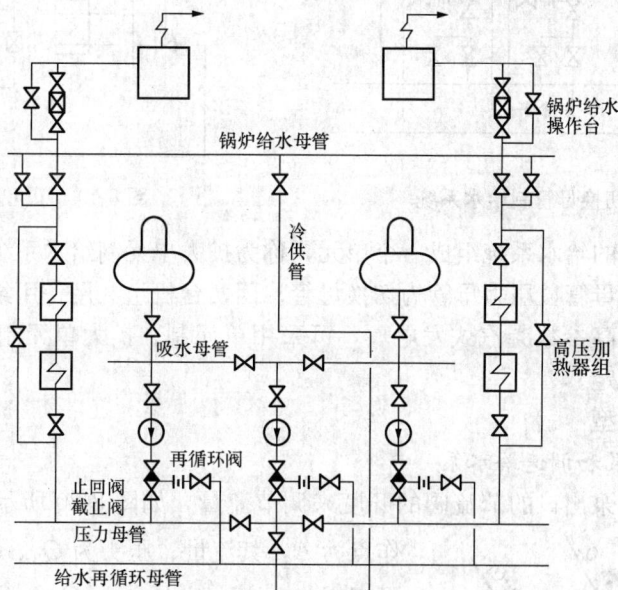

图 8-17　单母管制给水系统

为防止给水泵低负荷运行时，因流量小而引起水泵汽蚀，在给水泵出口处设再循环管引至除氧器给水箱。单母管制给水系统还设有给水再循环母管。为锅炉启动时上水，设有冷供管。

图 8-17 中还表示了高压加热器组的大旁路和最简单的锅炉给水操作台，给水泵出口设有止回阀，截止阀和给水再循环阀。

2. 切换母管制系统

图 8-18 所示为切换母管制系统，吸水母管是单母管分段，压力母管和锅炉给水母管均

为切换制。其特点是有足够可靠性和运行灵活性。已建的电厂中，给水泵容量与锅炉容量匹配时采用，《设规》未再提这种系统，由于投资大、阀门多、钢材耗量也大，今后不再采用。

3. 单元制系统

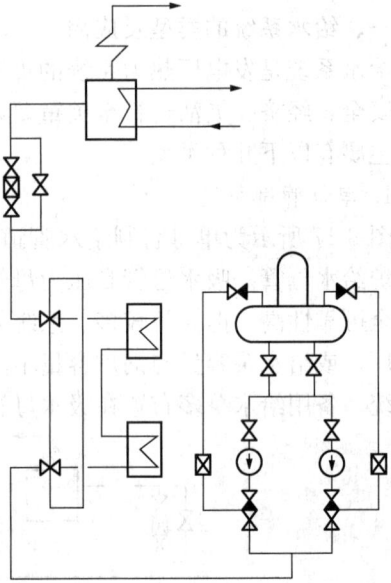

图 8-19 所示为单元制给水系统，其优缺点与单元制主蒸汽系统相同。因其系统简单，投资省，中间再热凝汽式机组或中间再热供热式机组的发电厂均应采用单元制给水系统。

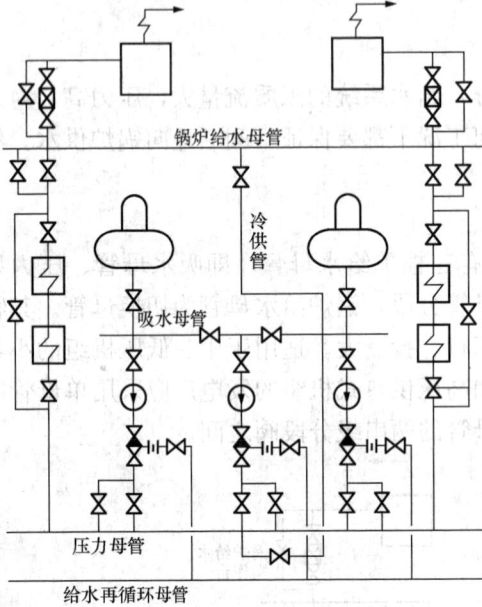

图 8-18　切换母管制给水系统　　　　　图 8-19　单元制给水系统

若两台汽轮机组的给水系统组成一个单元，称为扩大单元制给水系统，它没有锅炉给水母管，吸水母管为单母管，压力母管为切换母管。因两台机组共用备用给水泵，故能节省投资，也较安全灵活。高参数凝汽式发电厂，可采用单元制、扩大单元制或单母管制给水系统，视具体工程来确定。

二、给水泵的类型

（一）定速给水泵和调速给水泵

定速给水泵是以泵出口的节流阀的开度来调节流量，如图 8-20 所示，额定工况时的工

图 8-20　给水泵的流量调节特性

作点为 A，其流量、压头为 Q_A、H_A；减负荷时调节至点 B'，其流量、压头为 Q_B、$H'_B = H_A + \Delta H_A$，增加了节流损失 ΔH_A，而且转速越高损失越大，节流阀易冲刷。但是节流调节的设备简单，操作方便，易于维护，适于中、低比转数及容量不大的泵。

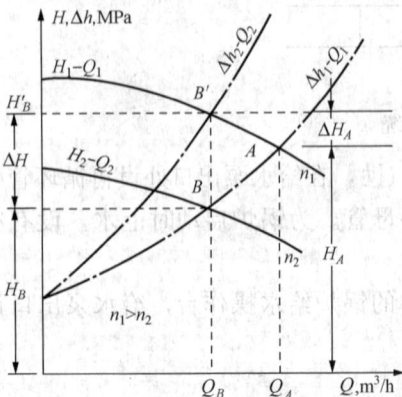

调速给水泵是以改变水泵的转速 n 来调节流量的，如图 8-20 所示，转速由 n_1 减为 n_2，工作点为 B，其流量、压头为 Q_B、H_B，与定速给水泵相比，减少了节流损失 ΔH，调节阀工作条件好，寿命长，并可低速启动。但设备较复杂，投资费高，维修量大。适

用于大容量给水泵。调速给水泵的主要优点有以下几个。

1. 节约厂用电

由图 8-20 可见，流量由 Q_A 减至相同的 Q_B，调速调节时压头减少 ΔH，而定速调节却是增加 ΔH_A，故调速水泵在减负荷时能节省厂用电。一般给水泵耗电约为全部厂用电的 25% 左右，并随主机容量和蒸汽初参数的提高而增大，超高参数以上的 $200\sim400\mathrm{MW}$ 再热式机组的给水泵耗功约为主机容量的 $2.0\%\sim3.5\%$。如 125MW 机组采用调速给水泵，一天即可节约电量 11 200kW·h。若用驱动汽轮机（小汽机）带动调速给水泵，不仅减少了给水泵的厂用电消耗，还可增加电厂的对外供电。

2. 简化锅炉给水操作台

进入锅炉前直径不同的若干并联给水调节阀及其管路，以适应不同工况时（正常工况、低负荷工况、启动工况等）给水流量的需要，统称为锅炉给水操作台。位于高压加热器组出口至锅炉和省煤器之间，通常布置在锅炉车间，采用定速给水泵时锅炉给水操作台较为复杂，一般为 3 ～4 路，如图 8-21（a）所示为四路。该

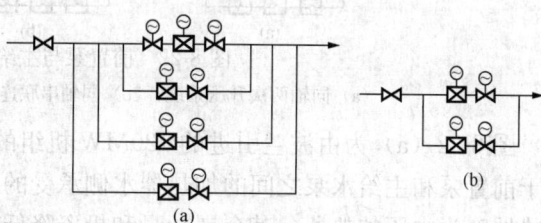

图 8-21　锅炉给水操作台系统
(a) 定速给水泵时；(b) 调速给水泵时

管道上阀门承受的压差较大，某厂 125MW 机组采用定速泵时，给水调节阀压差为 2.45MPa，负荷为 100、60MW 时竟达 5.88、9.8MPa，在锅炉启动时更大，阀芯冲刷，使漏流量增大，破坏了调节阀的流量特性。

该 125MW 机组采用调速给水泵后，给水调节阀的压差仅 0.5MPa 左右。操作台也可简化为两路，如图 8-21（b）所示分别适应正常运行和启动时用，既减少了阀门，也便于运行操作，启动工况时尤为突出。

3. 易实现给水全程调节

采用定速给水泵时，运行人员要适时切换四路给水系统［见图 8-21（a）］，操作频繁。采用调速给水泵时，仅在主、旁路之间切换［见图 8-21（b）］，操作简便，并为实现给水全程调节创造了条件。该厂 125MW 机组原用定速泵换为调速给水泵，并从日本引进全程自动调节设备，锅炉启动时，给水压力小于 13.1MPa 时，开启旁路调节阀。超过 13.1MPa，主给水调节阀逐渐开启至全开，而旁路调节阀逐渐关小至全关。停炉时则反之，先渐关主给水调节阀至全关，渐开旁路调节阀，一定时间后全关。

4. 能适应机组滑压运行和调峰需要

变负荷时，调速泵比定速泵减少节流损失而节电（见图 8-20）。

5. 提高机组的安全可靠性

系统发生故障时，调速给水泵要降低转速，减少给水压力和流量，除氧器水位下降速度减慢，可及时补充水量，以保持除氧器水位。事故排除后，即可重新启动。

我国 125MW 以上再热式机组，均采用电动调速给水泵。当采用调速给水泵时，给水主管路应不设调节阀系统，启动支管根据调速给水泵的调节特性设置调节阀。

（二）前置泵的配置

采用低转速约 1500r/min 的前置泵是滑压除氧器防止给水泵汽蚀的一项有效措施。大容

量高参数再热式机组多为滑压或复合滑压运行方式，均采用前置泵。

前置泵与主给水泵的连接方式如图 8-22 所示，可划分两类：图 8-22（a）、（b）属一类，即前置泵主给水泵同轴共用一台电动机经液力联轴节和增速器来带动；图 8-22（c）是另一类，即主给水泵、前置泵不同轴分别用小汽机和电动机带动。

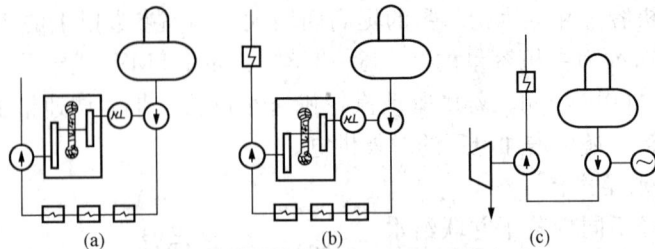

图 8-22　前置泵与主给水泵的连接方式
(a) 同轴两次升压系统；(b) 同轴串联连接系统；(c) 不同轴串联连接系统

图 8-22（a）为由波兰引进的 120MW 机组的前置泵与主给水泵同轴两次升压系统，使位于前置泵和主给水泵之间的加热器水侧承受的水压大为降低，使原位于给水泵之后的高压加热器变为中压加热器，其金属耗量和投资降低，提高了这些加热器的工作可靠性。但主给水泵承受的水温却提高了，使其结构复杂，影响主给水泵的安全运行，而且两台水泵要严格协调运行。故未能广泛应用，图 7-9 也是两次升压的给水系统。图 8-22（b）为前置泵与主给水泵同轴串联连接系统，液力联轴节的调压范围为 30%～100%，引进的法国 300MW 机组、意大利 320MW 机组均采用这种系统。图 8-22（c）为前置泵与主给水泵不同轴连接系统，主给水泵由小汽轮机驱动，前置泵由电动机带动。引进的日本 250、300MW 机组，国产的 300、600MW 机组均采用这种系统。电动前置泵可配合主机滑参数启动，锅炉压力较低时，还可用来上水。

(三) 给水泵的拖动方式

1. 电动泵与汽动泵的比较

常用的给水泵驱动方式有电动、汽动两种。中、小型汽轮机机组的给水泵，经常运行、备用的汽轮机组均采用电动给水泵，大型汽轮机机组以汽动给水泵作经常运行，电动给水泵作为备用。

驱动给水泵的功率，随着汽轮机单机容量和蒸汽参数的提高而增大，给水泵耗功占主机功率的百分比也急剧增加，超高参数机组为 2%，亚临界参数机组为 3%～4%，超临界参数机组可高达 5%～7%，若仍用 3000r/min 或以下的低速给水泵，不仅给水泵的级数增加很多，泵的长度和重量也会增加，而且泵的挠度与轴长的四次方成正比，易使泵产生振动，严重影响给水泵的安全运行。例如，500～600MW 亚临界压力机组，若给水泵转速为 3000r/min，水泵重达 50t，若水泵转速增为 6000r/min，水泵重仅 15t，而且电动泵受电动机容量和允许启动电流的限制。所以，大型再热式机组，作为经常运行的主给水泵都以小汽轮机驱动的给水泵（汽动泵）来取代传统的电驱动方式给水泵（电动泵）。

汽动泵与电动泵相比，其主要优点如下所述。

(1) 安全可靠。汽动泵转速可高达 5000～7000r/min，因而轴短、刚度大，安全性好。当系统故障或全厂停电时，汽动泵可保证不间断地向锅炉供水。

(2) 节省投资。汽动泵的投资比大型电动机加升速齿轮和液力联轴节及电气控制设备的总投资低。

（3）运行经济。汽动泵以调速运行来调节给水流量，较之采用液力联轴节、节流调节的电动泵更经济，一般可提高热经济性 0.5%。

（4）增加供电。大机组的给水泵耗电约为全部厂用电的 50%，采用汽动泵能节省厂用电，使机组对外多供电 3%～4%。

（5）便于调节。大型电动机启动电流大，启动较困难，汽动泵却便于启动，并可配合主机滑压运行进行滑压调节。

（6）容量不受限制。大型鼠笼式电动机启动电流大，影响频率稳定，故需复杂而昂贵的电气控制设备，因而限制了电动机的容量。如 1200MW 汽轮机组的主给水泵需 25MW，无法采用电动泵，故选用了两台半容量的汽动泵。

汽动泵的缺点是汽水管路复杂，启动时间长，要有备用汽源，加大了锅炉容量或需增设启动锅炉，这些都使汽动泵方案的投资增加。

通过给水泵拖动方式的不同方案的综合比较，现代大型再热式机组容量在 300～450MW（日本、西欧一般为 250MW）以上，多采用汽动泵作经常运行的泵。我国《设规》规定，300、600MW 机组宜装汽动泵作为运行给水泵，其启动、备用给水泵可采用电动调速给水泵。300MW 以上机组如需装电动泵作为运行水泵，则应进行综合技术经济比较后确定。200MW 机组一般配电动调速给水泵，在技术经济合理时，也可配汽动泵。

2. 汽动给水泵的热经济性

大型再热式机组采用汽动给水泵的热经济性问题，国内外均在研究。由于假设、简化条件和定性分析、定量计算方法的不同，结论略有差异，但仍有一些共同性的见解。

两种拖动方式的经济比较是以热经济为前提。热经济比较有定功率法和定流量法两种。本书仅扼要介绍定流量法。为简便计，以图 8-23 所示系统来比较。图（a）实线为汽动泵的热力系统，虚线为电动泵部分。作汽动泵、电动泵不同方案比较时，假定主汽轮机的蒸汽初、终参数相同，其汽态线如图（b）A-C 线所示，两方案的给水温度 t_{fw} 和新汽耗量均为定值。采用凝汽式驱动汽轮机（小汽轮机），其汽态线如图 8-23（b）中 B-C 线所示。

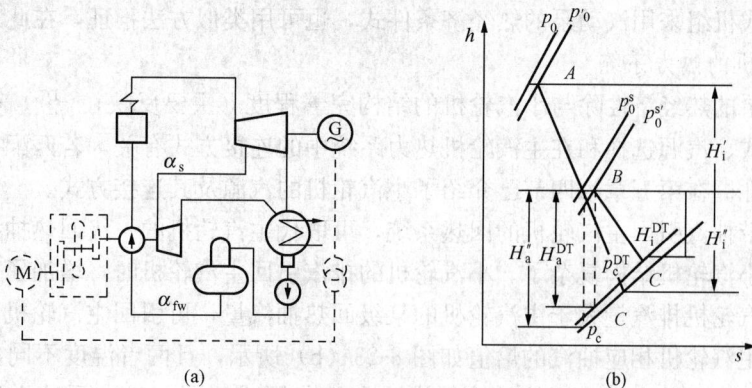

图 8-23　给水泵的两种拖动方式

（a）系统图；（b）汽态线

由小汽轮机的功率平衡式求其抽汽系数 α_{DT}

$$\alpha_{DT} H_i^{DT} \eta_{ri}^{DT} \eta_m^{DT} = \alpha_{fw} \frac{\Delta h_{fp}^a}{\eta_{pu}} \tag{8-4}$$

小汽轮机的节流系数 η_{th} 为

$$\eta_{th} = \frac{H_a^{DT}}{H_a''} = H_a^{DT} \frac{\eta_{ri}}{H_i''} \tag{8-5}$$

将式（8-5）代入式（8-4），经整理 α_{DT} 为

$$\alpha_{DT} = \frac{\alpha_{fw} \Delta h_{fp}^a \eta_{ri}}{H_i'' \eta_{th} \eta_{ri}^{DT} \eta_m^{DT} \eta_{pu}} \tag{8-6}$$

式中　H_a''、H_a^{DT}——进小汽轮机蒸汽的节流前、后理想比焓降，kJ/kg；

　　　η_{ri}^{DT}、η_m^{DT}——小汽轮机的相对内效率、机械效率，%；

　　　Δh_{fp}^a——理想泵功，kJ/kg，可由式（1-21）求得。

采用汽动泵或电动泵时主汽轮机的比内功（以 1kg 蒸汽计）分别为 w_i^s、$w_{i,e}$

$$w_i^{DT} = H_i' + (1 - \alpha_{DT}) H_i'' \quad kJ/kg \tag{8-7}$$

$$w_{i,e} = H_i' + H_i'' \quad kJ/kg \tag{8-8}$$

采用电动泵时，扣除电动泵耗功后的主机内功 w_{ie}' 为

$$w_{i,e}' = H_i' + H_i'' - \frac{\alpha_{fw} \Delta h_{fp}^a}{\eta_{pu} \eta_m \eta_g \eta_{g \sim pu}} \tag{8-9}$$

式中　$\eta_{g \sim pu}$——考虑从汽轮发电机至拖动电动给水泵电动机的一系列损失，即电网输电与变
　　　　　压器的损失、调速器和液力联轴节的损失以及拖动给水泵的电动机损失。

用汽动泵的热经济合理条件为

$$w_i^{DT} > w_{i,e}' \tag{8-10}$$

由式（8-10）和式（8-12）得

$$\left(1 - \frac{\alpha_{fw} h_a^{fw} \eta_{ri}}{H_i'' \eta_{th} \eta_{ri}^{DT} \eta_m^{DT} \eta_{pu}}\right) H_i'' > H_i'' - \frac{\alpha_{fw} \Delta w_{fp}^a}{\eta_{pu} \eta_m \eta_g \eta_{g \sim pu}} \tag{8-11}$$

或

$$\eta_{ri}^{DT} \eta_m^{DT} \eta_{th} > \eta_{ri} \eta_m \eta_g \eta_{g \sim pu} \tag{8-12}$$

由式（8-12）可知，只有当小汽轮机相对内效率 η_{ri}^{DT} 足够高时，才能满足式（8-12）的条件，这时采用汽动泵在热经济上才是合理的，其数值与主机的相对内效率值 η_{ri} 有很大关系，一般 η_{ri}^{DT} 为 75% 左右时，才适合用汽动泵。η_{ri}^{DT} 值越高，采用汽动泵的热经济性越显著。

对于再热式机组采用汽动泵的热经济条件式，也可用类似方法推证，在此从略。

3. 小汽轮机的热力系统

采用汽动泵的热经济性除与小汽轮机的结构完善程度（主要反映在 η_{ri}^{DT}）有关外，还与小汽轮机的形式、汽源选择和在主汽轮机热力系统中的连接方式有关，若匹配得当还可提高机组的热经济性。在第五章第四节已介绍了小汽轮机的汽源及其连接方式。

小汽轮机带抽汽引回主汽轮机的回热系统，可取代主汽轮机的一级回热抽汽，简化了主机中压缸，但小汽轮机结构复杂了。小汽轮机的排汽引回主汽轮机时，增加了主汽轮机的排汽损失；若小汽轮机排汽量大于主汽轮机的某级回热抽汽量，可引回主汽轮机，但小汽轮机的排汽焓高于主汽轮机相应抽汽的焓值如图 8-23（b）所示，且两者温度不同，可能加大主汽轮机的热应力。目前广泛采用的是纯凝汽式和纯背压式（图 7-10）两种小汽轮机，采用纯凝汽式小汽轮机，在主汽轮机排汽面积和发电机出力相同条件下，可减少主汽轮机的凝汽流量和余速损失。小汽轮机排汽可引入主凝汽器，也可引入单独配置的小凝汽器。纯凝汽式小汽轮机应布置在靠近主凝汽器处，运行时还应注意协调；纯背压式小汽轮机布置上较灵活，但投资和金属耗量要大些。

小汽轮机实际应用的连接方式可归纳为三种类型。①背压式小汽轮机，其汽源为冷再热蒸汽，排汽引至某级回热加热器（见图 7-10）；②仍为背压式小汽轮机，汽源引自中压缸抽汽，排汽引回主汽轮机低压缸，同时引至某级回热加热器，俄罗斯 300MW、单采暖抽汽 250MW 机组采用之；③凝汽式小汽轮机是应用最广泛的，其排汽可直接到主凝汽器，如引进日本的 250、350MW 机组，法国的 600MW 机组，美国的 300、600MW 机组，以及后期的国产 300MW，亚临界 600MW 机组等均采用这种连接方式。也可配置独立的小凝汽器，如早期国产的 300MW 机组和俄罗斯的 500、800、1000、1200MW 机组、美国 1300MW 机组均采用这种系统。

4. 小汽轮机的备用汽源

现以 300MW 汽轮机组为例，定性分析说明其备用汽源的问题。小汽轮机的汽源，广泛采用的是中压缸的抽汽或排汽（统称为低压汽源），一般主汽轮机在 35%～40% 负荷时，该抽汽或排汽已不能满足给水泵所需功率，必须切换到高压汽源（如辅助蒸汽联箱来汽、冷再热蒸汽或新汽）。汽源切换方式主要有内切换系统和外切换系统两种，如图 8-24 所示。

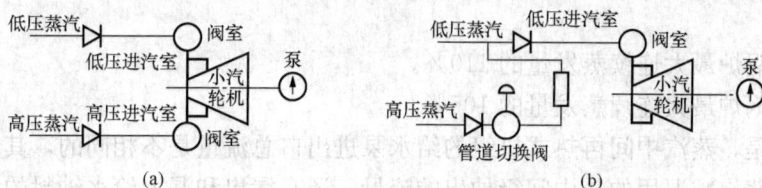

图 8-24　小汽轮机的汽源切换方式
(a) 内切换系统；(b) 外切换系统

汽源的切换是在小汽轮机本体内实现的，称为内切换，如图 8-24（a）所示；切换是在小汽轮机本体之外实现的，称为外切换，如图 8-24（b）所示。两者的一个主要区别在于内切换有低压汽源蒸汽室，高压汽源蒸汽室共两个汽室，而外切换方式只有一个低压汽源汽室。汽源切换的关键是要由一个调节系统来控制切换，以保证切换工作可靠。两者各有优缺点，并均有大量实践。北美国家多采用内切换方式，一般以 35%～40% 的主汽轮机负荷作为内切换点。俄罗斯采用外切换方式。西欧各国差异较大，德国采用外切换方式，而 ABB 集团采用高压缸排汽内切换，并以 30% 主汽轮机负荷作为内切换点，日本引进美国技术也采用内切换方式。

我国引进 300、600MW 亚临界压力机组的同时，也从美国 WH 引进了内切换小汽轮机的设计与制造技术，由东方汽轮机厂和哈尔滨汽轮机厂生产，并已在平圩电厂、珠江电厂、妈湾电厂等实际运用。福州、大连、南通电厂引进日本三菱产 350MW 机组，石洞口二厂引进 ABB 产 600MW 机组的小汽轮机，采用高排内切换方式。元宝山电厂引进法国 600MW 机组是采用高排内切换小汽轮机。南通、上安电厂引进 GE 产 350MW 机组、宝钢电厂引进日本 350MW 机组、北仑港电厂引进日立东芝产 600MW 机组，都是采用新汽内切换的小汽轮机。营口、伊敏、盘山、缓中电厂引进俄罗斯的 320、500、800MW 机组均为外切换汽源。杭州汽轮机厂引进德国西门子公司的外切换方式的小汽轮机的设计与制造技术。《给水泵汽轮机汽源切换方式的比较》（详见《汽轮机技术》1996 年 5 期）等文，对此做了技术经济比较。洛河电厂 300MW 机组配置的小汽轮机，原设计以新汽为备用汽源，现改用邻机的高压缸排汽和启动锅炉来蒸汽作为备用汽源。

（四）给水泵单位容量及台数的选择

给水泵的设备选型及其安装调试，对于保证给水系统和整台机组的安全运行具有十分重要的意义。

我国《设规》规定：300MW 机组宜配置一台容量为最大给水量 100％或二台容量各为最大给水量 50％的汽动给水泵，并各配一台容量为最大给水量 50％的电动调速给水泵。600MW 机组配两台容量各为最大给水量 50％的汽动给水泵及一台容量为最大给水量 25％～35％的电动调速泵作为启动和备用给水泵。有些进口机组如沙角 C 厂引进法国阿尔斯通 3×660MW 机组的给水系统采用了三台半容量液力调速电动给水泵，取消了锅炉给水操作台，使给水系统大为简化。国内外 300MW 及以上的空冷机组均采用电动给水泵作为运行给水泵。

在每一套给水系统中，给水泵出口的总容量（即最大给水消耗量，不包括备用给水泵），均应保证供给其所连接的系统的全部锅炉在最大连续蒸发量时所需的给水量，并留有一定的余量，即

汽包炉：锅炉最大连续蒸发量的 110％。

直流炉：锅炉最大连续蒸发量的 105％。

需注意的是，蒸汽中间再热式机组的给水泵进出口总流量是不相同的，其入口总流量还应加上供再热蒸汽减温用的从中间级抽出的流量，还有漏出和漏入给水轴封的流量差。前置泵的出口总流量，应为主给水泵入口的总流量与从前置泵和主给水泵之间抽出的流量之和。

单元制给水系统的主给水泵容量及台数的选择，基本上是两种类型：每一单元配置两台主给水泵，其中一台为备用给水泵，即 2×100％MCR 容量的给水泵，简称为全容量泵给水系统；或每一单元配置三台主给水泵，其中一台为备用给水泵，即 3×50％MCR 容量的给水泵，简称为半容量泵给水系统。

对于一台 300～600MW 汽轮机组配套的给水泵组，通常有四种方案，如表 8-11 所示。

表 8-11　　　　　　　大容量汽轮机组给水泵配置方案（以锅炉的 MCR 工况计）

方案号	经常运行	备用
1	1×100％汽动泵	1×100％电动泵
2	1×100％汽动泵	1×50％电动泵
3	2×50％汽动	1×50％电动泵
4	2×50％汽动泵或电动泵	1×（25％～30％）电动泵

除元宝山电厂的 600MW 法国机组、石横电厂 300MW 美国机组为全容量汽动泵之外，其他电厂引进的比利时、日本、英国、俄罗斯等国的 300～600MW 机组和国产 300～600MW 机组，包括石洞口二厂的超临界 600MW 机组，盘山电厂引进俄罗斯 800MW 机组的给水泵机组配置均为半容量泵，即 2×50％汽动泵＋1×50％电动泵的给水系统。

以 300MW 汽轮机组为例，第一种方案一旦运行跳闸后，一般要引起锅炉主燃料跳闸 MFT，而且一台全容量汽动泵和两台半容量的汽动泵价格差别不大。另有人认为采用一台全容量汽动泵比两台半容量汽动泵，一般可节省投资约 20％，运行经济性提高 5％，且单台全容量汽动泵的管系简单便于布置；在主汽轮机 40％～100％负荷范围内，泵能适应主汽轮

机的变化；低于 40％负荷时须切换到主备用汽源。

第三、四方案的共同处是当一台运行泵发生故障而跳闸时，备用给水泵连锁启动后的总给水量能带锅炉额定负荷 80％以上，保证机组能断油和稳定燃烧，特别是第三方案，运行泵故障后，备用泵连锁启动能带锅炉额定负荷的 100％以上，机组的出力保持或接近满负荷。至于 600MW 机组，可选用两台半容量汽动泵，即可套用 300MW 机组的全容量汽动泵使得备件通用，便于运行维护。为节约厂用电，也可选用第四方案，如引进的美国 600MW 机组，设 2×50％汽动泵作经常运行，另设一台四分之一容量的电动泵作备用，兼作启动泵。

我国大容量汽轮机组的给水泵组（包括汽动泵，调速电动泵及其前置泵）的设计制造，主要有：沈阳水泵厂引进德国 KSB 公司技术生产的 CHAT 型给水泵，上海电力修造总厂引进英国 WEIR 公司技术的韦尔泵，北京电力设备总厂生产的 QG560-240 型和 DG560-240 型泵。杭州汽轮机厂、东方汽轮机厂分别引进德国 SIEMENS 和美国 WH 的给水泵汽轮机设计制造技术。这些设备都已投入市场，几家产品在电力市场中展开激烈的竞争。

三、给水系统的全面性热力系统及其运行

1. 给水全面性热力系统

图 8-25 为上海汽轮机厂制造的 300MW 机组的给水系统全面性热力系统，为半容量泵组，即两台半容量汽动泵为经常运行，其前置泵为与之不同轴串联连接方式；一台半容量电动定速泵为备用泵，并与其前置泵为同轴串联方式。

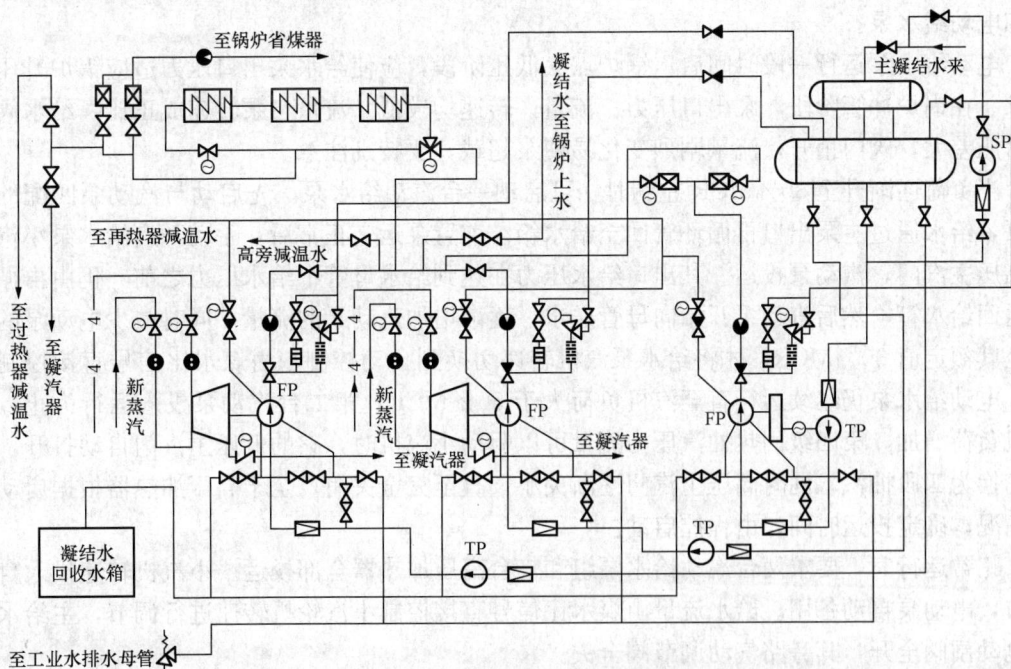

图 8-25　上海汽轮机厂造 300MW 机组的给水系统全面性热力系统

除氧器设有启动循环泵 SP，供启动制水时加热给水箱内的储水，经 1.5～2h 加热到 100℃以上开始除氧。加热期间启动循环泵连续运行，以保证均匀加热，此时成为大气压力式除氧器。当机组升负荷至 20％额定负荷时，即自动开启第四级抽汽阀同时自动关闭备用

汽源的进汽阀，除氧器自行投入滑压运行方式，简称为定－滑运行方式，滑压范围为 20%～100% 额定负荷。

该小汽轮机有两个自动主汽门，其汽源分别引自汽轮机的第四段抽汽和新蒸汽，并能自动内切换。两台汽动泵运行时，当给水量约为 330t/h（机组负荷约为 32% 额定负荷）时，四段抽汽已不能满足给水泵功率要求，自动内切换为新蒸汽，随负荷继续降低，四段抽汽量逐渐减少，新蒸汽量相应逐渐加大，直到给水量约为 150t/h，即完全切换为新蒸汽。若单泵运行，可维持给水量为 600t/h，此时高低压蒸汽同时进汽。

三台卧式高压加热器的给水侧为单流程大旁路方式，其进口设一电动三通阀，出口为快速电动闸阀，当任一台高压加热器故障解列时，这两个阀门同时动作切除三台高热加热器并投入旁路运行。为防止高压加热器超压，其汽、水侧均设有弹簧式安全阀（图 8-25 中未表示）。至于小汽轮机的本体疏放水、轴封系统等均从略。

2. 给水系统的运行

以图 8-25 的给水系统为例来说明给水系统的运行。给水泵配置为 2×50% 汽动泵为经常运行，和 1×50% 电动泵为备用泵。

给水泵组试验合格后，即处于正常备用阶段。启动前给水系统应灌水排气，投入密封水系统。暖泵入口水温低于 0.147MPa 下饱和水温度 110℃，应启动给水循环泵 SP。当入口水温 120℃ 以上，泵体与水温差在 20～30℃，泵壳上、下温差在 20～25℃，暖泵结束。电动给水泵启动时，停用启动循环泵。各给水泵满足启动要求后，应依次启动电动给水泵的前置泵和电动给水泵。

电动给水泵运行一段时间后，锅炉点火低压阶段，应使给水泵出口压力适应锅炉升压的要求。在锅炉冲管阶段，泵出口压力、流量、转速均较低。流量与泵转速成正比，给水阀门前后压差大，阀门稍开，流量剧烈变化易使泵超载，要特别注意。

当负荷逐渐升至 30%MCR 左右时，可启动一台汽动给水泵。先启动与汽动泵匹配的前置泵，给水通过主泵出口再循环管回至给水箱。前置泵运转正常后，手动开启给水泵小汽机的高压主汽门，汽动泵投运。其出口给水压力在达到给水母管中给水压力之前，仍由再循环管送回给水箱，然后汽动泵开始向母管送水，逐渐增加汽动泵的流量，同时减少电动泵的流量至其额定值 30%MCR，才将给水泵汽机转速切换到自动控制，由煤水比信号直接控制转速。电动给水泵仍继续运行直至汽机负荷大于 50%MCR，第二台汽动泵投入运行为止。当汽机负荷增加，第四级回热抽汽压力流量可以驱动小汽机时，它的低压主汽门自动打开，逐步切换为四段抽汽，同时高压主汽门逐渐关小，直至完全关闭。至于高压加热器根据启动运行情况，确定投运时间，由程控启动。

正常运行时，要求两台汽动给水泵组和三台高压加热器全部投运。小汽机转速投入自动调节，电动泵自动备用。给水流量由煤水比信号直接控制小汽轮机转速进行调节，主给水管上电动闸阀全开，其旁路气动调节阀全关。

停运，随着主机负荷逐步降低，两台汽动泵维持低负荷并列运行。当主机负荷低于额定负荷 40% 时，小汽机自动开启高压主汽门由新汽驱动。当主机负荷低于 30% 时，投入给水再循环，并逐渐停用一台汽动泵。当主机负荷低于 25% 时，可停用高压加热器，在停用过程中注意给水温降率不大于 3℃/min。根据运行情况，启动电动给水泵，停运汽动泵，由电动泵维持锅炉的最小给水流量直至停止给水。

第六节 回热系统全面性热力系统

本节以国产引进型 N300-16.7/538/538 机组的全面性回热系统为例（见图 8-26），说明其特点及其运行方式。

一、N300MW 机组回热系统的特点及其正常运行

该机组有八级非调整抽汽，三高四低一除氧，即三台高压加热器，一台滑压除氧器和四台低压加热器，另有一台轴封冷却器 SG。凝结水全部精处理，串联在中压凝结水泵出口，无凝结水升压泵。三台高压加热器 H1、H2、H3 均设有内置式蒸汽冷却段和疏水冷却段。高压加热器组疏水逐级自流至滑压除氧器 H4，汽轮机负荷在 20%～100% 额定负荷时，除氧器滑压运行范围为 0.147～0.882MPa（a）（1.5～7ata）低于该低限即为低负荷定压运行。H5、H6 设有内置式疏水冷却段，其疏水逐级自流至凝汽器，H7、H8 布置在凝汽器喉部。

图 8-26（a）为其抽汽系统，图 8-26（b）为除氧器，给水系统和高压加热器组，图 8-26（c）为低压加热器组、主凝水系统。

汽轮机甩负荷后，各级加热器内压力迅速衰减，各加热器、除氧器内的饱和水即闪蒸成蒸汽，各抽汽管道内滞留的蒸汽因汽轮机内部压力降低而返回汽机。各种返回汽轮机的蒸汽导致汽轮机超速，为此前六级回热抽汽管上靠近抽汽口处均装有气动止回阀和电动隔离阀。因 H7、H8 位于凝汽器喉部，七、八级抽汽管道，不装隔离阀。

由于四段抽汽要引至除氧器、小汽轮机，它们还各有其他汽源（小汽轮机有主汽汽源，除氧器有辅助联箱来汽），在机组启动或低负荷运行、甩负荷时，其他汽源有可能串入第四段抽汽管道，造成汽轮机超速的可能性大，故串联两个气动止回阀有双重保护作用。

到除氧器的加热蒸汽管道上，除接有辅助汽源，还有从锅炉连续排污扩容器来蒸汽，故在进除氧器加热蒸汽管道上又装一个电动隔离阀和一个止回阀。去小汽轮机的每路支管上也装有电动隔阀和止回阀，以防高压汽源切换时，高压蒸汽引入抽汽系统。引至辅助联箱的支管上也设有隔离阀和止回阀。引往再热器的高压缸排汽管上，装有气动止回阀。

如图 8-26（b）所示，三台高压加热器采用三通阀和快速关断阀的大旁路系统，三通阀始终保证有一路是畅通的，采用大旁路使系统简化，但任一台高压加热器故障，三台高压加

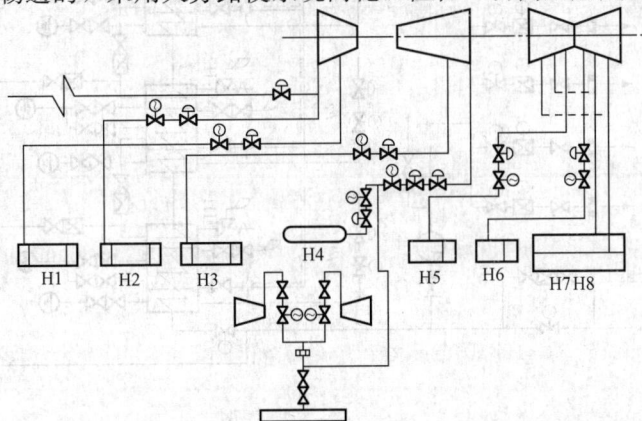

图 8-26（a） 引进型 N300-16.7/538/538 机组抽汽系统

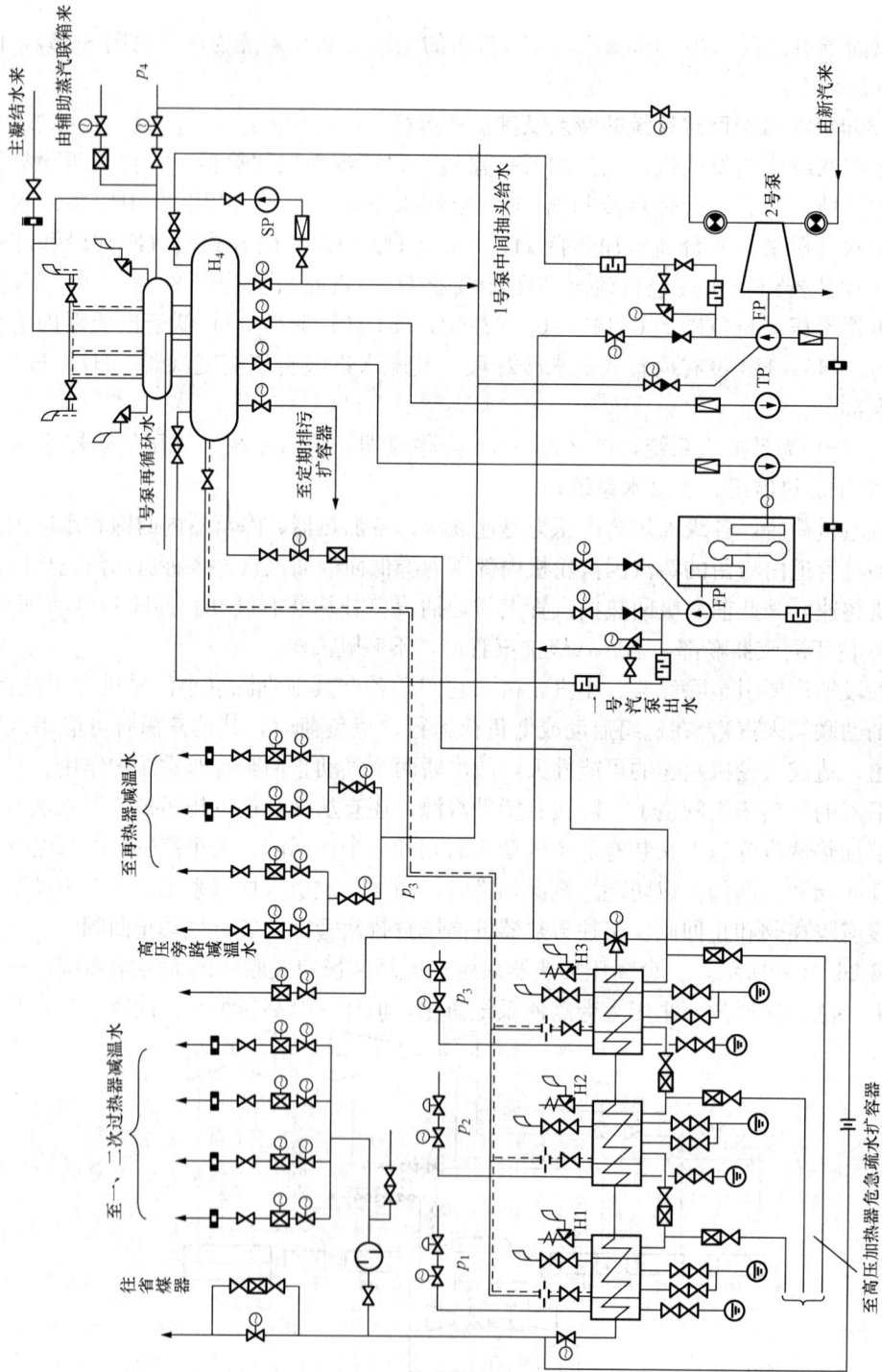

图 8-26(b) 引进型 N300-16.7/538/538 机组高压加热器组和给水除氧器系统

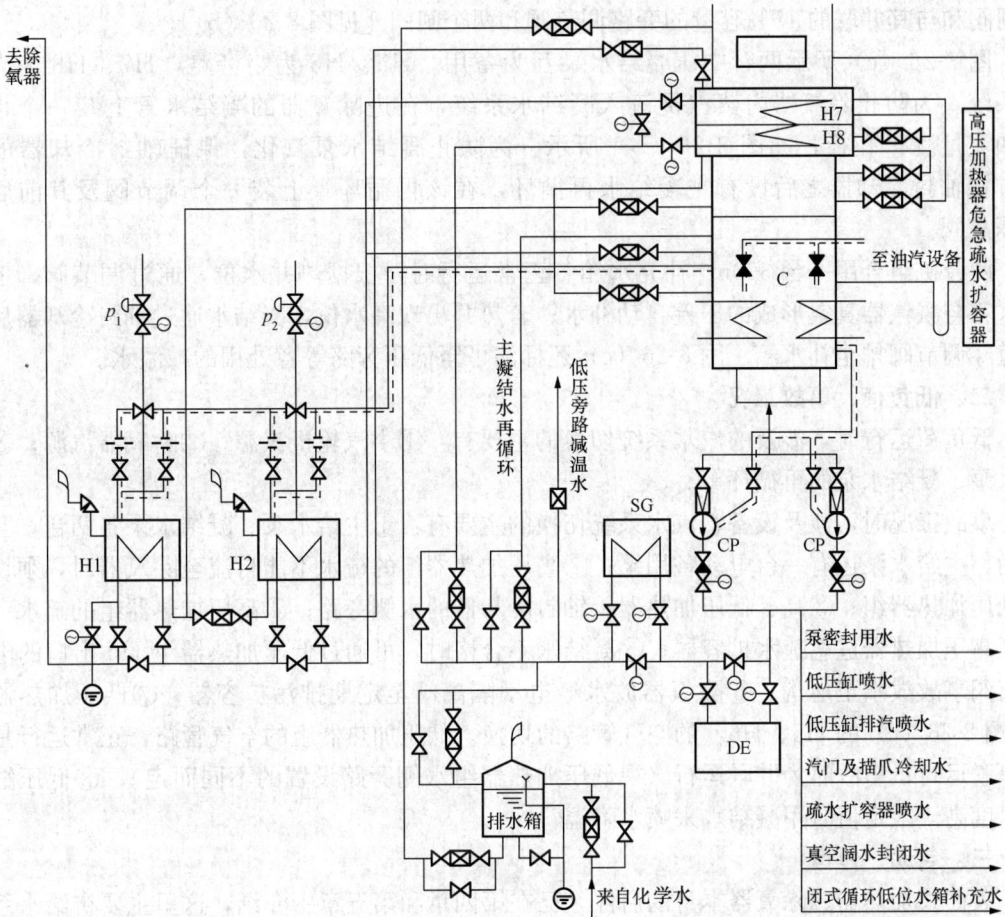

图 8-26 (c)　　引进型 N300-16.7/538/538 机组低压加热器组、主凝结水系统

热器必须同时切除。在旁路上设有节流孔板，其作用是在三台高压加热器切除后，在过热器减温水和主给水间形成压差，以保证减温水的流量。正常运行时，高压加热器壳体中不凝结气体，通过连续排气管并汇集到一根总管排往除氧器，每台高压加热器的连续排气管装一隔离阀和节流孔板。另设有启动排气管，装有两个隔离阀，在高压加热器启动时排除壳体中不凝结气体和水压试验时排气用。正常运行时高压加热器组的疏水是逐级自流。三台高压加热器的危急疏水因其水压高应先引往高压加热器危急疏水扩容器［见图 8-26 (b)、(c) 和图8-33 (b)］。

　　图 8-26 (b) 所示给水泵为半容量泵，即 2×50％给水流量的汽动泵，图中只画了 2 号汽动泵，1×50％电动调速泵作为备用泵，均配前置泵。前置泵入口有粗滤网，以防安装或检修时可能聚积的焊渣、铁屑进入水泵。系统运行正常后，可拆除粗滤网，换一短管，以减少系统阻力。主给水泵入口装精滤网，出口有止回阀、电动隔离阀和给水泵最小流量再循环管。各泵的再循环管应分别引往给水箱。

　　给水泵中间抽头的给水，引至再热器做减温水用。给水泵出口的水，有一路作为高压旁路减温，另有一路经过滤器后作为一、二次过热器减温水。由于采用汽动泵和电动调速泵，锅炉给水量变化全靠调节给水泵的转速来实现，故锅炉给水操作台简化为两路，只设一个电动闸阀和与其并联的 15％容量的旁路调节阀和两个闸阀［见图 8-26（b）］。

图 8-26（c）所示两台中压凝结水泵互为备用。H5、H6 为小旁路，H7、H8 为大旁路系统。为防止除氧器内蒸汽倒流入凝结水系统，在进除氧器的凝结水管上装一个止回阀和流量测量孔板，如图 8-26（b）所示。为防止凝结水泵汽化，保证轴封冷却器的冷却，在轴封冷却器之后设有主凝结水再循环，在该再循环管上装一个调节阀及其前后两个隔离阀。

两台机组合用一台 300m³ 补充水箱。正常运行时，根据热井水位，通过调节阀，依靠补水箱与凝汽器真空形成的压差自动补水；若热井出现高水位，凝结水通过轴封冷却器后的管道经调节阀排至补水箱。图 8-26（c）还标注了至低压旁路等各处用的减温水。

二、低负荷、事故工况

低负荷运行时，涉及的汽水系统切换的主要有：①小汽轮机汽源；②除氧器汽源；③主给水泵、凝结水泵的再循环等。

事故工况时，涉及设备、汽水系统切换的主要有：①主给水泵、凝结水泵各两台，互为备用，主给水泵还有一台电动备用泵；②高压加热器组的疏水不能自流至除氧器时，须切换至低压加热器组；③高、低压加热器、轴封冷却器的水侧旁路；④高压加热器组的疏水旁路引至高压加热器危急疏水扩容器；⑤凝结水不合格时，可通过低压加热器组 H5 出口的电动隔离阀事故放水至地沟；⑥除氧器放水经电动隔离阀至定期排污扩容器；⑦低压加热器组［如图 8-26（c）的 H5、H6］的空气管路的切换。低压加热器组的空气管路，正常运行是逐级串联运行；事故时为并联运行（视低压加热器组水侧旁路设置的不同而定）；⑧低压缸排汽温度高于限定值时用凝结水来喷水降温。

三、启动、停运

表面式加热器、除氧器本身的启停，已在第四章和第五章中介绍，这里主要讲给水系统（包括高压加热器组和除氧器）、凝结水系统的运行，并以启动工况为例予以简要说明。

（一）给水系统的启动

1. 启动前的准备工作

向除氧器给水箱和汽包充凝结水至规定水位，启动给水再循环泵 SP，用厂用辅助蒸汽加热至 0.147MPa（1.5ata）下饱和水温 110℃，启动电动给水泵，停用 SP。

各泵启动前应暖泵。依次启动电动给水泵的前置泵和电动给水泵，其前置泵入口阀、给水泵出口电动闸阀均处于全开位置。各水泵启动初期，给水经给水泵最小流量阀返回除氧给水箱。向锅炉供水初期，给水操作台主管路上的电动闸阀全关，用其旁路上的汽动调节阀进行调节。

2. 启动过程

电动给水泵投运后，锅炉点火，当汽轮机负荷升至 30％额定负荷时，再启动一台汽动给水泵，先启动与汽动泵匹配的前置泵及其再循环；前置泵运转正常后，开小汽轮机的高压主汽门，其出口给水压力在达到给水母管中给水压力之前，仍由再循环送回除氧给水箱，然后该汽动泵向给水母管送水。逐渐增加汽动泵的流量，同时减少电动泵流量至其额定流量的 30％，方可将小汽轮机转速切换为自动控制，其转速随锅炉负荷增加而自动升速。电动给水泵仍继续运行直至汽轮机负荷大于 50％，第二台汽动泵投运为止。当汽轮机负荷增至第四段抽汽的压力，流量可驱动小汽轮机时，小汽轮机的低压主汽门自动开启，逐步切换用四段抽汽，同时高压主汽门逐渐关小直至完全关闭。

高压加热器根据机组启动情况，确定投运时间，由程控启动。

（二）凝结水系统的启动

1. 启动前的准备工作

凝结水补充水箱充水到正常水位，补给水泵灌水准备投运。凝结水系统，给水箱冲洗完毕，凝汽器热井和给水箱均充水。H5 出口管引出一路排水管上装的电动闸阀全开，以排除机组启动初期的不符合水质要求的凝结水，凝结水质合格后，即关闭该排水闸阀，开 H5 出口阀，凝结水进入除氧器，向凝结水泵供密封水。开凝结水泵出口再循环、给水箱、补给水箱和热井的水位等自动调节装置做好运行准备。当凝汽器真空能满足热井自流补水时，停运凝结水补充水泵。

2. 启动过程

H5～H8 低压加热器都是随主汽轮机启动的。机组启动前，H6～H8 的进出水门全开，旁路门全关，H5 出水门全关。凝结水泵启动后，缓慢向低压加热器通水，水室及管道积存的空气要充分排出，各加热器的进汽门、疏水门、空气门全开，汽侧放水门全关。汽轮机启动后，抽汽进入各加热器，其疏水逐级自流至凝汽器。随着机组负荷增加，低压加热器疏水水位升高，要及时调整到正常值，负荷稳定后，将疏水器投入自动调节。负荷增至凝结水量能满足轴封冷却器的冷却需要时，关闭再循环门。正常运行时，除氧器给水箱水位，凝汽器热井水位和凝结水补充水箱水位均自动调节，以维持其正常水位。

第七节　全厂公用汽水系统

电厂的各种用水、供水、排水，应通过全面规划、优化比较，以达到经济合理、一水多用、综合利用、降低全厂耗水，以节约水资源和防止排水污染环境。

一、主厂房内的冷却水系统

（一）发电机的冷却系统

汽轮发电机的冷却介质可以用空气、氢气、水等。国产 200MW 机组配 QFQS 型发电机，其冷却方式为水—氢—氢，即发电机定子线圈为水内冷，转子线圈为氢内冷，定子铁芯为氢表面冷却，其原则性系统如图 8-27（a）所示。

国产 300MW 机组配 QFS 型发电机，其定子、转子均采用水冷却的双水内冷式，定子和转子的水冷系统为两个独立回路，其原则性系统如图 8-27（b）所示。定子水冷回路对水质有严格要求：定子水箱充氮密封。水冷系统的冷水器、水冷泵和管道阀门附件等要用不锈钢材料，或喷涂三氟氯乙烯的塑料膜。

发电机的冷却介质吸收各种损耗变成了热能，应引至相应的表面式冷却器，再以循环水冷却之。

（二）汽机车间内的循环水系统

图 8-28 所示为 300MW 机组的汽机车间内的循环水系统。包括凝汽设备的冷却用水，凝汽器抽汽设备用冷却水（一般为射水抽气器系统用水）。图示为真空泵冷却用水、主机冷油器用水、发电机氢气冷却器、励磁机空冷器冷却用水、主给水泵的工作油、润滑油冷却器用水，电动给水泵电动机冷却用水，小汽轮机冷油器用水等。图 8-28 中还表明了凝汽器的

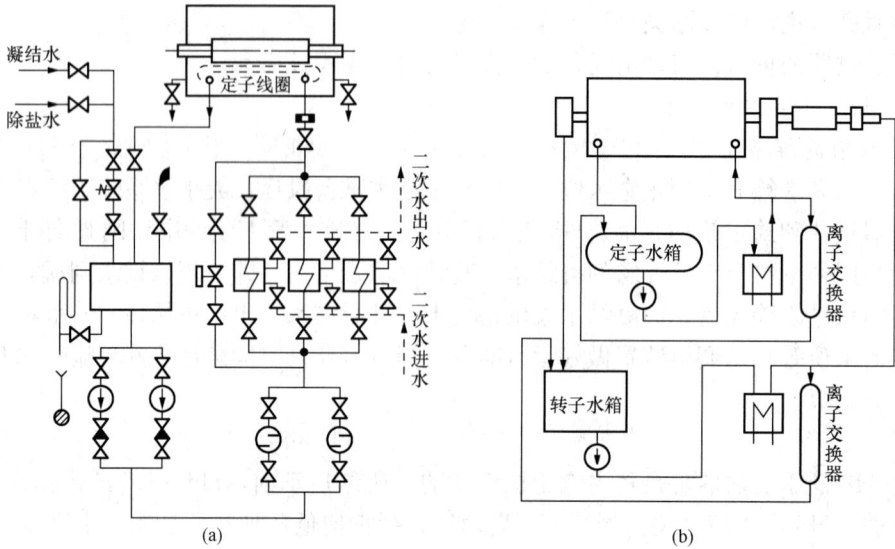

图 8-27   国产汽轮发电机的冷却系统

(a) 200MW、QFQS 型发电机冷却系统；(b) 300MW、QFS 型发电机冷却系统

胶球清洗设备。为节约用水，冲灰用水多引自循环水系统。

（三）工业水系统

发电厂的工业水系统，应有可靠的水源。辅机冷却水系统应根据凝汽器冷却水源、水质情况和设备对冷却水水量、水温和水质的不同要求合理确定。图 8-29 所示为 300MW 机组的工业水系统。

以淡水作为凝汽器冷却水源，且不需进行处理即可作为辅机冷却用水时，宜采用开式循环冷却水系统。需经处理时，可按具体情况，采用开式循环与闭式循环相结合的冷却水系统。开式循环冷却水应取自凝汽器循环冷却水系统，适用于向用水量较大、循环冷却水的水质可以满足要求的设备和闭式循环冷却水热交换器提供冷却水源。闭式循环冷却水宜采用除盐水或凝结水，适用于用水量较小且水质要求较高的设备提供冷却水源。

以海水作为凝汽器冷却水源时，辅机冷却水宜采用除盐水闭式循环冷却水系统，此时闭式循环冷却水热交换器应由海水作为冷却水源。对 200MW 及以下机组，当技术经济比较合理时，辅机冷却水也可设专用的淡水冷却塔开式循环冷却系统。

服务水系统向厂房、设备检修冲洗及用水量小，不便回收的设备冷却提供水源。闭式循环冷却水系统应设置两台循环水泵。开式循环冷却水系统应根据系统布置计算确定是否需升压水泵或需设升压水泵供水的范围。当需要时，应设两台升压水泵。

空冷机组宜设置单独的辅机冷却水系统，宜采用冷却塔循环冷却。当电厂同时装有空冷机组和多台常规机组时，空冷机组的辅机冷却用水也可取自常规机组。

单机容量 125MW 及以上机组的辅机冷却水系统，宜采用单元制，经技术经济比较认为合理后，也可采用扩大单元制。服务水系统宜两台机作为一个单元或全厂统一考虑。

二、公用辅助蒸汽系统

单元式机组，为保证机组安全可靠地启停，以及在低负荷或异常工况下提供必要的汽源，同时能向电厂有关辅助车间提供生产加热用汽，设有全厂公用的辅助蒸汽系统。

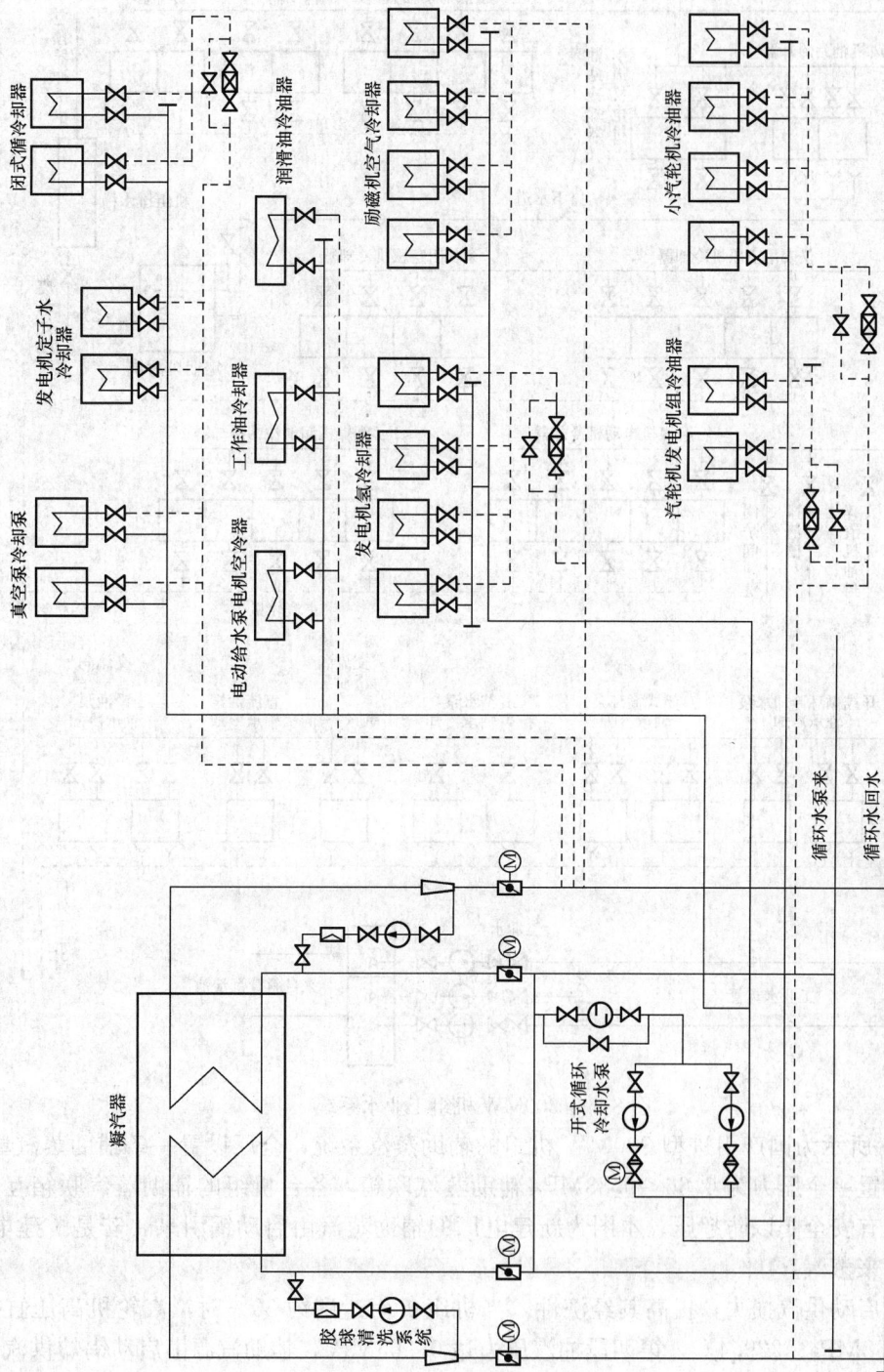

图 8-28　300MW 机组汽机车间内的循环水系统

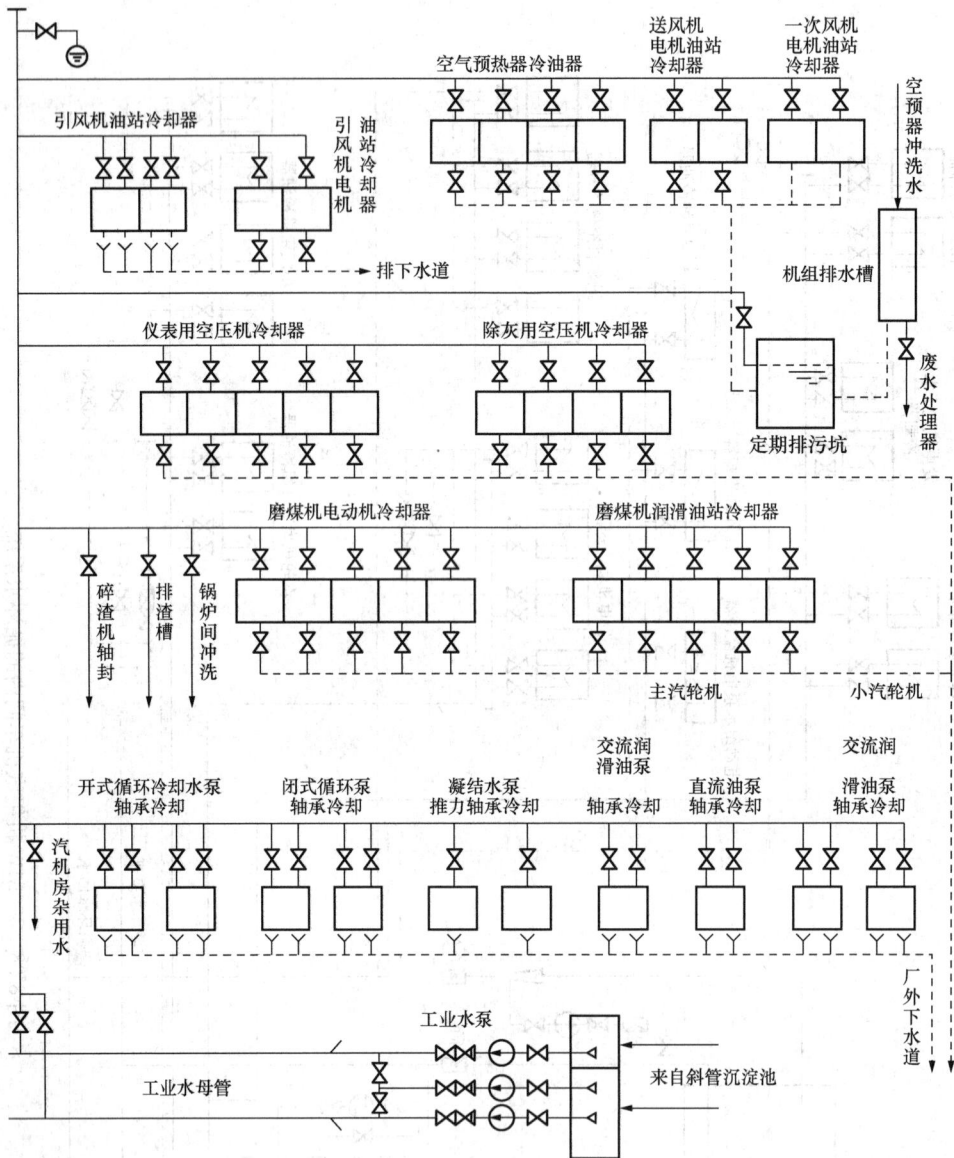

图 8-29　300MW 机组工业水系统

图 8-30 所示为国产引进型 300MW 机组的辅助蒸汽系统，全厂设置一条辅助蒸汽母管，每台机组设置一个压力为 0.66~0.83MPa 辅助蒸汽联箱，各台机组的辅助蒸汽联箱互为备用，联箱上有安全阀以防超压。本图为新建电厂的辅助蒸汽由启动锅引来，若是扩建电厂，则由老厂引来蒸汽。

为减少启动供汽损失，提高其经济性，当机组负荷达到约 30% 时，汽轮机高压缸排汽参数为 1.168MPa、229.4℃，第四段抽汽压力达 0.265MPa，辅助汽源由启动锅炉供汽切换到汽轮机高压缸排汽、除氧器加热蒸汽切换到四段抽汽。随机组负荷的增加，除氧器滑压运行（0.147~0.88MPa）。机组负荷增至额定负荷 85% 时，四段抽汽参数达 0.67MPa、355~338℃，减温器将温度 338℃降到辅助汽温度 200℃时，辅助汽源即切换到四段抽汽。额定工

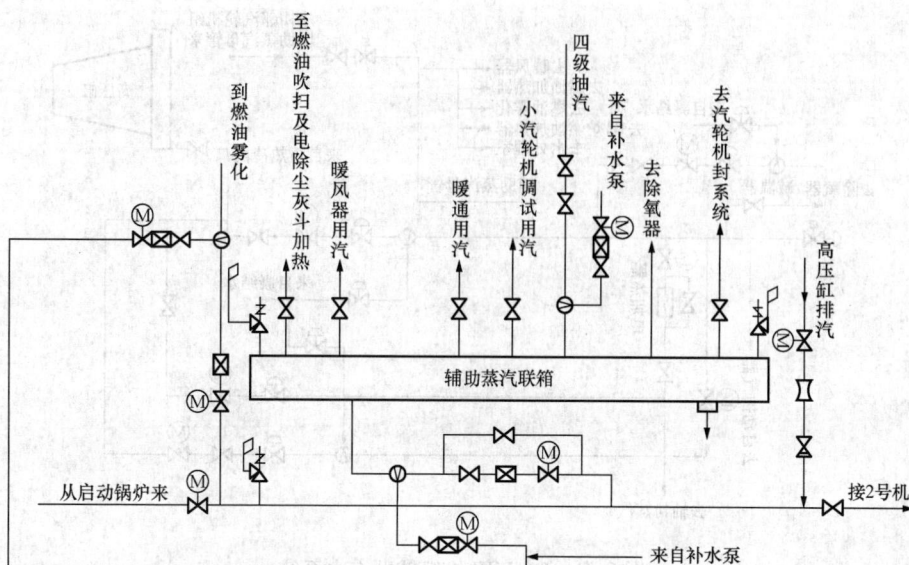

图 8-30 国产引进型 300MW 机组的辅助蒸汽联箱系统

况时，四段抽汽能供厂用蒸汽为 50t/h。

机组冷态启动时，启动锅炉供机组启动汽量。机组负荷超过 30％时，汽轮机轴封系统自行供汽（自密封汽封系统）。

需设置启动锅炉的发电厂，其启动锅炉的台数、容量和燃料应根据机组容量、启动方式、结合地区具体情况（如气象条件等）综合考虑确定以下三点。

（1）启动锅炉容量只考虑启动中必需的蒸汽量，不考虑裕量和主汽轮机冲转调试用汽量（因其利用率低）、可暂时停用的施工用汽量及非启动用的其他用汽量。

（2）启动锅炉台数和容量宜按下列范围选用：

1）300MW 以下机组为 1×10t/h（非采暖区及过渡区）～2×20t/h（采暖区）；

2）300MW 机组为 1×20t/h（非采暖区及过渡区）～2×20t/h（采暖区）；

3）600MW 机组为 1×35t/h（非采暖区及过渡区）～2×35t/h（采暖区）。

（3）启动锅炉宜按燃油快装炉设计。严寒地区的启动锅炉，可与施工用汽锅炉结合考虑，以燃煤为宜，炉型可选用快装炉或常规炉型。

图 8-31 所示为 600MW 机组的辅助汽水系统。该系统主要由辅助蒸汽母管、相邻机组辅助蒸汽母管至本机组辅助蒸汽母管供汽管、本机组再热冷段至辅助蒸汽母管主汽管、本机组再热冷段至辅助蒸汽母管小旁路、轴封蒸汽母管，以及为了减少热态启动期间汽轮机轴封系统的热应力，还设置了再热冷段直接向轴封系统供汽的管路。同时在辅助蒸汽母管至轴封蒸汽系统的管路上，还设有一电加热器，用于启动时提高轴封蒸汽温度。

三、全厂的疏放水系统

疏水、放水、放气和锅炉排污系统的设计，应从全厂整体出发，对机组安全经济运行、快速启动、事故处理、减少汽水损失、回收介质和热量，以及实现自动化等，进行全面规划、统筹安排，力求系统简单可靠、布置合理，便于维修和扩建。

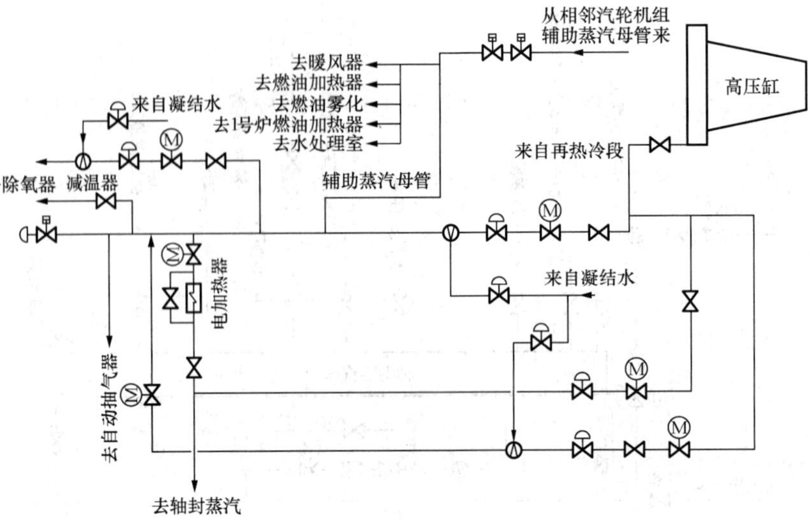

图 8-31 600MW 机组辅助汽水系统

发电厂的疏水系统为疏泄和收集全厂各类汽水管道疏水的管路系统及其设备，放水系统是指为回收锅炉汽包和各种箱类（如除氧器给水箱等）的溢水以及检修设备时排放的水质合格的管路及设备的放水。实际上放水和全厂疏水是统一考虑的，故总称为发电厂的疏放水系统。厂内管道、热力设备的放气，称为放气系统。

发电厂的疏放水系统是发电厂全面性热力系统中不可缺少的一个系统，影响全厂的安全经济运行。收集疏水、溢放水，可减少工质损失和热损失。若疏水不畅（如管径偏小）存有积水，会引起管道水击或振动，轻则损坏支吊架，重则造成管道爆破导致严重安全事故。若新汽带水，会损坏叶片，引起机组振动，推力瓦烧毁乃至主轴弯曲、汽缸变形等严重破坏性事故。国内外均多次发生由于汽轮机进水，或汽轮机本体疏水不畅等造成的严重事故。要克服重主轻辅的思想，对全厂疏放水系统不可掉以轻心。

1. 对疏放水系统的一般要求

（1）主蒸汽管道为母管制系统时，疏水系统宜用母管制；主蒸汽管道为单元制系统时，宜按单元制或扩大单元制设计疏水系统。

（2）各种汽水管道的布置，应具有向疏水方向坡度 $i \geqslant 0.05$，不得有积水段或疏水死点，防止抽真空时积水进入汽缸。

（3）所有连接到凝汽器的疏水管必须在热井最高水位之上。

（4）汽轮机本体疏水管按压力分别接至高、低压疏水扩容器，并按疏水管压力高低由远至近先汇集在总管上，支管与总管连接成 $45°$。疏水扩容器的正常水位高于凝汽器正常水位 1m 以上。

（5）为防止冷再热汽管进水，应设疏水筒和水位报警（见图 8-10）。

（6）汽轮机法兰螺栓和汽缸夹层加热装置应能可靠地疏水，对汽轮机有可能进水、进冷蒸汽的疏水管道应装止回阀。如汽轮机调速汽门的门杆漏汽引入除氧器的管道上，应装止回阀和截止阀，以防水从除氧器返入汽轮机。

（7）疏水器应和自动操作疏水阀联合使用。汽轮机和抽汽管道的疏水阀，应是动力操作并能在控制室远方操作。

2. 蒸汽管道的疏水类型

如图 8-32 所示，蒸汽管道疏水可分为：①自由疏水（放水），启动暖管前在大汽压力下将疏水经漏斗排出，以便运行人员监视；②启动疏水（暂时疏水），启动暖管过程中，在一定汽压下的疏水，启动疏水量较大；③经常疏水，蒸汽管道在正常压力下的疏水，应设有疏水器及其旁路。图 8-32 为不同公称压力管道疏水装置的两个示例。压力很低的蒸汽管道采用 U 形水封管来疏水。运行中每隔一定时间，用疏水器检查门来检查疏水器是否正常工作。至于设置启动疏水、经常疏水的地点，以及不同公称压力的疏放水装置、疏水装置对阀门类型的要求，高位至低位或高压至低压的疏水转注具体要求，详见《管道规定》。

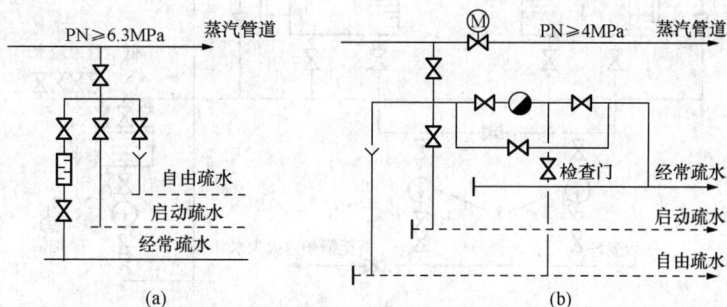

图 8-32　蒸汽管道的疏水类型

(a) PN≥6.3MPa；(b) PN≥4MPa

3. 全厂疏水箱的设置

发电厂疏放水系统如图 8-33（a）所示。全厂各处来的疏水、溢水、放水的压力各不相同，其中压力较高的先送往疏水扩容器 1，扩容后的水以及压力低的疏溢放水均送往疏水箱 2。一般全厂设两个疏水箱，总容量不小于 30m³，配两台疏水泵 3，并应布置在主厂房固定端底层。低于大气压力的疏水，疏往低位水箱 4，并配一台低位水泵。低位水箱及其水泵布置在特挖的坑内。

当机组台数超过 4 台时，可设置第二组疏水设施。由于疏水箱为开式通大气，且高温与高压机组的经常疏水较少，而且一旦锅炉停炉，水压试验，除氧水箱等放水至疏水箱后，由于水质差，仍不能回收。单元制系统没有母管，经常疏水更少。故《设规》规定，中间再热机组或主蒸汽采用单元制系统的高压凝汽式电厂，可不设全厂性疏水箱及疏水泵，而以汽轮机本体疏水系统和锅炉排污扩容器来替代全厂的疏放水系统。

4. 汽轮机本体疏水系统

图 8-33（b）所示为某厂引进型 300MW 机组的汽轮机本体疏放水系统。设汽轮机本体疏水扩容器及高压加热器危急疏水扩容器各一台，均为立式，位于凝汽轮器旁。其中汽轮机本体疏水扩容器接受一、二次蒸汽管、抽汽管的疏水和汽轮机本体疏水。汽轮机本体疏水主要包括高、中压主汽门疏水、高中压外缸疏水，轴封系统疏水等。高压加热器危急疏水扩容器接受三台高压加热器的紧急疏水、除氧器的溢放水和小汽轮机的大部分疏水。疏水扩容器的汽侧通往排汽管，水侧连至凝汽器的热井。高压加热器危急疏水扩容器中还有一路来自凝结水泵出口的减温水。

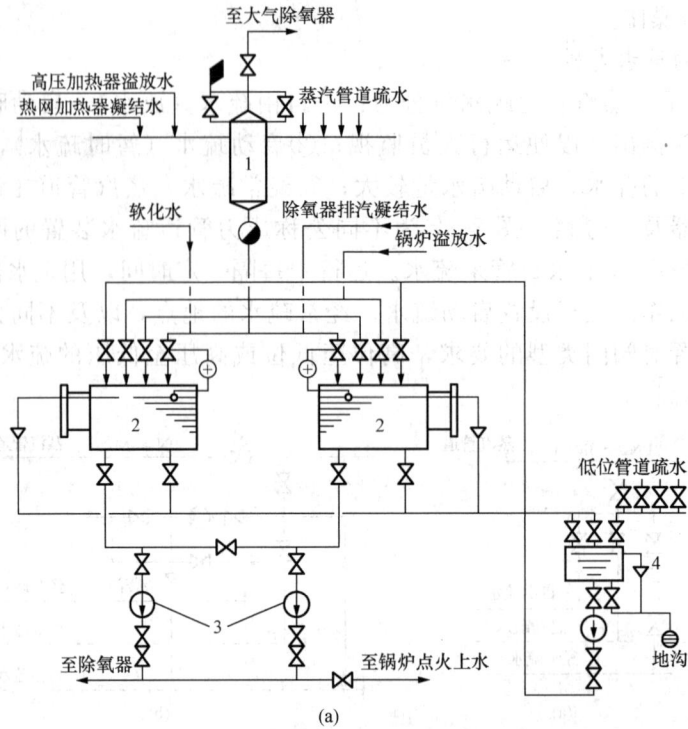

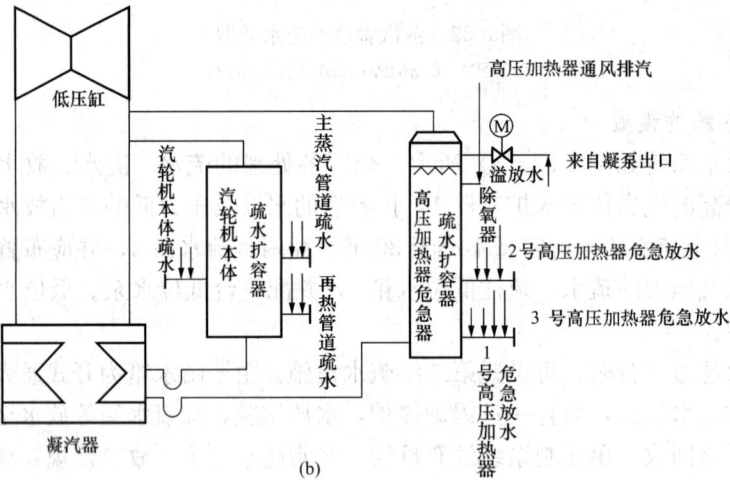

图 8-33 疏放水系统

（a）全厂疏放水系统；（b）汽轮机本体疏放水系统

第八节 发电厂全面性热力系统举例

一、对发电厂全面性热力系统的要求

根据发电厂原则性热力系统、主辅热力设备制造厂提供的有关技术资料和《设规》来拟定发电厂全面性热力系统，要充分考虑电厂的实际：电网的容量、本厂在电网中的地位、规划容量和分期建设、供水条件以及环境保护要求等。对发电厂全面性热力系统要求为：①保

证发电厂的运行可靠性；②保证发电厂运行调度的灵活性，能适应各种工况的不同运行方式；③各种系统及其管道的布置应简明；④管路的投资费用和运行费用符合经济要求；⑤便于施工、维护、扩建。

这些要求有的是一致的，有的相互有所制约，常要通过不同方案的技术经济比较或优化来确定。

二、发电厂全面性热力系统示例

绘制发电厂全面性热力系统时，应采用规定的或常用的火电厂热力系统管线、阀门的图例如图 8-34 所示。

在全面性热力系统中，至少有一台锅炉、汽轮机及其辅助热力设备的有关汽水管道上要

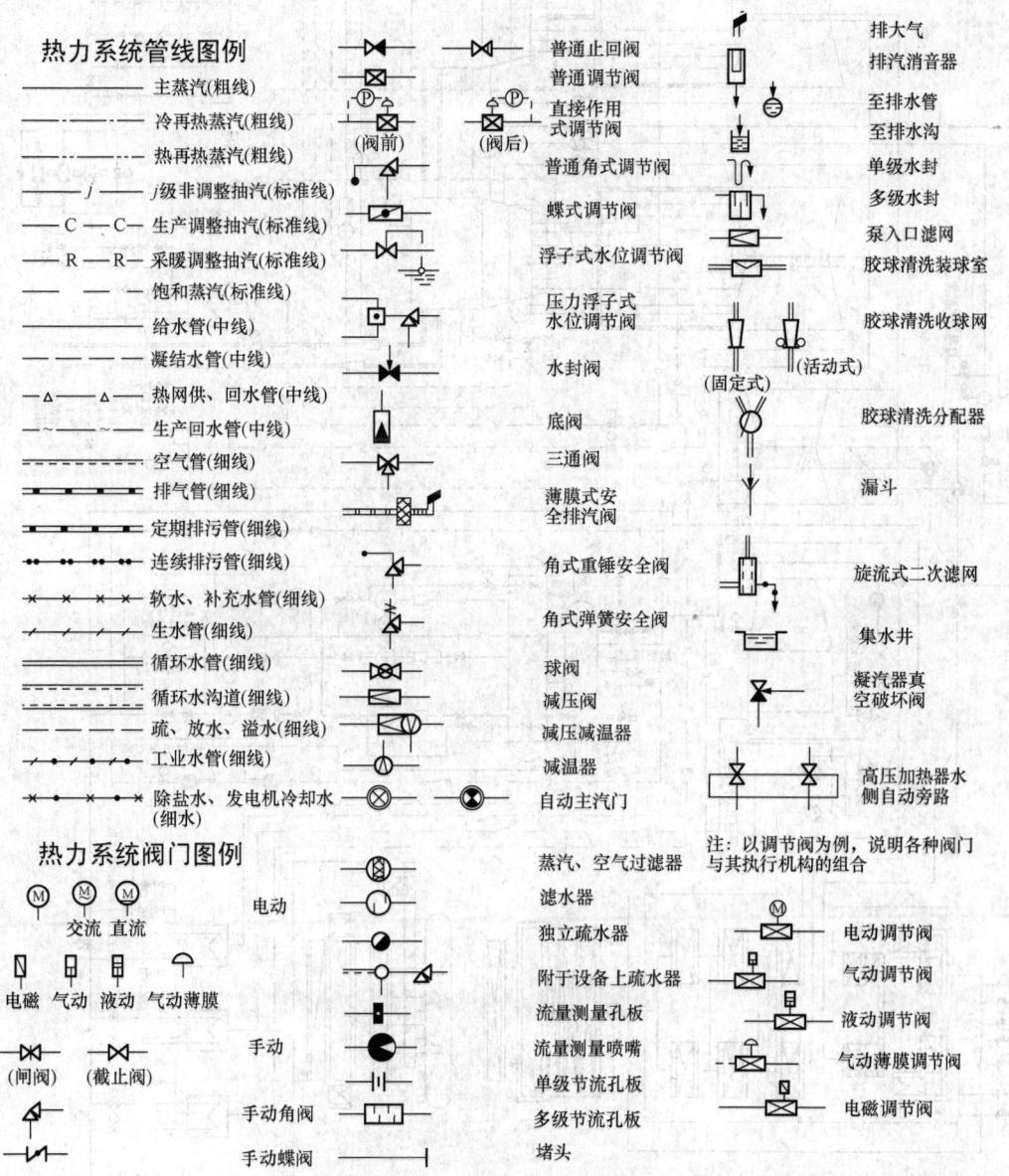

图 8-34　热力系统管线、阀门的图形符号

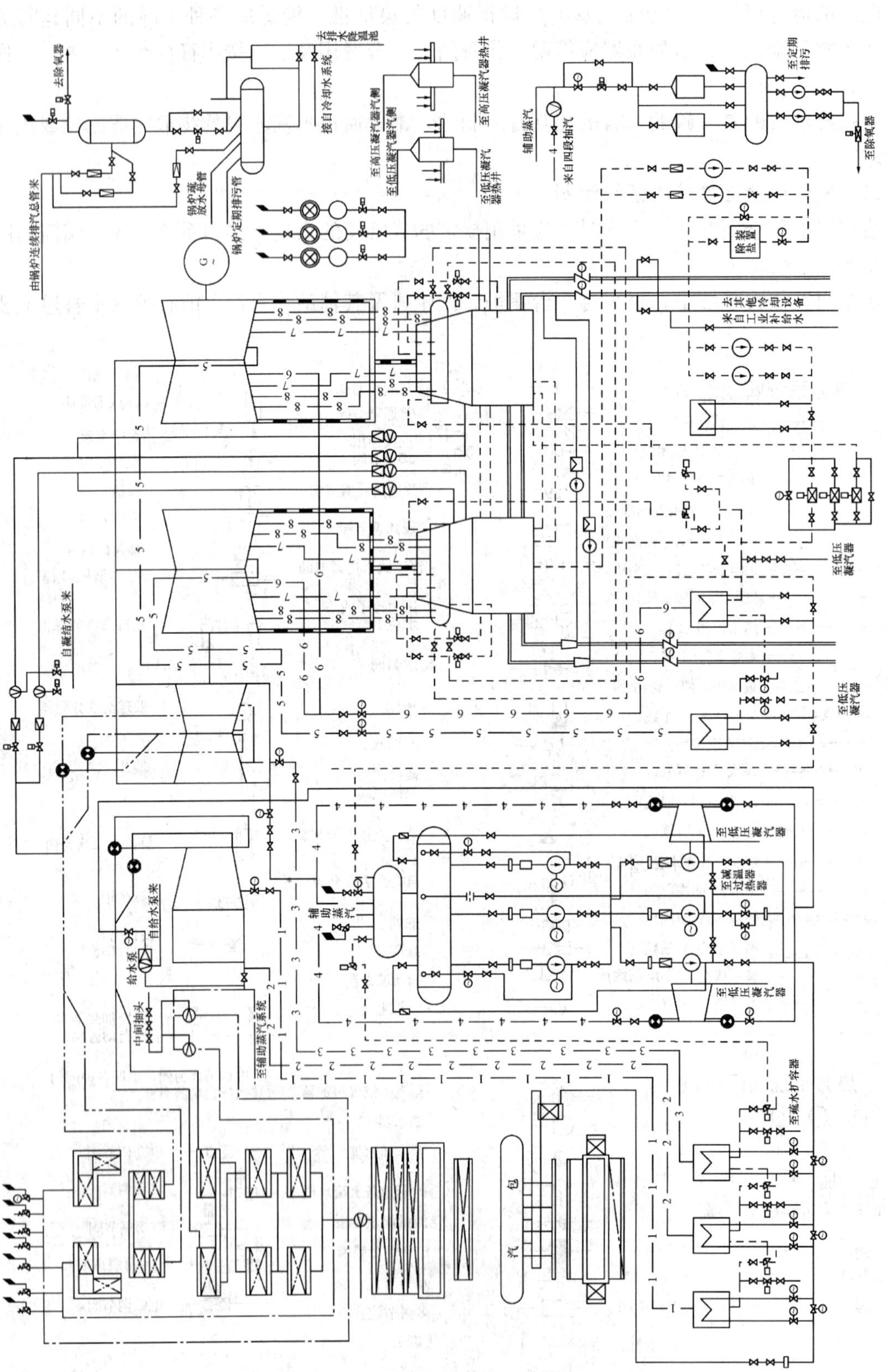

图 8-36　N600-16.67/537/537 型机组发电厂全面性热力系统

标明公称压力、管径和壁厚。通常在图的一端应附有该图的设备明细表，标明设备名称、规范、型号单位及其数量和制造厂家或备注。本书作为教材并限于图幅，在所附的发电厂全面性热力系统图中不注明管道的公称压力、管径及其壁厚，也未附设备明细表，有些系统（如厂内循环水系统）还做了较大简化，因而与生产上实际用的发电厂全面性热力系统图稍有区别，请读者注意。

本节列举了几个示例，国产机组中有：$1 \times 300MW$ 亚临界中间再热凝汽式机组 [见图 8-35（见文后插页）]，$1 \times 600MW$ 亚临界再热凝汽式机组（见图 8-36），$2 \times 50MW$ 高压双抽汽供热机组 [图 8-37（见文后插页）] 的发电厂全面性热力系统。我国四川内江高坝电厂引进了芬兰 410t/h 常压流化床锅炉配国产 100MW 高压凝汽式机组，图 8-38 所示为该锅炉本体汽水系统图。俄罗斯超临界 500MW 再热式汽轮机组 [见图 8-39（见文后插页）]，俄罗斯 1000MW 核电二回路 [图 8-40（见文后插页）] 的发电厂全面性热力系统、所用图例是该国惯用的。

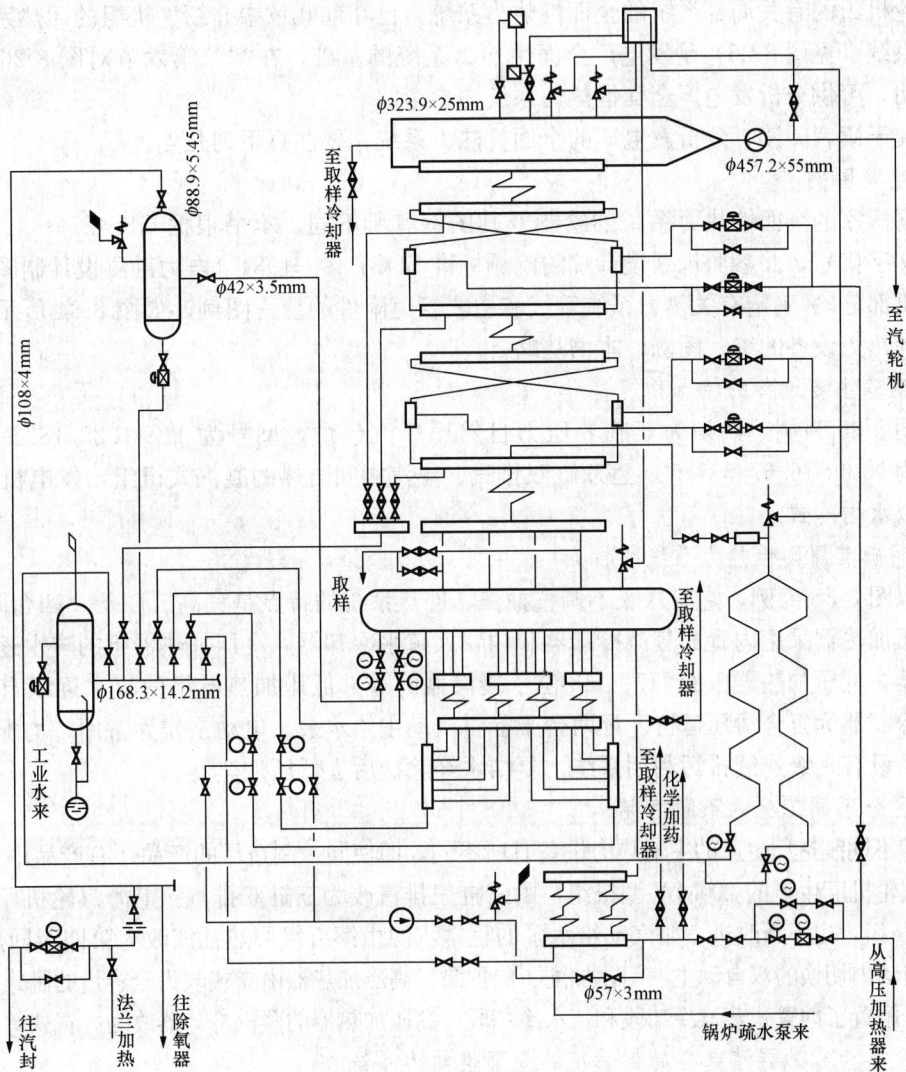

图 8-38 内江示范电站常压循环流化床 410t/h 锅炉本体汽水系统

图 8-40 为俄罗斯 1000MW 核电二回路的全面热力系统，由 ВВЭР-1000 型压水动力堆与一台 K-1000-60/1500-2 型凝汽式汽轮式发电机组成。反应堆热功率 Q_R＝3200MW，反应堆进、出口工质温度为 280、322℃；有四个蒸汽发生器、四台主循环泵，产汽量为 1600 t/h，压力 6.4MPa。汽轮机组为单轴、四个分流缸，新汽参数为：5.88MPa，274.3℃，干度 x_0＝97.5％。高压缸排汽经分离器和二级蒸汽中间再热器，再热后蒸汽参数为：0.93MPa、262℃、x_1＝87.8％，管路进入三个分流低压缸，低压缸排汽在两组压力分别为 p_{C1}＝3.6kPa，p_{C2}＝4.4kPa 的凝汽器内凝结。该机组额定发电动率为 1000MW。

该汽轮机有七级抽汽，三高四低一除氧（三号高压加热器与除氧器为前置连接），除氧器压力为 0.69MPa，设两台汽动给水泵组，同轴拖动前置泵。核电厂蒸汽发生器排污水引入排污扩容器，扩容蒸汽送往除氧器，扩容后排污水经排污冷却器后，水泵升压，经过滤器的污水作补充水用，补充水在排污水冷却器加热后，再引往除氧器，图中还有厂用三级网水加热设备，其送、回水温度为 150/70℃，供热量为 840 GJ/h。

汽轮机组的有关局部系统的全面性热力系统，已在前几章中介绍。机组的回热系统全面性热力系统（见图 8-26）是发电厂全面性热力系统的基础，在本章第六节对图 8-26 做了较详的说明，可供分析发电厂全面性热力系统图参考。

为便于读者阅读、分析发电厂的全面性热力系统，要注意下列几点。

1. 明确图例

不同国家的全面性热力系统的绘制及其图例有所不同。本书根据 GB 4270—1984 热工图形与文字代号，并参照规划设计院的院颁标准 SDGJ 49—1984《电力勘测设计制图统一规定（热机部分）》确定有关热力系统管线和主要管道附件的统一图例，如图 8-34 所示。其他有关主辅热力设备的统一图例，本书从略。

2. 明确主要设备的特点和规格

以图 8-35 为例，锅炉为亚临界压力自然循环汽包炉，型号为 HG-1025/18.2-WH10，汽轮机为 N300-16.67/537/537 型双缸双排汽、蒸汽中间再热的凝汽式机组，发电机为 QFS 型，即双水内冷式。

3. 明确其原则性热力系统的特点

仍以图 8-35 为例，它有八级不调整抽汽，回热系统的特点是三高、四低、四台除氧器。三台高压加热器采用内置式蒸汽冷却器和内置式疏水冷却器。高压加热器组的疏水逐级自流至除氧器，低压加热器中的 H7、H8 位于凝汽器的喉部低压加热器组的疏水逐级自流至凝汽器。除氧器为复合滑压运行。配两台半容量汽动主给水泵，电动泵作为备用，均配有前置泵。锅炉设有一级连续排污利用系统。凝结水经除盐后去低压加热器。

4. 区分不同工况的不同情况

不仅不同制造厂生产的主辅热力设备有所不同，即使同一制造厂的产品还有产品序号之分，如东方汽轮机厂生产的 200MW 型机组，由三缸三排汽改为三缸双排汽。上海汽轮机厂生产的 300MW 机组，也不断改进，如汽动给水泵的正常汽源由第五级回热抽汽改为第四级回热抽汽，并配有自动内切换的双自动主汽门，加配了前置泵；高压加热器由立式改为全容量的卧式 U 形管束、并全配置了内置式蒸汽冷却段和疏水冷却段，高压加热器的蒸汽冷却器改为内置式等。

5. 化整为零地弄清楚各局部系统的全面性热力系统

图 8-35～图 8-38 是做了简化的，如厂内供水系统就未画出。实际工程的发电厂全面性

热力系统是较为复杂的，宜化整为零地逐个弄清楚各种管路系统的局部性全面性热力系统，最后扩展联系成全厂的全面性热力系统。

6. 不同工况的运行方式分析

一般从正常工况入手，依次分别分析低负荷工况、启动、停运和不同事故工况。对每一工况也应逐个局部系统地分析，最后综合为全厂的全面性热力系统的运行工况分析。

复 习 思 考 题

8-1　什么是发电厂全面性热力系统？它与原则件热力系统在画法上的区别是什么？发电厂全面性热力系统的主要作用是什么？

8-2　管道的公称直径与管道的实际内径之间有什么关系？为什么？

8-3　发电厂全面性热力系统与原则性热力系统有何区别？为何说全面性热力系统是发电厂重要的技术资料？

8-4　为什么中间再热机组的主蒸汽系统采用单元制系统？而供热式机组采用切换母管制系统？

8-5　如何减少一、二次蒸汽的压损和汽温偏差？国产机组采用了哪些混温措施？

8-6　再热式机组旁路系统的有哪些作用？根据哪些原则选择旁路系统的型式和容量？

8-7　怎样进行电动泵和汽动泵的热经济性比较？

8-8　锅炉给水操作台的管路、阀门应如何配置？

8-9　怎样确定给水泵的拖动方式？为何大容量机组要采用汽动给水泵做经常运行？怎样确定小汽轮机的形式及其汽源和连接方式？

8-10　给水泵与凝结水泵的再循环有何异同？

8-11　设计回热全面性热力系统时，对回热抽汽管道应考虑哪些措施确保各种工况下机组的安全，为什么？

8-12　全厂疏放水系统由哪些设备组成？其作用是什么？为什么现代大型发电厂不设全厂疏水系统？

8-13　如何正确阅读发电厂全面性热力系统图？

习 题

8-1　已知 300MW 汽轮机组，主蒸汽在过热器出口处压力为 16.68MPa，温度 540℃，最大流量 790t/h；再热蒸汽冷段压力 3.38MPa，温度 390℃，热段压力 3.53MPa，温度 540℃，最大流量 790t/h，主给水压力 24.53MPa，温度 275℃，最大流量 980t/h。试确定一、二次蒸汽管道的合适钢材、管径，初步选定管子规格。

8-2　试将一张发电厂全面性热力系统图（如图 8-35）概括为它的原则性热力系统图。

8-3　设某机组的高压加热器组如图 8-36 所示，据以画

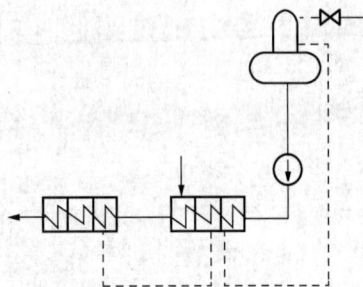

图 8-41　高压加热器组

出它的全面性热力系统（包括蒸汽、给水、疏水和空气管道），并说明其主要运行方式。

8-4　找出图 8-35 和图 8-36 的旁路系统，说明其类型和作用。

8-5　以图 8-36 的低压加热器组为例，说明它的启动、正常运行、低负荷至 50％额定负荷、某台低加事故、疏水泵事故时的运行方式？哪些阀门要切换？

8-6　以图 8-36 的给水泵组为例，说明各管道附件的作用。为何止回阀要装在紧靠水泵出口的位置？

8-7　以图 8-36 为例，对该全面性热力系统做一文字说明。

第九章　热力发电厂的运行

本 章 提 要

热力发电厂系统是由各种复杂的主辅热力设备组成的，同时由于很多设备处于高温高压的工作环境，根据设备的特点按照合理的过程，在保证安全、可靠，并符合环境保护要求的前提下，力求经济运行，是任何一个电厂追求的目标。本章先介绍发电厂单元机组的运行，再介绍热力发电厂的热工自动化以及热力发电机组的计算机控制系统。

第一节　单元机组的运行

汽轮机的启动按进汽参数分为额定参数启动、滑参数启动；按启动前汽轮机金属温度高低分为冷态、温态、热态、极热态启动；按高、中压缸进汽情况分为高中压缸启动、中压缸启动；滑参数启动时，按汽轮机冲动转子时主汽阀前端压力大小分为滑参数压力法启动、真空法启动。

一、单元机组的滑参数启动与停机

（一）滑参数启动的优点

母管制电厂的锅炉、汽轮机的启动多在额定参数下顺序启动，或称恒压启动，即先启动锅炉，待其出口蒸汽参数接近额定值时，再暖管，暖机并启动汽轮机。恒压启动不仅热力设备和管道承受的热变形、热应力大，而且启动时间长，热量损失大。

单元机组的蒸汽参数高，多采用滑参数启动，或称联合启动，即在启动锅炉的同时，以低参数蒸汽进行暖管、暖机并启动汽轮机，锅炉出口的蒸汽参数随着汽轮机的转速和负荷的逐渐增加而提高，当完成升速，带到额定负荷时，锅炉的出口蒸汽参数即达到额定参数。

单元机组采用滑参数启动的主要优点为：

（1）缩短启动时间。滑参数启动时锅炉点火、升温升压，与汽轮机的暖管、暖机几乎同步进行，而且它是以体积流量大的低参数蒸汽来加热，易控制升温速度，故启动时间大为缩短。

（2）提高经济性。滑参数启动时，几乎所有蒸汽及其热能都用于暖管、暖机，既减少了启动过程的煤、油和辅机用电，又使机组早并网发电，使全厂经济性有较大提高。

（3）增加安全可靠性。因系统采用体积流量大的低参数蒸汽加热设备和管道，能较均匀地加热，温升平稳，温差、热应力和热变形都易于控制在允许范围，减少了故障，增加了安全可靠性，并可延长设备寿命。

（4）改善环境条件。滑参数启动时，可减少锅炉的对空排汽和噪声。

（5）启动过程易于程控。滑参数启动时，主蒸汽和再热蒸汽管上的截止阀可不装，若配有自动点火装置及有关系统和相应的程序控制装置，很容易实现整个机组的程控自启动。

300MW 以上的机组多配置有计算机监控的自启动系统。

(二) 滑参数启动方式

单元机组滑参数启动有真空法、压力法两种方式。

真空法启动前从锅炉汽包到汽轮机之间的管道上的阀门全部打开，疏水门、空气门全部关闭。投入抽气器，使由汽包到凝汽器的空间全处于真空状态。锅炉点火后，一有蒸汽产生，蒸汽即通过过热器、管道进入汽轮机进行暖管、暖机。当汽压达到 0.1MPa（表压）时，汽轮机即可冲转。此时，主汽阀前仍处于真空状态，故称真空法。当汽压达到 0.6～1.0MPa（表压）时，汽轮机达额定转速，可并网开始带负荷，均由锅炉调节控制。

压力法启动时锅炉点火前，汽轮机主汽阀和调节阀处于关闭状态。锅炉先点火升压，当汽压达到一定数值后，才开始暖管、暖机、冲转。一般是汽压达 0.5～1.0MPa（表压）时开始冲转，以后随着蒸汽压力、温度逐渐升高，汽轮机达到全速，均由调节阀控制，蒸汽参数不变，并网后，全开调节阀，之后随主机参数提高带负荷，直至达到额定负荷。

真空法滑参数启动的优点是启动时间短，热损失和工质损失小；因系容积流量大的低参数蒸汽流经过热器、管道和汽轮机，温差和热应力都较小。但是，汽轮机冲转和升速时的汽压很低，锅炉操作的微小失当都会引起汽轮机转速波动，甚至会损伤汽轮机；冲转汽轮机的汽温很低，水分很大，易引起水击。故已很少采用。

压力法滑参数启动时，锅炉点火前汽轮机主汽阀和调节汽阀处于关闭状态，只对汽轮机抽真空。锅炉点火后，待主汽阀前蒸汽参数达到一定值（一般为 1～4.2MPa，200～320℃），才冲转升速直至定速，一般均由调节阀控制，蒸汽参数不变，并网后，全开调节汽阀，此后随主蒸汽参数提高，逐渐增加负荷的启动方式，与真空法相比其主要特点为：

(1) 启动前汽机主汽门是关闭的；

(2) 冲转汽轮机的蒸汽参数较真空法高，国产再热式机组冷态启动，冲转参数一般为 0.8～1.5MPa，汽温在 220～250℃以上；

(3) 机组启动过程中，再热器的保护、锅炉和汽轮机对蒸汽参数的不同要求，都是通过旁路系统调节进行的（无旁路系统机组则主要通过过热器排汽）。以两级旁路系统为例，启动时一、二级旁路的隔离门全开，二级旁路的调整门开 1/4～1/2，锅炉不再对空排汽，汽轮机冲转前通过旁路系统回收参数未到达要求的蒸汽，以减少工质损失；

(4) 锅炉点火的初始燃料量，以满足汽轮机冲转及升至额定转速即可，过小不利于汽温汽压的调节和控制，过大使锅炉升温升压太快，对安全不利。一般初始燃料量为额定值的 15%～20%为最佳。

(三) 冲转参数的选择和启动控制指标

国产 300MW 再热式机组的冷态冲转参数约为：0.98～1.47MPa，250～300℃，再热蒸汽温度大于 200℃。国产 600MW 再热式机组的冷态冲转参数约为：5.9～8.73MPa，340～420℃，再热蒸汽温度大于 330℃。

电厂应根据制造厂提供的启动曲线来启动机组。启动曲线为新汽压力、一、二次汽温、转速、负荷等参量与时间的变化关系曲线。图 9-1 (a) 所示为国产 300MW 单元再热机组的冷态滑参数启动曲线。图 9-1 (b) 为国产 600MW 超临界机组冷态启动曲线图。

为保证机组安全启动，除按启动曲线控制升速和加负荷速度外，还要规定一些主要控制指标。例如，汽缸壁和一、二次蒸汽的温升率（℃/min），主汽压力的升压速度（MPa/

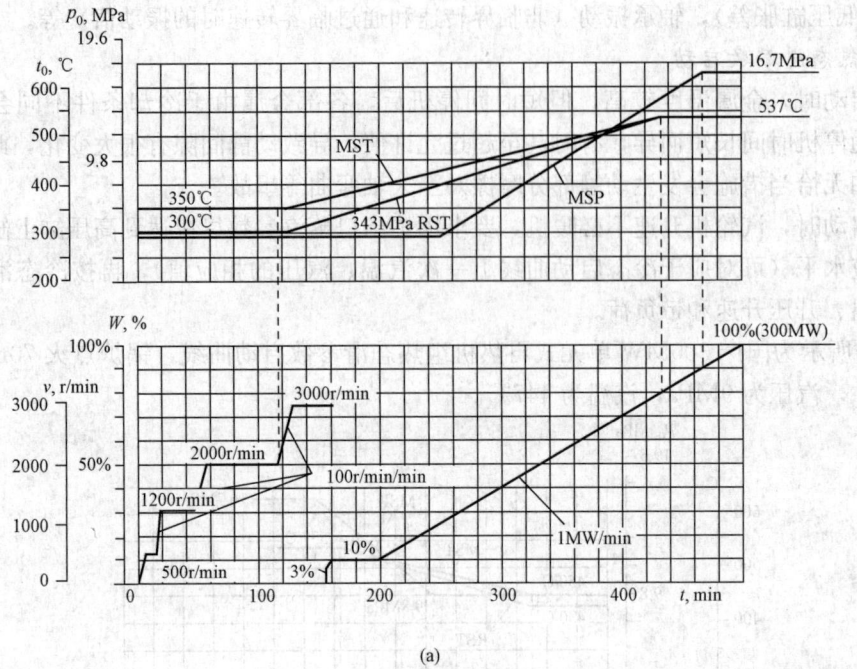

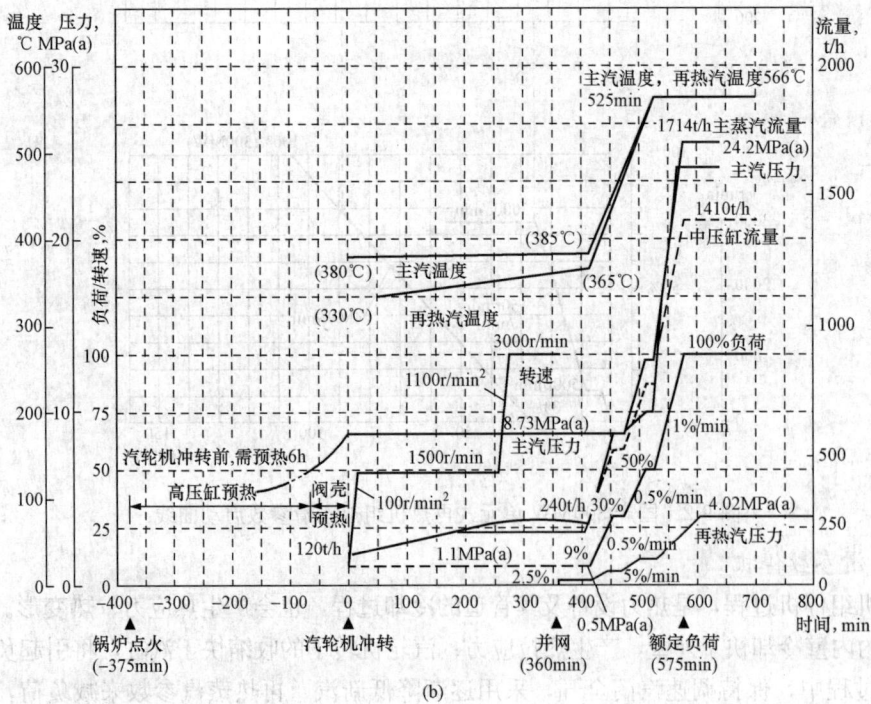

图 9-1　大机组的冷态启动曲线

（a）国产 300MW 单元再热机组的冷态滑参数启动曲线；

（b）国产 600MW 超临界机组冷态启动（长期停机）—中压缸启动曲线图

min)，各种温差（汽缸上、下壁，法兰上、下壁，法兰左、右壁及内、外壁等），胀差（高、中、低压缸胀差），轴承振动（非临界转速和通过临界转速时的振动值）等。

（四）热态滑参数启动

热态启动时，金属温度较高，但短时间停机后，各部金属由于冷却条件不同会出现温差，其值随停机时间长短而异，有时甚至超过允许值，导致动静间隙有很大变化，此时启动汽轮机，如无恰当措施会发生动静部分摩擦乃至大轴弯曲等事故。

热态启动时，汽轮机升速不必暖机，要求锅炉出口蒸汽参数尽快达到高压缸上缸内壁金属温度相应水平（可对应于冷态启动曲线上一次汽温、汽压的相应值），再按冷态滑参数启动曲线升温、升压升速和带负荷。

图 9-2 所示为国产 300MW 单元式再热机组热态滑参数启动曲线，锅炉点火 70min 后具备启动条件，汽压为 9MPa，汽温为 447℃。

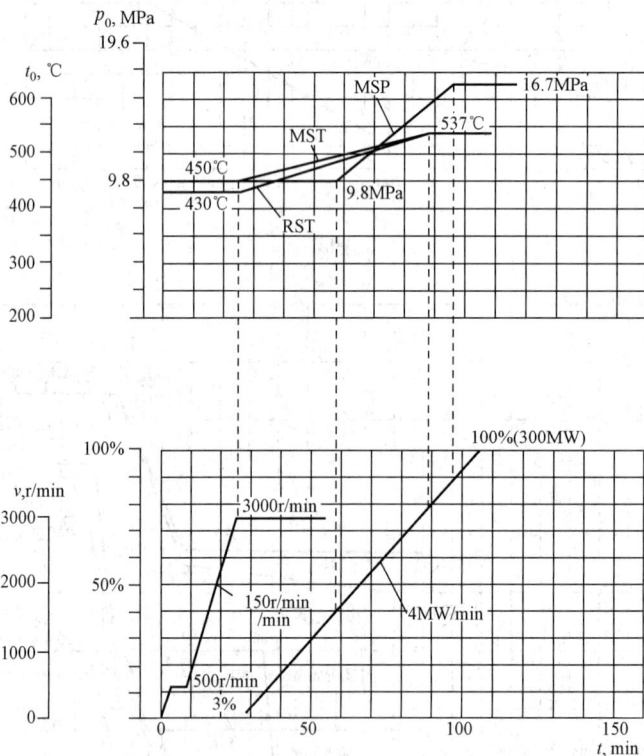

图 9-2　国产 300MW 单元式再热机组热态滑参数启动曲线

（五）滑参数停机

单元机组停机过程，是热力设备及其管道的冷却过程，也会产生热应力、热变形。一般停机时汽缸的内壁冷却快于外壁，产生热拉应力；汽轮机转子的收缩快于汽缸，将引起负胀差。

停机过程中，保持调速汽门全开，采用逐渐降低新汽、再热蒸汽参数来减负荷，直至解列停机，称为滑参数停机。保持新汽参数不变，以关小调速汽门减少进入汽轮机蒸汽流量来减负荷直至解列停机，称为额定参数停机。两者相比，滑参数停机的主要优点，大体与滑参数启动时相近。不同之处在于：①从锅炉熄火至汽轮机解列，仍可利用锅炉余热来发电。某国产 100MW 机组滑停阶段可发电 3000～5000kW·h；②滑停后金属温度降至 200℃左右，可提前停止盘车和油循环，供检修人员施工，相对也可缩短检修工期。

停机方法有两种：①用同步器将负荷减到零，发电机解列，打闸停机，同时锅炉熄火。这种方法停机后的汽缸温度通常在250℃以上；②锅炉维持最低负荷燃烧后熄火，利用锅炉的余热继续发电，负荷到零解列停机，仍利用锅炉余汽维持汽机空转，以冷却汽轮机。这种方法经济，后汽缸温度可降至150℃以下，即可开始检修。

图 9-3（a）为国产 300MW 单元式再热机组的滑参数停机曲线，图 9-3（b）为 600MW 超临界机组正常停机曲线。

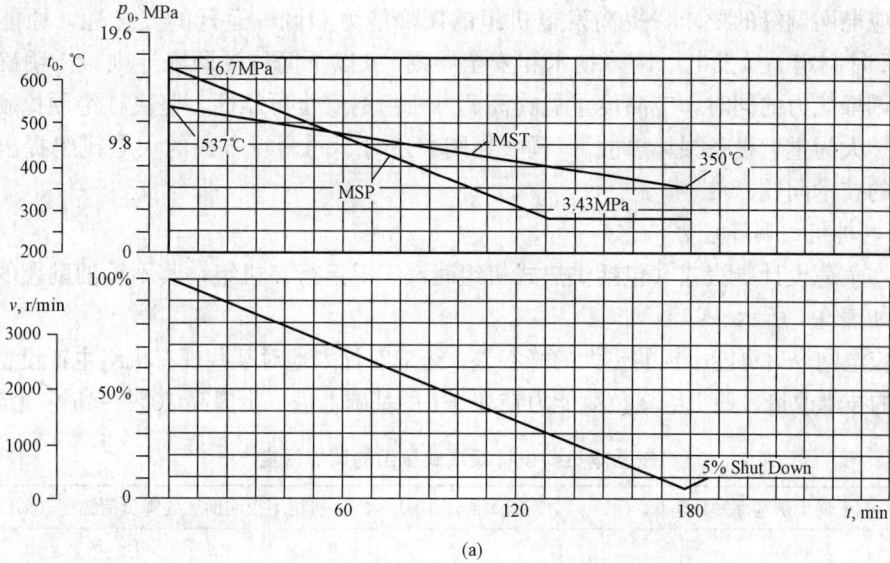

(a)

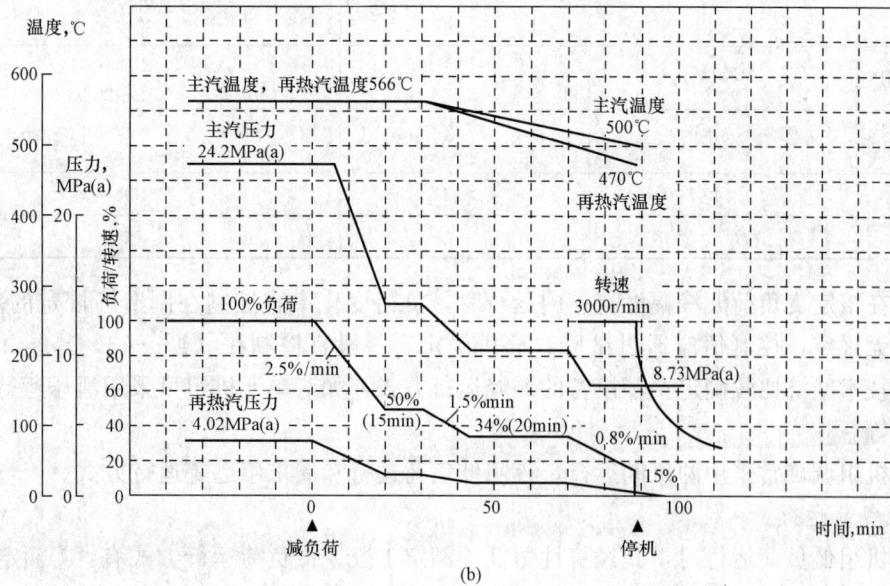

(b)

图 9-3　大型再热式机组停机曲线

（a）国产 300MW 单元式再热机组的滑参数停机曲线；

（b）600MW 超临界机组汽轮机正常停机曲线

二、单元式机组的调峰运行

1. 大型火电机组调峰运行的必要性

随着我国电力工业的发展，各电网的容量不断扩大，电网的构成也在变化。市政生活用电的年递增速度已大于工业用电的年递增速度，工业用电比重逐渐下降。一般我国电网中，水电比重较小且多为径流式，并以灌溉、工业及生活用水为主，不宜弃水调峰，另外网内中小容量火电机组也少，即使全部调峰仍不能满足峰谷差的容量要求，所以火电大机组参与调峰运行是势在必行。

为适应电网调峰的要求，提高发电机组的调峰能力和调峰运行的安全性，原能源部于1990年12月制定了《发电厂调峰技术和安全导则》（以下简称《调峰导则》）。明确要求在提高机组调峰能力的同时，应高度重视提高调峰机组的安全可靠性，坚决杜绝硬撑硬挺，使一般事故扩大为重大设备损坏事故。《调峰导则》还对不同调峰方式的火电机组提出了相应的要注意的技术问题。

2. 火电机组的调峰能力

按基本负荷设计凝汽式（包括供热式机组凝汽工况运行）机组，其不投油助燃的变负荷调峰幅度如表9-1所示。

为适应电网今后可能出现的更大的峰谷差，还应有计划地对某些现有机组主辅设备和系统进行相应的技术改造，使机组变负荷能力在表9-1的基础上进一步提高10%～15%额定负荷。

表 9-1 　　　　　　　　　　　按基本负荷设计凝汽式机组的调峰幅度

燃料种类	干燥无灰基挥发分 ∇daf（%）	低位发热量 q_1（MJ/kg）	机组不投油助燃的降负荷幅度（%额定负荷）
烟煤、贫煤	>19	>19	30～35
		>16	30
		<16	25～30
贫煤、无烟煤	9～19	>18	20～25
		<18	15～20
无烟煤	<9	>20	15
		<20	10
褐煤	>40	>12	35
油			45

机组在核定变负荷调峰幅度范围内运行时，负荷变化率宜控制在制造厂规定的范围内。如制造厂无规定，控制值应通过试验、分析确定，一般宜控制在（1%～3%）/min。应通过试验和技术经济比较确定主辅设备的调峰运行方式，如对单元机组可采用滑压运行及除氧滑压运行等。

火电机组调峰常采用两班制运行，夜间低负荷运行和周末停运等运行方式。

3. 低负荷运行

火电机组低负荷运行时，其经济性恒低于额定工况。低负荷运行方式有：①额定参数运行，即新汽参数仍为额定工况时的设计值，简称定压运行；②变压或滑压运行，即汽轮机调节阀全开，新汽温度保持或接近额定工况时的设计值，由锅炉改变新汽压力以适应负荷的需要；③定压变压混合运行，即在某负荷范围内变压运行，某余负荷范围仍为定压运行。

不同类型机组，允许的最低负荷也不同，一般取决于锅炉。锅炉低负荷运行的主要技术问题是低负荷的稳定燃烧、水动力循环和锅炉主要部件（例如汽包）的寿命损耗。锅炉不投油的最低稳燃负荷主要取决于锅炉形式（固态或液态排渣锅炉）、燃料种类和辅机性能（如煤粉细度）。锅炉最低稳燃负荷应通过试验确定。低负荷运行的锅炉要防止发生灭火，应采取低负荷稳燃措施。根据锅炉本身的结构和特性、燃料品质、锅炉辅机特性，对燃烧稳定性的燃烧器进行改造，包括采用预燃室、新型燃烧器等。锅炉低负荷运行可能会有水循环停滞或倒流现象，在锅炉投入调峰前，应通过锅炉水循环验算和试验，确认其安全性，发现不安全的回路，应采取措施加以改进。锅炉低负荷下应采取措施避免烟温和汽温的过大偏差，防止过热器、再热器超温，对燃煤含硫 $S_d > 1\%$ 的锅炉，应采取防止低温段空气预热器和烟道腐蚀的措施。

汽轮机一般可以带 $20\% \sim 30\%$ 额定负荷稳定运行，但在低负荷运行时，要加强对机组振动、胀差、排汽温度、给水温度、给水溶氧量等的监视。为防止汽轮机在低负荷运行时末级叶片发生颤振，对大容量汽轮机凝汽器，应保持较高真空。如低负荷运行时，凝汽器真空降低较多，应分析原因，及时消除。机组在变负荷运行时，低压加热器、高压加热器均应投入运行，应注意调整除氧器水箱、凝汽器热井水位及高压加热器的疏水系统切换，注意对除氧器的调整，以保证给水溶氧在合格范围之内，必要时可对除氧器进行改造。

应根据不同机组的特性，制订出各种低负荷工况下安全、经济的运行操作方式。

变压运行时，新汽温度仍为额定值，新汽压力降低，使理想循环热效率降低，但因调速汽门全开，减少了节流损失，使其相对内效率有所增加。若采用变速给水泵，还可降低给水泵耗功和厂用电量。国产 200MW 机组低负荷时的供电煤耗如表 9-2 所示。

表 9-2　　　　　　　　国产 200MW 机组低负荷时的供电煤耗　　　　　　　　(t/h)

运行方式	锅炉产汽量					
	305	360	420	480	540	610
定压运行	39.36	45.18	50.28	56.12	61.84	68.09
三阀滑压运行	38.37	44.67	49.75	55.70	61.66	68.09
二阀滑压运行	39.45	45.16	51.10	55.87	—	—

由表 9-2 可知，国产 200MW 再热式机组低负荷运行时，应采用混合变压运行方式，以80%额定负荷为分界。

4. 两班制运行

为了适应电网低谷调整负荷的需要，有的机组要改为两班制运行方式，即从满负荷开始降负荷，直至停机；电网低谷过去，机组又重新启动、并列直至带满负荷。它是全负荷调峰的一种运行方式，又简称为启停方式。两班制运行，机组频繁启动，将引起机组部件低周疲劳损伤，为此应控制这种损伤在最低程度，即尽可能维持机组在运行、停机、启动、恢复运行全过程中温度变化为最小，以及蒸汽温度与金属温度有较好的匹配。

对两班制运行的机组，加快启停速度是电网调峰的客观需要，也是减小启停热损失，提高运行经济性的需要。而加快机组启停速度，势必增大设备的寿命损耗，成为两班制运行的不安全要素。为此，要求承担两班制运行的机组及其系统应具备适应快速、频繁启停的机动能力，保证安全可靠，且运行经济性无大幅度变动。相应地应加强金属监督、化学监督和寿命监测。

　　拟采用全负荷调峰运行的机组，应先进行全面的金属检验工作，以综合分析评定机组是否适宜全负荷调峰。

　　原承担基本负荷的机组，要适应两班制调峰运行方式，一般需做如下设备的技术改造：①非再热机组，要适当提高凝疏系统通流能力，以缩短启动前的暖管时间；②保证停机阶段高压缸内壁上、下温差小于40℃，改用硅酸铝纤维毡做高压缸保温材料，以减少停机时下缸的散热损失；③给水泵加配液力耦合器，以提高给水泵启动调节的灵活性；④因启停操作主要是各种阀门的开、关，调节的操作工作量大，又易误操作，应增设必要的自动化装置、远方电动操作装置；⑤配置炉膛火焰监测和汽轮机的窜轴保护、轴挠度、振动及胀差等指示、记录设备，有条件的可采用程序启动。

　　重点参加调峰的大容量机组，可加装具有振动监测、寿命监测、防进水监测、故障诊断等综合性的多功能微机监测装置。已装有计算机或微机处理的机组，要进一步扩充功能和提高测量采样的准确度。

　　为确保两班制机组安全、顺利启动，在汽轮机停转后到下一次启动之前必须连续盘车。热态启动前连续盘车不得少于2h。U形管高压加热器应随机启停，注意防止高压加热器降温过快。停机后，应对除氧器进行适当加热，使其保持除氧温度，以防止空气进入引起严重腐蚀。利用除氧器保温条件，维持给水泵的温度，防止启动时受到较大的热冲击。应保证蒸汽和给水品质，可根据情况加装凝结水前置处理设备。

　　采用全负荷调峰方式运行的机组，应通过试验确定运行方式，并对机组各项运行控制指标及运行操作做相应修订，补充完善运行规程和安全运行措施。

　　5. 停炉不停机运行

　　主蒸汽为母管制机组，或单元机组间加装了联络母管的机组，可采用停炉不停机的调峰运行方式。以100MW机组为例，两班制调峰运方式，汽轮机启停一次，有200多项操作，启停泵12台次，为提高操作水平和自动监测保护水平，估计需增加投资50万元，采用停炉不停机方式，操作可大为简化，且升降负荷较快，能较好适应调峰的应急需求，如从满负荷时100MW降至50MW，仅摇汽轮机同步器即可，无其他任何操作，如需降负荷至40MW，也只有少许几项操作。

　　6. 少蒸汽无功运行

　　少蒸汽无负荷运行也是停炉不停机的全负荷调峰运行，其特点是不与电网解列，维持汽轮机空转带无功功率，但汽缸尾部由于摩擦鼓风而发热，为防止其超温，必须供给一定的冷却蒸汽，故又简称少蒸汽运行。当电网负荷增大时，汽轮机可迅速由旋转热备用状态带上负荷，适应调峰的急需，其特定条件是电网中要有无功功率的需要。冷却蒸汽的汽源可取自母管或邻机，由汽缸尾部或一抽汽口送入汽缸。

　　少蒸汽运行，启运时相当于热态启动，不再要汽轮机冲转升速阶段，且因整机温度水平较高，升负荷时热损失略小于两班制运行，但锅炉点火准备及升压阶段，仍要消耗一定数量的冷却蒸汽，造成附加能量损失，而且汽轮机空转还要消耗一部分电能。冷却汽源、轴封高温汽源投入前要充分暖管和疏水。当机组在带负荷工况和少蒸汽工况之间转换时，停送冷却蒸汽和轴封高温汽源的时间及流量要掌握适当，防止上、下汽缸温差过大及排汽温度陡升、陡降。末级排汽温度应控制在小于制造厂或规程的规定值，一般不宜超过80℃。机组检修时，应注意对叶片的检查。

国内几个电厂少蒸汽运行的实践表明，汽轮机通流部分温度分布较均匀，且汽缸温度水平较高，相应温度变化量、变化率比两班制运行小，因而寿命损耗小，约相当于两班制运行的 1/3 左右。又因是停炉不停机，重新带负荷时，汽轮发电机的操作简化了，间接减少了误操作的概率，相对提高了设备的安全性。

采用少蒸汽运行的机组，应借鉴已有的运行和试验结果，结合本厂实际，通过试验确定合理的热力系统、冷却蒸汽的参数及流量、操作方式等，以利于机组在少汽工况和带负荷工况间互相切换。

7. 各种调峰运行方式的比较与分析

不同调峰运行方式的能量损失是互有差异的，机组启停的时间长，能量损失大，但是设备的寿命损耗小。应根据电网的调峰要求，结合设备具体情况，综合考虑寿命损耗、能量损失等情况选择合理的调峰运行方式。

单台机组在低负荷时的经济性显然低于额定负荷，相应多耗煤量 ΔB_1 为

$$\Delta B_1 = P(b_1 - b_r)\tau \quad \text{kg} \tag{9-1}$$

式中　P——调峰负荷，kW；

b_1、b_r——低负荷、额定负荷时的煤耗率，kg/（kW·h）；

τ——调峰时间，h。

若采用两班制运行机组因启停热损失而多耗煤量为 ΔB_s，则采用两班制或低负荷运行的临界时间 τ_{cr}，可由 $\Delta B_1 = \Delta B_s$ 求得，即

$$\tau_{cr} = \frac{\Delta B_s}{P(b_1 - b_r)} \quad \text{h} \tag{9-2}$$

当调峰运行时间大于 τ_{cr} 时，该机应停用，将负荷调整到其他机组上。τ_{cr} 值与启动热损失多耗煤 ΔB_s、调峰负荷 P 以及设备的低负荷经济特性（反映在 b_1 上）等有关。国产 200MW 机组，在调峰负荷为 50％时，$\tau_{cr} \approx 10\text{h}$。

若两台机组在电网调峰负荷时，均以低负荷运行，其多耗煤量为 $\Delta B'_1$ 为

$$\Delta B'_1 = (P_{l1}b_{l1} + p_{l2}b_{l2} - Pb_r)\tau \tag{9-3}$$

同理，其临界时间为 τ'_{cr} 为

$$\tau'_{cr} = \frac{\Delta B_s}{(P_{l1}b_{l1} + P_{l2}b_{l2} - Pb_r)} \quad \text{h} \tag{9-4}$$

上两式中　P_{l1}、P_{l2}——1、2 号机低负荷，kW；

b_{l1}、b_{l2}——1、2 号机低负荷时的煤耗率，kg/（kW·h）。

国产两台同类 200MW 机组的 $\tau'_{cr} \approx 5 \sim 6\text{h}$。

若采用两班制运行方式调峰，一台机组停用后的热态启动热损失多耗煤 $\Delta B'_s$ 一台机组带 P 负荷，在调峰期间的总耗煤量 B_s 为

$$B_s = Pb_r\tau + \Delta B'_s \quad \text{kg} \tag{9-5}$$

与低负荷运行方式相比，其节煤量 $\Delta B'$ 为

$$\Delta B' = \Delta B_1 - B_s = (P_{l1}b_{l1} + P_{l2}b_{l2} - Pb_r)\tau - \Delta B'_s \tag{9-6}$$

式（9-6）中 ΔB_s、$\Delta B'_s$、b_{l1}、b_{l2} 等均应通过试验求得。

三、单元机组的变压运行

（一）单元机组变压运行的概念

变压运行又称滑压运行。滑压启动时不仅汽压滑升，而且汽温也相应滑升，是变压运行

的一种特殊方式。

前面已指出，随着电网的不断扩大，峰谷差较大，大机组也要参与调峰。电力工业的发展，要求单元机组能适应变压运行。国外工业发达国家，早在 20 世纪 50 年代即开始研制适应变压运行的单元机组，现已广泛应用。我国也在研制设计能变压运行的大机组，并已在进行高压机组变压运行的试验研究。东方汽轮机厂生产的三缸双排汽 200MW 蒸汽中间再热凝汽式机组，就能适应变压运行要求。

（二）变压运行的优点

变压运行的优越性是从汽轮机上体现出来的，与定压运行相比，其主要优点为：

（1）提高机组可靠性，延长使用寿命。图 9-4 所示为不同调节方法的汽轮机第一级后蒸汽温度与相对负荷关系。由图可知，变压运行时汽温基本不变，从而大大减小了机组各部件因温差而产生的热应力、热变形。低负荷时压力降低，承压部件在低应力状态下工作，而且随负荷降低，汽压减小，汽轮机湿度降低，不仅提高末级效率，并减少了对叶片的侵蚀。这些因素使得机组的安全可靠性得以提高，延长了使用寿命。

（2）适应负荷变动和调峰。变压运行时一、二次汽温基本不变，汽轮机高温部件的温度变化较小，不会引起汽缸和转子过大的热应力、热变形。变动负荷时，通过调整锅炉汽压来调整负荷，主要取决于锅炉的燃烧率，故汽轮机的变载能力较好，配燃煤锅炉的汽轮机负荷变动率可达每分钟 5%～8% 的额定负荷。另低负荷时一、二次汽温不变，停机后各部件温度也较高，易于快速启动，缩短启动时间，故适应于调峰的需要。

（3）提高机组的经济性。变压运行时调速汽门全开，节流损失不同程度地降低（视配汽机构而异）。低负荷时，因汽温不变，蒸汽体积流量也基本不变，汽流在叶片内流动偏离设计工况小，级内损失小，湿汽损失也小。若采用变速给水泵，变压运行时，负荷越低，变速给水泵的功率消耗越小，而定压运行的给水泵耗功基本不变。因此，提高了变压运行机组的经济性。图 9-5 为全周进汽机组变压运行与定压运行的净增热耗比较曲线。

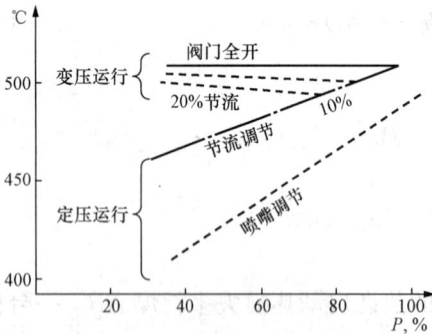

图 9-4　不同调节方法的汽轮机第
一级蒸汽温度与相对负荷的关系

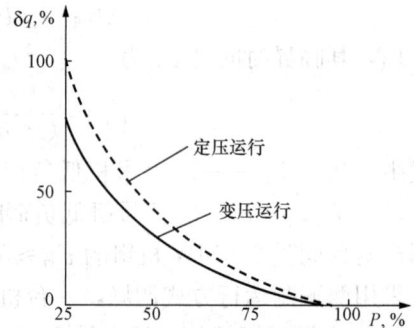

图 9-5　全周进汽机组变压
运行与定压运行热耗比较

（三）变压运行方式

变压运行方式有三种。

1. 纯变压运行

在整个负荷变化范围内，所有调速汽门全开，以调节锅炉出口压力来适应负荷变动，称为纯变压运行。自然循环汽包炉的热容大，时滞大，限制了负荷变化速度，适应负荷能力差。

2. 节流变压运行

为弥补纯变压运行难以一次调频的缺点，在正常运行时，采取调速汽门不全开，使主汽有 5％～10％的节流。当负荷突然增加时，开大调速汽门，利用锅炉的蓄能，达到快速增加负荷的目的，待锅炉蒸汽压力升高后，调速汽门重新关小到原来开度。这种运行称为节流变压运行，由于调速汽门经常节流，降低了机组运行的经济性。

3. 复合变压运行

定压与变压运行相结合的方法，成为复合变压运行。它又有三种不同的复合方式，如图 9-6 所示。图 9-6（a）所示为低负荷时定压运行，高负荷时变压运行。低负荷时，蒸汽压力 p 保持较低值定压运行，随负荷增大，逐渐开大调速汽门开度 m；当阀门全开后即以提高锅炉的汽压来适应负荷增加，直至额定值。这种运行方式，因其在大部分负荷压力低，影响到机组效率，但高负荷时负荷适应能力强。图 9-6（b）所示为低负荷时变压运行，高负荷时定压运行。低负荷时全开部分调速汽门变压运行，随着负荷逐渐增大，汽压升高至额定值后，维持主汽压力不变，改为喷嘴调节。这种运行方式，具有低负荷变压运行热效率高的优点，又具有高负荷时调峰的能力。图 9-6（c）为高负荷和低负荷时定压运行，中间负荷时变压运行。低负荷区（30％～50％额定负荷以下）在较低水平运行，中间负荷区关闭 1～2 个调速汽门下变压运行，高负荷区（80％～90％额定负荷以上）用喷嘴调节负荷，保持定压运行。这种运行方式，高负荷时能满足调频需要，中间负荷时则有较高的热效率，有良好的负荷适应性。大机组的变压运行，多采用这种运行方式。我国元宝山电厂引进的法国 300MW 和 600MW 机组，即按这种方式运行，变压范围为 30％～80％额定负荷。

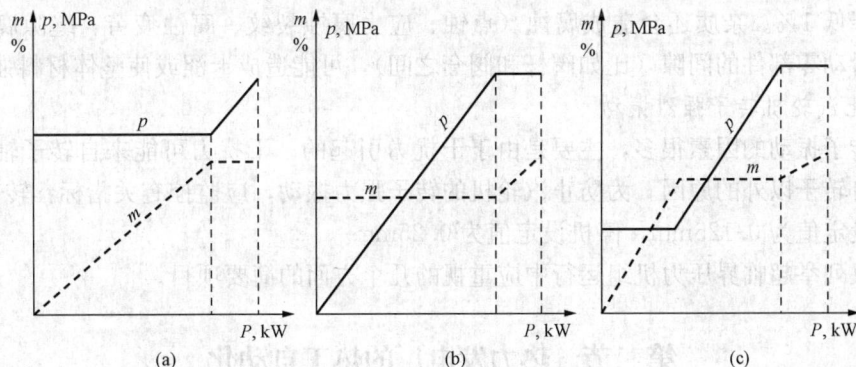

图 9-6　复合变压运行
（a）高负荷变压运行；（b）低负荷变压运行；（c）定—滑—定运行

单元机组变压运行，有关辅助设备也应与之配合，如除氧器即应滑压运行，并宜配用高效率的可调速汽动给水泵。另外复合变压运行机组，对自动控制也提出了更高的要求。变压运行是一项新技术，随着我国电网容量的增大，大容量单元机组日益增多。变压运行技术将会获得广泛应用。

四、超临界压力机组的运行

超临界压力机组运行，要掌握的技术措施如下所述。

1. 防止汽轮机本体及相关管道进水或积水

汽轮机进水引起的故障有：叶片和围带损坏、推力轴承损坏、转子裂纹、转子永久性弯曲、静子部分永久性变形、汽封片磨坏等。汽轮机零部件的损坏程度与水的进入点、进水量、进水时间长短、汽轮机金属温度、机组转速和负荷、蒸汽流量、动静部分相对位置以及运行人员的处理方式等因素有关。

2. 控制热应力和胀差

汽轮机组各个部件的温度变化，导致了热变形和热应力，而汽轮机各部件的温度变化，是蒸汽温度的变化引起的，要使各部件的变形和热应力限制在允许的范围内，关键是控制蒸汽温度的变化率。如机组冷态启动时，在汽轮机预热阶段，升温率可取为1℃/min，对于有应力集中的汽轮机组，以2℃/min的温升率启动。对于送汽温度为566℃的汽轮机，调节级后的蒸汽温度限制在522℃以内，转子材料能承受的金属与蒸汽的温差约为50℃。

3. 避免蒸汽携带的固体颗粒对汽流通道的冲蚀

汽轮机通道部分的腐蚀有化学锈蚀和蒸汽夹带的固体颗粒或水滴的气动冲蚀。蒸汽夹带的固体颗粒主要是由于超临机组高温金属部件的蒸汽氧化。石洞口二厂两台600MW超临压力机组检修时发现了高温金属部件有明显的氧化皮。汽轮机通流部分的静止和转动部分均存在固体颗粒冲蚀损伤。锈蚀和气动冲蚀，不仅使通流部分损伤，降低效率，严重时会造成零部件损伤，导致事故。机组启动前，锅炉及蒸汽管道应彻底吹扫干净，启动时，可先将锅炉来蒸汽通过旁路而不进入汽轮机，并可在蒸汽进入汽轮机之前，设置临时性细目滤网。

4. 防止汽轮机通流部分积垢

应控制锅炉给水水质和蒸汽的纯度，长期运行后，杂质会逐渐沉积。蒸汽中的杂质主要为SiO_2，可能附于高压缸通流部分，并减少喷嘴面积。$80\mu m$杂质的沉积可使高压缸通道的蒸汽流速降低1%。杂质还会造成腐蚀（点蚀、应力腐蚀裂纹、腐蚀疲劳、缝隙腐蚀）。如杂质进入滑动零部件的间隙（比如阀杆和阀套之间），可能造成卡涩或使整体材料强度降低。

5. 防止汽轮机转子强烈振动

引起转子振动的因素很多，主要是由于干扰力引起的。干扰力可能来自转子轴的扰动，也可能来自转子以外的原因。为防止汽轮机的转子强力振动，应监控有关指标：转子轴径振动，报警设定值为0.125mm，停机设定值为0.25mm。

本节仅列举超临界压力机组运行中应重视的几个方面的简要项目。

第二节　热力发电厂的热工自动化

设计发电厂的热工自动化系统和设备时，必须按照"安全可靠、经济适用、符合国情"的原则，针对机组特点进行，以满足机组安全、经济运行和启停的要求。同时，在设计发电厂的热工自动化系统和设备时，应选用技术先进、质量可靠的设备和元件。对于新产品和新技术，应在取得成功的应用经验后方可在设计中采用，而从国外进口的产品，包括成套引进的热工自动化系统，也应是先进并有成熟经验的系统和节能产品。

一、热工检测与报警

1. 热工检测

火力发电机组的热工检测应该包括下列内容：

(1) 工艺系统的运行参数；

（2）辅机的运行状态；

（3）电动、气动和液动阀门的启闭状态和调节阀门的开度；

（4）仪表和控制用电源、气源、水源及其他必要条件的供给状态和运行参数；

（5）必要的环境参数。

锅炉、汽轮机和发电机集中控制的分散控制系统还应该包括主要电气系统和设备的参数和状态的监测。410t/h 及以上容量的锅炉应设置监视炉膛火焰的工业电视。单机容量为 200MW 及以上的汽轮发电机组应多机合配一套振动监测和故障诊断系统，轴振动信号从汽轮机监视仪表系统接入。

对于 300MW 及以上容量机组，其锅炉应多炉合设一套炉管泄漏检测系统，并且其锅炉和汽轮机的金属温度，发电机的线圈、铁芯温度等监视信号应采用独立的远程 I/O 经数据通信接口送入分散式控制系统。当技术经济合理时，也可以直接由分散式控制系统的远程 I/O 完成。

2. 热工报警

热工报警可由常规报警和/或数据采集系统中的报警功能组成。热工报警应该包括下列内容：

（1）工艺系统热工参数偏离正常运行范围；

（2）热工保护动作及主要辅助设备故障；

（3）热工监控系统故障；

（4）热工电源、气源故障；

（5）主要电气设备故障；

（6）辅助系统故障。

当设置常规报警系统时，其输入信号不应取自分散控制系统的输出。分散控制系统的所有模拟量输入、输出，数字量输入、输出及中间变量和计算值都可作为数据采集系统的报警源。

控制室内的常规报警系统应具有自动闪光、重复音响和人工确认等功能，并具有试灯、试音和复归等功能。

分散控制系统功能范围内的全部报警项目应能在显示屏上显示和在打印机上打印，在机组启停过程中应抑制虚假报警信号，设计中应采用必要的逻辑回路实现此功能。

二、热工保护与连锁

现代大型机组的特点是大容量、高参数、单元机组运行，锅炉、汽轮机、发电机及各种辅机之间的关系十分密切。此外，现代大型机组具备一套为控制这些主辅设备的相当复杂的控制系统及装置。这些主辅设备及控制装置在生产过程中组成了一个有机的整体，当其中某些环节一旦发生故障时，就会不同程度地影响整个机组的正常运行，严重的故障还会导致机组停止运行，甚至危及设备和人身安全。

热工保护是通过对机组的工作状态和运行参数进行监视和控制而起保护作用的。当机组发生异常时，保护装置及时发出报警信号，必要时自动启动或切除某些设备或系统，使机组仍然维持原负荷运行或减负荷运行。当发生重大故障而危及机组设备安全时，停止机组（或某一部分）运行，避免事故进一步扩大。

热工保护有时是通过连锁控制实现的。所谓连锁控制就是指被控对象通过简单的逻辑关系连接起来，使这些被控对象相互牵连，形成连锁反应，从而实现自动保护的一种控制方式。例如引风机因故障跳闸，引起送风机、排粉机、给煤机等相继依次跳闸；又如汽轮机润滑油压力低时，自动启动交流油泵，油压继续降低时，启动直流油泵并停止交流油泵的运行等。

总之，热工保护是一种自动控制手段。在主、辅设备或电网发生故障时，热工保护装置使机组自动进行减负荷，改变运行方式或停止运行，以安全运行为前提，尽量缩小事故的范围。

（一）汽轮机的热工保护

当汽轮机发生故障危及机组的安全运行时，或锅炉、发电机发生故障需要汽轮机跳闸时，保护系统应能自动迅速地使汽轮机跳闸。

汽轮机保护系统由监视保护装置和液压系统组成。当汽轮机超速、凝汽器真空过低、轴向位移大、轴承振动大、润滑油压过低、发电机冷却系统故障、手动停机等任一情况发生时，应实现紧急停机，监视保护，即电磁阀动作，快速泄放高压动力油，使高、中压主汽门和调节汽门迅速关闭，紧急停止汽轮机运行，达到保护汽轮机的目的。另外，还有汽轮机进水保护、抽汽防逆流保护、低压缸排汽超温保护、汽轮机真空低保护、高低压加热器水位、除氧器水位和压力保护，汽轮机旁路系统的减温水压力低和出口水温高保护，空冷机组的有关保护等自动保护系统等，以保障汽轮机的正常启停和安全运行。

（二）锅炉的热工保护

锅炉的热工保护主要包括：炉膛安全监控、主燃料跳闸、锅炉快速切回负荷、机组快速切断等自动保护。

（1）炉膛安全监控保护。当锅炉启动、点火、运行和工况突变时，保护系统监视有关参数和状态的变化，防止锅炉或燃烧系统煤粉的爆燃，并对危险状态作出逻辑判断和进行紧急处理，停炉后和点火前进行炉膛吹扫等保护措施。实现炉膛安全监控的系统称为炉膛安全监控系统（Furnace Safeguard Supervisory System，FSSS）。

（2）主燃料跳闸保护。当锅炉设备发生重大故障，如送、引风机跳闸，汽包压力超过限值，锅炉水循环不正常，汽包严重缺水，炉膛压力过高或过低，锅炉灭火，再热蒸汽中断等，以及汽轮机由于某种原因跳闸或厂用电母线发生故障时，保护系统立即使整个机组停止运行，即切断供给锅炉的全部燃料，并使汽轮机跳闸。这种处理故障的方法，称为主燃料跳闸（Master Fuel Trip，MFT）保护。

（3）锅炉快速切回负荷保护。当锅炉的主要辅机（如给水泵、送风机、引风机）有一部分发生故障时，为了使机组能够继续安全运行，必须迅速降低锅炉的负荷。这种处理故障的方法，称为锅炉快速切回负荷（Run Back，RB）保护。

（4）机组快速切断保护。当锅炉方面一切正常，而电力系统或汽轮机、发电机方面发生故障引起甩负荷时，为了能在故障排除后迅速恢复送电，避免因机组启停而造成经济损失，采用锅炉继续运行，但迅速自动降低出力，维持在尽可能低的负荷下运行，以便于故障排除后能迅速重新并网带负荷。这种处理故障的方式，称为机组快速切断（Fast Cut Back，FCB）保护。

（三）炉机电连锁保护

单元机组的锅炉、汽轮机、发电机三大主机是一个完整的整体。每部分都具有自己的保护系统，而任何部分的保护系统动作都将影响其他部分的安全运行。因此需要综合处理故障情况下的炉、机、电三者之间的关系，目前大型单元机组逐渐发展成具有较完整的逻辑判断和控制功能的专用装置进行处理，这就是单元机组的大连锁保护系统。

单元机组大连锁保护系统主要是指锅炉、汽轮机、发电机等主机之间以及与给水泵、送风机、引风机等主要辅机之间的连锁保护。根据电网故障或机组主要设备的故障情况自动进行减负荷、投旁路系统、停机、停炉等事故处理。

1. 炉、机、电大连锁保护系统

单元机组的炉、机、电大连锁保护系统框图如图 9-7 所示，其动作如下所述。

（1）当锅炉故障而产生锅炉 MFT 跳闸条件时，延时连锁汽轮机跳闸、发电机跳闸，以保证锅炉的泄压和充分利用蓄热。

（2）汽轮机和发电机互为连锁，即汽轮机跳闸条件满足而紧急跳闸系统（ETS）动作时，将引起发电机跳闸；而发电机跳闸条件满足而跳闸时，也会导致汽轮机紧急跳闸。不论何种情况都将产生机组快速甩负荷保护（FCB 动作）。若 FCB 成功，则锅炉保持 30％低负荷运行；若 FCB 不成功则锅炉主燃料跳闸（MFT），而紧急停炉。

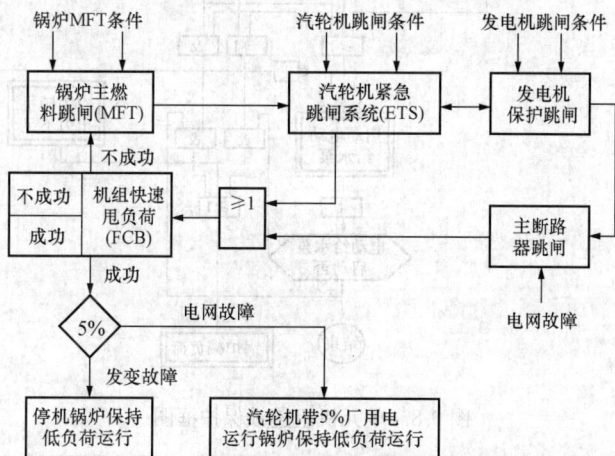

图 9-7　炉、机、电大连锁保护系统框图

（3）当发电机—变压器组故障，或电网故障引起主断路器跳闸时，将导致 FCB 动作。若 FCB 成功，锅炉保持 30％低负荷运行。而发电机有两种情况：当发电机—变压器故障时，其发电机负荷只能为零；而电网故障时，则发电机可带 5％厂用电运行。若 FCB 失败，则导致 MFT 动作，迫使紧急停炉。

炉、机、电保护系统具有自己的独立回路，且与其他系统相互隔离，以免产生误操作。但炉、机、电的大连锁应该是直接动作的，不受人为干预。

2. 炉、机、电大连锁保护实例

单元机组大连锁取决于炉、机、电结构、运行方式、自动化水平等。下面以带有旁路系统的中间再热机组为例作说明。该单元机组配置了两台 50％额定容量的汽动给水泵，正常时两台汽动泵运行，一台电动给水泵（容量 30％）作为备用泵。

图 9-8 为该单元机组连锁保护框图。连锁条件及动作情况如下所述。

（1）锅炉停炉保护动作或锅炉给水泵全停时，机组保护动作进行紧急停炉。连锁保护动作紧急停机（发电机跳闸），单元机组全停。紧急停炉后，机组保护动作，停全部给水泵。

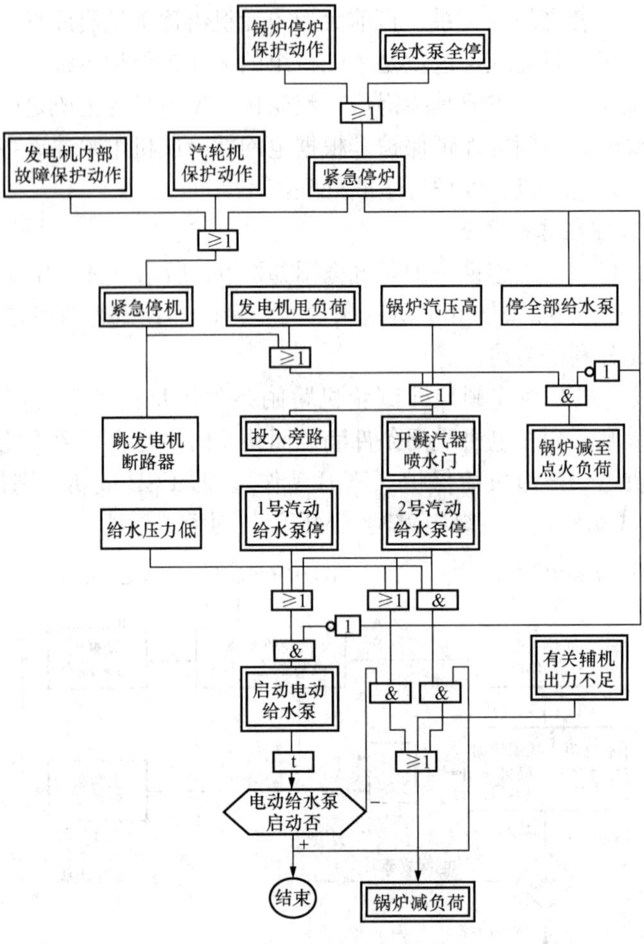

图 9-8　单元机组连锁保护框图

（2）当汽轮发电机组因保护动作而紧急停机时，单元机组保护系统应自动投入旁路系统，开启凝汽器喷水门，跳开发电机断路器，将锅炉负荷减到点火负荷（最低负荷）。这里需指出，紧急停机时跳发电机断路器的目的是防止汽轮机自动主汽门关闭后，发电机变为电动机运行，使汽轮机叶片鼓风而引起低压缸超温，目前国内汽轮机事故后一般不考虑发电机断路器跳闸，因此是否需要或延时多久自动跳发电机断路器，需要根据汽轮机厂要求而定。

（3）发电机甩负荷或锅炉汽压过高时，机组保护动作，同时投入旁路系统并开启凝汽器喷水门，锅炉减至点火负荷。

（4）1号或2号汽动给水泵有一台故障而停止运行，或给水压力低时，机组保护动作，启动电动给水泵，经时间 t 延迟后，检查电动给水泵是否已启动成功，如果电动给水泵启动成功，则给水系统可达80%（即50%＋30%），相应机组出力也调整为80%。若电动给水泵启动不成功，则机组保护动作将锅炉减负荷至50%（一台汽动泵运行工况），相应的机组出力也调整为50%。

若1号和2号汽动给水泵全部停止运行，机组保护同样自启动电动给水泵，若启动成功，则机组出力调整为30%；反之，若启动失败，则发出给水泵全部停运信号，紧急停炉迫使整个单元机组停运。

（5）有关辅机出力不足，是指送风机、引风机等重要辅机的出力不足。例如，运行中的两台送风机其中有一台故障，则锅炉负荷减至50％，机组出力相应减至50％。若两台送风机同时停止运行，则锅炉紧急停炉（MFT），整个单元机组停止运行。

三、单元控制室

新建的容量为125MW及以上的机组和扩建的容量为200MW及以上的机组应该炉、机、电单元控制室集中控制，扩建的容量为125MW的单元制机组，视具体情况可采用炉、机、电或炉、机集中控制。母管制电厂宜车间或机炉集中控制，也可以采用就地控制。

单元制或扩大单元制除氧给水系统应在单元控制室或炉、机集中控制室内控制。供应城市采暖和工业用汽的热电厂热网系统可按照需要在机组控制室内控制或设置单独的热网控制室。

对于300MW及以上机组，循环水泵应在单元控制室内控制。当采用单元制供水系统时，循环水泵控制应纳入相应单元机组分散控制系统；当采用扩大单元制供水系统时，循环水泵控制应纳入两台机组的公用分散控制系统网络。当泵房远在厂区之外时，也可在车间控制。

相邻的辅助生产车间或性质相近的辅助工艺系统宜合并控制系统及控制点，辅助车间控制点不应超过三个（输煤、除灰、化水），其余车间均可按无人值班设计。而空冷机组的空冷系统应在单元控制室控制。

第三节 热力发电机组的计算机控制系统

一、火电机组的计算机监视系统

随着火电机组单元容量的增大、参数的提高，热力系统变得更加复杂，在运行中必须监视的信息量和用于控制的指令量迅速增加。一般而言，一台600MW容量的机组的信息量和指令量的总和达到4000～8000多个。凡配备有计算机控制（包括DCS）的机组，一般都包括了DAS（Data Acquisition System）功能。DAS的基本功能包括以下几个。

（1）数据采集。将各种过程运行参数，包括模拟量、开关量、脉冲量按照一定的周期进行采样，转换成相应的数字量输入到计算机中。

（2）显示。将输入的信号经过相应的处理后，主要以CRT或大屏幕画面的形式输出显示，画面包括参数画面、模拟图、趋势图和棒图等。

（3）打印制表。包括定时打印、随时打印、事故打印等。主要用于正常工况下的报表打印以及参数越限打印、事故打印和操作记录打印等。

（4）报警。当参数越限或事故时，自动报警并显示记录。

（5）性能计算。主要包括累计、平均、差值和极值计算，以及汽轮机效率、锅炉效率、总热效率、净热效率、厂用电率、电厂净热效率以及能损分析的计算等。

（6）历史数据存储。对重要数据及操作记录进行存储，以备事故追忆和必要时调用。

在应用DCS的系统中，以上功能与DCS的操作员站融为一体，成为整个DCS的操作显示中心，包括控制回路操作显示，控制方式的切换，控制参数的修改等操作控制功能。

DAS功能的应用提高了信息处理的自动化水平，大大减轻了运行人员的劳动强度。以往平面布置的仪表盘台变为形象直观的画面，缩小了盘台面积。随着信息系统网络的发展，DAS 信息可以方便地与厂级或网级 MIS（Management Information System）相联，为现代化管理的实现奠定了基础。新一代具有智能化的运行指导专家系统功能的 DAS 也在研究开发之中。

二、单元机组协调控制系统 （Corodinated Control System，CCS）

（一）模拟量控制系统

为了保证机组的安全经济运行，需要对机组的一系列参数进行控制，如炉膛压力、汽包水位、主蒸汽温度、再热蒸汽温度、主蒸汽压力、发电机功率等。这些参数的控制通过一系列相应的控制回路实现，构成相应的控制系统，如炉膛压力控制系统、主蒸汽压力控制系统、汽温控制系统、给水控制系统、汽轮发电机功率控制系统等。除此之外，还有大量的辅机设备和热力系统也需要控制。如磨煤机控制系统、高压加热器、低压加热器的控制系统、凝汽器控制系统、除氧器控制系统、旁路控制系统、油压、油温控制系统、发电机冷却水温度、压力控制系统等。

参数控制也称为模拟量控制或调节。模拟量控制的目标是使被调参数维持在给定值。基本的模型控制回路如图 9-9 所示。

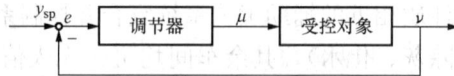

图 9-9　模拟量控制回路

图 9-9 中 ν 为控制参数，y_{sp} 为给定值，μ 为控制量。$e＝y_{sp}－\nu$，称为偏差。以常用的 PID 控制规律为例：

$$u(t) = K_p e(t) + K_i \int e(t) dt + K_d \frac{de(t)}{dt}$$

式中　K_p、K_i、K_d——比例、积分、微分增益。

大型单元机组的模拟量控制系统（回路）多达上百个。这些系统有的针对一台相对独立的设备，与整个系统的关联性较小，称为局部子回路或子系统。有些系统则互相存在着密切的关联，需要按照多回路、多变量系统进行设计，称为复杂系统。单元机组协调控制系统就是整个单元机组控制中最为主要的多变量复杂控制系统。

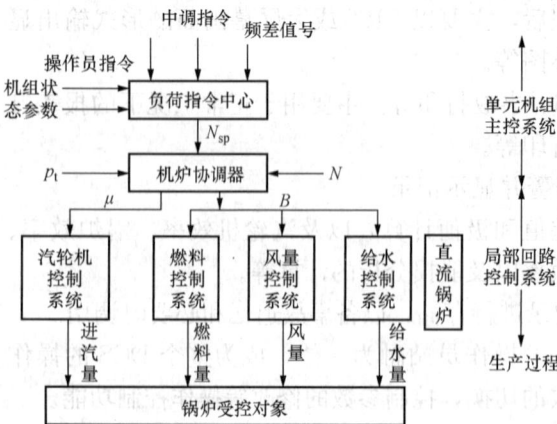

图 9-10　单元机组协调控制系统结构图

（二）单元机组协调控制系统

单元机组协调控制系统是在常规机炉局部控制系统的基础上发展起来的综合控制系统。其基本设计思想是：把锅炉、汽轮机和发电机组作为一个整体，采用了分级、递阶的系统结构，把参数调节、逻辑控制和联锁保护等控制功能结合在一起，构成一种满足机组在额定工况、变工况、以至于故障条件下控制功能的综合控制系统，其基本的控制目标如下：

（1）中调及电网对机组负荷需求变化时，具有快速的负荷响应能力，并保证机组运行参数控制在允许范围内；

（2）主辅机设备故障时，能自动采取控制措施，保证设备安全，并尽可能维持故障条件下的运行，不致使机组全停；

（3）正常工况或额定负荷下运行时，克服内部扰动，维持各被控参数在最佳状态。单元机组协调控制系统结构图如图 9-10 所示。

图 9-10 中，负荷指令中心接收中调指令、频差信号以及反映机组运行工况的参数，经逻辑运算处理，形成机组的实际负荷指令 N_{sp}；机炉协调器接受 N_{sp} 以及过程被控参数 N、p_t（实发功率，机前压力），压力设定值 p_{sp}，根据协调控制算法，形成汽轮机指令 μ 和锅炉指令 B；局部回路控制系统根据协调器输出的 μ、B 指令，控制进入汽轮机的进汽量、燃料量、送风量和进水量（直流锅炉），控制机组的输出功率 N，机前压力 p_t 和中间点温度（直流锅炉）。

一种典型的单元机组负荷指令中心原理框图如图 9-11 所示。限于篇幅，该框图的原理不再详述。

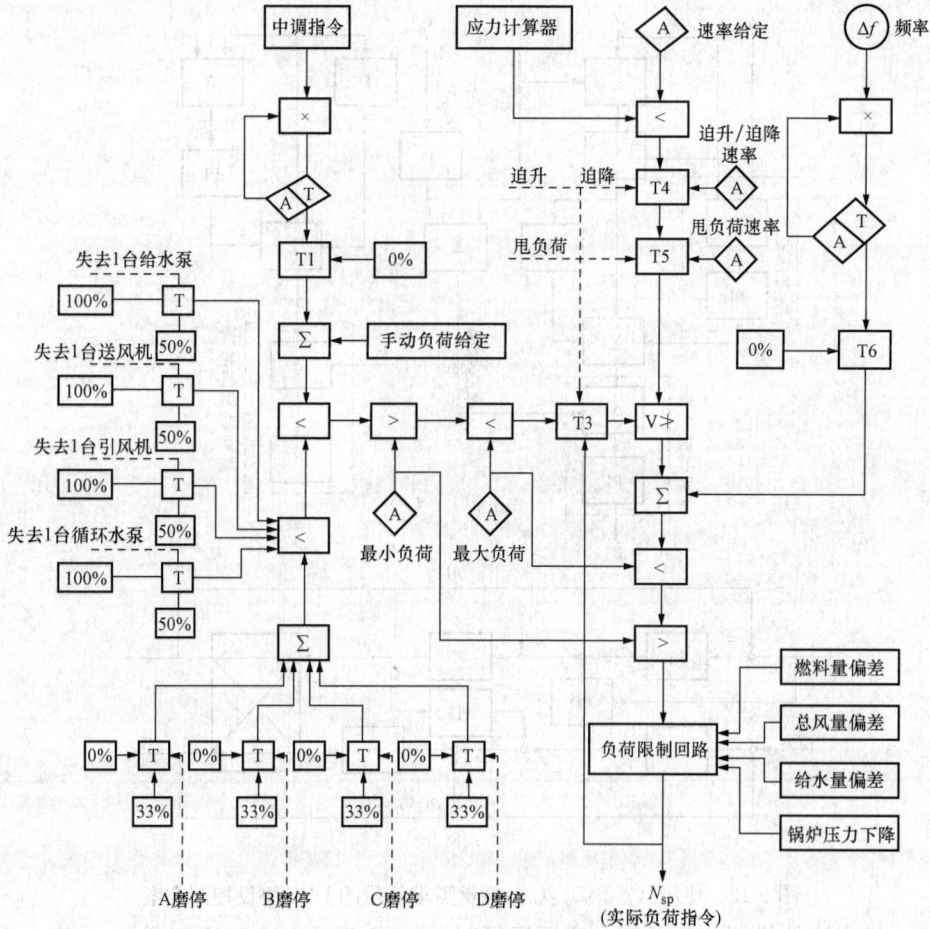

图 9-11 单元机组负荷指令中心原理框图

机炉协调器是协调控制系统的核心。协调控制器的设计方案和原则有多种，其实质是控制整个机组输入能量和输出能量之间的平衡。当外部负荷需求增加，N_{sp} 增大时，需要加大进汽量，μ 增大，进而需要增加进入锅炉的燃料和风量，加强燃烧，即 B 增大。反之亦然。单元机组机炉特性的基本特征是，燃烧过程是一个大时延、大惯性的过程，而功率控制过程，即由进汽量变化至输出功率的变化则是一个快速反应的特性。另一方面，锅炉部分具有较大的蓄热能力，而汽轮机组部分则相对较小。因而，如何充分利用机组的蓄热能力，增加机组的负荷响应速度，并保证机组动态条件下输入输出能量的基本平衡（p_t 在允许波动范围内），就成为协调控制器设计的基本出发点。

常见的协调控制策略可分为间接能量平衡和直接能量平衡两类。间接能量平衡（IEB）协调控制系统是把机前压力 p_t 作为机炉之间能量是否平衡的标志，并以此进行控制。例如，外负荷需求变化时，汽轮机调节门动作，引起 p_t 变化，进而改变锅炉能量输入，维持 p_t 在允许范围内（炉跟机方式）；同理，也可以是锅炉调负荷，汽轮机调压力（机跟炉方式）。在此基础上引入前馈、补偿等控制手段，构成工程上所采用的各种协调控制策略。

直接能量平衡（DEB）协调控制系统则是构造出一个表征汽轮机能量需求的信号，并以此信号直接对锅炉输入进行控制。一种常见的 DEB 协调控制方案如图 9-12 所示。

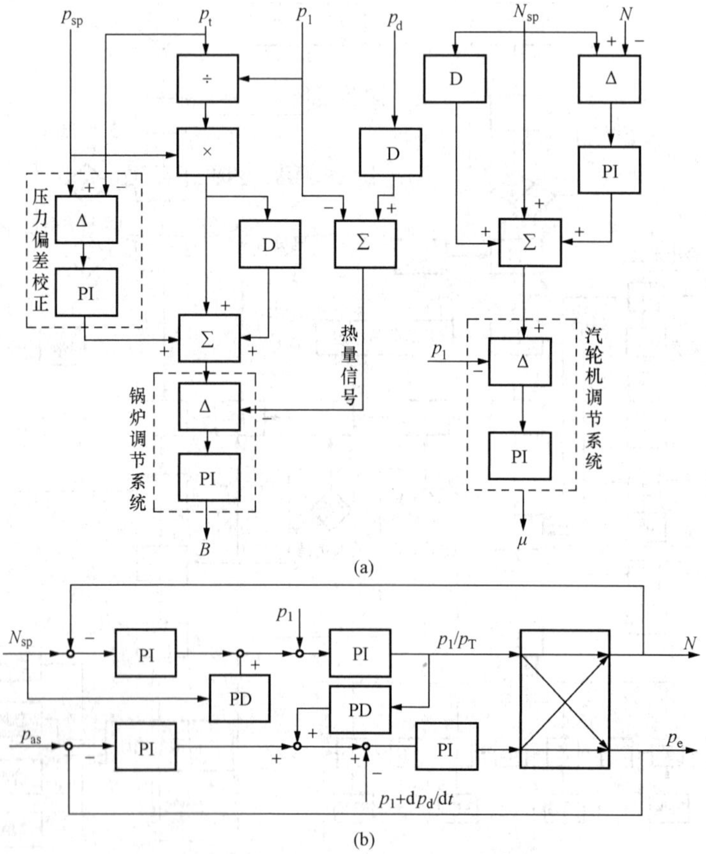

图 9-12　使用（p_1/p_t）p_{sp}为能量需求信号的 DEB 协设控制方案

p_1/p_t 代表汽轮机调节门开度。定压运行时，p_{sp} 为常数；变压运行时，p_{sp} 是一个变量。$(p_1/p_t)p_{sp}$ 可以代表机组输出功率对能量的需求，在该系统中，$(p_1/p_t)p_{sp}$ 作为锅炉调节器的前馈信号。为了克服锅炉对象的大惯性，增加了该信号的微分信号。压力偏差校正回路最终保证机前压力 p_t 等于给定值 p_{sp}。该信号作为锅炉调节器的主信号。反馈信号是 p_1+C

$(\mathrm{d}p_\mathrm{d}/\mathrm{d}t)$，称为热量信号。其中，$p_\mathrm{d}$ 是汽包压力，C 是锅炉蓄热系数。热量信号是锅炉燃料量的一种比较准确的测量值。

该系统的功率调节为串级系统。该系统采用了 $(p_1/p_\mathrm{t})\ p_\mathrm{sp}$ 作为锅炉负荷指令的前馈信号。对该信号进行比例微分运算，有助于克服锅炉对象的大惯性。压力偏差校正回路最终保证 p_t 等于 p_sp。汽轮机调节器的反馈信号是汽轮机第一级压力 p_1，这是因为 p_1 不仅与机组负荷成比例，而且对汽轮机调节门的动作反应很快，不受阀位侧测量中由于死区和非线性的影响。同时，p_1 反馈可以有效地克服由于锅炉侧扰动对机组功率输出的影响。该系统也适应于变压运行机组的控制。

单元机组协调控制系统中还设计有完备的机组局部处理逻辑。当机组发生局部故障，如一台风机跳闸时，机组负荷指令需要降至 50%，即 RB 功能。除此之外，还设计有迫升、迫降（Run up/Run down）、负荷快速切除（FCB）等功能。

为了适应机组在不同工况下的运行需求，协调控制系统一般设计有多种控制方式，如手动、炉跟机、机跟炉、机炉协调等，并设计有各种不同控制方式之间的自动跟踪与切换功能。

（三）汽轮机数字电液控制系统

汽轮机数字电液控制系统（Digital Electro-Hydraulic Control System，DEH）的主要任务是通过控制进入汽轮机的蒸汽量，对汽轮机的负荷、转速以及机前压力进行控制。DEH 以微机装置（或 DCS）作为数字控制器，通过电液转换驱动液压执行机构，构成汽轮机 DEH 系统。DEH 的功能有转速和负荷的自动控制、汽轮机自启动、主汽压力控制、自动减负荷（RB）、超速保护（Over Speed Protection Control，OPC）和阀门测试等。

目前，大多数单元机组的 DEH 采用独立的控制系统，如上海新华公司的 DEH-ⅢA、法国阿尔斯通公司的 Micro REC 等。这类系统均设计了相对完备的汽轮机控制和监视功能，包括控制、监视、手操三部分。数字控制器通过 I/O 通道接收机组参数、状态信息、手操指令，输出控制信号以及系统的状态信息；同时，与外部系统连接，进行信息交换，如中调系统（Automatic Dispatch System，ADS）、协调控制系统（CCS）、自动同步装置（Automatic Synchronizer，AS）以及 DCS 系统。DEH 数字控制器所具有的软件功能有控制设定值处理功能、控制运算功能、阀门控制功能、主压力控制功能、自动减负荷功能、阀门实验和阀位限值调整功能、自启动功能、仿真功能等。

设置独立的 DEH 系统并设计了功能完备的自成体系的控制功能，其优点在于当其他控制系统不能投入时，DEH 仍可自动或手动，对汽轮机这一最为关键的设备进行控制和操作。然而，随着机组自动化水平的提高，特别是 DCS 和 CCS 的普遍应用，DEH 和 CCS 的许多功能重复设置。尤其是当 DEH 和 DCS 不能很好地接口和通信时，给机组 CCS 功能的实现带来诸多困难。这种模式系统复杂，设备繁多。近年来，许多 DCS 厂家致力于将 DEH 功能纳入机组同一的 DCS 之中。如 Bailey 公司的 INFI-90 和 BBC 公司的 Procontrol-P，均具备构成 DEH 的硬件、软件功能，使整个控制系统融为一体，通过组态实现 DEH 功能。

（四）顺序控制系统

顺序控制系统（Sequence Control System，SCS）一般可分为时间定序式和过程定序式两种。前者是按预定的时间顺序而触发控制作用的发生（如启动/停止、闭合/断开等），后者是依据生产过程进行的状态决定下一步控制作用是否发生。顺序控制系统接受状态信号和

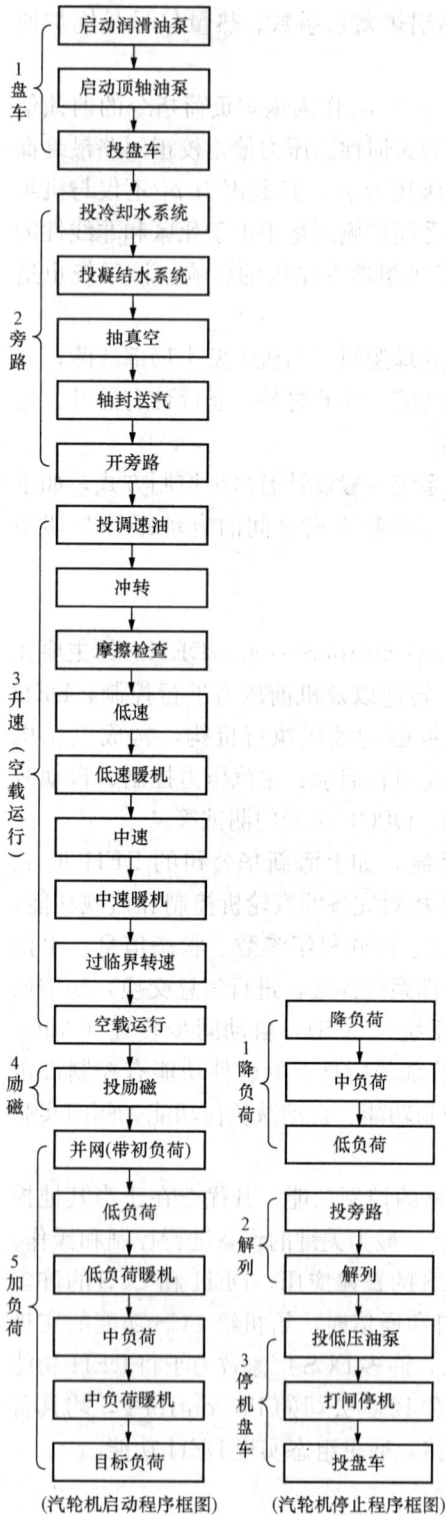

图 9-13 汽轮机启停程序框图

（汽轮机启动程序框图）

1 盘车：启动润滑油泵 → 启动顶轴油泵 → 投盘车

2 旁路：投冷却水系统 → 投凝结水系统 → 抽真空 → 轴封送汽 → 开旁路

3 升速（空载运行）：投调速油 → 冲转 → 摩擦检查 → 低速 → 低速暖机 → 中速 → 中速暖机 → 过临界转速 → 空载运行

4 励磁：投励磁

5 加负荷：并网(带初负荷) → 低负荷 → 低负荷暖机 → 中负荷 → 中负荷暖机 → 目标负荷

（汽轮机停止程序框图）

1 降负荷：降负荷 → 中负荷 → 低负荷

2 解列：投旁路 → 解列

3 停机盘车：投低压油泵 → 打闸停机 → 投盘车

操作指令、输出控制信号均为二进制（0/1）信号，控制规律通过二进制逻辑运算形成。因此，SCS 也称为二进制控制，见图 9-13。以上叙述的是在正常工况下的汽轮机组自启、停方式。由于在启停过程中各项参数变化很大，因此自启停控制系统中引入了多项保护判据，如：转子应力、缸壁温度、胀差、振动、偏心度、轴向位移、真空、油压、温度等。当这些判据正常时，程序发出下一步控制指令；当这些判据越限时，则保持或降回上一状态，确保机组的安全。

（五）炉膛安全保护监控系统

各类机组的炉膛安全保护监控系统（Furnace Safeguard Supervisory System，FSSS）功能并不完全相同。有的也称为锅炉燃烧器管理系统（Boiler Burner Management System，BMS）。其主要功能包括安全功能、操作控制功能和火焰检测功能。FSSS 可通过专用的设备实现或纳入 DCS 中。

FSSS 的安全功能主要有：

（1）锅炉点火前的炉膛吹扫；

（2）确定点燃暖炉油燃料的条件；

（3）确定点燃主燃料（煤粉）和带负荷的条件；

（4）主要辅机设备故障时（如一台风机或给水泵跳闸）的自动减负荷（RB）；

（5）主要跳闸时的负荷快速切除（FCB），实现停机不停炉工况下的锅炉安全运行；

（6）主燃料跳闸（MFT）时的停炉保护；

（7）锅炉发生 MFT 或停炉后的炉膛吹扫。

FSSS 的操作控制功能通过逻辑实现，在 DCS 系统中，有组态的功能控制站实现。

FSSS 的火检系统包括火检探测器探头、放大器及其他电缆或光缆传输。火焰信号以及其他信号，诸如锅炉压力、点火器及风门挡板执行器位置等信号输入至系统中，同时接受操作运算处理后，将控制信号输出至执行部件。FSSS 的信号还送至机组的数据采集系统（DAS），以供显示、报警、记录、事故分析等。

（六）分散式控制系统

分散式控制系统（Distributed Control System，DCS）自 1975 年问世以来，已经历了 20 多年的发展历程。虽然 DCS 的系统结构没有发生根本性变化，仍然持着"三点一线"的结构，但功能和性能都取到了巨大的提高。主要体现在以下几个方面。

1. 系统网络的标准化

系统网络技术是 DCS 的关键。早期的 DCS 厂家采用自己的数据通信网络，不同 DCS 系统互不兼容且开放性差。之后，各 DCS 厂家逐渐普遍采用了国际标准化的网络，如 IEEE802.3 以太网（Ethernet）等在通信速率方面过去一般采用 2Mb/s 或 5Mb/s。现在的 DCS 通信速率多采用 10Mb/s，有的还在上层加一级 100Mb/s 的 FDDI 网络。

2. 系统软件及设备的通用化

过去的 DCS 软件及设备（操作员站、工程师站、控制站、外部设备等）大都自行开发制造，使系统之间的互联十分困难。目前，市场上广泛采用的是 Intel 芯片、PCI 总线和 Windows NT 软件平台，即所谓的 Win Tel 体系结构。这样不仅为 DCS 厂家降低成本，提高了产品竞争力带来了效益，同时为用户减轻了备品备件的负担，为系统的互联和升级提供了条件，也为 DCS 直接选用成熟的商用软件和自主开发提供了平台。

3. 组态语言标准化

过去各 DCS 组态语言均按照自己的标准设计。近年来，许多 DCS 厂家引用了国际电工委员会为可编程控制器（PLC）制定的 IEC1131-3 编程标准。在该标准中，详细规定了四种组态语言，即用于连续控制和逻辑控制的顺序功能图（SFD）、用于运算和回路控制的功能图（SBD）、用于逻辑控制的梯形图（LD）和用于开发用户控制算法的结构化文本语言（ST）。有的 DCS 厂家还提供了四种语言的混合运用，使编程组态功能更强，易于移植和被用户掌握。

4. 系统结构化

当今的 DCS 更多的考虑了系统向下和向上接口的能力。所谓向下接口是 DCS 厂家提供了各种标准的通信接口（如 HART、Modibus、现场总线）与智能化仪表以及 PLC 相连。向上的是指与上一级综合自动化接口，便于用户根据应用需要灵活的构成系统，共享数据库资源。

除此之外，现代 DCS 还采用了多媒体技术，使图像和声音更加丰富，增强了人机交换功能。应用软件标准化模块提供了许多先进控制算法软件模块，大大提高了 DCS 的应用功能。

进入 20 世纪 90 年代后期，有更多先进的控制技术出现和得以应用，对未来 DCS 的发展产生着巨大的影响，当前人们讨论的热点主要有以下几方面。

（1）现场总线与 FCS。现场总线是 20 世纪 90 年代发展起来的网络通信技术。按照 IEC1158 标准，现场总线是一种互连现场自动化设备及其控制系统的双向数字通信协议。FCS（Field bus Control System）即现场总线控制系统，是指用现场总线将数字式变送器、执行器及智能化 PLC 与计算机网络连接在一起，构成更加分散化的控制系统。FCS 具有下列显著的特点：①以数字化、智能化仪表为基础；②控制、报警、计算及其他功能更加分散，就地处理，减少信息的传数量；③可节省大量的信号电缆；④可大大简化控制系统设备（如 I/O 模件和端子柜）；⑤可以使大量按统一标准设计的自动化仪表进入系统。正因为如此，FCS 近年来受到了控制界广泛的重视，甚至许多人提出了 FCS 将取代 DCS 的观点。事实上，DCS 与 FCS 的共同基础是网络技术与微处理器芯片，其根本差异是体系结构与网络协议。由此可见，DCS 与 FCS 不存在更新换代的问题。随着 FCS 技术的成熟，完全可能作为 DCS 的回路级。同时 DCS 的分散度将更高，系统结构将更加合理、完备。因而，两者不是相互对立的模式，而应当是一种融合与发展关系。

（2）PLC、IPC 与 SCADA。PLC（Programming logic Controller）最初是指完成顺序逻辑控制功能的可编程顺序控制器。PLC 已不仅仅局限于逻辑控制功能，而普遍增加了回路调节、运算等功能，用于构成顺序控制的系统。近年来，PLC 采用了高性能的处理器芯片，采用实时多任务操作系统，并提供了高速数据通信网络接口功能（如以太网），有的 PLC 还可以支持现场总线通信（如 Profibus、Device、Net、SDS 等）。同时，PLC 的体积越来越趋于微型化，成本不断降低，功能不断完善，可靠性进一步提高，呈现了很强的竞争力和十分广阔的应用前景。

IPC（Industry PC）是指工业 PC，其特点实际计算处理功能强，适合于在工业环境下使用，具有功能丰富的操作系统支持（Windows 3.1、Windows 95、Windows NT、UNIX 等）和应用软件资源，并具有很强的网络支持能力和极低的价格。

SCADA（Supervisor Control and Data Acquisition）是指监督控制与数据采集的功能软件。随着计算机操作系统平台（如 Windows NT）的普遍应用，专业化的软件开发厂商应运而生。目前，市场上已有多种多样的基于 Windows 平台的 SCADA 软件。许多 SCADA 软件支持 IPC 与 PLC 的连接，通过组态构成 DAS 以及灵活的控制系统。随着现场总线的发展，IPC+PLC（或其他智能化仪表）+SCADA 将成为一种广泛的应用模式，并将广泛占用工业控制领域市场。

（3）MIS、MES 和 ERP。随着开放计算机网络的发展，企业信息的传递已经不仅局限于在各"自动化孤岛"之间建立信息桥梁，而可以很好的在生产与经营管理，用户与厂商（如远程故障诊断或资讯中心）、企业与企业（如电力生产企业与电网调度中心）之间建立起专线连接，从而构成一个理论上无穷的信息系统。

目前，应用广泛的 MIS 和稍后发展起来的制造执行系统（Manufacturing Execution System，MES）和 20 世纪 90 年代发展起来的企业资源计划（Enterprise Resources Planning，ERP）均属于企业现代化管理的支持系统。这些系统的功能包括制订生产计划、质量监控、性能分析、优化调度、资源管理、员工管理、设备维护与检修管理、市场预测等功能，其作用是提高产品质量、提高劳动生产率和追求更高的经济效益。当前，已有越来越多的软件提供了用户再开发功能，即用户自己就可以生成系统，而无需像 CIMS（Computer Integrated Manufacturing system）那样，需由厂商与用户联合来做一个庞大的系统工程。有的 DCS 系统也提供了类似的功能软件，如 Honeywell 公司推出的 Total plant 和 plantscape 系统、Foxboro 公司的 I/A 系列提供的 MES 功能。

复 习 思 考 题

9-1　单元机组滑参数启动与停机的优点是什么，启动和停机过程中的主要注意事项是什么？

9-2　热工检测的目的和检测参数是什么？

9-3　计算机控制系统的基本特点和结构是什么？

参 考 文 献

[1] 国家电力公司. 中国电力科学技术讲座. 北京：中国电力出版社，2001.

[2] 华东六省一市电机工程（电力）学会. 600MW 火电机组培训教材. 2 版. 汽轮机设备及其系统. 北京：中国电力出版社，2006.

[3] 叶涛. 热力发电厂. 2 版. 北京：中国电力出版社，2006.

[4] 中国电力百科全书. 综合卷. 北京：中国电力出版社，1995.

[5] 中国电力百科全书. 火力发电卷. 北京：中国电力出版社，1995.

[6] 姜希文. 电力企业管理. 北京：水利电力出版社，1988.

[7] 张保衡. 大容量火电机组寿命管理与调峰运行. 北京：水利电力出版社，1988.

[8] 热工技术手册. 第三卷，汽轮机组. 北京：水利电力出版社，1991.

[9] 林万超. 火电厂热力系统节能理论. 西安：西安交通大学出版社，1994.

[10] ［德］E. 维特科夫等著. 燃用化石燃料的蒸汽发电厂. 北京：水利电力出版社，1992.

[11] 小林恒和著，徐昌福译. 锅炉与蒸汽轮机. 台南：台南正言出版社，1980.

[12] 郭丙然. 火电厂计算机分析. 北京：水利电力出版社，1991.

[13] 马芳礼. 电厂热力系统节能分析原理——电厂蒸汽循环的函数与方程. 北京：水利电力出版社，1992.

[14] 武学素. 高南烈. 热力发电厂习题集. 北京：水利电力出版社，1992.

[15] 程明一. 热力发电厂. 北京：中国电力出版社，1998.

[16] 陈听宽. 新能源发电. 北京：机械工业出版社，1989.

[17] 胡美丽. 核电厂. 杭州：浙江大学出版社，1991.

[18] 藏希年，申世百. 核电厂系统及设备. 北京：清华大学出版社，2003.

[19] 沈炳正. 燃气轮机装置. 2 版. 北京：机械工业出版社，1995.

[20] 哈尔滨汽轮机厂. 20 万千瓦汽轮机的结构. 北京：水利电力出版社，1992.

[21] 火力发电厂高压加热器运行维护手册. 北京：水利电力出版社，1983.

[22] 沈士一. 汽轮机原理. 北京：水利电力出版社，1992.

[23] 中国机械工程学会，中国电机工程学会. 集中供热与节能——全国集中供热学术论文选集. 北京：机械工业出版社，1984.

[24] 武学素. 热电联产. 西安：西安交通大学出版社，1988.

[25] 蔡颐年. 蒸汽轮机. 西安：西安交通大学出版社，1988.

[26] 洪学道. 小型热电站实用设计手册. 北京：水利电力出版社，1989.

[27] 电力工业常用设备手册. 北京：电力工业出版社，1982.

[28] 糜若虚. 大型电动调速给水泵. 北京：水利电力出版社，1990.

[29] В. Я. Рыжикин. ТЕПЛОВЫЕ ЭЛЕКТРИЧЕСКИЕ СТАНЦИИ. ЭНЕРГОАТОМИЗДАТ，1987.

[30] А. Г. Костюк. ИДр. Паровые И Газовые. турбнны Иэдатепьство ЭНЕРГОАТ ОМИЗДАТ，1985.

[31] Е. Я. Соколов. Теплофикация И Тепловые сетч. Знергоизцат，1982.

[32] J. K. Salisbury. Steam turbine and their cycles. Robert E. Krieger Publishing Co，1974.

[33] 李建峰. 引进型 300MW 汽轮机（下）-汽轮机辅机及热力系统. 汽轮机运行. 上海：上海电力学院出版社，1995.